普通高等教育"十三五"规划教材

中国石油和化学工业优秀出版物奖·教材奖

材料力学

赵国华　主编

王兆菡　李永莉　副主编

化学工业出版社

·北京·

内容提要

《材料力学》为“翻转课堂”教学模式设计。全书共分11章，主要包括：轴向拉压和剪切、扭转、弯曲内力、弯曲应力、弯曲变形、应力状态和强度理论、组合变形、压杆稳定、能量法、动载荷和交变应力等内容。《材料力学》充分考虑学生自学的需求，注重材料力学课程与以前所学内容的衔接，语言通俗易懂、合理设置自测题，以节为单位，设置**本节导航**、**例题**、**小结与习题**（部分节没有习题），随课程内容需求设置基础测试。**本节导航**中有思维导图，随着内容的讲解，有拓展阅读和讨论内容，方便读者开拓视野与思路。可扫封底二维码互动交流。

本书适用于土木类、机械类专业高等院校教学用书。

图书在版编目（CIP）数据

材料力学/赵国华主编. —北京：化学工业出版社，2020.8（2023.1重印）
普通高等教育“十三五”规划教材
ISBN 978-7-122-36985-7

Ⅰ.①材… Ⅱ.①赵… Ⅲ.①材料力学-高等学校-教材 Ⅳ.①TB301

中国版本图书馆CIP数据核字（2020）第084516号

责任编辑：刘丽菲
责任校对：宋 玮　　装帧设计：关 飞

出版发行：化学工业出版社（北京市东城区青年湖南街13号 邮政编码100011）
印 装：北京虎彩文化传播有限公司
787mm×1092mm 1/16 印张22½ 字数602千字 2023年1月北京第1版第4次印刷

购书咨询：010-64518888　　售后服务：010-64518899
网 址：http://www.cip.com.cn
凡购买本书，如有缺损质量问题，本社销售中心负责调换。

定 价：59.80元

前言

材料力学是土木类、机械类专业学生必修课程之一。本书是基于当前教学改革的趋势，让编写的教材能够“以成果为导向”，适合于“翻转课堂”等新的教学模式使用的基础上编写的。

在本书的编写中，我们注重了以下三点：和以前内容的衔接，即将以前学过的相关内容提示一下；基本内容尽量做到通俗易懂，使同学能够通过自学掌握；设置自测题，供同学检测学习情况。本书还提供了一些拓展阅读的参考资料，用于拓展学生知识边界。本教材使用说明如下。

本教材设置有“本节导航”“知识点测试（基础测试）”“例题”“小结”“习题”等栏目。

本节导航：是本节内容的概括介绍。除此之外，还附上了思维导图，用来提示本节内容的纲要。当然，由于思维导图是后面正文的纲要，可能有读者开始感觉看不明白。因此，建议先学习后面正文的内容，然后反过头来再根据思维导图来梳理本节内容。

知识点测试（基础测试）：针对本节内容中学生应该掌握的知识点给出的一些问题。这些问题结合教学大纲中规定的要求，考查学生对一些识记性知识的掌握情况。由于这些知识点是后面应用的基础，所以建议读者根据自己答题的情况复习前面的内容，进行查缺补漏，然后再阅读后面的内容。

例题：运用知识解决问题的示例。本教材的特点是对每一个例题都给出了问题分析，有些分析还提出了相关的问题供读者思考。通过分析，读者应该能掌握解题的思路。所以，建议读者在读完分析部分后，可以自己试着把例题当作练习先做一下，再和后面的解答进行对比。

小结：实际是引用了教学大纲中对本节内容的要求。读者可以对照小结评估一下自己学习的情况。

习题：针对本节内容的习题，检验学生对知识的应用能力。个别题目难度较大，用 * 号标出，供学有余力的同学研究。本教材习题没有答案，以免学生养成对答案的习惯。但对一些难度较大的题目，后面会附有简单的提示。

本书的编写，希望尽量将内容写得通俗易懂一些，适于学生自学。同时，在行文中会提出一些问题，希望读者读到此处，能掩卷思考一下。毕竟学习是为了唤起心智，不能只讲通俗易懂，还要让读者培养思考的习惯。

全书共分 11 章，主要包括：轴向拉压和剪切、扭转、弯曲内力、弯曲应力、弯曲变形、应力状态和强度理论、组合变形、压杆稳定、能量法、动载荷和交变应力等内容。本书配有读者交流圈（扫二维码进入）可供读者探讨互动。由于水平所限，书中难免存在不足和疏漏之处，望各位读者斧正并提出宝贵意见，以期再版时修订、完善。

编　者

2020 年 7 月

目录

第1章 绪 论

第2章 轴向拉压和剪切

第3章 扭转

第4章 弯曲内力

第5章 弯曲应力

第6章 弯曲变形

第7章 应力状态和强度理论

第8章 组合变形

第9章 压杆稳定

第10章 能量法

第11章 动载荷和交变应力

附 录

参考文献

绪 论

1.1 材料力学的相关概念和基本假设

本节导航

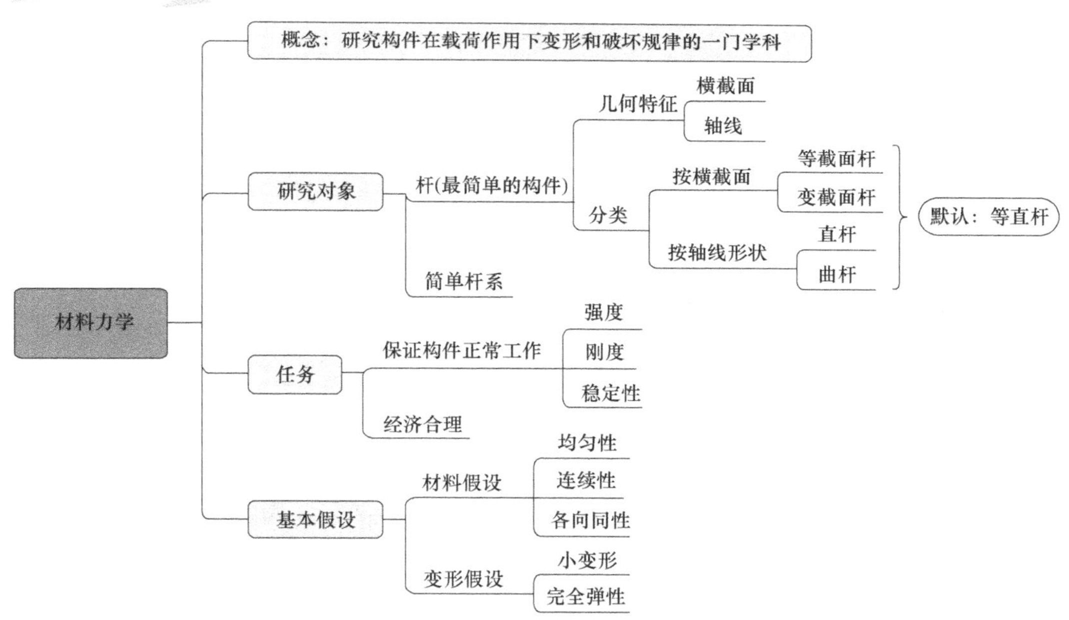

学习一门学科之前，我们总要回答三个问题，亦可以说是学习一门学科之前必须要知道的“三件套”：这门学科是什么（概念）？它的研究对象是什么？它的研究任务是什么？这里再加一个问题，为了研究这些内容，需要作出哪些理论假设？

1.1.1 什么是材料力学？

很多读者在学习本门课程之前学习过理论力学或静力学课程，至少也在物理课中接触过力学的部分内容。以上所学的力学有一个特点，所研究的对象基本上都是“刚体”，也就是形状不能改变的物体。当然，这是一种理想化的模型，用来研究物体的平衡和运动还是可以的，但如果牵扯到物体的变形和破坏，以上力学就无能为力了。此时，我们的材料力学就要“登上舞台”了。那么，材料力学研究什么呢？

材料力学（Mechanics of Materials）**是研究不同材料制成的构件（杆或简单的杆系）在载荷作用下变形和破坏规律的一门学科。**

载荷，或称荷载，可以泛指外力，但一般指外力中的主动力（参见相关《理论力学》教材）。

【拓展阅读】什么是构件？

材料力学概念中提到构件（Element）这个词，它实际上是和工程相关的力学中一种常用称谓，指的是工程结构的单个组成部分。在土木工程中常用这种说法，而在机械工程中则更常用零件这一词。

这样看，材料力学的研究对象应该是构件？实际上，构件这个词用于材料力学研究对象还是过于宽泛了，那么一般来说，材料力学的主要研究对象应该是什么呢？

1.1.2 材料力学的研究对象

我们在材料力学的概念中也提到，其研究对象主要是杆件（Bar，但实际上杆件在发生不同变形时往往英文表达不同，后面会讲到）或简单的杆系，即由杆构成的构筑物。

【拓展阅读】材料力学为什么研究对象是杆件？

材料力学之所以主要研究杆件，原因之一是材料力学属于固体力学的入门部分，研究对象应该简单一些，相对于板壳、块体等，杆研究起来应该说是相对简单的。当然材料力学研究杆件的原因不限于此，读者可以看一下下面两张图（图 1-1-1、图 1-1-2）。

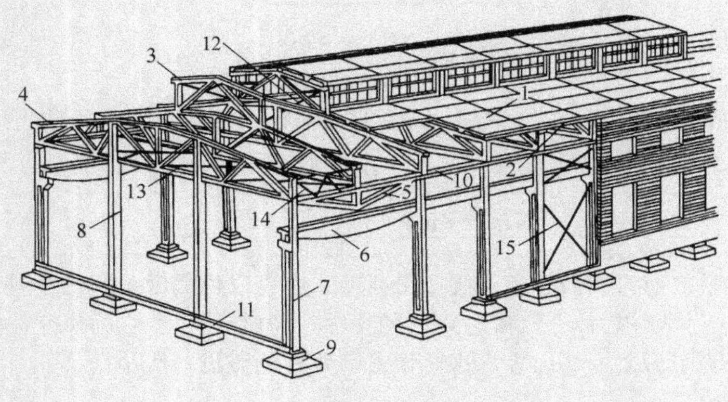

图 1-1-1

1—屋面板；2—天沟板；3—天窗架；4—屋架；5—托架；6—吊车梁；7—排架柱；8—抗风柱；9—基础；10—连系梁；11—基础梁；12—天窗架垂直支撑；13—屋架下弦横向水平支撑；14—屋架端部垂直支撑；15—柱间支撑

图 1-1-1 为厂房结构图，显然厂房的主要骨架都是由杆状构件组成的。事实上，大多数土木工程结构都是由梁和柱组成的体系，而梁和柱均属于杆的范畴。

从图 1-1-2 汽车构造图可以看出，里面也有一些杆状构件（例如传动轴），而且，这些杆状构件还往往是系统的薄弱环节。所以，在机械工程中，杆也是我们要重点关注的部分。

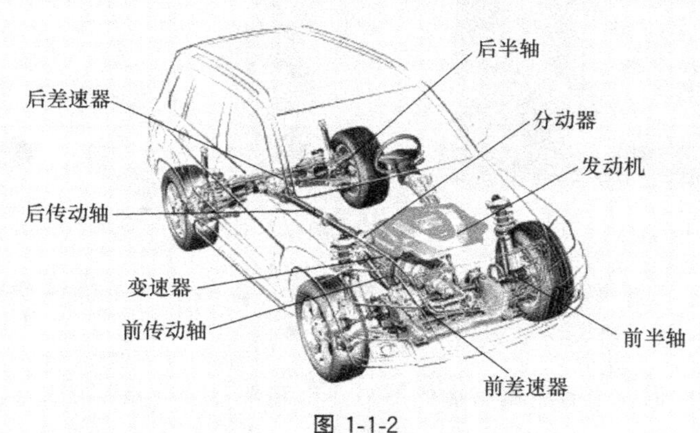

图 1-1-2

关于杆，有两个重要的几何要素需要读者牢牢记住，在后面各章节中会经常遇到：一个是杆的**轴线**（Axis），另一个是杆的**横截面**（Cross Section），参见图 1-1-3。不过要给它们下一个精确的定义却不容易，一般认为**“杆的轴线是连接横截面形心的一条曲线”，“垂直于轴线的截面为横截面”**[1]。显然这种定义方式是不完善的，但目前还没有非常精确的定义方法。也有教材将直杆的横截面定义为垂直于长度方向的假想截面，相对完善一些，但是只能局限于直杆。

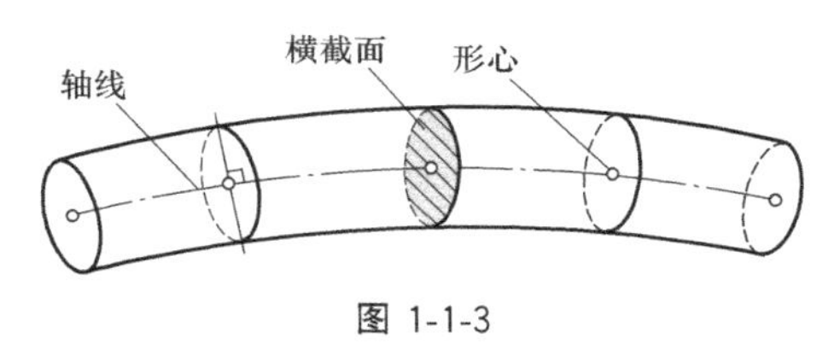

图 1-1-3

根据轴线和横截面可以对杆进行分类，例如等截面杆和变截面杆（根据横截面）；曲杆和直杆（根据轴线）。材料力学主要研究**等截面直杆**（含斜度不大的变截面杆和曲率不大的曲杆），简称**等直杆**。

1.1.3 材料力学的研究任务

材料力学的任务之一就是让所研究的构件正常工作，这就要求构件满足三方面的要求：**强度**（Strength）要求、**刚度**（Rigidity）要求和**稳定性**（Stability）要求。

所谓**强度，是指构件抵抗破坏的能力**。对于杆件来讲，提到破坏，读者可能想到最多的是断裂，如图 1-1-4 所示建筑表面的裂纹，但实际上，构件发生较大的不可恢复变形（力学中称其为**塑性变形**）也是一种破坏，因为此时构件往往已经不能正常工作了，如图 1-1-5 所示螺栓有较大的塑性变形，无法保证连接的稳固性。所以有文献提议用“强度失效”这个词代替“破坏”，但本教材的强度概念仍然沿用了“破坏”这个习惯说法。

刚度，是指构件抵抗变形的能力。在工程中，构件的刚度不够，往往影响其正常工作，例如：机械加工中的钻床，往往有比较粗的立柱和横梁（图 1-1-6），主要目的就是提高刚度，否则的话，就可能将钻孔打偏。

[1] 教材后面内容经常用到“杆的截面”这种说法，如果不加特殊说明的话，就是指杆的横截面。

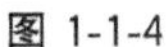

图 1-1-4

图 1-1-5

图 1-1-6

★【注意】 这里的变形指的是可以恢复的变形（力学中谓之**弹性变形**），要和前面提到的**塑性变形**区分开（那是一种破坏）。

稳定性则是构件保持原有平衡状态的能力。听起来有些抽象，但实际上读者应该在物理上接触过这个概念：如图 1-1-7 所示的两种情况，小球在轨道的底端和顶端均能保持平衡，但是二者稳定性显然不同。可以通过施加一个小的干扰（力或位移）帮助判断平衡的稳定性：如果在小球略微偏离平衡位置后取消干扰，小球能返回原来的位置，则此位置的平衡就是一种稳定平衡，否则就是不稳定平衡。

工程构件显然应该处于稳定平衡状态，体现在材料力学上，主要是细长压杆的稳定性问题（图 1-1-8）：细长压杆在受到压力时处于平衡状态［图 1-1-8（a）］，如果在干扰力作用下偏离原来的平衡位置［图 1-1-8（b）］，而干扰力去除后，仍能返回原平衡位置，即为稳定平衡状态［图 1-1-8（c）］，反之则为不稳定平衡状态［图 1-1-8（d）］。

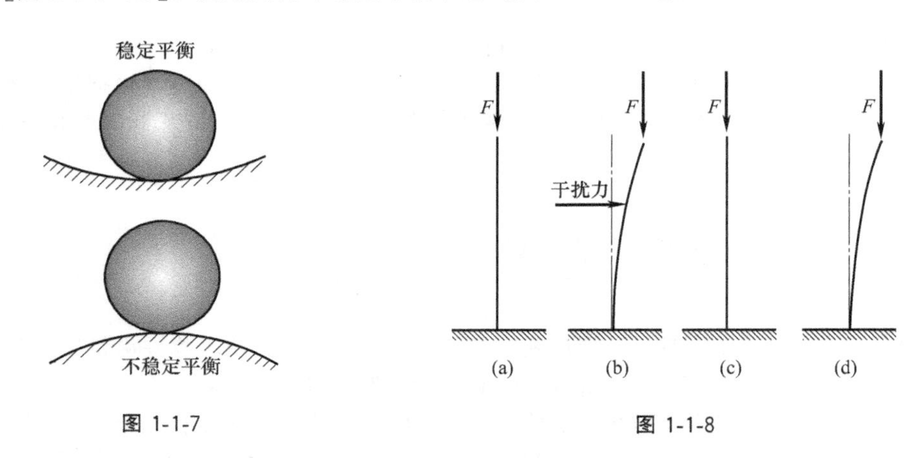

图 1-1-7

图 1-1-8

通过以上内容我们可以了解，如果设计的构件能够满足强度、刚度和稳定性的要求，就初步完成了材料力学的任务。但是，不要以为这样就大功告成了，尤其在当前市场经济条件下，还有一点是你们作为未来工程师必须考虑的：经济性。通俗点说，就是如何设计才能更省钱。为增加感性认识，读者可以动手做一下【做一做】里的小实验，由此体会一下，恰当地设计构件的形状，就可以达到既节约材料又安全可靠的目的，从而获得较好的经济效益。如何实现这种设计，也是我们材料力学的任务之一。

综上，**设计出既安全又经济的构件是材料力学要完成的任务。**

【做一做】纸板试验。

请读者找一张厚点的纸板，裁成矩形，如图 1-1-9 所示，把它架在两个物体中间，试着在上面放置一些重物。可以看出，这种情况下，纸板的承载力有限。如果想不改变纸板形状而增加承载力，必须增加纸板的张数。

如果将纸板简单折成图中槽形形状，再做试验，就会发现纸板的承载力明显增加。

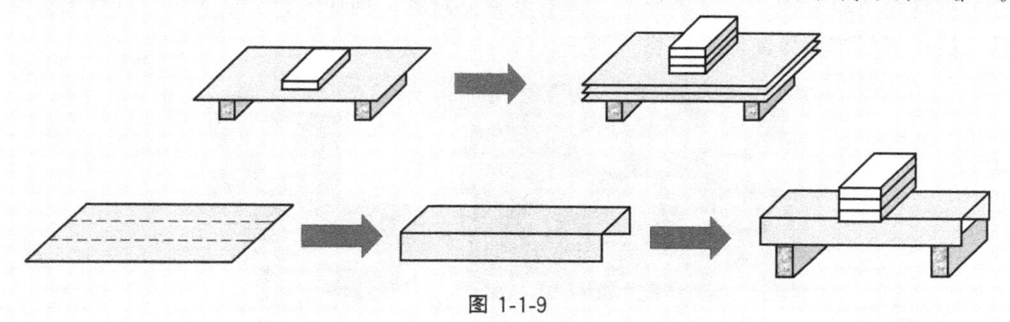

图 1-1-9

上述试验中，在不增加材料消耗的情况下，只要简单改变构件的形状就能增加承载力。如果用于材料力学设计，就能达到经济节约的目的。

图 1-1-10 中是工程两种常见的型钢截面：槽钢和工字钢。结合前面的实验，型钢之所以设计成这样的形状，是为了提高承载力。至于具体的原理，我们会在后面相关章节中讲述。

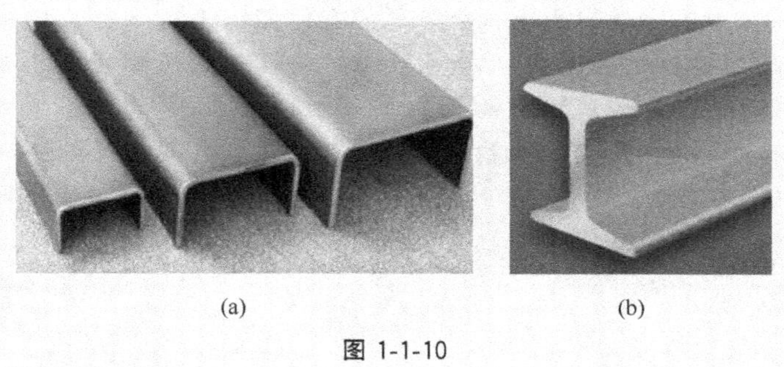

(a) (b)

图 1-1-10

1.1.4 材料力学的基本假设

理论研究，往往要对研究对象做出一些假设，忽略次要因素，建立起所谓的“理想模型”。物理课和理论力学课当中的质点、刚体等模型就是典型的例子。材料力学也是如此，由于工程问题的复杂性，必须先做出一些基本假设，然后才能进行理论研究。因此，材料力学中对构件的材料做出以下三种假设：

连续性假设（Continuity Assumption）：即构成构件的材料是连续不断的，不存在内部的空隙。注意这里说的是材料，而不是构件，构件可以有孔洞、缝隙等，但是组成构件的材料，必须假设是连续的。做出这个假设的意义在于，我们以后经常要用数学中的**连续函数**来研究构件的一些力学量，如位移、应力、应变等，而连续性假设是其基础。

均匀性假设（Homogenization Assumption）：即构成构件的材料在各点处的力学性质都是均匀的。这一假设一方面方便了理论研究，另一方面也是力学试验的基础——只要随意取一部分材料制作成试件，测试结果就可以代表材料的力学性质。

各向同性假设（Isotropy Assumption）：即构成构件的材料沿各个方向的力学性质都是相同的。显然这也是为方便研究做出的假设。不过，对于这个假设应用时应该慎重，虽然大多数工程材料可以看作是各向同性的，但有些常见材料，例如木材、层合板、纤维增强复合材料，显然不能视为各向同性材料（图 1-1-11）。

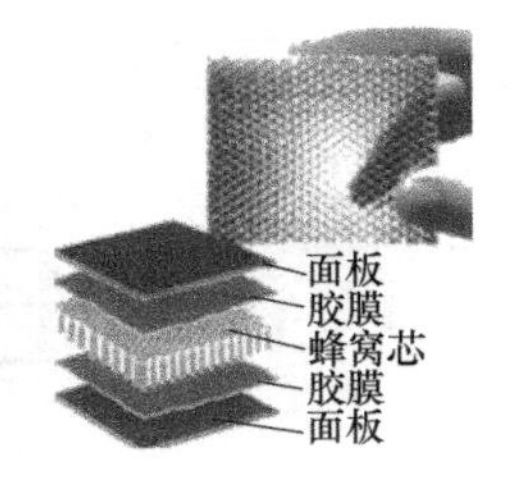

图 1-1-11

【拓展阅读】工程材料实际情况怎样？

前面我们对工程材料做出了连续性、均匀性和各向同性的假设，那么实际情况怎样，到底能不能满足这些假设呢？

对连续性，从微观上讲，原子、分子之间有间距，而从更大尺度来看，如图 1-1-12 所示的灰铸铁显微组织，内部也有明显的缺陷，显然连续性是无法严格满足的。同样由图也可以看出，灰铸铁均匀性和各向同性也不够好。当然，同样是工程材料，如图 1-1-13 所示的优质钢材显微组织连续性、均匀性和各向同性都要好一些，但还是无法严格满足三个假设。

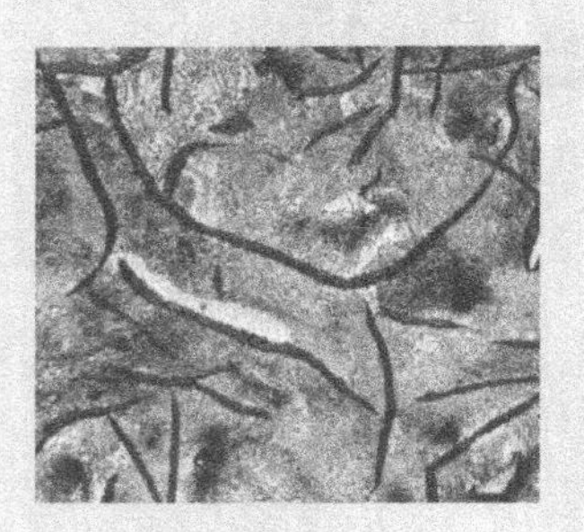

图 1-1-12

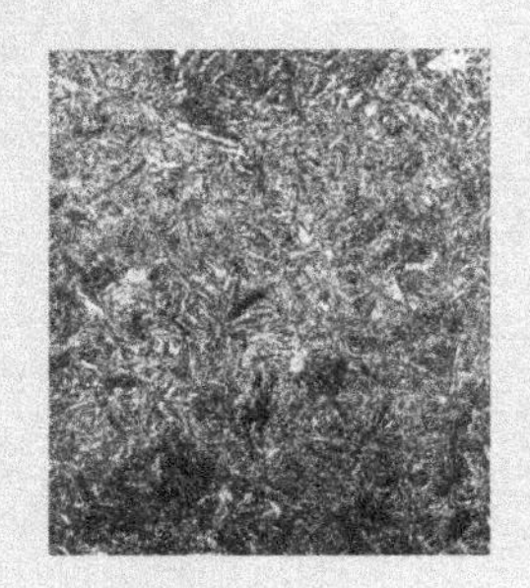

图 1-1-13

既然这样，为什么还能做这样的假设呢？这牵扯到一点统计学的知识：**根据大量的数据统计显示，在宏观尺度上，工程材料制成的构件，根据以上假设研究所得到的结论，是能满足工程要求的。**

既然是宏观意义上的统计结论，应用上就要注意，一方面个别构件的材料有可能对以上假设符合不好；另一方面，对研究的构件也要有一定的尺度要求：例如金属材料构件，要满足均匀性假设，其尺寸一般不能小于 0.1mm×0.1mm×0.1mm；而混凝土材料构件，其尺寸一般不应小于 10mm×10mm×10mm。

除了以上针对材料的假设之外，由于材料力学研究的是可变形的构件，所以还需要对构件的变形做一些假设，以简化后续的研究：

小变形假设（Assumption of Small Deformation）：构件的变形相对于其原始尺寸非常小。

完全弹性假设（Full-Elasticity Hypothesis）：即构件所发生的变形全部是弹性变形。前面已经大致介绍了弹性变形的概念，这里再强调一下，加载时产生的变形如果载荷去除后能完全恢复，则这部分变形称为**弹性变形**（Elastic Deformation，图 1-1-14）；反之，去除载荷后，如果有部分变形不能恢复，则不能恢复的这部分变形称为**塑性变形**（Plastic Deformation），或**残余变形**（Residual Deformation，图 1-1-15）。后面涉及的变形如不做特殊说明，均为弹性变形。

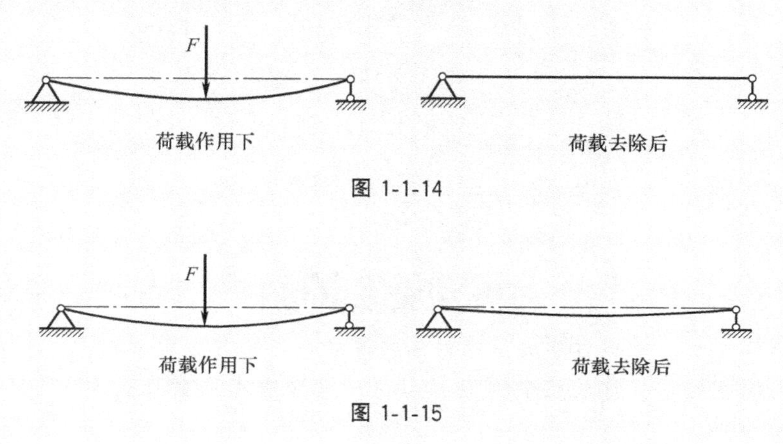

图 1-1-14

图 1-1-15

【深入探讨】小变形假设的应用。

小变形假设虽然简单，却在材料力学中有很重要的应用。

(1) 简化运算

如图 1-1-16 所示的构架，在力作用下发生了变形，根据小变形假设，相应的杆的角位移 α、β 和 A 点的线位移 δ_1、δ_2 均为很小的量，则可进行以下近似运算：

$$\delta_1 + l \approx l$$

$$\delta_2 + \delta_2^2 \approx \delta_2 \text{（示例，未考虑单位）}$$

$$\sin\alpha \approx \tan\alpha \approx \alpha \text{（注意采用弧度制）}$$

$$\cos\beta \approx 1$$

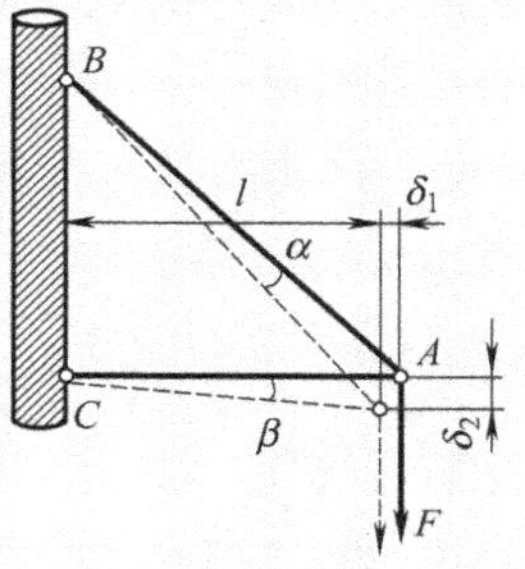

图 1-1-16

(2) 原始尺寸原理

如图 1-1-17 所示，求在力 F 作用下杆 1、杆 2 的受力。如果杆 1、杆 2 是刚体，利用静力学方程是不难求出杆的受力的，但如果考虑了杆的变形，计算难度就会大大增加。为方便计算，根据小变形假设，做以下规定。

在研究构件或结构平衡时，可以按变形前的原始尺寸来计算，这就是原始尺寸原理。根据这个原理，就可以画出图 1-1-17 中右图所示的受力分析，然后列静力学方程求解就可以了。

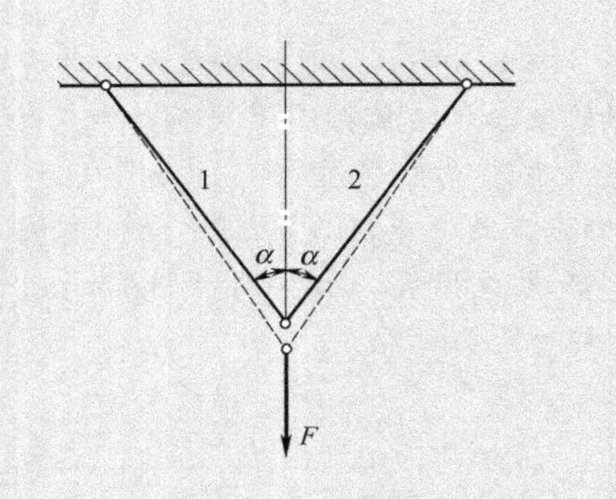

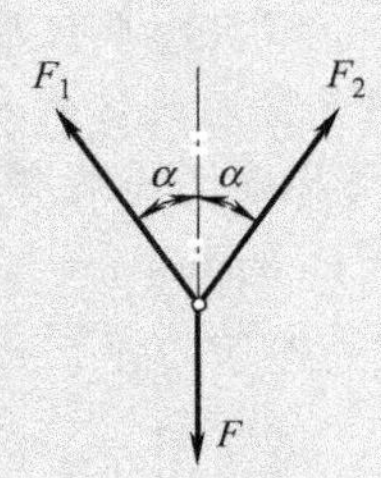

图 1-1-17

知识点测试

1-1-1 （填空题）材料力学的研究对象主要是（　　）或简单的（　　）。

1-1-2 （填空题）杆件的横截面是指与（　　）垂直的截面。（　　）是连接横截面形心所形成的线。

1-1-3 （填空题）工程构件要正常工作，必须满足（　　）、（　　）和（　　）的要求。

1-1-4 （填空题）强度是指构件抵抗（　　）的能力；刚度是指构件抵抗（　　）的能力；稳定性是指构件保持原有（　　）状态的能力。

1-1-5 （填空题）材料力学的任务是设计出既（　　）又（　　）的构件。

1-1-6 （判断题）连续性假设是假设构件上没有孔洞。（　　）

1-1-7 （填空题）各向同性假设是指假设材料的力学性质不随（　　）的改变而改变。

1-1-8 （单选题）均匀性假设是指假设在构件各点处（　　）。

A. 没有空隙；　　　　B. 位移不变；

C. 力学性质不变；　　D. 受力不变。

1-1-9 （填空题）原始尺寸原理是指在计算构件的受力时，可以按照（　　）前的尺寸进行计算。

小结

通过学习，应达到以下目标：

（1）掌握材料力学的研究对象及相关概念；

（2）掌握强度、刚度、稳定性的概念；

（3）掌握材料力学的基本假设。

1.2 构件的外力和内力

本节导航

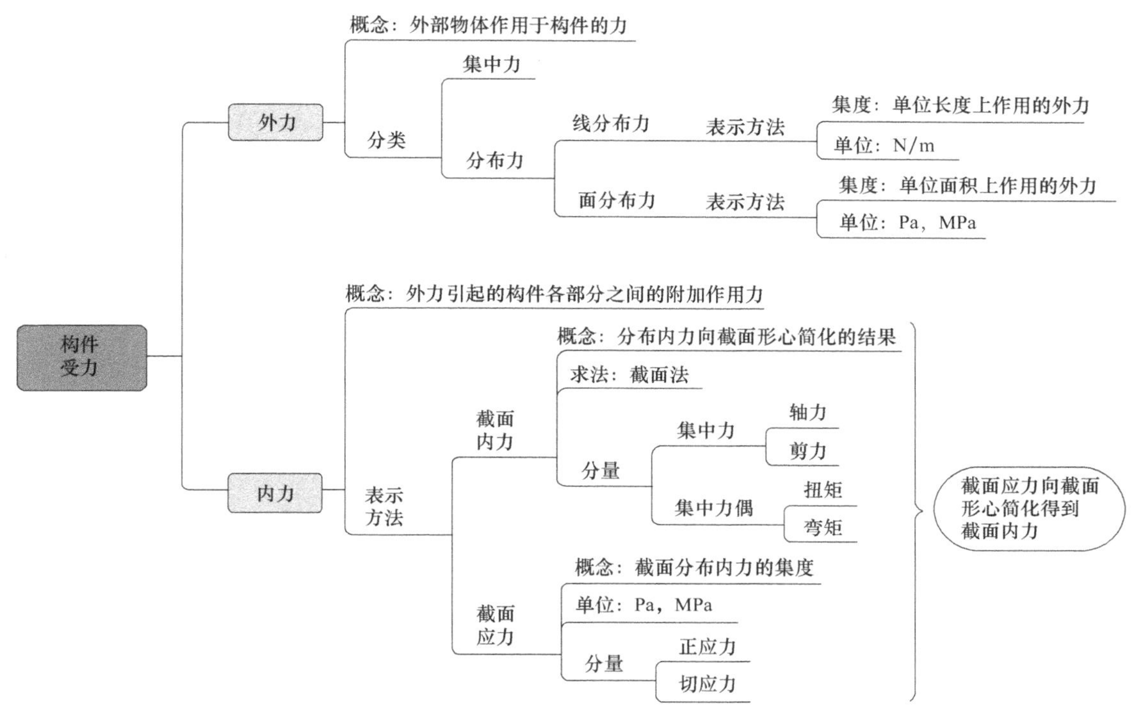

在理论力学课程中，我们主要学习了外力对构件的作用效果。但是，在材料力学中，外力不再是重点，我们更多是要考虑内力。本节主要讲述构件内力的概念和表示方法。

1.2.1 外力

外力（External Force）**是外部其他物体作用于所研究构件的力**。根据作用位置的不同，一般可分为体积力和表面力。

体积力指的是作用于构件整个体积内每一点的外力。在材料力学中涉及的体积力不多，主要是重力和惯性力。

表面力是指作用于构件表面的外力，是材料力学主要涉及的外力。表面力根据作用的范围又可以分为**集中力**和**面分布力**（或简称**分布力**）。集中力作用范围比较小，可以看作作用在一点的力，这个读者已经比较熟悉，理论力学中接触到的基本都是集中力。分布力则是分布在一定面积范围内的外力，读者接触较少。

分布力一般用集度来描述，指的是每单位面积上作用的力，常用符号 q 来表示。如图

1-2-1 所示是最简单的均布同向分布力，其集度的大小显然为 $q=F/A$，其中，F 为分布力合力的大小；A 为分布力作用的面积。严格讲，集度是个矢量，其方向与分布力合力方向相同。

图 1-2-2 为分布力的一般情况，集度显然是一个变量，随位置不同而不同（也就是位置的函数），计算时只能具体到点，例如要计算 O 点力的集度，可以围绕 O 点取一块小面积 ΔA，设这块小面积上分布力的合力为 ΔF，则 ΔA 面积内分布力的平均集度为

$$\overline{q}_O=\frac{\Delta F}{\Delta A} \tag{1-2-1}$$

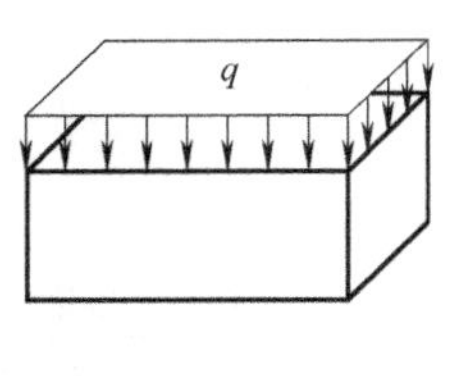

图 1-2-1

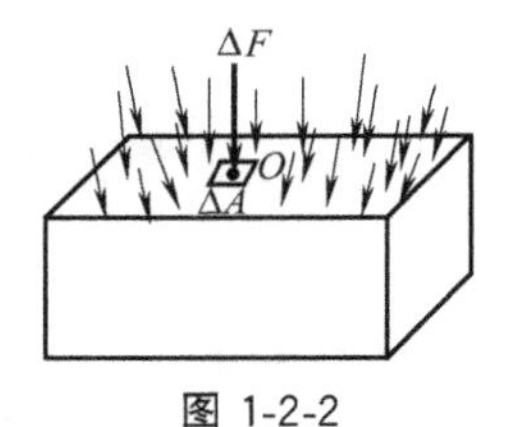

图 1-2-2

如果要计算 O 点集度的精确值，可以让面积无限趋近于点 O，则此时得到式（1-2-1）的极限，也就是 O 点的集度，即

$$q_O=\lim_{\Delta A\to 0}\frac{\Delta F}{\Delta A} \tag{1-2-2}$$

【拓展阅读】 外力的另一种分类方法。

外力有很多种分类方法，除上所述，外力亦可根据载荷是否随时间变化分为**静载荷**和**动载荷**，这也是常用的一种分类方法。所谓静载荷，就是载荷施加时，从零缓慢增加到预设值（避免构件上的点产生加速度），施加完成后不再随时间发生变化的外力。而动载荷则是大小或方向时刻随时间变化的外力。

后面章节中，除了动载荷和交变应力部分涉及动载荷，其他研究的默认都是静载荷。

1.2.2 内力和截面法

材料力学中的**内力**（Internal Force）**指的是，由外力引起的构件内部各部分之间的附加相互作用力**（区分构件内部原有的内力，例如分子和原子的结合力等）。

★**【思考】** 在理论力学中读者接触过内力的概念，理论力学中内力指的是几个构件连接在一起，它们之间在结合部分相互的作用力。还记得理论力学中如何求内力的吗？

★**【解析】** 在理论力学中，要求内力，需要先拆开系统，将内力“暴露”出来成为外力，然后再用平衡方程求解。

在求构件内力时，也可以采取类似的方法，只不过构件本身是一个整体，无法拆开。我们采用的对策是**假想一个截面，将其截开，一分为二，然后研究，这种方法称为截面法**（Section Method）。下面详细介绍截面法。

如图 1-2-3，以平面等截面直杆为例，受力如图 1-2-3（a）所示，求 m—m 横截面上的

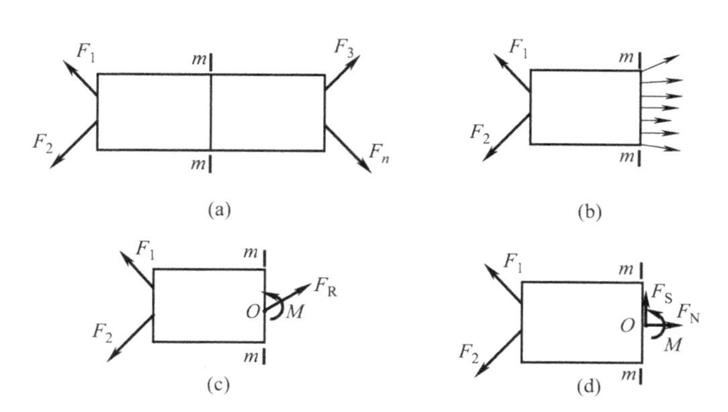

图 1-2-3

内力（再强调一下，以后无特殊说明，总是求横截面上的内力）。

假想截面将杆截成两部分，注意只能取一部分进行研究［图 1-2-3（b）］，取出的这一部分习惯上称为截离体，或隔离体，此时内力就“暴露”出来，可能为任意的分布力系。

参照理论力学力系简化的方法，以选定截面的形心为简化中心进行简化，一般得到一个力和一个力偶［图 1-2-3（c）］。

由于力的方向未知，一般用两个正交分力来表示，最终得到平面一般情况的结果：三个分力（偶）［图 1-2-3（d）］。在材料力学中，这三个分力称为截面的三个内力。注意：图中的内力字母符号是按照惯例的写法，其含义会在后面章节具体介绍。可见，**材料力学中所谓的内力并非截面上真正意义上的内力，而是内力向截面形心简化的结果**（注：某些特殊情况下，也可能向其他点简化，参见 5.5 节）。

根据理论力学，平面任意力系有三个独立的平衡方程，如果外力是已知的话，三个内力正好可以求解。

下面通过一个例子来说明一下截面法的应用和步骤。

【例 1-2-1】 求图 1-2-4（a）悬臂梁中间横截面上的内力。图中力和尺寸均为已知。

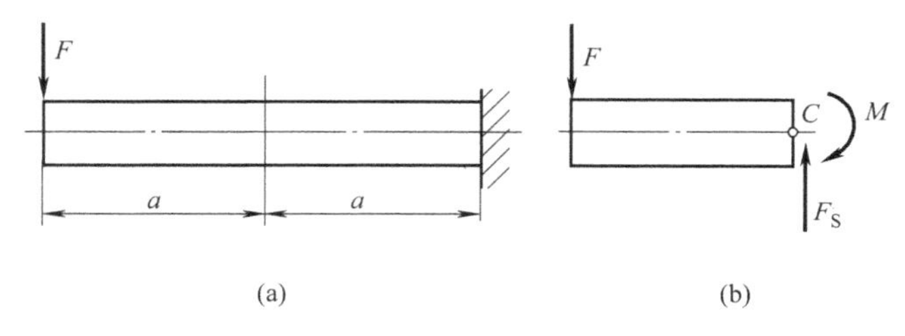

图 1-2-4

【解】 ① **切**：假想横截面将梁切开。

② **留**：只保留一部分。理论上可以保留任一部分，但一般取受力简单的部分研究。本题由于右侧固定端约束的约束力未知，留左半部分研究（当然也可以留右半部分研究，不过需要先求出约束力，麻烦一些）。

③ **代**：用内力代替去除的部分，如图 1-2-4（b）所示。这里由于外力沿竖向，就没有假设水平方向的内力。

④ **平**：平衡的意思，即列平衡方程求解内力

$$\sum F_y=0,\quad F_S-F=0,\quad F_S=F$$
$$\sum M_C=0,\quad Fa-M=0,\quad M=Fa$$

求得为正值说明图中假设的内力方向都是正确的。

【拓展阅读】空间问题的内力。

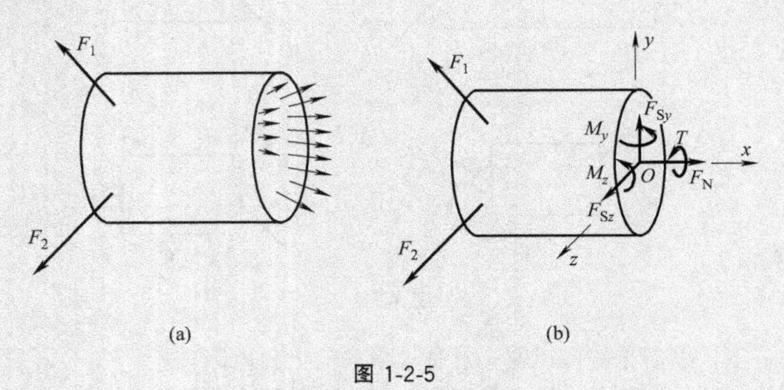

图 1-2-5

对于空间问题，运用截面法切开构件后得到截面上的空间内力系［图 1-2-5 (a)］，同样选择截面形心为简化中心进行简化，根据理论力学空间力系的简化理论仍然是得到一个力和一个力偶，空间量习惯上表示为三个正交分量，共 6 个分量。所以，空间问题中，截面有 6 个内力［见图 1-2-5 (b)，内力的字母符号也是按照惯例的写法］。学过理论力学的读者应该记得，空间任意力系正好有 6 个独立的平衡方程，这样只要外力是已知的，以上 6 个内力就可以全部求出。

【例 1-2-2】 求图 1-2-6 (a) 扭转杆 m—m 截面上的内力。

【解】 沿 m—m 面截开，取左边部分研究，根据理论力学知识，力偶只能由力偶平衡，所以内力只有一个力偶 T［图 1-2-6 (b)］。取 x 轴沿轴线方向，则由力偶平衡方程：

$$\sum M_x=0,\quad M-T=0,\quad T=M$$

方向如图所示。

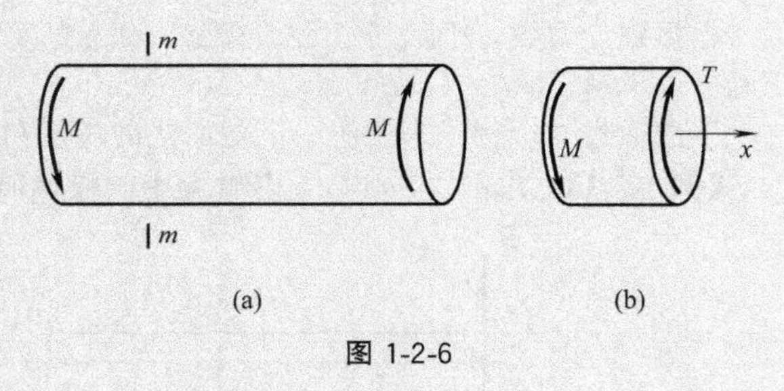

图 1-2-6

【注意】 上面的平衡方程，用到了空间力偶的投影，读者还记得吗？如果没有印象的话，建议复习理论力学相关内容。

1.2.3 应力

前面我们已经说过，截面上的内力实际上是一种分布力，上面所求的所谓内力实际上是内力简化的结果。那么问题来了：怎样精确描述内力？参照分布外力的描述方式，读者应该能想到用“集度”来描述它，这里我们专门给它一个名字：应力。

应力 (Stress)：**截面上某点处的内力集度。**参照图 1-2-7 和前面外力集度的定义式（1-2-1）、式（1-2-2），我们可以定义一点 k 附近的平均应力和一点的应力分别为

$$\overline{p}=\frac{\Delta F}{\Delta A} \tag{1-2-3}$$

$$p=\lim_{\Delta A\to 0}\frac{\Delta F}{\Delta A} \tag{1-2-4}$$

关于应力，读者还要把握住以下两个特点：一是它是矢量，其大小由式（1-2-3）和式（1-2-4）确定，其方向由作用点处内力的合力而定；二是同一截面上不同点处的应力一般是不同的，形成一个以位置坐标为自变量的连续函数。

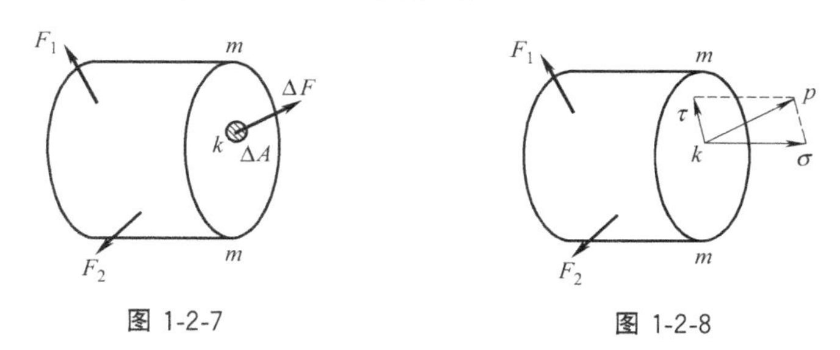

图 1-2-7　　图 1-2-8

在力学中，习惯将应力分解成**沿截面法线的分量 σ 和沿切线的分量 τ**（图 1-2-8），**分别称为正应力**（Normal Stress）和**切应力**（Shear Stress）。在后面内容中用到应力，一般使用这两个分量，合应力反而很少用到。

下面简单说一下应力的单位，由于是集度，也就是单位面积的内力，所以单位是 Pa（N/m^2），但工程上用得比较多的是 MPa（10^6 Pa），偶尔也用到 kPa（10^3 Pa）和 GPa（10^9 Pa）。

1.2.4　内力和应力的关系

从前面内容读者已经知道，应力是截面内力分布的集度，而我们一般所指的“内力”则是指截面的实际内力向形心简化的结果。二者之间显然是有关系的，下面通过一个简单的例子说明一下。

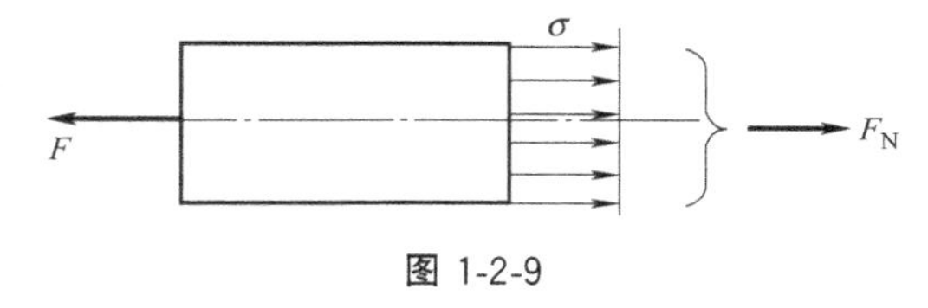

图 1-2-9

如图 1-2-9 所示的轴向拉杆，假设其横截面上只有正应力，且均匀分布，即大小为常量 σ，而横截面内力大小为 F_N。如果横截面面积为 A，请读者思考一下应力大小 σ 和内力大小 F_N 的关系是怎么样的？提示一下：应力是截面内力分布的集度，也就是单位面积上的内力。

这一关系比较简单：$\sigma A=F_N$。你答对了吗？

但是在一般情况下，横截面上的应力可能有正应力也有切应力，而且应力分布不一定均匀；横截面内力也可能不止一个。那么，读者可以思考一下，一般情况下，应力和内力的关系是怎样的？读者可以参考图 1-2-10 中横截面上任一点的应力情况和图 1-2-11 中横截面上内力的情况（图中用双箭头代表力偶），来试着写一下二者的关系。

☆**提示**：应力是集度，所以合成为内力要乘以面积。不过由于此处应力不是常量，所以需要通过积分的方式来合成。

☆**【答案】**　参照图 1-2-10 和图 1-2-11，利用空间力系的简化理论，可以写出应力和内力之间的积分关系式如下：

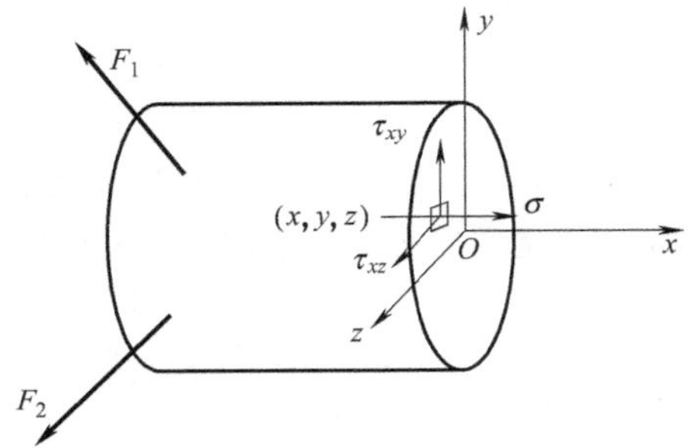

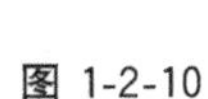
图 1-2-10

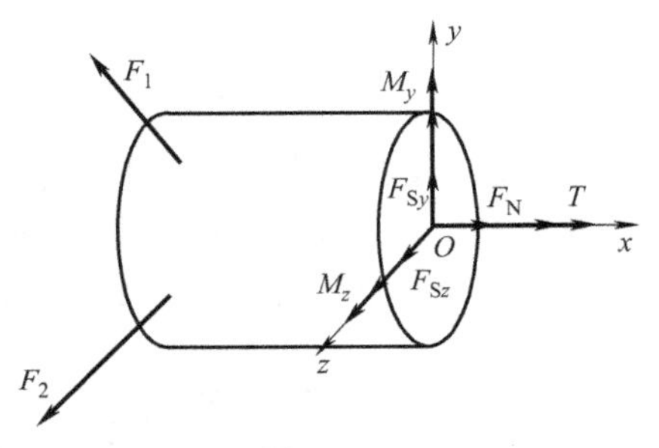

图 1-2-11

$$\int_A \sigma \mathrm{d}A = F_{\mathrm{N}};\int_A \tau_{xy}\mathrm{d}A = F_{\mathrm{Sy}};\int_A \tau_{xz}\mathrm{d}A = F_{\mathrm{Sz}};$$

$$\int_A (\tau_{xz}y - \tau_{xy}z)\mathrm{d}A = T;\int_A \sigma z \mathrm{d}A = M_y;\int_A \sigma y \mathrm{d}A = -M_z 。$$

看一下，你写对了吗？

由上面的答案可以看出，应力和内力之间是一种积分关系。如果已知截面的应力求截面内力，利用上面的表达式积分一下就可以了；但是，反过来，如果已知截面的内力，想要求出应力，难度就比较大了。一般来讲，我们需要像前面图 1-2-9 所举的例子那样，已知应力的分布，才有可能求出应力的大小。

知识点测试

1-2-1 （判断题）作用在构件外部的力称外力。（ ）

1-2-2 （填空题）对于分布于面积上的力，一般采用（ ）来描述其大小，意为单位（ ）上作用的力。

1-2-3 （判断题）内力是物体各部分之间的相互作用力。（ ）

1-2-4 （判断题）用截面法求内力时，可以保留截开后任一部分进行平衡计算。（ ）

1-2-5 （填空题）内力实际上是分布力系，分布力系的（ ）称为应力，也就是单位（ ）上作用的内力；而材料力学中的内力则是指内力系向截面（ ）简化的结果。

1-2-6 （填空题）应力分为正应力和（ ）应力，单位是帕（斯卡），英文符号为（ ），工程中常用中文单位为兆帕，英文符号为（ ）。

小结

通过学习，应达到以下目标：

(1) 掌握内力的概念；
(2) 掌握截面法求内力的方法；
(3) 掌握应力的概念和两种应力分量的表示方法。

习 题

1-2-1 如图 1-1-12 所示，已知 F、α、l、a，试用截面法求 m—m 截面上的内力。

1-2-2　在如图 1-2-13 所示简易吊车的横梁上，力 F 可以左右移动。试求截面 1—1 和 2—2（随力作用位置变化）上的内力及其最大值。

1-2-3*　如图 1-2-14 所示，横截面为矩形，宽 $b=40\text{mm}$，高 $h=100\text{mm}$。应力沿宽度均匀分布，而沿高度则是三角形分布，应力最大值 $\sigma_{max}=100\text{MPa}$。试求横截面的内力。

☆**提示**：应力沿宽度均匀分布，可以先沿宽度进行合成，得到沿 y 轴的线性分布载荷，然后再向形心简化。

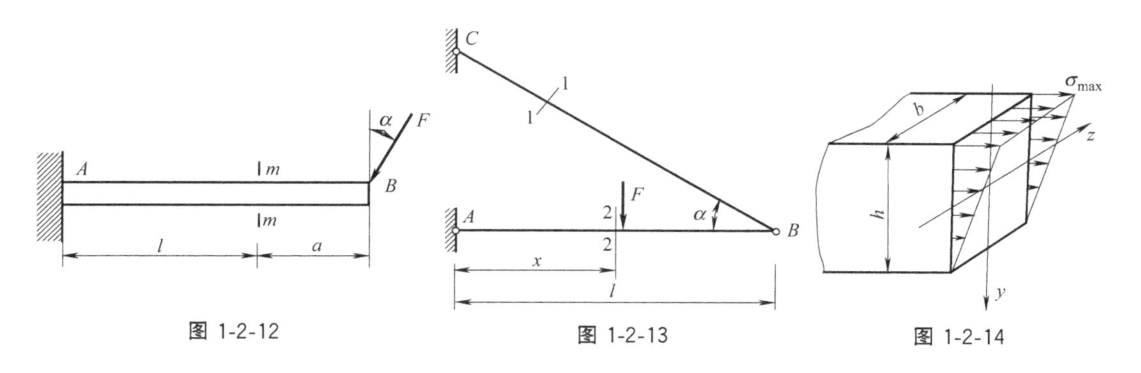

图 1-2-12　　图 1-2-13　　图 1-2-14

1.3 构件的变形

本节导航

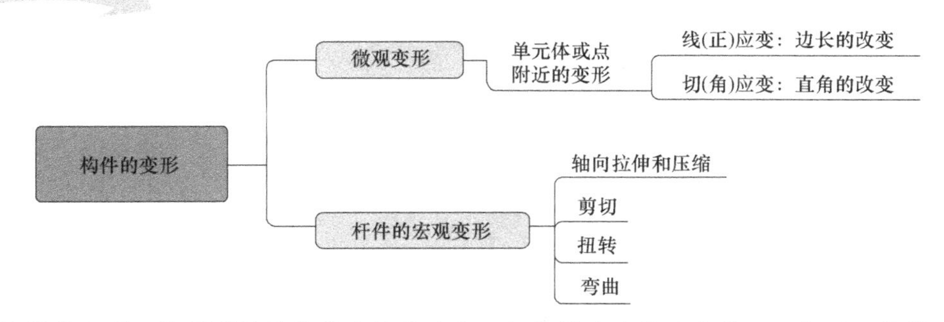

构件的变形，简单说就是构件形状的改变。如何描述这种改变呢？一般可以从微观和宏观两种角度来描述：从微观来讲，是指一点附近的变形；从宏观来讲，则是指杆件整体的变形。

1.3.1 构件的微观变形

参照数学中微积分的思想，可以将有限的体积微分成无数微元体（边长为无限小的长方体）。在材料力学中，构件也可以微分成这种微元体，一般称为**单元体**（Element）。我们常用某点处单元体的变形来代表此点处的变形。

由于单元体边长为无限小，在变形后我们可以认为各边仍然为直线，各表面也仍然为平面。这样，单元体的变形可以看作由边长的改变和各边夹角的改变组成（参见图 1-3-1）。

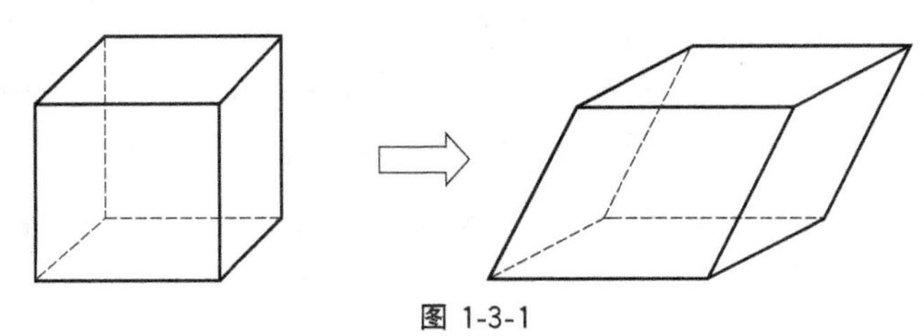

图 1-3-1

基于上述结论，我们可以采用如下方式描述一点处变形：如图 1-3-2 所示，在 P 点处，取沿坐标轴方向的无限小的线段 PA、PB、PC，设变形后成为 $P'A'$、$P'B'$、$P'C'$，由此可以定义 **P 点的线应变**（Linear Strain 或 Normal Strain）和**切应变**（Shearing Strain），也称**正应变**和**角应变**，来描述 P 点附近的变形。

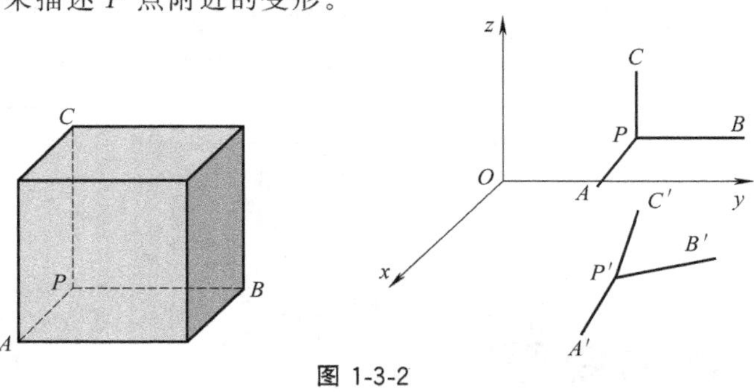

图 1-3-2

（1）线应变

P 点沿 x 轴方向的**线应变**，或称**正应变**，简称**应变**，用符号 ε_x 表示，定义为

$$\varepsilon_x = \lim_{PA \to 0} \frac{P'A' - PA}{PA} \tag{1-3-1}$$

同样的方法可以定义 P 点沿 y 轴、z 轴方向的线应变。

如果定义式中的 PA 是有限长度的线段，则所求的为线段的平均线应变 ε_m，即线段的平均线应变计算公式为

$$\varepsilon_m = \frac{P'A' - PA}{PA} \tag{1-3-2}$$

根据以上定义，请读者思考一个问题：为什么应变的定义中，不直接采用线段长度的变化值，而要除以原长？

★**提示**：对于上面的问题，我们设想以下情况：两根不同长度的线段，一个非常长，而另一个特别短，如果发生了同样的长度变化，直观上二者的变形程度是否相同？

关于一点处的线应变，还有以下几点，请大家注意：

① 根据定义可得，线应变以伸长为正；

② 线应变和相应的线段方向有关，一点沿不同方向的线应变一般是不相同的；

③ 线应变没有单位，量纲为 1（关于单位和量纲的概念，请读者自行学习）[1]。

---

[1] 在实验力学中经常有多少微应变的说法，但微应变并非单位，例如：应变为 200×10^{-6}，也可以说成 200 个微应变。

（2）切应变

参照图 1-3-2，定义 P 点对应于 xy 轴直角的切应变（角应变）γ_{xy} 为

$$\gamma_{xy}=\lim_{\substack{PA\to 0\\PB\to 0}}\left(\frac{\pi}{2}-\angle A'P'B'\right) \tag{1-3-3}$$

同样方法可以定义 P 点对应于 yz、zx 轴直角的切应变。

关于以上定义，请注意以下几点：

① 切应变定义中所有角度单位都采用弧度，所以切应变单位也为弧度。当然也可以说没有单位（读者可以思考为什么?）。切应变的量纲也为 1。

② 切应变和直角的方位有关，所以在定义角标中标明了直角的方位。

③ 按照定义，显然切应变是直角减小为正。

【拓展阅读】应力和应变之间的关系。

参照图 1-3-3 可以看出，单元体在正应力作用下，只会发生边长的变化，也就是只发生线应变；而在切应力作用下，只会发生直角的改变，而边长基本没有变化，也就是只发生切应变。

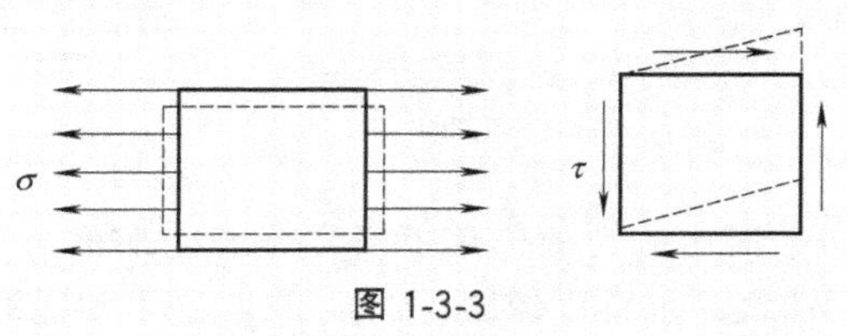

图 1-3-3

需要说明的是，以上结论是有前提的：只有材料是各向同性，且构件只发生小变形情况下才成立。

1.3.2 杆的宏观变形

有了构件的微观变形，从理论上讲，就可以累积出构件的宏观变形。材料力学主要研究杆件，其基本变形有四种：轴向拉伸和压缩（Axial tension and Compression）、剪切（Shearing）、扭转（Torsion）、弯曲（Bending）。

（1）轴向拉伸和压缩

轴向拉伸和压缩如图 1-3-4 所示，为直杆在沿其轴线方向的外力作用下所发生的变形（图 1-3-4）。

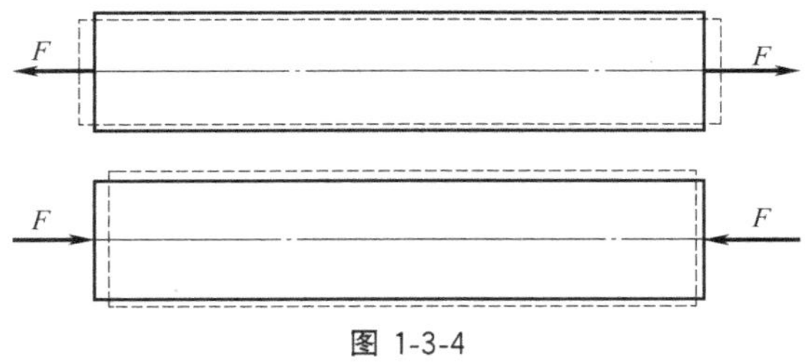

图 1-3-4

（2）剪切

如图 1-3-5 所示的铆钉，铆钉杆在一对大小相等、方向相反、不在一条直线上并且距离很近的横向力作用下，发生了两部分之间的相互错动变形，这种变形称为剪切。

（3）扭转

如图 1-3-6 所示，像方向盘轴这样，受一对大小相等、方向相反、作用面和横截面平行的力偶作用而发生的变形，称为扭转。

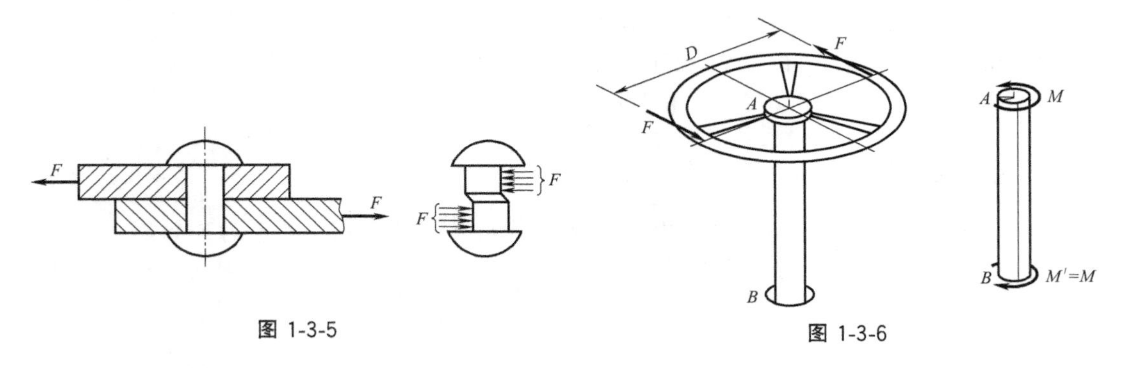

图 1-3-5

图 1-3-6

（4）弯曲

杆件在过轴线的纵向平面内的力偶作用下所发生的变形称为弯曲（如图 1-3-7 所示），此时杆的轴线由直线变为曲线。也可以像图 1-3-8，在垂直于轴线的横向力作用下，杆同样会发生弯曲。

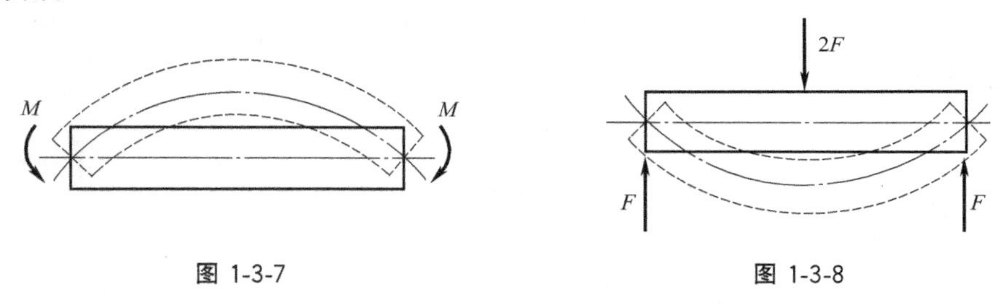

图 1-3-7

图 1-3-8

当然，如果在以上的力偶和力共同作用下，杆也会发生弯曲变形。

需要说明的是，工程中实际的杆件，受力往往比较复杂，此时可能几种基本变形同时发生，称为**组合变形**（Combined Deformation）。我们会在第 8 章中研究这种复杂变形。

知识点测试

1-3-1 （判断题）应变一般用来描述构件的宏观变形情况。（　　）

1-3-2 （填空题）构件上每一点的变形情况可以用（　　）应变和（　　）应变表示。其中（　　）应变以线段（　　）为正，而（　　）应变以直角（　　）为正。

1-3-3 （填空题）杆件的四种基本变形分别为（　　）、（　　）、（　　）、（　　）。

1-3-4 （填空题）图 1-3-9 所示三个单元体中，对左下角的点，图 1-3-9 中（a）、（b）、（c）的切应变分别为（　　）、（　　）、（　　）。

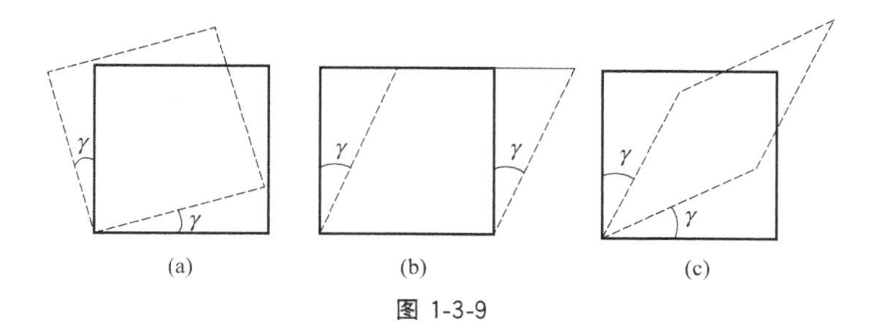

图 1-3-9

通过学习，应达到以下目标。

(1) 掌握描述一点变形的两个基本量：正应变和切应变；

(2) 能进行简单的应变计算；

(3) 初步了解杆件的四种基本变形。

习 题

1-3-1 如图 1-3-10 所示的圆形薄板半径为 $R=120\text{mm}$，变形后半径 R 的增量为 $\Delta R=2\times10^{-3}\text{mm}$，求半径和外缘周长的平均线应变。

1-3-2 如图 1-3-11 所示的三角形薄板受外力作用而变形，角点 B 垂直向上位移为 0.06mm，AB 和 BC 仍保持为直线。试求：①OB 的平均线应变；②B 点的切应变。

1-3-3* 构件变形如图 1-3-12 中双点画线所示，单位为 mm。试求棱边 AB 与 AD 的平均正应变，以及点 A 处直角 BAD 的切应变。

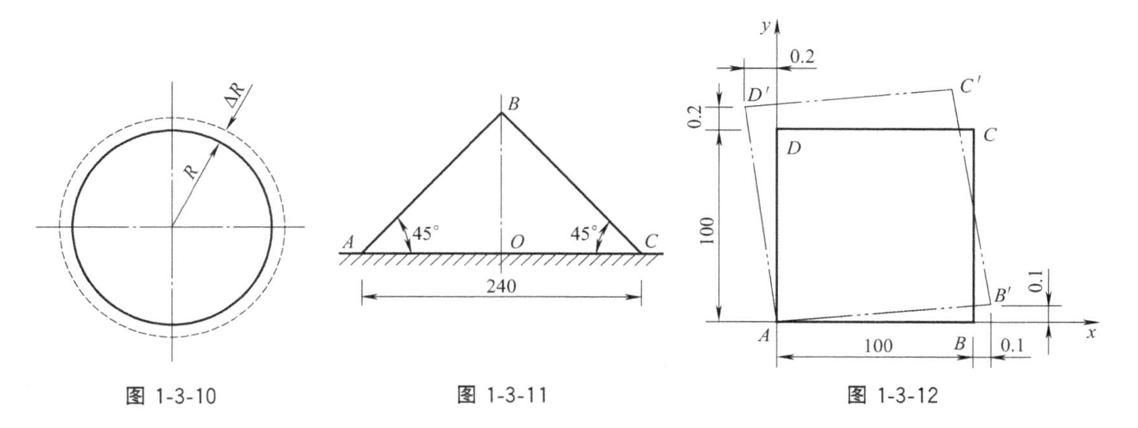

图 1-3-10　　图 1-3-11　　图 1-3-12

第2章 轴向拉压和剪切

轴向拉压杆的概念和实例

轴向的拉伸和压缩是杆件最常见的变形之一。如实例图 1 所示，具有以下特点的杆件变形属于轴向拉伸和压缩。

受力特征：作用在杆件上的外力合力的作用线与杆件轴线重合。

变形特征：沿轴线方向伸长或缩短，同时伴有相反的横向变形。

满足以上特征就是轴向拉压杆。

我们在理论力学中学习过二力杆的概念，如实例图 2 所示 CD 杆，两端均为铰链约束，如果忽略杆的重量（在工程中，由于重量和构件所受的力相比，往往很小，所以经常忽略构件的重量，下面没有特殊说明，一般都是忽略构件重量的），则属于二力杆，只在两端受力，而且力的方向沿杆的方向。当然“沿杆的方向”这种说法本身比较模糊，在材料力学中，我们就认为是沿杆的轴线方向。这样，理论力学中直的二力杆，一般在材料力学中就被认为是轴向拉压杆。

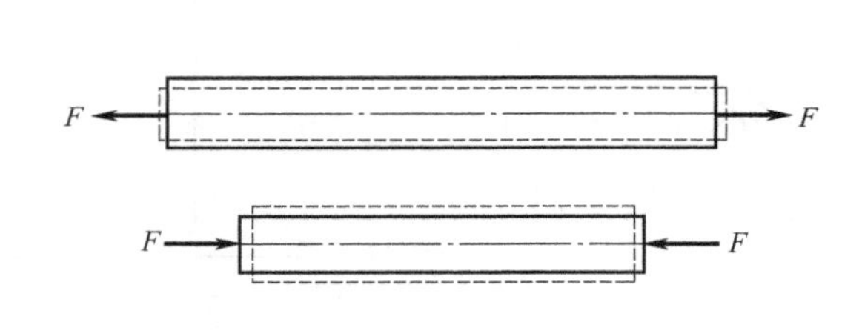

实例图 1

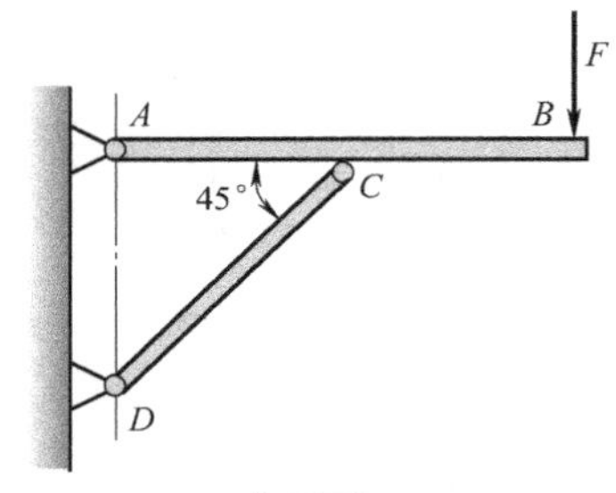

实例图 2

再看些工程中的例子。

请读者观察一下，实例图 3 中的挖掘机，其中的哪些构件可以简化为轴向拉压杆？比较典型的是图中两根顶杆，由于两端为铰链，可以认为是二力杆，也就是轴向拉压杆。

★【思考】 实例图 4 中的曲柄连杆机构，连杆 AB 和曲柄 OA 都是轴向拉压杆吗?

★【解析】 实例图 4 中曲柄由于还受到转动力偶的作用，不再是二力杆，所以不是轴向拉压杆；而连杆 AB 则可以近似视为轴向拉压杆。

实例图 3

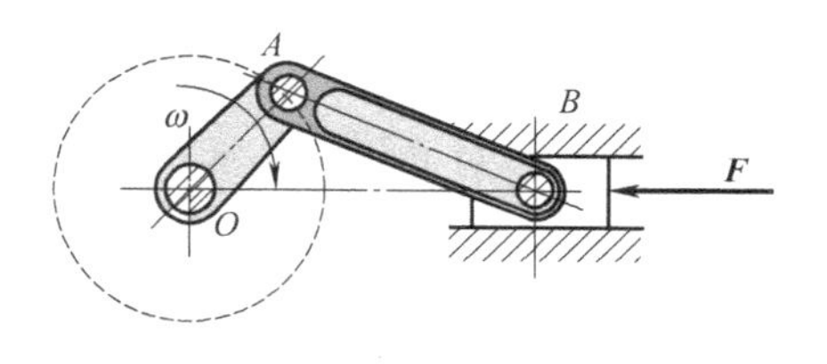

实例图 4

当然，有些工程上的杆件，从理论力学角度讲并非二力杆，但由于主要承受拉力或压力，一般在材料力学上也视为轴向拉压杆，如实例图 5 中的柱子、实例图 6 中机床牵引机构中的活塞杆，虽然不是典型的二力杆（两端非铰链），但由于主要承受轴向拉压力，一般也视为轴向拉压杆。

实例图 5

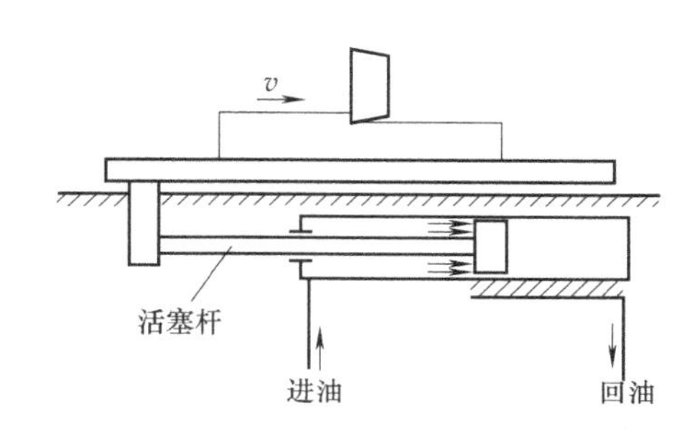

实例图 6

2.1 轴向拉压杆的内力和内力图

本节导航

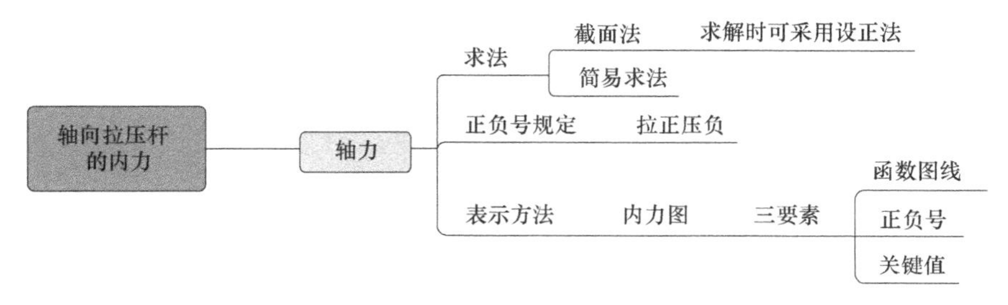

轴向拉压杆的**内力**求解非常简单，采用截面法即可。由于沿杆轴线的每一横截面都有相应的内力，求出的内力实际是沿轴线分布的函数，可以参照函数作图的方法画出其图像，即为**内力图**。

2.1.1 轴向拉压杆横截面内力

求内力的方法仍然是截面法，如图 2-1-1（a）所示，假想用横截面 m—m 将轴向拉压杆切开，任取其中一部分研究，如图 2-1-1（b）或图 2-1-1（c）所示。显然内力只有一个沿轴线的力，习惯上称为**轴力**（Axial Force），用符号 F_N 来表示。

为了区分轴力的作用效果，以后规定产生拉伸效果的轴力为正，产生压缩效果的轴力为负，或简单记为：**轴力拉为正，压为负**。

★【思考】 为什么不以轴力的方向规定正负？

★**提示**：用截面法切开杆件后，在两部分各有一个截面，如果用每个截面上的轴力方向来规定正负，会出现什么问题？

在轴向拉压杆内力计算时，习惯上采用**设正法**：即截开杆之后，在截面上画内力时，总是假设轴力是正的（拉力）。

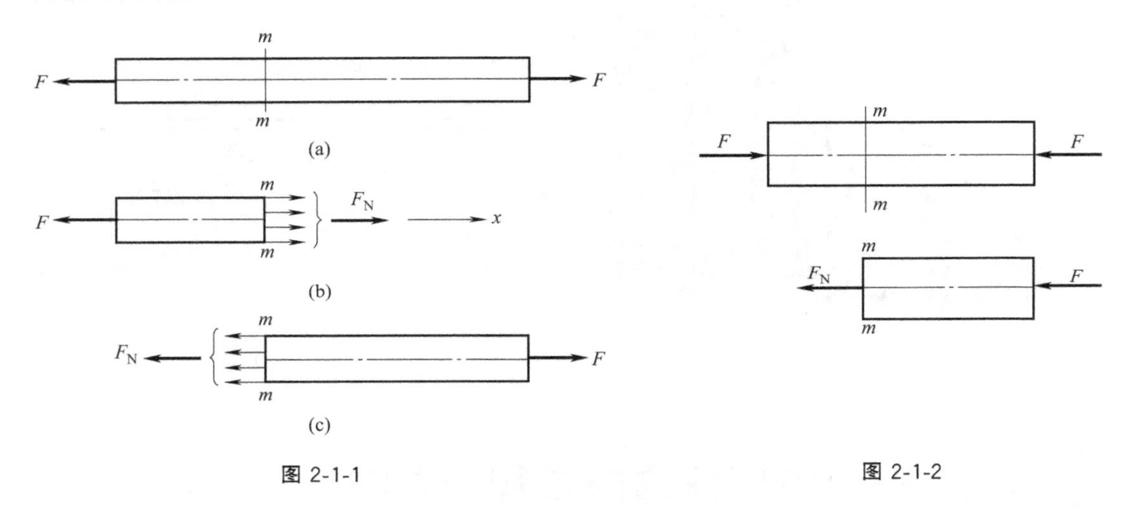

图 2-1-1

图 2-1-2

设正法有什么优点呢？下面通过一个例子说明一下。如图 2-1-2，虽然轴力明显是压力，但是按照设正法要求仍然假设为拉力，根据静力学平衡方程

$$\sum F_x=0,\quad -F-F_N=0$$

求得

$$F_N=-F$$

由静力方程得到负值，按照静力学的理论，就是假设力的方向与实际相反，这样轴力方向应与图中相反，也就是为压力。而按照材料力学轴力正负号的规定，压力应为负值。由此，可以看到设正法的优点：即解出正值轴力的符号就是正的，反之亦然。

★【思考】 既然是设正法，即轴力被设为正的，为什么在平衡方程中轴力符号是负的？

★**提示**：这是个有趣的问题，通过对这个问题的深入思考，读者应理解：材料力学和理论力学对于正负号的规定是有差别的，而材料力学中所采用的平衡方程，实际上是理论力学的“舶来品”，所以肯定要遵从理论力学的规定。但是后面的强度、刚度计算，例如求应力、变形等，则要遵循材料力学的符号规定。

2.1.2 轴向拉压杆的内力图——轴力图

所谓**内力图**（Internal Force Diagram），对轴向拉压杆来讲也称**轴力图**（Axial Force Diagram），是表示内力（轴向拉压杆是轴力）沿杆轴变化情况的图线。在本书中，对等直杆一般取轴线方向为 x 轴方向，则轴力就可以视为以 x 为自变量的函数，这样画出的函数图像 $F_N=F_N(x)$，即为轴力图。

对于图 2-1-1 中 $m—m$ 截面的内力，易求得为 $F_N=F$，由于截面是任意选取的，也可以写作 $F_N(x)=F$，属于常量函数，画出内力图如图 2-1-3 所示。由图可以看出，材料力学中所绘制的内力图和数学中所绘制的函数图像还是有些差别的：

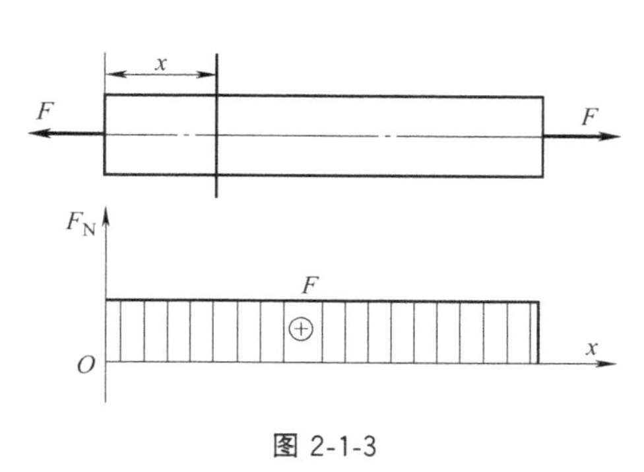

图 2-1-3

首先，内力图一般画在杆件的下方，长度和杆的长度保持一致；

其次，内力图常在图线下方画上一些纵向线（准确说是沿 F_N 轴方向的线）加以修饰；

最后，内力图中一些关键值和正负号也习惯标在图上。

总的来讲，这些不同都是为了让内力图更醒目，且方便工程使用。不过，内力图中最重要的三个要素是：图线、正负号和关键点的值，三者缺一不可。其他元素，例如修饰用的纵向线，是可以省略的。有时候，在不会造成误解的情况下，甚至可以不画坐标轴，具体可以参见下面的例 2-1-1。

知识点测试

2-1-1 （填空题）轴向拉压杆外力的合力一定沿（　　）方向，变形特点是除了会产生纵向拉压变形外，还会在（　　）向产生相反的变形。

2-1-2 （填空题）轴向拉压杆的内力沿（　　）方向，所以称为（　　），一般用符号（　　）表示，其正负号规定为：产生（　　）变形的为正；产生（　　）变形的为负。

2-1-3 （填空题）用截面法求内力时，假设内力方向多采用设（　　）法，也就是总是假设内力符号是（　　）。

2-1-4 （填空题）内力图是指横截面内力沿（　　）分布的函数图像。

例 题

【例 2-1-1】 一等直杆受力情况和尺寸如图 2-1-4 所示，试作杆的轴力图。

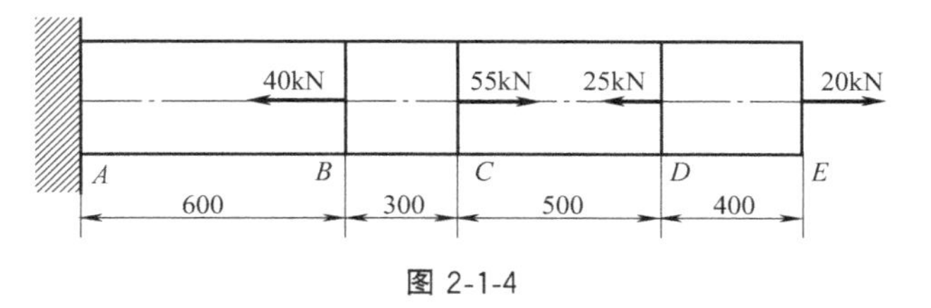

图 2-1-4

【分析】 显然杆每一段的内力是不同的，需要分别来求。

【解】 为求出内力，先求出 A 端的约束力（也可以不求，具体方法请读者思考一下）。

如图 2-1-5 取分离体，画出约束力，由平衡方程可得

$$\sum F_x=0,\quad -F_{RA}-40+55-25+20=0，求得约束力\ F_{RA}=10\text{kN}$$

显然，由于中间轴向外力的出现，导致 AB、BC、CD、DE 各段内力不再相同。为此，在每一段内都采用截面法：作一横截面，沿截面断开，取其中一部分研究，如图 2-1-5 所示。这里也有一点技巧，就是用截面法取研究对象时，尽量取受力较简单的一侧进行研究，这样可以减小我们的计算工作量。例如对 1—1 截面和 2—2 截面，我们研究左侧的部分；而对 3—3 截面和 4—4 截面，则研究右侧的部分。

对每一部分研究对象，在截面上加上相应的内力（图中仍然采用了设正法，内力均设为拉力），然后利用平衡方程即可求得相应的内力，例如对图 2-1-5 所示的 1—1 截面所得的截离体可得

$$F_{N1}-10\text{kN}=0$$
$$F_{N1}=10\text{kN}$$

其他不再赘述，只给出最终的结果（有兴趣的读者可以自己列方程求解一下）

$$F_{N2}=50\text{kN}$$
$$F_{N3}=-5\text{kN}$$
$$F_{N4}=20\text{kN}$$

根据结果画出轴力图（图 2-1-6）。这里采用了内力图的简略画法，没有画坐标轴，而是直接将图画在杆件的下方，通过位置的对应可以很容易地找到每个截面的内力值；另外数值也直接标在图上，比较清晰。

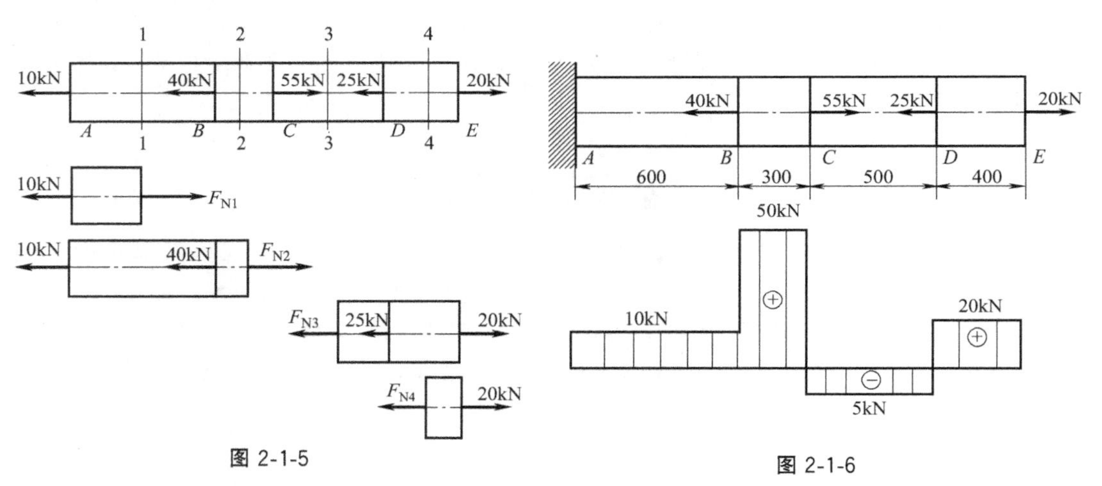

图 2-1-5

图 2-1-6

另外还需要注意的一点是：在集中力作用的平面，如图中的 A、B、C、D、E 处截面，左右两侧的内力值是不一样的，也就是数学上函数图像的间断点。但在材料力学中，我们习惯将其连接起来，原因是严格意义上的集中力是不存在的，这些力沿轴线还是有一定的分布，所以实际上轴力在这些截面处也应该是连续的。为了帮助大家理解连续轴力作用下的内力，请看下面的例子。

【例 2-1-2】 如图 2-1-7（a）所示，等直杆 BC，横截面面积为 A，材料密度为常数 ρ，试画出杆的轴力图。

【分析】 显然考虑了重力之后，各横截面的轴力都不相同，此时应该引入自变量来表示截面位置［如图 2-1-7（b）中的 x］，将轴力表示为自变量的函数。

【解】 均质杆的重力属于均匀分布于体积内的体力，但是根据其特点可以简化为沿轴线方

向均匀分布的轴向力［参考图 2-1-7（b）］。

为求出内力，仍然采用截面法：以 B 端为原点，沿轴线建立 x 坐标轴，沿任意 x 坐标处的截面截开，取下面部分研究，如图 2-1-7（c）所示，则：

下面部分的重量为 $xA\rho g$，根据平衡条件可得

$$F_{\mathrm{N}}(x)=A\rho gx$$

这是一个直线方程，据此画出内力图如图 2-1-7（d）所示。

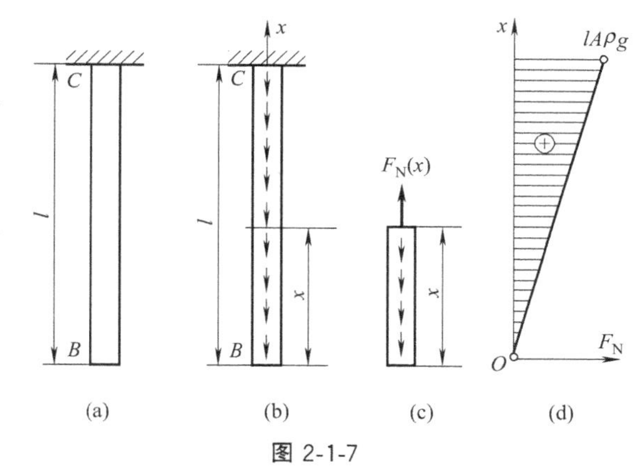

图 2-1-7

【注意】 在轴向分布力作用下，轴力图是连续的。而在例 2-1-1 中，轴向集中力作用点处，轴力图理论上不连续。但如果考虑集中力实际是不存在的，将其改为沿轴线的一小段分布力，则内力图在此段内也应该是连续的。所以在画轴力图时，在集中力作用点处，习惯上用线将两边的值连起来，而不是像数学上画函数图像那样画成间断点。

【拓展阅读】轴力的计算技巧。

观察例 2-1-1 各截面轴力的计算结果，可以得出以下轴力的简便计算方法：**某截面处的轴力等于截面一侧所有轴向外力的代数和，其中背离截面的轴向外力取正，指向截面的轴向外力取负**。对于水平放置的杆件，上述规律中的正负号规定也可以简记为：**左左为正，右右为正**。意为：截面左侧部分向左的轴向外力取正值，右侧部分向右的轴向外力取正值。当然，如果是竖直放置的杆件，上述口诀就变为：**上上为正，下下为正**。

大家根据以上规律，试着计算一下图 2-1-8 中杆件的内力，并画轴力图。

提示：如果用截面法研究右边的部分，不要忘记固定端处的约束力。

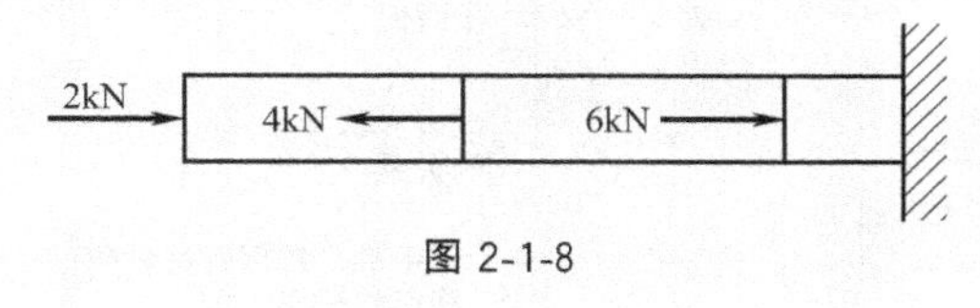

图 2-1-8

小结

通过学习，应达到以下目标：

（1）掌握轴向拉压杆的受力和变形特征；
（2）掌握轴向拉压杆的内力特征及正负号规定；
（3）掌握轴力图的绘制方法；
（4）了解复杂情况下轴力的简易计算方法。

习　题

2-1-1　试求图 2-1-9 各杆 1—1 截面、2—2 截面上的轴力，并画轴力图。

2-1-2* 一等直杆的横截面面积为 A，材料的密度为 ρ，受力如图 2-1-10 所示。若 $F=10\rho gaA$，试绘出考虑杆的自重时杆的轴力图。

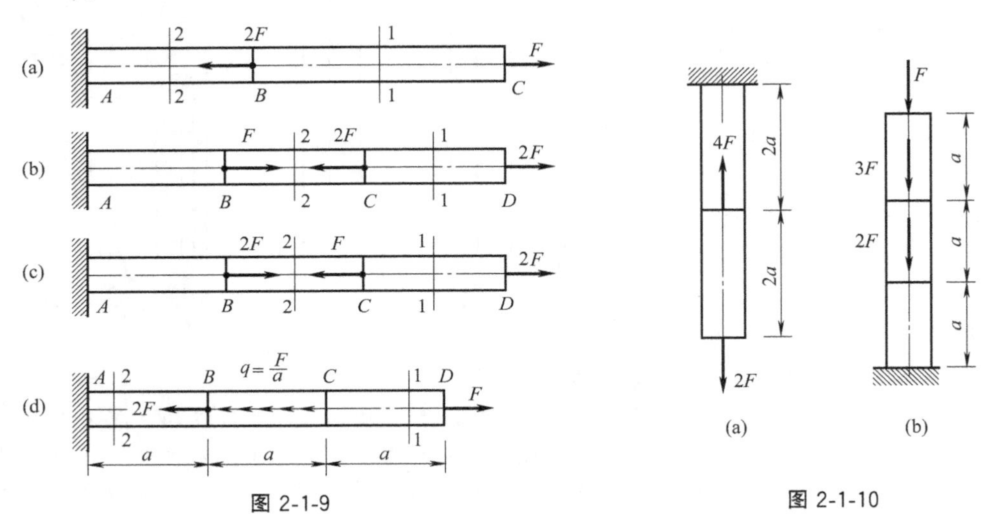

图 2-1-9　　图 2-1-10

2.2 轴向拉压杆的应力

本节导航

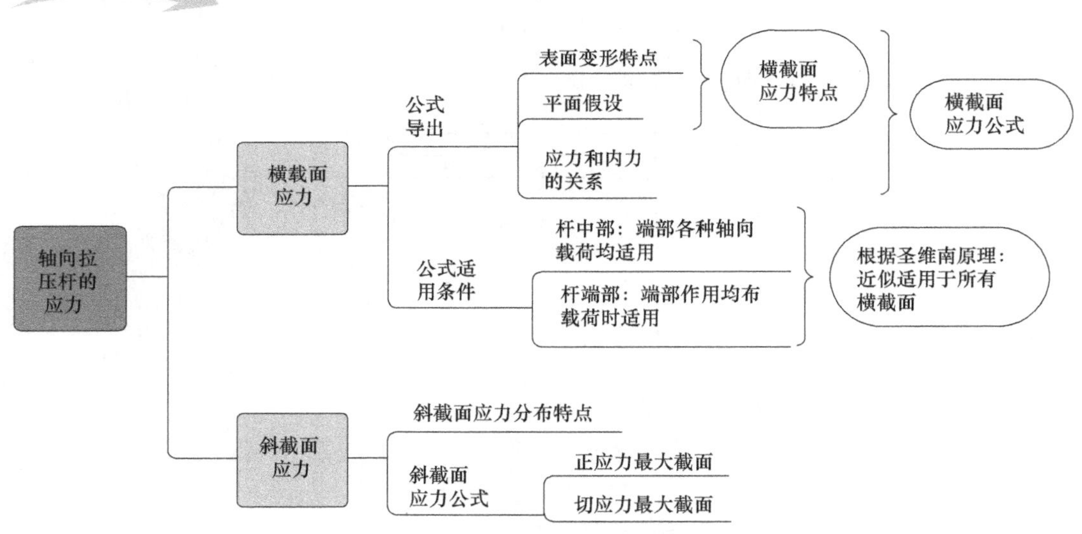

通过绘制杆的轴力图，我们可以方便地找到内力最大的横截面，但是，问题是内力最大的横截面就一定最容易发生破坏吗？最简单的例子就是，如果内力最大，截面积也最大，不见得破坏就在此截面发生。

根据以上提示，读者应该可以想到，这个量不光要和内力有关，还应该和横截面面积相关，也就是横截面**应力**。

2.2.1 轴向拉压杆的变形规律

请读者注意，横截面应力一般不是均匀分布的，也就是说各点的应力是不同的。所以如果想要求出横截面应力的大小，首先要知道应力的分布规律。由于应力不方便直接观察，所以我们一般**通过观察变形规律来推断应力的分布规律**。

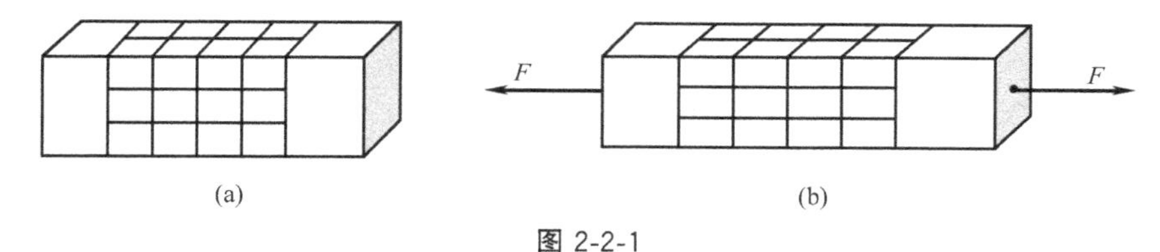

(a)　　　　(b)

图 2-2-1

下面我们研究一下图 2-2-1 所示的矩形截面（其他截面形状亦可）杆，在受到轴向拉伸时的变形规律。为方便观察，加载之前，我们在杆中间部分画出由**纵向线**（和轴线平行的线）和**横向线**（和轴线垂直的线）交织成的均匀矩形网格，如图 2-2-1（a）所示。

在受到轴向拉力后，杆表面的网格发生了如下变形：所有的纵向线段，都发生了均匀伸长；所有的横向线段，都发生了均匀缩短；而且横向线和纵向线仍保持了正交，如图 2-2-1（b）所示。

☆【思考】 请读者思考一下，以上变形规律，说明了杆表面点的**线应变**和**切应变**各有什么特点？如果对线应变和切应变的概念还不熟悉，建议复习一下 1.3 节相关部分。

☆【解析】 根据概念，所有纵向线段都发生了均匀伸长，说明表面各点的纵向线应变都相同，且为拉应变；同样横向应变为均匀的压应变。而各直角没有变化，说明表面点都没有切应变。

不过，以上应变规律只是杆表面的，内部的规律却无法观察。为此，我们做一个假设：**轴向拉压杆的横截面在变形后保持为平面，且仍然垂直于杆的轴线**。以上假设称为**平面假设**（Plane Assumption，图 2-2-2），实践证明，这个假设得到的结论是符合实际的。

由平面假设可以得出，夹在任意两个截面之间的纵向线段伸长都是一样的，如图 2-2-2 所示。综上，**无论杆表面还是内部，各点的线应变都是相同的**。

2.2.2 轴向拉压杆横截面的应力

根据以上得到的两点变形规律：①各点只有线应变，没有切应变；②各点纵向线应变是均匀的（大小相同）。可以推断横截面应力的分布规律：**轴向拉压杆横截面只有正应力，没有切应力，且正应力是均匀分布的**，如图 2-2-3 所示。

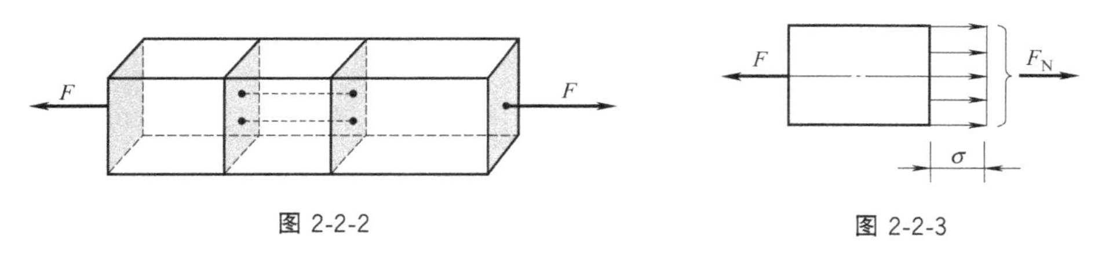

图 2-2-2　　　　图 2-2-3

假设任意横截面的轴力为 F_N，横截面面积为 A，根据以上应力分布规律可得，横截面正应力为

$$\sigma=\frac{F_N}{A} \tag{2-2-1}$$

★【注意】 由于轴力是拉为正，所以**正应力也是拉应力为正**。

使用公式（2-2-1）时，注意以下使用条件：

（1）等截面直杆（包括空心杆），或者截面变化较小的直杆。

（2）在截面突变处附近，公式结果误差较大。例如图 2-2-4（a）中，位于小孔处的截面 B 和位于倒角处的截面 C 及它们附近的截面。

（3）集中力作用的附近截面，公式不适用。例如图 2-2-4（b）中两端部附近截面。

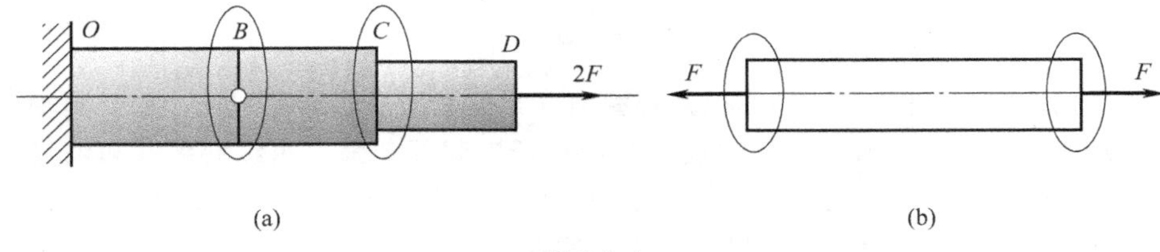

图 2-2-4

2.2.3 圣维南原理

在上面我们指出，两端是集中力 F 的时候，端部附近的应力并非 $\sigma=F/A$。试验应力分析的结果也证实了这一点：如图 2-2-5 所示，为通过试验得到的两种不同加载方式下的应力分布图。图中不同的颜色深浅代表了不同的横截面应力，中间相同颜色深浅部分的应力大小为 $\sigma=F/A$。显然，在均布载荷作用下，所有截面应力都是 $\sigma=F/A$，但集中力作用的端部应力则有很大不同。

实践证明，其他端部作用非均布载荷的轴向拉压杆，情况类似，都是中部应力可以用公式（2-2-1）来计算，但端部应力与中部应力有明显不同。

那么问题来了，非均布载荷作用的轴向拉压杆，端部应力不同的范围有多大？或者更明确一点说，不能采用公式（2-2-1）计算应力的范围有多大？

这一问题有很重要的实际意义，因为大部分轴向拉压杆，端部加载方式都不是均布载荷，例如图 2-2-6 显示的是材料力学中最常见的轴向拉伸试验，试件端部由夹头加载，受力

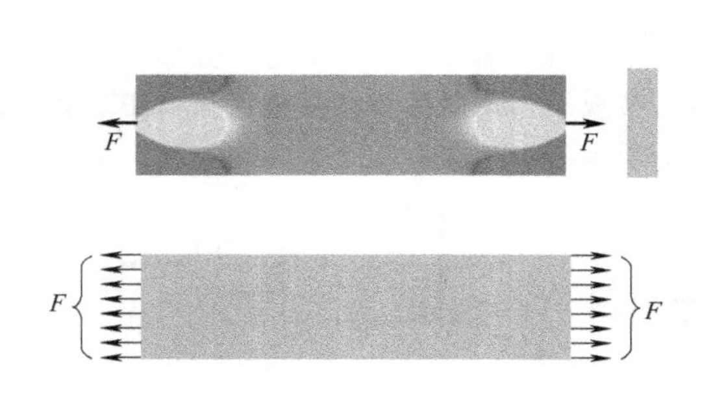

图 2-2-5

图 2-2-6

分布很难确定，但显然不是均布载荷。这样，如果端部应力不同的范围很大，公式（2-2-1）也就失去了应用价值。

法国数学家和力学家圣维南（Saint Venant）根据大量试验结果，针对类似问题给出了具有更广泛意义（不限于轴向拉压杆）的圣维南原理（Saint Venant's Principle）。

圣维南原理：如果外力系作用在构件的小区域内，在此区域内用与其静力等效的力或力系来代替原力系，则只在小区域附近应力有明显差别。在其他区域，上述代替的影响非常小，可以忽略不计。

为帮助读者理解，下面做一些解释。

首先，这里的**静力等效**是一个理论力学概念，可以理解为分布不同、但合力相同的力或力系（更专业的说法是，静力等效是指力或力系向一点简化，得到的主矢和主矩都相同）。

其次，如果将上述原理具体到轴向拉压杆，也可以这样来表述：**如果杆端部作用了分布不同，但合力相同的轴向外力，其横截面应力只在端部附近小范围内有所不同，而中部大部分区域内是相同的。**

请读者对比这两种表述，理解二者在轴向拉压杆问题中的等效性，并能在后续课程中推广应用到其他类型的构件（可以参考后面的拓展阅读）。

在圣维南原理中，有一个比较模糊的词“附近”。到底多大范围才算附近呢？下面看一下对轴向拉压杆，利用弹性力学中有限元法计算的结果。

如图 2-2-7 所示，横截面为 $\delta \times h$ 的矩形截面杆，两端受轴向拉力 F 作用，设 $h>\delta$。分别取距端部 $h/4$、$h/2$ 和 h 的 1—1、2—2 和 3—3 横截面，用数值方法（有限元法）计算各截面的应力分布，绘于杆下方。可以看出，在 1—1 和 2—2 截面，应力分布很不均匀，最大应力分别是杆中部应力 $\bar{\sigma}=F/(h\delta)$ 的 2.576 和 1.387 倍。但是在 3—3 截面，应力已趋于均匀，且最大值只比杆中部应力大了 2.7%，这在工程许可的误差范围内。由此，可以得出以下结论：**作用于杆端的静力等效的载荷，引起的杆内应力不同的范围，大致等于杆横截面的最大尺寸，其他部分的应力可以认为是相同的。**

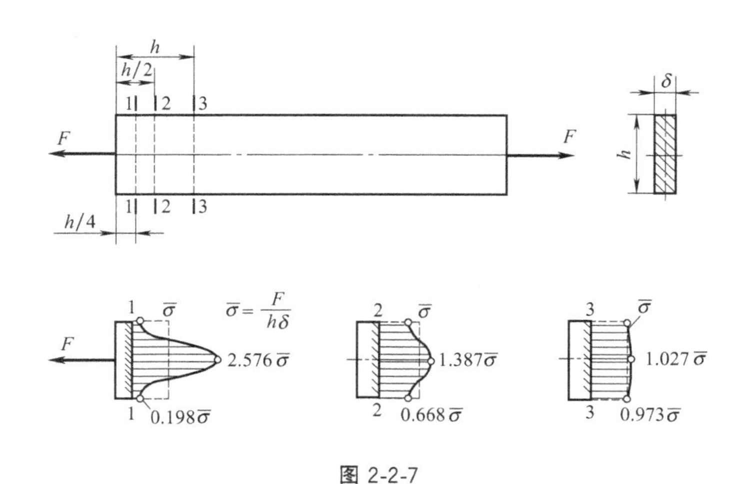

图 2-2-7

☆【注意】 根据圣维南原理，公式（2-2-1）在大多数情况下只适用于杆的中部截面。不过，**由于杆件的特点就是纵向长度远大于横向尺寸，所以一般可以忽略端部区域影响，而将公式（2-2-1）用于杆的所有横截面。**

【拓展阅读】圣维南原理的适用范围。

圣维南原理不仅可以适用于轴向拉压杆，也可适用于发生其他变形的杆件。实际上，它的应用范围还可以拓展到弹性力学中其他类型的构件，不仅是杆。下面举一个简单的例子。

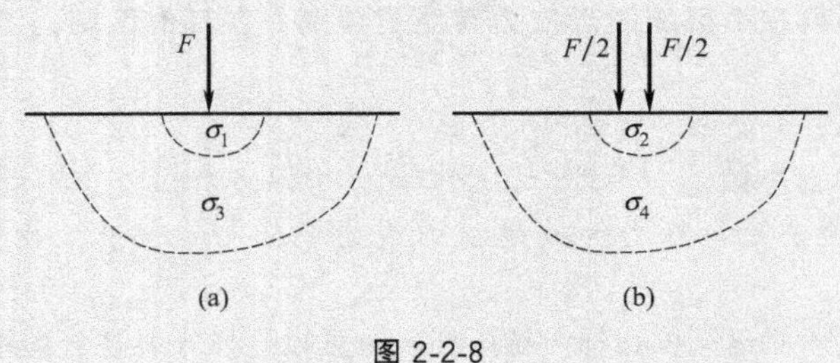

图 2-2-8

如图 2-2-8（a）所示，任意弹性体上作用有集中力，如果在一块小面积上用静力等效的两个集中力代替，如图 2-2-8（b）所示，则按照圣维南原理，两种情况下力作用点附近的应力 σ_1 和 σ_2 分布应该差别很大。但是，稍远处的应力就可以认为近似相等，即：$\sigma_3 \approx \sigma_4$。而再远处的应力，就基本没什么差别了。

需要注意的是，圣维南原理是一个通过试验总结出的原理，并未得到严格的理论证明。而且有研究发现，对于一些薄壁结构，圣维南原理并不成立。

知识点测试

2-2-1 （填空题）轴向拉压杆横截面上只有（　　）应力，没有（　　）应力，且横截面上各点应力大小（　　）。

2-2-2 （填空题）轴向拉压杆的平面假设是指在变形后，假设所有的横截面都保持为（　　），并且仍然和（　　）垂直。

2-2-3 （填空题）轴向拉压杆横截面应力计算公式为（　　），如果杆端作用的不是均布载荷，严格讲，上述公式在杆端附近（　　）适用，而在杆的中部则（　　）适用。但是由于应力公式不适用的部分很小，所以一般可以忽略不计。

<<<< 例　题 >>>>

【例 2-2-1】 图 2-2-9（a）所示结构，试求杆件 AB、BC 的应力。已知：$F=20\text{kN}$，$\alpha=45°$，斜杆 AB 为直径 20mm 的圆截面杆，水平杆 BC 为 15mm×15mm 的方截面杆。

【分析】 首先，读者应该能够根据两根杆的特点，判断出它们都是静力学中的二力杆，即受力只能沿杆的方向；其次，还应理解静力学中的二力杆，也就是材料力学中的轴向拉压杆。这样可以用静力学的方法求出杆的受力，然后再用轴向拉压杆的应力公式求出其应力。

【解】 （1）计算各杆件的轴力

设斜杆 AB 为 1 杆，水平杆 BC 为 2 杆，取节点 B 为研究对象，受力如图 2-2-9（b）所示，其中各轴力仍然采用**设正法**（还记得吗?），设为拉力。由平面汇交力系平衡可得

$$\sum F_x=0,-F_{N1}\cos45°-F_{N2}=0$$

$$\sum F_y=0,F_{N1}\sin45°-F=0$$

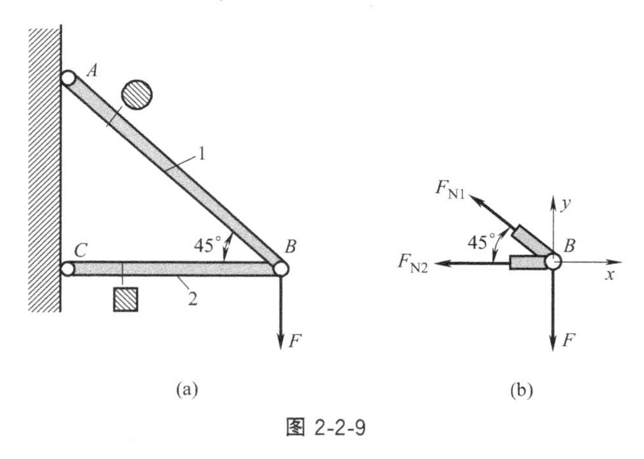

图 2-2-9

解得 $F_{N1}=28.3\text{kN}$(拉力),$F_{N2}=-20\text{kN}$(压力)

(2) 计算各杆件的应力

$$\sigma_1=\frac{F_{N1}}{A_1}=\frac{28.3\times10^3}{\frac{\pi}{4}\times20^2}\text{MPa}=90\text{MPa}(拉应力)$$

$$\sigma_2=\frac{F_{N2}}{A_2}=\frac{-20\times10^3}{15^2}\text{MPa}=-89\text{MPa}(压应力)$$

☆**【注意】** 上面求应力时，利用了 $\text{N/mm}^2=\text{MPa}$，将力的单位取为 N，而长度单位取为 mm，则计算出的应力单位是 MPa，这是工程中最常用的应力单位。

【例 2-2-2】 如图 2-2-10（a）所示，是从流体输送管道中截取的一小段，可简化为薄壁圆环受均匀内压问题，已在：圆环内径 $d=200\text{mm}$，壁厚 $\delta=5\text{mm}$，截取段的长度为 b（大小不影响结果），承受的内部流体压强 $p=2\text{MPa}$。试求径向截面［即图 2-2-10（a）中剖面图的阴影部分］上的应力。

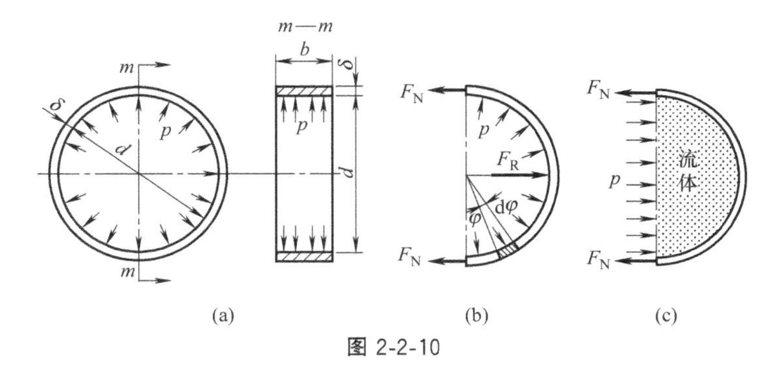

图 2-2-10

【分析】 ①力学当中的“薄壁”有其特定的含义：首先，如果是薄壁圆环的话，壁要足够薄，一般要求圆环内径（或平均直径）是壁厚的 20 倍以上；其次，如果壁如果很薄的话，一般可以认为力学量（例如应力、应变等）沿壁厚变化很小，可以忽略不计。②圆环径向截面的应力和我们所学的轴向拉压杆应力有关系吗？如图 2-2-10（b）所示，取出右半部分截离体，很容易看出径向截面的内力为拉力。如图所示将截离体微分成微段，将内部压强作用于微段上，产生的力无限小，所以微段的变形可以认为是拉伸变形。这样圆环就可以看作由无限多个发生拉伸变形的微段组成，求应力和变形时都可以按照拉杆的公式来计算。

【解】 如图 2-2-10（b）所示，用径向截面将薄壁圆环截开，取其右半部分为截离体，则内部压力的合力为

$$F_R=\int_0^{\pi}\left(pb\frac{d}{2}\mathrm{d}\varphi\right)\sin\varphi=pbd$$

由此的径向截面上的内力为：$F_N=\frac{F_R}{2}=\frac{pbd}{2}$

径向截面的应力分析：沿厚度方向，由于壁厚很薄，可以认为应力均匀分布；沿长度 b 方向，由于内部压力均匀分布，应力也应该均匀分布。所以，在整个截面上可以认为应力均匀分布，则应力大小为：

$$\sigma=\frac{F_N}{A}=\frac{1}{b\delta}\left(\frac{pbd}{2}\right)=\frac{pd}{2\delta}=\frac{(2\text{MPa})(200\text{mm})}{2\times(5\text{mm})}=40\text{MPa}$$

★**【注意】** 如果选取截离体时，不是只取半个圆环［图 2-2-10（b）］，而是如图 2-2-10（c）所示，包含了圆环内部的流体，则流体作用于圆环的压力属于内力，平衡计算时不必考虑；而流体之间的压力则成为外力，由此可以方便地求出截面内力。这一技巧对于求内压的合力非学有用，请读者认真体会并掌握。

2.2.4 轴向拉压杆斜截面上的应力

前面给出了轴向拉压杆横截面应力的公式，但实践证明，有时候强度破坏并非沿横截面发生，所以有必要再研究一下斜截面上的应力。

（1）斜截面应力的分布规律

前面我们推导横截面应力公式时，曾经给出结论，杆的纵向线段变形是均匀的。那么，如图 2-2-11（a）所示，任意两个斜截面间的纵向线段变形也应该是均匀的，从而推断：斜截面应力也应该是均匀分布的，并且沿轴线方向，如图 2-2-11（b）所示。

★**【注意】** 此时的应力不再是正应力，而是截面的全应力。

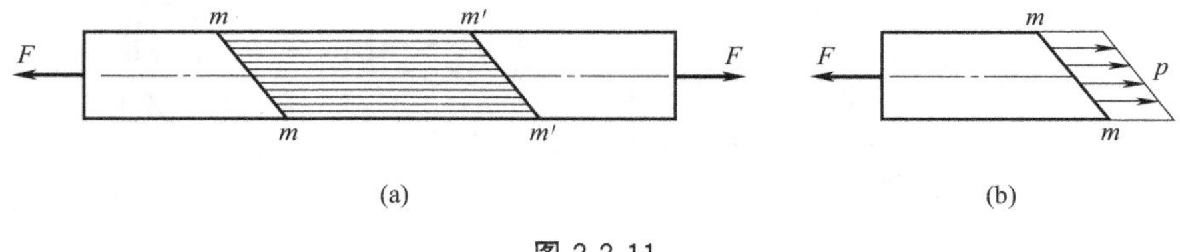

图 2-2-11

（2）斜截面应力的计算

为方便计算，我们一般用斜截面和横截面之间的夹角 α 表示斜截面的方位，如图 2-2-12（a）所示，也可以按照数学上的惯例，用斜截面法线和横截面法线（轴线）之间的夹角 α 表示其方位，如图 2-2-12（b）所示，二者是等效的。α 按照逆时针为正、顺时针为负确定符号。

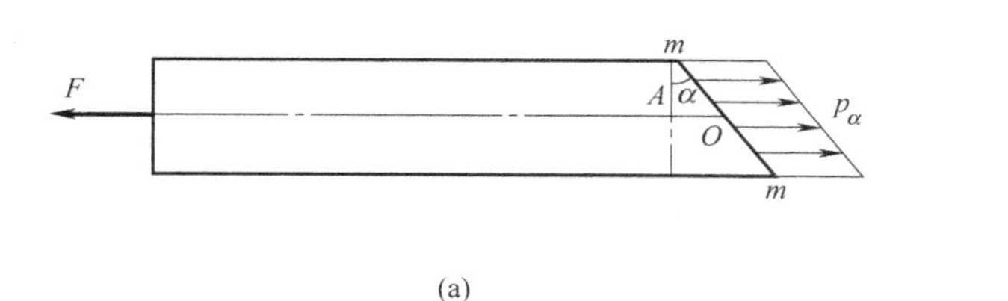

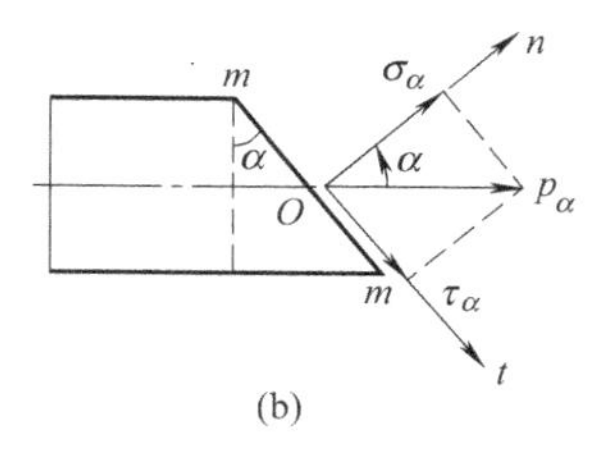

图 2-2-12

设横截面积为 A，则斜截面面积为 $A/\cos\alpha$，所以全应力

$$p_\alpha=\frac{F}{A/\cos\alpha}=\frac{F}{A}\cos\alpha=\sigma_0\cos\alpha$$

式中，σ_0 是横截面应力。

按照惯例，我们将全应力分解为正应力和切应力。为此，先在斜截面上建立外法线 n 轴和切线轴 t，其中 **t 轴正向由外法线 n 轴顺时针旋转 90°来确定**，见图 2-2-12（b）。将全应力向两个坐标轴分解，分量大小分别为

$$\left.\begin{aligned}\sigma_\alpha&=p_\alpha\cos\alpha=\sigma_0\cos^2\alpha\\ \tau_\alpha&=p_\alpha\sin\alpha=\frac{\sigma_0}{2}\sin2\alpha\end{aligned}\right\}\tag{2-2-2}$$

利用上式求得正值，则应力沿坐标轴正向，反之，则沿坐标轴负向。

（3）斜截面应力的最大值

由公式（2-2-2），可以方便地求出所有斜截面中（包括横截面），正应力和切应力的最大值：

正应力最大值在 $\alpha=0$ 截面，也就是横截面上，$\sigma_{max}=\sigma_0$；

切应力最大值在 $\alpha=45°$ 斜截面，$\tau_{max}=\sigma_{\alpha=45°}=\sigma_0/2$。

由以上结论，我们可以分析一些现象，例如在拉伸试验中，试件沿横截面断开，如图 2-2-13 所示，说明是正应力导致了其断裂；而压缩试验中，铸铁试件在大约 45°斜截面上破坏（由于其他因素影响，实际角度可能比 45°大一些），如图 2-2-14 所示，说明造成破坏的原因是切应力。

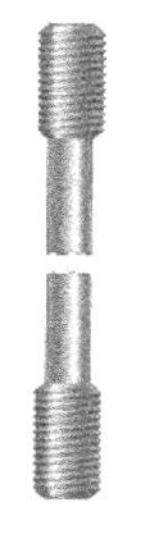

图 2-2-13

图 2-2-14

知识点测试

2-2-4 （单选题）如图 2-2-15 所示，杆受拉力作用，关于杆三个截面的内力，正确的是（　　）。

A. 都相等；　　　　　　　　　　B. 都不等；

C. 1、2相等，与3不等；　　　　D. 2、3相等，与1不等。

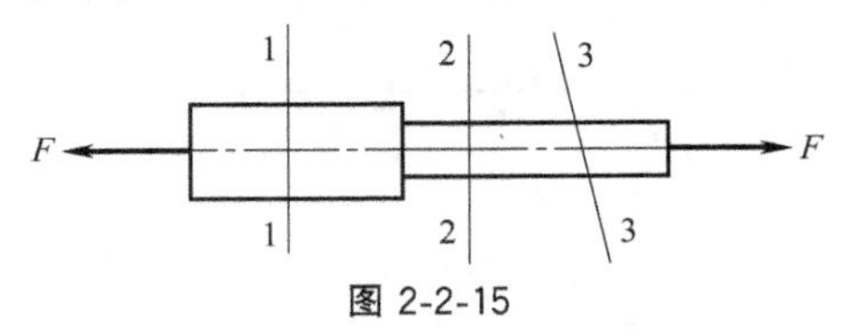

图 2-2-15

2-2-5 （填空题）对于轴向拉压杆，正应力最大的截面是（　　）截面；切应力最大的截面是与横截面夹角为（　　）度的截面，大小为横截面正应力的（　　）。

<<<< 例　题 >>>>

【例 2-2-3】 如图 2-2-16（a）所示轴向受压杆，已知：$F=50\text{kN}$，横截面积 $A=400\text{mm}^2$。试求：斜截面 $m—m$ 上的应力。

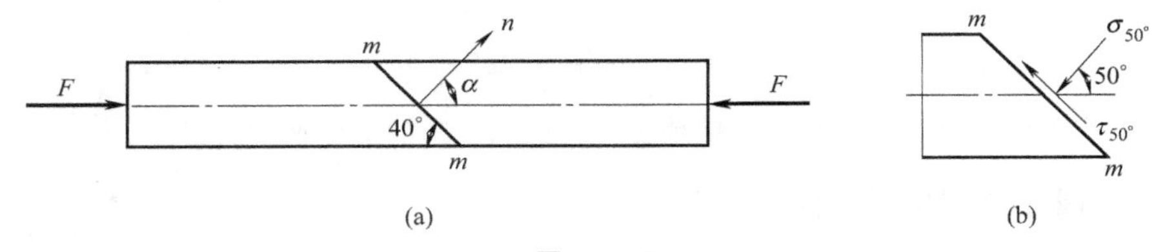

图 2-2-16

【分析】 本题可以套用公式（2-2-2）求解，但也要注意不要生搬硬套：例如其中的 α 角是斜截面和横截面的夹角，而不是图中的角度。另外，注意一下斜截面上应力的正负所表示的方向。

【解】 杆的轴力 $F_N=-F$，则横截面应力为

$$\sigma_0=\frac{F_N}{A}=\frac{-F}{A}=\frac{-50\times10^3}{400}\text{MPa}=-125\text{MPa}$$

斜截面和横截面夹角 $\alpha=90°-40°=50°$，代入公式（2-2-2）得

$$\sigma_{50°}=\sigma_0\cos^2\alpha=\sigma_0\cos^2 50°=-51.6\text{MPa}$$

$$\tau_{50°}=\frac{\sigma_0}{2}\sin 2\alpha=\frac{\sigma_0}{2}\sin100°=-61.6\text{MPa}$$

其中的负号表示与斜截面的外法线轴和切线轴正向相反，如图 2-2-16（b）所示。

小结

通过学习，应达到以下目标：

（1）掌握轴向拉压杆横截面应力的计算；

（2）掌握圣维南原理的应用；

（3）了解斜截面应力分布的计算公式，知道最大正应力和最大切应力所在截面的位置。

<<<< 习　题 >>>>

2-2-1 试求图 2-2-17 中部对称开槽直杆的 1—1、2—2 横截面上的正应力。

2-2-2 在图 2-2-18 所示结构中，若钢拉杆 BC 的横截面直径为 10mm，$F=7.5\text{kN}$，试求拉杆横截面上的应力。设由 BC 连接的 1 和 2 两部分均为刚体。

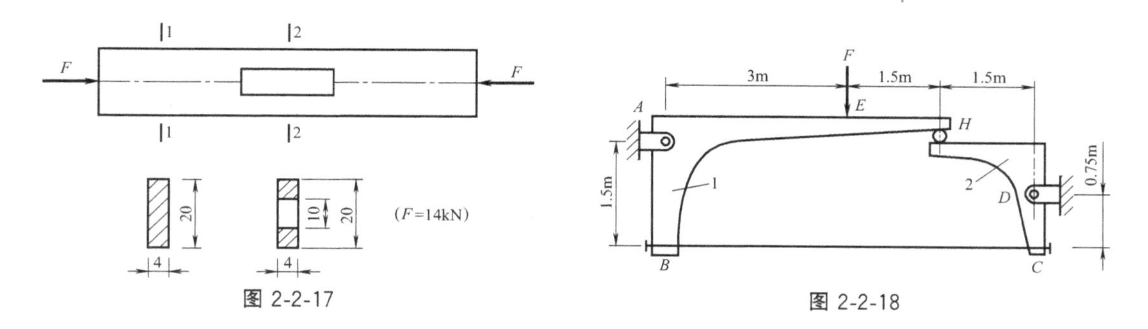

图 2-2-17

图 2-2-18

2-2-3　在图 2-2-19 所示结构中，两根水平杆 AC、CD 皆为刚体，1、2 两杆的横截面直径分别为 10mm 和 20mm，$F=10\text{kN}$，试求两杆横截面上的应力。

2-2-4　如图 2-2-20 所示杆件，由两根木杆粘接而成，承受轴向载荷 F 作用。若欲使粘接面上的正应力为其切应力的 2 倍，则粘接面的方位角 θ 应为何值？

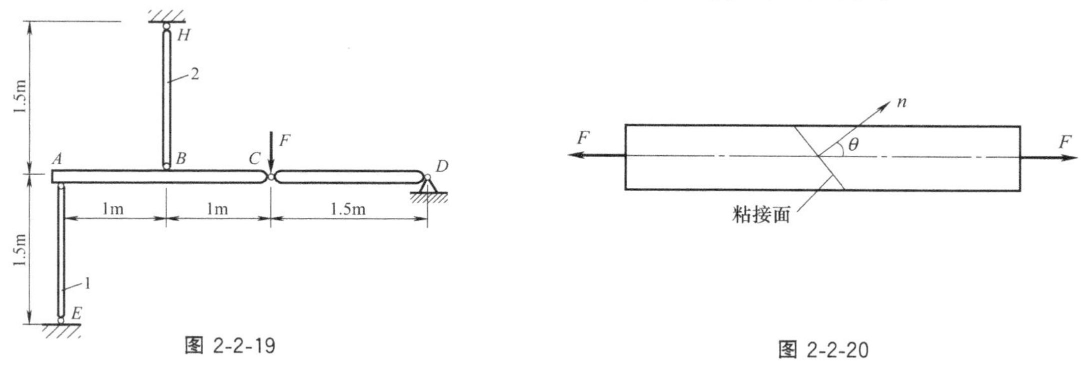

图 2-2-19

图 2-2-20

2.3 材料在拉压时的力学性能

本节导航

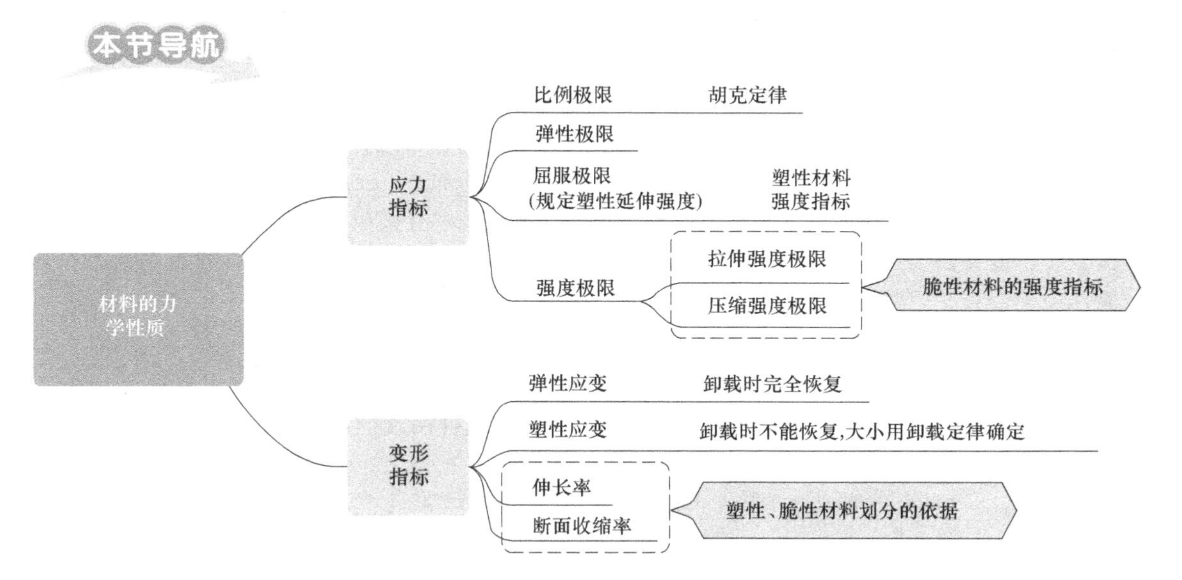

前面我们学习了轴向拉压杆的内力和应力，需要知道的是，杆件的破坏和变形，并非只是和这些有关，还和构成杆件的材料有关。**材料在受载过程中，所表现出的与变形与破坏有关的性质，称为力学性能**（Mechanical Properties），或称**机械性能**。不同材料的力学性能有些具有相似性，有些又有很大的差别。根据这种性质的相似性和差别，可以对材料进行归类，最常见的分类方式是分为**塑性材料**（Ductile Material）和**脆性材料**（Brittle Material）。

本节选取了典型的塑性材料——低碳钢（Low Carbon Steel），以及脆性材料——铸铁（Cast Iron）作为试验材料，分别讲述其在拉伸和压缩试验时的力学性能。

2.3.1 低碳钢在拉伸时的力学性能

为保证材料试验的标准化，国家制定了一系列的试验标准。本节讲述的拉伸试验属于室温静载试验，是根据国标《金属材料　拉伸试验　第 1 部分：室温试验方法》GB/T 228.1—2010 执行的。

★【**注意**】上述国标中采用的一些力学量符号和常用力学教材中的符号相差较大。为保持连续性，本书仍然沿用了传统力学教材中的符号，实际上也就是原国标 GB 228—1987 中所采用的符号。

2.3.1.1 拉伸标准试件

图 2-3-1 所示是国标中规定的两种拉伸标准试件，其中图 2-3-1（a）中部是圆形截面，图 2-3-1（b）中部是矩形截面。一般在试件中部等直部分用线标出一部分，作为试验测量段，称为工作段，其长度称为**标距**（Gage Length），用符号 l 表示。对圆形截面试件，规定 $l=10d$ 或 $l=5d$，其中，d 为标距部分的横截面直径；对于矩形截面试件，规定 $l=11.3\sqrt{A}$ 或 $l=5.65\sqrt{A}$，其中 A 为标距部分的横截面面积。

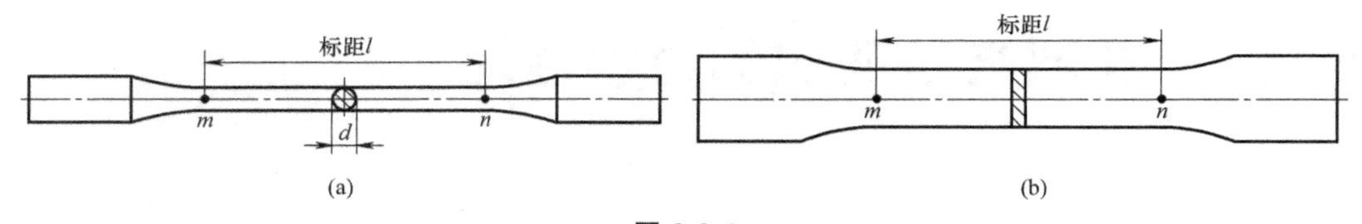

图 2-3-1

2.3.1.2 试验设备

试验设备分为加载部分和变形测量部分，加载部分对试件施加载荷并测量载荷大小，一般采用**万能试验机**（Universal Testing Machine），如图 2-3-2（a）所示为老式机械式万能试验机，图 2-3-2（b）所示为电子式万能试验机；变形测量部分则用来测量试件的变形，一般需要多个设备协同工作，统称为**引伸仪**（Extensometer）。关于这部分内容，在材料力学试验课中，会有专门的介绍，这里就不再赘述。

2.3.1.3 低碳钢拉伸曲线的主要特征

低碳钢在室温（常温）和静载（加载速度较慢）下做拉伸试验所得到的拉力-伸长量（F-Δl）曲线如图 2-3-3 所示。其中 F 是试验机施加在试件两端的载荷，也就是试件的内力（或称抗力），Δl 则是引伸仪所测得的标距段的伸长量。习惯上，将以上曲线称为低碳钢的**拉伸曲线**（Tensile Diagram）。低碳钢的拉伸曲线可分为四段。

阶段Ⅰ：图 2-3-3 中 Ob 段，称**弹性段**。在本段中，如果在任一点处**卸载**（逐渐减小载

(a)

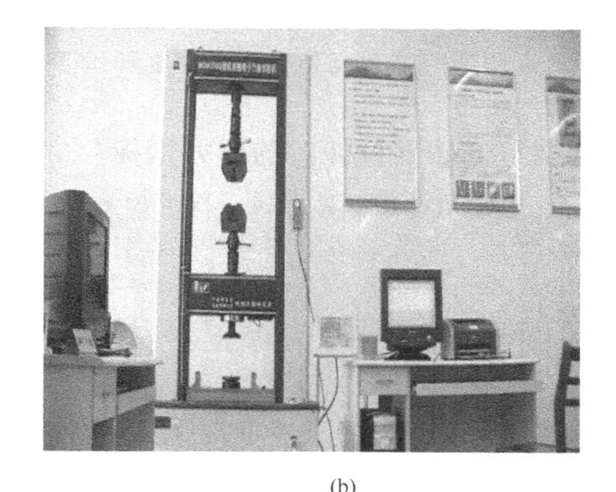
(b)

图 2-3-2

荷)，变形能完全恢复。其中的 Oa 段，则是**线弹性段**，在本段中，力和伸长量是成正比的。

阶段Ⅱ：图 2-3-3 中 bd 段，称**屈服段**。在本段内，载荷出现波动，变化不大，但是伸长量却显著增加。这种**载荷基本不增大而变形显著增加的现象**，在力学上称为**屈服**（Yielding）。

【说明】 图 2-3-3 中的拉伸曲线属于示意图，为清楚起见，将弹性段的伸长量进行了放大。实际上在屈服阶段的伸长量远大于弹性段的伸长量，所以前面用了"变形显著增加"这一说法。

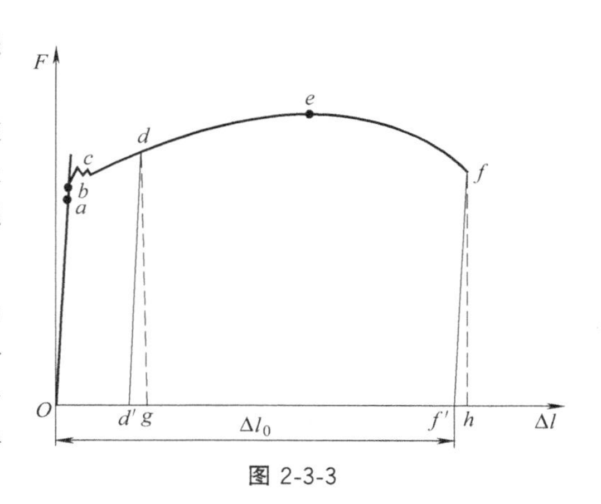

图 2-3-3

屈服时，一个明显特征是在试件表面大约和轴线呈 45°方向出现了条纹（如果试件表面经过抛光，则肉眼可见，但一般需要通过放大设备观察），如图 2-3-4 所示。这是由于材料内部发生了相对滑动造成的，所以被称为**滑移线**（Sliding Line）。

提示：由公式（2-2-2）可知，45°方向应该是轴向拉压杆最大切应力的方向，因此切应力是滑移线出现的原因。所以，屈服从本质上说，是一种材料内部的剪切变形。

阶段Ⅲ：图 2-3-3 中 ce 段，称**强化段**或**硬化段**。在本段内，载荷又开始明显增加，直到 e 点，即试件能承受的最大载荷。说明在本段内，材料又恢复了抵抗变形的能力，称为**材料的强化**。

图 2-3-4

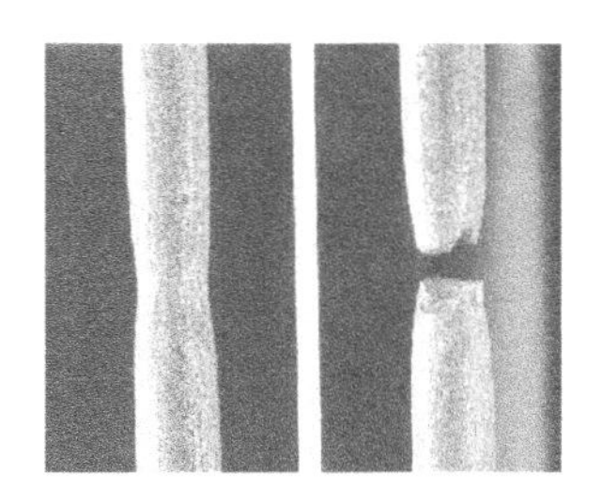
图 2-3-5

阶段Ⅳ：图 2-3-3 中 ef 段，称**局部变形段**。在本段内，试件某一局部横截面积急剧减小，出现所谓的**缩颈**现象，而载荷也开始逐步下降，直至在缩颈最细的部位断裂，见图 2-3-5。

2.3.1.4 低碳钢拉伸时的应力指标

图 2-3-3 中所示的拉伸曲线，横坐标和纵坐标分别采用了伸长量和拉力，这二者都是和试件尺寸有关的。为消除尺寸的影响，取工作段应力 $\sigma=F/A$（A 为工作段初始横截面面积）作为纵坐标，工作段应变 $\varepsilon=\Delta l/l$ 作为横坐标，重新绘制出试件的**应力-应变曲线**（Stress-strain Curve），如图 2-3-6 所示。应力-应变曲线和拉力-伸长量曲线一样分为四段，这里就不再一一介绍。

★**【说明 1】** 上述工作段应力、应变习惯上称为试件的**名义应力**（Nominal Stress）和**名义应变**（Nominal Strain），这是因为在加载过程中，工作段的横截面积和长度都发生了很大变化，用原始横截面积和长度算出的应力、应变并非实际值。一个例子就是在局部变形阶段，如图 2-3-6 所示，按照名义应力画出的图线是下降的。但实际上，此时横截面积急剧缩小，如果按照实际横截面积算出应力，图线应该还是上升的。但是，材料力学习惯上仍然按照名义值来画应力-应变曲线。

★**【说明 2】** 图 2-3-6 所示的应力-应变曲线为示意图，并没有严格按照比例来绘制，否则屈服段的应变值应该远大于弹性段的应变值。

下面结合应力-应变曲线给出几个关键的应力值，也称应力指标。

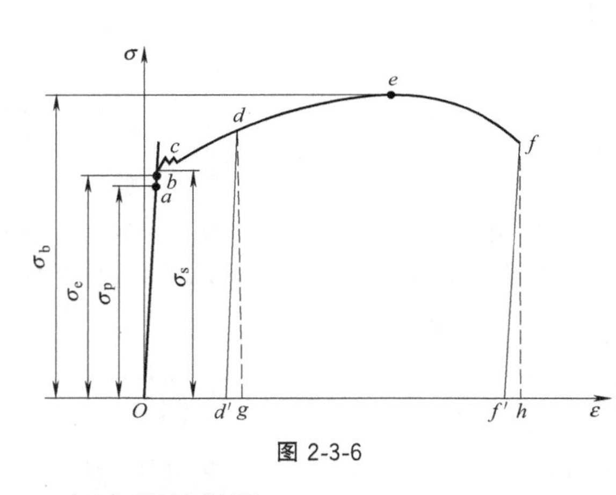

图 2-3-6

（1）比例极限

图 2-3-6 中 Oa 段为线弹性段，其最高点的应力值 σ_p 称为**比例极限**（Proportional Limit），是线弹性段的一个重要指标。当应力 $\sigma \leqslant \sigma_p$ 时，应力、应变满足

$$\sigma=E\varepsilon \qquad (2\text{-}3\text{-}1)$$

称为**单向胡克定律**（Hook′s Law）。其中：比例常数 E 称为**弹性模量**（Elastic Modulus），单位与应力相同，但对于金属材料，其值较大，所以常用单位为 GPa。

（2）弹性极限

图 2-3-6 中 Ob 段为弹性段，其最高点的应力值 σ_e 称为**弹性极限**，是弹性段的一个重要指标。注意其中的 ab 段是弹性段，却不是线性的。

★**【注意】** 比例极限和弹性极限相差很小，所以在工程问题当中，往往不再严格区分，认为整个弹性段都是线弹性的。

（3）屈服极限

图 2-3-6 中 bc 段为屈服段，其中应力变化不大，而且存在波动。一般将应力波动的上限称为上屈服极限，下限称下屈服极限。试验证明：上屈服极限值受各种试验因素影响，不够

稳定；而下屈服极限值则比较稳定。所以，将低碳钢的下屈服极限值称为其**屈服极限**（Yielding Limit）**或屈服强度**（Yielding Strength），用符号 σ_s 表示。对于低碳钢一类塑性材料，当发生屈服时，会发生很大的变形，会影响构件的正常工作。所以，当应力达到材料的屈服极限时，一般就认为构件"破坏"了，或称为**强度失效**了。这样，σ_s 就成为塑性材料最重要的强度指标。

（4）强度极限

图 2-3-6 中 e 点，是材料所能承受的最大名义应力，称为**强度极限**（Strength Limit），用符号 σ_b 表示。它也是材料最重要的强度指标之一，尤其是对后面要讲到的脆性材料。

2.3.1.5 低碳钢拉伸时的变形规律

在这里提到的变形规律，不但包括加载时的变形规律，而且包括在**卸载**（Unloading）时，也就是逐渐减小载荷时的变形规律。加载时的规律如图 2-3-6 中完整曲线所示，下面主要说一下卸载的规律。

（1）弹性段的变形规律

在弹性段，试验证明，卸载时应力-应变仍然满足图 2-3-6 中 Ob 段的规律，所有应变都能完全恢复，也就是此阶段的应变都是**弹性应变**（Elastic Strain）。弹性应变一般用符号 ε_e 表示。由于非线性弹性段比较短，所以可以近似认为，**在弹性段，无论加载还是卸载，应力-应变都符合胡克定律**，即式（2-3-1）。

（2）非弹性段的变形规律

在非弹性段卸载时，试验证明：应力-应变仍然符合胡克定律，参见图 2-3-6 中的 dd' 卸载直线。可见：**在卸载过程中，应力和应变始终符合胡克定律**，这被称为**卸载定律**。

以图 2-3-6 中的 d 点应变为例，可以看出：在卸载时，应变有部分恢复（图中的 $d'g$ 部分），即**弹性应变** ε_e，还有一部分没有恢复（图中的 Od' 部分），称为**塑性应变**（Plastic Strain）或**残余应变**（Residual Strain），用符号 ε_p 表示。这样在除弹性段以外的部分，一点的应变可以表示为

$$\varepsilon=\varepsilon_e+\varepsilon_p \tag{2-3-2}$$

各量在图中标注如图 2-3-6 所示。

那么，卸载之后再加载，试件会怎么变形呢？

试验证明，如果卸载之后接着进行第二次加载，例如图 2-3-6 中由 d 卸载至 d' 点再加载，则加载曲线仍按 $d'd$ 直线原路返回，并接着原来的曲线继续变形直至破坏。可见对第二次加载来讲，材料的弹性极限会得到提高，同时破坏前的塑性变形则会减小，这种现象称为**冷作硬化**。建筑中所采用的钢筋（图 2-3-8），在使用之前经常先拉伸至强化段，就是利用冷作硬化效应提高钢筋的弹性范围。

★**【注意】** 冷作硬化可以提高材料的弹性极限，但同时也会降低其塑性变形能力，使之变脆，易出现裂纹，可以说有利有弊。在机械行业中，可以采用退火工艺消除这种效应。

另外，冷作硬化具有时效性，例如经过冷拔的钢筋，一般要在常温下放置 15～20 天再使用，此时材料的弹性极限和强度极限都会得到进一步提高，但破坏前的塑性变形更小，即材料变得更脆，参见图 2-3-7 中 d 点上部的虚线部分，这一性质被称为冷拉时效。

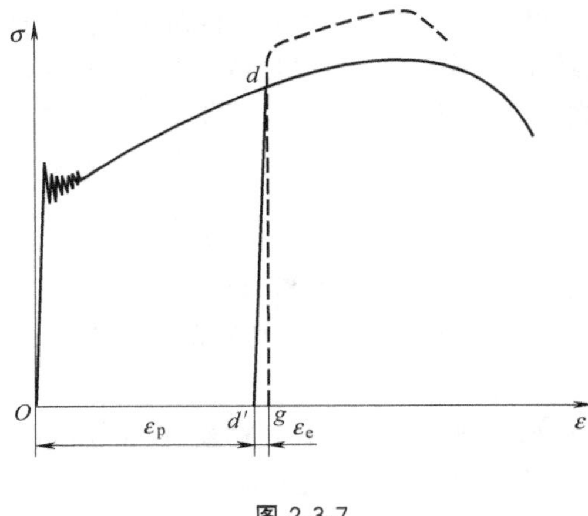

图 2-3-7

图 2-3-8

2.3.1.6 塑性材料和脆性材料的划分

（1）材料的塑性

材料的塑性是指材料经历较大的塑性变形而不破坏的能力。

一般来讲，衡量材料的塑性好坏有两个指标：一是伸长率，二是断面收缩率。

伸长率，或称**断后伸长率**，一般用符号 δ 来表示，定义为

$$\delta=\frac{\Delta l_0}{l}\times 100\% \tag{2-3-3}$$

式中，Δl_0 是指试件断裂后，标距段的残余变形，可以参见图 2-3-1，测量方法是：将断裂的试件重新拼接，测出标距段长度，再减去标距的原长。

可见，伸长率实际就是试件断裂时，标距段的平均塑性应变（用百分数表示）。

★【思考】 请读者根据以上内容，在应力-应变曲线图 2-3-6 中标出伸长率的大小。

断面收缩率，一般用符号 ψ 表示，定义为

$$\psi=\frac{A-A_1}{\mathrm{A}}\times 100\% \tag{2-3-4}$$

式中，A 为标距段横截面原面积；A_1 为断裂后断口的横截面面积。

由以上两个量的定义可以看出：**伸长率和断面收缩率越大，材料的塑性就越好**。

（2）塑性材料和脆性材料的划分

一般根据伸长率将材料划分为两类。

塑性材料：$\delta\geqslant 5\%$，例如结构钢与硬铝等，也称**延性材料**。

脆性材料：$\delta<5\%$，例如铸铁与陶瓷等。

2.3.1.7 其他塑性材料在拉伸时的力学性能

在图 2-3-9 中给出了几种金属塑性材料在拉伸时的应力-应变曲线。由图可以看出，它们不像低碳钢那样，在拉伸过程中有完整的四个阶段。而且它们有一个共同的特征：都没有明显的屈服阶段。

对于没有明显屈服阶段的材料，无法直接确定其屈服极限 σ_s。而我们知道，屈服极限是塑性材料最重要的强度指标。没有了它，就无法解决相应的强度问题。为此，我们给它规定一个屈服极限，即取塑性应变为0.2%时所对应的应力为名义屈服极限，称为**规定塑性延伸强度**（Proof Strength of Non-proportional extension），或称**名义屈服极限**（Nominal Yielding Strength），用符号 $\sigma_{p0.2}$ 表示，见图2-3-10。

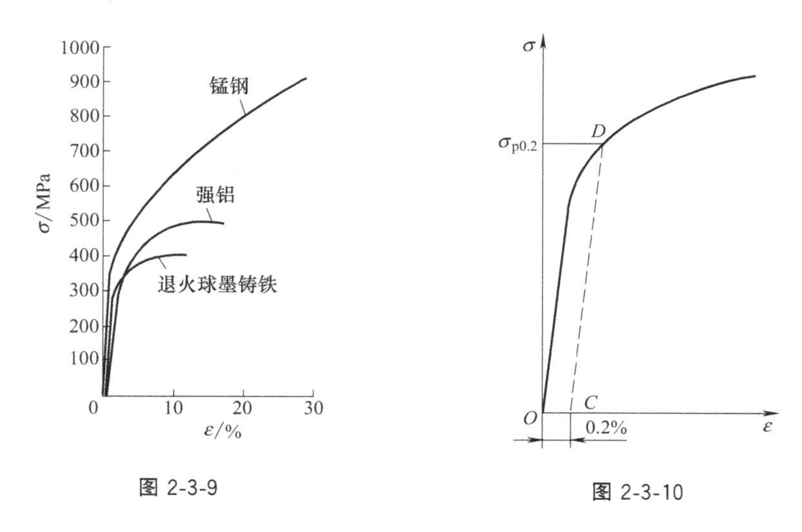

图 2-3-9　　　　图 2-3-10

☆【思考】 图2-3-10中从 C 到 D 为什么用斜直线连接？斜直线的斜率怎样确定？

☆【解析】 如图2-3-10，而求 D 点的塑性应变，按照卸载定律，应该用平行于初始直线段的直线截水平轴，得到 C 点的水平坐标就是0.2%的塑性应变。

2.3.2 低碳钢在压缩时的力学性能

材料在压缩时所采用的试件和拉伸时不同：为防止在压缩时发生弯曲，一般采用短粗的试件，一般金属试件为圆柱体，如图2-3-11（a）所示；而非金属材料试件则为长方体，如图2-3-11（b）所示。图中的 l/d 和 l/b 一般取1～3。

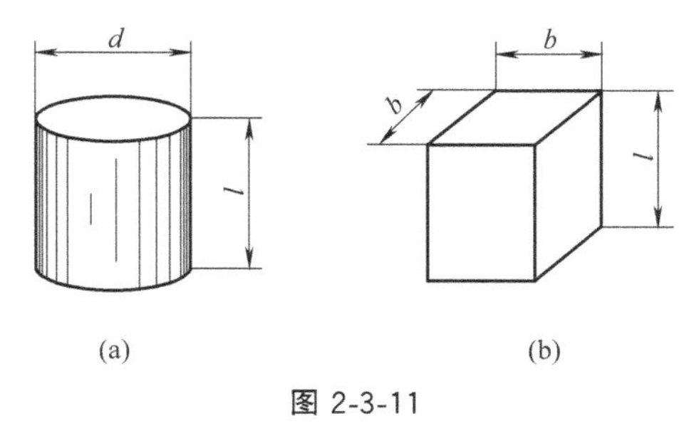

图 2-3-11

低碳钢试件在压缩试验中，开始的表现和拉伸试件非常类似，但是在强化段之后，由于现有的试验机无法将试件压坏，因此应力开始一直增加直到试验结束，应力-应变曲线可以参见图2-3-12（a）。在这个过程中，试件先是被压成鼓状，如果应力继续增加，还会被压成饼状，如图2-3-12（b）所示。

由图2-3-12（a）可以看出，低碳钢在拉伸和压缩时的比例极限（弹性极限）和屈服极限大小都非常近似。因此，可以认为：**低碳钢（塑性材料）拉伸和压缩时的弹性指标和强度指标都是相同的。**

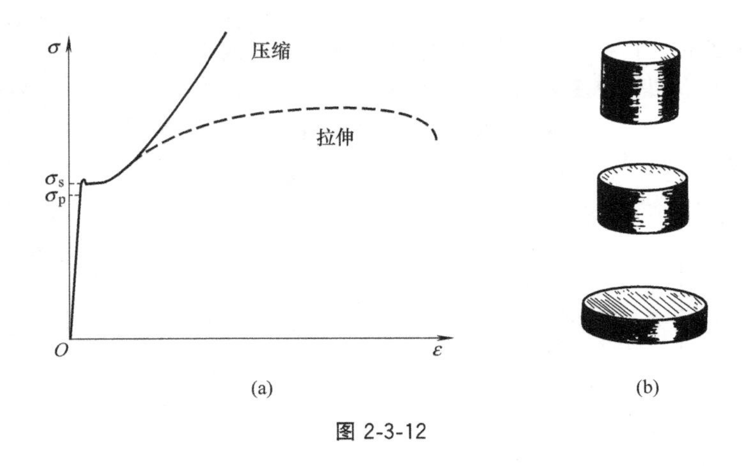

图 2-3-12

2.3.3 铸铁拉伸和压缩时的力学性能

铸铁在拉伸时的应力-应变曲线如图 2-3-13 所示，为微弯的曲线。试件突然拉断，没有屈服和缩颈现象，断后伸长率约为 0.5%。铸铁为典型的脆性材料。

150
140
120
100
80
60
40
20
σ/MPa
0 0.1 0.2 0.3 0.4 0.5 0.6
ε/%

图 2-3-13

铸铁的拉伸强度极限 σ_b 约为 140MPa，它是衡量铸铁（脆性材料）拉伸强度的唯一指标。

铸铁压缩时的应力-应变曲线如图 2-3-14 所示，为方便比较，其拉伸曲线也用虚线绘于图中。可以看出，**铸铁压缩时破坏前变形远大于拉伸时的情况，压缩时的强度极限远大于拉伸时的强度极限**。这也是一般脆性材料的属性。

试件的断裂情况如图 2-3-15 所示，断口与轴线约呈 50°～55°。

由于脆性材料的抗拉强度远小于抗压强度，所以常被用于制造受压构件，例如机床的底座（图 2-3-16）等。

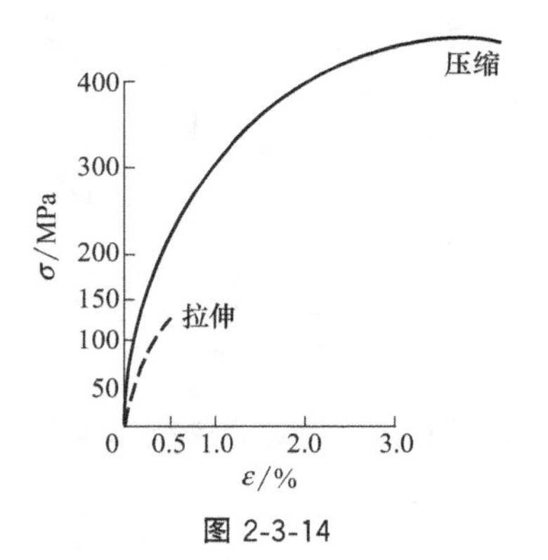

图 2-3-14

图 2-3-15

图 2-3-16

【注意】 铸铁的拉伸和压缩曲线均为微弯曲线，没有直线段，因此没有严格意义上的弹性模量。在工程上，一般取总应变为0.1%之前的应力-应变曲线，用这段曲线的割线斜率来近似作为材料的弹性模量，称**割线弹性模量**。

知识点测试

2-3-1 （填空题）低碳钢试件拉伸时经历的四个阶段是（　　）、（　　）、（　　）、（　　）。

2-3-2 （填空题）在屈服阶段，低碳钢试件表面会出现沿45°方向的（　　）线；在破坏前，试件会出现（　　）现象。

2-3-3 （填空题）在拉伸试验的线弹性段内，（　　）和（　　）成正比，即（　　）定律，比例常数称为（　　）。

2-3-4 （填空题）低碳钢试件拉伸试验中，材料的应力变化很小但应变显著增加的阶段是（　　）阶段。

2-3-5 （填空题）低碳钢的几个重要的应力指标：弹性段有（　　）和（　　），塑性段有（　　），破坏阶段有（　　）。

2-3-6 （单选题）关于低碳钢在屈服阶段的变形最准确的说法为（　　）。

A. 线弹性；　B. 弹性；　C. 塑性；　D. 弹性＋塑性。

2-3-7 （填空题）低碳钢在硬化阶段卸载后如果再加载，（　　）极限会上升。

2-3-8 （填空题）对于塑性材料最重要的强度指标是（　　）极限，对没有明显屈服段的材料用规定（　　），可用符号分别表示为（　　）。

2-3-9 （单选题）低碳钢在拉伸和压缩两种情况下的屈服极限（　　）。

A. 拉伸时较大；　　　　B. 压缩时较大；

C. 近似相等；　　　　　D. 不好判断。

2-3-10 （填空题）衡量材料塑性好坏的两个指标是（　　）和（　　）。

2-3-11 （单选题）计算伸长率时采用的伸长量是（　　）。

A. 应力最大时记录的伸长量；　　　B. 破坏时记录的伸长量；

C. 拉断后重新拼接测得的伸长量；　D. 弹性段最大伸长量。

2-3-12 （单选题）钢材经过冷作硬化处理后，（　　）基本不变。

A. 比例极限；　　　　B. 弹性模量；

C. 伸长率；　　　　　　　　　　　　D. 断面收缩率。

2-3-13 （单选题）铸铁属于典型的脆性材料，其伸长率（　　）低碳钢的值。

A. 远小于；　B. 远大于；C. 约等于。

2-3-14 （填空题）对于塑性材料，最重要的强度指标是（　　）极限；对于脆性材料，最重要的强度指标是（　　）极限。

2-3-15 （多选题）图 2-3-17 中（　　）是铸铁试件，（　　）是低碳钢试件。

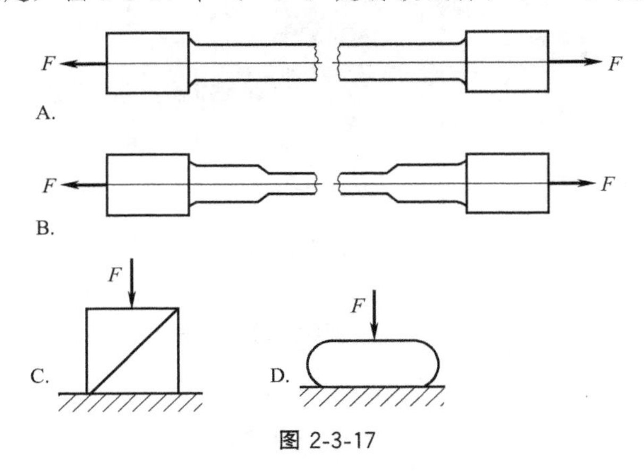

图 2-3-17

小结

通过以上内容的学习，应达到以下学习目标：

（1）掌握低碳钢拉伸和压缩时的主要阶段和各阶段的力学特征，理解比例极限、弹性极限、屈服极限（屈服强度）、名义屈服极限、强度极限的含义，掌握材料的概念和卸载规律、弹性应变、塑性应变；

（2）掌握断面收缩率、伸长率的概念及塑性材料和脆性材料的划分；

（3）掌握铸铁拉伸和压缩时的力学特征和强度指标。

习　题

2-3-1 某材料的应力-应变曲线如图 2-3-18 所示，图中还同时画出了低应变区的详

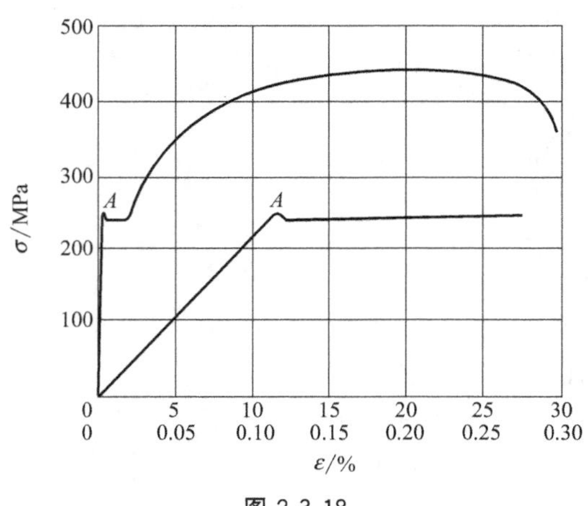

图 2-3-18

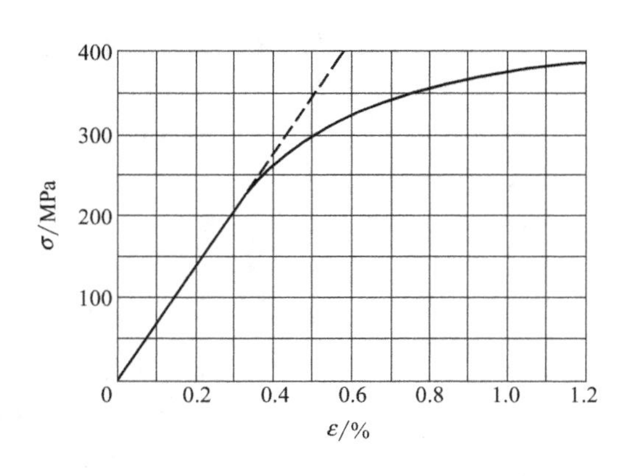

图 2-3-19

图。试确定材料的弹性模量 E、屈服极限 σ_e、强度极限 σ_b 与延伸率 δ，并判断该材料属于何种类型（塑性或脆性材料）。

2-3-2　某材料的拉伸曲线如图 2-3-19 所示，试根据图线确定：①材料的比例极限和弹性模量；②应力为 350MPa 时的总应变、弹性应变和塑性应变。

2.4　轴向拉压杆的强度

本节导航

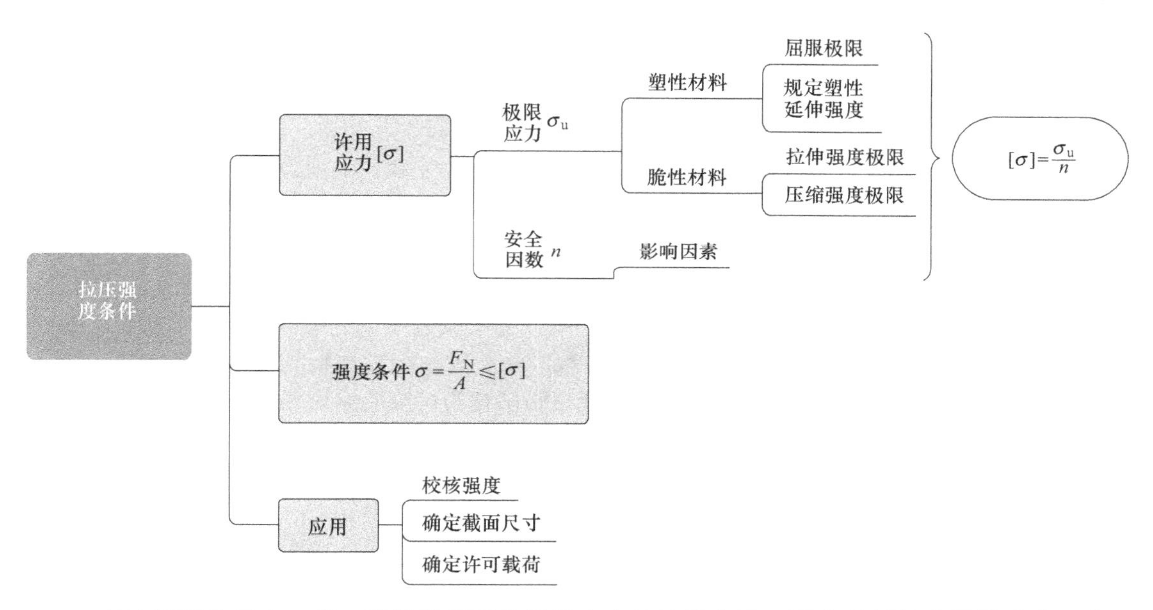

在拉压杆的应力一节，我们学习了拉压杆应力的计算方法；而在材料的力学性质中，我们知道了各种材料的强度指标，也就是强度失效时的应力。以此为基础，我们就可以进行强度校核了。

2.4.1　安全因数和许用应力

我们知道，塑性材料失效的强度指标是屈服极限 σ_s，而脆性材料失效的指标则是强度极限 σ_b，准确说应该分为拉伸强度极限和压缩强度极限，分别用符号 σ_{bt} 和 σ_{bc} 表示。所有这些强度指标都是材料不发生强度失效时所能承担的最大应力，统称为材料的**极限应力**（Ultimate Stress），用符号 σ_u 来表示。

有了材料的极限应力，是不是就能直接对该材料制成的构件安全性进行判断了呢？答案是否定的，因为直接利用测得的强度指标来判定具体的构件是否破坏是一种很鲁莽的行为，请读者想想为什么？

不难理解，直接用材料的极限应力作为强度标准是不够安全的，因为材料在工程中的实际失效应力有一定的随机性，并受到很多外界条件的影响；而一般工程手册给出的材料极限应力则是多次测量的平均值，所以实际应用时必须考虑给这种极限应力一定的余量。为此，我们在极限应力的基础上定义材料的**许用应力**（Allowable Stress）作为材料失效的标准，即

$$[\sigma]=\frac{\sigma_u}{n} \tag{2-4-1}$$

式中，$[\sigma]$ 为材料的许用应力；n 为考虑安全储备所取的**安全因数**（Safety Factor），是一个大于1的数。

一般来讲塑性材料和脆性材料安全因数选取是不同的，脆性材料均匀性较差，且断裂突然发生，有更大的危险性，所以安全因数一般取得更大一些。这样，式（2-4-1）可以分别写作

对塑性材料

$$[\sigma]=\frac{\sigma_s}{n_s} \text{ 或 } [\sigma]=\frac{\sigma_{p0.2}}{n_s} \tag{2-4-2}$$

式中，n_s 是针对塑性材料所取的安全因数。

对脆性材料

$$[\sigma_t]=\frac{\sigma_{bt}}{n_b} \text{ 或 } [\sigma_c]=\frac{\sigma_{bc}}{n_b} \tag{2-4-3}$$

式中，n_b 是针对脆性材料所取的安全因数。

在静载情况下，对塑性材料可取 $n_s=1.25\sim2.5$；对脆性材料可取 $n_b=2.5\sim3$，要求较高时甚至取 $4\sim14$。

安全因数的选取，在工程实践中是一个复杂的问题，需要根据实际情况具体问题具体分析。一般在选取时可以考虑以下因素。

① 材料的差异。一般质地比较均匀的材料，实验测出的极限应力值分散性要小一些，安全因数也可以取得低一些；塑性材料采用屈服极限作为极限应力，脆性材料采用强度极限作为极限应力，所以塑性材料的安全因数就可以取得低一些。

② 工程载荷的不确定性。在结构设计时，很多载荷具有不确定性，例如风载荷、雪载荷、地震载荷等，可以根据当地的实际情况选用恰当的安全因数。

③ 计算模型和工程构件差异。由于计算模型不可能100%反映实际构件的情况，所以可以通过提高安全因数进行相应的补偿。

④ 工程构件的重要程度和工作环境。重要程度越高、工作环境越恶劣，安全因数就应该取得越高。

⑤ 设备对自重和机动性的要求。如果设备要求重量轻、机动性好，就不得不在安全上有所妥协，将安全因数取得低一些。

以上只是安全因数一些大概的影响因素，读者如果在解决工程实际问题时涉及此类问题，一方面可以查阅设计手册，另一方面也可以参阅一些关于安全因数的专门著作。

2.4.2 轴向拉压杆的强度条件

构件的强度评估，称为强度校核（Strength Checking）。轴向拉压杆的强度校核采用横截面正应力，当杆正常工作时，横截面应力应小于等于相应材料的许用应力，称为强度条件（Strength Criterion），即

$$\sigma=\frac{F_N}{A}\leqslant[\sigma] \tag{2-4-4}$$

如果杆各横截面应力不同，应该采用最大应力，即

$$\sigma_{max} \leqslant [\sigma] \tag{2-4-5}$$

以上公式可以用来解决以下强度问题。

① 强度校核。利用式（2-4-4）或式（2-4-5）来校核构件是否安全。

② 选择截面。为使杆件横截面满足强度要求，由式（2-4-4）可得需满足

$$A \geqslant \frac{F_N}{[\sigma]} \tag{2-4-6}$$

③ 确定许可载荷。为使杆件工作时满足强度要求，由式（2-4-4）可得内力需满足

$$F_N \leqslant A[\sigma] \tag{2-4-7}$$

由上式可进一步确定载荷的范围。如果式中取等号，求得的载荷是安全工作时载荷的最大值，称为**许可载荷**或**许用载荷**（Allowable Load），一般用符号［F］表示。

2.4.3 应力集中对强度的影响

应力集中（Stress Concentration）是指由于构件截面突然变化引起应力局部增大现象。如图 2-2-4（a）中的 B 截面和 C 截面，分别由于出现小孔和阶梯变化，导致截面出现较大的应力。下面以小孔附近的应力集中情况加以说明。

如图 2-4-1（a）所示，为杆两端受集度为 σ 均布载荷的情况，显然如果不存在小孔，横截面应力均为 σ。如果取过小孔直径的横截面（即净面积最小的横截面），则在小孔附近，最大应力将远大于 σ［图 2-4-1（b）］。为表示应力增大的程度，取**应力集中因数**（Stress Concentration Factor）为

$$K = \frac{\sigma_{max}}{\sigma} \tag{2-4-8}$$

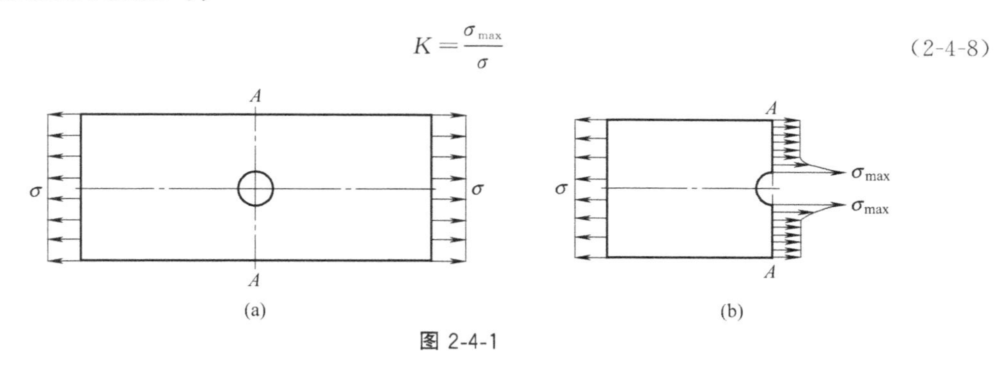

图 2-4-1

则当小孔直径远小于杆的宽度时，利用弹性力学理论可算得 $K=3$。

☆【注意】 不同材料对应力集中的敏感程度是不同的：对于脆性材料来讲，一旦应力集中的最大应力超过强度极限，构件就会发生断裂；但是，对于塑性材料，应力集中达到屈服极限时，由于屈服点发生较大变形，但应力并不增加，所以不会马上断裂，反而是应力峰值向截面其他位置转移。这样，只有整个截面都达到屈服时，才可能进一步产生断裂。所以，**应力集中对塑性材料构件强度影响不大，而对脆性材料构件强度则影响很大**。需要注意的是，以上只是在静载荷作用时的情况。如果构件承受动载荷，尤其是大小、方向周期变化的交变载荷作用时，（例如图 2-4-2 中的联杆），则无论是塑性材料还是脆性材料，应力集中都会对构件的强度产生巨大影响。这部分内容将会在第 11 章进行讨论。

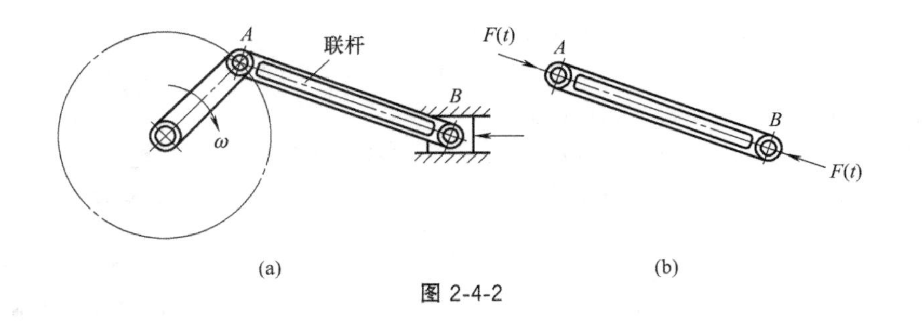

图 2-4-2

知识点测试

2-4-1 （填空题）对脆性材料来讲，极限应力指的是（　　）极限，对塑性材料则是（　　）极限。

2-4-2 （填空题）材料的许用应力是用其极限应力除以（　　）。

2-4-3 （单选题）对于所有材料的安全因数都应（　　）1；而一般从大小来讲，塑性材料的安全因数应该（　　）脆性材料的安全因数。

A. 小于；　　B. 等于；　　C. 大于。

2-4-4 （多选题）应用拉压杆的强度条件一般可以解决的强度的三类问题是（　　）。

A. 确定许用应力；　　B. 确定安全因数；　　C. 强度校核；

D. 设计杆的长度；　　E. 设计杆的横截面；　　F. 确定许可载荷。

2-4-5 （多选题）以下需要提高安全因数的情况有（　　）；可以适当降低安全因数的情况有（　　）。

A. 材料质地均匀；　　B. 脆性材料；　　C. 载荷估计和模型都比较粗糙；

D. 塑性材料；　　E. 设备要求机动性高；　　F. 处于腐蚀性环境中。

2-4-6 （填空题）在构件的小孔附近应力急剧（　　）的现象，称为应力集中；应力集中程度可以用理论（　　）因数表示；在塑性材料和脆性材料中，应力集中对（　　）材料影响更大。

例　题

【例 2-4-1】 如图 2-4-3（a）所示的钢筋混凝土组合屋架，受均布载荷 $q=10\text{kN/m}$，AB 为圆截面钢拉杆，$l=8.4\text{m}$，直径 $d=22\text{mm}$，屋架高 $h=1.4\text{m}$。设钢材的许用应力 $[\sigma]=170\text{MPa}$，试校核钢拉杆强度。

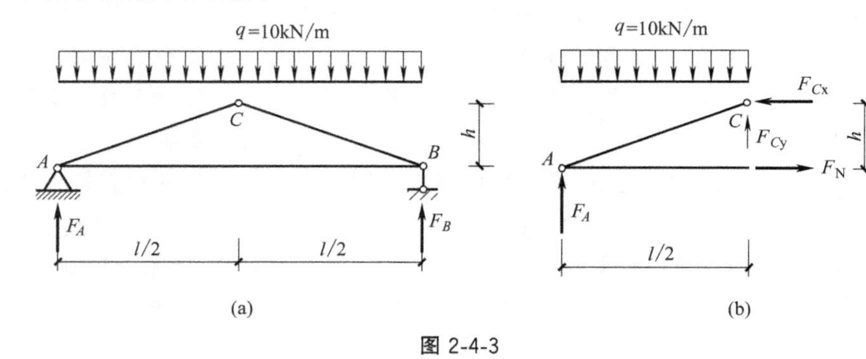

图 2-4-3

【分析】 ① 首先说明一下，图 2-4-3 中的均布载荷是沿水平方向分布的载荷，所以计算合力时，应该用集度乘以水平尺寸，而不是乘以杆的长度。

② 注意 AC、BC 杆由于受均布载荷作用，所以不是桁架（二力杆）。

③ 求拉杆 AB 的内力时，如果用截面法截开，必须同时将 C 处铰链拆开，也就是将系统分成两部分，否则是没有办法求解 AB 内力的（读者可自行尝试）。

【解】 如图 2-4-3（a）所示，由对称性，约束力显然为 $F_A=F_B=ql/2=42\text{kN}$。

如图 2-4-3（b）所示，截取一半为研究对象，由平衡方程可得：

$$\sum M_C=0, F_N h+\frac{ql}{2}\frac{l}{4}-F_A\frac{l}{2}=0$$

解得拉杆轴力 $F_N=63\text{kN}$。

则拉杆 AB 的应力

$$\sigma_{AB}=\frac{F_N}{A}=\frac{63\times10^3\text{N}}{\dfrac{\pi\times22^2}{4}\text{mm}^2}=165.7\text{MPa}<[\sigma]=170\text{MPa}$$

即拉杆满足强度要求。

【例 2-4-2】 试选择如图 2-4-4（a）所示桁架的钢拉杆 DI 的直径 d。已知：$F=16\text{kN}$，$[\sigma]=120\text{MPa}$。

【分析】 由强度条件式（2-4-4）可知，要求拉杆的直径，需要先求出其轴力。而桁架的轴力，我们在“理论力学”中曾学过，有两种方法：即节点法和截面法。节点法适合逐点求出所有杆的轴力，而截面法则只求某些特殊杆的轴力。显然，这里适合采用截面法。由于截面法所截断的杆不能超过三根，因此所采用的截面 $m—m$ 如图 2-4-4（a）所示，截开后的截离体受力如图 2-4-4（b）所示。

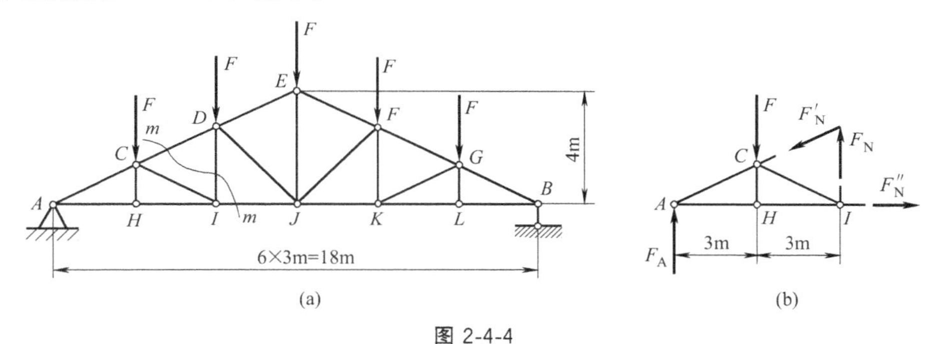

图 2-4-4

【解】 ① 用 $m—m$ 截面将桁架截开得图 2-4-4（b）中所示分离体，由平衡方程可得

$$F_N\times6-F\times3=0$$

解得
$$F_N=\frac{F}{2}=8\text{kN}$$

② 求所需横截面面积并求钢拉杆所需直径。

由强度条件式（2-4-4）可得

$$A=\frac{\pi d^2}{4}\geqslant\frac{F_N}{[\sigma]}=\frac{8\times10^3\text{N}}{120\text{MPa}}=66.7\text{mm}^2$$

解得
$$d\geqslant\sqrt{\frac{4A}{\pi}}=\sqrt{\frac{4}{\pi}\times66.7}=9.2\text{mm}$$

由于在工程中一般取整数，且做拉杆圆钢的最小直径为 10mm，故钢拉杆 DI 采用 $\phi10$ 的圆钢。

【例 2-4-3】 简易起重设备如图 2-4-5（a）所示，AC 杆由两根 80mm×80mm×7mm 等边角钢组成，AB 杆由两根 10 号工字钢组成。材料为 Q235 钢，许用应力 $[\sigma]=170\text{MPa}$。试求许可载荷 $[F]$。

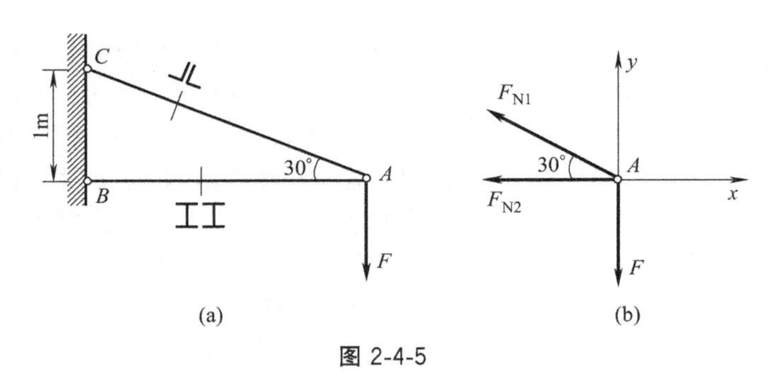

图 2-4-5

【分析】 ① 本题中设备由两根杆组成，所以要分别考虑它们的强度来确定许可载荷。根据公式（2-4-4），只要利用 F 表示出每根杆的轴力，就可以用强度条件确定出 F 的许可值。请读者思考一下，如果由两根杆所确定的许可载荷不同，应如何选择最终的结果？

② 题目中没有给出各杆的横截面尺寸，如何应用强度条件呢？其实，题目中提到的等边角钢、工字钢是常用的型钢（加工好的、截面形状一定的钢材），可以通过查阅附录Ⅱ的型钢表，得到相应的横截面参数。

【解】 设斜杆 AC 为 1 杆，水平杆 AB 为 2 杆，取节点 A 为研究对象，受力如图，平衡方程为

$$\sum F_y=0 \quad F_{N1}\sin30°-F=0$$

$$\sum F_x=0 \quad -F_{N2}-F_{N1}\cos30°=0$$

联立可解得 $$F_{N1}=2F, F_{N2}=-\sqrt{3}F$$

查型钢表可得 $A_1=1086\times2\text{mm}^2=2172\text{mm}^2$，$A_2=1430\times2\text{mm}^2=2860\text{mm}^2$

由强度条件式（2-4-4）

$$\sigma_1=\frac{F_{N1}}{A_1}=\frac{2F}{2172}\text{MPa}<[\sigma]=170\text{MPa}，可得\ F\leqslant184.6\times10^3\text{N}=184.6\text{kN}$$

$$|\sigma_2|=\left|\frac{F_{N2}}{A_2}\right|=\frac{\sqrt{3}F}{2860}\text{MPa}<[\sigma]=170\text{MPa}，可得\ F\leqslant280.7\times10^3\text{N}=280.7\text{kN}$$

通过比较，应选择许可载荷为 $[F]=184.6\text{kN}$。

小结

通过学习，应达到以下目标：

（1）掌握安全因数和许用应力的概念；

（2）能熟练地应用拉压杆的强度条件解决三类强度问题；

（3）了解应力集中和交变应力对强度的影响。

习 题

2-4-1 某铣床工作台进给油缸如图 2-4-6 所示，缸内工作油压 $p=2\text{MPa}$，油缸内径 $D=75\text{mm}$，活塞杆直径 $d=18\text{mm}$。已知活塞杆材料的许用应力 $[\sigma]=50\text{MPa}$，试校核该活塞杆的强度。

2-4-2 悬臂吊车的尺寸和载荷情况如图 2-4-7 所示。斜杆 BC 由两等边角钢组成，载荷 $F=25\text{kN}$。设材料的许用应力 $[\sigma]=140\text{MPa}$，试选择角钢的型号。

2-4-3 在图 2-4-8 所示支架中，AC 和 AB 两杆的材料相同，且抗拉和抗压许用应力相等，同为 $[\sigma]$，为使杆系使用的材料最省，试求夹角 θ 的值。

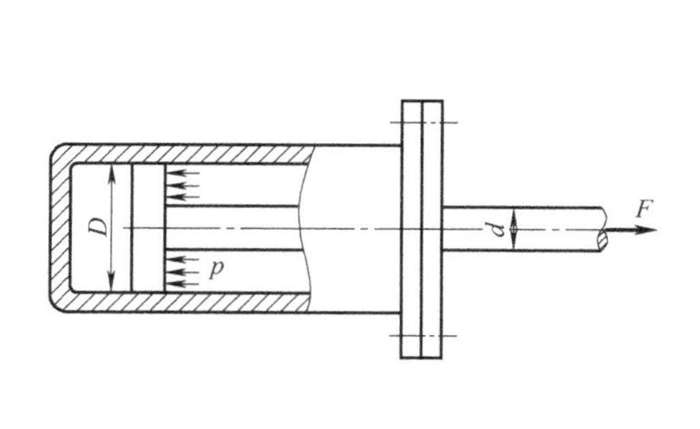

图 2-4-6

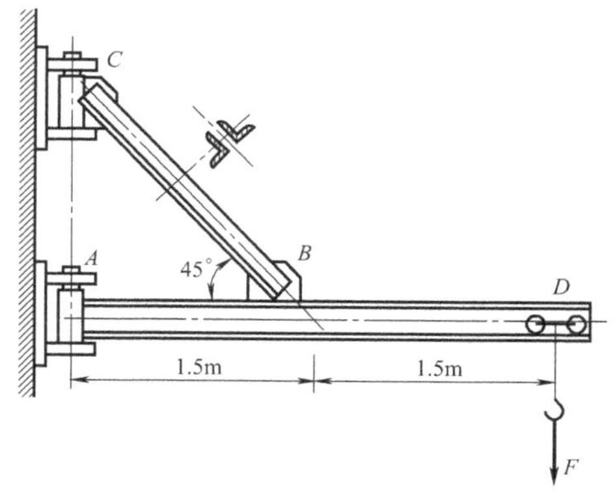

图 2-4-7

2-4-4* 图 2-4-9 所示拉杆沿斜截面 $m—n$ 由两部分胶合而成。设在胶合面上许用拉应力 $[\sigma]=100\text{MPa}$，许用切应力 $[\tau]=50\text{MPa}$，并设杆件的强度由胶合面控制。试问为使杆件承受的拉力 F 最大，α 角的值应为多少？若杆件横截面面积为 4cm^2，并规定 $\alpha\leqslant60^\circ$，试确定许可载荷 F。

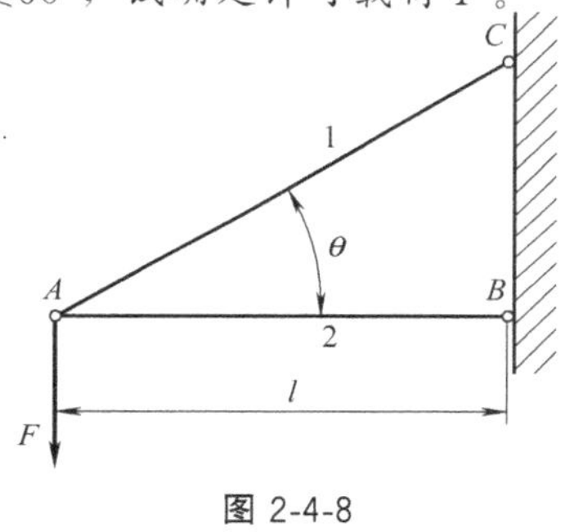

图 2-4-8

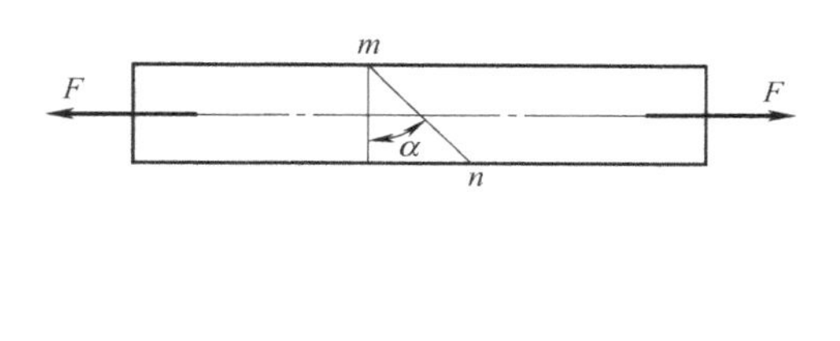

图 2-4-9

2.5 轴向拉压杆的变形

本节导航

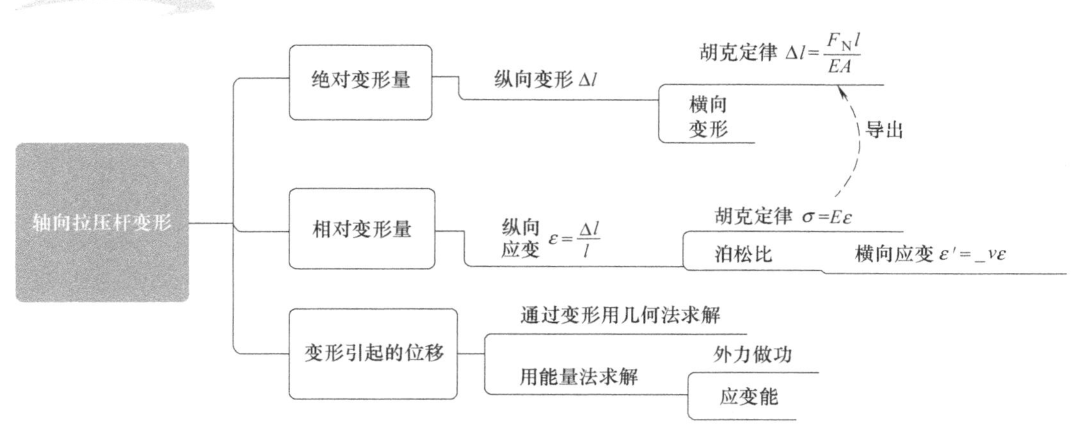

杆的变形可以从微观和宏观两个方面来描述：从微观来讲，主要指每个点的应变情况；从宏观上讲，对轴向拉压杆，主要指的是沿纵向的伸长或缩短情况。

和变形相关的还有位移问题。理论力学中主要讲刚体位移问题，而材料力学中则主要研究由变形引起的位移。

2.5.1 轴向拉压杆线应变的计算

如果知道了轴向拉压杆的受力情况，想要确定其变形，在线弹性情况下，可以利用胡克定律［式（2-3-1)］。下面具体推导一下，在线弹性情况下轴向拉压杆的变形情况。

在推导轴向拉压杆横截面正应力时，我们曾给出轴向拉压杆沿纵向（或轴向）和横向两个正交方向，只有线应变，没有切应变，且每个方向线应变都是均匀的（大小相同)。在此基础上，我们给出各向线应变的大小。

如图 2-5-1 所示，设杆的纵向原长度为 l，在载荷作用下，长度变为 l_1，由于线应变是均匀的，可以得到**纵向线应变**（Longitudinal Strain）或称**轴向线应变**（Axial Strain）ε 的大小为

$$\varepsilon=\frac{l_1-l}{l}=\frac{\Delta l}{l} \tag{2-5-1}$$

其中，$\Delta l=l_1-l$，称为纵向变形（Longitudinal Deformation)，显然伸长为正，缩短为负。

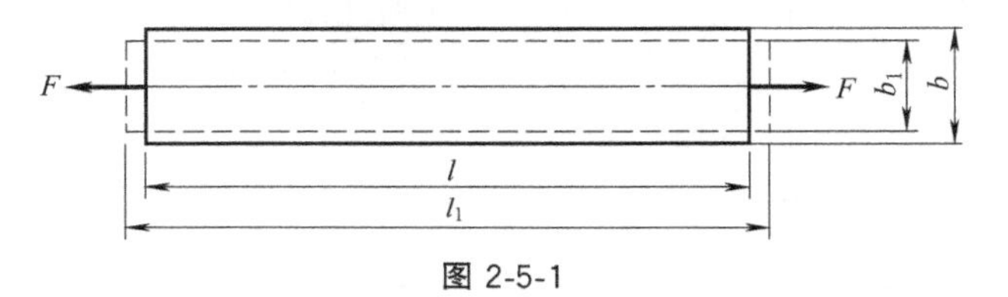

图 2-5-1

同样，设杆的横向原长度为 b，在载荷作用下，长度变为 b_1，则**横向线应变**（Lateral Strain）ε' 的大小为

$$\varepsilon'=\frac{b_1-b}{b}=\frac{\Delta b}{b} \tag{2-5-2}$$

其中，$\Delta b=b_1-b$，是横向变形（Lateral Deformation)。

2.5.2 轴向拉压杆纵向变形的计算

利用胡克定律，可以导出纵向（轴向）变形 Δl 和受力的关系。

纵向应变 $\varepsilon=\Delta l/l$，而横截面应力根据式（2-2-1）为 $\sigma=F_N/A$，代入胡克定律式（2-3-1）得

$$\frac{F_N}{A}=E\frac{\Delta l}{l}$$

由此得

$$\Delta l=\frac{F_N l}{EA} \tag{2-5-3}$$

式中，乘积 EA 由于和变形量成反比，称为杆的**拉压刚度**。上式反映了杆的力和变形之间的线弹性关系，所以习惯上也被称为**胡克定律**。

☆【注意】 使用式（2-5-3）时，除了要求材料为线弹性外，还要求杆件为同种材料制成的等直杆，且内力 F_N 为常量。

如果不满足上述条件，有时也能使用上述公式，下面就讨论两种特例。

（1）阶梯杆

如图 2-5-2 所示阶梯杆，由 n 段组成，其中任一段的轴力、长度、拉压刚度分别为 F_{Ni}、l_i、E_iA_i（$i=1, 2, \cdots, n$），则总的纵向变形为

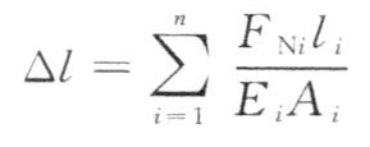

$$\Delta l=\sum_{i=1}^{n}\frac{F_{Ni}l_i}{E_iA_i}$$

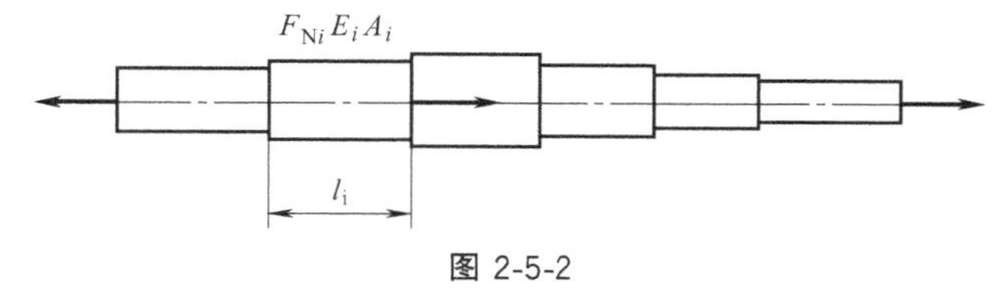

图 2-5-2

（2）连续变截面杆

如果横截面尺寸变化不是很大，可以用下面的方法近似计算纵向变形。

如图 2-5-3 所示，杆的轴力 F_N、弹性模量 E 和长度 l 均为常量，求纵向变形。

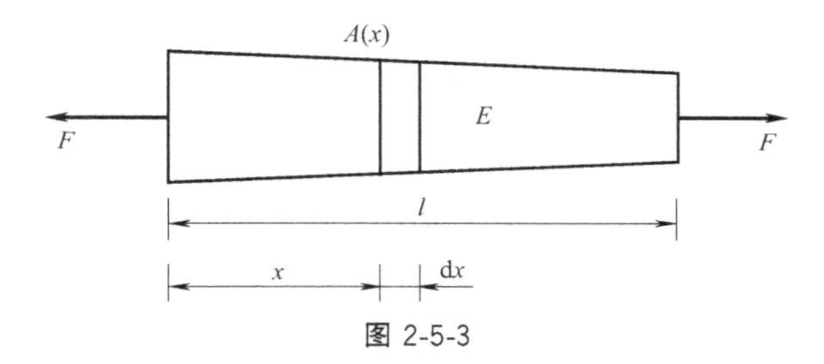

图 2-5-3

先将杆沿长度方向微分成无限小的微段，对于其中任意位置 x 处的微段 dx，可以认为其中的横截面积均为常量 $A(x)$，这样微段的纵向变形 $d(\Delta l)$ 可借助式（2-5-3）写为

$$d(\Delta l)=\frac{F_N dx}{EA(x)}$$

将以上微段变形积分得到杆的纵向变形

$$\Delta l=\int_l \frac{F_N dx}{EA(x)}$$

2.5.3 轴向拉压杆横向应变的计算

试验发现，当材料在弹性范围内时，轴向拉压杆的横向线应变 ε' 和纵向线应变 ε 大小之比是一个常数，称**泊松比**（Poisson’s Ratio），用符号 μ 表示，即

$$\mu=\left|\frac{\varepsilon'}{\varepsilon}\right|=\text{常数} \tag{2-5-4}$$

考虑一般情况下，横向线应变 ε' 和纵向线应变 ε 的符号是相反的，上式亦可以写为

$$\mu=-\frac{\varepsilon'}{\varepsilon} \tag{2-5-5}$$

由此可以得出横向应变的计算式

$$\varepsilon'=-\mu\varepsilon \tag{2-5-6}$$

【拓展阅读】泊松比一定是正的吗?

按照定义式（2-5-4），泊松比一定是正值，但按照定义式（2-5-5），如果横向线应变ε'和纵向线应变ε的符号是相同的，则泊松比存在着为负值的可能。开始人们认为这是不可能的，但近年来发现这种类型的材料在自然界是存在的，被称为**拉胀材料**(Auxetics)，例如黄铁矿、α-方英石等。1987年，美国科学家Lakes首先人工合成了拉胀材料。这些材料共同的特点是在受纵向拉伸时，横向也会发生膨胀。这样按照定义式（2-5-5），它们的泊松比就是负值了。而且有人也从理论上证明了，实际泊松比的取值范围应满足$-1\leqslant\mu\leqslant0.5$。

当然，由于拉胀材料数量极少，在一般情况下，我们仍然可以认为，单向拉压时，横向线应变ε'和纵向线应变ε的符号是相反的，即泊松比取正值。

知识点测试

2-5-1 （填空题）当材料处于（　　）范围内时，正应力和正应变成（　　），称为胡克定律。

2-5-2 （填空题）在轴向拉压杆中，轴向线应变大小在各点都是（　　）的，所以杆的轴向线应变可以用轴向变形量除以杆的（　　）来计算。

2-5-3 （填空题）轴向拉压杆中，一点的横向应变和纵向应变的正负号总是（　　）的，二者大小之比为（　　），称为（　　）。

2-5-4 （填空题）对于轴力为F_N，长度为l，横截面积为A，材料弹性模量为E的杆，如果以上均为常量，则杆的轴向变形Δl的计算公式为（　　），其中EA称为（　　）。

2-5-5 （填空题）图2-5-4所示圆杆，已知：杆长l，直径d，材料弹性模量E，泊松比为μ，设受力后轴向伸长为Δl。则横截面上的正应力σ=（　　），横向变形Δd=（　　）。

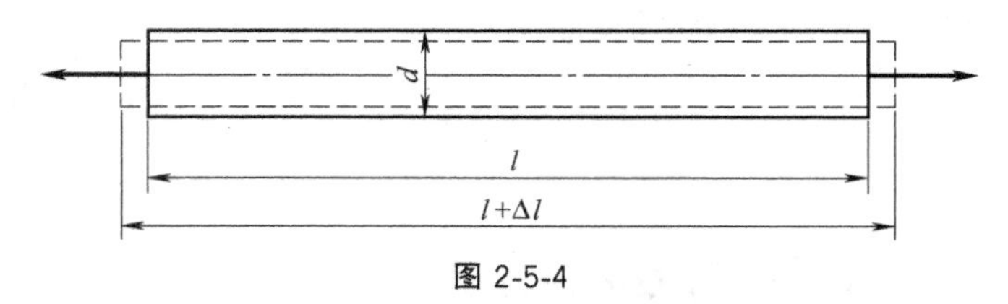

图 2-5-4

例　题

【例2-5-1】 图2-5-5（a）所示为一变截面圆杆$ABCD$，直径由右向左依次为$d_1=12\text{mm}$，$d_2=16\text{mm}$，$d_3=24\text{mm}$，长度$l_1=l_3=300\text{mm}$，$l_2=400\text{mm}$，已知$F_1=20\text{kN}$，$F_2=35\text{kN}$，$F_3=35\text{kN}$，材料$E=210\text{GPa}$，试求：①Ⅰ—Ⅰ、Ⅱ—Ⅱ、Ⅲ—Ⅲ截面的轴力并

作轴力图；②$ABCD$ 杆的纵向变形及 B 截面的纵向位移。

【分析】 本题中请读者注意区分变形和位移：由于材料力学主要研究变形引起的位移，所以二者存在着关联，有时候大小是相同的。但总的来讲，两者是不同的两个概念，其中最重要的一点就是，位移是个相对量值，必须有一个假设不同的参照系。如果没有明确指出，默认的参照系是地球或固定在地球上的物体。例如本题中默认的参照系是固定端 D。这样，B 截面的纵向位移就和 BD 部分的纵向变形大小相等，其方向取决于纵向变形是伸长还是缩短。

【解】 (1) 利用截面法或前面介绍的简易算法，可以求得三个截面的内力分别为：$F_{N\mathrm{I}}=20\mathrm{kN}$，$F_{N\mathrm{II}}=-15\mathrm{kN}$，$F_{N\mathrm{III}}=-50\mathrm{kN}$。由此画出轴力图如图 2-5-5 (b) 所示。

(2) 求 $ABCD$ 杆的轴向变形量及 B 截面的位移

$$\Delta l_{AB}=\frac{F_{N\mathrm{I}}l_1}{EA_1}=2.53\times10^{-4}\mathrm{m}$$

$$\Delta l_{BC}=\frac{F_{N\mathrm{II}}l_2}{EA_2}=-1.42\times10^{-4}\mathrm{m}$$

$$\Delta l_{CD}=\frac{F_{N\mathrm{III}}l_3}{EA_3}=-1.58\times10^{-4}\mathrm{m}$$

则阶梯杆的总变形

$$\Delta l=\Delta l_{AB}+\Delta l_{BC}+\Delta l_{CD}=-0.47\times10^{-4}\mathrm{m}(\text{缩短})$$

显然，B 截面的位移

$$\Delta_B=\Delta l_{BC}+\Delta l_{CD}=-3\times10^{-4}\mathrm{m}=-0.3\mathrm{mm}(\text{水平向左})$$

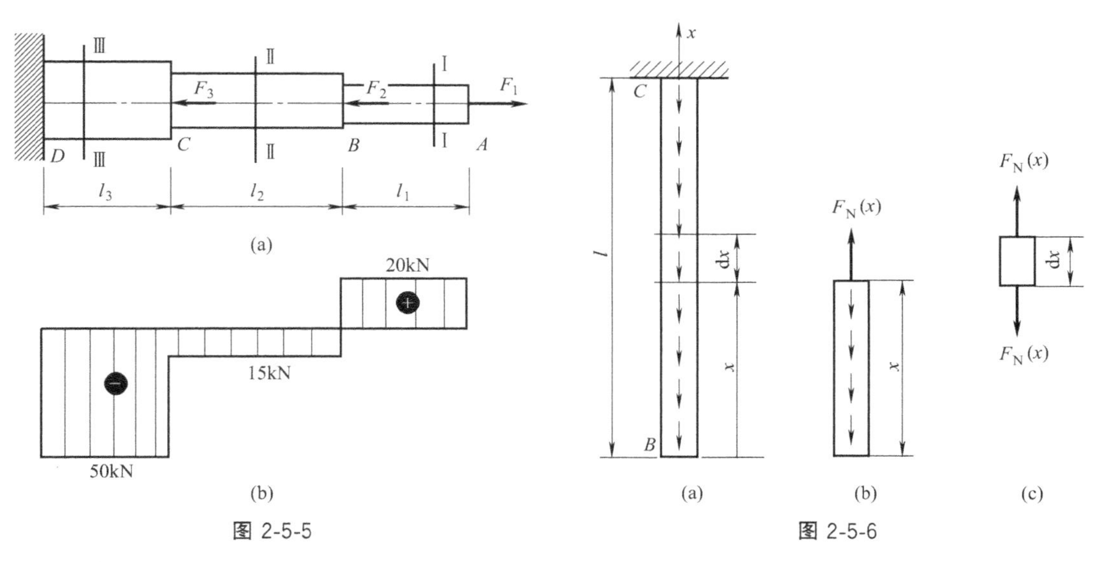

图 2-5-5　　　图 2-5-6

【例 2-5-2】 求例 2-1-2 中均质等直杆在重力作用下的伸长量（如图 2-5-6）。

【分析】 如图 2-5-6 (a) 所示，轴力是线性变化的，并非常量。而应用胡克定律表达式 (2-5-3) 时，要求轴力为常量。因此，先对杆沿长度方向进行微分。任取微元段，上面作用的轴力可以认为是常量，如图 2-5-6 (c) 所示。这样可以运用胡克定律先求出微元段的伸长量，再在整个杆上进行积分。

【解】 如图 2-5-6 (a) 所示，在任意位置截取微元段。设其轴力为 $F_N(x)$，如图 2-5-6 (c) 所示，则：$F_N(x)=A\rho gx$

因此微元段的伸长量：　$d(\Delta l)=\frac{F_N(x)\cdot dx}{EA}=\frac{\rho g x dx}{E}$

积分可得杆的伸长量：　$\Delta l=\int_l d(\Delta l)=\int_0^l \frac{\rho g x dx}{E}=\frac{\rho g l^2}{2E}$

上式等效于 $\Delta l=\frac{(\rho g A l)l}{2EA}=\frac{(\rho g A l)(l/2)}{EA}$，可理解为：均质等直杆在自重作用下的伸长量，等于将总重量作用于半根杆（或重心处）所引起的伸长量。

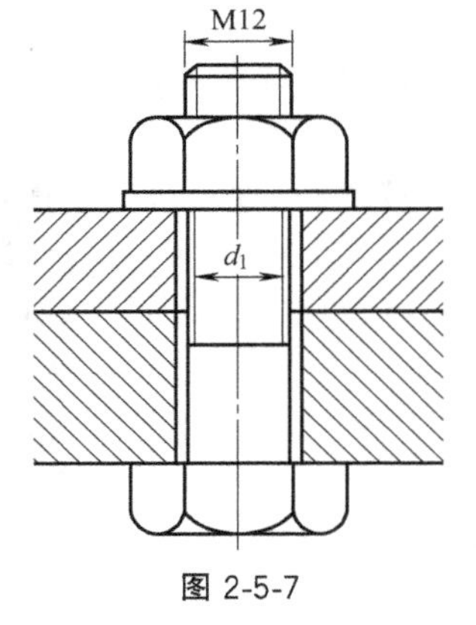

图 2-5-7

【例 2-5-3】 求例 2-2-2 中薄壁圆环在均匀内压作用下内径的变化量，参见图 2-2-10。设材料的弹性模量 $E=210$GPa。

【分析】 圆环内径变化是由其周长增大引起的，所以可以先求一下圆环周长的变化。在例 2-2-2 分析中我们曾指出：圆环可以看作由无限多个发生拉伸变形的微段组成。所以在求解时可先微分成微段，利用拉伸变形公式求解微段变形，然后在周长方向进行积分。

【解】 如图 2-2-10（b）所示，将圆环微分成微段，任意微段的长度为$\frac{d}{2}d\varphi$。在例 2-2-2 中已经求出微段截面应力为 $\sigma=40$MPa，则微段应变为

$$\varepsilon=\frac{\sigma}{E}=\frac{40\times10^6\text{Pa}}{210\times10^6\text{Pa}}=1.9\times10^{-4}$$

微段的伸长

$$d(\Delta s)=\varepsilon\frac{d}{2}d\varphi$$

则圆环周长的变化

$$\Delta s=2\int_0^\pi \varepsilon\frac{d}{2}d\varphi=\varepsilon\pi d$$

圆环内径（严格讲是平均直径，薄壁圆环近似为内径）伸长为

$$\Delta d=\frac{\Delta s}{\pi}\frac{\varepsilon\pi d}{\pi}=\varepsilon d=1.9\times10^{-4}\times0.2\text{m}=3.8\times10^{-5}\text{m}=0.038\text{mm}$$

【例 2-5-4】 如图 2-5-7 中的 M12 螺栓内径 $d_1=10.1$mm，拧紧后在计算长度 $l=80$mm 内产生的总伸长为 $\Delta l=0.03$mm。钢的弹性模量 $E=210$GPa。试计算螺栓内的应力和螺栓的预紧力。

【分析】 本例已知变形，要求应力，应该想到先求出应变，再用胡克定律即可。求出应力再求杆的内力（预紧力）就简单了。

【解】 螺栓线应变为

$$\varepsilon=\frac{\Delta l}{l}=\frac{0.03}{80}=0.000375$$

则其应力为：　$\sigma=E\varepsilon=210\times10^9\times0.000375\text{Pa}=78.8\text{MPa}$

相应的内力，或预紧力为：$F_N=A\sigma=\frac{\pi}{4}\times10.1^2\times78.8\text{N}=6.31\text{kN}$

有读者可能看到伸长量想到直接用变形胡克定律求内力，然后再求应力。这一思路也是可以的，不妨一试。

【例 2-5-5】 如图 2-5-8（a）所示杆系由钢杆①和②组成，两杆与铅垂线夹角 $\alpha=30°$，长度均为 2m，直径均为 25mm。已知钢的弹性模量 $E=210$GPa，悬挂重物的重量 $P=100$kN，求点 A 的位移 Δ_A。

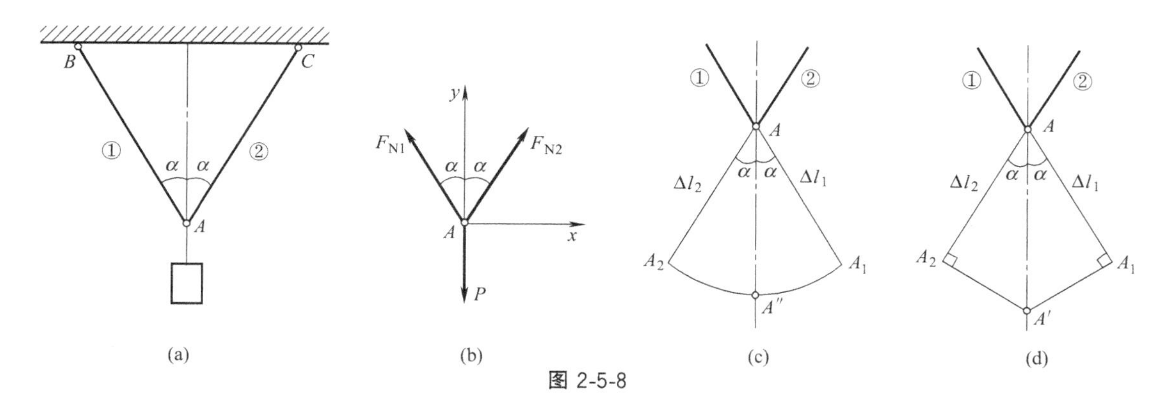

图 2-5-8

【分析】 如例 2-5-1，本题的位移也是由变形所引起的，不同的是，本题节点 A 的位移是由两根杆的变形共同决定的。读者可以先参考图 2-5-8（c）思考一下：确定了两根杆的变形 Δl_1 和 Δl_2 之后，如何找到 A 点在变形后的位置？事实上，由于每根杆都有固定铰支座铰接于固定面上，所以 A 点的新位置可以这样确定：两杆分别以固定铰链为圆心，变形后长度为半径画圆弧，交点 A'' 即为所求。不过这样做的计算量比较大，这里再给出一种简单的做法：根据小变形假设，图 2-5-8（c）中的弧 $\widehat{A_1A''}$ 和 $\widehat{A_2A''}$ 长度都很小，可以用相应的切线（或者说过 A_1 和 A_2 的垂线）来代替，简称为切线代圆弧，如图 2-5-8（d）所示。

【解】 取节点 A 为研究对象，受力分析如图 2-5-8（b）所示，由此列平衡方程

$$\sum F_x = 0 \qquad -F_{N1}\cos\alpha + F_{N2}\cos\alpha = 0$$

$$\sum F_y = 0 \quad F_{N1}\cos\alpha + F_{N2}\cos\alpha - F = 0$$

解得：$F_{N1} = F_{N2} = \dfrac{P}{2\cos\alpha}$

由此求得两杆的变形：$\Delta l_1 = \Delta l_2 = \dfrac{Pl}{2EA\cos\alpha}$

如图 2-5-8（d）所示，确定 A 点变形后的位置，则 A 点位移大小为

$$\Delta_A = AA' = \frac{\Delta l}{\cos\alpha} = \frac{Pl}{2EA\cos^2\alpha} = 1.293\text{mm}$$

方向竖直向下。

基础测试

2-5-1 如图 2-5-9 所示桁架，$F=40\text{kN}$，钢杆 AC 的横截面面积 $A_1=960\text{mm}^2$，弹性模量 $E_1=200\text{GPa}$。木杆 AB 的横截面面积 $A_2=25000\text{mm}^2$，长 1m，弹性模量 $E_2=10\text{GPa}$。求铰接点 A 的位移。

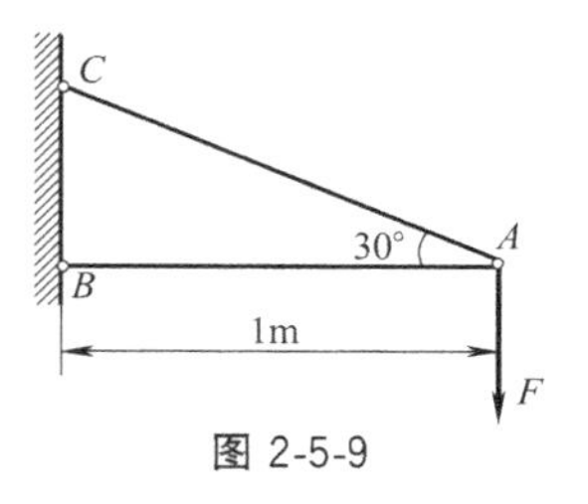

图 2-5-9

2.5.4 求解位移的能量法

求解结构的位移，除前面给出的胡克定律和几何方法之外，还可以利用能量方法，下面给出相关概念和原理。

（1）应变能的概念

如图 2-5-10（a）所示，轴向拉压杆受力后会产生弹性变形，因而就具有了做功的能力（弹性变形恢复时可以对外做功），可见，在弹性变形过程中储存了能量。像这种变形体在受力后因弹性变形而积储的能量称为**应变能**（Strain Energy），用符号 V_ε 来表示。

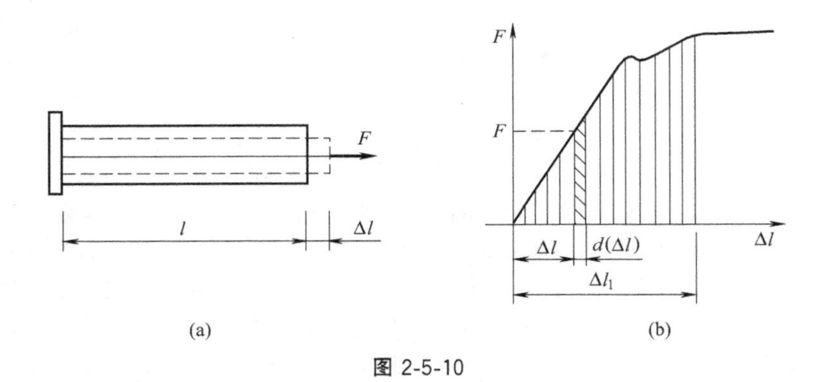

图 2-5-10

（2）轴向拉压杆应变能的计算

为计算拉压杆的弹性应变能，可以利用所谓的**功能原理**（Work-energy Principle）：外力对弹性体所做的功，如果没有其他能量的损失，则全部转换为弹性体的应变能。

如图 2-5-10（a）所示，轴向拉压杆受从零开始、逐步缓慢增加的力 F 作用，发生了弹性变形 Δl。考虑弹性变形的一般情况，即包括非线性弹性段，变形-受力曲线如图 2-5-10（b）所示。设在任意变形 Δl 处，发生了一个微小的变形增量 $\mathrm{d}(\Delta l)$，在此过程中，力 F 可以认为是不变的，则做功

$$\mathrm{d}W = F\mathrm{d}(\Delta l)$$

则当变形增加到 Δl_1 时，力做的总功为

$$W = \int_0^{\Delta l_1} F\mathrm{d}(\Delta l)$$

根据积分的几何意义，以上功就是图 2-5-10（b）中阴影部分的面积。

在材料力学中我们主要研究线弹性问题，即图 2-5-10（b）中的直线段，显然在任意变形 Δl 位置，外力所做的功为

$$W = \frac{1}{2}F\Delta l$$

或用内力表示为

$$W = \frac{1}{2}F_{\mathrm{N}}\Delta l$$

如果杆在变形过程中的动能、热能等能量损失可以忽略不计，根据功能原理，杆储存的应变能就等于外力所做的功，即：$V_\varepsilon = W$，可得线弹性材料轴向拉压杆的应变能为

$$V_\varepsilon = \frac{1}{2}F_{\mathrm{N}}\Delta l \tag{2-5-7a}$$

考虑胡克定律：$\Delta l = \dfrac{F_{\mathrm{N}}l}{EA}$，上式也可以单独用内力或变形表示为

$$V_\varepsilon = \frac{F_{\mathrm{N}}^2 l}{2EA} = \frac{EA}{2l}\Delta l^2 \tag{2-5-7b}$$

★【思考】 这里推导的是单根线弹性杆的情况，此时外力和变形（位移）是正比关系。那么，对于线弹性结构情况怎样呢？例如例 2-5-5 中，节点 A 的位移和外力 P 是不是成正比呢？

【解析】 例题中得出 $\Delta_A=\dfrac{Pl}{2EA\cos^2\alpha}$，如果将其中的位移 Δ_A 和力 P 均视为可变的，二者显然也是成正比的。

总之，**对于线弹性结构，力和它引起的位移的大小总是线性关系。**

（3）轴向拉压杆的应变能密度

所谓**应变能密度**（Strain Energy Density），**指的是弹性体单位体积内所储存的应变能**，用符号 v_ε 表示。

对于轴向拉压杆，根据前面应变计算部分的分析可以知道，其应变是均匀的，因此应变能也是均匀分布的，所以应变能密度为常量

$$v_\varepsilon=\frac{V_\varepsilon}{V}=\frac{\frac{1}{2}F_N\Delta l}{Al}=\frac{1}{2}\sigma\varepsilon$$

利用单向胡克定律 $\sigma=E\varepsilon$ 也可以将上式转化为多种形式

$$v_\varepsilon=\frac{1}{2}\sigma\varepsilon=\frac{\sigma^2}{2E}=\frac{E}{2}\varepsilon^2 \tag{2-5-8}$$

对于轴向拉压杆，设体积为 V，显然有 $V_\varepsilon=v_\varepsilon V$。但是，对一般变形体，由于应变能密度不一定为常量，二者关系需通过积分确定

$$V_\varepsilon=\int_V v_\varepsilon \mathrm{d}V \tag{2-5-9}$$

基础测试

2-5-2 （单选题）杆在静载 F 作用下变形如图 2-5-11 所示，则力做功最准确的表达式为（　　）；如果已知材料为线弹性的，则力做功的表达式为（　　）。

A. $F\Delta l$；　　B. $\dfrac{1}{2}F\Delta l$；　　C. $\int_0^{\Delta l}F\mathrm{d}(\Delta l)$；　　D. $\int_0^{\Delta l}\dfrac{1}{2}F\mathrm{d}(\Delta l)$。

2-5-3 （多选题）如图 2-5-12 所示，线弹性结构在静载 F 作用下发生变形，则力和（　　）成正比。

A. ①杆变形；　　B. ②杆变形；

C. A 点位移；　　D. 以上都不对。

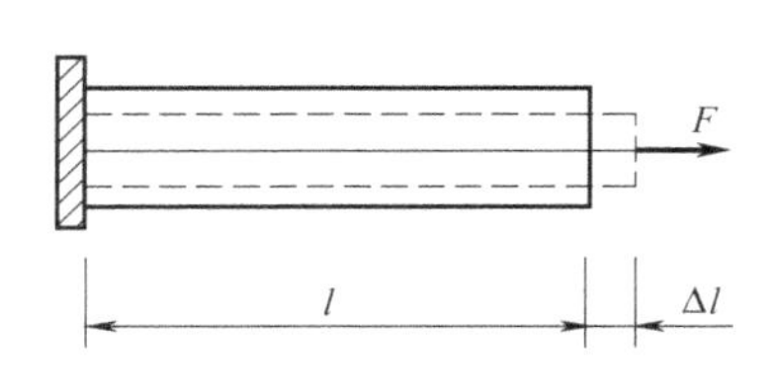

图 2-5-11

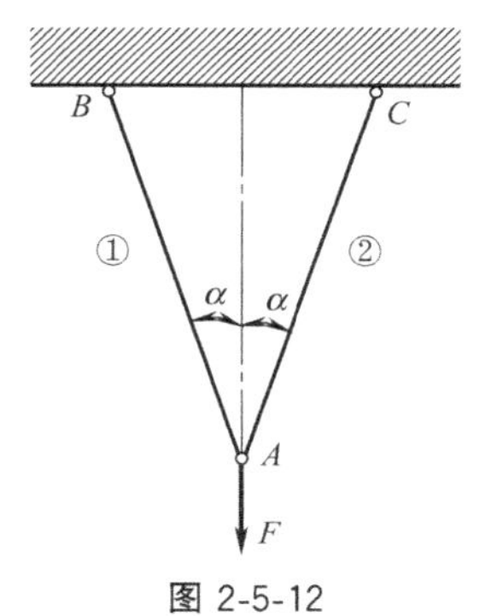

图 2-5-12

<<<< 例 题 >>>>

【例 2-5-6】 如图 2-5-13（a）所示简易起重设备，AB 杆由两根 80mm×80mm×7mm 等边角钢组成，AC 杆由两根 10 号槽钢组成。已知：材料弹性模量 $E=200\text{GPa}$，载荷 $F=15\text{kN}$，$\alpha=30°$。试用能量法求 A 点的竖向位移分量。

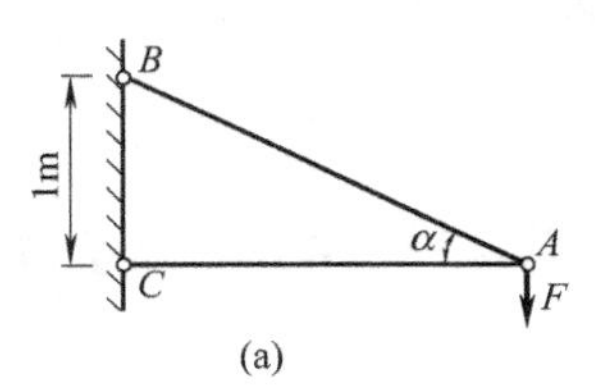

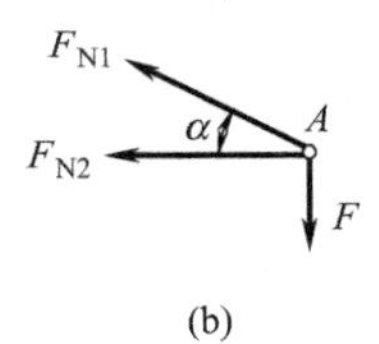

图 2-5-13

【分析】 求 A 点的竖向位移，恰好与力在同一方向，可以考虑利用力做功等于应变能来求解。

【解】 取 A 点为研究对象，受力如图 2-5-13（b）所示，利用汇交力系的平衡条件可求得 $F_{\text{N1}}=2F$；$F_{\text{N2}}=-\sqrt{3}F$。

则两杆储存的应变能为

$$V_{\varepsilon}=\frac{F_{\text{N1}}^2 l_{AB}}{2EA_{AB}}+\frac{F_{\text{N2}}^2 l_{AC}}{2EA_{AC}}$$

设 C 点竖向位移为 y_C，则载荷做功

$$W=\frac{1}{2}Fy_C$$

由功能原理 $V_{\varepsilon}=W$ 可得竖向位移

$$y_C=\frac{4F_{\text{N1}}l_{AB}}{EA_{AB}}+\frac{3F_{\text{N2}}l_{AC}}{EA_{AC}}=0.428\text{mm}(\text{向下})$$

★**【说明】** ① 在计算载荷做功时，功取正号，实际是假设了竖向位移与力的方向一致。后面求得竖向位移为正值，说明假设是正确的，所以判断位移方向向下。

② 本例利用能量法计算节点竖向位移分量（沿力方向的位移分量）比较简单，如果要计算水平位移分量，则比较繁琐，不如采用【例 2-5-5】所介绍的几何法。

小结

通过学习，应达到以下目标：

（1）掌握单向胡克定律的内容；
（2）掌握轴向拉压杆纵向线应变和纵向变形的计算；
（3）掌握泊松比的含义及横向变形的计算；
（4）掌握利用变形计算位移的方法。

<< 习　题 >>

2-5-1　变截面直杆如图 2-5-14 所示（长度单位默认是 mm）。已知 $A_1=8\text{cm}^2$，$A_2=4\text{cm}^2$，$E=200\text{GPa}$。求杆的总伸长 Δl。

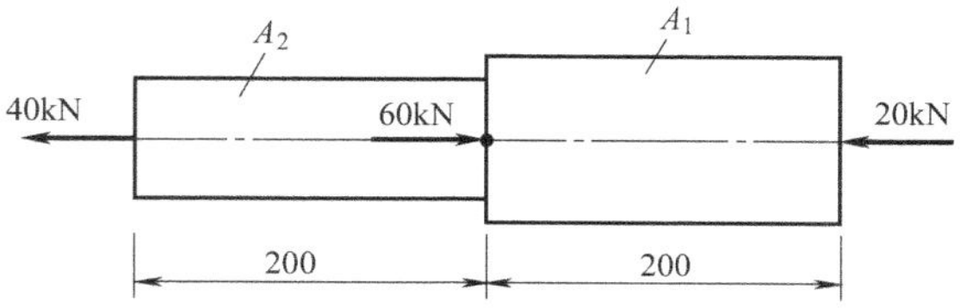

图 2-5-14

2-5-2　铸铁柱尺寸如图 2-5-15 所示，轴向压力 $F=30\text{kN}$，若不计自重，试求柱的压缩变形。$E=120\text{GPa}$。

2-5-3　图 2-5-16 所示结构，F、l 及两杆抗拉压刚度 EA 均为已知。试求各杆的轴力及 C 点的垂直位移和水平位移。

2-5-4　在图 2-5-17 所示结构中，刚性横梁 AB 由斜杆 CD 吊在水平位置上，斜杆 CD 的抗拉刚度为 EA，点 B 处受载荷 F 作用，尺寸如图所示。试用能量法求点 B 的垂直位移分量。

2-5-5* 　由五根钢杆组成的杆系结构如图 2-5-18 所示，各杆横截面面积均为 A，弹性模量为 E。设沿对角线 AC 方向作用一对力 F，试求 A、C 两点的距离改变。

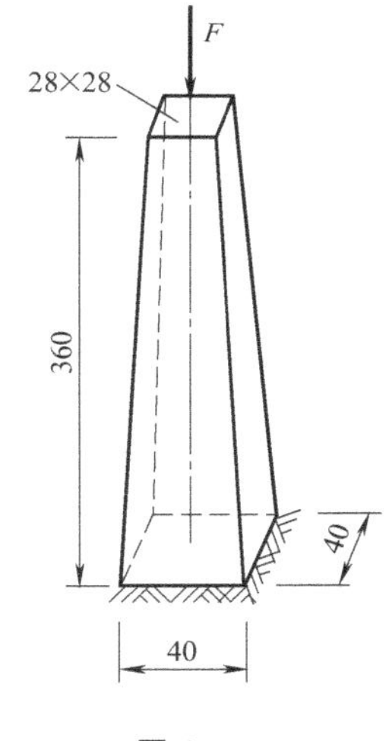

图 2-5-15

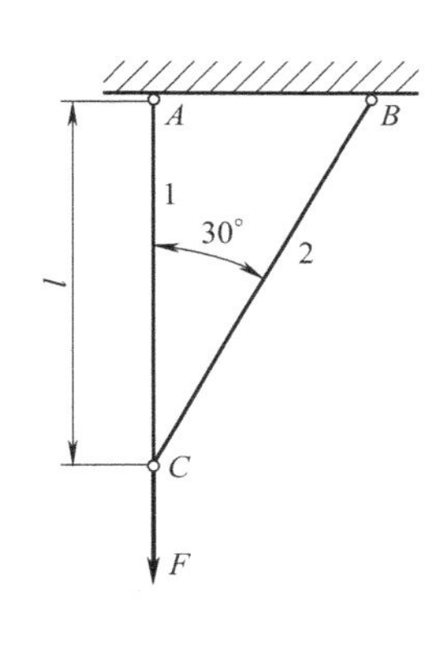

图 2-5-16

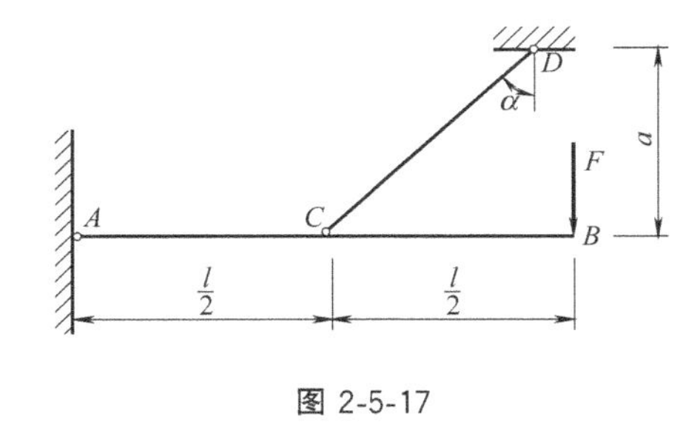

图 2-5-17

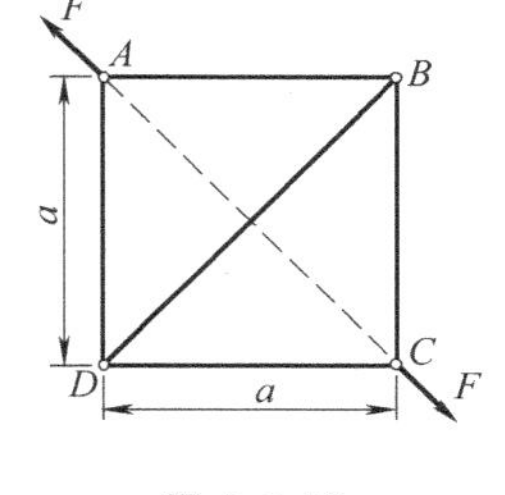

图 2-5-18

2.6 拉压超静定问题

本节导航

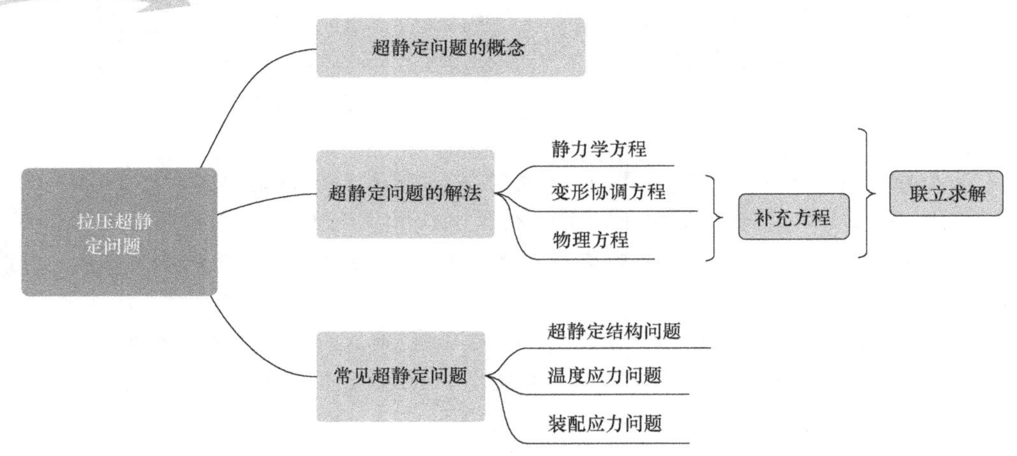

我们在理论力学课中曾经接触过超静定问题的概念，当时说这种问题用理论力学的方法是不能求解的。但是，在材料力学当中，由于引入了变形的概念，这种问题就可以求解了。

2.6.1 超静定问题的概念

如图 2-6-1（a）所示的结构，因为两根杆的轴力可以通过静力学方程求解，所以称为**静定结构**（Statically Determinate Structure）。而图 2-6-1（b）中的结构，则由于增加了一根杆，所以未知的轴力成了三个，无法用静力学方程求解，这种问题就成了**超静定问题**（Statically Indeterminate Problem），或称**静不定问题**。

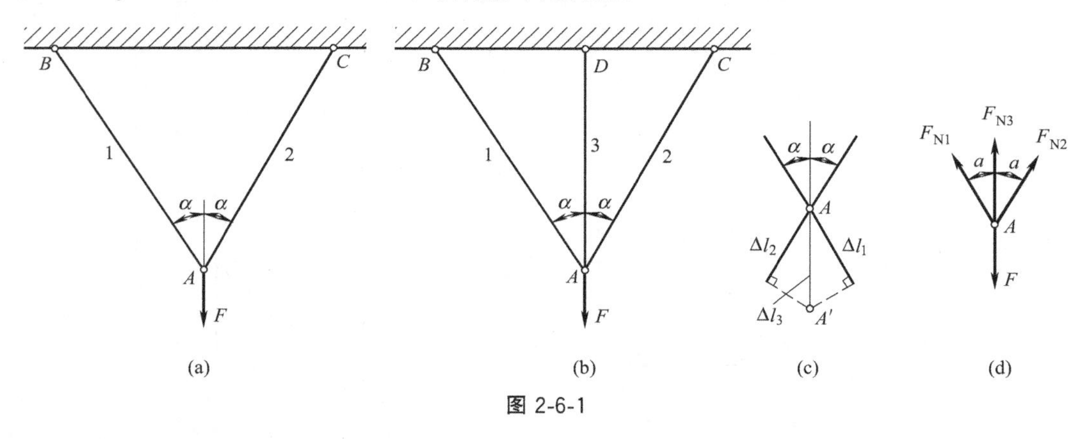

图 2-6-1

★【思考】 图 2-6-1（b）的结构只有三个未知力，而静力学中平面一般力系有三个独立的平衡方程，为什么不能求解呢？

★【解答】 如图 2-6-1 (d)，未知力和载荷构成了平面汇交力系，只有两个独立的平衡方程，所以是超静定问题。

超静定问题在静力学中是无法求解的，但是在材料力学当中却可以利用变形来进行求解，下面举例说明。

2.6.2 超静定问题解法举例

仍以图 2-6-1 (b) 中的超静定结构为例，已知载荷 F 和角度 α，各杆的拉压刚度 $E_1A_1=E_2A_2=E_3A_3=EA$，长度 $l_1=l_2=l$，求三根杆的轴力。

首先以节点 A 为研究对象，受力如图 2-6-1 (d)，由汇交力系平衡方程得

$$\sum F_x=0 \qquad -F_{N1}\sin\alpha+F_{N2}\sin\alpha=0 \tag{2-6-1}$$

$$\sum F_y=0 \quad F_{N1}\cos\alpha+F_{N2}\cos\alpha+F_{N3}-F=0 \tag{2-6-2}$$

设结构变形后，点 A 位移到 A'，根据连续性假设，各杆变形后仍然铰接在一起，则各杆的变形如图 2-6-1 (c) 所示。利用图中的几何关系可以方便地写出杆 3 的变形和其他杆变形之间的关系，从而得到一个补充方程

$$\Delta l_1=\Delta l_3\cos\alpha \tag{2-6-3}$$

式 (2-6-3) 是结构变形后，三根杆仍能铰接在一起（保持连续性）所必须满足的条件，称为**变形协调方程**（Compatibility Equation of Deformation）。同时，它也反映了在满足连续性条件时变形之间的几何关系，所以也被称为几何相容方程（Geometrically Compatibility Equation），或简称**几何方程**。不过由于它是一个变形关系方程，不能直接和静力学方程联立求解。如何解决这个问题呢？其实很简单，只要利用胡克定律，就能将其转换为力的方程。

由胡克定律得

$$\Delta l_1=\frac{F_{N1}l}{EA},\Delta l_3=\frac{F_{N3}l\cos\alpha}{EA} \tag{2-6-4}$$

像胡克定律这样反映受力或其他因素（例如温度）和变形之间关系的表达式，习惯上也称**物理方程**（Physical Equation）。

将物理方程 (2-6-4) 代入变形协调方程 (2-6-3) 中可得

$$F_{N1}=F_{N3}\cos^2\alpha \tag{2-6-5}$$

式 (2-6-5) 就是我们需要的补充方程，这样联立方程式 (2-6-1)、式 (2-6-2)、式 (2-6-5) 可解得各杆的轴力为

$$F_{N1}=F_{N2}=\frac{F\cos^2\alpha}{1+2\cos^3\alpha},F_{N3}=\frac{F}{1+2\cos^3\alpha}$$

小结

超静定问题求解的一般步骤：

① 列静力平衡方程；

② 根据变形之间的关系列变形协调方程（或称几何相容方程）；

③ 利用胡克定律或其他物理方程将变形协调方程转化为力的方程，得静力平衡方程的补充方程；

④ 联立静力平衡方程和补充方程求解。

基础测试

2-6-1 （填空题）超静定问题是指利用静力学（　　）方程不能解出全部未知力的问题。

2-6-2 （填空题）求解超静定问题的一般步骤：

① 列静力（　　）方程；

② 根据变形之间的关系列变形（　　）方程或称（　　）方程；

③ 利用（　　）定律或称（　　）方程将变形协调方程转化为力的方程，得静力平衡方程的补充方程；

④ 联立静力平衡方程和补充方程求解。

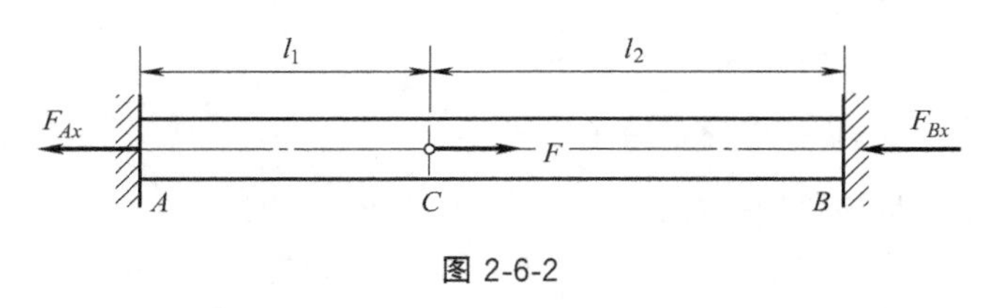

图 2-6-2

2-6-3 （填空题）两端固定的杆，尺寸、受力和两端的约束力（未知）如图 2-6-2 所示，设杆的拉压刚度为 EA，则用两端约束力表示的变形协调方程为（　　）。

例题

【例 2-6-1】 图 2-6-3（a）所示结构中，水平杆 BCD 刚度较大，可视为刚性杆，拉杆 1 和压杆 2 材料相同，材料的拉压许用应力分别为 $[\sigma_t]=160\text{MPa}$，$[\sigma_c]=120\text{MPa}$，载荷 $F=50\text{kN}$，如果取 1、2 杆的横截面积相同，试确定横截面面积。

【分析】 显然，只要求出 1、2 杆的内力，利用强度条件可以方便地确定横截面面积。而求两杆的内力属于超静定问题，其关键是找出两杆变形之间的关系。由于水平杆只能发生刚性转动，在小变形情况下，可以用切线代圆弧的方法，确定出杆上各点的位移，如图 2-6-3（a）所示。这样杆 2 的变形可以利用 D 点的位移来表示，但是，需要注意的是 C 点的位移却不是杆 1 的变形，二者的关系可以参考图 2-6-3（a）中圆圈部分的放大图。

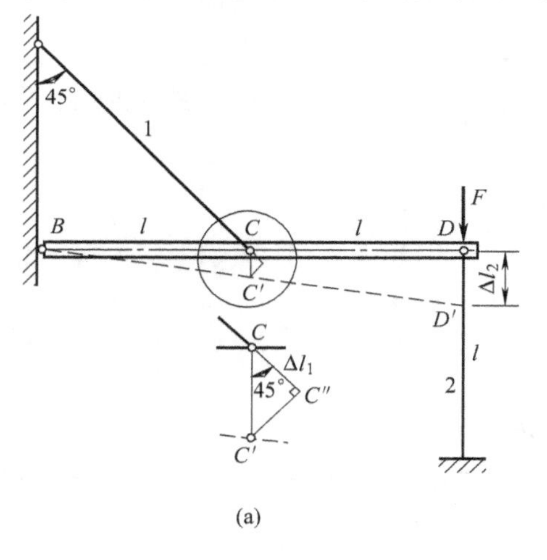

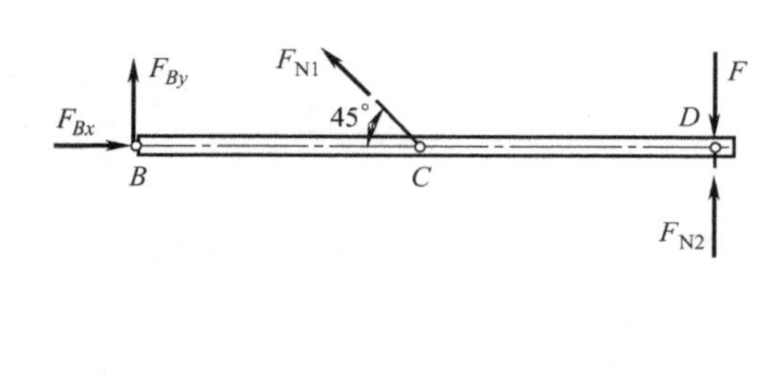

图 2-6-3

【解】 取水平杆为研究对象，受力分析如图 2-6-3（b）所示，根据平衡方程得

$$\sum M_B=0,\ F_{N1}\cdot\frac{l}{\sqrt{2}}+(F_{N2}-F)\cdot 2l=0 \tag{2-6-6}$$

如图 2-6-3（a）所示可得：$\overline{CC'}=\sqrt{2}\Delta l_1$，$\overline{DD'}=\Delta l_2$，而 $\overline{DD'}/\overline{CC'}=2$

由此得几何方程：$\Delta l_2=2\cdot\sqrt{2}\Delta l_1$

根据胡克定律：$\Delta l_1=\dfrac{F_{N1}\cdot\sqrt{2}l}{EA}$，$\Delta l_2=\dfrac{F_{N2}l}{EA}$，代入几何方程中

$$F_{N2}=4F_{N1} \tag{2-6-7}$$

联立式（2-6-6）、式（2-6-7）可解得：$F_{N2}=4F_{N1}=\dfrac{8\sqrt{2}F}{8\sqrt{2}+1}=4.59\times10^4\ \text{N}$

根据强度条件：$\dfrac{F_{N1}}{A}\leqslant[\sigma_t]$，$\dfrac{F_{N2}}{A}\leqslant[\sigma_c]$，可得

$$A\geqslant\frac{F_{N1}}{[\sigma_t]}=71.7\text{mm}^2,\text{且}\ A\geqslant\frac{F_{N2}}{[\sigma_c]}=383\text{mm}^2$$

综上，应取横截面面积为 383mm²。

基础测试

2-6-4 试写出图 2-6-4 中三杆变形 Δl_1、Δl_2、Δl_3 的变形协调方程。

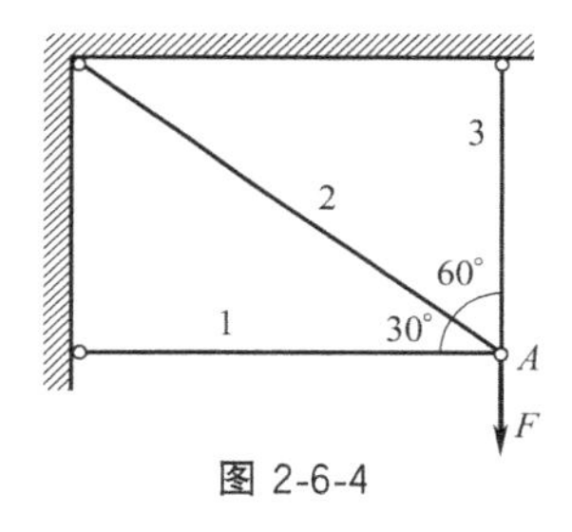

图 2-6-4

2.6.3 温度应力问题

温度的变化将引起物体的膨胀或收缩。如图 2-6-5 所示，静定结构可以自由变形，当温度均匀变化时，并不会引起构件的内力。但是超静定结构的变形受到部分或全部约束，如图 2-6-6，当温度变化时，往往会引起温度内力，与之相对应的应力称为**热应力**（Thermal Stress）或**温度应力**（Temperature Stress）。

图 2-6-5　　图 2-6-6

下面通过一个例子来说明一下温度应力的求法。

【例 2-6-2】 图 2-6-7（a）所示等直杆 AB 的两端分别固定，设杆长为 l，横截面面积为 A，材料的弹性模量为 E，线膨胀系数为 α。试求温度升高 Δt 时杆内的温度应力。

【分析】 ①首先解释一下**线膨胀系数** α 的含义：它是计算热胀冷缩时常用到的一个物理

量，指的是细长的杆件在每升高或降低 1℃ 时所发生的的线应变（单位长度的伸长或缩短量）。②考虑热胀冷缩效应后，杆件会产生两种类型的变形：温度引起的变形和约束力引起的变形，最终的变形由二者共同决定。由于这两种变形单独计算都比较简单，这里采用一种新的方法来写出变形协调方程：将一端约束去除，代之以约束力，得到的结构如图 2-6-7（b），称为原结构的相当结构。对相当结构分别考虑由温度产生的变形［图 2-6-7（c）］和约束力产生的变形［图 2-6-7（d）]，实际产生的变形应该是上述两种变形的叠加。而事实上杆两端固定，不能产生纵向变形，所以叠加结果应为零。据此可以写出变形协调方程。

上述方法称为**变形比较法**（Method of Deformation Comparison)，在 6.4 节中会有更详细的介绍。

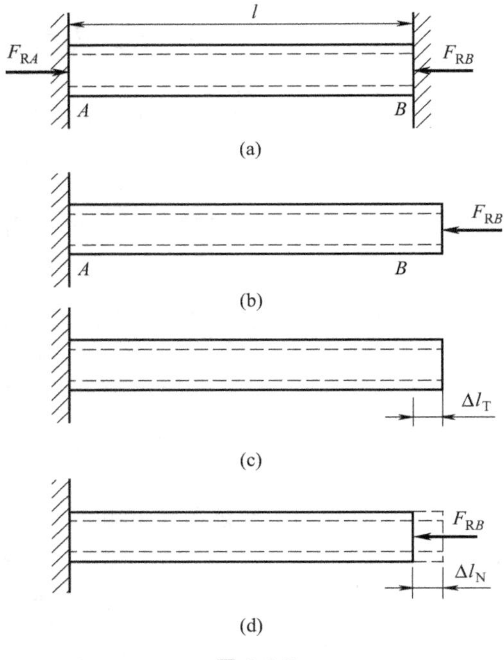

图 2-6-7

【解】 如图 2-6-7（a），分析约束力，得平衡方程：

$$\sum F_x=0, F_{RA}-F_{RB}=0$$

可得

$$F_{RA}=F_{RB}$$

取相当结构如图 2-6-7（b），变形协调条件是杆的总长度保持不变，即［参见图 2-6-7（c）、（d）]

$$\Delta l_T+\Delta l_N=0$$

根据线膨胀定律和胡克定律得

$$\Delta l_T=\alpha\Delta t l, \Delta l_N=\frac{-F_{RB}l}{EA}$$

代入变形协调方程得

$$\alpha\cdot\Delta t\cdot l-\frac{F_{RB}l}{EA}=0,\text{可得}:F_{RB}=\alpha EA\Delta t=F_{RA}$$

则温度应力为：

$$\sigma=\frac{-F_{RB}}{A}=-\alpha E\Delta t\ (\text{压应力})$$

2.6.4 装配应力

工程构件在制造过程，微小的制造误差不可避免。这种带有误差的构件对静定系统影响不大，但在超静定系统中，则往往会产生额外的应力。例如，超静定杆或杆系中，如果某些杆的长度存在微小加工误差，一般会采用强制方法进行装配，这样在超静定系统中就会产生内力和应力。在工程实际中，应力如果是在进行工件的装配时产生的（区别于载荷产生的)，则称为**装配应力**（Assembly Stress)。下面通过例子说明如何计算轴向拉压杆的装配应力。

【例 2-6-3】 图 2-6-8（a）所示杆系，各尺寸如图，若 3 杆制造时有微小误差 δ，在杆系强行装配好后，求各杆的装配应力。已知：各杆的拉压刚度为 $E_1A_1=E_2A_2=E_3A_3=EA$。

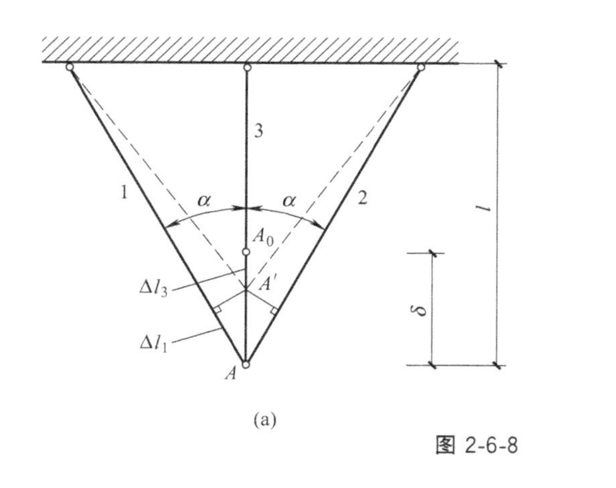

(a)

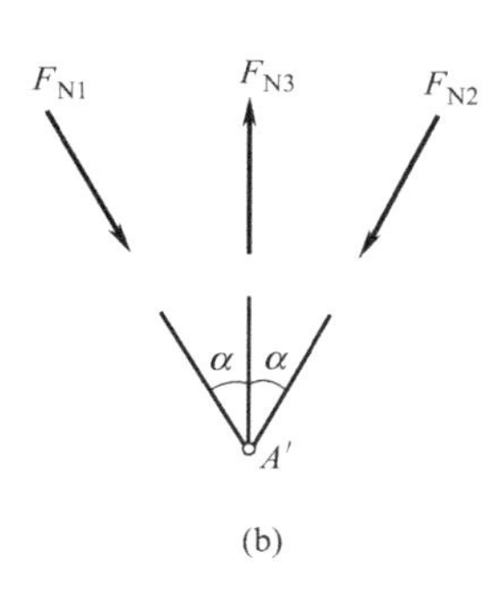

(b)

图 2-6-8

【分析】 参考图 2-6-8（a），$A_0A=\delta$ 为制造误差。设装配好之后，A 点移动到了 A'点，由对称性 A'点应该在 A 点正上方。可见图中 $A_0A'=\Delta l_3$，而 AA'则是由 1、2 杆变形引起的位移，由切线代圆弧的方法，可以求得 $AA'=\Delta l_1/\cos\alpha$。这样利用 $A_0A=AA'+A_0A'$，就可以建立起变形协调方程。

【解】 利用原始尺寸原理画受力图 2-6-8（b），列平衡方程

$$F_{N1}\sin\alpha-F_{N2}\sin\alpha=0 \tag{2-6-8}$$

$$F_{N3}-F_{N1}\cos\alpha-F_{N2}\cos\alpha=0 \tag{2-6-9}$$

根据图 2-6-8（a），可得变形协调方程：$\Delta l_3+\dfrac{\Delta l_1}{\cos\alpha}=\delta$

根据物理方程（胡克定律）：$\Delta l_1=\dfrac{F_{N1}l}{EA\cos\alpha}$，$\Delta l_3=\dfrac{F_{N3}l}{EA}$，代入上式得

$$\frac{F_{N3}l}{EA}+\frac{F_{N1}l}{EA\cos^2\alpha}=\delta \tag{2-6-10}$$

联立式（2-6-8）、式（2-6-9）、式（2-6-10）解得：

$$F_{N1}=F_{N2}=\frac{\delta EA\cos^2\alpha}{(1+2\cos^3\alpha)l},F_{N3}=\frac{2\delta EA\cos^3\alpha}{(1+2\cos^3\alpha)l}$$

装配应力：
$$\sigma_1=\sigma_2=\frac{\delta E\cos^2\alpha}{(1+2\cos^3\alpha)l},\sigma_3=\frac{2\delta E\cos^3\alpha}{(1+2\cos^3\alpha)l}$$

基础测试

2-6-5 如图 2-6-9（a）所示，将制造过长了 Δe（$\Delta e\ll l$）的杆 3 装入两刚性块之间，并保持三根杆的轴线平行且等间距。试写出用图 2-6-9（b）内力表示的变形协调方程。

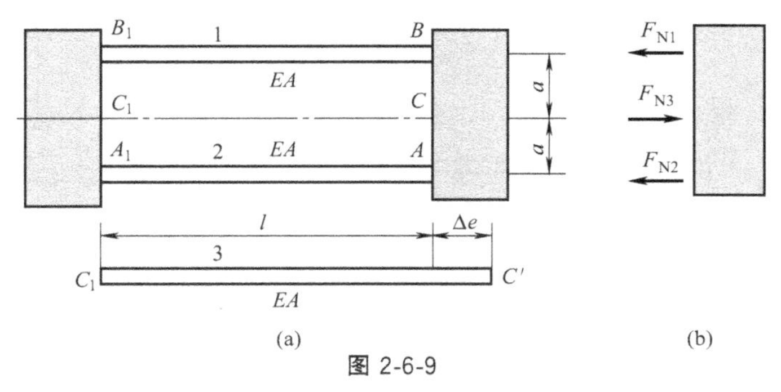

(a) (b)

图 2-6-9

小结 通过学习，应达到以下目标：

(1) 掌握超静定问题、变形协调条件（方程)、物理方程的概念；

(2) 初步掌握一般超静定问题、温度应力问题、装配应力问题的求解方法。

习 题

2-6-1 如图 2-6-10 所示，两端固定的等直杆 AB，在 C 处受轴向力 F，设杆的拉压刚度为 EA，试求两端的支座反力。

2-6-2 在图 2-6-11 所示结构中，AB 为刚性杆，求①、②杆的轴力。

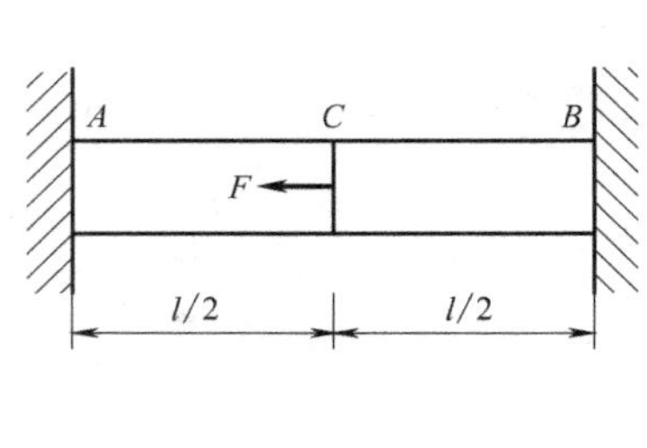

图 2-6-10

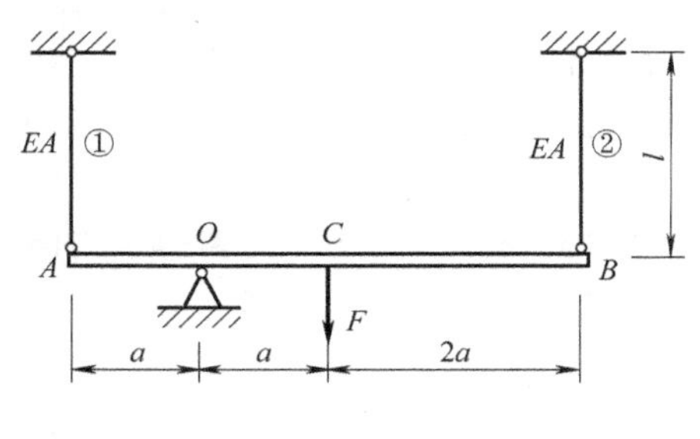

图 2-6-11

2-6-3 图 2-6-12 所示阶梯状杆，其上端固定，下端与支座距离 $d=1\text{mm}$。已知上、下两段杆的横截面面积分别为 600mm^2 和 300mm^2，材料的弹性模量 $E=210\text{GPa}$。试作图示载荷作用下杆的轴力图。

2-6-4 图 2-6-13 中杆 OAB 可视为不计自重的刚体。AC 与 BD 两杆材料、尺寸均相同，A 为横截面面积，E 为弹性模量，α 为线膨胀系数，图中 a 及 l 均已知。试求当温度均匀升高 ΔT ℃时，杆 AC 和 BD 内的温度应力。

2-6-5 图 2-6-14 所示刚性杆 AB 由 3 根材料相同的钢杆支承，且 $E=210\text{GPa}$，钢杆的横截面面积均为 2cm^2，其中杆 2 的长度误差 $\Delta=5\times10^{-4}l$。试求装配好后各杆横截面上的应力。

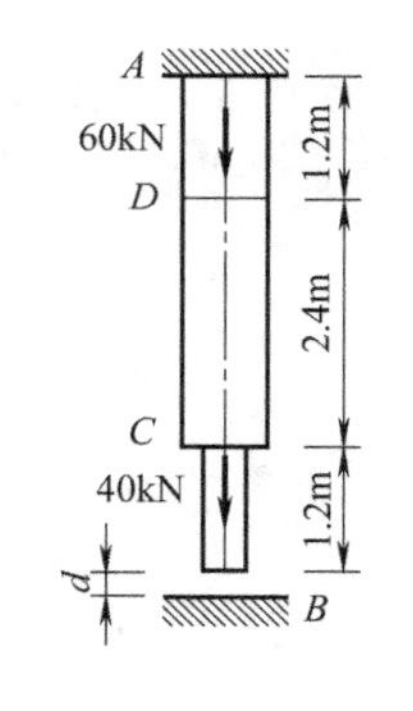

图 2-6-12

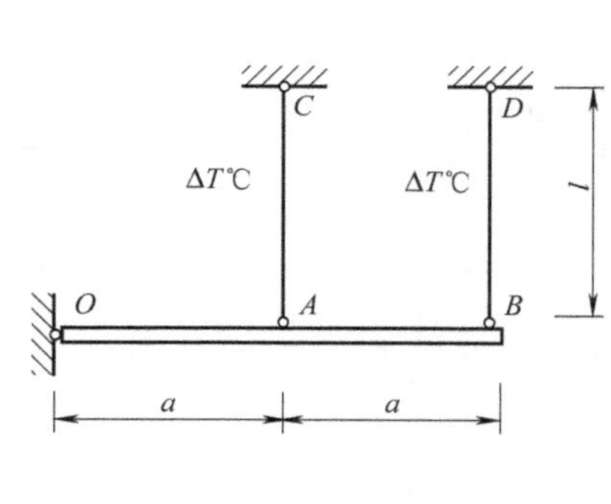

图 2-6-13

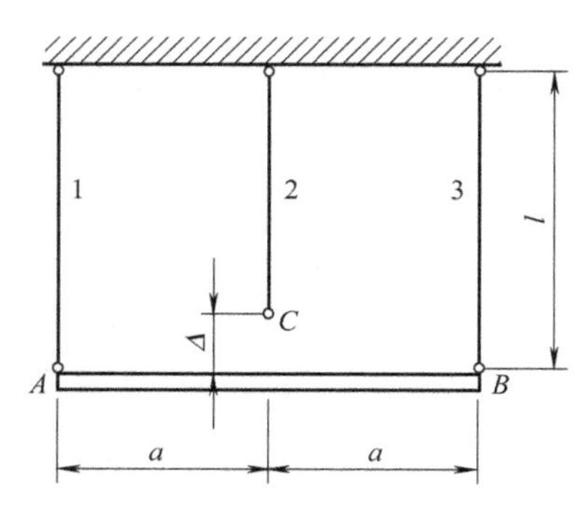

图 2-6-14

2.7 剪切和连接部分的计算

本节导航

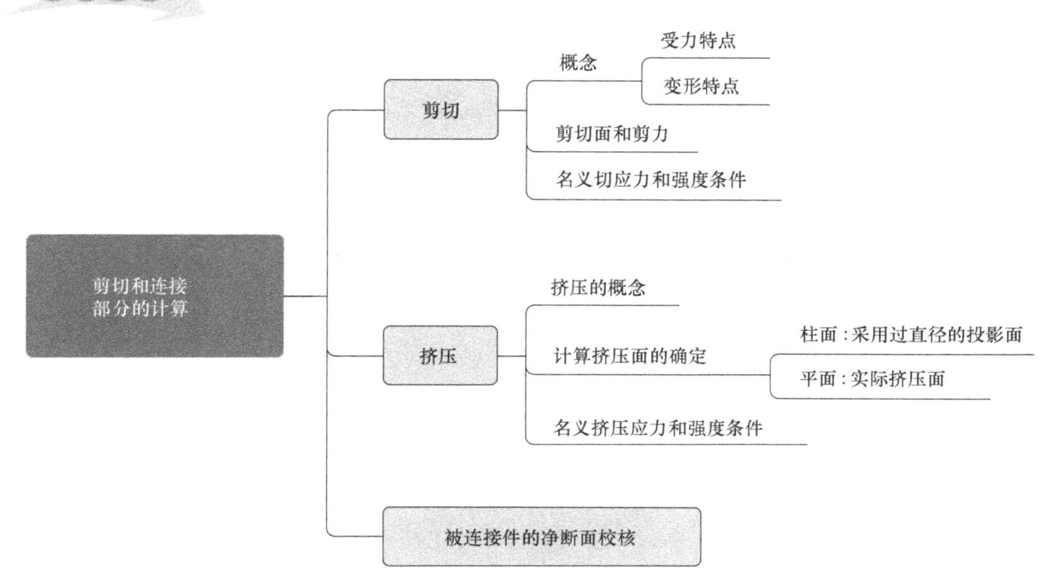

正如在 1.3 节中所介绍的，**剪切**（Shear）是杆件受两组大小相等、方向相反、作用线相互很近的平行力系作用时发生的一种变形。剪切变形常见于各种连接件中，如图 2-7-1（a）中的铆钉连接、图 2-7-2（a）中的螺栓连接、图 2-7-3（a）中的键连接等。

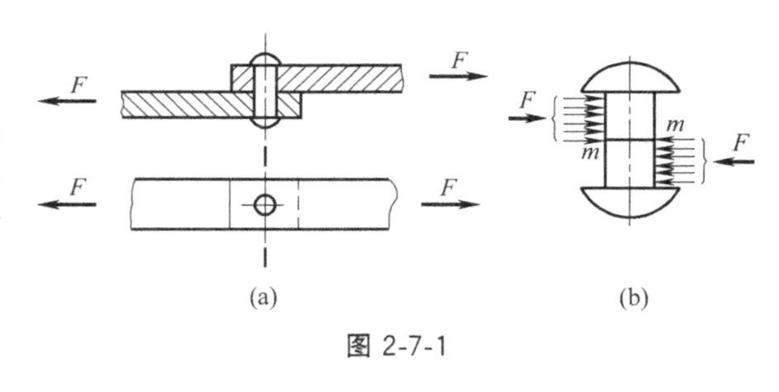

图 2-7-1

图 2-7-1（b）、图 2-7-2（b）、图 2-7-3（b）分别为各连接件的受力图，可以看出，构件都受到相反的力系作用，在力系的交界面上发生剪切。本节主要探讨这种连接件的剪切强度计算，为减小理论难度，采用的方法是以实用为目的的近似计算。

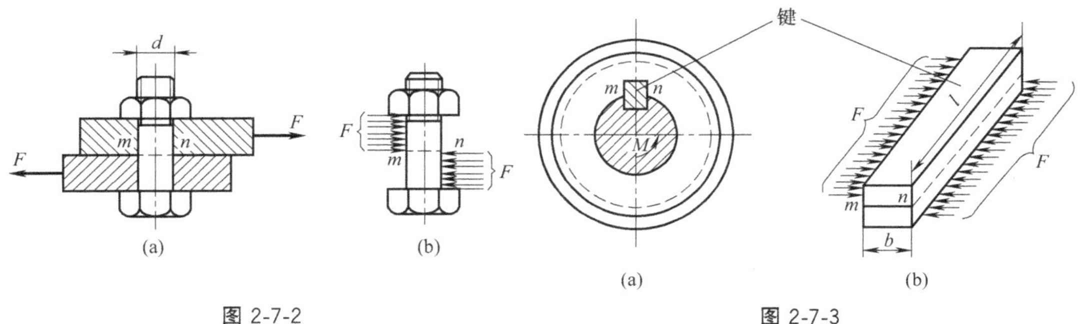

图 2-7-2

图 2-7-3

需要注意的是，在以上的连接件中，除了剪切变形，实际上一般还伴随着力和作用面之间的挤压（Bearing）作用。当挤压应力较大时，挤压面可能出现塑性变形，导致连接件失效，如图 2-7-4 为受挤压发生塑性变形的螺栓。因此，本节也将探讨挤压强度问题的实用计算方法。

图 2-7-4

2.7.1 剪切的实用计算

（1）剪切的概念

以图 2-7-5 中的铆钉为例，阐述剪切的概念。

① 剪切的受力特点：**构件受两组大小相等、方向相反、作用线相距很近的平行力系作用**，如图 2-7-5（a）所示。

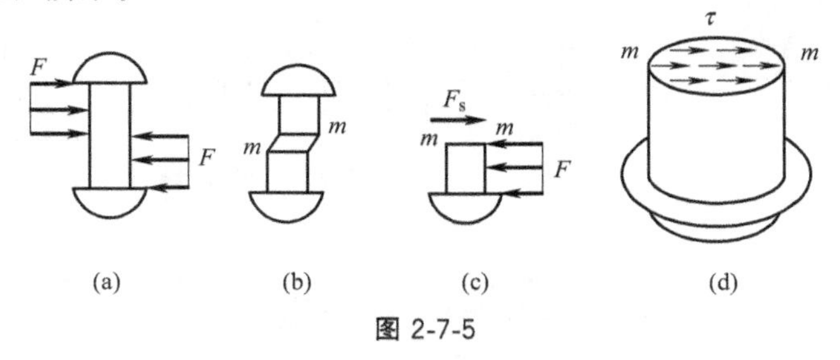

图 2-7-5

② 剪切变形的特点：**构件沿两组平行力系的交界面发生相对错动**，如图 2-7-5（b）所示。其中的交界面一般称为**剪切面**（Shear Surface）。

（2）剪切的内力

由于剪切时两组外力距离很近，因此可以近似认为合力作用于剪切面附近。这样，剪切内力就只有一个集中力，称为**剪力**，用符号 F_S 表示，如图 2-7-5（c）所示。利用截面法，由平衡方程可求得剪力

$$\sum F_x=0,\quad F_S-F=0$$

即

$$F_S=F$$

★【思考】 读者可以深入思考一下，如果考虑了外力的合力不在剪切面附近，则内力除剪力外还应有什么？会发生什么变形？

★【解答】 还会有一个平面力偶，导致弯曲变形。实际上，这时候主要发生的往往是弯曲变形。

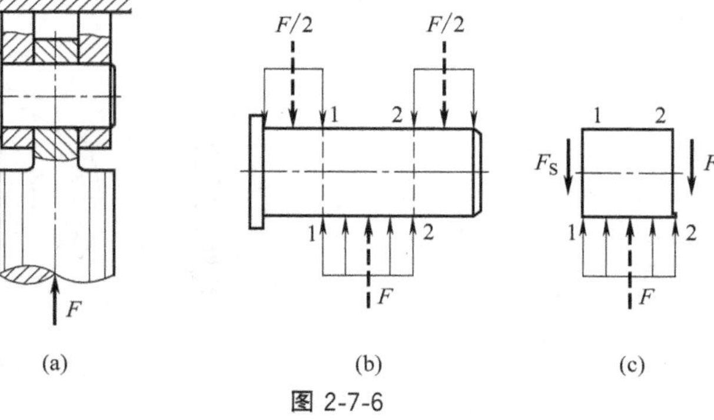

图 2-7-6

除了图 2-7-5 中铆钉的剪切外，图 2-7-6 中连接销钉的剪切也是常见的，此时有两个剪切面，如图

2-7-6（b）所示。读者可以参考图 2-7-6（c）求一下剪力。

（3）剪切应力的实用计算方法

在连接件横截面上，应力的精确分布不容易求得，因此一般采用实用计算方法，即：假设横截面只有切应力，且是均匀分布的，如图 2-7-5（d）所示。这样求得的切应力也称为**名义切应力**（Nominal Shearing Stress）

$$\tau=\frac{F_S}{A} \tag{2-7-1}$$

其中，A 为剪切面的面积。

（4）剪切强度条件

求得连接件的名义切应力后，可以建立其强度条件

$$\tau=\frac{F_S}{A}\leqslant[\tau] \tag{2-7-2}$$

其中，$[\tau]$ 为材料的许用切应力。

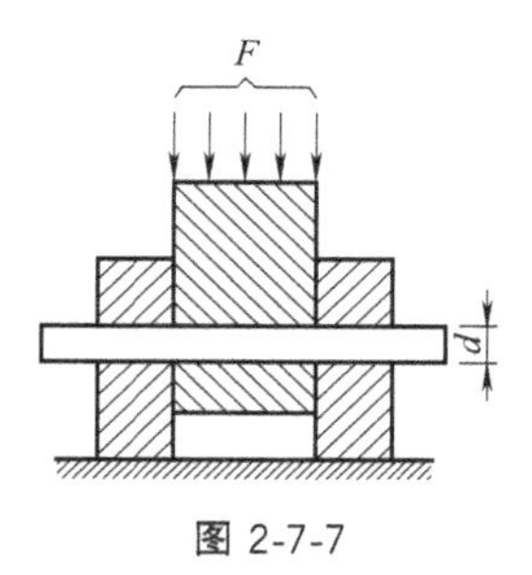

图 2-7-7

★【注意】 由于连接件的切应力属于名义切应力，因此在测定材料的许用切应力时，要求尽量和连接件受力情况类似。例如对于图 2-7-6 所示的销钉，可以采用图 2-7-7 所示的试验设备测定材料的极限应力。

2.7.2 挤压的实用计算

挤压是伴随着剪切发生的，在图 2-7-1～图 2-7-3 中，直接作用在连接件表面的力会引起挤压变形。而过大的挤压力，会导致挤压表面的塑性变形，从而使连接件失效（图 2-7-4）。

（1）挤压的概念

如图 2-7-8 中（a）、（b）所示的连接件，在接触表面受到被连接件传递过来的压力。承受压力的这部分接触表面称为**挤压面**（Bearing Surface），而挤压面上压力的合力称为**挤压力**（Bearing Force），用符号 F_{bs} 表示。挤压力是作用于连接件外表面的分布力，严格讲属于外力，但习惯上称其集度为**挤压应力**（Bearing Stress），用符号 σ_{bs} 表示。如果挤压应力过大，在接触区的局部范围内，会产生显著塑性变形，称为**挤压失效**。

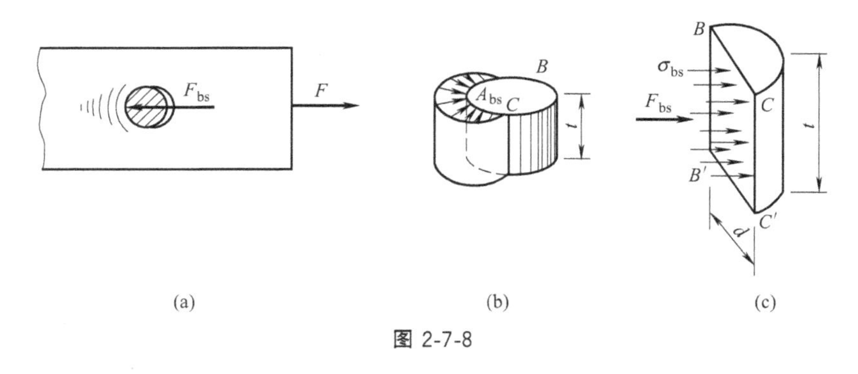

图 2-7-8

为防止挤压失效的发生，下面建立挤压的强度条件。

第2章 轴向拉压和剪切

（2）挤压应力

如图 2-7-8（b）所示，挤压应力在挤压面上的分布一般是不均匀的。为简化计算，这里仍然采用实用计算方法，即：假设应力在挤压面上是均匀分布的。这样计算的挤压应力，或称**名义挤压应力**（Nominal Bearing Stress）σ_{bs}，其公式为

$$\sigma_{bs}=\frac{F_{bs}}{A_{bs}} \tag{2-7-3}$$

式中，A_{bs} 为计算挤压面积（Effective Bearing Surface）。

★**【注意】** 用式（2-7-3）计算挤压应力时，如果挤压面为半个圆柱面，直接采用实际挤压面积作为 A_{bs} 是不对的。读者不妨验证一下，这样算出的应力合力并非挤压力 F_{bs}（见下面的思考题）。正确的计算方法是采用**过直径的矩形投影面积作为计算挤压面积** A_{bs}，如图 2-7-8（c）所示。当然，如果挤压面为平面，例如图 2-7-3 中的键，则计算挤压面积 A_{bs} 就是实际挤压面积。

★**【思考】** 请读者自行证明一下：对于挤压面为半个圆柱面的情况，采用上述计算挤压面积算出的挤压应力，将其用于半个圆柱面上，合力就是挤压力。如果采用实际挤压面积计算出的挤压应力，作用于半个圆柱面上，合力要小于挤压力。

★**【提示】** 可以参阅【例 2-2-2】。

2.7.3 被连接件的净断面校核

在连接部分，如果采用螺栓、铆钉等连接方式，必然要在被连接件上打孔，这会造成被连接件的横截面积减小，如图 2-7-9 所示。

这种情况一般按照净断面积重新校核一下强度即可。例如图 2-7-9 所示的情况，只要采用净面积，按照前面所述的轴向拉伸问题进行强度校核就行了，具体方法这里不再赘述。

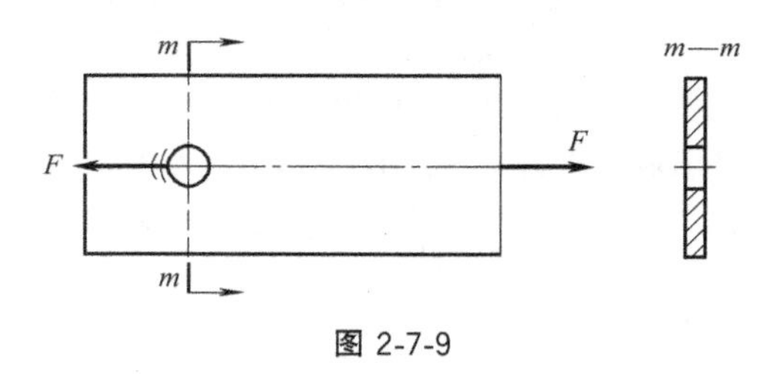

图 2-7-9

基础测试

2-7-1 （填空题）剪切是指构件受两组距离很（　　）、大小相等、方向相（　　）的平行力系作用，在两组力的交界面两侧发生错动的现象。

2-7-2 （填空题）计算连接件横截（剪切）面上的切应力时，一般假设切应力（　　）分布，所以直接用剪力除以剪切面面积计算，称为（　　）切应力。

2-7-3 （填空题）当挤压面为柱面时，计算挤压应力时一般采用柱面在过直径平面

上的（　　）面积。

2-7-4 （填空题）连接部分的强度计算，除了剪切和挤压之外，一般还要考虑被连接件的横截面（　　）面积，进行强度校核。

<<<< 例 题 >>>>

【例 2-7-1】 一销钉接头如图 2-7-10（a）所示，已知：$F=15\text{kN}$，$t=8\text{mm}$，材料的许用切应力 $[\tau]=60\text{MPa}$，许用挤压应力 $[\sigma_{bs}]=200\text{MPa}$，试计算销钉所需的直径 d。

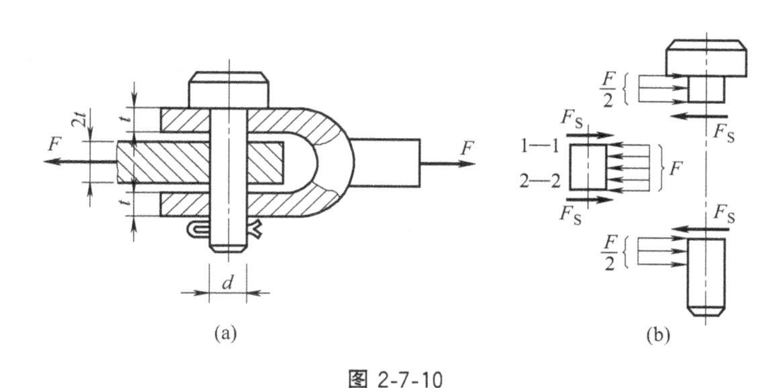

图 2-7-10

【分析】 注意剪切是在两组相反方向作用力的分界面处，则销钉的剪切面及相应的分离体图如图 2-7-10（b）所示，相应的挤压力也标于图中。由图可以很方便地求出剪力和挤压力，也可以找出剪切面面积和挤压面面积。建议读者以后在分析连接件时，也先做出这种利用剪切面分割的截离体。

【解】 如图 2-7-10（b）所示，显然剪切面上的剪力为：$F_S=F/2$；剪切面面积为 $A=\pi d^2/4$。由剪切强度条件可得

$$\tau=\frac{F_S}{A}=\frac{F/2}{\pi d^2/4}\leqslant[\tau]$$

由此解得：
$$d\geqslant\sqrt{\frac{2F}{\pi[\tau]}}=\sqrt{\frac{2\times15\times10^3}{3.14\times60}}=12.6\text{mm}$$

再考虑挤压强度：如图 2-7-10（b）所示，铆钉上下两部分挤压力为 $F/2$，对应的计算挤压面积为 dt，而中间部分挤压力为 F，对应的计算挤压面积为 $2dt$，可见，各部分挤压应力是相同的。由挤压强度条件

$$\sigma_{bs}=\frac{F_{bs}}{A_{bs}}=\frac{F}{2dt}\leqslant[\sigma_{bs}]$$

由此解得
$$d\geqslant\frac{F}{2t[\sigma_{bs}]}=\frac{15\times10^3}{2\times8\times200}\approx5\text{mm}$$

通过比较，选择销钉直径为 13mm。

【例 2-7-2】 图 2-7-11（a）所示为齿轮和轴之间的平键连接，已知轴的直径 $d=70\text{mm}$，键的尺寸为 $b\times h\times l=20\text{mm}\times12\text{mm}\times100\text{mm}$，传递的扭力偶矩 $M_e=2\text{kN}\cdot\text{m}$，键所用材料的许用应力 $[\tau]=60\text{MPa}$，许用挤压应力 $[\sigma_{bs}]=100\text{MPa}$，试校核该键的强度。

【分析】 由于齿轮和轴作用于平键的力是相反的，剪切面应该在二者的分界面处，如图 2-7-11（b）所示；而挤压时，则分别挤压键的左右半个表面，如图 2-7-11（c）所示。

【解】 如图 2-7-11（b）所示将键截开，由保留部分的平衡条件可得

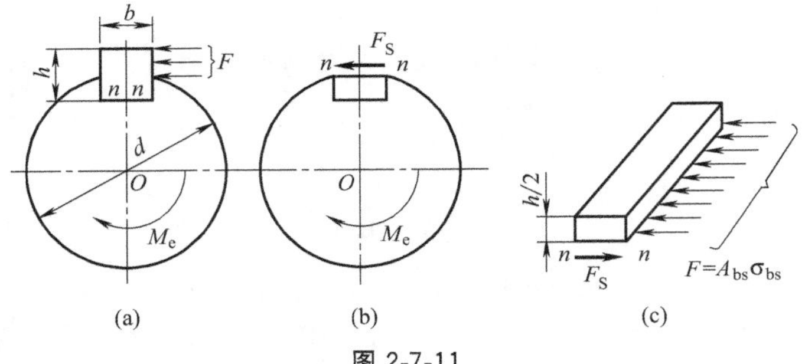

图 2-7-11

$$\sum M_O=0, F_S\frac{d}{2}-M_e=0$$

解得
$$F_S=\frac{2M_e}{d}$$

则名义切应力为： $\tau=\frac{F_S}{A}=\frac{2M_e}{bld}=\frac{2\times2\times10^6}{20\times100\times70}\text{MPa}=28.6\text{MPa}<[\tau]$

满足剪切强度。

如图 2-7-11（c）所示，挤压力 $F=F_S$

则挤压应力 $\sigma_{bs}=\frac{F}{A_{bs}}=\frac{2M_e}{hld/2}=\frac{4\times2\times10^6}{12\times100\times70}\text{MPa}=95.3\text{MPa}<[\sigma_{bs}]$

满足挤压强度。

【例 2-7-3】 图 2-7-12（a）是冲床的简图，冲头在力 F 作用下冲剪钢板，设钢板厚度 $t=10\text{mm}$，材料的剪切极限应力 $\tau_u=360\text{MPa}$。现需要在钢板上冲剪一个直径 $d=20\text{mm}$ 的圆孔，试计算所需的最小冲剪力。

【分析】 ①请读者思考一下在冲头作用下钢板的剪切面形状，这是问题的关键。如果想不出来，请参考图 2-7-12（b）。②请读者思考：如果要将钢板冲出孔来，剪切面的切应力应该至少达到多少呢？注意，此时不是要防止“破坏”，而是需要“破坏”，因此应力应该是达到或超过材料的剪切极限应力。

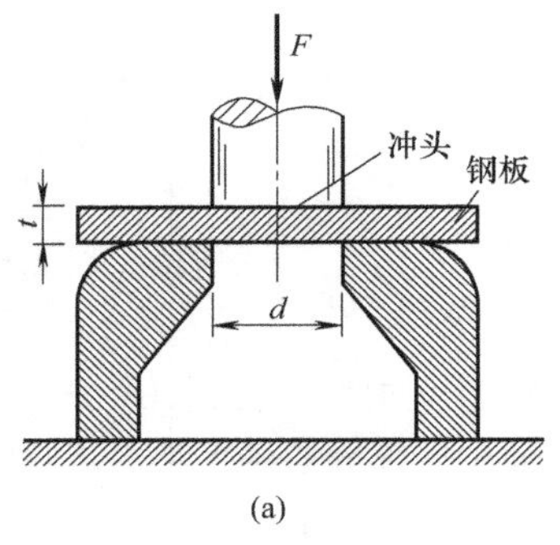

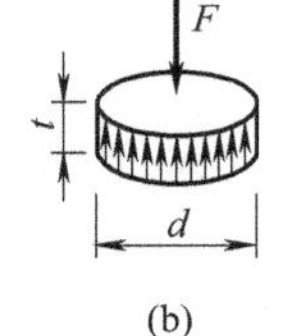

图 2-7-12

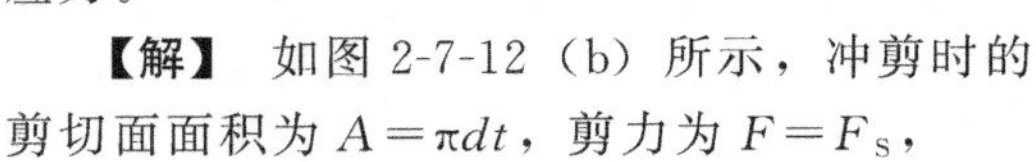

【解】 如图 2-7-12（b）所示，冲剪时的剪切面面积为 $A=\pi dt$，剪力为 $F=F_S$，

则切应力为： $\tau=\frac{F_S}{A}=\frac{F}{\pi dt}$

为保证冲剪成功，剪切面上的切应力不应小于材料的剪切极限应力，即

$$\tau=\frac{F_S}{A}=\frac{F}{\pi dt}\geqslant\tau_u$$

由此得

$$F\geqslant\tau_u\pi dt=360\times3.14\times10\times20\text{N}=226\text{kN}$$

所以最小冲剪力为 226kN。

★**【思考】** 是否可以将题目中材料的剪切极限应力 τ_u 换成许用切应力 $[\tau]$?

☆提示：达到许用切应力能剪断钢板吗？

小结

通过学习，应达到以下目标：

（1）掌握剪切和挤压的概念；

（2）能正确计算连接部分的剪切面和挤压面；

（3）了解接头部分的三种失效形式，能进行接头部分的强度校核。

习 题

2-7-1 如图2-7-13所示由两个螺栓连接的接头。试求螺栓所需的直径 d。已知 $F=40\text{kN}$，螺栓的许用切应力 $[\tau]=130\text{MPa}$，许用挤压应力 $[\sigma_{bs}]=300\text{MPa}$。

2-7-2 销钉式安全离合器如图2-7-14所示，允许传递的外力偶矩 $M=300\text{N}\cdot\text{m}$，销钉材料的剪切强度极限 $\tau_b=360\text{MPa}$，轴的直径 $D=30\text{mm}$，为保证 $M>300\text{N}\cdot\text{m}$ 时销钉被剪断，试求销钉的直径 d。

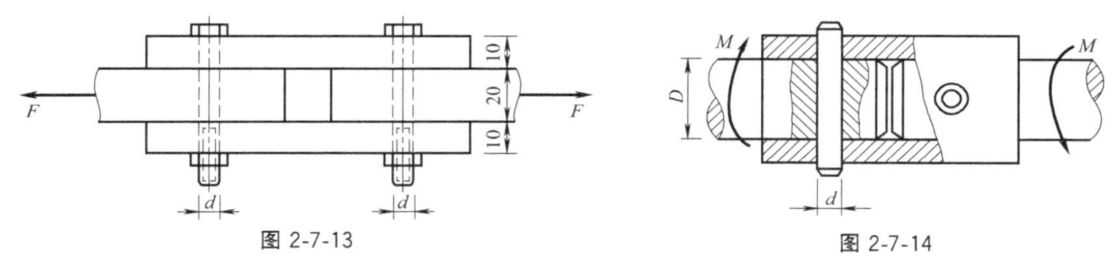

图 2-7-13　　　　图 2-7-14

2-7-3 如图2-7-15所示，用夹剪剪断直径为3mm的铅丝，若铅丝的剪切极限应力约为100MPa，试问需要多大的 F？若销钉 B 的直径为8mm，试求销钉横截面上的切应力。

2-7-4 矩形截面木拉杆的接头如图2-7-16所示。试确定接头处所需的尺寸 l 和 a。已知轴向拉力 $F=50\text{kN}$，截面的宽度 $b=250\text{mm}$，木材顺纹的许用挤压应力 $[\sigma_{bs}]=10\text{MPa}$，顺纹的许用切应力 $[\tau]=1\text{MPa}$。

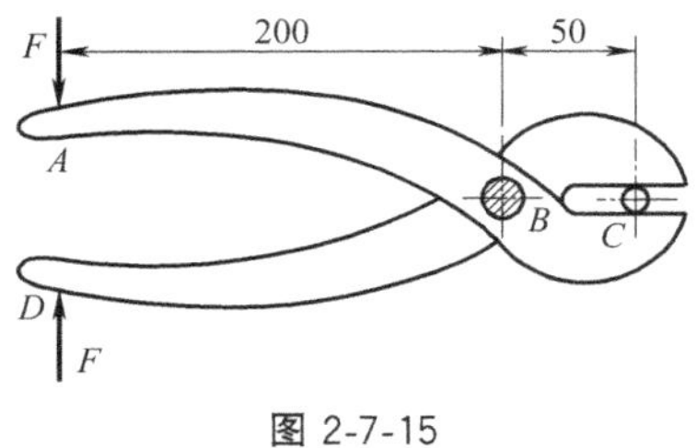

图 2-7-15

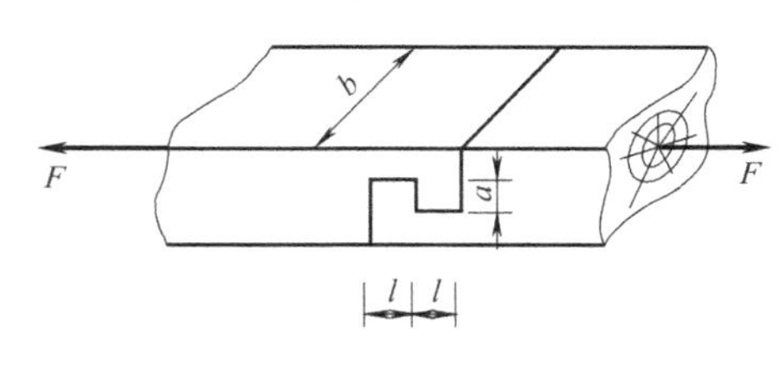

图 2-7-16

扭 转

扭转的概念和实例

扭转（Torsion）属于杆件的四种基本变形之一。如实例图所示，当杆件变形具有以下变形特征时即为扭转变形。

受力特征：**杆件受作用面垂直于杆轴线的外力偶作用**。如果用矢量来表示外力偶的话（还记得怎么表示吗？如果没有印象的话，务必翻一下理论力学教材，因为后面会经常用到），也可以说**外力偶的矢量方向沿轴线方向**。这种外力偶常被称为**扭力偶**。

变形特征：杆件的各横截面都发生绕轴线的相对转动，如实例图1所示。图中两端面之间的相对转动角度 φ_{AB}，称为杆件两端的**相对扭转角**，简称**扭转角**（Angle of Twist）。

再看些日常生活和工程中的例子。

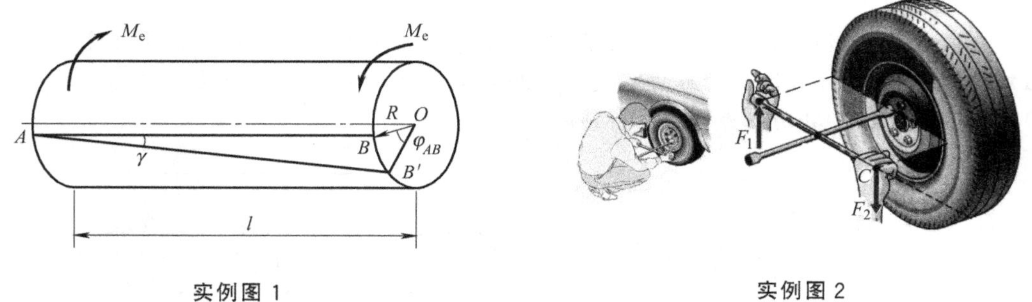

实例图1　　实例图2

如实例图2所示，换轮胎时，双手用扳手拧动螺栓时，扳手发生的变形即为扭转变形。当然，图中扳手以交叉点为界，分为四段，你能区分出哪一段发生了扭转变形吗？如实例图3所示，双手转动方向盘时，同样发生了扭转变形，同样请读者自行确认：哪一部分发生了扭转？

在工程中，扭转最常见的例子是传动轴。如实例图4所示，读者能看出其中的传动轴主要发生的是扭转变形吗？

因此，在材料力学中经常把扭转的杆件简称为**轴**（Shaft）。

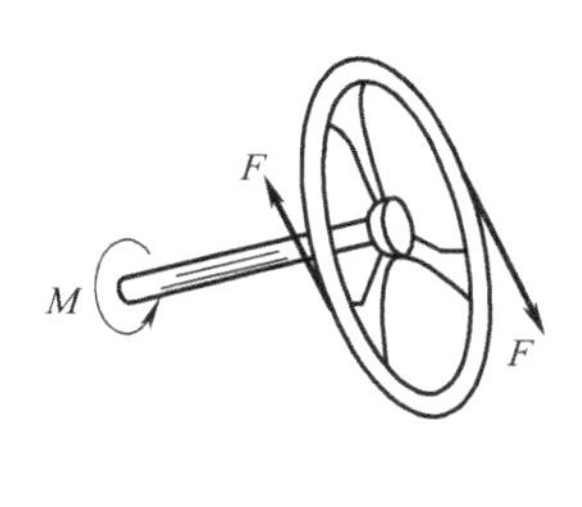

实例图 3

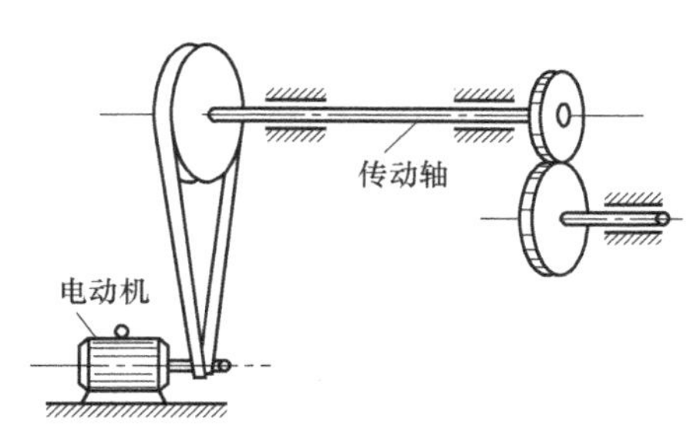

实例图 4

3.1 扭转内力和内力图

本节导航

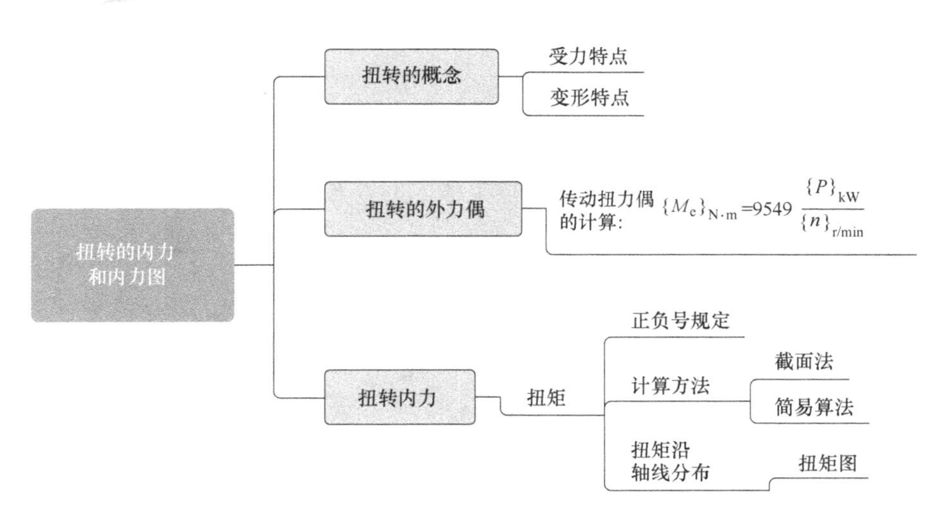

本节主要介绍扭转变形内力的求解方法以及相应的内力图作图方法。由于传动轴是一种典型的扭转变形构件，所以本节还介绍了传动轴所传递的扭力偶的计算方法。

3.1.1 传动轴扭力偶矩的计算

对于一般的传动轴问题，其上作用的扭力偶不会直接给出，而带动传动轴的电动机，其额定功率和额定转速则一般可以通过铭牌读取。据此我们来计算一下扭力偶。

如实例图所示，设电动机的功率为 P（单位：kW），传动轴的转速为 n（单位：r/min），如果不计传递过程中的能量损失，则传动轴上作用的主动力偶（扭力偶）如何计算呢？

我们知道转动物体功率 P 和外力偶 M_e、角速度 ω 的关系为

$$P=M_e\omega$$

而角速度（单位：rad/s）和转速的关系为

$$\omega=\frac{n\pi}{30}$$

考虑功率的单位可得到

$$P\times10^3=M_e\frac{n\pi}{30}$$

由此得传动轴扭力偶的计算公式

$$\{M_e\}_{N\cdot m}=9549\frac{\{P\}_{kW}}{\{n\}_{r/min}} \tag{3-1-1}$$

★【注】 上式采用了《有关量、单位和符号的一般原则》GB 3101—93 中规定的数值方程式的表示方法，其中下标表示量所采用的单位。显然上式也可以写作

$$\{M_e\}_{kN\cdot m}=9.549\frac{\{P\}_{kW}}{\{n\}_{r/min}} \tag{3-1-2}$$

3.1.2 轴的内力

（1）内力的确定

仍然采用截面法：如图 3-1-1（a）所示用假想截面 $m—m$ 将杆截开，然后如图 3-1-1（b）或图 3-1-1（c）所示取其中一部分研究。其中截面上的力偶 T 就是扭转的内力，称为**扭矩**（Torque）。注意这里内力虽然是力偶，但用符号 T 表示，而不是 M。

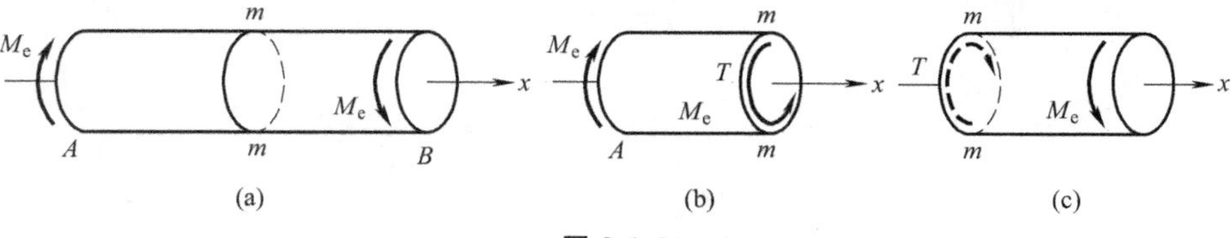

图 3-1-1

例如取图 3-1-1（b）所示的部分研究，由于属于空间力偶系问题，一般采用矢量投影方程来求解（又一次用到了空间力偶的矢量表示，这次会了吗？）

$$\sum M_x=0, T-M_e=0$$

解得

$$T=M_e$$

如果取图 3-1-1（c）所示部分研究，可以得到同样的结果。

（2）扭矩的符号规定

扭矩的正负号规定，仍然借助于力偶的矢量方向：**如果扭矩的矢量方向指向截离体的外侧则为正**［图 3-1-2（a）］；反之，**如果扭矩的矢量方向指向截离体内部则为负**［图 3-1-2（b）］。

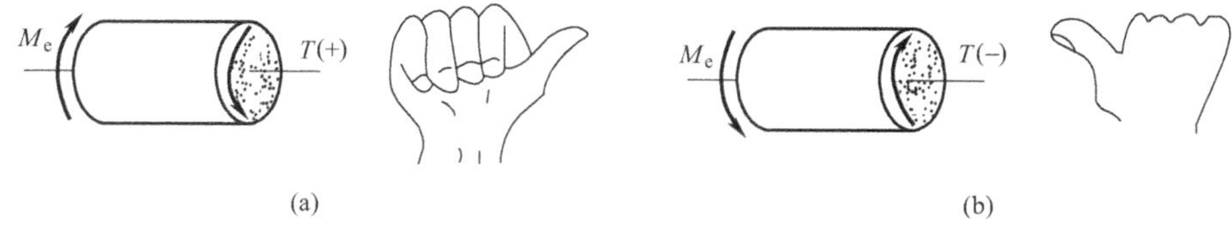

图 3-1-2

与上面规定等效的另一种说法是：**如果扭矩的转向和截离体的外法线符合右手螺旋法则，则为正，反之为负**。

以上符号规定的优点是：在取不同的截离体时，内力符号保持一致。

3.1.3 轴的内力图

扭矩图（Torque Diagram）：表示扭矩沿轴线变化规律的函数图像称扭矩图。

例如对于图 3-1-3（a）所示的轴，其内力上面已经求出为

$$T=M_e$$

这一结果适用于任意横截面，也就是说扭矩为常量。

这样画出的内力图如图 3-1-3（b）所示。

当然，也可以用图 3-1-3（c）中的简易图，省略掉坐标轴。此时要注意：一定要标出正负号；将关键值标在图线上；将内力图画在受力图下方，保持数值和截面的对应。

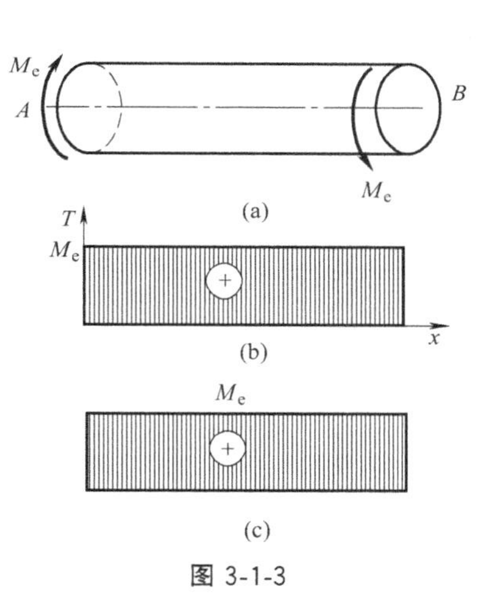

图 3-1-3

基础测试

3-1-1 （单选题）当轴发生扭转时，所受的外力偶作用在和轴线（　　）的平面内，从矢量方向来说，外力偶矩应该和轴线（　　）。

A. 平行；　　B. 垂直；　　C. 斜交。

3-1-2 （填空题）当轴发生扭转变形时，相邻的横截面之间会发生相对转动。可见，如果从本质上讲，杆的扭转变形属于（　　）变形。

3-1-3 （填空题）轴的内力称为（　　），其矢量正方向应该和横截面外（　　）方向一致。

3-1-4 （填空题）电机的额定功率 100kW，额定转速 1000r/min，则输出的外力偶矩是（　　）N·m。

<<<< 例 题 >>>>

【例 3-1-1】 如图 3-1-4（a）所示，主动轮 A 输入功率 $P_A=50\text{kW}$，从动轮输出功率 $P_D=20\text{kW}$，$P_B=P_C=15\text{kW}$，$n=300\text{r/min}$，试作扭矩图。

【分析】 ①要求扭矩，需要先求出外力偶或称扭力偶，而题目中给出的是功率和转速，读者能想到用哪个公式进行转化吗？②由于轴的内部也有扭力偶，求扭矩时需要分段求解。③前面在求解内力时用到了设正法，可以很方便地确定内力的符号，读者还有印象吗？本例仍然要采用这种方法。

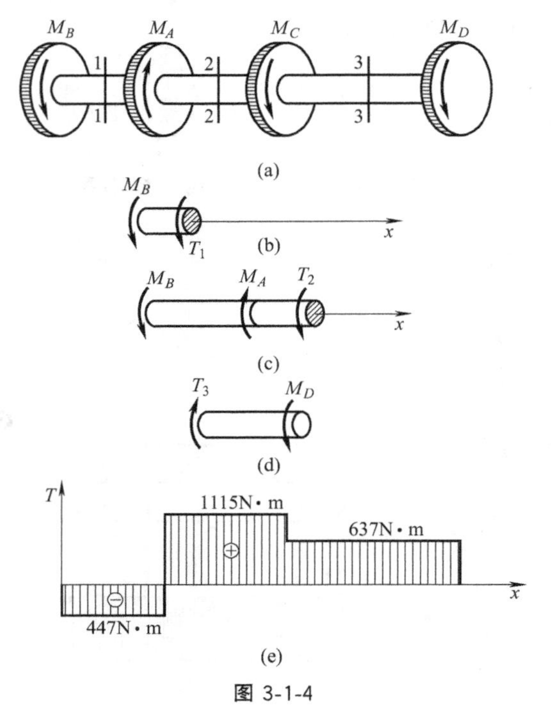

图 3-1-4

【解】 由公式（3-1-1）可求得轮上作用的扭力偶为

$$M_A=9549\frac{P_A}{n}=9549\times\frac{50}{300}\ \text{N}\cdot\text{m}=1592\text{N}\cdot\text{m}$$

$$M_B=M_C=9549\frac{P_B}{n}=9549\times\frac{15}{300}\ \text{N}\cdot\text{m}=477\text{N}\cdot\text{m}$$

$$M_D=9549\frac{P_D}{n}=9549\times\frac{20}{300}\text{N}\cdot\text{m}=637\text{N}\cdot\text{m}$$

如图用假想截面 1—1 将轴截开，取截离体如图 3-1-4（b）所示，其中的扭矩按正方向假设（设正法），则由平衡方程可得

$$\sum M_x=0, T_1+M_B=0$$

解得： $T_1=-M_B=-477\text{N}\cdot\text{m}$

同样取截离体如图 3-1-4（c）、3-1-4（d）所示，利用平衡方程解得：

$$T_2=1115\text{N}\cdot\text{m}, T_3=637\text{N}\cdot\text{m}$$

求出各段内力后，可作出扭矩图如图 3-1-4（e）所示。

【拓展阅读】

请读者思考：根据轴上作用的扭力偶和所求的扭矩的结果，试总结扭矩的简单计算方法。

观察扭矩的计算结果和扭力偶的关系，可以得出以下简便计算方法：**某横截面上的扭矩等于截面一侧所有扭力偶的代数和，其中矢量方向背离截面的扭力偶取正，指向截面的扭力偶取负**。对于水平放置的杆件，上述规律中的正负号规定也可以简记为：**左左为正，右右为正**。意为：截面左侧部分矢量方向向左的扭力偶取正值，右侧部分矢量方向向右的扭力偶取正值。当然，如果是竖直放置的杆件，上述口诀就变为：**上上为正，下下为正**。

读者可以根据以上规律，校核一下上面扭矩计算结果。

【例 3-1-2】 如图 3-1-5（a）所示为钻探机钻杆的力学模型，其下端一段长度上承受均布摩擦力偶，集度 $m=100\text{N}\cdot\text{m/m}$，上端作用集中扭力偶。图中的长度单位为 mm。试画出转轴的扭矩图。

【分析】 对于承受均布外力偶的部分，显然各横截面的扭矩是不同的，对于这种情况，读者可以先思考一下如何写出扭矩的表达式。

思路：可以考虑引入自变量 x 表示横截面位置，将扭矩 T 写成 x 的函数。

【解】 如图 3-1-5（a）所示，从下端开始建立 x 轴。

在 $0\leqslant x\leqslant 0.1\text{m}$ 部分，取截离体如图 3-1-5（b）所示，可得平衡方程

$$\sum M_x=0,\quad T(x)+mx=0$$

解得
$$T(x)=-mx=-100x(\text{N}\cdot\text{m})$$

在 $0.1\text{m}\leqslant x\leqslant 0.3\text{m}$ 部分

$$T(x)=-M=-m\times 0.1=-10\ (\text{N}\cdot\text{m})$$

由此得分段函数形式的扭矩函数

$$T(x)=\begin{cases}-mx(\text{N}\cdot\text{m}), & 0\leqslant x\leqslant 0.1\text{m}\\ -10(\text{N}\cdot\text{m}), & 0.1\text{m}\leqslant x\leqslant 0.3\text{m}\end{cases}$$

对应的扭矩图如图 3-1-5（c）所示。

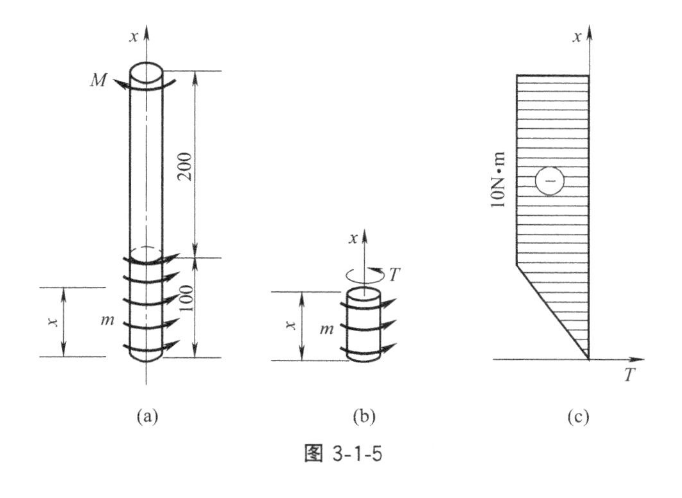

图 3-1-5

小结

通过学习，应达到以下目标：

（1）理解扭转时的受力特点和变形特点；

（2）掌握传动轴扭力偶矩的计算方法；

（3）扭矩的求法及符号规定；

（4）能熟练绘制扭矩图。

习　题

3-1-1　一传动轴如图 3-1-6 所示，已知 $M_A=1.3\text{kN}\cdot\text{m}$，$M_B=3\text{kN}\cdot\text{m}$，$M_C=1\text{kN}\cdot\text{m}$，$M_D=0.7\text{kN}\cdot\text{m}$。试画出扭矩图。

3-1-2　一钻探机的功率为 10kW，转速 $n=180\text{r/min}$。钻杆钻入土层的深度 $l=$

40m，如图 3-1-7 所示。假设土壤对钻杆的阻力可看作是均匀分布的力偶，试求分布力偶的集度 m，并作钻杆的扭矩图。

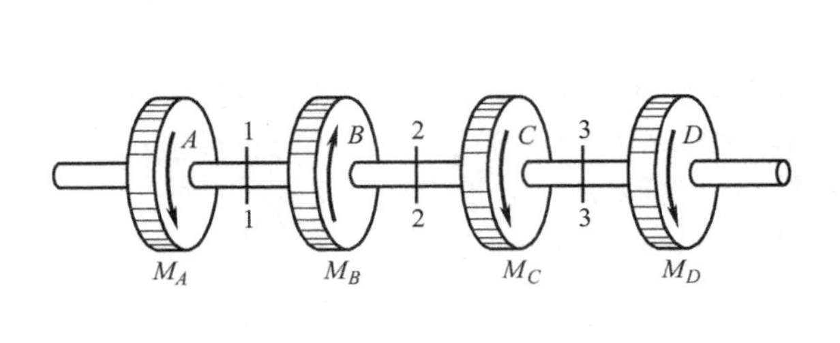

图 3-1-6

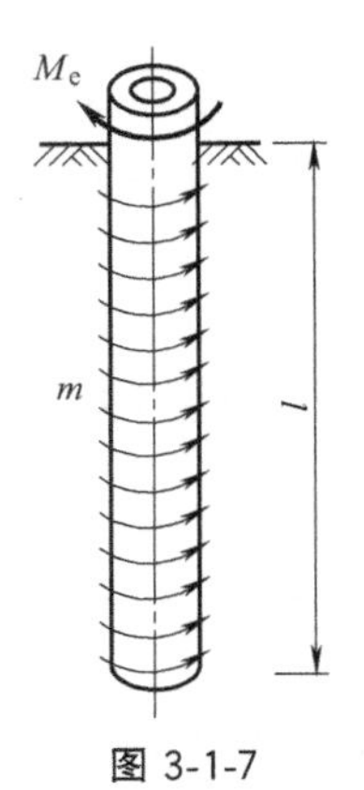

图 3-1-7

3.2 薄壁圆筒的扭转

本节导航

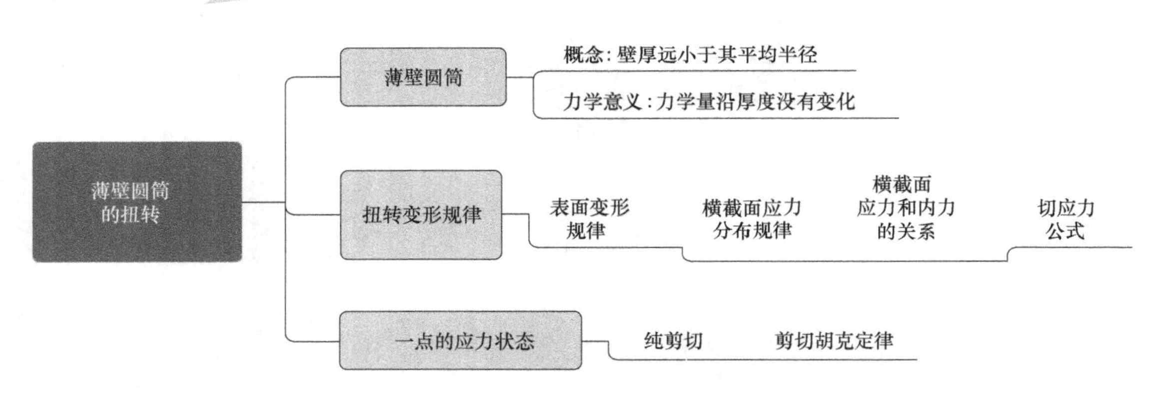

薄壁圆筒（Thin-Walled Cylinder）的扭转是最简单的扭转问题，但是通过对它的研究，可以得到研究扭转问题的一般方法。而且，利用薄壁圆筒的扭转试验，还可以得到剪切胡克定律：它揭示了一点处切应力和切应变之间的关系。其形式类似于前面的胡克定律，但后者表示的是一点处正应力和正应变之间的关系。

3.2.1 薄壁圆筒的相关参数

剪切胡克定律的测定采用的薄壁圆筒如图 3-2-1 所示，图中标注了它的一些力学参数，其中 δ 是圆筒的壁厚，r 是圆筒横截面的外半径，而 r_0 则是横截面的平均半径（内外半径的平均值）。

需要注意的是，力学中所谓的“薄”，不光是个形容词，而且有其特定的数量级规定，一般要求圆筒的壁厚 δ 要小于平均半径 r_0 的十分之一（即二者不在同一数量级上，但本节的一些结论在工程应用时，可以适当放宽要求）。

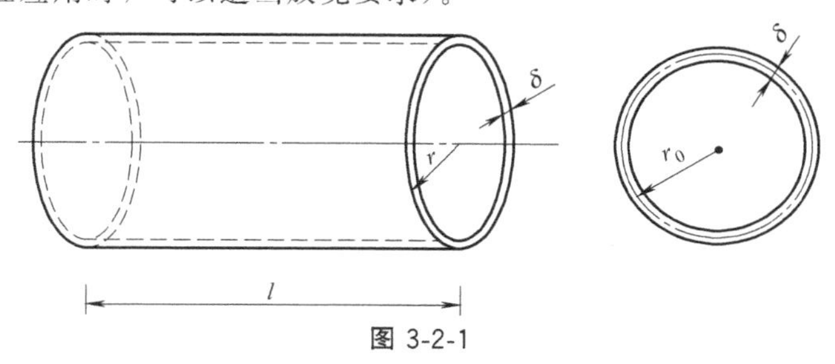

图 3-2-1

★【注意】 限定研究对象“薄”壁圆筒，力学中就可以进行相应的简化，例如：认为应力、应变等力学量沿厚度没有变化（保持为常量）。其依据是连续函数的性质，即自变量变化很小时，函数值的变化也很小。

3.2.2 薄壁圆筒扭转时的变形特点

（1）薄壁圆筒的扭转变形

薄壁圆筒在扭转之前，先在其表面画上均匀的网格（这种网格，在前面拉压杆变形演示时也曾使用过，大家可以思考一下它的作用），如图 3-2-2 所示。

在两端施加扭转力偶，薄壁圆筒扭转变形后的形状如图 3-2-3 所示，实际上整体的形状大小基本看不出任何变化，只是表面的网格有了明显改变：长方形的网格都发生了“畸变”，成为平行四边形。

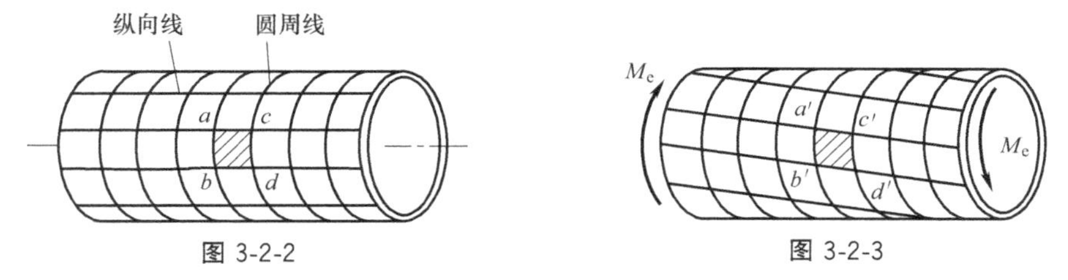

图 3-2-2　　　　图 3-2-3

通过观察圆筒表面网格的变化，我们可以得到表面上各点只发生了切应变，而且各处的切应变都是相同的，我们这里统一用 γ 表示，如图 3-2-4 所示。

在扭转试验中，两端面的相对扭转角 φ（图 3-2-4）比较容易测定，用它可以很方便地计算出切应变

$$\gamma \approx \tan\gamma = \frac{r\varphi}{l} \qquad (3\text{-}2\text{-}1)$$

（2）薄壁圆筒表面各点的应变表示

一般一点处的应变、应力没有办法直观地表示，需要借助数学中微分的方法，将研究对象分成无限多个微元体。这样一点处的应变和应力可以借助于微元体表示，这种微元体力学上一般称为**单元体**。

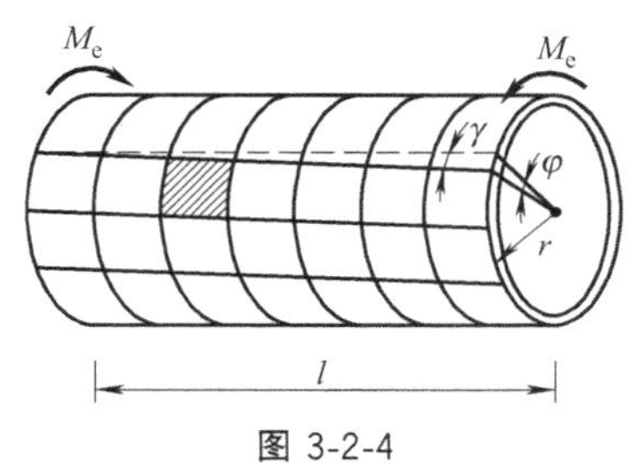

图 3-2-4

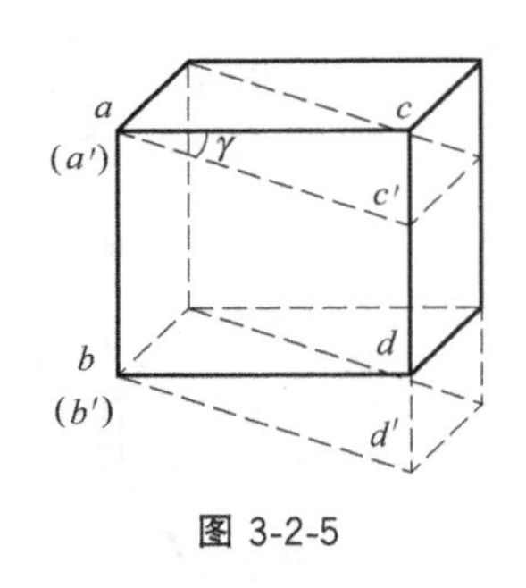

图 3-2-5

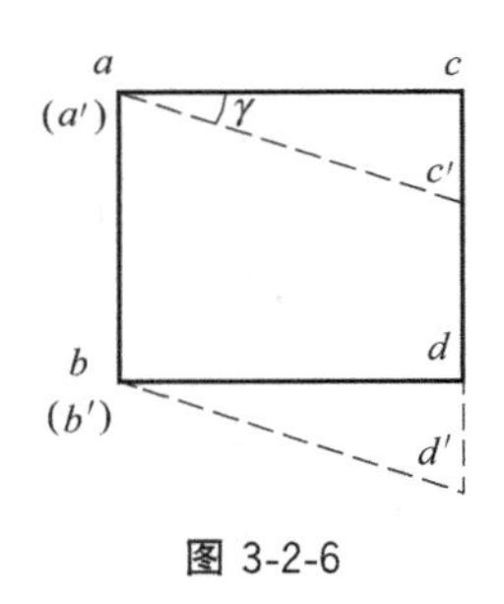

图 3-2-6

借助于图 3-2-2 和 3-2-3 可以得到表面一点对应的单元体的应变形式（图 3-2-5）。考虑薄壁圆筒“薄”的特性，可以认为应变不沿厚度变化，所以也可以将单元体表示为图 3-2-6 所示的平面单元体。

3.2.3 薄壁圆筒扭转时的应力特点

（1）表面各点的应力情况

由表面各点的应变情况（图 3-2-5 或图 3-2-6）可以推断出单元体左右两个表面（对应于横截面）上应该有切应力作用，而且由于二者距离无限近，根据连续性假设，可以认为两个面上的切应力大小是相同的，如图 3-2-7 所示的切应力 τ，对应的平面单元体如图 3-2-8 所示。

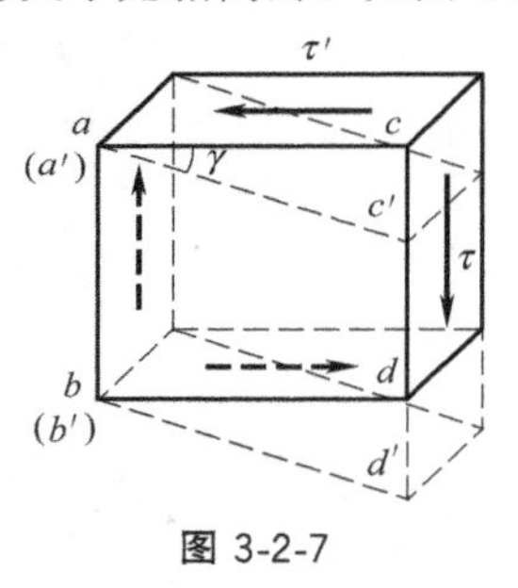

图 3-2-7

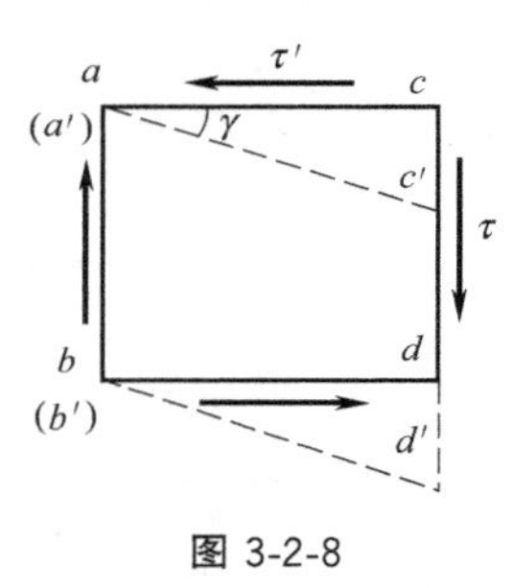

图 3-2-8

★【注意】 显然单元体左右侧面的应力合成出的力不能平衡，而是会组成力偶。根据力偶的性质：力偶只能由力偶平衡，可以推断上下表面也应该存在相等的切应力，如图 3-2-7 和图 3-2-8 所示的切应力 τ'。

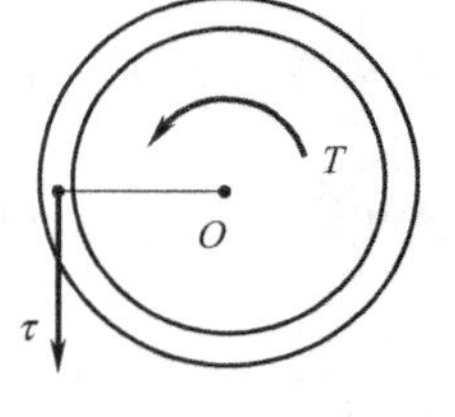

图 3-2-9

如图 3-2-7 和图 3-2-8 中的单元体，四个表面上仅存在切应力，一般称这个单元体所围绕的点的应力状态为**纯剪切应力状态**。在薄壁圆筒的扭转中，表面各点都处于纯剪切应力状态。

★【思考】 请读者根据图 3-2-7 中单元体上切应力方向来思考一下：在横截面上对应点的切应力方向是怎样的？

★【解析】 横截面上一点切应力的方向和过此点的横截面圆环半径垂直，指向和扭矩转向保持一致，如图 3-2-9 所示。读者能想象出来吗？

（2）切应力互等定理

在上面讨论的纯剪切应力状态中，为保持平衡，单元体表面的两组切应力的大小显然要满足一定的关系，下面具体探讨一下。

如图 3-2-10 所示纯剪切单元体，尺寸和所采用的坐标系如图中所示。由于各表面的面积都很小，可以认为应力是均匀分布的。由力偶平衡

$$\sum M_z=0,\quad \tau \mathrm{d}x\mathrm{d}z\cdot \mathrm{d}y-\tau'\mathrm{d}y\mathrm{d}z\cdot \mathrm{d}x=0$$

可得

$$\tau=\tau'$$

由此得**切应力互等定理**（Theorem of Conjugate Shearing Stress）：**在单元体互相垂直的表面上，垂直于表面交线的切应力数值相等，方向则均指向或离开该交线**。

对于包含正应力的单元体，读者可以参考图 3-2-11 自己来证明：切应力互等定理仍然成立。

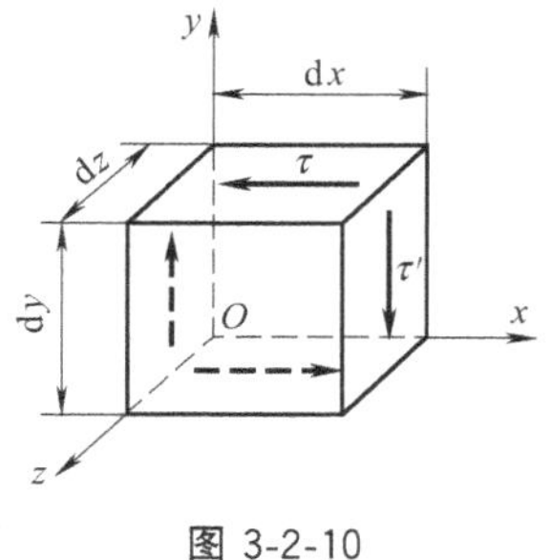

图 3-2-10

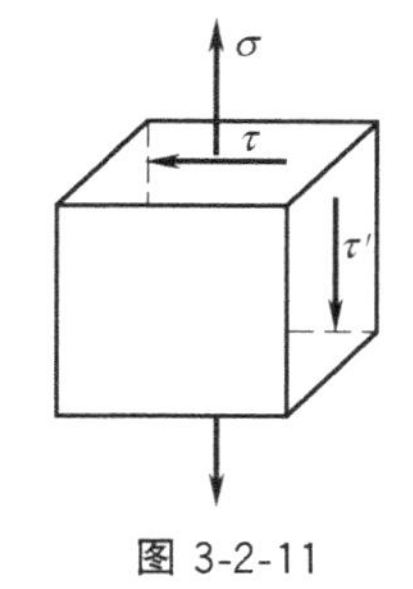

图 3-2-11

3.2.4 横截面切应力和扭矩（扭力偶）的关系

（1）横截面上切应力的分布特点

横截面上沿外边缘的切应力和外表面的切应变是对应的。由前面的分析可以知道，外表面切应变是相同的，所以横截面外边缘（外圆周）的切应力大小也是相同的。再根据“薄”的特点，可以认为切应力沿厚度没有变化，这样**整个横截面上切应力大小均相同，而方向则沿与过此点半径垂直的方向，指向和扭矩转向一致**。

（2）切应力和扭矩的关系

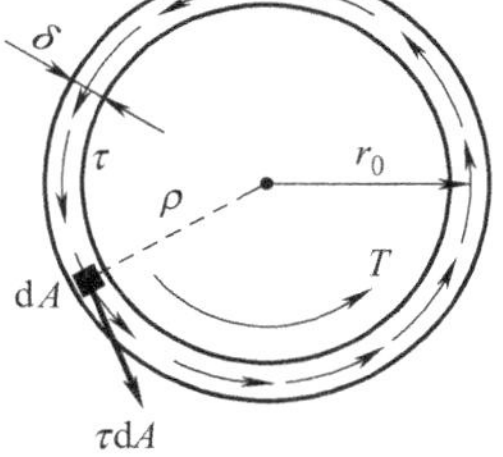

由于横截面上的内力只有扭矩 T，而内力是应力向形心简化的结果。由此将图 3-2-12 中横截面积 A 微分为无限多个微元面积，任取 $\mathrm{d}A$，设上面作用的应力为 τ，到圆心的距离为 ρ。可以得到应力和内力的关系为

图 3-2-12

$$\int_A(\tau\cdot \mathrm{d}A)\cdot\rho=T$$

由于是薄壁圆筒，各点 $\rho\approx r_0$，代入上式可得

$$\int_A(\tau\cdot \mathrm{d}A)\cdot\rho=T\approx\int_A\tau\cdot r_0\cdot \mathrm{d}A=\tau\cdot r_0\cdot\int_A \mathrm{d}A=\tau\cdot r_0\cdot A$$

由此得横截面切应力的大小为

$$\tau=\frac{T}{r_0A}\tag{3-2-2}$$

如果考虑横截面积 $A\approx 2\pi r_0\delta$，代入上式得

$$\tau=\frac{T}{2\pi r_0^2\delta} \tag{3-2-3}$$

★【注意】 式（3-2-2）和式（3-2-3）是假设切应力沿厚度均匀分布而推出的，所以为近似公式。进一步的计算表明，如果满足“薄壁”的要求，其误差在4.53%以内。一般工程问题，要求力学公式的理论误差小于5%即可。

3.2.5 剪切胡克定律的测定

剪切胡克定律测定是采用薄壁圆筒扭转试验来实现的。扭转过程中，记下两端所施加的扭力偶 M_e（数值上等于横截面内力 T）和相应的相对扭转角 φ，绘制成曲线如图3-2-13所示。由图可以看出，在扭矩小于某一值（T_p）时，扭矩和相对扭转角成正比。

根据公式（3-2-1）和公式（3-2-2）可知，切应变和相对扭转角、扭矩和横截面切应力分别成正比，这样由图3-2-13的曲线可以很容易推出切应力-切应变之间关系曲线（图3-2-14）。

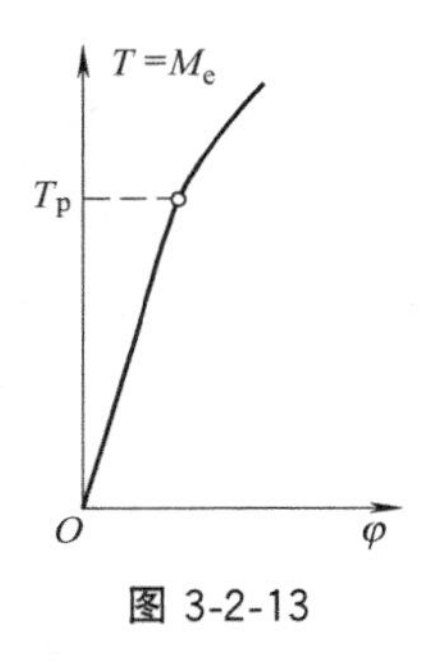

图 3-2-13

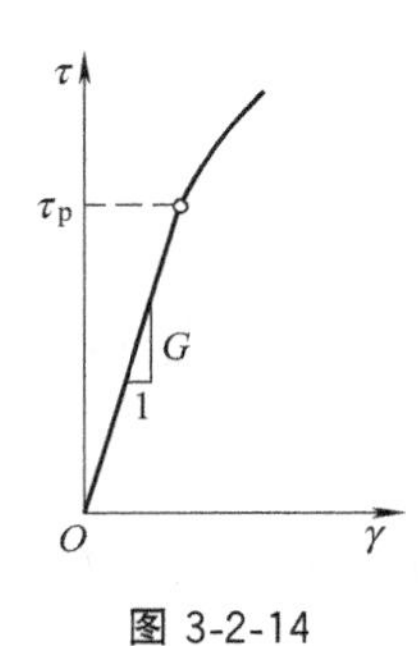

图 3-2-14

由图3-2-14可知：当切应力 τ 不超过一定限度 τ_p（一般称剪切比例极限）时，一点的切应力和切应变之间成正比，即

$$\tau=G\gamma \tag{3-2-4}$$

式中，G 为比例系数（或图中直线段的斜率），一般称为切变模量，其单位与应力相同。由于数值较大，工程上用得比较多的单位为MPa或GPa。

切变模量 G 和前面讲到的弹性模量 E、泊松比 μ 同属于各向同性材料的弹性常数，而且三者之间不是相互独立的，存在以下关系

$$G=\frac{E}{2(1+\mu)} \tag{3-2-5}$$

基础测试

3-2-1 （填空题）薄壁圆筒中的“薄壁”意味着：当扭转时，切应力沿厚度可以认为是（　　）分布的。

3-2-2 （作图题）对于图3-2-15中薄壁圆筒的横截面，扭矩转向如图所示，请画出在任意 A 点处的切应力方向。

3-2-3 （计算题）如图3-2-16所示截面 A 上扭矩为 T，任意极径 ρ 处点的切应力大小为 τ_ρ（ρ 的函数），方向与极径垂直，试写出扭矩和切应力大小的关系。

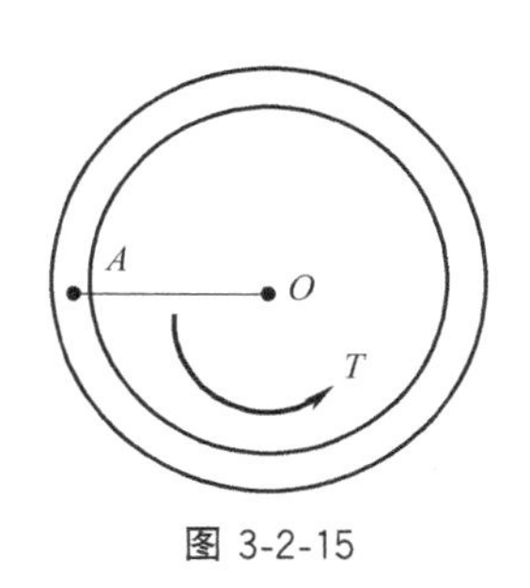

图 3-2-15

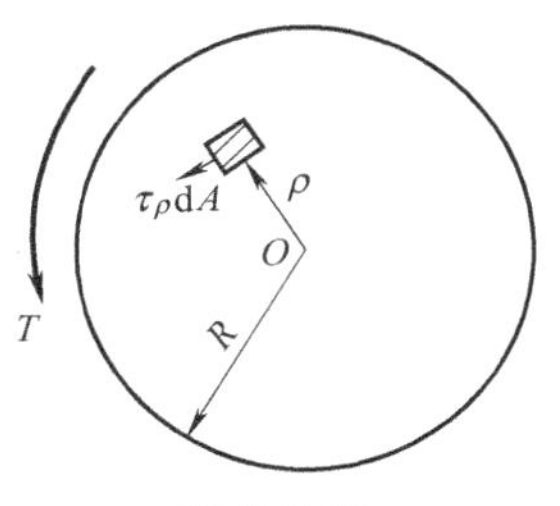

图 3-2-16

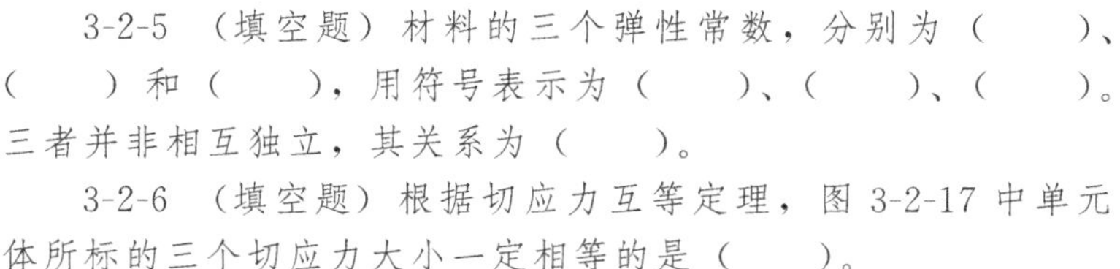

3-2-4 （填空题）根据剪切胡克定律，一点的切应力如果不超过一定范围，则和对应的（　　）成正比，其中比例常数称为（　　），单位是（　　）。

3-2-5 （填空题）材料的三个弹性常数，分别为（　　）、（　　）和（　　），用符号表示为（　　）、（　　）、（　　）。三者并非相互独立，其关系为（　　）。

3-2-6 （填空题）根据切应力互等定理，图 3-2-17 中单元体所标的三个切应力大小一定相等的是（　　）。

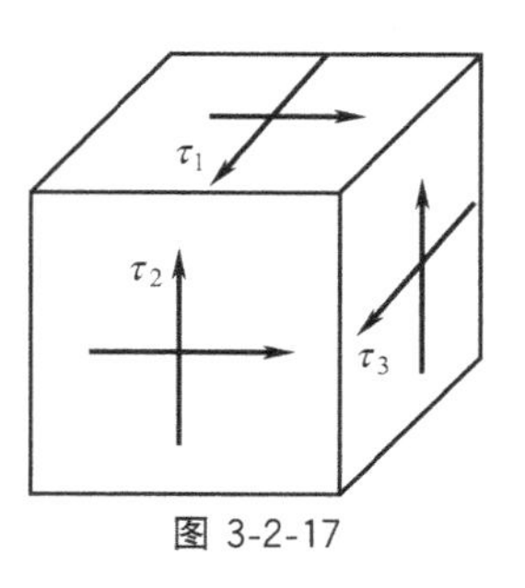

图 3-2-17

小结

通过本节学习，应理解和掌握以下内容：

（1）掌握纯剪切的概念和切应力互等定理；

（2）掌握剪切胡克定律的内容；

（3）了解薄壁圆筒横截面切应力的推导方法，熟悉扭矩切应力之间关系的静力学方程。

3.3 等直圆轴扭转时的应力

本节导航

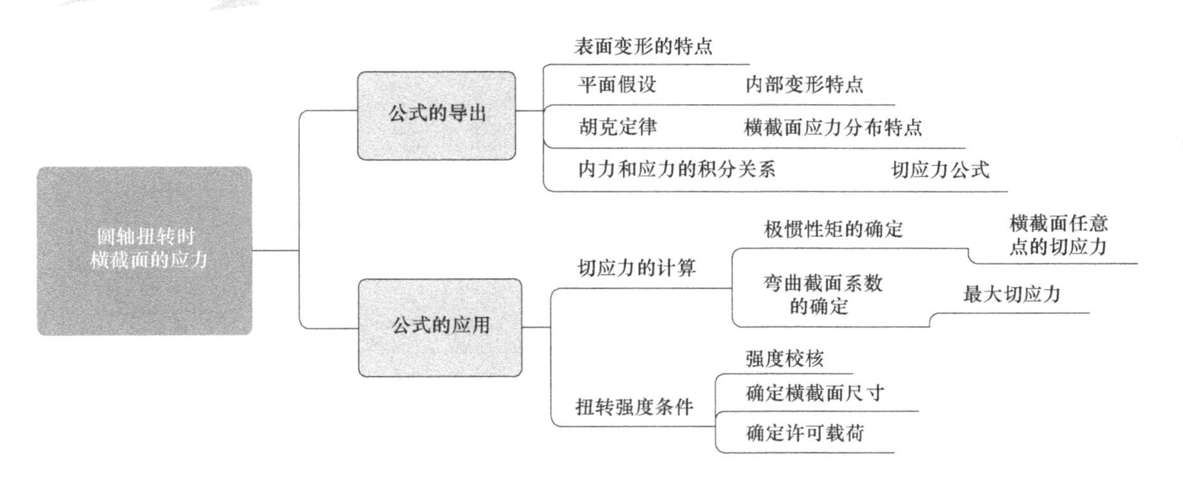

本节讨论圆轴横截面应力的计算及强度问题。

3.3.1 等直圆轴扭转时的切应力公式

（1）等直圆轴扭转时的变形现象

和前面一样，我们在等直圆轴（下简称圆轴）扭转之前，在其表面画上均匀的网格，以方便观察表面的应变规律，如图 3-3-1（a）。

施加扭力偶扭转后，圆轴的变形现象如图 3-3-1（b）所示。显然，圆轴表面的变形现象和薄壁圆筒几乎没有什么区别，说明圆轴扭转时，其表面各点也是只有切应变，而且大小是相同的。但是，相对于圆筒，圆轴问题的复杂之处在于：表面应变相同，只能说明横截面最外面圆周上切应力是相同的，但是无法说明内部的应力规律。

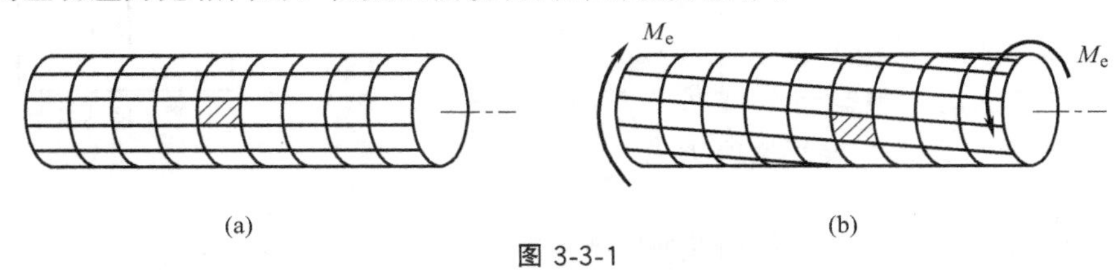

图 3-3-1

（2）平面假设

为了能将表面的规律推广到内部，我们仍然采用大胆假设的方法，至于这种假设是否正确，一方面可以由它导出的结论是否符合实际来判断；另一方面，随理论的发展，可以用更精确的理论结果来检验。

这里我们采用的假设仍然称为**平面假设**，也就是**假设杆的横截面在变形后仍然保持为平面**，但是针对扭转的特殊情况，我们再附加以下假设：**各横截面不光变形后保持为平面，而且，其形状也没有发生任何改变，只是绕着轴线发生了相对的转动**，简单说就是**各横截面只是绕轴线发生了相对刚性转动**。如果用一个形象的说法，可以将圆杆看作是由极薄的圆刚性片叠合而成的，扭转时每个刚片都相对于旁边的刚片发生了微小的转动。

（3）内部应变的变化规律

从图 3-3-1 中截取微元体研究（图 3-3-2），由于我们关心的切应变都发生在相应的圆柱面上，从微元体中取出任意半径为 ρ 的圆柱面。参照图中的几何尺寸，易求得此圆柱面上一点处的切应变为

$$\gamma_\rho \approx \tan\gamma_\rho = \frac{\rho \mathrm{d}\varphi}{\mathrm{d}x}$$

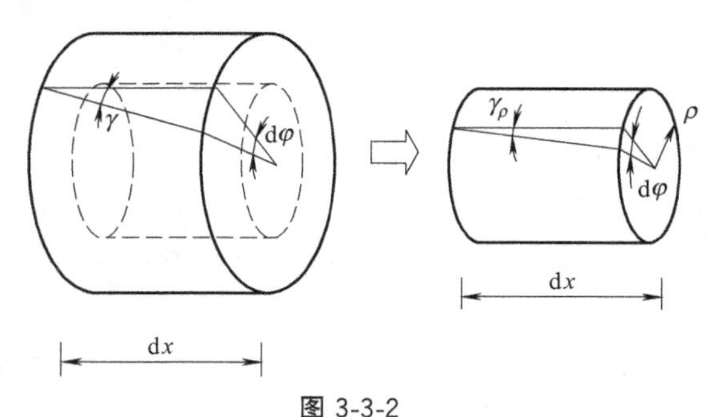

图 3-3-2

上式中 $\mathrm{d}\varphi$ 和 $\mathrm{d}x$ 和点的位置无关，可视为常量，所以**各点的切应变大小都与点到横截面圆心的距离 ρ 成正比**。

（4）横截面上切应力的分布规律

根据胡克定律，横截面上各点的切应力与对应圆柱面上的切应变成正比，即

$$\tau_{\rho}=G\gamma_{\rho}=G\rho\frac{\mathrm{d}\varphi}{\mathrm{d}x} \tag{3-3-1}$$

所以**横截面上各点的切应力大小也与点到横截面圆心的距离 ρ 成正比**，其方向仍然与横截面的半径垂直（参见图 3-3-3）。

需要说明的是，切应力不是只在横截面上存在，根据切应力互等定理，在与横截面垂直的截面上，必然存在大小相等的切应力。关于这一点，读者可以参考图 3-3-4。

上面的公式虽然给出了切应力的分布规律，但是由于里面的 $\mathrm{d}\varphi/\mathrm{d}x$ 是未知的，并不能用来求出切应力的大小。下面我们通过应力和内力的关系，给出切应力公式的最终表达式。

（5）横截面切应力和内力的静力关系

思路：由于横截面内力是切应力向形心简化的结果，参照以前的方法，我们先将横截面微分成微元面积 $\mathrm{d}A$，求出 $\mathrm{d}A$ 上切应力的合力，然后对形心求矩。将这些微元面积上力的矩加起来，也就是在整个横截面上积分，结果就是横截面的扭矩 T。具体表达式如下

$$\int_A \rho\tau_{\rho}\mathrm{d}A=T$$

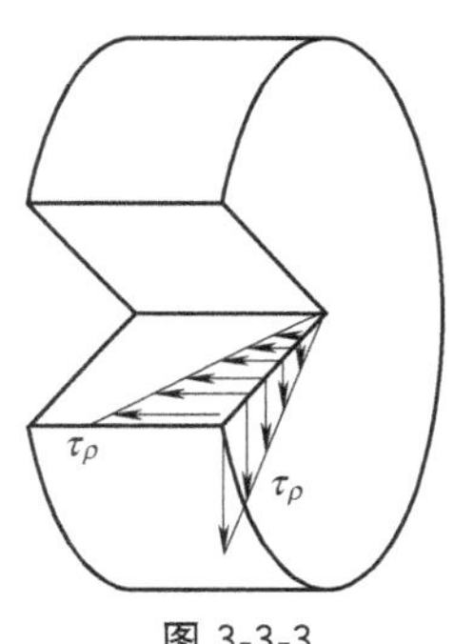

图 3-3-3

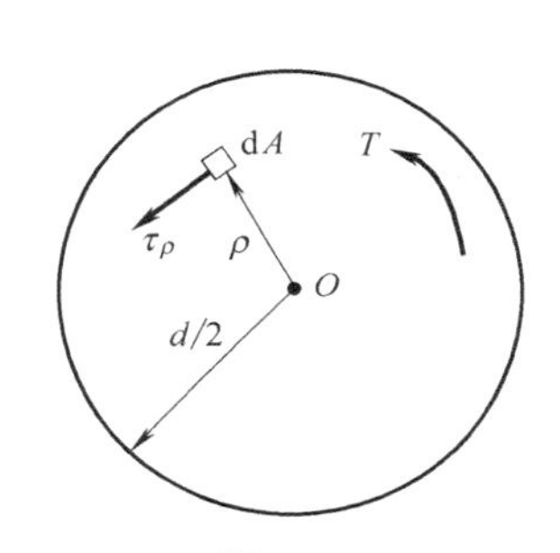

图 3-3-4

将式（3-3-1）代入得

$$\int_A \rho\cdot G\rho\frac{\mathrm{d}\varphi}{\mathrm{d}x}\mathrm{d}A=G\frac{\mathrm{d}\varphi}{\mathrm{d}x}\int_A \rho^2\mathrm{d}A=T$$

由于积分 $\int_A \rho^2\mathrm{d}A$ 只与横截面有关，当截面确定时为常量。令 $\int_A \rho^2\mathrm{d}A=I_{\mathrm{p}}$，一般称 I_{p} 为截面的**极惯性矩**（Polar Moment of Inertia of an Area），代入上式可得到

$$\frac{\mathrm{d}\varphi}{\mathrm{d}x}=\frac{T}{GI_{\mathrm{p}}} \tag{3-3-2}$$

将上式代入式（3-3-1）即得横截面任意点切应力大小的公式

$$\tau_{\rho}=\frac{T\rho}{I_{\mathrm{p}}} \tag{3-3-3}$$

各点切应力的方向，应与该点与横截面圆心的连线相垂直，并指向扭矩转动的方向。切应力沿横截面半径的分布如图 3-3-5 所示。

需要说明的是，公式（3-3-3）不只适用于实心的圆轴，对于空心圆轴同样是适用的，这一点读者们可以仿照前面实心圆轴的推导过程自己试着导出。相应的空心圆轴横截面（圆环）的切应力分布如图 3-3-6。

☆**【注意】** 圆环内部是空的，所以没有内力分布，当然作为内力集度的应力也就不存在了。

(6)圆轴横截面最大切应力

由公式(3-3-3)可以知道,横截面最大切应力在外边缘,其值为

$$\tau_{\max}=\frac{T\rho_{\max}}{I_p}=\frac{Td/2}{I_p}$$

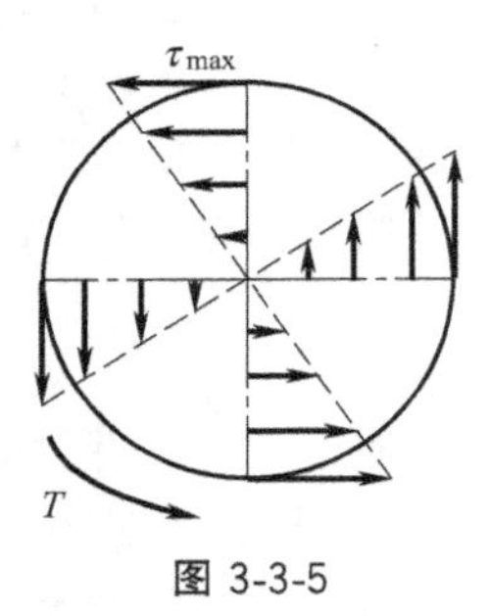

图 3-3-5

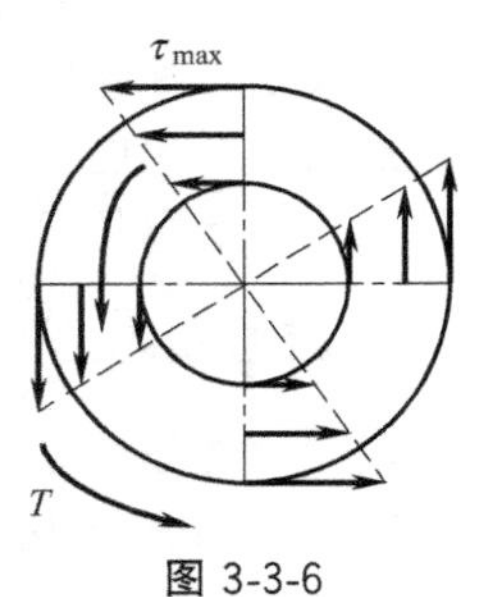

图 3-3-6

令 $W_p=\frac{I_p}{d/2}$,称为横截面的**扭转截面系数**或**抗扭截面系数**,可得最大切应力公式为

$$\tau_{\max}=\frac{T}{W_p} \tag{3-3-4}$$

(7)横截面极惯性矩和扭转截面系数的计算

公式(3-3-3)和公式(3-3-4)中涉及的极惯性矩和扭转截面系数均为只和截面形状相关的参数,一般称为截面的几何性质(参见附录Ⅰ)。下面具体讨论一下实心圆截面和空心圆截面情况下,这两种几何性质的计算。

① 实心圆截面。如图 3-3-7 所示直径为 d 的圆,求其极惯性矩和扭转截面系数。

对于这种圆形截面的积分,显然采用极坐标更好一些。如图选取微元面积,即

$$dA=2\pi\rho d\rho$$

$$I_p=\int_A \rho^2 dA=\int_0^{d/2} 2\pi\rho^3 d\rho=\frac{\pi d^4}{32}$$

而扭转截面系数

$$W_p=\frac{I_p}{d/2}=\frac{\pi d^3}{16}$$

② 空心圆截面。如图,空心圆截面的积分方法和实心圆截面完全相同,结果为

$$I_p=\frac{\pi}{32}(D^4-d^4)$$

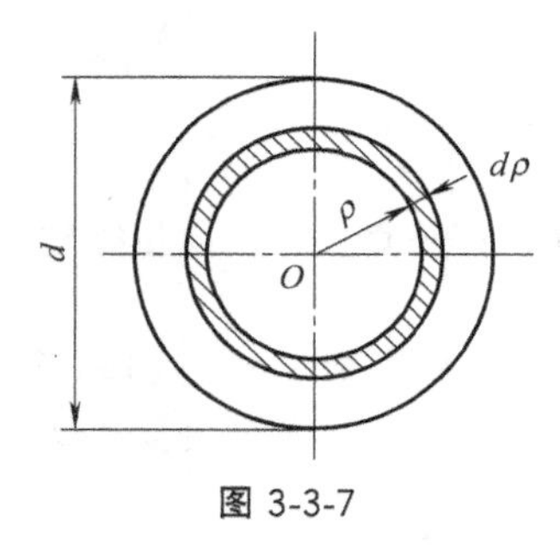

图 3-3-7

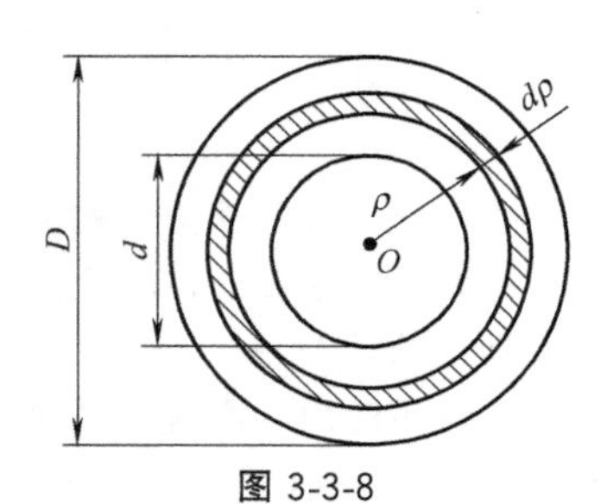

图 3-3-8

一般引入参数内外径比:$\alpha=\frac{d}{D}$,则上式可以写作

$$I_p=\frac{\pi D^4}{32}(1-\alpha^4)$$

同样可以求得

$$W_p=\frac{I_p}{D/2}=\frac{\pi D^3}{16}(1-\alpha^4)$$

以上极惯性矩和扭转截面系数的结果读者们最好能熟记，方便以后的应用。

基础测试

3-3-1 （判断题）轴的扭矩只与外力偶矩有关，与轴截面尺寸和材料无关。（　　）

3-3-2 （判断题）圆轴横截面上的应力与扭力偶矩（外力偶矩）有关，与轴横截面尺寸和材料无关。（　　）

3-3-3 （填空题）拉压杆的平面假设要求平面在变形后仍保持为平面，而圆轴的平面假设除要求变形后横截面仍保持为平面外，还要求横截面只做（　　　　）转动。

3-3-4 （填空题）薄壁圆管和空心圆轴切应力计算公式有较大区别，其中更精确的是（　　　　）。

3-3-5 （填空题）将圆轴的直径增大一倍，其他条件不变，则横截面的最大切应力会（　　　）。

3-3-6 （判断题）受扭圆轴的最大切应力只存在于横截面上。（　　）

3-3-7 （分析题）根据所学理论大致分析一下，为什么木材受扭转力偶作用时，容易产生纵向裂纹（参见图 3-3-9）。

3-3-8 （计算题）受扭圆轴的直径为 D，三个外力偶大小已知。求图 3-3-10 所示 m—m 截面上 K 点切应力的大小。

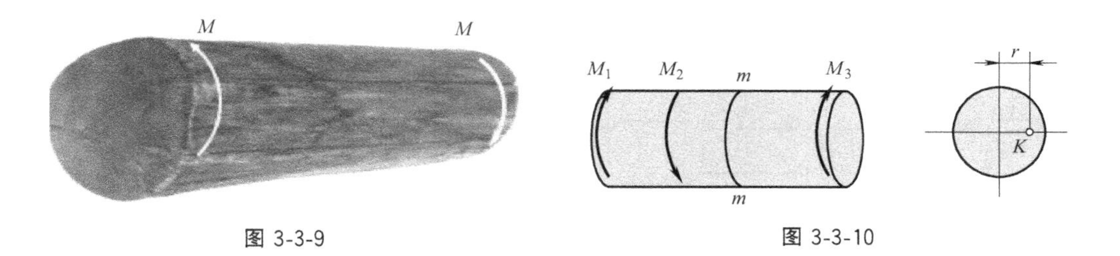

图 3-3-9　　　　图 3-3-10

例　题

【例 3-3-1】 实心圆轴 1 和空心圆轴 2（图 3-3-11）材料、扭矩 T 和长度 l 均相同，最大切应力也相等。若空心圆轴的内外径之比 $\alpha=0.8$，试求空心圆截面的外径和实心圆截面直径之比及两轴的重量比。

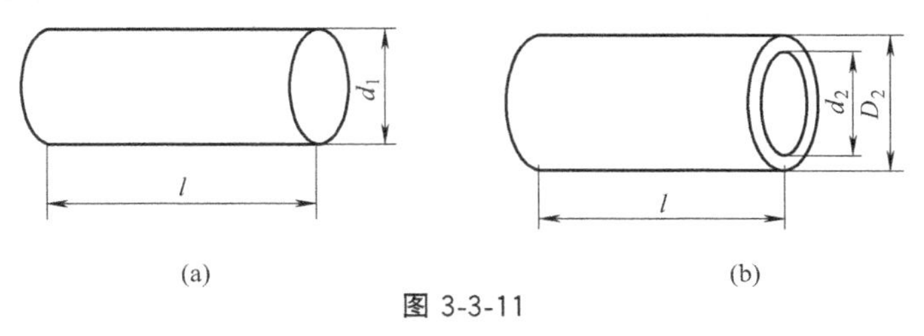

图 3-3-11

【分析】 对于材料、长度均相同的两根等直圆轴来讲，重量之比实际上就是横截面积之比。

【解】 两根圆轴的最大切应力相同，即：$\tau_{\max1}=\tau_{\max2}$，而

$$\tau_{\max1}=\frac{T}{W_{p1}},\tau_{\max2}=\frac{T}{W_{p2}}$$

可得
$$W_{p1}=W_{p2}=\frac{\pi d_1^3}{16}=\frac{\pi D_2^3(1-\alpha^4)}{16}$$

解得
$$\frac{D_2}{d_1}=\sqrt[3]{\frac{1}{1-0.8^4}}=1.192$$

可得两圆轴的横截面积或重量之比为

$$\frac{A_2}{A_1}=\frac{\frac{\pi}{4}(D_2^2-d_2^2)}{\frac{\pi}{4}d_1^2}=\frac{D_2^2(1-\alpha^2)}{d_1^2}=1.192^2\times(1-0.8^2)=0.512$$

★【注意】 由例子可以看出，同样材料制成的同样长度的两根轴，在经受同样的最大应力时，空心轴可以明显地节约材料。需要说明的是，由于空心轴的加工工艺比较复杂，所以总的成本并不见得比实心轴低。

3.3.2 圆轴切应力强度

（1）材料的许用应力

圆轴扭转时，不同材料的强度失效方式是不同的，一般塑性材料会先发生屈服再发生断裂（图 3-3-12），而脆性材料则会直接断裂（图 3-3-13）。

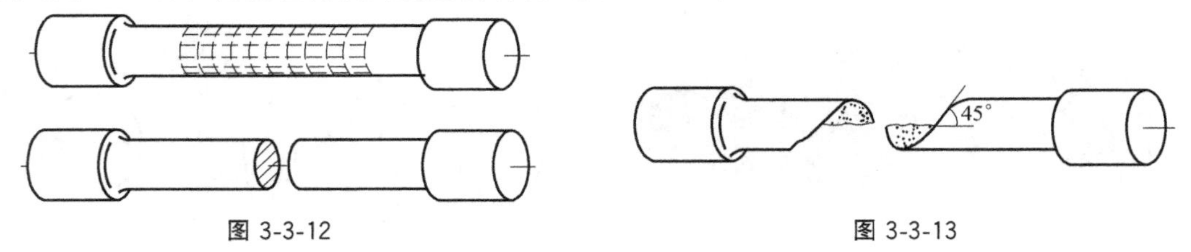

图 3-3-12　　图 3-3-13

塑性材料试件扭转屈服时的最大应力一般称材料的**扭转屈服极限** τ_s（Yielding Stress in Torsion），脆性材料试件扭转断裂时的最大应力则称为材料的**扭转强度极限** τ_b（Strength Limit in Torsion）。二者统称为**扭转的极限应力** τ_u（Ultirnat Stress in Torsion）。

扭转的极限应力除以安全因数得到材料的**扭转许用切应力** $[\tau]$（Allowable Shearing Stress in Torsion），也可以简称为**许用切应力**（Allowable Shearing Stress），即

$$[\tau]=\frac{\tau_u}{n}$$

式中，n 为安全因数，一般根据材料的种类和工程问题的要求和具体条件来确定。

★【注意】 此处的许用切应力，要和 2.7 中剪切实用计算中的许用切应力区分开，二者的测试方法是不同的。

（2）扭转的强度条件

确定了材料的许用应力之后，就可以建立圆轴扭转的强度条件了

$$\tau_{max}=\frac{T}{W_p}\leqslant[\tau] \tag{3-3-5}$$

当然如果轴的内力或截面变化，我们要通过计算找到横截面切应力中的最大值，来校核轴的强度。

利用强度条件，可以解决和强度相关的三类问题：

① 强度校核：构件能否正常工作，可以直接利用式（3-3-5）来判断，其中 τ_{max} 为构件正常工作时的最大应力。

② 确定许可截面：利用 $W_p\geqslant\frac{T}{[\tau]}$ 确定构件正常工作时抗弯截面系数的范围，进而确定截面尺寸的范围，其中由 $W_p=\frac{T}{[\tau]}$ 确定的截面尺寸，称为许可截面。

③ 确定许可载荷：利用 $T\leqslant W_p[\tau]$ 确定构件正常工作时的内力取值范围，进而确定出载荷的取值范围，其中由 $T=W_p[\tau]$ 确定的载荷称为许可载荷。

基础测试

3-3-9 （填空题）直径为 d 的等直圆杆在扭转时扭矩为 T，则最大应力位于横截面（　　）；最大应力的计算公式为（　　），扭转截面系数为（　　）。

3-3-10 （填空题）和强度相关的三类典型问题是（　　）、（　　）和（　　）。

3-3-11 （单选题）汽车传动主轴所传递的功率不变，当轴的转速降低为原来的二分之一时，从强度角度来讲，下面哪种说法是正确的？（　　）

A. 降低转速，轴更安全；　　B. 转速降低，轴安全性降低；

C. 功率不变，没有影响；　　D 无法判断。

3-3-12 （判断题）空心轴相对于实心轴可以节约材料。（　　）

3-3-13 （判断题）空心轴相对于实心轴可以降低成本。（　　）

例　题

【例 3-3-2】 阶梯圆轴如图 3-3-14（a）所示，左、右段的直径分别为 $D_1=80$mm，$D_2=70$mm，其上作用有均布力偶，集度为 $m=3000$N·m/m，$l=2$m，$[\tau]=70$MPa，试校核轴的强度。

【分析】 ①强度问题，应该先求最大工作应力，而应力取决于内力和横截面积两个方面，而本例两段轴的横截面积不同，请读者思考如何确定最大应力？②由于杆上作用了均布载荷，请读者思考如何确定杆的内力？另外，对于横截面积不同的两段，要不要分别求内力？

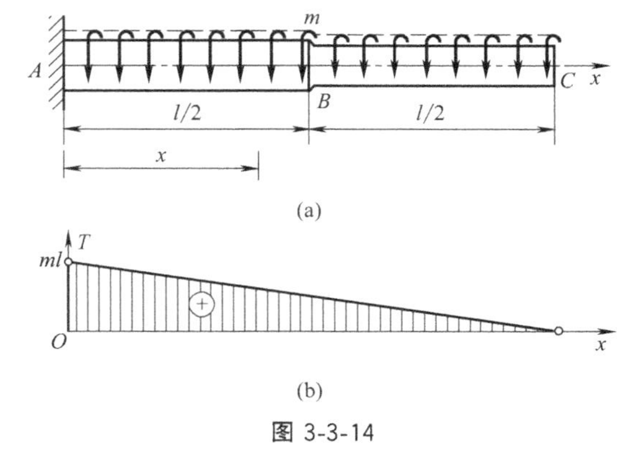

图 3-3-14

【解】 首先进行内力分析：由于外力偶沿杆轴线变化，所以内力也是沿轴线变化的，必须用函数表示。如图 3-3-14（a）沿轴线建立坐标轴，则任意 x 坐标位置的扭矩为

$$T(x)=m(l-x)$$

第3章　扭转

可见，**内力只和外力有关，和横截面积无关**，所以两段可以采用同一个扭矩表达式。则由扭矩方程可得扭矩图如图 3-3-14（b）所示。

综合考虑扭矩和横截面积，得到可能的危险截面为 A 和 B（准确说是 B 截面的右侧），其应力分别为

$$\tau_A=\frac{T_A}{W_{p1}}=\frac{ml}{\pi D_1^3/16}=59.7\text{MPa}<[\tau]$$

$$\tau_B=\frac{T_B}{W_{p2}}=\frac{ml/2}{\pi D_2^3/16}=44.6\text{MPa}<[\tau]$$

因此轴满足强度要求。

小结

通过本节学习，应掌握以下内容：

(1) 掌握实心圆轴和空心圆轴的切应力计算公式；

(2) 记住实心和空心等直圆轴的极惯性矩和弯曲截面系数的计算方法；

(3) 能熟练运用等直圆轴的切应力公式求解应力；

(4) 掌握切应力强度条件能解决的三类问题。

习 题

3-3-1 圆轴的直径 $d=50\text{mm}$，转速为 $n=120\text{r/min}$。若该轴横截面上的最大切应力等于 $\tau_{max}=60\text{MPa}$，试问所传递的功率 P 为多少？

3-3-2 汽车传动轴如图 3-3-15 所示，外径 $D=90\text{mm}$，壁厚 $t=25\text{mm}$，使用时的最大扭矩为 $T=1.5\text{kN}\cdot\text{m}$。设材料的 $[\tau]=60\text{MPa}$。

① 试校核轴的扭转强度。

② 如把传动轴改为实心轴，如图 3-3-15（b）所示，要求它与原来的空心轴强度相同。试确定其直径 d，并比较实心轴和空心轴的重量。

3-3-3 图 3-3-16 所示轴Ⅰ和轴Ⅲ由联轴节相连，转速 $n=120\text{r/min}$，由轮 B 输入功率 $P=40\text{kW}$，其中一半功率由轴Ⅱ输出，另一半由轴Ⅲ输出。已知 $D_1=600\text{mm}$，$D_2=240\text{mm}$，$d_1=100\text{mm}$，$d_2=60\text{mm}$，$d_3=80\text{mm}$，试判断哪一根轴最危险。

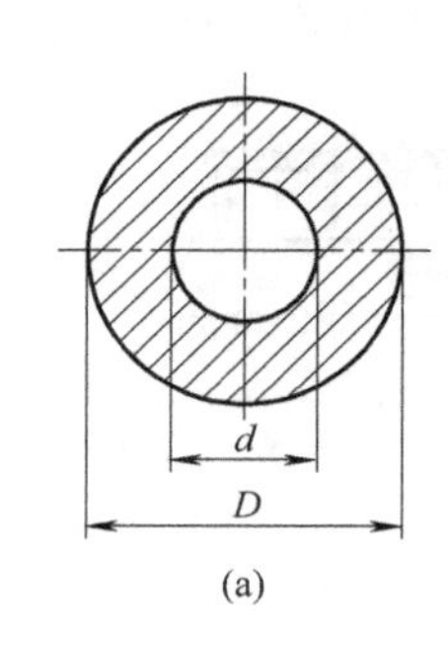

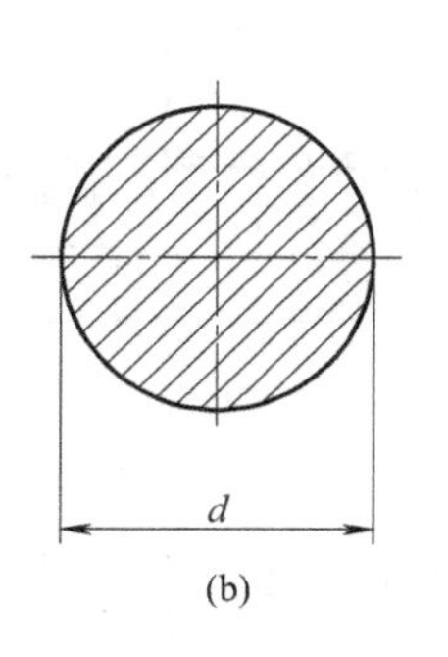

图 3-3-15

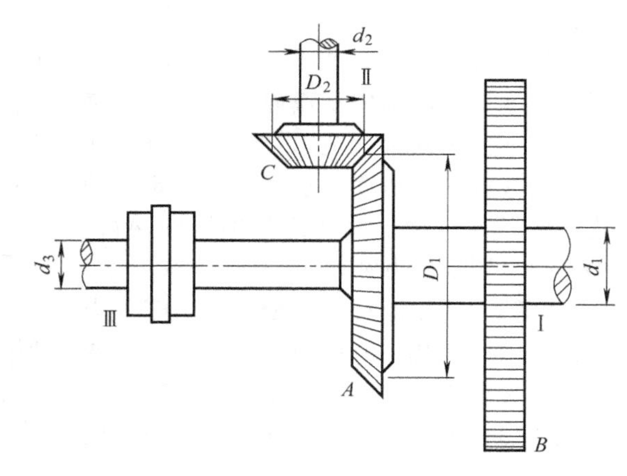

图 3-3-16

3-3-4　如图 3-3-17 所示外径 $D=200\text{mm}$ 的圆轴，其中 AB 段为实心，BC 段为空心，且内径 $d=50\text{mm}$，已知材料许用切应力为 $[\tau]=50\text{MPa}$，求 M_e 的许可值。

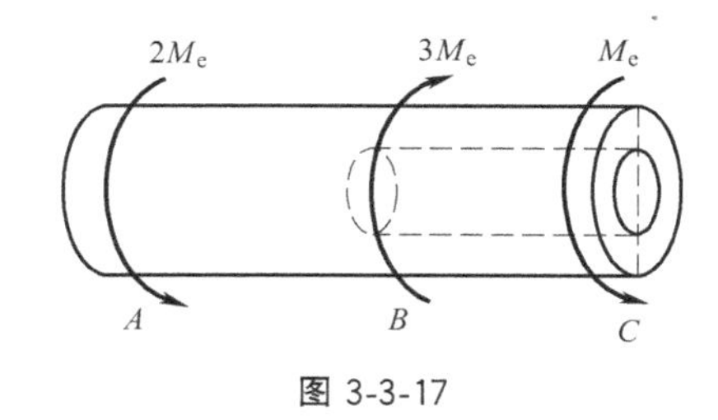

图 3-3-17

3.4　圆轴扭转时的变形

本节导航

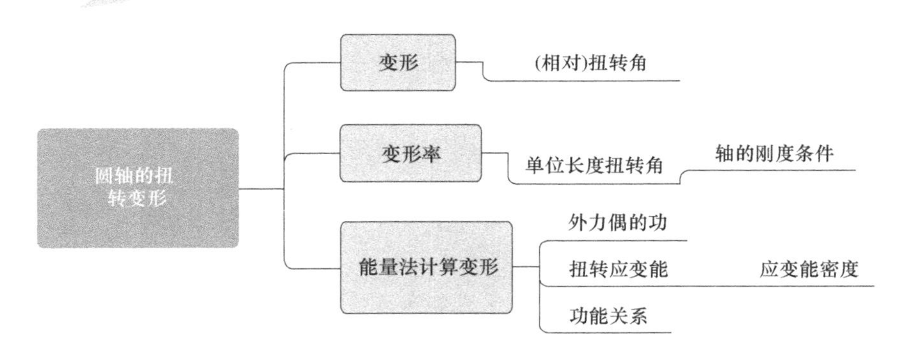

前面我们学习了轴的强度问题，实际上，轴的刚度问题也是非常重要的，例如：在机械工程当中，一些机床的主轴如果发生较大变形的话，会影响加工精度，还会引起振动等问题，所以其刚度问题往往比强度问题更重要。

圆轴扭转时横截面之间会发生相对转动，截面之间的**相对扭转角**（Relative Angle of Twist），或简称**扭转角**（Angle of Twist）常作为度量变形的依据。显然相对扭转角和杆的长度是有关的，为消除这种影响，也可以用扭转角沿长度的变化率——**单位长度扭转角**（Torsional Angle Perunit Length）作为变形的度量。

关于变形的计算，本节给出了两种方法：一是利用力和变形的关系；二是利用能量法。

3.4.1　圆轴扭转变形计算的基础

我们曾在推导圆轴切应力公式时，得到公式（3-3-2），即

$$\frac{\mathrm{d}\varphi}{\mathrm{d}x}=\frac{T}{GI_p}$$

其含义可以参考图 3-4-1（a），即沿轴线单位长度两截面所发生的相对扭转角，简称**单位长度扭转角**。它是下面轴变形公式推导的基础。公式中 GI_p 一般称为**扭转刚度**（Torsion

Rigidity)，因为它越大，则变形（单位长度扭转角）越小。

3.4.2 圆轴的扭转变形

圆轴的扭转变形有两种表示方法，扭转角和单位长度扭转角。

（1）扭转角

参见图 3-4-1（b），即轴两端面的**相对扭转角**，简称为轴的**扭转角**。

如果对于同种材料制成的等直轴（扭转刚度 GI_p 为常量），其扭矩 T 也为常量，则由上述公式可得轴两端面的扭转角为

$$\varphi=\frac{Tl}{GI_p} \tag{3-4-1}$$

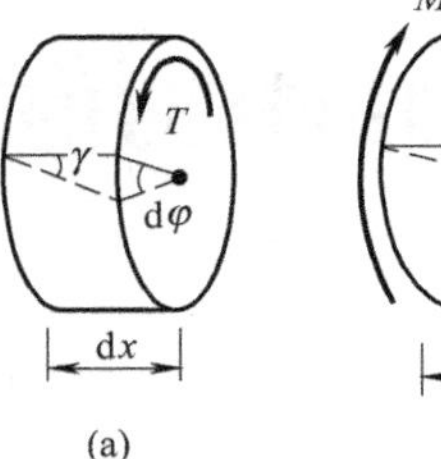

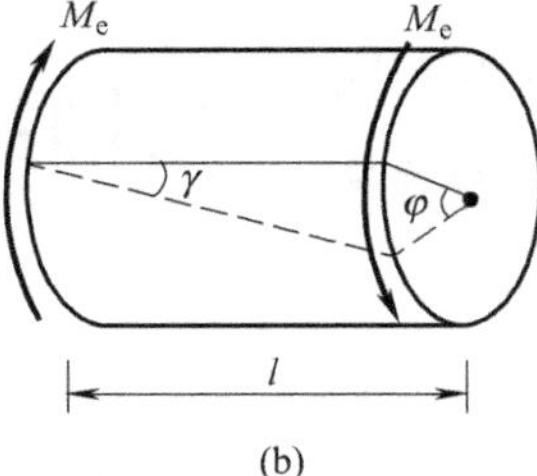

图 3-4-1

★**【注意】** 采用上式计算的扭转角的单位是弧度，符号为 rad。

如果轴是由 n 段组成的，每一段内的扭矩和扭转刚度是相同的，则轴的总扭转角为

$$\varphi=\sum_{i=1}^{n}\frac{T_i l_i}{G_i I_{pi}} \tag{3-4-2}$$

如果扭转刚度或扭矩是变量，例如扭矩为坐标的函数，即

$$T=T(x)$$

则分离变量

$$\mathrm{d}\varphi=\frac{T(x)}{GI_p}\mathrm{d}x$$

两边积分

$$\varphi=\int_l \frac{T(x)}{GI_p}\mathrm{d}x \tag{3-4-3}$$

（2）单位长度扭转角

单位长度扭转角的概念在前面已经讲到，它实际上是扭转角相对于杆长的变化率，一般用符号 φ'来表示，也就是扭转角对坐标的导数，即

$$\varphi'=\frac{\mathrm{d}\varphi}{\mathrm{d}x}=\frac{T}{GI_p} \tag{3-4-4}$$

★**【注意】** 采用式（3-4-4），单位长度扭转角的单位是 rad/m。

由于单位长度扭转角相对于扭转角能更好地反映轴的变形程度（想想为什么?），因此，在下面的**刚度校核中采用的是单位长度扭转角**。

3.4.3 圆轴扭转的刚度条件

如前述所言，刚度校核采用单位长度扭转角。一些工程规范和手册中，对轴扭转的单位长度扭转角给出了许用值 $[\varphi']$。由此得到轴的刚度条件

$$\varphi'_{max}=\frac{T_{max}}{GI_p}\leqslant[\varphi'] \tag{3-4-5}$$

不过大多数工程规范和手册中给出的许用值采用了（°）/m 作为［φ′］的单位，而式（3-4-5）则采用了 rad/m 作为单位。为了统一，可以采用下面的刚度条件

$$\varphi'_{max}=\frac{T_{max}}{GI_p}\times\frac{180°}{\pi}\leqslant[\varphi'] \tag{3-4-6}$$

上面的刚度条件可以用来校核圆轴的刚度，也可以通过变化用来确定圆轴的尺寸和许可载荷，具体表达式交给读者来导出，这里就不再赘述。

知识点测试

3-4-1 （填空题）用来表示圆轴扭转变形总量的是（　　），而用来表示变形程度和校核刚度的则是（　　）。

3-4-2 （填空题）轴的长度为 l，扭转刚度为 GI_p，当扭矩为 T 时，设以上均为常量，则单位长度扭转角为（　　），扭转角为（　　），单位是（　　）；如果扭矩 T 或扭转刚度 GI_p 是沿轴线的坐标 x 的连续函数，则扭转角可以表示为（　　）。

3-4-3 （填空题）工程中用单位"度"来表示的刚度条件是（　　）。

例　题

【例 3-4-1】 设例 3-1-2 中钻探机钻杆的扭转刚度 $GI_p=20000\text{N}\cdot\text{m}$，试求钻杆两端的扭转角。

【分析】 在例 3-1-2 中已求出钻杆分段函数形式的扭矩函数

$$T(x)=\begin{cases}-100x(\text{N}\cdot\text{m}), & 0\leqslant x\leqslant 0.1\text{m}\\ -10(\text{N}\cdot\text{m}), & 0.1\text{m}\leqslant x\leqslant 0.3\text{m}\end{cases}$$

由以上函数形式可知，杆在两段内的扭矩分别是变量和常量，因此需要分别采用公式（3-4-3）和公式（3-4-1）来计算扭转角。

【解】 两端的总扭转角为

$$\varphi=\int_0^{0.1}\frac{(-100)x}{GI_p}\text{d}x+\frac{(-10)\times 0.2}{GI_p}=-1.25\times10^{-4}\ (\text{rad})$$

【例 3-4-2】 阶梯形圆轴直径分别为 $d_1=40\text{mm}$，$d_2=70\text{mm}$，轴上装有三个皮带轮，如图 3-4-2（a）所示。已知由轮 3 输入的功率为 $P_3=30\text{kW}$，轮 1 输出的功率为 $P_1=13\text{kW}$，轴做匀速转动，转速 $n=200\text{r/min}$，材料的许用切应力［τ］＝60MPa，$G=80\text{GPa}$，许用单位长度扭转角［φ′］＝2（°）/m。试校核轴的强度和刚度。

【分析】 本例分别计算出最大切应力和最大单位长度扭转角进行强度和刚度校核即可。不过有两点小问题需要注意：一是如何由输入功率求出扭力偶；二是阶梯轴，各段截面和扭矩均不相同，如何确定危险截面。

上面的第一个问题可以通过公式（3-1-1）来解决；而第二个问题，则需要分别考虑两段阶梯轴的扭矩和截面，通过比较确定强度和刚度的最危险截面。

【解】 由公式（3-1-1）可求得轮上作用的扭力偶为

$$M_1=9549\frac{P_1}{n}=9549\times\frac{13}{200}\text{N}\cdot\text{m}=620.7\text{N}\cdot\text{m}$$

$$M_2=9549\frac{P_2}{n}=9549\times\frac{17}{200}\text{N}\cdot\text{m}=811.7\text{N}\cdot\text{m}$$

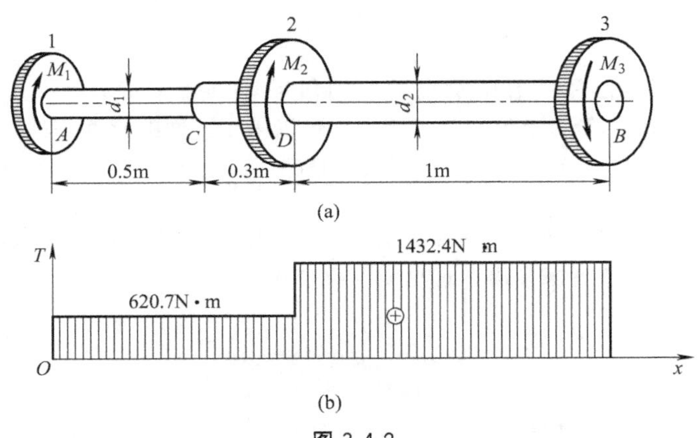

图 3-4-2

$$M_3=9549\frac{P_3}{n}=9549\times\frac{30}{200}\text{N}\cdot\text{m}=1432.4\text{N}\cdot\text{m}$$

由此画出轴的扭矩图如图 3-4-2（b）。由图可以看出危险截面可能在轴的 AC 段或者 BD 段，下面分别进行强度和刚度校核。

AC 段：

$$\tau_{AC\max}=\frac{T_{AC}}{W_{pAC}}=\frac{620.7}{\pi\times0.04^3/16}\text{Pa}=49.4\text{MPa}<[\tau]$$

$$\varphi'_{AC\max}=\frac{T_{AC}}{GI_{pAC}}\times\frac{180}{\pi}=\frac{620.7}{80\times10^9\times\pi\times0.04^4/32}\times\frac{180}{\pi}=1.77°/\text{m}<[\varphi']$$

BD 段：

$$\tau_{BD\max}=\frac{T_{BD}}{W_{pBD}}=\frac{1432.4}{\pi\times0.07^3/16}\text{Pa}=21.3\text{MPa}<[\tau]$$

$$\varphi'_{BD\max}=\frac{T_{BD}}{GI_{pBD}}\times\frac{180}{\pi}=\frac{1432.4}{80\times10^9\times\pi\times0.07^4/32}\times\frac{180}{\pi}=0.43°/\text{m}<[\varphi']$$

可见，轴可以满足强度和刚度要求。

【例 3-4-3】 如图 3-4-3（a）所示为一圆截面等直杆，两端固定，尺寸如图所示。在截面 C 处受一外力偶作用，其矩为 $M_e=6\text{kN}\cdot\text{m}$。已知轴的扭转刚度为 GI_p，试绘制该杆的扭矩图。

【分析】 要绘制扭矩图，需要先求出两端的约束力偶。由于力偶平衡方程只有一个，所以本例属于超静定问题。我们知道，超静定问题的关键是找出变形协调条件，读者能找出来吗？

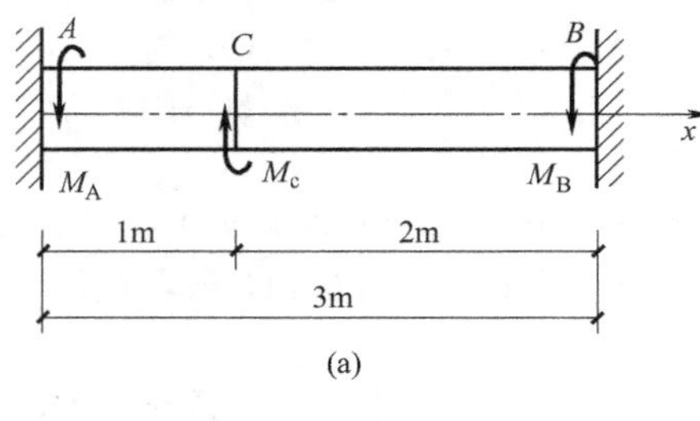

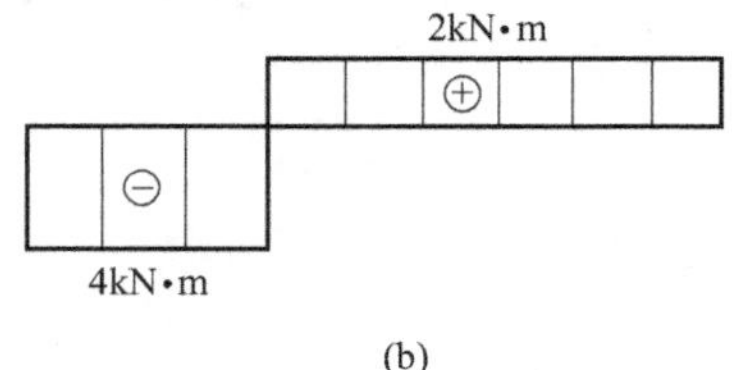

图 3-4-3

【解】 设约束力偶如图 3-4-3（a）所示，由力偶平衡方程得

$$\sum M_x=0,M_A+M_B-M_e=0 \tag{3-4-7}$$

由于杆的两端固定，所以相对转角应为零，可得变形协调方程

$$\varphi_{AB}=\varphi_{AC}+\varphi_{BC}=0 \tag{3-4-8}$$

而 $\varphi_{AC}=\frac{-M_Al_{AC}}{GI_p}=-\frac{M_A}{GI_p}$，$\varphi_{BC}=\frac{M_Bl_{BC}}{GI_p}=\frac{2M_B}{GI_p}$，代入式（3-4-8）得

$$-\frac{M_A}{GI_p}+\frac{2M_B}{GI_p}=0 \tag{3-4-9}$$

联立（3-4-7）（3-4-9）可解得：$M_A=\frac{2}{3}M_e=4\text{kN}\cdot\text{m}$；$M_B=\frac{1}{3}M_e=2\text{kN}\cdot\text{m}$

由此可画出杆的扭矩图如图 3-4-3（b）所示。

3.4.4 计算圆轴变形的能量法

（1）扭力偶做功的计算

对于图 3-4-4（a）中的圆轴，在线弹性情况下满足

$$\varphi=\frac{Tl}{GI_p}=\frac{M_e l}{GI_p} \tag{3-4-10}$$

由式（3-4-10）可得：外力偶 $M_e\propto\varphi$，如图 3-4-4（b），则在扭转过程外力偶所做的功 W 可以通过图中阴影部分面积表示，即

$$W=\frac{1}{2}M_e\varphi \tag{3-4-11}$$

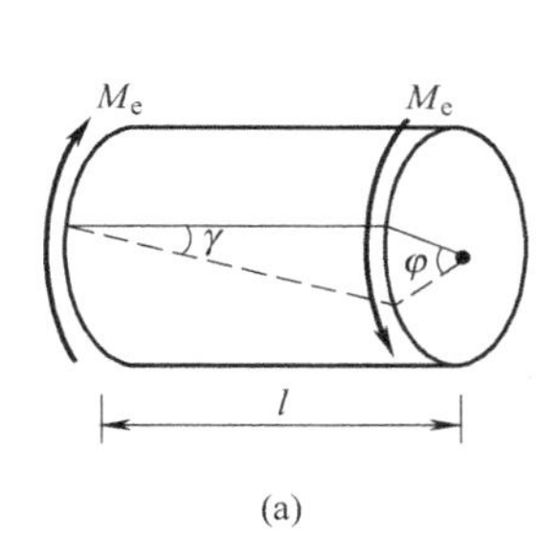

(a)

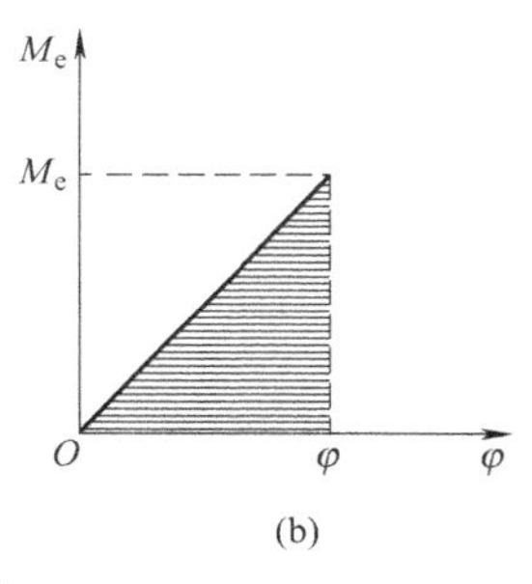

(b)

图 3-4-4

（2）圆轴扭转应变能的计算

如果不计扭转过程中的能量损失，则在做功过程中，圆轴将储存相同的应变能 V_ε，即

$$V_\varepsilon=W=\frac{1}{2}M_e\varphi=\frac{1}{2}T\varphi \tag{3-4-12}$$

将式（3-4-10）代入式（3-4-12），消去 φ，可得

$$V_\varepsilon=\frac{T^2 l}{2GI_p} \tag{3-4-13}$$

或者消去 T 可得

$$V_\varepsilon=\frac{GI_p}{2l}\varphi^2 \tag{3-4-14}$$

（3）圆轴扭转的应变能密度

在圆轴扭转时，应变能在轴内部并非均匀分布，读者可以考虑一下为什么？其实原因很简单，轴内的应变并非均匀分布，由应变或变形引起的应变能当然也不可能均匀。因此，我们不能直接采用上面求得的应变能除以体积求得应变能密度。

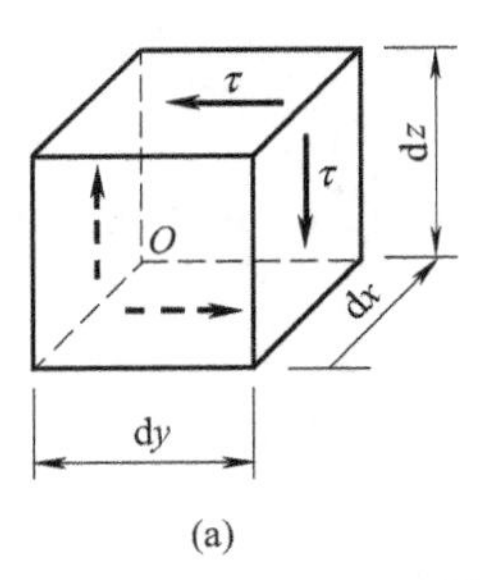

(a)

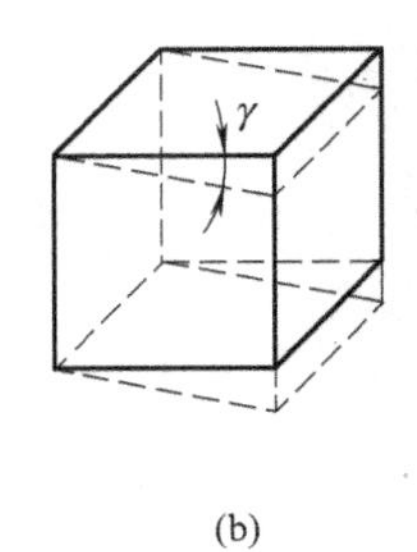

(b)

图 3-4-5

对于这种不均匀的量求法，读者一定不要忘记高等数学中微分的思想：先将圆轴微分成无限多个单元体（数学上的微元体），由于其体积无限小，可以认为应变能是均匀的。这样求出单元体的应变能，就能确定单元体（或一点）的应变能密度了。

在圆轴上任取单元体，根据圆轴上一点处应力和变形的特点，可以假设单元体的应力状态和应变分别如图 3-4-5 中（a）、（b）所示。则左右侧面上应力所做的功为

$$\mathrm{d}W=\frac{1}{2}(\tau\mathrm{d}x\mathrm{d}z)(\gamma\mathrm{d}y)$$

单元体储存的应变能

$$\mathrm{d}V_\varepsilon=\mathrm{d}W=\frac{1}{2}(\tau\mathrm{d}x\mathrm{d}z)(\gamma\mathrm{d}y)$$

则单元体的应变能密度

$$v_\varepsilon=\frac{\mathrm{d}V_\varepsilon}{\mathrm{d}x\mathrm{d}y\mathrm{d}z}=\frac{\frac{1}{2}(\tau\mathrm{d}x\mathrm{d}z)(\gamma\mathrm{d}y)}{\mathrm{d}x\mathrm{d}y\mathrm{d}z}=\frac{1}{2}\tau\gamma$$

利用剪切胡克定律可进一步转化为

$$v_\varepsilon=\frac{1}{2}\tau\gamma=\frac{\tau^2}{2G}=\frac{1}{2}G\gamma^2 \tag{3-4-15}$$

有了应变能密度，则可以利用应变能和应变能密度之间的关系求出总的应变能

$$V_\varepsilon=\int_V v_\varepsilon\mathrm{d}V$$

利用积分求得应变能的表达式和式（3-4-13）是相同的。这一工作交由读者来完成。

基础测试

如果轴向拉杆一点处正应力大小为 20MPa，纵向应变为 100 个微应变，则此点的应变能密度为（　　）$\mathrm{J/m^3}$；如果圆轴扭转时一点的切应力大小为 20MPa，相应的切应变为 100 个微应变，则此点的应变能密度为（　　）$\mathrm{J/m^3}$。

例　题

【例 3-4-4】 如图 3-4-6（a）所示，用来起缓冲、减振或控制作用的圆柱形密圈螺旋弹簧承受轴向压（拉）力 F 作用。设弹簧圈的平均半径为 R，弹簧的直径为 d，弹簧的有效圈数（即除去两端与平面接触部分不计的圈数）为 n，弹簧材料的切变模量为 G。试在簧杆的斜度 α 小于 5°，且簧圈的平均直径 $2R$ 比簧杆直径 d 大得多的情况下，①推导簧杆横截面应力的近似公式；②用能量法推导弹簧变形计算公式。

【分析】 首先解释一下题目中两个前提条件的意义：①"簧杆的斜度 α 小于 5°"，在这一前提下，可以认为簧杆是近似水平的，这样横截面就可以认为是铅垂面，从而简化计算；②"簧圈的平均直径 $2R$ 比簧杆直径 d 大得多"，这样相对于弹簧杆的横向尺寸来看，其曲率可以忽略不计。或者通俗点说，假想自己缩小到弹簧杆横截面的尺寸，此时你看到的弹簧杆近似是直的。

其次，如何计算簧杆横截面应力呢？这样，簧杆可以近似作为等直杆处理。计算应力，需要知道簧杆发生什么基本变形。如果读者不能直观地看出，可以分析一下横截面内力，据此判断发生什么变形［图 3-4-6（b）］。

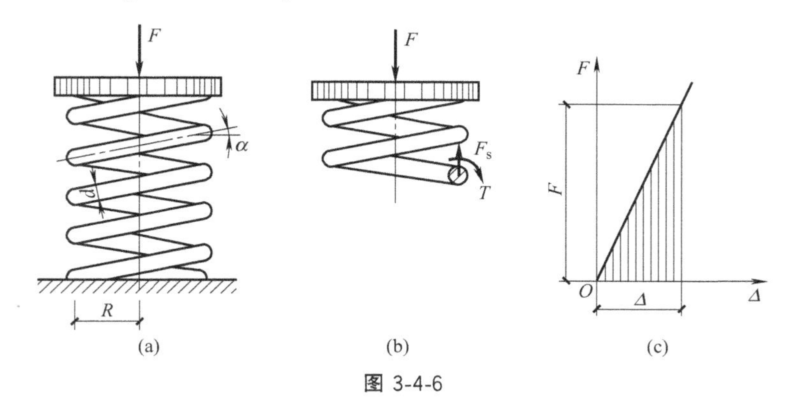

图 3-4-6

【解】 用铅垂面在任意位置将簧杆截断，取上面部分研究［图 3-4-6（b）］，对密圈螺旋弹簧，断面可以近似认为是横截面，其上内力容易求出，为

剪力 $F_S=F$

扭矩 $T=FR$

可见簧杆发生的变形是剪切和扭转变形。理论可以证明，剪切变形及其所引起的应力相对较小，这里只考虑扭转变形。

由于杆的曲率可以忽略不计，应力计算直接采用等直圆杆的结果

$$\tau_{\max}=\frac{T}{W_p}=\frac{FR}{\pi d^3/16}=\frac{16FR}{\pi d^3}$$

注意，这里计算的最大切应力，由于忽略了杆的曲率和剪力影响，误差相对较大。在工程中实际应用时，一般要进行修正，公式为

$$\tau_{\max}=k\,\frac{16FR}{\pi d^3}$$

式中，k 为公式实际应用时的修正系数，称为弹簧的**曲度系数**，可以采用下式计算：$k=\frac{4c-1}{4c-4}+\frac{0.615}{c}$，式中的 $c=\frac{2R}{d}$，称为**弹簧指数**。

下面用能量法求解一下弹簧的变形。我们已经知道，在弹性范围内，弹簧的受力 F 和变形量 Δ 成正比，如图 3-4-6（c）。这样外力做功可以表示为

$$W=\frac{1}{2}F\Delta$$

弹簧内储存的应变能按照圆轴来计算

$$V_\varepsilon=\frac{T^2 l}{2GI_p}=\frac{(FR)^2 2\pi Rn}{2G\pi d^4/32}=\frac{32F^2R^3n}{Gd^4}$$

不计能量损失有

$$W=V_\varepsilon$$

可解得
$$\Delta=\frac{64FR^3n}{Gd^4}$$

如果令
$$K=\frac{Gd^4}{64R^3n} \tag{3-4-16}$$

称为弹簧的**刚度系数**，则可得：$\Delta=\frac{F}{K}$，即为我们比较熟悉的弹簧的胡克定律。

知识点测试

3-4-4 （填空题）轴在最终值为 M_e 的外力偶作用下转过了角度 φ，则外力偶做的功为（　　）。

3-4-5 （填空题）轴的扭矩 T、长度 l 和扭转刚度 GI_p 均为常量，则储存的应变能为（　　）。

3-4-6 （填空题）一点处的应力为 τ，应变为 γ，则此处的应变能密度为（　　）。

习　题

3-4-1 空心钢轴的外径 $D=100\text{mm}$，内径 $d=50\text{mm}$。已知该轴上间距为 $l=2.7\text{m}$ 的两横截面的相对扭转角 $\varphi=1.8°$，材料的切变模量 $G=80\text{GPa}$。试求：①轴内的最大切应力；②当轴以 $n=80\text{r/min}$ 的转速旋转时，轴所传递的功率。

3-4-2 已知空心圆轴的外径 $D=76\text{mm}$，壁厚 $\delta=2.5\text{mm}$，承受外力偶矩 $M_e=2\text{kN}\cdot\text{m}$ 作用，材料的许用切应力 $[\tau]=100\text{MPa}$，切变模量 $G=80\text{GPa}$，许可单位扭转角 $[\varphi']=2(°)/\text{m}$。试：①核此轴的强度和刚度；②如改用实心圆轴，且使强度和刚度保持不变，设计轴的直径。

3-4-3 如图 3-4-7 所示，一外径 $D=50\text{mm}$、内径 $d=30\text{mm}$ 的空心钢轴，在扭转力偶矩 $M_e=1600\text{N}\cdot\text{m}$ 的作用下，测得相距 $l=200\text{mm}$ 的 A、B 两截面间的相对转角 $\varphi=0.4°$，已知钢的弹性模量 $E=210\text{GPa}$。试求材料泊松比 μ。

3-4-4 直径 $d=50\text{mm}$、杆长 $l=6\text{m}$ 的等直圆杆，在自由端承受一外力偶矩 $M_e=2\text{kN}\cdot\text{m}$ 时，在圆杆表面上的 B 点移动到了 B' 点，如图 3-4-8 所示。已知 $\Delta_s=BB'=6.3\text{mm}$，材料的弹性模量 $E=200\text{GPa}$。试求钢材的切变模量 G 和泊松比 μ。

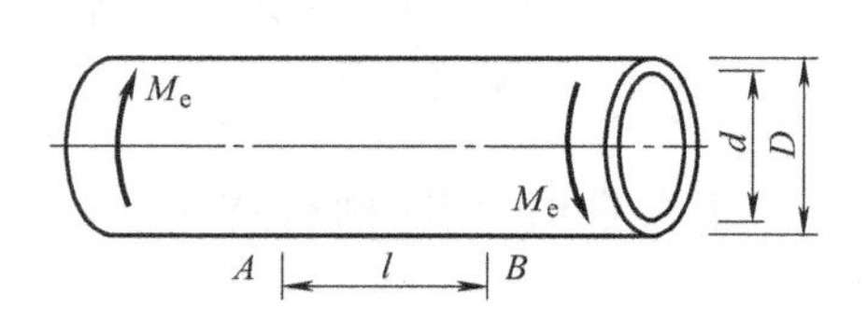

图 3-4-7

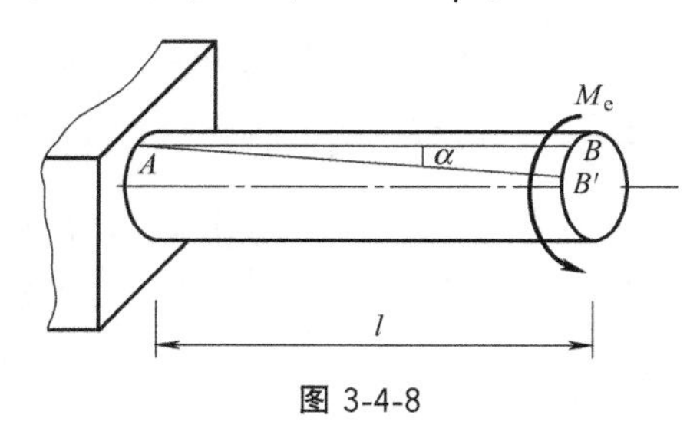

图 3-4-8

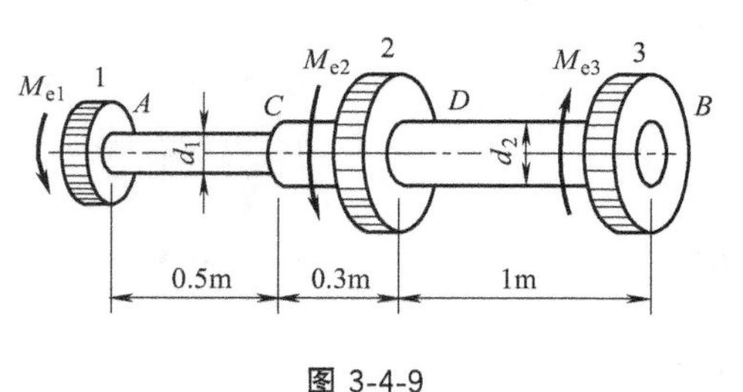

图 3-4-9

3-4-5 阶梯形圆轴直径分别为 $d_1=40\text{mm}$、$d_2=70\text{mm}$，轴上装有三个带轮，如图 3-4-9 所示。已知由轮 3 输入的功率为 $P_3=30\text{kW}$，轮 1 输出的功率为 $P_1=13\text{kW}$，轴作匀速转动，转速 $n=200\text{r/min}$，材料的许用剪切应力 $[\tau]=60\text{MPa}$，$G=80\text{GPa}$，许可单位长度扭转角 $[\varphi']=2(°)/\text{m}$。试校核轴的强度和刚度。

3.5 矩形截面杆的自由扭转

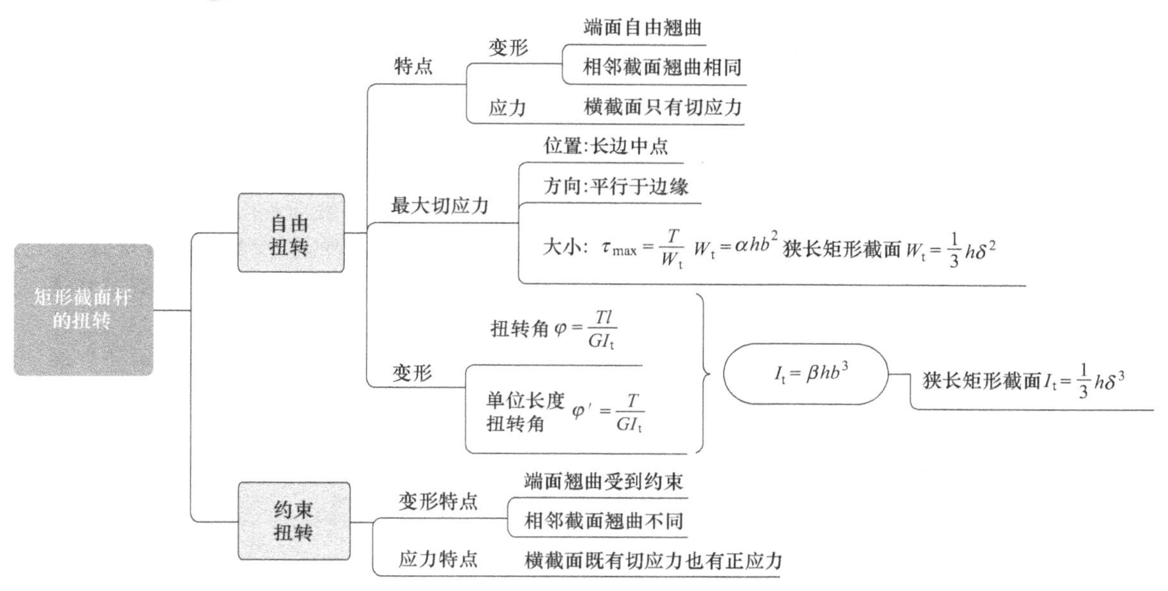

前面我们学习了轴的强度、刚度问题，都是以圆轴为例的，但在工程中也会有其他截面形状的轴。下面研究一下矩形截面杆的扭转问题。

本节直接给出了矩形截面杆发生自由扭转时，横截面上的最大应力和杆的变形的计算公式，让读者对其强度问题和刚度问题有一个初步了解。

3.5.1 自由扭转和约束扭转

矩形截面等非圆截面杆扭转时，和圆截面杆最大的不同在于，平面假设不再成立。这里以矩形截面杆为例来看一下：矩形截面杆在扭转时，横截面不再保持为平面，而是成为曲面，称为横截面的**翘曲**（Warping，参见图 3-5-1 和图 3-5-2）。横截面的翘曲根据约束不同有两种典型情况：自由扭转和约束扭转。

（1）自由扭转

当矩形截面杆在两端没有约束，并受外力偶作用发生扭转时，其变形特点是，端面可以自由翘曲，其相邻两横截面的翘曲程度完全相同（图 3-5-1）。此时，**横截面上仍然只有切应力而没有正应力**，这一情况称为**纯扭转**（Pure Torsion），或**自由扭转**（Free Torsion）。

（2）约束扭转

如果矩形截面杆端部存在约束，其扭转称为**约束扭转**（Constraint Torsion）。由图 3-5-2 可

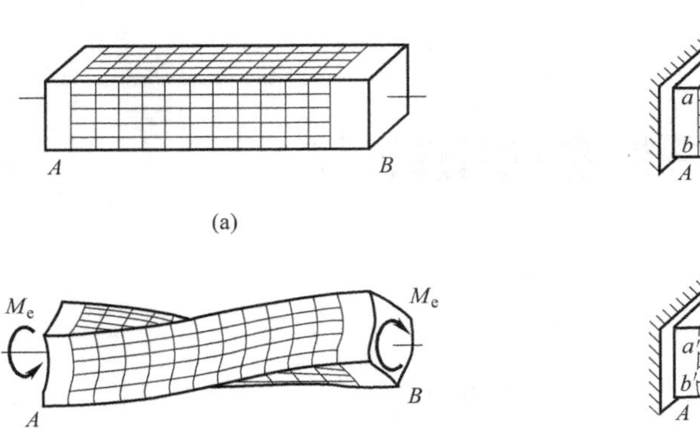

图 3-5-1

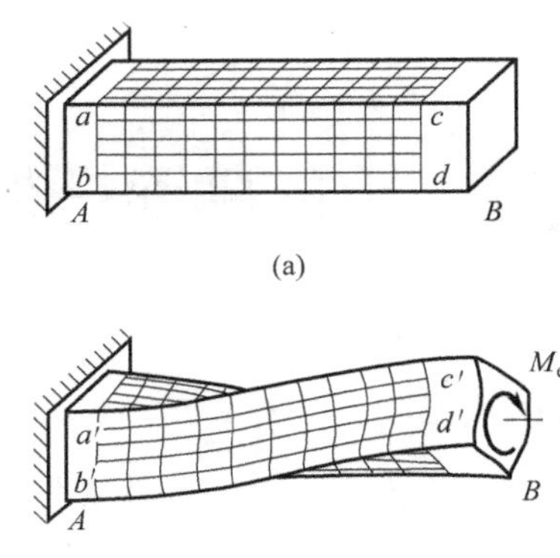

图 3-5-2

以明显看出，在约束扭转时，截面仍然发生翘曲。而且从图中可以看出，代表靠近约束端截面的 ab 线段，和代表靠近自由端截面的 cd 线段，在扭转变形后，翘曲程度完全不同：靠近约束的截面由于受到约束影响，翘曲程度相对较小；而靠近自由端的截面则翘曲程度较大。这样，相邻截面之间由于翘曲程度不同会发生相互挤压，从而产生正应力。所以**约束扭转横截面上既有正应力也有切应力**。

由于约束扭转中产生的正应力一般不大，这种情况不再单独讨论。在下面的内容中，我们只介绍矩形截面杆自由扭转的情况。

3.5.2 矩形截面杆自由扭转的应力和变形

矩形截面杆扭转的理论研究，超出了材料力学的范围。这里只给出弹性力学中的一些相关结论，不再进行推导。想深入了解相关理论的读者，请参阅弹性力学的相关著作。

（1）横截面的最大应力

矩形截面杆自由扭转时，横截面只有切应力，但是其分布相对于圆形截面要复杂得多，其大致分布可以参考图 3-5-3。这里我们不再详细讨论应力分布情况，只给出横截面最大应力的情况。

如图 3-5-3，横截面最大应力位于矩形长边的中点上，其方向和截面边缘平行，其指向和扭矩的转向保持一致。最大应力的大小可参照圆轴横截面最大应力的形式写为

$$\tau_{\max}=\frac{T}{W_t} \tag{3-5-1}$$

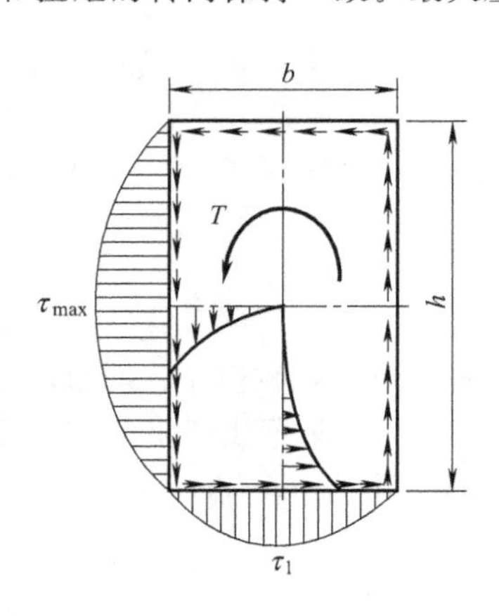

图 3-5-3

式中，W_t 为矩形截面的**相当扭转截面系数**，对于图 3-5-3 的矩形截面可以写作 $W_t=\alpha hb^2$，其中 α 是取决于截面长短边比的系数，具体取值可以参考表 3-5-1。

图 3-5-3 中短边的最大应力也在短边中点处，其大小为

$$\tau_1=\nu\tau_{\max}$$

式中，ν 为取决于截面长短边比的系数，具体取值可以参考表 3-5-1。

（2）变形计算

杆两端的相对扭转角也可参考圆轴写为

$$\varphi=\frac{Tl}{GI_t} \tag{3-5-2}$$

式中，I_t 为矩形截面的**相当极惯性矩**，对于图 3-5-3 的矩形截面可以写作 $I_t=\beta hb^3$，其中 β 也是取决于截面长短边比的系数，具体取值可以参考表 3-5-1。

杆的单位长度扭转角为

$$\varphi'=\frac{T}{GI_t} \tag{3-5-3}$$

表 3-5-1 矩形截面扭转时的系数

h/b	1	1.2	1.5	2	2.5	3	4	6	8	10	∞
α	0.208	0.219	0.231	0.246	0.258	0.267	0.282	0.299	0.307	0.313	0.333
β	0.141	0.166	0.196	0.229	0.249	0.263	0.281	0.299	0.307	0.313	0.333
ν	1.000	0.930	0.858	0.796	0.767	0.753	0.745	0.743	0.743	0.743	0.743

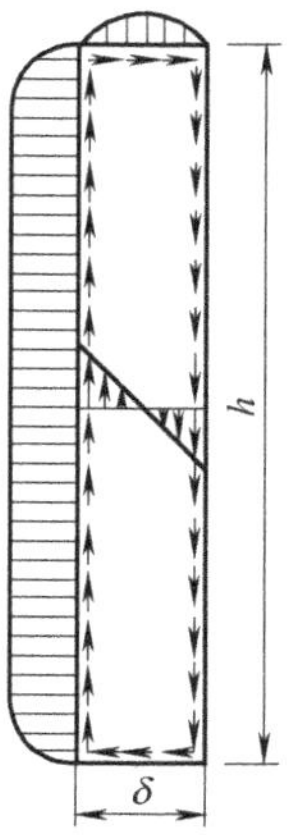

（3）特例：狭长矩形截面杆

典型狭长矩形截面如图 3-5-4 所示，其中短边边长习惯用 δ 表示，而长边长度 $h\gg\delta$ 。此时由表 3-5-1 可以看出，公式中的系数 $\alpha=\beta\to1/3$，则相当扭转截面系数和相当极惯性矩可以分别写作

$$W_t=\frac{1}{3}h\delta^2, I_t=\frac{1}{3}h\delta^3 \tag{3-5-4}$$

图 3-5-4

将其代入公式（3-5-1）～公式(3-5-3)，可以分别求得杆扭转时的最大应力、扭转角和单位长度扭转角，这里就不再赘述。

【拓展阅读】为什么切应力会平行于自由表面?

读者是否注意到，在图 3-5-3 和 3-5-4 中，横截面边缘处的切应力都是和边缘平行的。这可不是巧合，而是一个规律，请读者思考一下原因?

提示：读者可以回顾一下前面讲到的切应力互等定理，看能不能解释这种情况。

这里我们可以用反证法，假设横截面边缘处的切应力 τ 和边缘不平行，如图 3-5-5 所示，则可以将其分解为和边缘平行的分量 τ_t 及和边缘垂直的分量 τ_n。由切应力互等定理，当横截面存在 τ_n 时，则杆的表面必然存在相等的切应力 τ_n'，这与杆表面是自由表面相矛盾，所以这个分量不可能存在。也就是切应力只能平行于自由表面。

【思考】 请读者根据上面的论证，参考图 3-5-6，证明在边缘的尖角处，切应力一定为零。

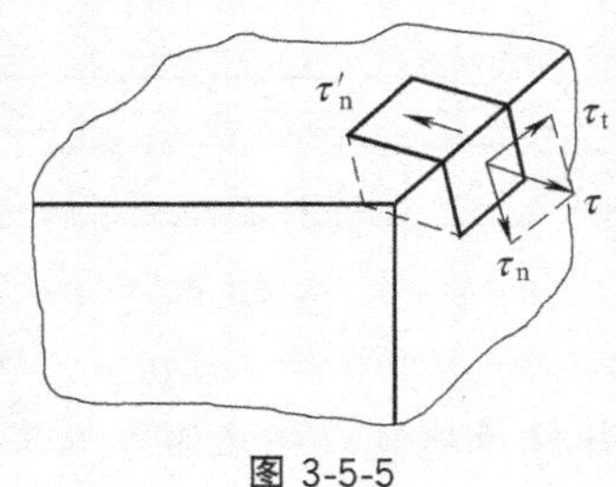

图 3-5-5

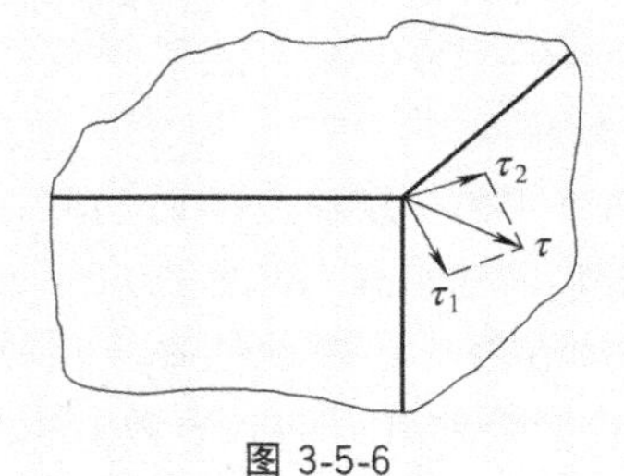

图 3-5-6

基础测试

3-5-1 （填空题）非圆截面杆在扭转时，横截面往往会发生（　　）。在自由扭转（纯扭转）时，横截面应力的特点为只有（　　）应力没有（　　）应力；而在约束扭转时横截面应力的特点为既有（　　）应力，也有（　　）应力。

3-5-2 （填空题）在矩形截面杆自由扭转时，最大切应力发生在（　　）边的（　　）处。

3-5-3 （填空题）矩形截面杆，长度为 l，其长边尺寸为 h，短边尺寸为 b，且 $h \gg b$，在杆两端作用一对扭转力偶 M。材料的切变模量为 G，则杆的相当惯性矩约为（　　），相当扭转截面系数约为（　　），横截面最大切应力为（　　），扭转角为（　　）。

例题

【例 3-5-1】 某柴油机曲轴的曲柄中，横截面 $m—m$ 可以认为是矩形，如图 3-5-7。在实用计算中，其扭转切应力近似地按矩形截面杆受扭计算。若 $b=23\text{mm}$，$h=102\text{mm}$，已知该截面上的扭矩为 $T=281\text{N}\cdot\text{m}$，试求该截面上的最大切应力。

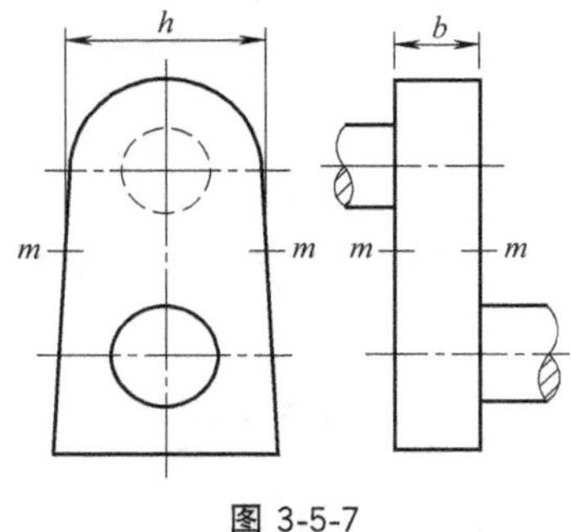

图 3-5-7

【分析】 读者只要记住最大切应力的计算公式形式上和圆轴是一样的，只是采用的是相当扭转截面系数，然后搞清楚相当扭转截面系数如何计算就可以了。

【解】 截面的高宽比为

$$h/b=102/23=4.64$$

查表可得高宽比为 4 时 $\alpha=0.282$，高宽比为 6 时 $\alpha=0.299$，由线性插值法得

$$\alpha=0.282+0.64\times\left(\frac{0.299-0.282}{6-4}\right)=0.287$$

则横截面最大切应力为

$$\tau_{\max}=\frac{T}{\alpha hb^2}=19.8\text{MPa}$$

习题

3-5-1 图 3-5-8 所示矩形截面杆受 $M_e=3\text{kN}\cdot\text{m}$ 的一对外力偶作用，材料的切变模量 $G=80\text{GPa}$。求：①杆内最大切应力的大小、位置和方向；②横截面短边中点的切应力；③单位长度扭转角。

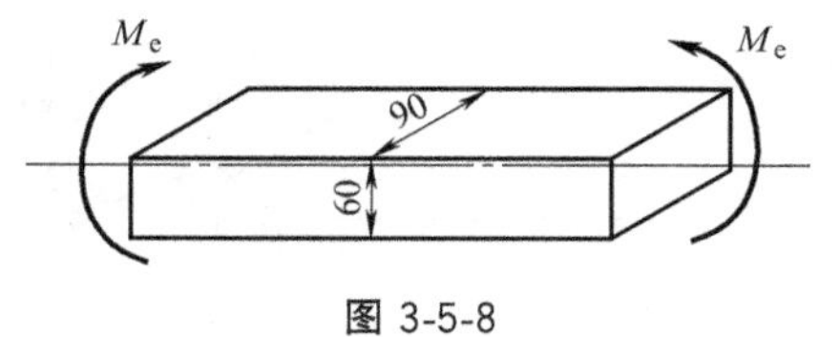

图 3-5-8

3-5-2 有一矩形截面的钢杆，其横截面尺寸为 100mm×50mm，长度 $l=2\text{m}$，在杆的两端作用着一对力偶矩。若材料的 $[\tau]=100\text{MPa}$，$G=80\text{GPa}$，杆件的许可扭转角为 $[\varphi]=2°$，试求作用于杆件两端的力偶矩的许可值。

弯曲内力

4.1 弯曲变形的概念和力学模型

本节导航

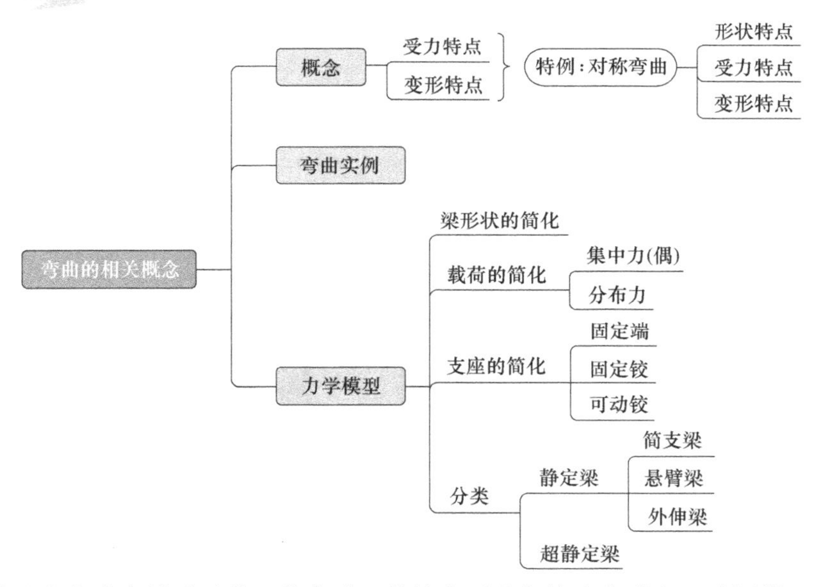

弯曲是基本变形中最重要的一种变形，其特点可以归结为变形大、破坏强，所以在主要研究强度、刚度问题的材料力学中，地位就不言而喻了。

下面我们将会用三章的篇幅来研究这种基本变形，分别是弯曲内力、弯曲应力和弯曲变形，由此也可以看出这种变形的重要性。

4.1.1 弯曲变形的概念

如图 4-1-1（a）所示，直杆在和轴线垂直的横向力作用下，杆件变弯，相应的**杆轴线**

会由直线变为曲线，称为弯曲变形（Bending）。不光横向力会产生弯曲变形，如图 4-1-1（b）所示的力偶也会产生弯曲变形，注意这种弯曲力偶和扭转力偶不同，其作用面是杆纵向截面，如果用力偶的矢量方向，可能更好记忆一些：弯曲力偶的矢量方向也和杆轴线垂直。

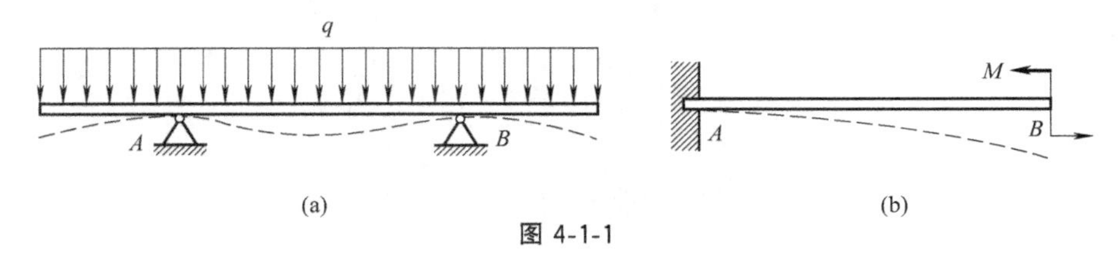

图 4-1-1

总结起来，弯曲变形有以下两个特征：

受力特征：所受外力或外力偶的矢量方向都垂直于杆的轴线；

变形特征：杆的轴线由直线变为曲线。

4.1.2 弯曲变形的实例

弯曲变形作为一种最常见的基本变形，在工程中可以说随处可见：图 4-1-2 所示，厂房中常用的桥式起重机大梁，受吊车的横向力及自身重力作用发生弯曲变形；图 4-1-3 所示，桥梁在车辆和自重作用下也发生弯曲变形；图 4-1-4、图 4-1-5 中的楼面梁、火车轮轴也都是弯曲变形的例子。

读者有没有发现，很多弯曲构件都是以××梁命名的，所以**弯曲的杆件习惯上称为梁**（Beam）。

图 4-1-2

图 4-1-3

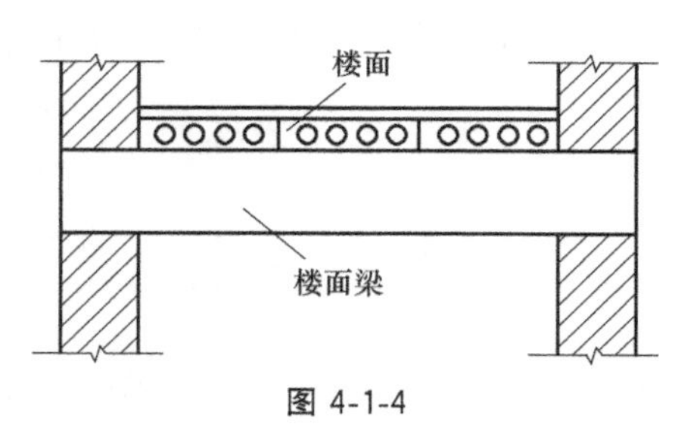

图 4-1-4

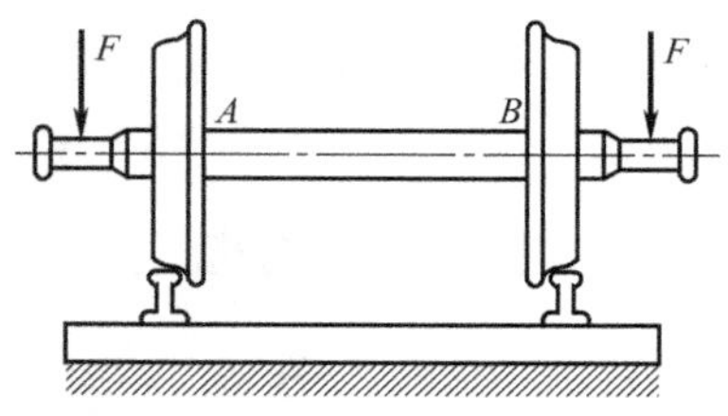

图 4-1-5

4.1.3 对称弯曲的概念

工程中有很多梁截面都有对称轴（图 4-1-6），从而梁本身也存在纵向对称面（图 4-1-7），这种梁往往会发生所谓的对称弯曲（Symmetrical Bending）。具体来讲，满足以下条件的梁会发生对称弯曲：

① **梁具有纵向对称面；**

② **外力都作用在此纵向对称面内（或可以简化到面内）；**

③ **弯曲变形后轴线变成对纵向对称面内的平面曲线**（图 4-1-7）。

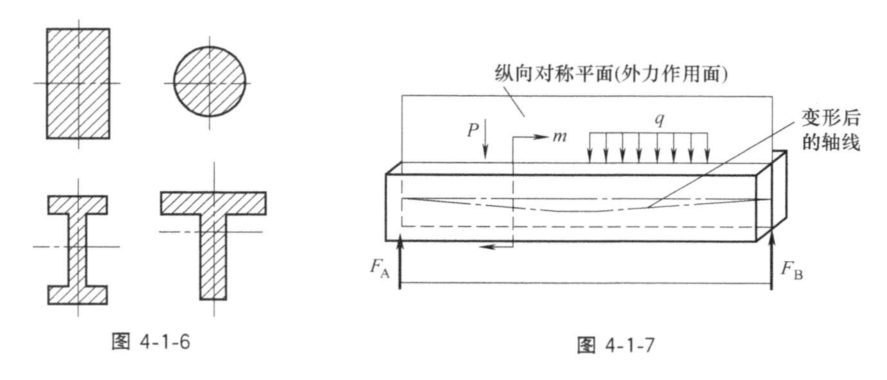

图 4-1-6　　图 4-1-7

上面的第三条其实是由前两条得到的必然结果。

对称弯曲虽然是弯曲的特殊情况，但在实际工程中有着广泛的应用，而且研究起来相对简单，所以后面我们默认都是研究这种弯曲形式。

4.1.4 梁力学模型的简化

为方便对梁进行研究，我们先对实际梁做一些简化，建立**力学模型**（Mechanical Model）。

（1）梁形状的简化

为方便绘制，通常用梁的轴线来代替梁。

（2）梁载荷类型的简化

实际梁的载荷一般是分布型的，不过如果载荷分布范围较小，一般通过力系简化的方法将其简化为作用于一点处的**集中力**和**集中力偶**。对分布范围大的力系，则应参照实际情况，简化为相应的**分布载荷**。例如，对于对称弯曲来讲，由于一般将力系简化到纵向对称平面内，成为平面力系，所以分布载荷也就成为了作用于一条线上的**线载荷**（参考图 4-1-7）。

（3）梁支座类型的简化

梁的实际约束多种多样，为方便研究，一般根据约束对位移限制的情况或约束力的特点，将其简化为我们比较熟悉的支座，最常见有三种类型：可动铰支座、固定铰支座、固定端支座。

① **可动铰支座**。图 4-1-8（a）是可动铰支座的两种简图及约束力情况（下面短的二力杆约束在土木工程中也被称为链杆约束），其特点是只限制约束点某一方向的线位移分量（图中是竖直方向分量），而不限制正交方向的另一线位移分量，也不限制梁绕约束点的转动。根据以上特点可知，约束力（习惯称**支反力，** Reaction Force）也只有一个分量，和支座所能限制的位移方向相反。

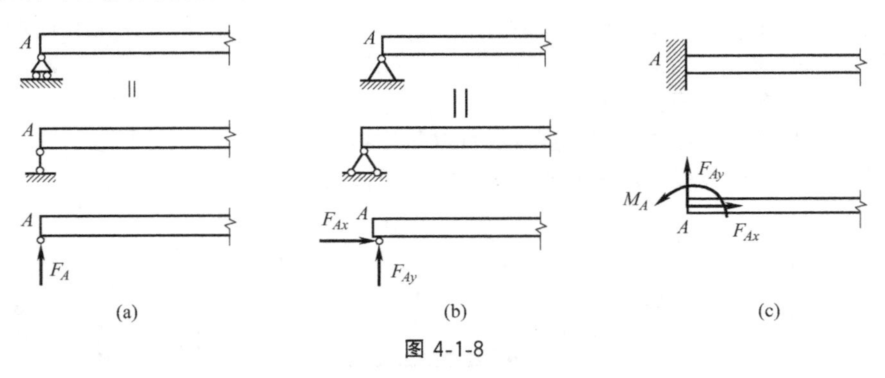

图 4-1-8

② **固定铰支座**。图 4-1-8（b）是固定铰支座的两种简图（土木工程中习惯用两根链杆表示）及约束力情况。它限制约束点任意方向线位移，但不限制梁绕约束点的转动。所以支反力可以沿任意方向，一般用一对正交分力来表示。

③ **固定端支座**。如图 4-1-8（c），固定端支座限制约束点任意方向线位移，同时限制梁绕约束点的转动。所以支反力包括一对正交分力和一个力偶。

以上三种属于力学中的典型约束，但实际工程中的约束可能没有这么典型，需要根据实际情况进行近似简化。

如图 4-1-9 所示的滑动轴承，主要限制轴的上下移动，所以一般简化为可动铰支座。

图 4-1-10 中，A、B 处属于止推轴承，和滑动轴承相比，由于轴在支座处变细，轴承可以对轴产生水平限制，所以应该简化为固定铰支座。

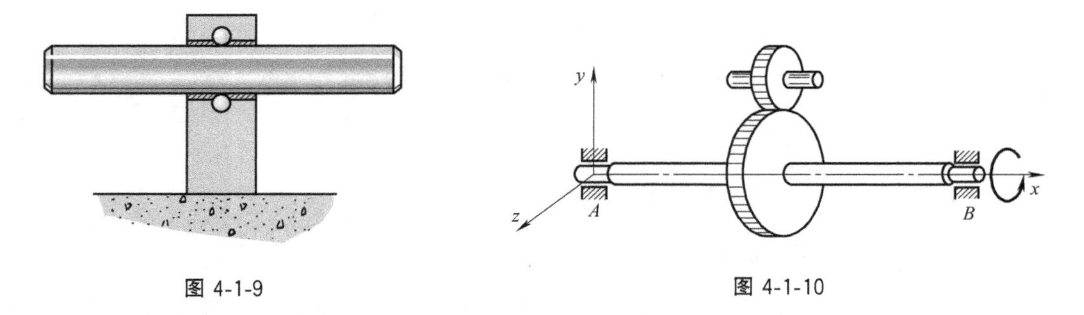

图 4-1-9　　图 4-1-10

★【思考】 实际上，图 4-1-10 中 A、B 两处的约束，往往一处简化成固定铰支座，一处简化成可动铰支座。请读者思考一下为什么？

★【解答】 虽然两处的轴承是一样的，但两处不可能同时产生水平推力，所以只有一处支座相当于固定铰支座。至于到底是哪一处支座简化为固定铰支座，由于事先无法知道，建立模型时可以先任意假设。

（4）静定梁的基本形式

读者还记得静定和超静定（静不定）的概念吗？梁也有静定和超静定之分：如果梁的支

座反力可以由静力学平衡方程求解，称其为静定梁；反之则称为超静定梁。在材料力学中我们主要研究静定梁。根据静定梁支座形式的不同，可以分为三种常见类型：悬臂梁、简支梁、外伸梁。

① 悬臂梁（Cantilever Beam）。一端固定端支座，一端自由的梁，如图 4-1-11（a）。

② 简支梁（Simply Supported Beam）。一端固定铰支座，一端可动铰支座的梁，如图 4-1-11（b）。

③ 外伸梁（Overhanging Beam）。在简支梁的基础上，一端或两端伸出到支座之外，如图 4-1-11（c）。

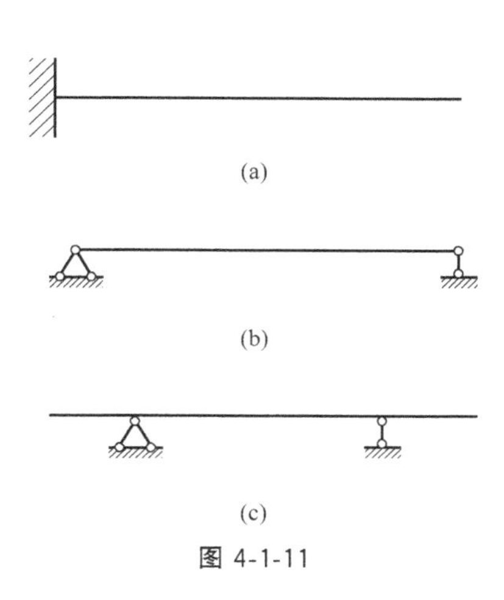

图 4-1-11

基础测试

4-1-1 （填空题）等直杆在弯曲变形时，所受的外力或外力偶的矢量方向都（　　）于轴线，从而使轴线变为曲线。发生弯曲变形的杆经常称为（　　）。

4-1-2 （填空题）梁的对称弯曲，是指梁存在一个纵向的（　　）平面，所受的力都作用于此平面内，而弯曲后的轴线也位于此平面内。

4-1-3 （填空题）梁的简化：通常用梁的（　　）代表梁，载荷简化的三种形式为：（　　）、（　　）和（　　）；支座简化的三种主要形式为：（　　）支座、（　　）支座、（　　）支座；静定梁简化的三种常见形式为：（　　）梁、（　　）梁、（　　）梁。

4-1-4 （问答题）判断图 4-1-12 中各构件可以简化为静定梁的哪种形式？(a) 水闸门的立柱 AB；(b) 被刀架固定的割刀 AB；(c) 桥梁 AB；(d) 火车轮轴 AB。

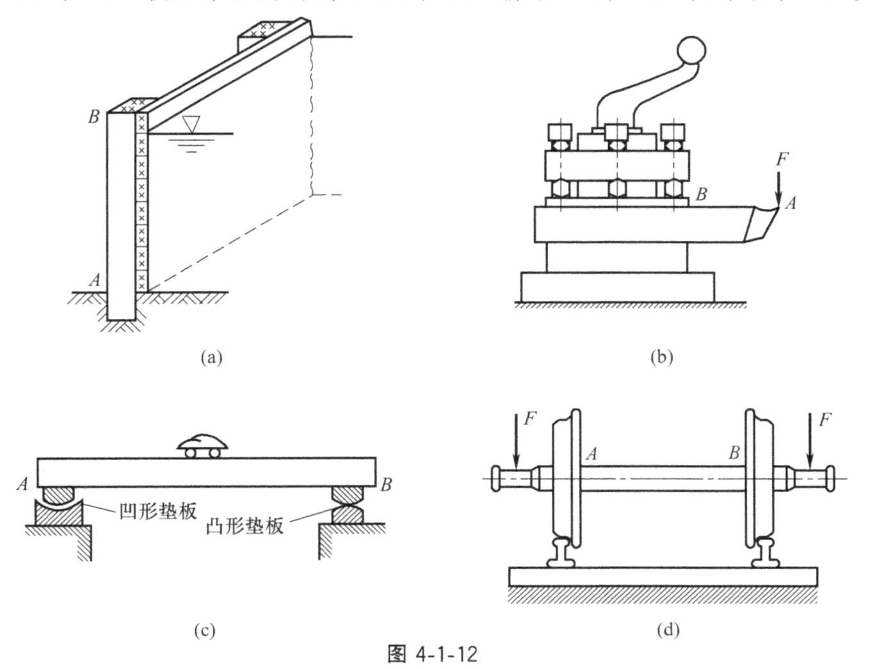

图 4-1-12

4.2 梁的内力和内力图

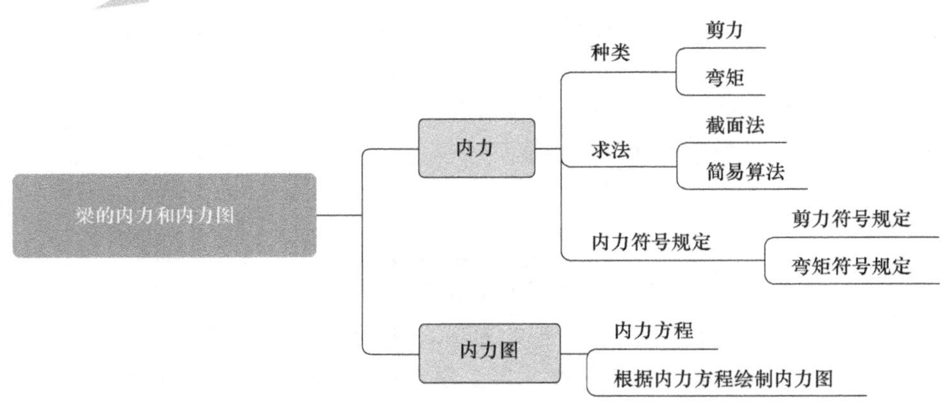

梁的内力求法和前面所学的其他变形是一样的，不同点在于，梁有两个内力（对称弯曲的情况，下同），因此确定内力更加复杂，画内力图难度也更大。但是，梁的内力图在工程中应用非常广泛，因此需要读者投入更多的精力来掌握好它。

4.2.1 梁的内力

(1) 梁内力的种类

这里，我们先采用**截面法**来看一下梁有哪些内力。

如图 4-2-1，为求出梁 AB 中 C 截面内力，用 $m—m$ 横截面将其截开。按照截面法原理，只取一部分来研究，这里取左侧的截离体作为研究对象。显然，为保证截离体的平衡，横截面上一般应该有两种内力：一个力 F_S 和一个纵向截面内的平面力偶 M，分别称为**剪力**（Shearing Force）和**弯矩**（Bending Moment）。即：

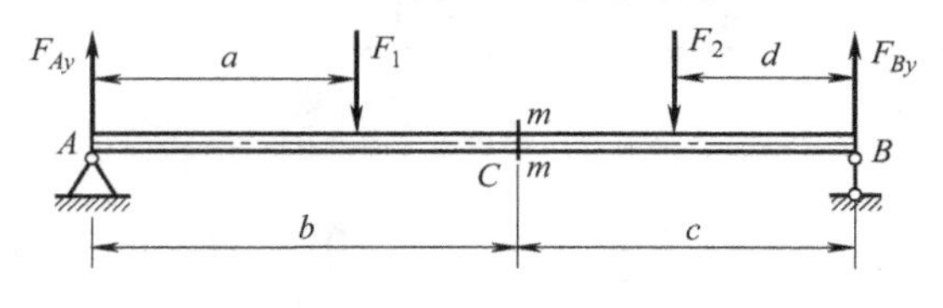

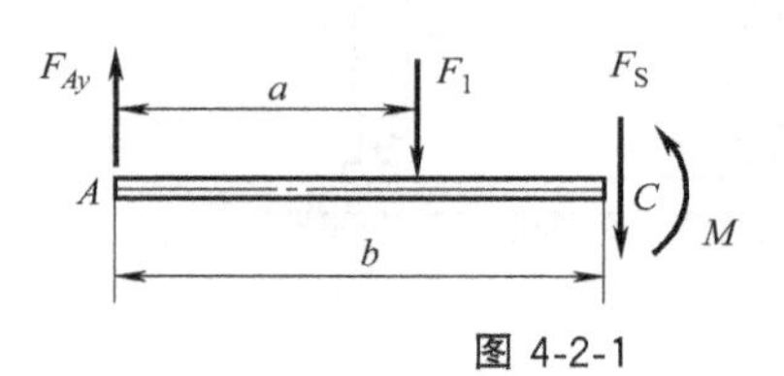

图 4-2-1

剪力：作用线垂直于轴线的内力，一般用符号 F_S 表示。

弯矩：矢量方向垂直于轴线的内力偶矩，一般用符号 M 表示。

(2) 梁内力符号的规定

和前面内力符号规定一样，梁的内力正负也不是以方向来规定的（这样规定有什么问题，还记得吗?），而是以梁的作用效果。下面具体讲述一下梁内力的正负号规定。

① **剪力正负号规定**。如图 4-1-2（a），如果**截面剪力推动截离体顺时针转动则为正，反之为负**。也可以直观地记为：**截离体左侧截面剪力向上为正，右侧截面剪力向下为正**。简记为：**剪力左上右下为正**。

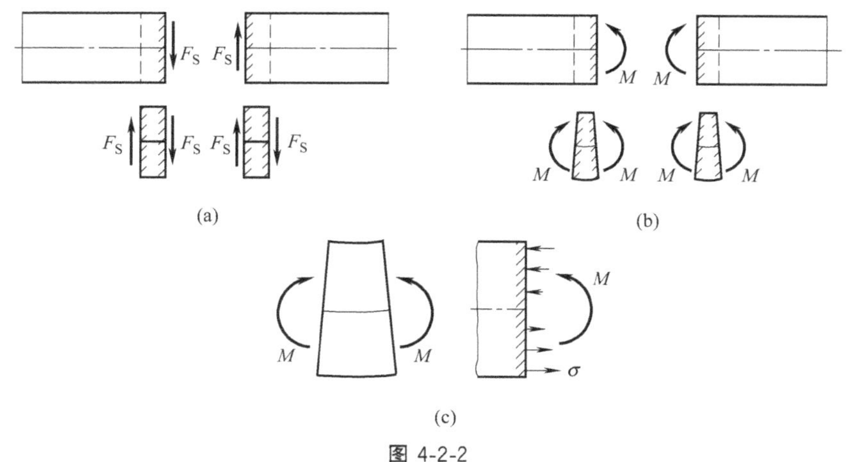

图 4-2-2

为清楚起见，有时采用**双截面微段截离体**，如图 4-2-2 中（a）、（b）下面的两个截离体。采用这种截离体，可以同时表示出左右侧截面的内力（微段无限短，可以认为两个截面内力相等），而且可以更清楚地显示出内力的作用效果：例如剪力对微段的转动效果更直观一些。

② **弯矩正负号规定**。如图 4-2-2（b），如果**截面弯矩使微段弯曲呈凹形则为正，反之为负**。或者说**左侧截面弯矩顺时针为正，右侧截面弯矩逆时针为正**。简记为：**弯矩左顺右逆为正**。

对于弯矩的符号，除上述规定外，也可以参考图 4-2-2（c）给出一个等效的规定：可以看出，在弯矩为正时，微段呈凹形，上部分的纵向纤维会缩短，下部分的纵向纤维会伸长，或者说上部分纵向受压，下部分纵向受拉。由此规定：**使微段上部纵向受压，下部纵向受拉的弯矩为正，反之为负**。

和前面的情况一样，以上剪力、弯矩的符号规定，能保证同一截面在左右两部分截离体上的内力，符号是一致的。

（3）梁内力的计算

梁内力计算的一般方法仍是**截面法**，以图 4-2-1 中问题为例，取出左侧截离体后，利用**设正法**（还有印象吗？）假设出内力方向，利用平衡方程可求出两个内力的大小

$\sum F_y=0$，　$F_{Ay}-F_1-F_S=0$，可解得：$F_S=F_{Ay}-F_1$；

$\sum M_C=0$，　$M+F_1(b-a)-F_{Ay}b=0$，可解得：$M=F_{Ay}b-F_1(b-a)$。

上式中的 C 点是截面的形心。

如果利用右边的截离体，同样用截面法可求得

$$F_S=F_2-F_{By};M=-F_2(c-d)+F_{By}c$$

观察和分析求得的内力结果，读者能不能得出求内力的规律？

求解梁内力的一般规律（简易方法）：

规律 1：截面剪力等于截面一侧梁上所有外力（横向力）的代数和，如果取左侧部分，向上的外力为正；如果取右侧部分，向下的外力为正。也可以简记为：**外力左上右下为正**。

规律 2：截面弯矩等于截面一侧所有外力（含外力偶）对截面形心的矩，如果取左侧部分，外力矩顺时针为正；如果取右侧部分，外力矩逆时针为正。也可以简记为：外力矩左顺右逆为正。

★【思考】 在前面剪力和弯矩的符号规定中，给出了“剪力左上右下为正，弯矩左顺右逆为正”；上面的规律中，又提出“外力左上右下为正，外力矩左顺右逆为正”。请读者分析一下，两句口诀中的“左”和“右”有何不同？

★【解析】 内力规定的左右，指的是截面在截离体的左侧或右侧；外力和外力矩的左右指的是位于截面左侧或右侧的截离体上。

基础测试

4-2-1 （填空题）图 4-2-3（a）中剪力的符号为（　　），弯矩的符号为（　　）；图 4-2-3（b）中剪力的符号为（　　），弯矩的符号为（　　）；图 4-2-3（c）中剪力的符号为（　　），弯矩的符号为（　　）；图 4-2-3（d）中剪力的符号为（　　），弯矩的符号为（　　）。

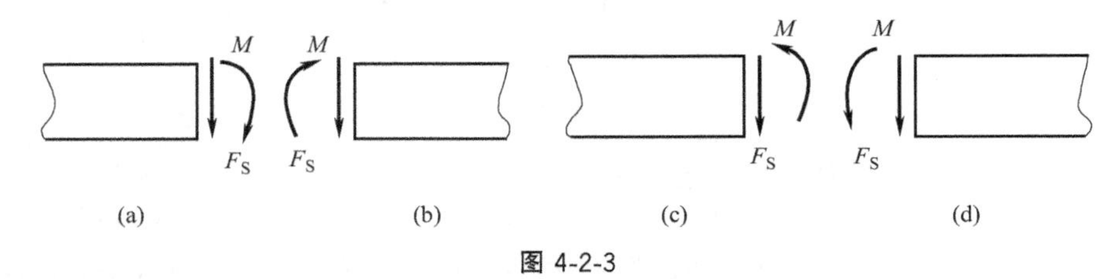

图 4-2-3

4-2-2 （填空题）图 4-2-4 所示悬臂梁，坐标为 x 处截面的剪力为（　　），弯矩为（　　）。

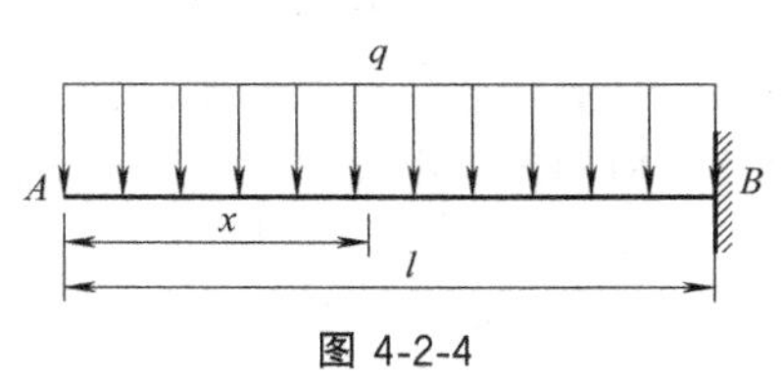

图 4-2-4

【例 4-2-1】 如图 4-2-5 所示简支梁，试计算横截面 E 处的内力和横截面 A、D 两侧的内力。

【分析】 本题有一个新的提法，就是“求一个截面两侧的内力”，这个应该怎么理解呢？我们可以从数学上解释一下这个问题：梁的内力可以看作是沿轴线分布的函数，如果函数是连续的，则内力值在一点处左右极限是相等的；但是如果出现不连续的情况，一点处内力的左右极限就有可能不相等，这实际上就是我们需要求的两侧的内力。那么请读者思考一下，什么时候才会出现内力左右不等的情况呢？提示一下，内力是由截面一侧的外力（偶）决定的。当一点处作用的外力是集中力（偶）时，截面如果取在点的左右两侧，内力还会相等吗？在下面的解答中，我们具体看一下。

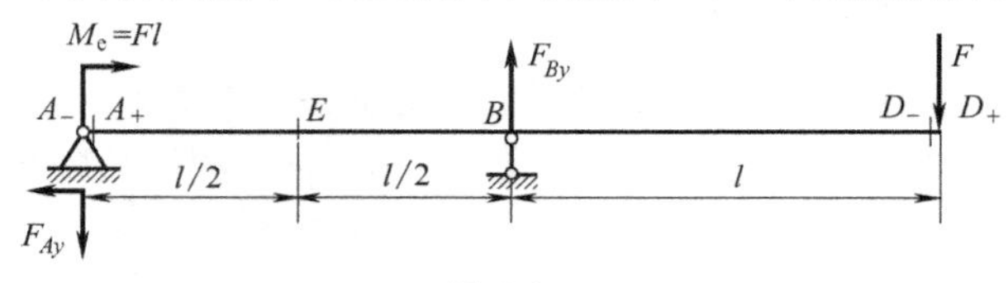

图 4-2-5

【解】 由平衡方程求约束力得：$F_{Ay}=2F$； $F_{By}=3F$，方向如图 4-2-5。

E 点没有集中载荷作用，内力是连续的

$$F_{SE}=-F_{Ay}=-2F;\quad M_E=M_e-F_{Ay}\frac{l}{2}=0$$

D 点作用了集中力，左侧内力：$F_{SD_-}=F$；　$M_{D_-}=-F\cdot 0=0$。

右侧内力：由于处于梁的外面，$F_{SD_+}=0$；　$M_{D_+}=0$。

可见，由于集中力的存在，D 点左侧截面的剪力和右侧截面的剪力不相等，或者说，剪力在此点不连续；但是，弯矩在此点是连续的。

另外，观察 D 点两侧的剪力，可以发现，当集中力方向向下，大小为 F 时，剪力从左截面到右截面会减小相应的大小。

那么 A 点作用了集中力和集中力偶，它两侧截面的内力怎么样呢？

$F_{SA_-}=0, F_{SA_+}=-F_{Ay}=-2F; M_{A_-}=0, M_{A_+}=M_e-F_{Ay}\times 0=Fl$。

可以发现，在集中力和集中力偶作用的点，剪力和弯矩都不再连续。而当集中力偶为顺时针时，弯矩从左截面到右截面会增大相应的大小。

因此**在集中载荷作用的点，内力有以下规律：在集中力作用点，剪力值不连续，对于向上的力，剪力由左向右会增大相应的值。在集中力偶作用点，弯矩不连续，对于顺时针的力偶，弯矩由左向右会增大相应的值。**

4.2.2 梁的内力图

（1）梁的内力方程

梁的剪力和弯矩（F_S，M）沿杆轴线（x 轴）变化的解析表达式称**梁的内力方程**。也可以分别称为**剪力方程**和**弯矩方程**，即 $F_S=F_S(x)$，$M=M(x)$。

下面以图 4-2-6（a）的简支梁为例，来建立梁的内力方程

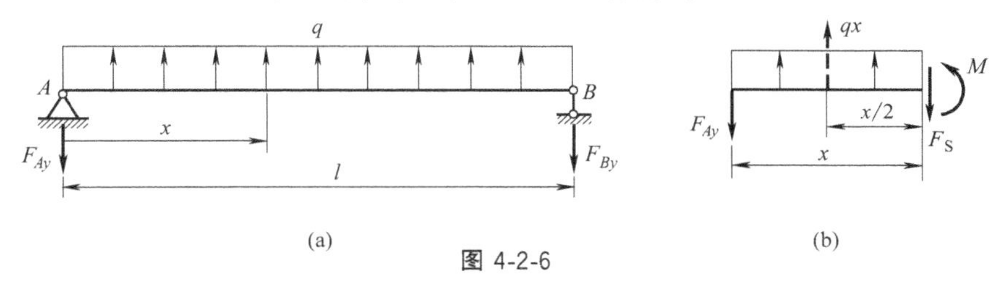

图 4-2-6

利用对称性易求得：$F_{Ay}=F_{By}=\dfrac{ql}{2}$

为建立内力方程，任取 x 位置的截面，截离体如图 4-2-6（b）所示。其中用虚线表示的集中力是截离体上均布载荷的合力。利用内力的规律，截面处的内力，由于 x 是任意的，也就是所求的内力方程：

$$F_S=-F_{Ay}+qx=-\frac{ql}{2}+qx，其中\ 0<x<l；$$

$$M=-F_{Ay}\cdot x+qx\cdot\frac{x}{2}=-\frac{ql}{2}x+\frac{q}{2}x^2，其中\ 0\leqslant x\leqslant l。$$

【思考】 读者有没有注意到上面的剪力方程和弯矩方程的定义域略有不同：一个是开区间，一个是闭区间。能思考一下原因吗？

【解析】 由于支座处有支反力存在，剪力是不连续的，所以剪力方程定义域中不能包含两个端点。需要说明的是，剪力方程的定义域中虽然不包含两个端点，但是利用

方程求得的端点值也是有意义的，分别是左端点的右极限和右端点的左极限值。

（2）梁的内力图

表示剪力和弯矩（F_S，M）沿杆轴线（x 轴）变化情况的图线，分别称为**剪力图**（Diagram of Shearing Force）与**弯矩图**（Diagram of Bending Moment），合称梁的内力图。

梁内力图的基本作法是利用内力方程。下面仍然以图 4-2-6 中的简支梁为例，并结合上面求出的内力方程，画一下其内力图。

梁的剪力图绘制比较简单，根据剪力方程

$$F_S=-\frac{ql}{2}+qx,0<x<l$$

可得剪力图为直线。因此只要求出两端点的值，用直线连接即可，可参见图 4-2-7（b）。

★**【注意】** 在两端点剪力是不连续的，根据剪力方程求得的只是左端点的右极限和右端点的左极限，而左端点的左极限和右端点的右极限均为零（为什么?）。注意图 4-2-7（b）中在不连续点的画法和高等数学不同，一般把两侧的极限值连起来，至于原因，后面会给出解释。

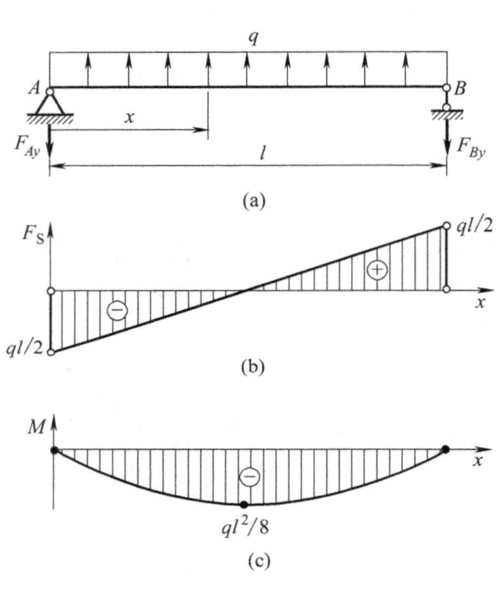

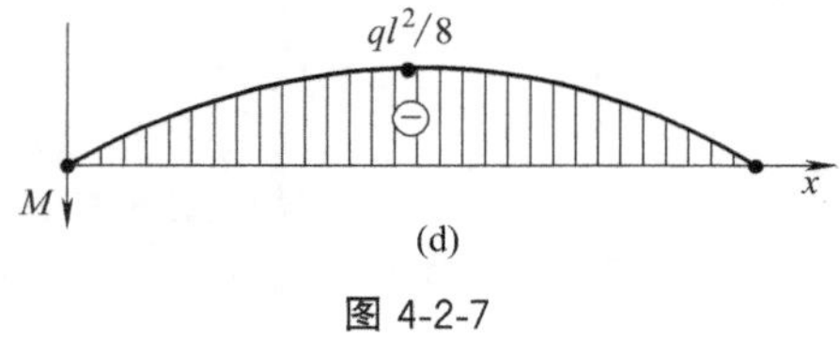

图 4-2-7

根据弯矩方程

$$M=-\frac{ql}{2}x+\frac{q}{2}x^2,0\leqslant x\leqslant l$$

可得弯矩图为二次抛物线，一般可以根据二次函数的性质采用简易作图法：先求出抛物线的两端点值，再求出极值点的值，用光滑曲线连接即可［图 4-2-7（c）］。对于更复杂的曲线，可以参考高等数学函数作图法的相关内容。

★**【思考】** 两端点值可以利用弯矩方程，直接代入坐标值即可求得，那么极值点的值如何求？

★**【解析】** 可以利用高等数学求极值的方法，即函数导数为零的点为极值点。本例中：$\frac{dM}{dx}=-\frac{ql}{2}+qx=0$，可得 $x=\frac{l}{2}$，即为极值点的坐标。代入弯矩方程求得：$M_{max}=-\frac{ql^2}{8}$。

★**【注意】** ① 土木类专业对弯矩图的画法有特殊要求，即正弯矩必须画在轴线（x 轴）下方（弯矩轴向下为正），参见图 4-2-7（d）。根据这个规定可以得到如下结论（请读者思考原因）：土木类专业弯矩图总是画在梁的受拉一侧；而其他专业，则将弯矩图画在梁的受压一侧。

为此，在后面涉及画弯矩图时，我们会将土木类专业所用的弯矩图单独画出。

② 有些时候，抛物线极值点可能和端点重合，此时为了准确画出函数的凹凸性，可以利用函数的二阶导数。例如上面的例子：

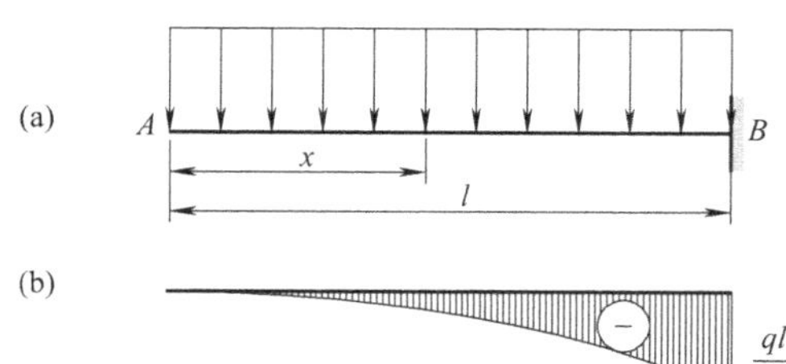

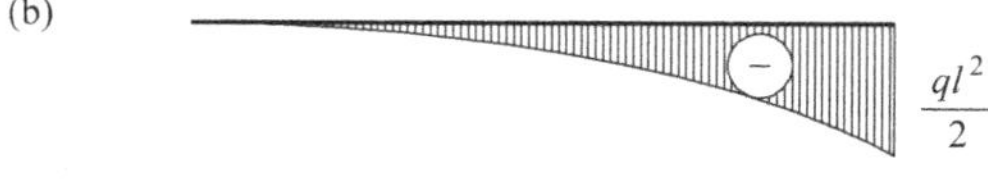

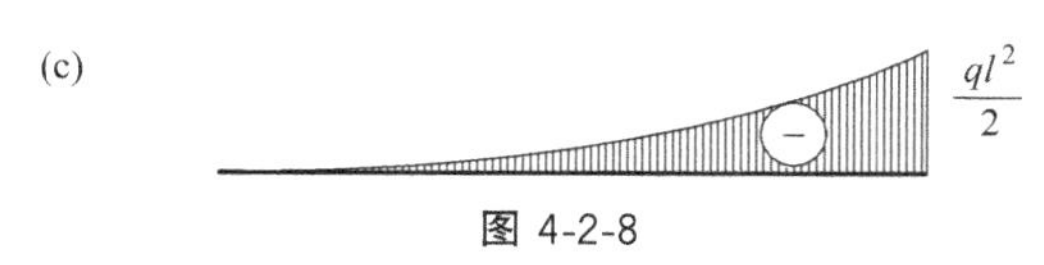

图 4-2-8

$\frac{d^2M}{dx^2}=q>0$，所以函数图像为凹曲线（土木类专业为凸曲线）。

☆【思考】 根据上述方法，请读者画一下图 4-2-8（a）悬臂梁的弯矩图。

☆【解析】 弯矩方程为：$M=-\frac{q}{2}x^2$，为二次抛物线，$M(0)=0$，$M(l)=-\frac{ql^2}{2}$，可以求出极值点位于端点 A 点，而二阶导数小于零。这样用光滑的凸曲线（土木类专业为凹曲线）连接 A、B 点的弯矩值即可［如图 4-2-8（b）、(c)］

【例 4-2-2】 建立图 4-2-9（a）所示简支梁的剪力与弯矩方程，并画出剪力与弯矩图。

【分析】 由于梁中间有集中载荷作用，而根据内力的特点，在集中力作用的点剪力是不连续的，因此必须分成两段来写剪力方程。那么集中力对于弯矩有什么影响呢？我们也通过分段写弯矩方程和作图来看一下。

【解】 由静力学平衡方程可求得支反力：$F_{Ay}=\frac{bF}{l}$，$F_{By}=\frac{aF}{l}$

下面分 AC 和 CB 两段来写一下内力方程，请读者注意一下每段方程的定义域是开区间还是闭区间，并思考为什么？

AC 段：$F_{S1}=F_{Ay}=\frac{bF}{l}$，$(0<x<a)$

$$M_1=F_{Ay}x=\frac{bF}{l}x，(0\leqslant x\leqslant a)$$

CB 段：$F_{S2}=-F_{By}=-\frac{aF}{l}$，$(a<x<l)$

$$M_2=F_{By}(l-x)=\frac{aF}{l}(l-x)，(a\leqslant x\leqslant l)$$

(a)

(b)

(c)

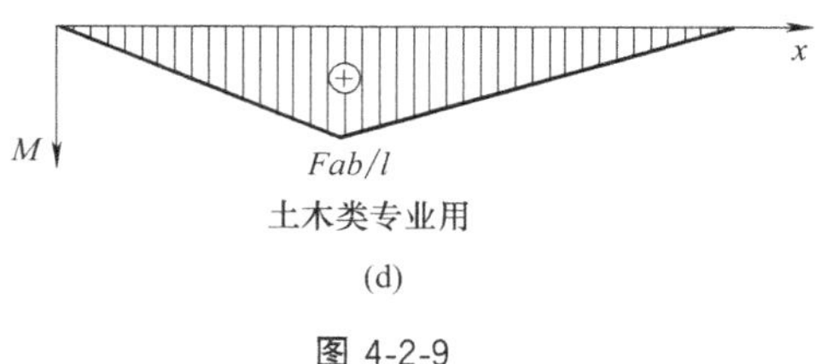

(d)

图 4-2-9

由于每一段都是直线方程，画图比较容易，这里就不再赘述方法。剪力图和弯矩图分别如图 4-2-9 中（b）、（c）所示，土木类专业的弯矩图则如图 4-2-9（d）所示。

由图可以看出，在集中力作用点，剪力确实会出现间断点，而弯矩虽然是连续的，但会出现“尖点”，图线不再光滑。如果用数学语言描述的话，就是在此点导数不再连续。

小结

通过学习，应达到以下目标：

(1) 掌握弯曲、梁和对称弯曲的概念；
(2) 掌握梁力学模型简化的一般方法；
(3) 掌握梁的两种内力及正负号规定；
(4) 掌握截面法计算梁内力的方法；
(5) 掌握梁内力的简易求法；
(6) 掌握简单梁内力方程的建立和内力图的作法。

习题

4-2-1 设 F、q、a 均为已知，试求图 4-2-10 所示各梁中截面 1—1、2—2、3—3 上的剪力和弯矩。这些截面无限接近于截面 A、B、C 或 D。

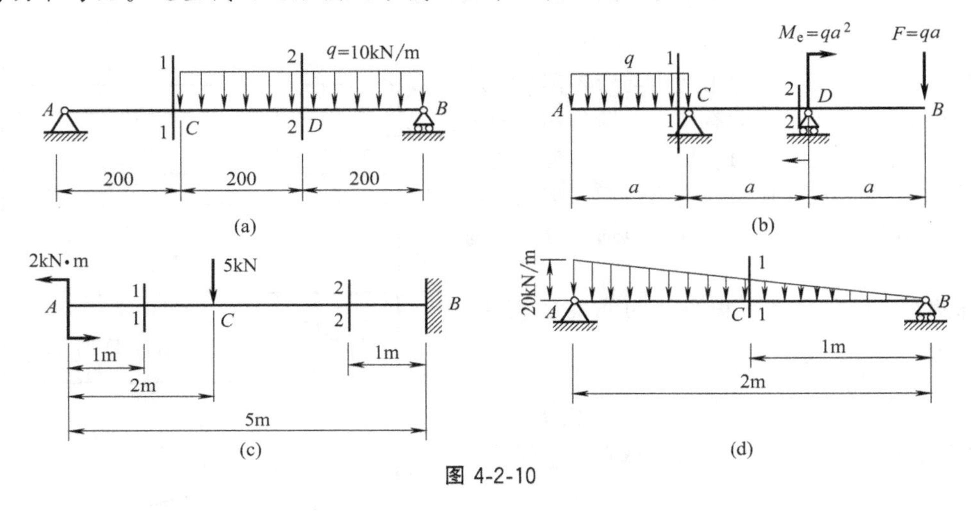

图 4-2-10

4-2-2 试写出图 4-2-11 所示各梁的剪力方程和弯矩方程，并作剪力图和弯矩图。

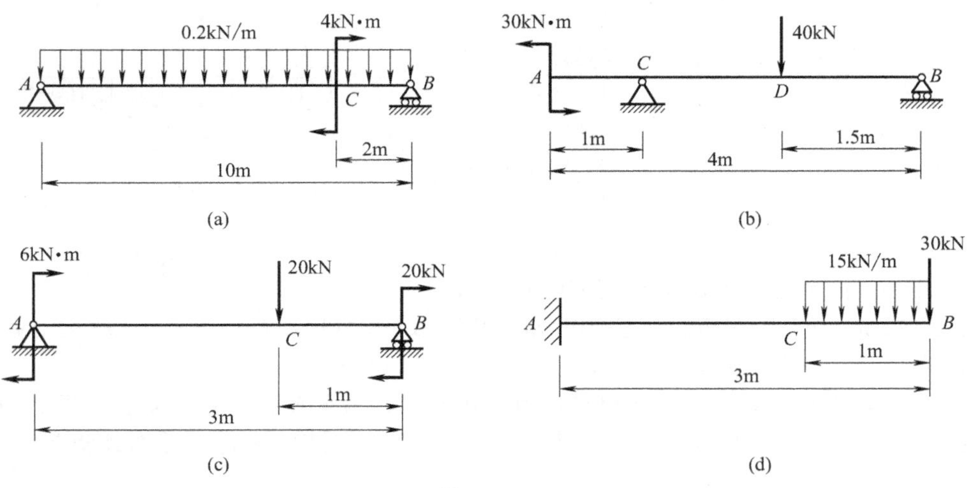

图 4-2-11

4.3 梁内力图的简易画法

本节导航

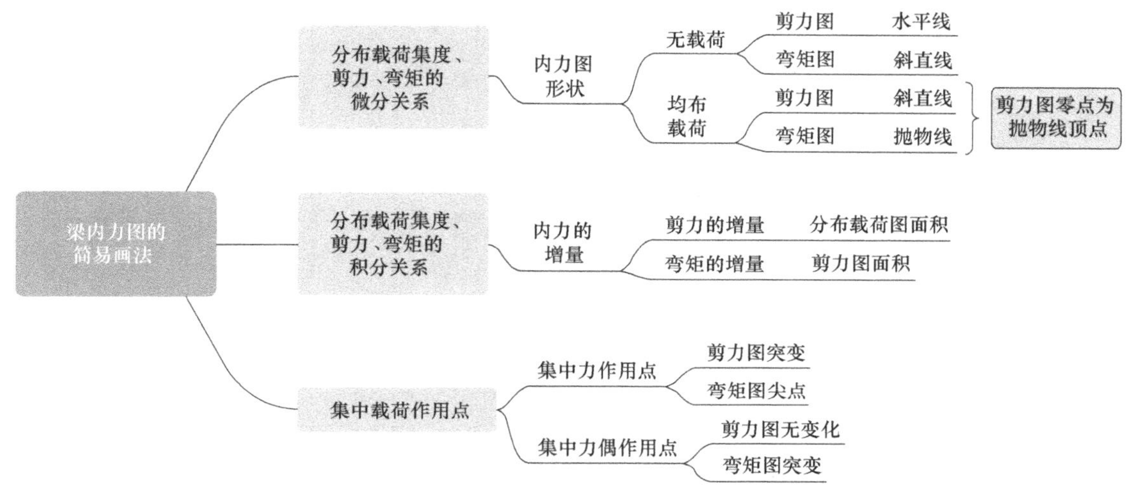

前面我们学习了利用内力方程绘制梁的内力图的方法。显然这种方法比较繁琐，尤其当梁所受的外力较多时。那么有没有更简单一些的方法呢？

下面结合前面的内容给出一套快速绘制梁的内力图的方法，适合于受力复杂的梁。可以说，梁受力越复杂，越能显示出本方法的优越性。

4.3.1 载荷集度、剪力与弯矩间的微分关系

如图 4-3-1（a）所示，梁受多种载荷的作用。由于前面已经探讨过集中力（偶）对内力的影响，这里主要研究内力和分布载荷之间的关系。

设分布载荷的集度为 $q(x)$，且向上为正。为找到载荷与任意截面内力之间的关系，在任意 x 坐标处，用 $m—m$ 和 $n—n$ 截面截出宽为 $\mathrm{d}x$ 的微段，如图 4-3-1（b）所示。其中，微段上作用的载荷近似认为是均布的，大小为 $q(x)$，而 $n—n$ 截面的内力，则考虑了由于外力引起的内力增量。下面就利用这个微段的平衡来求解一下内力和载荷之间的微分关系。

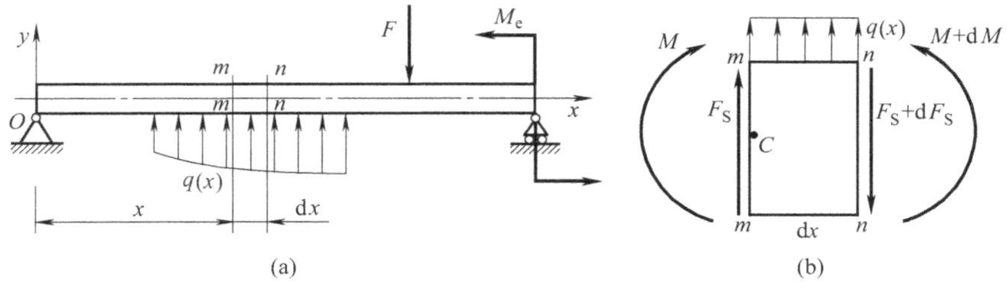

图 4-3-1

$$\sum F_x=0, F_S-(F_S+\mathrm{d}F_S)+q(x)\mathrm{d}x=0$$

可求得
$$\frac{\mathrm{d}F_S}{\mathrm{d}x}=q(x) \tag{4-3-1}$$

各力对 $m—m$ 截面形心的力矩平衡方程

$$\sum M_C=0, -M+M+\mathrm{d}M-(F_S+\mathrm{d}F_S)\mathrm{d}x+q(x)\mathrm{d}x\ \frac{\mathrm{d}x}{2}=0$$

略去其中的二阶无穷小量可得

$$\frac{\mathrm{d}M}{\mathrm{d}x}=F_S \tag{4-3-2}$$

由式（4-3-1）和式（4-3-2）可得另外一个关系式

$$\frac{\mathrm{d}^2M}{\mathrm{d}x^2}=q(x) \tag{4-3-3}$$

式（4-3-1）～式（4-3-3）称为**载荷集度、剪力、弯矩之间的微分关系式**（Differential Relationships of Load Intensity，Shearing Force and Bending Moment）。利用这一组关系式，可以由分布载荷的特点推出内力的特点，进而方便地画出内力图。下面，我们主要研究一下公式在两种简单情况下的应用。

4.3.2 微分关系的应用

（1）梁上无载荷段的内力图特点

在某一梁段内，载荷集度 $q(x)=0$，代入式（4-3-1）可得：$\frac{\mathrm{d}F_S}{\mathrm{d}x}=0$，所以 $F_S=C$（常数），**剪力图为水平直线**。

代入式（4-3-2）可得：$\frac{\mathrm{d}M}{\mathrm{d}x}=F_S=C$，所以 $M=Cx+D$，D 为待定常数。所以**弯矩图为斜直线**。

相关例子读者可参考图 4-2-9 中，梁上的 AC 和 CB 段，可以看出弯曲符合以上规律。

（2）梁上作用均布载荷段的内力图特点

在某一梁段内，载荷集度 $q(x)=C$（常数），代入式（4-3-1）可得：$\frac{\mathrm{d}F_S}{\mathrm{d}x}=C$，所以 $F_S=Cx+D$（D 为待定常数），**剪力图为斜直线**。

代入式（4-3-2）可得：$\frac{\mathrm{d}M}{\mathrm{d}x}=F_S=Cx+D$，积分可得：$M=\frac{C}{2}x^2+Dx+E$，$E$ 为待定常数。所以**弯矩图为二次抛物线**。

除此之外，由上述微分关系还可以得到两条重要结论：

① 由于弯矩在导数为零的点取极值，而$\frac{\mathrm{d}M}{\mathrm{d}x}=F_S$，所以可得：**在剪力为零的截面，弯矩取极值**；

② 二阶导数反映了函数的凹凸性，所以由$\frac{\mathrm{d}^2M}{\mathrm{d}x^2}=q(x)$可得：**分布载荷集度大于零（方向向上）的梁段，弯矩为凹曲线，反之则为凸曲线**（土木类专业弯矩图的凹凸性与上述相反）。

相关例子读者可参考图 4-2-7，简支梁受均布载荷的情况。

根据以上内力图特点，结合前面集中力（偶）作用下的情况，给出表 4-3-1，方便读者记忆。

表 4-3-1　各种载荷作用下梁内力图的特点

一段梁上的外力情况	无荷载	向下的均布荷载 $q<0$ (a)	集中力 (F, C)	集中力偶 (M, C)
剪力图的特征	水平直线	向下倾斜的直线 (qa)	在C处有突变 (F)	
弯矩图的特征	斜直线 ／ 或 ＼	凸的二次抛物线 (M_{max})	连续	在C处有突变 (M)
弯矩图的特征（土木类专业）	斜直线 ／ 或 ＼	凹的二次抛物线 (M_{max})	连续	在C处有突变 (M)

（3）内力增量的积分关系

如果在某一个区间 $[x_1, x_2]$ 内没有集中力和集中力偶，或者说剪力和弯矩都是连续的，则可以将微分关系 $\frac{dF_S}{dx}=q(x)$ 积分出来

$$\int_{x_1}^{x_2} dF_S=\int_{x_1}^{x_2} q(x)dx$$

即

$$F_S(x_2)-F_S(x_1)=\int_{x_1}^{x_2} q(x)dx \tag{4-3-4}$$

上式中的积分 $\int_{x_1}^{x_2} q(x)dx$，从力学角度讲，表示了分布载荷在区间内的合力；从数学角度讲，则代表了载荷集度函数 $q(x)$ 和 x 轴所围成的面积。所以式（4-3-4）表明：**某梁段如果没有集中力作用，则两端截面剪力的增量等于段内分布载荷图的面积。**

★**【注意】** 上述积分都是有正负的，其正负号取决于 $q(x)$ 的正负（向上为正，向下为负）。

同样积分 $\frac{dM}{dx}=F_S$ 可得

$$M(x_2)-M(x_1)=\int_{x_1}^{x_2} F_S(x)dx \tag{4-3-5}$$

式中的积分 $\int_{x_1}^{x_2} F_S(x)dx$，可理解为剪力图和 x 轴所围成的面积，同样是有正负的。由式（4-3-5）可得：**某梁段如果没有集中力偶作用，则两端截面弯矩的增量等于段内剪力图的面积。**

★**【应用】** 如图 4-3-2（a）的悬臂梁的内力图如图 4-3-2 中（b）、(c)、(d) 所示，[图 4-3-2（d）为土木类专业图] 请读者根据式（4-3-4）和式（4-3-5）分析内力增量的

原因。

★【解析】 在图 4-3-2（a）中，AB 段均布载荷的合力为 qa，方向向下，因此图 4-3-2（b）中从 A 截面到 B 截面，剪力的增量为 $-qa$；同样图 4-3-2（a）中 BC 段没有载荷，因此图 4-3-2（b）中从 B 截面到 C 截面，剪力没有增量。

在图 4-3-2（b）中，AB 段剪力图的面积为 $-qa^2/2$，因此图 4-3-2（c）、(d）中从 A 截面到 B 左侧截面，弯矩的增量为 $-qa^2/2$；同样图 4-3-2（b）中 BC 段剪力图的面积为 $-qa^2$，因此图 4-3-2（c）、(d）中从 B 右侧截面到 C 截面弯矩增量为 $-qa^2$。

4.3.3 内力图规律小结

下面仍然结合图 4-3-2，将前面所学的内力图规律小结一下。

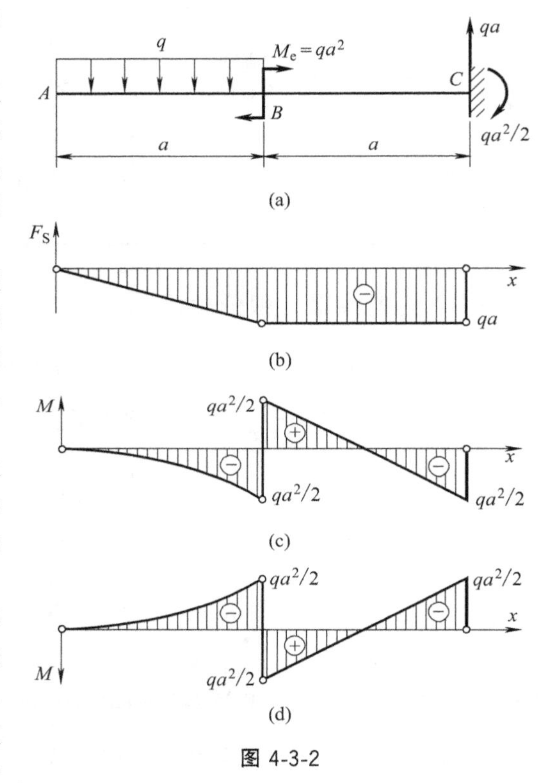

图 4-3-2

① 在集中力作用点处，截面的剪力值会发生跳跃（不连续），具体讲：向上的集中力会使剪力值向上跳跃，跳跃的值等于集中力的大小；反之亦然。例子请参考图 4-3-2 中 C 截面的剪力。

② 在集中力偶作用点处，截面的弯矩值会发生突变，具体讲：顺时针的集中力偶会使弯矩值增加，增加的值等于集中力偶的大小；反之亦然。例子请参考图 4-3-2 中 B、C 截面的弯矩。

③ 没有载荷作用的梁段，剪力图为水平直线［图 4-3-2（b）中 BC 段］；弯矩图为斜直线，斜直线两端弯矩的增量等于对应的剪力图面积［图 4-3-2（c）、(d）中 BC 段］。

④ 均布载荷作用的梁段，剪力图为斜直线，弯矩图为抛物线，剪力为 0 的点是抛物线顶点（例如图 4-3-2 中 A 点）。具体讲，当均布载荷向下时，剪力图是向下倾斜的直线，两端值的增量等于这一段均布载荷的合力［图 4-3-2（b）中 AB 段］；弯矩图是凸曲线或凹曲线（土木类专业），两端值的增量等于对应剪力图的面积［图 4-3-2（c）中 AB 段］。均布载荷向上的情况与此类似，请读者自行总结。

掌握了以上规律，就可以快速绘制大部分梁的内力图了。

【扩展阅读】 内力图中的不连续点。

我们知道，如果梁上一点处作用有集中力和集中力偶，将导致内力图在该处不连续。但读者是否注意到，对于不连续点的内力值，我们一般是将左右极限值用线段连接起来，而不是像数学作图，画成间断点，这是为什么呢？

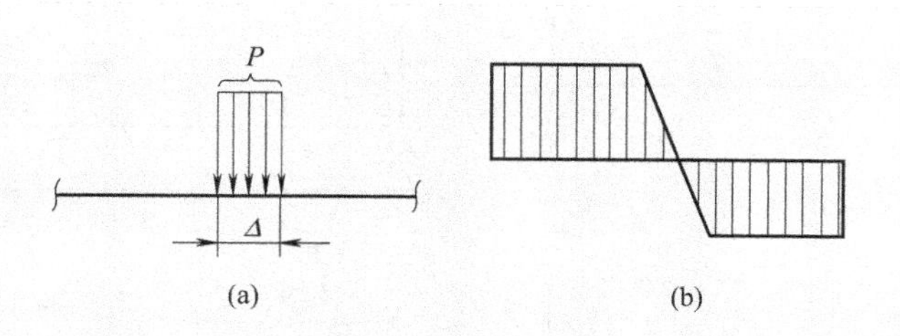

图 4-3-3

这里以剪力为例，简单说明一下。首先，我们应该知道，所谓的集中力，实际是不存在的。某点处的集中力，一般是点附近的一小段分布力［图 4-3-3（a)］，因为分布距离短，可以近似认为是均布载荷。这样根据前面的规律，对应的剪力图就不应该是间断点，而是线段了，见图 4-3-3（b)。

<<<< 例 题 >>>>

【例 4-3-1】 利用内力图规律，绘制如图 4-3-4（a）所示简支梁的内力图。

【解】 首先求出支反力 $F_{Ay}=F_{By}=\dfrac{M_e}{l}$，然后充分利用内力规律，快速画图。

（1）剪力图

如图 4-3-4（b)，具体作图过程如下：A 点左侧截面在梁之外，剪力显然为零；A 点有向下的集中力，大小为$\dfrac{M_e}{l}$，所以剪力从 0 向下跳跃至$-\dfrac{M_e}{l}$；AB 段没有载荷，剪力图为水平直线；到了 B 点，由于存在向上的集中力，大小为$\dfrac{M_e}{l}$，剪力由$-\dfrac{M_e}{l}$向上跳跃至 0（B 点右侧截面值)。

（2）弯矩图

如图 4-3-4（c）［土木类专业为图 4-3-4（d)］，具体作图过程如下：仍然从 A 截面左侧截面的 0 开始，遇到顺时针力偶 M_e，弯矩从 0 增加到 M_e；AB 段没有载荷，弯矩为斜直线，弯矩增量等于剪力图面积$-\dfrac{M_e}{l}\times l=-M_e$，所以斜直线从 A 截面的 M_e 到 B 截面的 $M_e-M_e=0$。

【例 4-3-2】 如图 4-3-5（a）的简支梁，试绘出其剪力图和弯矩图。

【解】 首先求出支反力 $F_{Ay}=\dfrac{ql}{8}$，$F_{By}=\dfrac{3ql}{8}$。

下面仍然利用内力规律绘制内力图。

剪力图如图 4-3-5（b）所示，首先在 A 截面剪力由 0 跳跃到 $ql/8$，然后在没有载荷的 AC 段，保持为水平直线直到 C 截面；而 CB 段在向下的均布载荷 q 作用下，剪力沿斜直线下降了 $ql/2$，到 B 点左侧截面剪力为 $ql/8-ql/2=-3ql/8$，最后受大小为 $3ql/8$、向上的集中力作用，在 B 点右侧截面剪力变为 0。

绘出剪力图后，对于均布载荷作用的 CB 段，还应确定一下是否有剪力为 0 的截面（想想为什么?)。因为我们在前面曾经推出，剪力为 0 的截面，同时也是弯矩的极值截面。

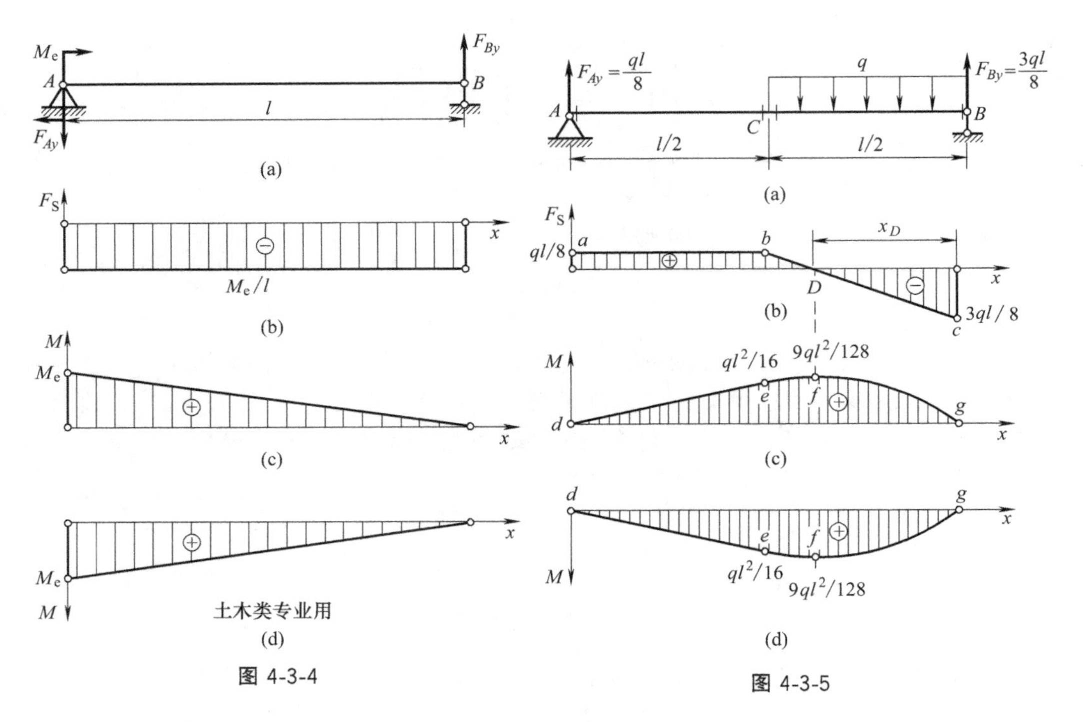

图 4-3-4

图 4-3-5

剪力图 4-3-5（b）在 CB 段显然有一个为 0 的点，在图中的 D 点，用距离 x_D 表示其位置。由于 b 点剪力大小为 $ql/8$，c 点剪力大小为 $3ql/8$，利用比例关系：$\frac{x_D}{l/2-x_D}=\frac{3ql/8}{ql/8}$，可求得 $x_D=\frac{3l}{8}$。

弯矩图如图 4-3-5（c）[土木类专业见图 4-3-5（d）] 所示，首先，A 截面弯矩为 0（为什么?），AC 段没有载荷，弯矩为斜直线，到 C 截面弯矩增量等于对应剪力图面积：$\frac{ql}{8}\times\frac{l}{2}=\frac{ql^2}{16}$，也就是 C 截面弯矩值（图中 e 点）；而图中 f 点是极值点（抛物线顶点），利用增量关系可求得其弯矩值为$\frac{ql^2}{16}+\frac{1}{2}\times\frac{ql}{8}\times\frac{l}{8}=\frac{9ql^2}{128}$；$g$ 点是 B 截面弯矩，显然为 0。最后将 efg 三点连成抛物线（注意 f 是顶点），即完成了弯矩图。

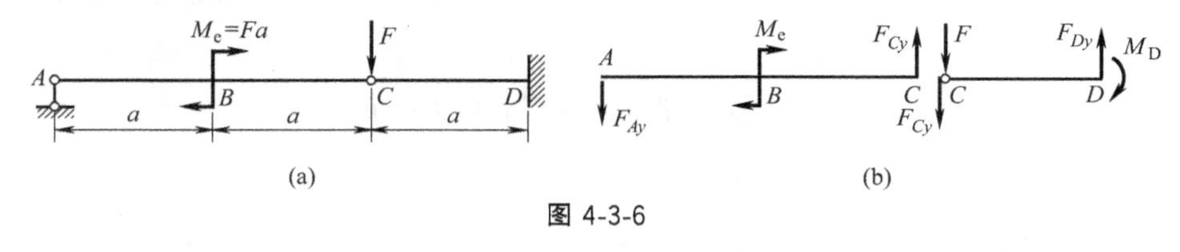

图 4-3-6

【例 4-3-3】 试绘出图 4-3-6（a）组合梁的内力图。

【分析】 图中的梁之所以被称为组合梁，是因为它可以看作是两种梁通过中间铰链组合而成：即左侧的简支梁和右侧的悬臂梁。一般来讲，这两部分不是对等的，其中一部分可以自己平衡，称为主梁，而另一部分必须依赖于其他部分才能平衡，称为辅梁。像这种组合梁，从整体看，往往是“超静定”的（不能求出所有的支反力），实际上只要将其拆成两部分即可求解。不过拆开之后，求解的顺序也是有讲究的，读者可以自己参照图 4-3-6（b）分析一下，应该先求解哪一部分？除此之外，还有一个问题，就是中间铰链上作用的集中力，拆成两部分之后，应该放在哪一边？其实放在哪一边都是可以的：作用在中间铰的集中力，一般认为是作用在连接销钉上，而拆开后销钉可以放在任一侧。读者请自行验证，不管集中力放在哪一侧，只会影响中间铰链两侧相互的约束力，不会影响其他支座的支反力。

本题一旦求出所有支反力，组合梁的内力图和前面一般的静定梁没有什么区别，仍然可以利用简易画法快速绘制。

【解】 先将组合梁拆分为两个部分，受力如图 4-3-6（b）所示。其中，C 处集中力放在左侧部分，则左侧 AC 部分的载荷只有力偶。根据力偶平衡的原理，两个约束力应该组成力偶与其平衡，则

$$F_{Ay}=F_{Cy}=\frac{M_e}{2a}=\frac{F}{2}$$

再研究 CB 部分：$\sum F_y=0$，$-F_{Cy}-F+F_{Dy}=0$，得 $F_{Dy}=\dfrac{3F}{2}$

$\sum M_C=0$，$F_{Dy}\times a-M_D=0$，求得$M_D=\dfrac{3Fa}{2}$

求得支反力后，可以按照一般梁内力图的规律画出内力图，如图 4-3-7 所示。

☆**【注意】** 从图 4-3-7 可以看出，在中间铰处弯矩为零，这实际上是一个一般性的规律，原因在于铰链不能传递力偶。读者可以将此规律用于组合梁弯矩图的校核。

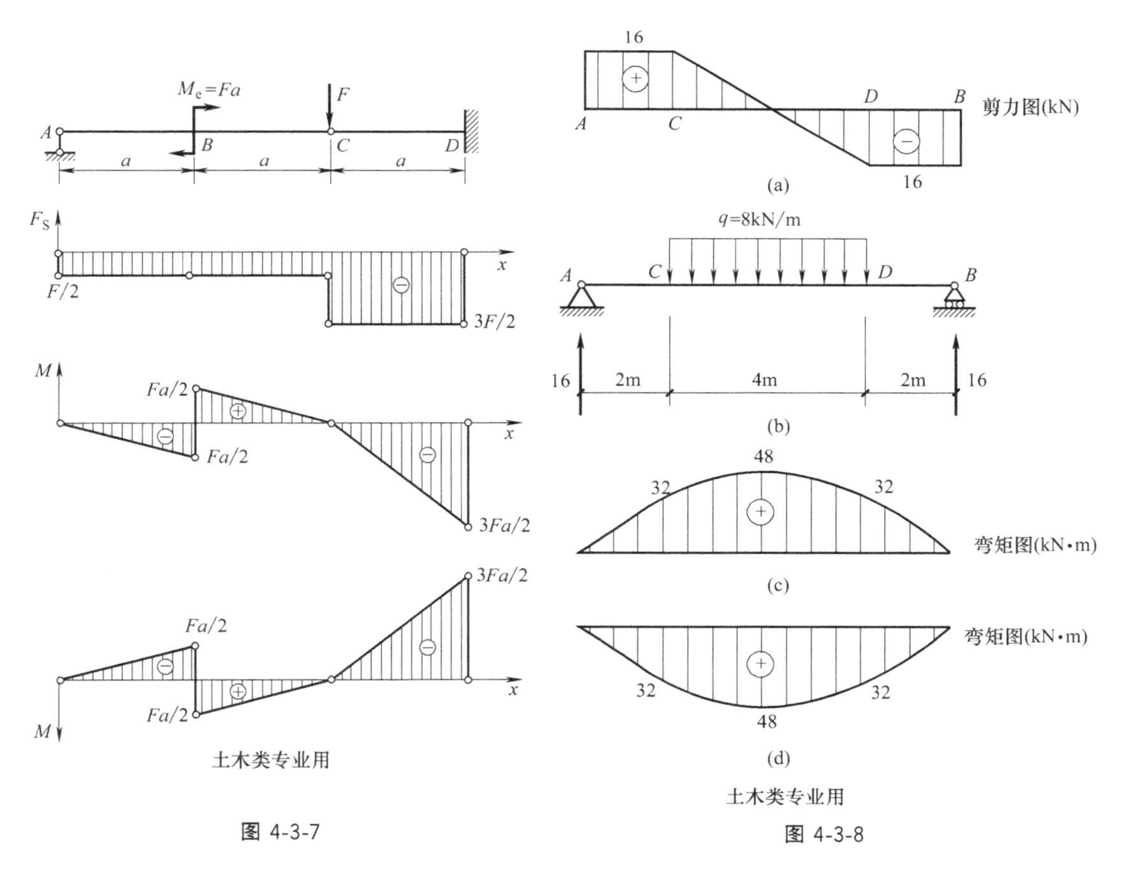

图 4-3-7

图 4-3-8

【例 4-3-4】 已知图 4-3-8（a）为简支梁的剪力图，其中各段长度 $AC=BD=2\text{m}$，$CD=4\text{m}$。试根据剪力图推断简支梁的受力情况并画出弯矩图。设梁上无集中力偶作用。

【分析】 在梁上无集中力偶的情况下，载荷只有集中力和分布载荷两种情况。由剪力与分布力集度的微分关系，在有分布力的段内，剪力图线的斜率等于分布力的集度。而集中力的作用点处，剪力图会有跳跃。

【解】 由图 4-3-8（a）剪力图可知，在梁的左右两端 A、B 处，各有一个集中力的作用（支座的约束力），大小为 16kN，方向向上。AC 和 BD 段，剪力图为水平线，即没有分布载荷。CD 段的直线的斜率为 -8kN/m，即作用有集度大小为 8kN/m，方向向下的均布载荷。

根据以上推断可以画出简支梁的载荷情况如图 4-3-8（b），相应的弯矩图如图 4-3-8（c）[土木类专业如图 4-3-8（d）]。

小结

通过学习，应达到以下目标：

（1）掌握载荷集度、剪力与弯矩间的微分关系；

（2）能结合微分关系及其他内力特点快速画出内力简图。

<<<< 习 题 >>>>

4-3-1 试用简易作图法绘出图 4-3-9 所示梁的内力图。

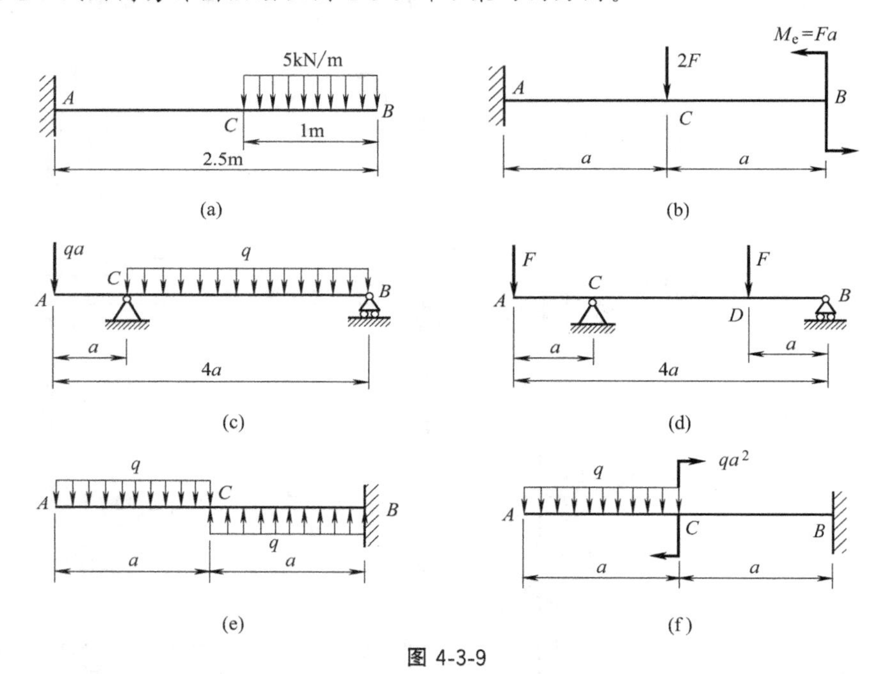

图 4-3-9

4-3-2 试作图 4-3-10 所示具有中间铰梁的剪力图和弯矩图。

4-3-3 简支梁剪力图如图 4-3-11 所示，求梁受载情况，并作弯矩图。假设梁上没有集中力偶作用。

4-3-4 已知静定梁的弯矩图如图 4-3-12 所示，试绘出该梁的剪力图、载荷图与可能的支座图。

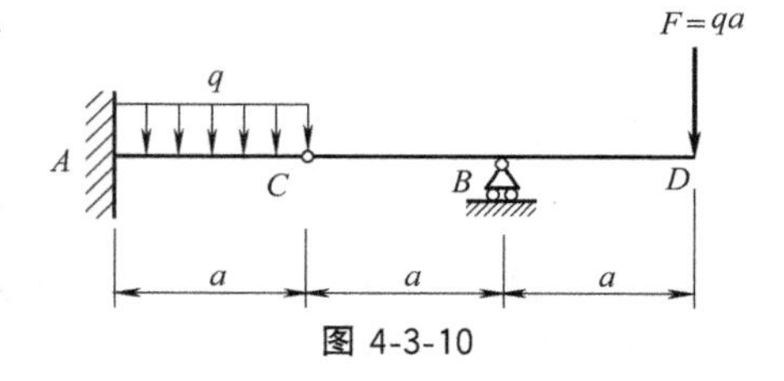

图 4-3-10

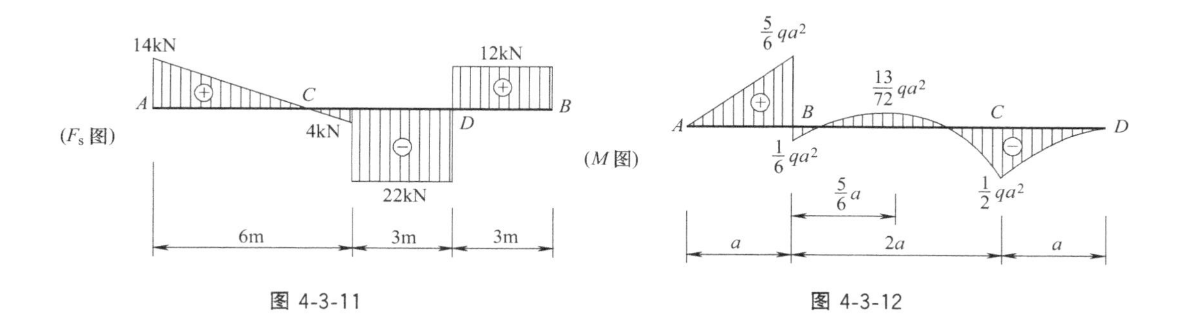

图 4-3-11　　图 4-3-12

4.4 平面刚架和曲杆的内力

本节导航

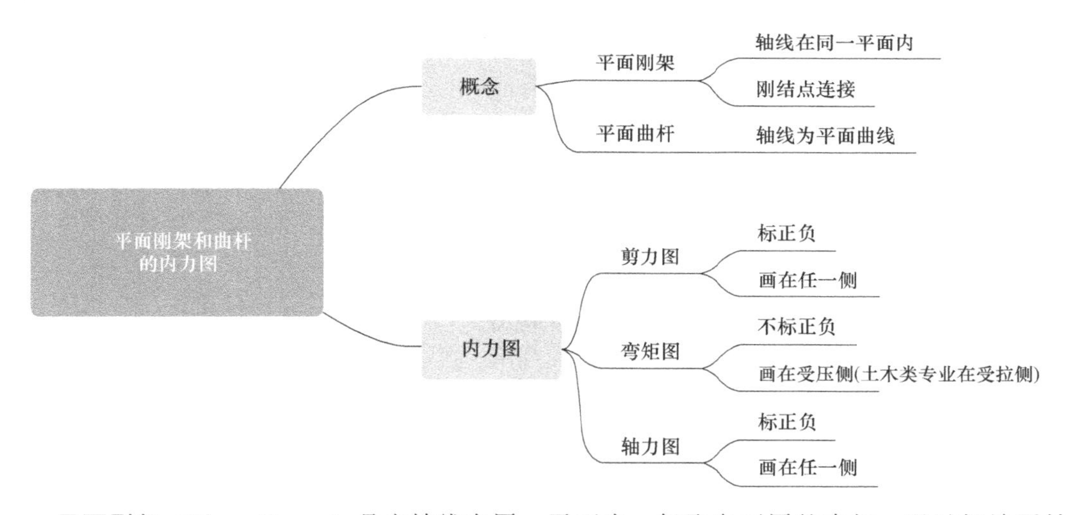

平面刚架（Plane Frame）是由轴线在同一平面内，但取向不同的直杆，通过杆端**刚性连结**（**刚节点**）组成的结构［图 4-4-1（a）］。刚性连接是指杆件连接后，不能发生相对的移

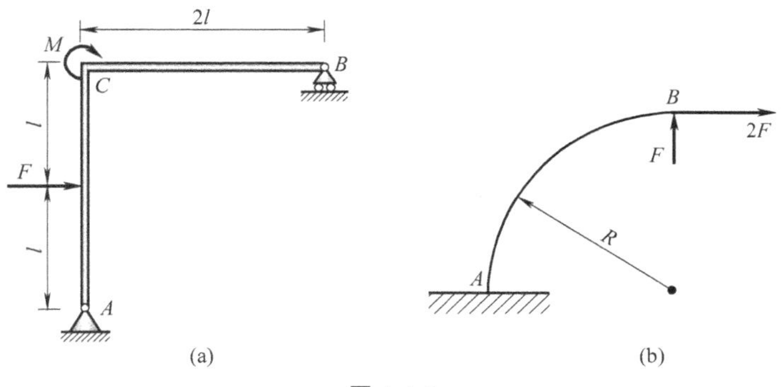

图 4-4-1

动和转动（和铰链连接有什么不同?）。**平面曲杆**（Plane Curve Bar）则是指轴线为平面曲线的杆件［图 4-4-1（b）］。

平面刚架和曲杆也是现场中常见的构件类型，和梁类似的地方在于，主要发生弯曲变形；而区别在于，其轴线不再是直线，因此导致其内力会更复杂一些：首先，内力不再是只有弯矩和剪力，同时还会有轴力（平面情况，空间问题会更复杂）；其次，内力图绘制也更复杂，前面总结的一些内力规律一般不能直接应用。

4.4.1 平面刚架的内力及符号规定

平面刚架有三种内力：弯矩、剪力和轴力。其符号相关规定如下。

（1）弯矩

由于前面弯矩符号规定和梁轴线方位有关，例如正弯矩使梁微段呈凹形状，或者上侧受压下侧受拉，实际上就是默认了轴线是水平的。在平面刚架中，由于各部分杆轴线取向不同，显然不能再沿用这种规定。在本书中，我们对刚架的弯矩不再规定正负（有些教材虽然给出了弯矩正负的规定，但画弯矩图时并不标出），只是规定：**画弯矩图时，将图线画在刚架受压的一侧**。其实前面我们画**梁的弯矩图，也是画在受压一侧**，这一点请读者自行验证。需要说明的是，**土木类专业习惯上将梁和刚架的弯矩图画在受拉一侧**，和一般情况相反。

（2）剪力和轴力

平面刚架的剪力、轴力符号规定和前面是一致的，即：剪力以推动截面附近微段或截离体顺时针转动为正，反之为负；轴力以拉为正，压为负。在画图时，可以将同号的内力画在任意一侧，但要标出正负号。

4.4.2 平面曲杆的内力及符号规定

平面曲杆的内力同样有弯矩、轴力和剪力，符号规定也和平面刚架保持一致，即：弯矩不用考虑正负号，只画在受压侧（土木类专业画在受拉侧）；剪力、轴力符号规定同前，绘图时要标出正负号。

基础测试

4-4-1 （填空题）刚架是不同方向的直杆通过杆端（　　）连接形成的结构。

4-4-2 （填空题）平面刚架和曲杆的内力包括弯矩、剪力和（　　）。其弯矩一律画在杆的受（　　）一侧。

4-4-3 （填空题）如图 4-4-2 所示平面刚架，水平杆 C 截面的剪力为（　　）kN（注意答案中应包含正负号），弯矩的大小为（　　）kN·m。

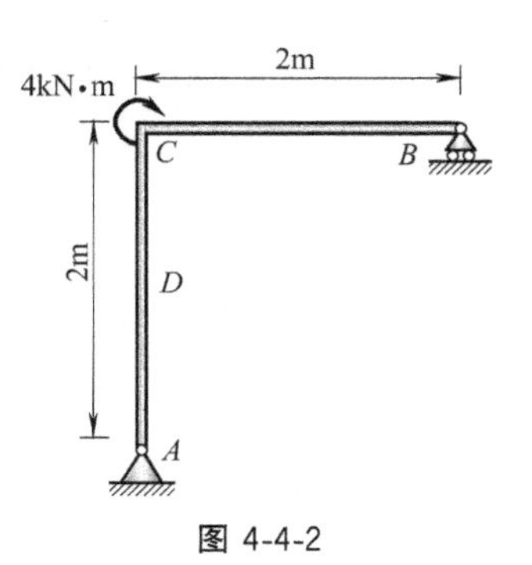

图 4-4-2

例题

【例 4-4-1】 T 形刚架如图 4-4-3（a）所示，试绘出其内力图。

【分析】 T 形刚架显然可以看作由三根杆件组成，可以分别画出其内力图。画每一根杆件的内力图时，可以先列出内力方程，再根据方程画图；也可以根据内力规律直接作图。

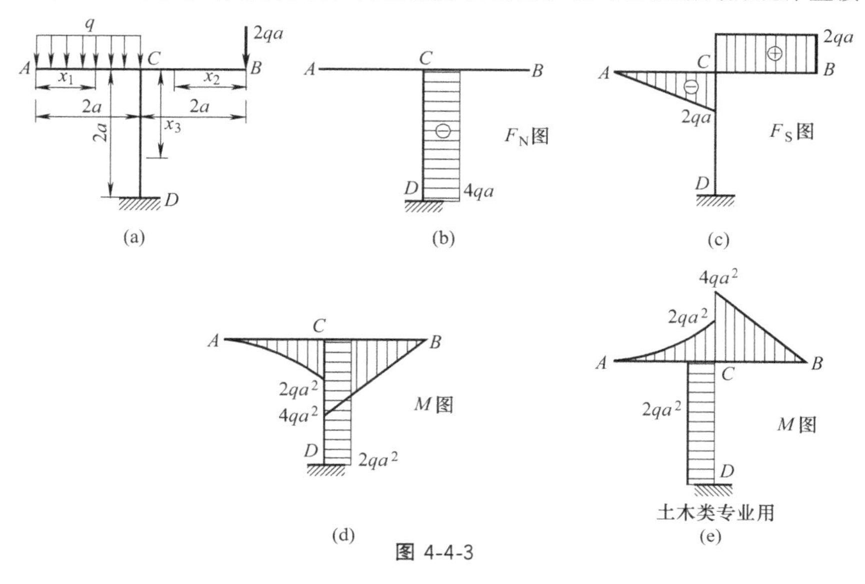

图 4-4-3

【解】 先列出 AC 部分的内力方程，如图 4-4-3（a），任取截面，以变量 x_1 作为位置坐标，则：

① 轴力等于一侧所有轴向力的代数和，取左侧，显然 $F_N(x_1)=0$；

② 剪力等于一侧所有横向力（垂直于 AC 轴线的力）的代数和，取左侧，外力向下为负，可得 $F_S(x_1)=-qx_1$；

③ 弯矩等于一侧所有力对截面形心的矩，本题假设水平杆弯矩上侧受拉下侧受压为正，竖直杆弯矩右侧受拉左侧受压为正。取左侧，可得 $M(x_1)=\frac{1}{2}qx_1^2$。

同样的方法，如图 4-4-3（a）取位置坐标，可得 BC 和 CD 的内力方程：

$F_N(x_2)=0$； $F_S(x_2)=2qa$； $M(x_2)=2qax_2$

$F_N(x_3)=-4qa$； $F_S(x_3)=0$； $M(x_3)=-2qa^2$

据此，可画出刚架的轴力、剪力和弯矩图分别如图 4-4-3（b）、（c）、（d）所示，注意轴力和剪力图可以画在杆的任一侧，要标出正负号；而弯矩要画在杆件受压一侧，图 4-4-3（e）是土木类专业用弯矩图，画在杆件受拉侧。

【例 4-4-2】 如图 4-4-4（a）所示，轴线为四分之一圆弧的曲杆受竖向力 F 作用，试求内力方程并绘制其弯矩图。

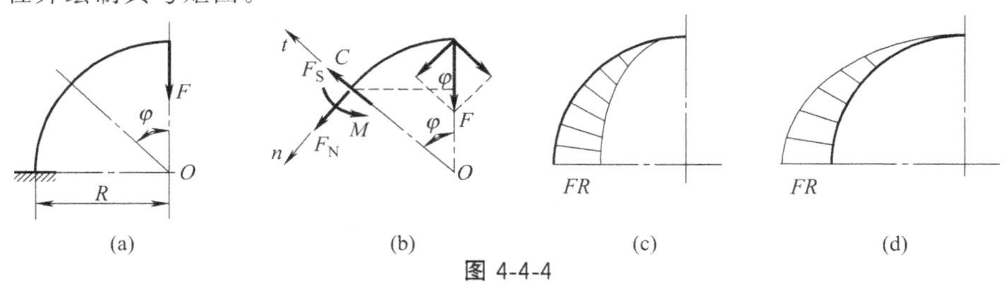

图 4-4-4

【分析】 对于圆弧状的轴线，适合用极坐标描述截面位置。如图 4-4-4（b），由于半径已知，只用一个角度 φ 即可描述截面位置。

【解】 取任意 φ 角对应的截面，内力如图 4-4-4（b）所示，为方便起见，弯矩取杆内侧受压为正，则由截离体平衡

$$\sum F_n=0, F_N+F\sin\varphi=0$$

$$\sum F_t=0, F_S-F\cos\varphi=0$$

$$\sum M_C=0, M-FR\sin\varphi=0$$

可得内力方程：$F_S=F\cos\varphi$，$F_N=-F\sin\varphi$，$M=FR\sin\varphi$

据此可用描点法画出弯矩图如图 4-4-4（c）、（d）［图 4-4-4（d）为土木类专业专用］所示。

通过学习，应达到以下目标：

（1）能绘制简单刚架的内力图，了解刚架内力正负号的一般规定；

（2）了解计算平面曲杆内力的一般方法及内力正负号的规定。

习题

4-4-1 试做图 4-4-5 所示刚架的内力图。

4-4-2 写出图 4-4-6 所示曲杆的轴力、剪力和弯矩的表达式，并作弯矩图。

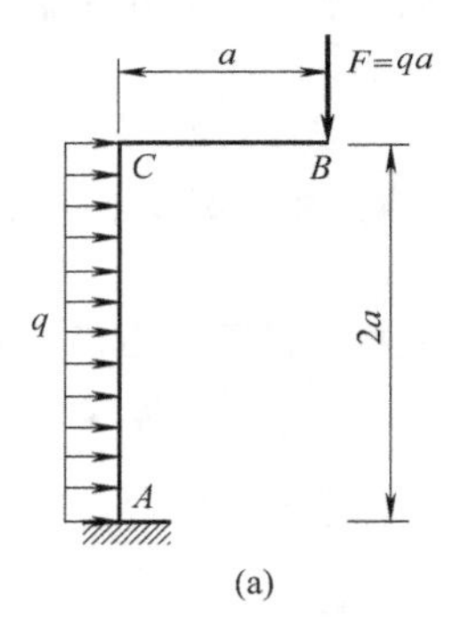

(a)

C D q a A B a

(b)

图 4-4-5

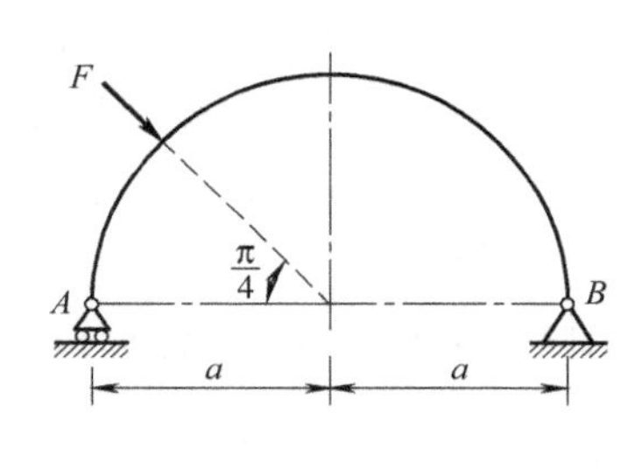

图 4-4-6

弯曲应力

我们在上一章学到，弯曲包括两种内力：即剪力和弯矩，那么与此对应，横截面上有哪些应力呢？

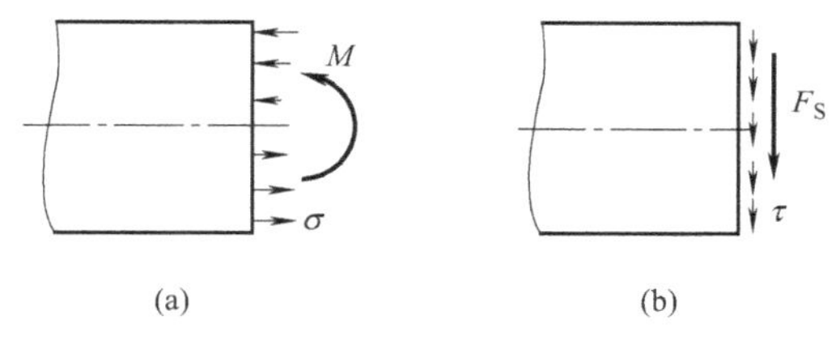

(a)　　(b)

读者还记得内力和应力的关系吗？一般来讲，内力上是应力向截面形心简化的结果。这样的话，读者参照上图可以看出，只有正应力才有可能合成出弯矩（a），同样，只有切应力才能合成出剪力（b）。所以，弯曲应力一般包括正应力和切应力。但是，这两种应力的重要性是不同的：大部分的弯曲强度问题，是由正应力控制的，所以下面我们先从正应力讲起。

5.1 弯曲正应力公式

本节导航

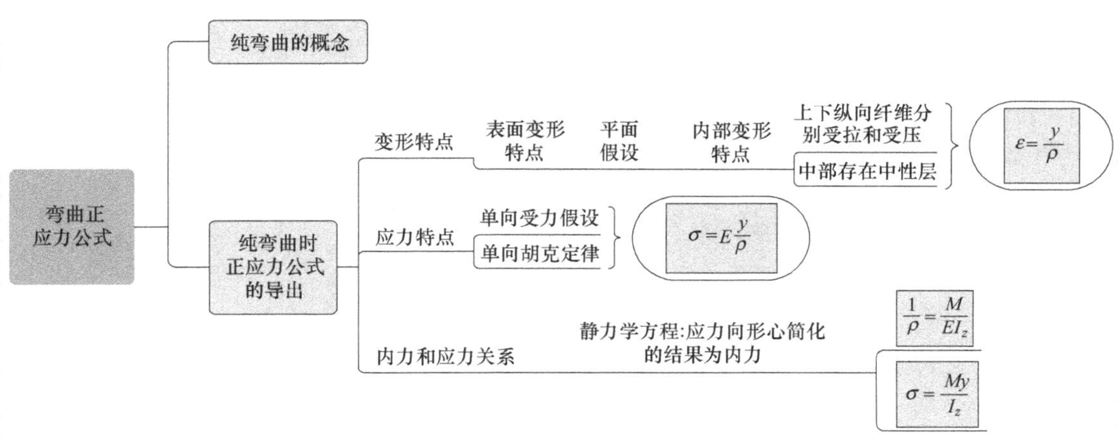

在导出正应力公式时，我们先考虑一种简单情况，就是内力只有弯矩没有剪力（**纯弯曲**）。然后再将导出的公式推广到一般的情况。

导出公式的思路和以前相同，参见图 5-1-1。

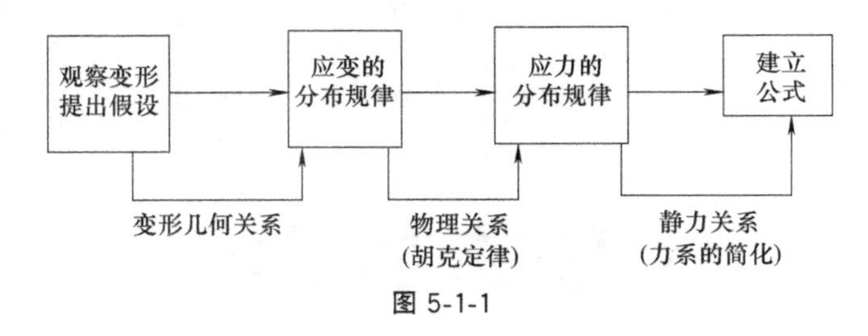

图 5-1-1

5.1.1 纯弯曲的概念

若梁在某段内各横截面的弯矩为常量，剪力为零，则该段梁的弯曲就称为纯弯曲（Pure Bending）。通俗点讲，纯弯曲是弯矩引起的弯曲。

显然，梁如果只在两端受弯曲外力偶作用，发生的是纯弯曲。除此之外，在横向力作用下也可以发生纯弯曲，例如图 5-1-2 所示的简支梁，根据其内力图可以看出：在 CD 段内，剪力为零，而弯矩为常量，所以发生的是纯弯曲。当然，AC 和 BD 段，由于剪力不为零，所以弯曲不是纯弯曲。

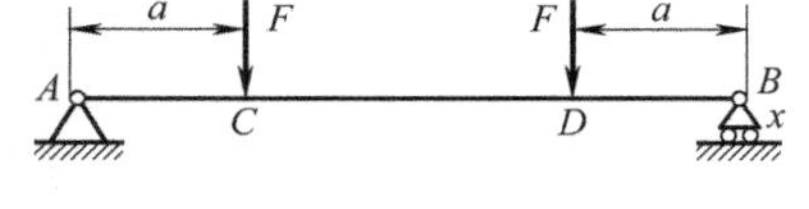

(a)

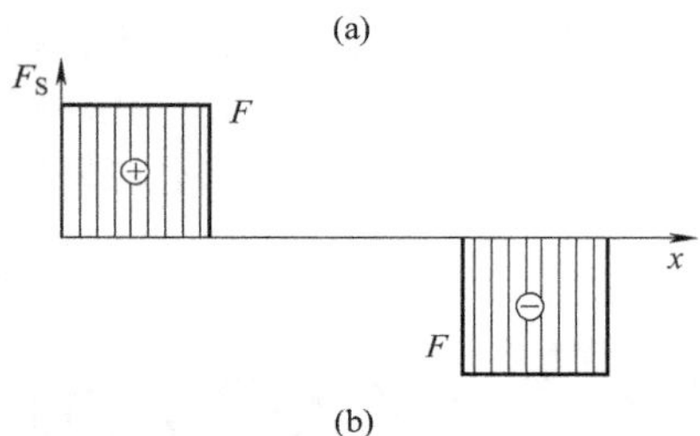

(b)

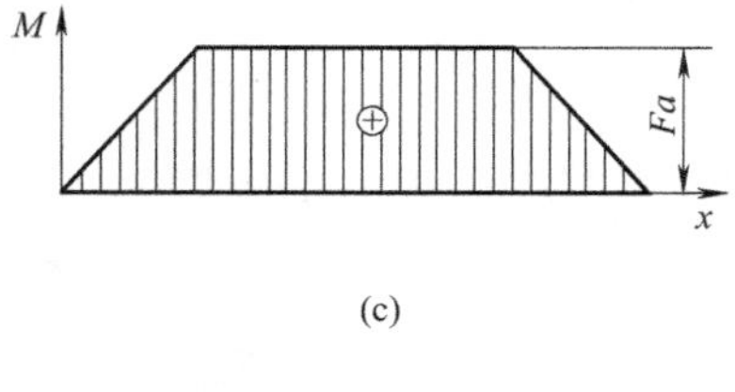

(c)

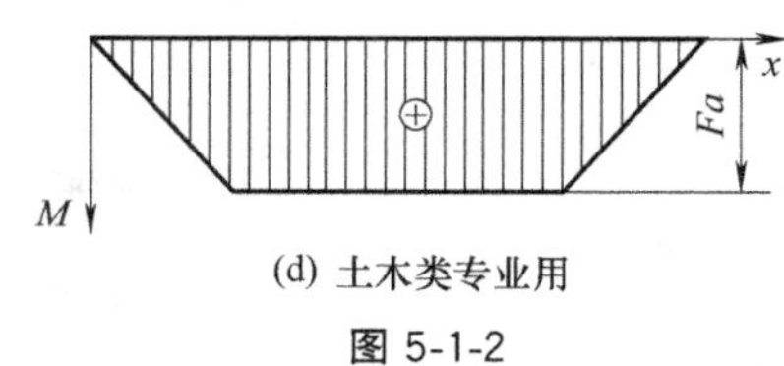

(d) 土木类专业用

图 5-1-2

5.1.2 纯弯曲时的正应力

需要说明的是，为简单起见，这里研究的是**对称纯弯曲**。对称弯曲是平面弯曲的一种，具体概念参见 4.1 节。我们在弯曲这一部分（包括第四～六章）默认研究的都是对称弯曲。

（1）变形现象及规律

为了探索纯弯曲时的变形规律，仍采用试验方法：如图 5-1-3，在矩形截面梁中部画出矩形网格（为什么要画矩形网格？请读者回顾原因），然后两端施加弯曲力偶，左侧顺时针转向，右侧逆时针转向。下面我们来总结一下试验现象。

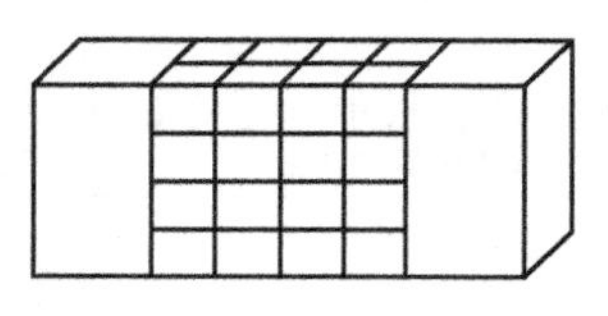

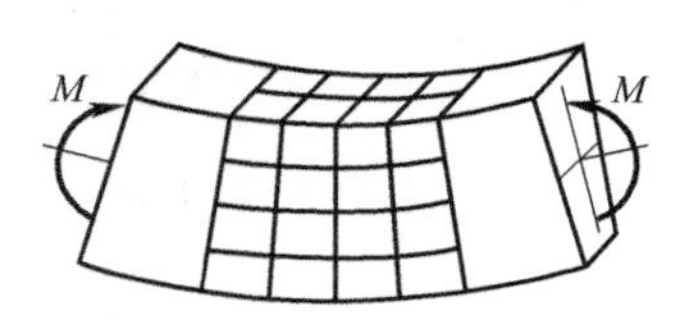

图 5-1-3

首先，变形后，矩形网格的边长发生了变化，前后侧面的网格已经不是矩形形状，但所有的纵向线和横向线仍然保持正交。这些现象说明了表面应变有什么特点呢？其实，回忆一下线应变和切应变的概念就应该知道：网格的边长改变说明表面存在着线应变；而变形后各边仍然正交表示原来的直角没有变化，也就是在表面没有切应变。

其次，再观察梁上下表面和前后表面，看变形规律有什么不同？显然，在上下表面，线应变沿宽度方向是相同的；而在前后表面，线应变沿高度方向，则有明显不同：在图示弯曲力偶作用下，上面部分线段缩短，线应变为负；而下面部分，线段伸长，线应变为正。所以，下面我们主要研究线应变沿高度方向的变化规律。

当然，以上只是我们观察到的表面现象，那么内部变形规律怎样？由于内部看不见摸不着，我们只能采用假设的方式来研究。这里仍然采用所谓的**平面假设：梁在弯曲后，横截面仍然保持为平面，且仍然和各纵向线垂直**。这样，可以认为各纵向线的线应变都和表面有同样的规律：**即同一高度上，纵向线应变相同；不同高度上，纵向线应变上面部分缩短，下面部分伸长**。

（2）中性层与中性轴

基于以上规律，可以将梁设想为由很多水平纵向纤维层叠合而成，每层纵向线应变相同，而上部纤维层沿纵向缩短，下部纤维层沿纵向伸长。这样，根据连续性假设，必然在中部存在一层，其纵向纤维既不伸长，也不缩短，称为**中性层**（Neutral Surface），如图 5-1-4 的阴影部分。当然，我们不能想当然地认为中性层在所有纵向纤维层的正中间，至于其具体位置，我们留待后面确定。

有了中性层，再加上梁的纵向对称面，我们可以在横截面上建立出相应的坐标系：二者和横截面的交线分别称为**中性轴**（Neutral Axis）和横截面**对称轴**，构成了一对正交轴系（图 5-1-4）。

（3）应变规律

如图 5-1-5（a），在梁中部任取两个相距 $\mathrm{d}x$ 的横截面，其中间的线段 O_1O_2 代表了中性层，而与之相距 y 距离的线段 b_1b_2 则代表了任意纵向纤维层。显然变形前有

$$O_1O_2=b_1b_2=\mathrm{d}x$$

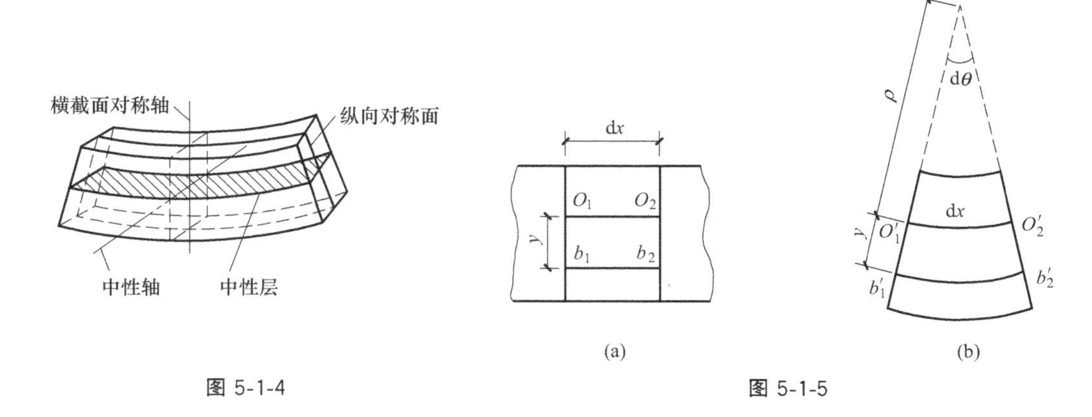

图 5-1-4　　　　图 5-1-5

微段变形后如图 5-1-5（b），两横截面发生了相对转动，夹在两横截面间的纵向线微元段，可以近似认为弯成了圆弧，位于各自的曲率圆上，而曲率圆的圆心在两横截面的交线上。

设两横截面的夹角为 $\mathrm{d}\theta$，$\widehat{O_1'O_2'}$ 的曲率半径为 ρ，则 $\widehat{b_1'b_2'}$ 的曲率半径为 $\rho+y$，所以

$$\widehat{O_1'O_2'}=\rho\mathrm{d}\theta,\ \widehat{b_1'b_2'}=(\rho+y)\mathrm{d}\theta$$

而根据中性层的特点

$$\widehat{O_1'O_2'}=\rho\mathrm{d}\theta=O_1O_2=\mathrm{d}x$$

由此得到任意线段 b_1b_2 的线应变为

$$\varepsilon=\frac{b_1'b_2'-b_1b_2}{b_1b_2}=\frac{(\rho+y)\mathrm{d}\theta-\mathrm{d}x}{\mathrm{d}x}=\frac{(\rho+y)\mathrm{d}\theta-\rho\mathrm{d}\theta}{\rho\mathrm{d}\theta}=\frac{y}{\rho}$$

由于中性层一点处的曲率半径是常量，可见：**一点处纵向线应变的大小与它到中性层的距离成正比**。考虑 y 坐标的符号，还可以得出：**线应变以中性层为界，一侧是拉应变，一侧是压应变**。

（4）应力分布规律

已知线应变的分布规律，在线弹性条件下，可以利用胡克定律来确定正应力的分布规律。不过，读者需要知道，我们前面所学的胡克定律，准确的叫法应该是单向胡克定律，也就是只适用于一点是单向受拉或受压的情况。为此，这里引入本节的第二个假设——**单向受力假设**，即：梁的各纵向纤维只承受拉力或压力，相互之间没有挤压和拉伸，也就是各点只是单向受力。

这样根据单向胡克定律可得任意点的正应力为

$$\sigma=E\varepsilon=\frac{Ey}{\rho} \tag{5-1-1}$$

根据式（5-1-1）可以得到：**纯弯曲梁内一点的纵向正应力大小，与其到中性层的距离成正比，并且以中性层为界，一侧是拉应力，一侧是压应力**。如果任取一个横截面，画出正应力分布，如图 5-1-6 所示。

（5）利用静力关系确定正应力

由于正应力在横截面上不是均匀分布的，为了找出应力和内力之间的关系，需要先将横截面积微分成微元面积。在微元面积 $\mathrm{d}A$ 上可以认为正应力均匀分布，合力大小为 $\sigma\mathrm{d}A$，如图 5-1-7。很显然，所有微元面积上的合力组成一个平行于 x 轴的平行力系，这个力系向原点简化的结果就是内力。

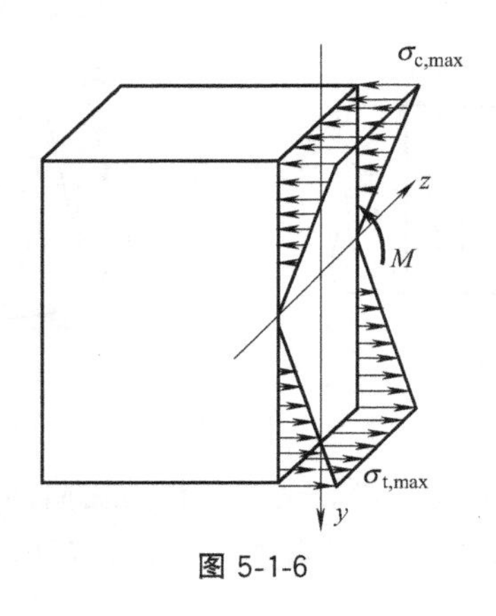

图 5-1-6

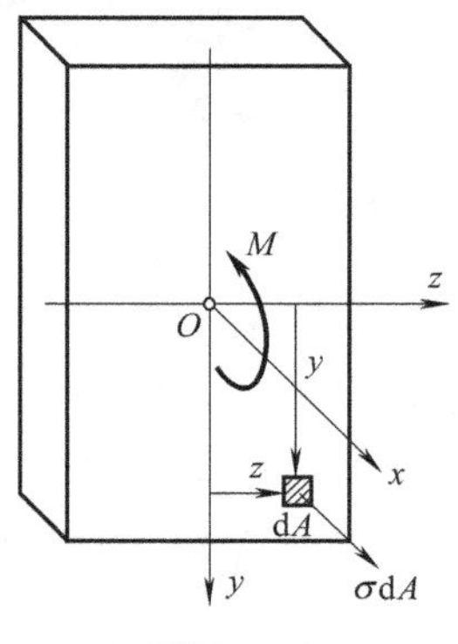

图 5-1-7

根据静力学力系简化理论，这个平行力系向原点简化，一般得到一个 x 轴方向的分力，以及沿 y、z 轴方向的两个分力偶。但实际内力只有弯矩 M，它是矢量方向沿 z 轴的力偶。由此可得

$$\sum F_x=\int_A \sigma \mathrm{d}A=\int_A \frac{Ey}{\rho}\mathrm{d}A=\frac{E}{\rho}\int_A y\mathrm{d}A=\frac{E}{\rho}S_z=0 \tag{5-1-2}$$

$$\sum M_y=\int_A z\sigma \mathrm{d}A=\int_A \frac{Eyz}{\rho}\mathrm{d}A=\frac{E}{\rho}\int_A yz\mathrm{d}A=\frac{E}{\rho}I_{yz}=0 \tag{5-1-3}$$

$$\sum M_z=\int_A y\sigma \mathrm{d}A=\int_A \frac{Ey^2}{\rho}\mathrm{d}A=\frac{E}{\rho}\int_A y^2\mathrm{d}A=\frac{E}{\rho}I_z=M \tag{5-1-4}$$

由式（5-1-2）可得：$S_z=0$，说明**中性轴 z 轴通过横截面形心**。

由式（5-1-3）可得：$I_{yz}=0$，由于 y 轴是截面对称轴，惯性积为零自然满足。

由式（5-1-4）可得

$$\frac{1}{\rho}=\frac{M}{EI_z} \tag{5-1-5}$$

式 5-1-5 揭示了一点弯曲的曲率（半径）和内力的关系，是研究弯曲变形的基础。式中的 EI_z 和曲率成反比，所以被称为**弯曲刚度**（Flexural Rigidity）。

代入式（5-1-1），即得正应力公式

$$\sigma=\frac{My}{I_z} \tag{5-1-6}$$

☆**【说明】** ①式（5-1-6）中的 I_z 和 y 坐标都取决于中性轴的位置，而根据上面的推导，中性轴必通过横截面形心。所以一定要把握住这一要点，先确定出中性轴位置；②注意 y 轴是向下的，只有这样，才能保证 M、y、σ 这三个量之间符号的一致。这一点，请读者自行验证；③根据公式，横截面的最大应力在 y_{max} 处取得，即上下边缘。

基础测试

5-1-1 （填空题）纯弯曲时横截面上正应力的分布规律是：沿宽度方向，正应力（　　）分布；沿高度方向，存在通过截面（　　）的水平中性轴，中性轴上的点正应力为（　　）；从中性轴到上下边缘正应力大小（　　）。

5-1-2 （填空题）对于弯曲正应力公式，为保证弯矩、y 坐标、正应力之间符号的一致，y 轴方向应向（　　）。

5-1-3 （单选题）同种材料制成的等直梁对称纯弯曲时，关于轴线形状说法正确的是（　　）。

A. 变为凹曲线；B. 变为凸曲线；C. 变为圆弧形；D. 变为抛物线。

例　题

【例 5-1-1】 如图 5-1-8，已知矩形截面钢带厚 δ，宽 b，材料弹性模量为 E，缠绕在钢带轮上，设轮直径 $D\gg\delta$，试计算：钢带横截面的最大正应力 σ_{max}。

【分析】 本题的难点是没有给出外力或内力，却让求应力，如何解决呢？仔细阅读题设会发现，题目中隐含了钢带的变形情况（缠绕在轮上）。有了变形情况，如何求外力或内力，请读者思考。

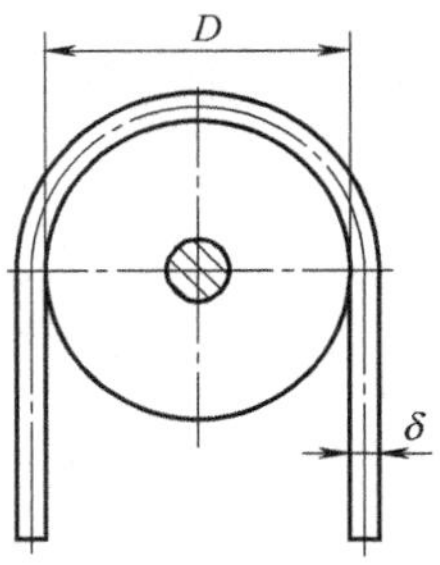

【解】 缠绕在轮上的钢带，显然发生了弯曲变形，而且其中性层变为半圆弧，曲率半径为

$$\rho=\frac{D}{2}+\frac{\delta}{2}\approx\frac{D}{2}$$

代入公式（5-1-5）

$$\frac{1}{\rho}=\frac{2}{D}=\frac{M}{EI_z}$$

可求得

$$M=\frac{Eb\delta^3}{6D}$$

所以最大应力力

$$\sigma_{\max}=\frac{My_{\max}}{I_z}=\frac{EI_z\delta/2}{\rho I_z}=\frac{E\delta}{D}$$

图 5-1-8

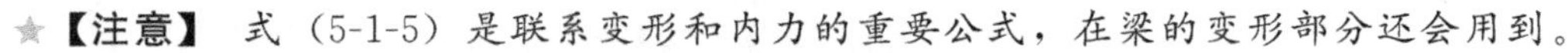
★【注意】 式（5-1-5）是联系变形和内力的重要公式，在梁的变形部分还会用到。

【例 5-1-2】 试计算图 5-1-9 所示纯弯曲矩形截面悬臂梁，在平放与竖放时的横截面最大正应力之比，设 $h>b$。

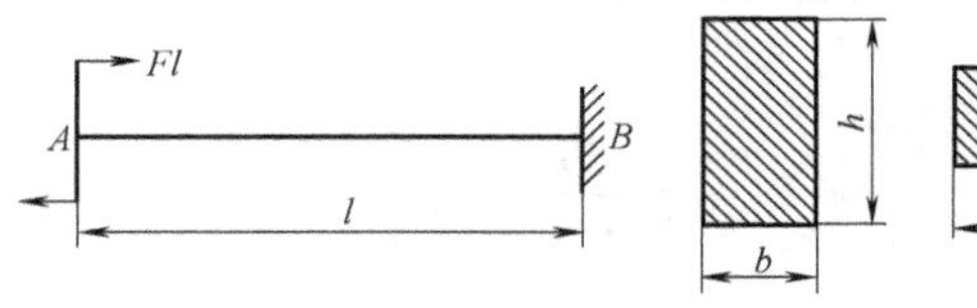

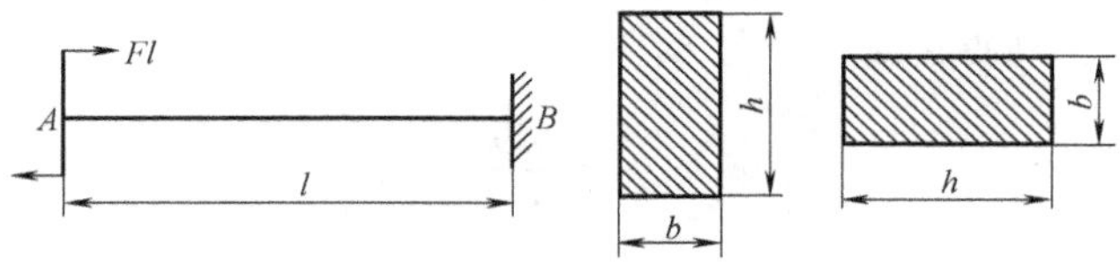

图 5-1-9

【分析】 本题是纯弯曲梁，横截面最大正应力显然位于上下边缘（$y=y_{\max}$），可以利用式（5-1-6）求解。注意横截面在不同摆放方式下，I_z 和 $y_{\max}$ 都是不同的。

【解】 竖向放置时

$$\sigma_{\max1}=\frac{My_{\max1}}{I_{z1}}=\frac{Fl\dfrac{h}{2}}{\dfrac{bh^3}{12}}=\frac{6Fl}{bh^2}$$

水平放置时

$$\sigma_{\max2}=\frac{My_{\max2}}{I_{z2}}=\frac{Fl\dfrac{b}{2}}{\dfrac{hb^3}{12}}=\frac{6Fl}{hb^2}$$

可得

$$\frac{\sigma_{\max1}}{\sigma_{\max2}}=\frac{b}{h}$$

★【注意】 显然，在材料消耗相同的情况下，横截面采用竖向摆放的方式，强度更高。如果读者到过建筑施工现场，可以看到大部分梁都采用了竖向摆放的方式。

小结

通过学习，应达到以下目标：

（1）掌握纯弯曲的概念；

（2）了解弯曲正应力计算公式的推导过程及适用条件；

通过学习，应达到以下目标：

(3) 掌握弯曲正应力公式，熟悉正应力在横截面上的分布规律；
(4) 掌握弯曲中性层的概念及中性层曲率的计算公式。

习 题

5-1-1 如图（5-1-10）所示悬臂梁由16号工字钢制成，已知 $l=0.8\text{m}$，$F=25\text{kN}$，试求横截面上点 a、b、c 和 d 的弯曲正应力。

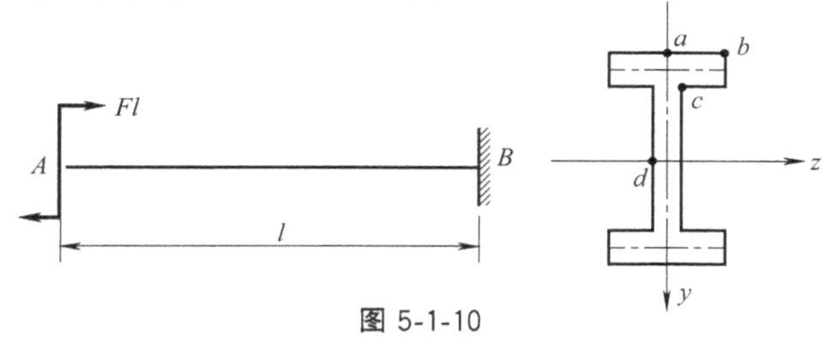

图 5-1-10

5-1-2 把直径 $d=1\text{mm}$ 的钢丝绕在直径为 2m 的卷筒上，设 $E=200\text{GPa}$，试计算钢丝中产生的最大应力。

5.2 弯曲正应力公式的应用

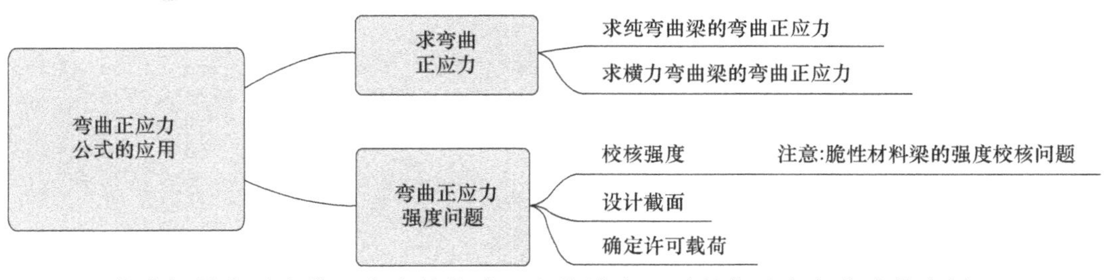

上一节我们导出了弯曲正应力的公式，本节讨论一下弯曲正应力公式的应用。

5.2.1 弯曲正应力公式的讨论和推广

(1) 公式的推广

在上一节，我们导出了梁内一点的弯曲正应力公式：$\sigma=\dfrac{My}{I_z}$。

式中，M 是点所在横截面的弯矩；y 是点的竖坐标，I_z 是横截面对中性轴 z 的惯性矩。

上述正应力公式是在纯弯曲情况下的导出的，如果是在剪力存在的情况下，横截面不再和纵向纤维垂直，也不再保持为平面，也就是发生了所谓的“翘曲”。此时，不再严格满足公式的导出条件，公式也就不能精确适用了。

但是理论研究表明，如果梁的跨度（Span Length，可理解为梁支座之间或支座到端部的距离）l 和高度 h 之比满足：$l/h \geqslant 5$，则利用上述公式计算正应力，误差能够满足工程要求。

（2）公式的一些讨论

① 该公式只适用于直梁，但对于一些曲率半径远大于横截面高度的曲梁，也能近似使用。

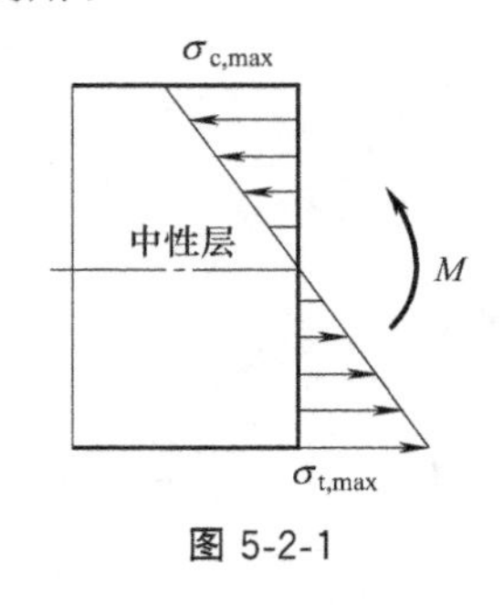

图 5-2-1

② 应用公式时，可以将弯矩和坐标（注意中性轴以下为正）的符号代入，直接得到应力的符号，但推荐将 My 以绝对值代入，根据弯矩的正负或梁变形的情况直接判断 σ 的正负号：以中性轴为界，正弯矩会使下侧受拉（σ 取正号），上侧受压（σ 为负号），如图 5-2-1。

③ 最大正应力发生在横截面上离中性轴最远的点处

$$\sigma_{max}=\frac{My_{max}}{I_z} \tag{5-2-1}$$

为方便计算，令

$$W_z=\frac{I_z}{y_{max}} \tag{5-2-2}$$

W_z 称为截面的**弯曲截面系数**。则式（5-2-1）可变为

$$\sigma_{max}=\frac{M}{W_z} \tag{5-2-3}$$

★**【注意】** 最大正应力有拉、压之分（参见图 5-2-1），这一点对脆性材料尤为重要（为什么?）。

（3）常见截面的弯曲截面系数

① **矩形截面**。设截面宽为 b，高为 h，则：

对中性轴 z 的惯性矩：$$I_z=\frac{bh^3}{12}$$

可得弯曲截面系数：$$W_z=\frac{I_z}{y_{max}}=\frac{bh^3}{12}\Big/\left(\frac{h}{2}\right)=\frac{bh^2}{6}$$

② **圆形截面**。设截面直径为 d，则：

对中性轴 z 的惯性矩：$$I_z=\frac{\pi d^4}{64}$$

可得弯曲截面系数：$$W_z=\frac{I_z}{y_{max}}=\frac{\pi d^4}{64}\Big/\left(\frac{d}{2}\right)=\frac{\pi d^3}{32}$$

③ **圆环截面**。设截面内径为 d，外径为 D，并取 $\alpha=d/D$，则：

对中性轴 z 的惯性矩：$$I_z=\frac{\pi D^4}{64}(1-\alpha^4)$$

可得弯曲截面系数：$$W_z=\frac{I_z}{y_{max}}=\frac{\pi D^4}{64}(1-\alpha^4)\Big/\left(\frac{D}{2}\right)=\frac{\pi D^3}{32}(1-\alpha^4)$$

例 题

【例 5-2-1】 如图 5-2-2 所示悬臂梁，横截面为矩形，承受载荷 F_1 和 F_2 作用，且 $F_1=2F_2=5\text{kN}$，试计算梁内的最大弯曲正应力及该应力所在截面上 K 点的弯曲正应力。

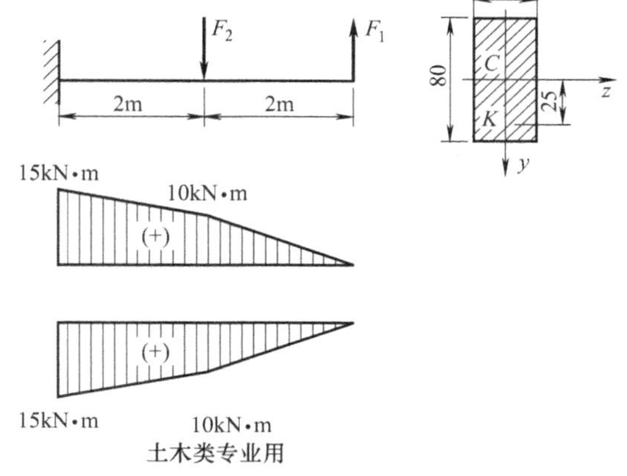

图 5-2-2

【分析】 求最大正应力的点，先要找出危险点；要找出危险点，先要找出可能的危险截面；要从整个梁上找出危险的截面，最直观的方法是画出内力图。这一系列规律，希望读者能熟练掌握。另外，本题计算正应力，所以可以只画出弯矩图。

【解】 梁的弯矩图如图 5-2-2 所示，显然危险截面为固定端处，$M_{max}=15\text{kN}\cdot\text{m}$，根据应力分布规律，危险截面中应力最大的点显然在上下边缘，$y_{max}=40\text{mm}$，代入式（5-2-1）可得

$$\sigma_{max}=\frac{M_{max}y_{max}}{I_z}=\frac{15\times10^6\times40}{50\times80^3/12}\text{MPa}=281.25\text{MPa}$$

K 点的弯曲正应力：$$\sigma_K=\frac{M_{max}y_K}{I_z}=\frac{15\times10^6\times25}{50\times80^3/12}\text{MPa}=175.78\text{MPa}$$

【注意】 由于横截面上正应力沿高度是线性分布（参见图 5-1-6），所以也可以由求得的 σ_{max}，直接利用比例关系求出 σ_K，计算更简单，读者不妨一试。

【例 5-2-2】 如图 5-2-3（a）所示悬臂梁，已知：$F=15\text{kN}$，$l=400\text{mm}$，截面为 T 形，尺寸 $b=120\text{mm}$，$\delta=20\text{mm}$，试计算：梁的最大拉应力 $\sigma_{t,max}$ 与压应力 $\sigma_{c,max}$。

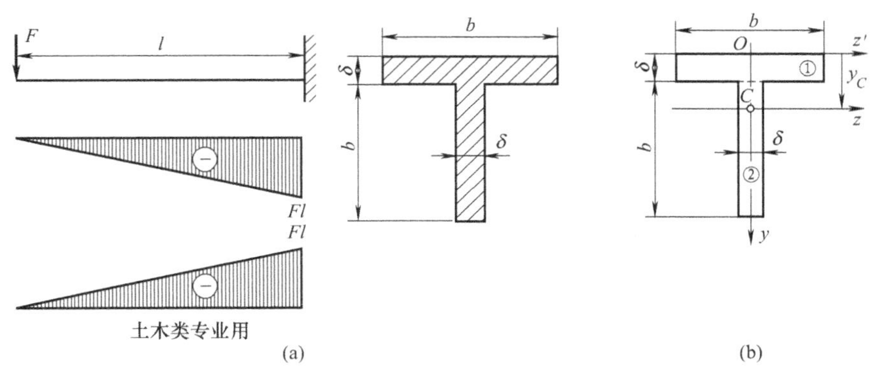

图 5-2-3

【分析】 求梁中的最大正应力，对等截面梁来讲应分为两步：首先找到弯矩最大的危险截面；然后在危险截面中，再找到应力最大的点。第一步比较简单，读者自己思考一下如何做。第二步在T形截面内找出找危险点，稍复杂一些，读者也先思考一下如何做。

★**提示：** 中性轴的正应力为零，其余点应力值随距中性轴距离的增大而线性增大，所以最大拉应力和压应力点应该在两侧距中性轴最远的地方。那么问题又来了，如何确定中性轴的位置？（中性轴是过形心的，所以要先确定形心的位置。）

【解】 （1）确定中性轴位置和对中性轴的惯性矩

如图5-2-3（b）所示，先确定截面的形心坐标 y_C，从而确定中性轴 z 轴的位置：如图将截面分为①、②矩形，由组合法可求得

$$y_C=\frac{A_1y_{C1}+A_2y_{C2}}{A_1+A_2}=\frac{b\delta\cdot\dfrac{\delta}{2}+\delta b\left(\delta+\dfrac{b}{2}\right)}{b\delta+\delta b}=0.045\mathrm{m}$$

则由平行移轴公式可得矩形①的惯性矩为

$$I_{z1}=\frac{b\delta^3}{12}+b\delta\left(y_C-\frac{\delta}{2}\right)^2=3.02\times10^{-6}\ \mathrm{m}^4$$

则矩形②的惯性矩为

$$I_{z2}=\frac{\delta b^3}{12}+\delta b\left(\delta+\frac{b}{2}-y_C\right)^2=5.82\times10^{-6}\ \mathrm{m}^4$$

截面的总惯性矩

$$I_z=I_{z1}+I_{z2}=8.84\times10^{-6}\ \mathrm{m}^4$$

（2）确定梁的危险截面

画出梁的弯矩图，可得固定端为危险截面

$$M_{\max}=-Fl=-6000\mathrm{N\cdot m}$$

（3）求最大拉应力与最大压应力

固定端处弯矩为负值，所以最大拉应力在上侧，最大压应力在下侧，分别为

$$\sigma_{\mathrm{t,max}}=\frac{|M_{\max}|y_C}{I_z}=30.5\mathrm{MPa}$$

$$\sigma_{\mathrm{c,max}}=\frac{M_{\max}(b+\delta-y_C)}{I_z}=-64.5\mathrm{MPa}$$

5.2.2 对称弯曲梁的正应力强度条件

前面我们讲到，梁的应力包括正应力和切应力。但是，这两种应力在梁的强度中起的作用并不是对等的，理论和实践都证明：**一般情况下，梁的强度是由正应力控制的**。所以，下面我们先看一下正应力强度条件。

（1）正应力强度条件

设构件材料的许用正应力为［σ］，则构件正常工作需要满足的强度条件为

$$\sigma_{\max}=\frac{M_{\max}}{W_z}\leqslant[\sigma] \tag{5-2-4}$$

（2）正应力强度条件的应用

和前面的强度问题类似，正应力强度条件也可以解决三类问题：

① 强度校核问题：利用式（5-2-4）校核构件的强度；

② 设计梁的截面尺寸：由式（5-2-4）可得 $W_z \geqslant \frac{M_{max}}{[\sigma]}$，根据求得的弯曲截面系数来进行截面的设计；

③ 确定许可载荷：由式（5-2-4）可得 $M_{max} \leqslant W_z[\sigma]$，如果取等号确定的弯矩值，称为最大弯矩的许可值，用 $[M_{max}]$ 表示，即：$[M_{max}] = W_z[\sigma]$。根据最大弯矩许可值确定的载荷称为**许可载荷**。

★**【注意】** 对于铸铁等脆性材料制成的构件，注意其许用拉应力 $[\sigma_t]$ 和许用压应力 $[\sigma_c]$ 是不等的，校核时要找出危险截面的最大拉应力和最大压应力，分别进行校核，即：$\sigma_{tmax} \leqslant [\sigma_t]$，$\sigma_{cmax} \leqslant [\sigma_c]$。

基础测试

5-2-1 （填空题）纯弯曲正应力公式，如果要用于横力弯曲梁，一般要求梁的跨度的高度比要大于（　　）。

5-2-2 （填空题）对于宽为 60mm，高为 100mm 的矩形截面，其弯曲截面系数为（　　）mm^3；取 $\pi = 3.2$，对于直径为 100mm 的圆截面，其弯曲截面系数为（　　）mm^3；对于外径为 100mm、内外径比为 0.5 的圆环，其弯曲截面系数为（　　）mm^3。

5-2-3 （填空题）铸铁材料的许用拉应力和许用压应力大小（　　），因此强度校核时要同时校核最大拉、压应力。

5-2-4 （填空题）如图 5-2-4，倒 T 形截面，z 为中性轴，$I_z = 10000mm^4$，$y_1 = 100mm$，$y_2 = 50mm$，承受正弯矩 $M = 100N \cdot m$，则最大拉应力为（　　）MPa，最大压应力为（　　）MPa。

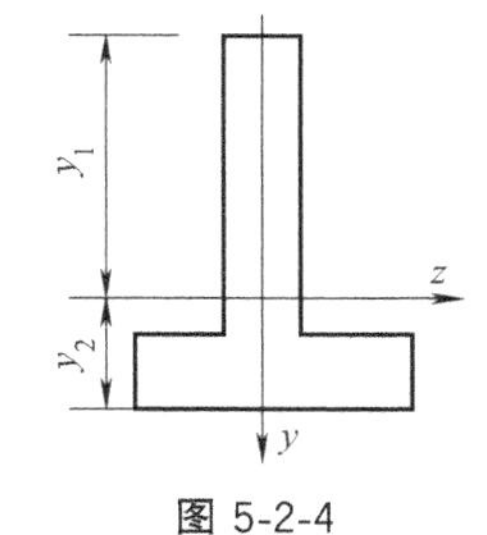

图 5-2-4

例　题

【例 5-2-3】 如图 5-2-5（a）所示工字钢制成的梁，其计算简图可取为如图 5-2-5（b）所示的简支梁。钢的许用弯曲正应力 $[\sigma] = 152MPa$。试选择工字钢的型号。

【分析】 本题是典型的根据强度条件公式（5-2-4）来选择截面问题。需要注意的是，在选择型钢截面时，由于截面尺寸是系列化的固定值，有时候为避免浪费，允许最大工作应力略大于许用应力，只要不超过 5%，在工程上都是可以的。

【解】 梁的弯矩图如图 5-2-5（c）或（d）所示，危险截面在跨中，最大弯矩为

$$M_{max} = 375kN \cdot m$$

根据公式（5-2-4）可得型钢的弯曲截面系数为

$$W_z \geqslant \frac{M_{max}}{[\sigma]} = \frac{375kN \cdot m}{152 \times 10^6\ Pa} = 2460 \times 10^{-6}\ m^3 = 2460cm^3$$

查型钢表可得：56b 号工字钢 $W_z = 2447cm^3$，而 56c 号工字钢 $W_z = 2550cm^3$。显然 56b 号工字钢弯曲截面系数更靠近许可值。但是要小一些，二者相差的百分比为

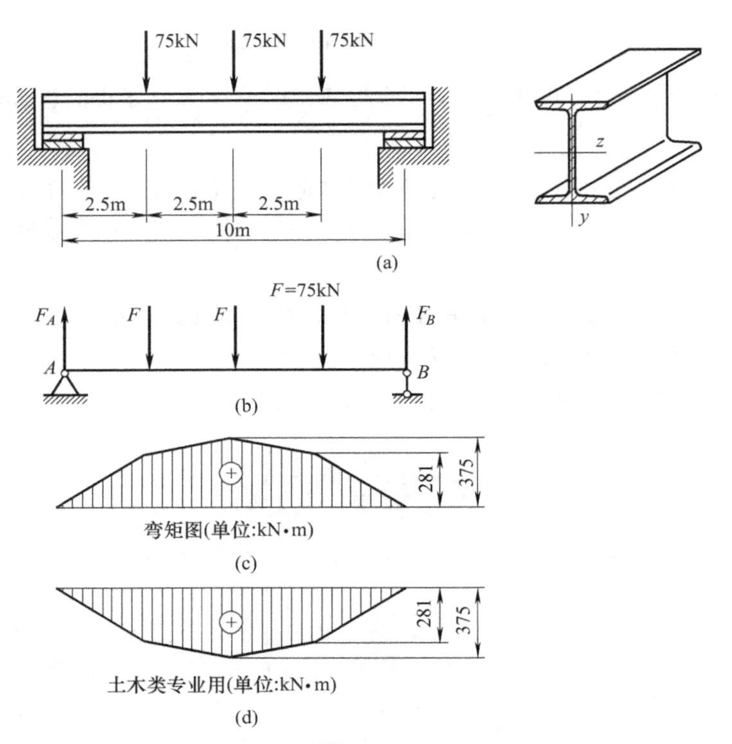

图 5-2-5

$$\frac{2460-2447}{2460}\times 100\%=0.5\%$$

因此如果采用 56b 号工字钢，最大工作应力会比许用应力大 0.5%，这在工程上是允许的。

【例 5-2-4】 图 5-2-6（a）所示为槽形截面铸铁梁，右侧为其横截面尺寸和形心 C 的位置。已知横截面对于中性轴 z 的惯性矩 $I_z=5493\times 10^4\text{mm}^4$，$b=2\text{m}$。铸铁的许用拉应力 $[\sigma_t]=30\text{MPa}$，许用压应力 $[\sigma_c]=90\text{MPa}$。试求梁的许用载荷 $[F]$。

【分析】 请读者注意，本题有三个特点：①梁内同时存在正弯矩和负弯矩；②材料的拉压许用应力不等；③横截面中性轴不是对称轴。由于以上特点，此时梁的强度要同时考虑最大正弯矩和最大负弯矩两个截面（图中的 B、C 两个截面）。这是为什么呢？

注意梁工作时的最大应力 $\sigma_{\max}=\dfrac{M_{\max}y_{\max}}{I_z}$，可见不仅取决于弯矩，还取决于危险点的 y 坐标，即二者乘积最大的那些点才是最危险的点。

另外考虑到拉、压许用应力是不等的，还要区分二者乘积对应的是拉应力还是压应力。

【解】 由于 B 截面的下侧受压，而 C 截面上侧受压，所以 B 截面的下侧边缘是梁的最大压应力点，最大压应力为

$$\sigma_{\text{cmax}}=\frac{M_B y_1}{I_z}=\frac{F\times 2\times 10^3\times 134}{2\times 5493\times 10^4}=0.00244F$$

由于$\dfrac{Fb}{2}\times 86>\dfrac{Fb}{4}\times 134$，所以最大拉应力位于 B 截面的上侧，大小为

$$\sigma_{\text{tmax}}=\frac{M_B y_2}{I_z}=\frac{F\times 2\times 10^3\times 86}{2\times 5493\times 10^4}=0.00157F$$

令 $\sigma_{\text{cmax}}=0.00244F\leqslant[\sigma_c]$ 可得：$F\leqslant 36.893\text{kN}$

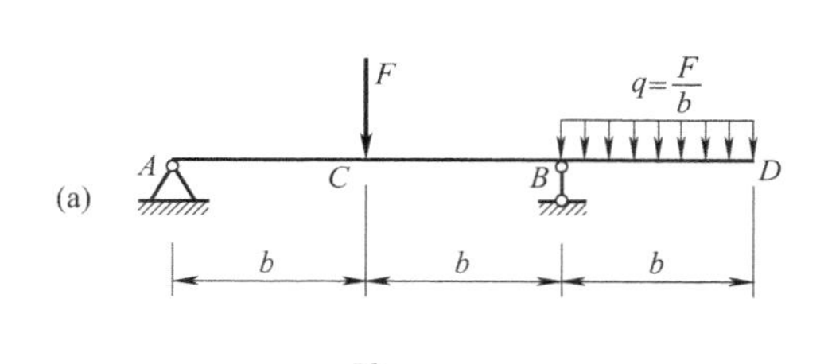

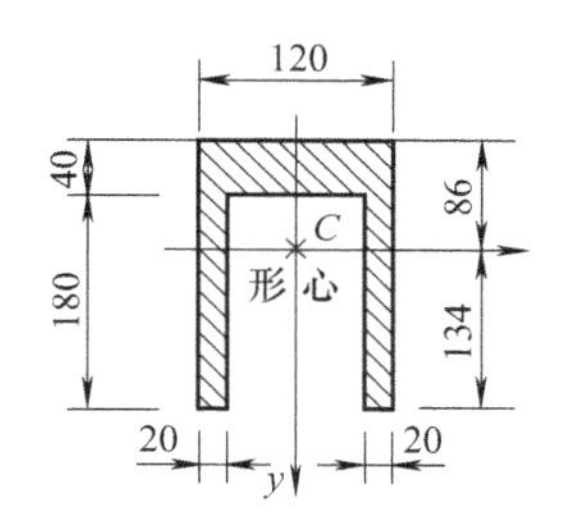

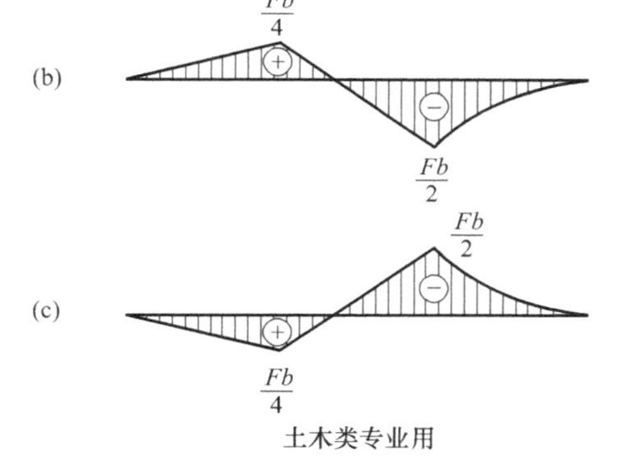

图 5-2-6

令 $\sigma_{tmax}=0.00157F\leqslant[\sigma_t]$ 可得：$F\leqslant19.162\text{kN}$

综上，取 $[F]=19.162\text{kN}$

小结

通过本节学习，应达到以下目标：

(1) 掌握纯弯曲的概念；

(2) 了解弯曲正应力计算公式的推导过程及适用条件；

(3) 掌握弯曲正应力公式，熟悉正应力在横截面上的分布规律；

(4) 掌握弯曲中性层的概念及中性层曲率的计算公式。

习 题

5-2-1 矩形截面的悬臂梁受集中力和集中力偶作用，如图 5-2-7 所示。已知 $F=15\text{kN}$，$M=20\text{kN}\cdot\text{m}$，试求截面 m—m 和固定端截面 n—n 上 A、B、C、D 四点处的正应力。

5-2-2 一外伸梁如图 5-2-8 所示，梁由 16a 槽钢制成，$F_1=3\text{kN}$，$F_2=6\text{kN}$，试求梁内的最大拉应力和最大压应力，并分别指出其作用的截面和位置。

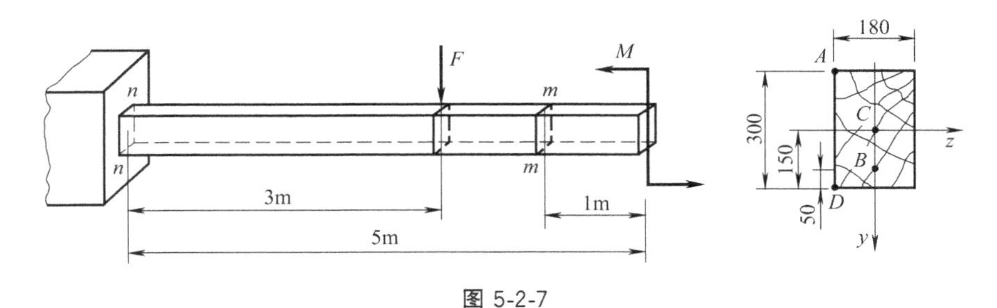

图 5-2-7

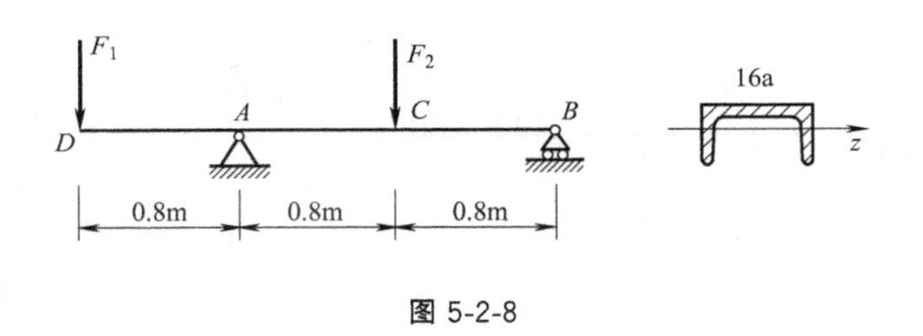

图 5-2-8

5-2-3　试确定图 5-2-9 所示箱式截面梁的许可载荷 q，已知 $[\sigma]=160\text{MPa}$。

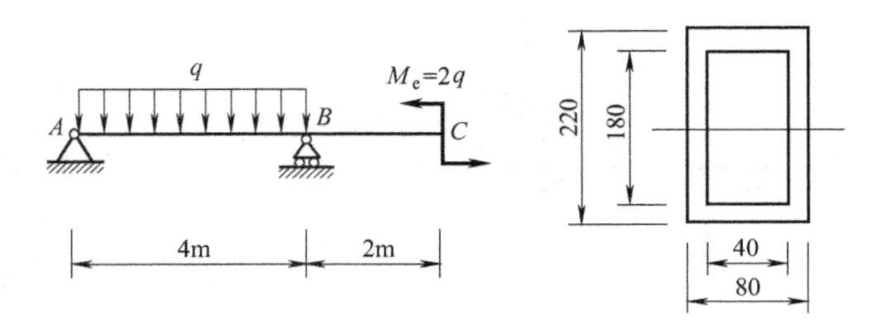

图 5-2-9

5-2-4　简支梁的载荷情况及尺寸如图 5-2-10 所示，设材料的弹性模量为 E，试求梁的下边缘的总伸长。

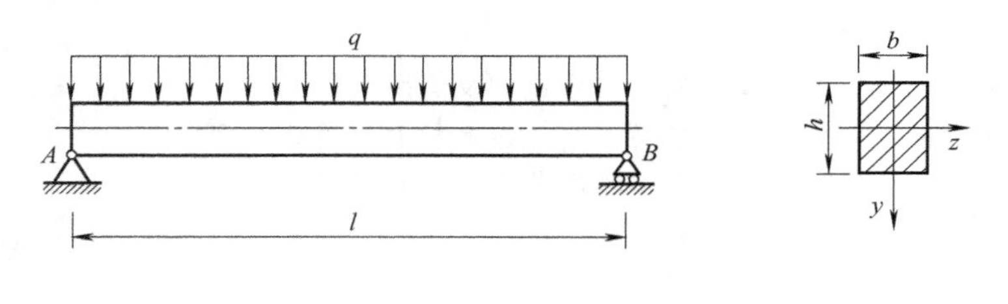

图 5-2-10

5-2-5　铸铁梁的横截面为 T 形，截面尺寸和载荷如图 5-2-11 (a) 所示。铸铁的许用拉应力 $[\sigma_t]=25\text{MPa}$，许用压应力 $[\sigma_c]=50\text{MPa}$。试校核梁的强度。图中横截面 $y_1=70\text{mm}$，$I_{zC}=4.65\times10^7\text{mm}^4$。

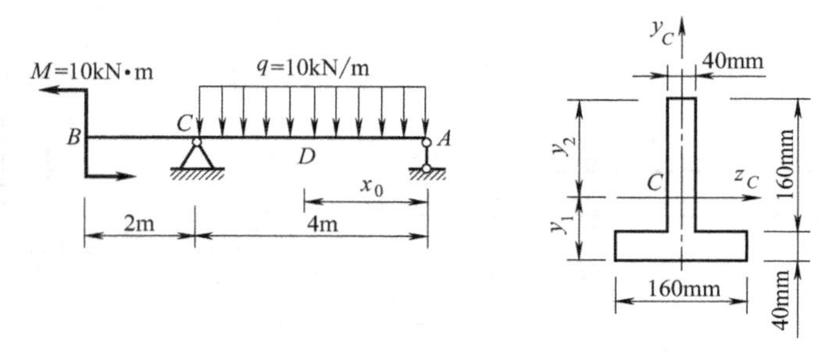

图 5-2-11

5.3 弯曲切应力强度条件

本节导航

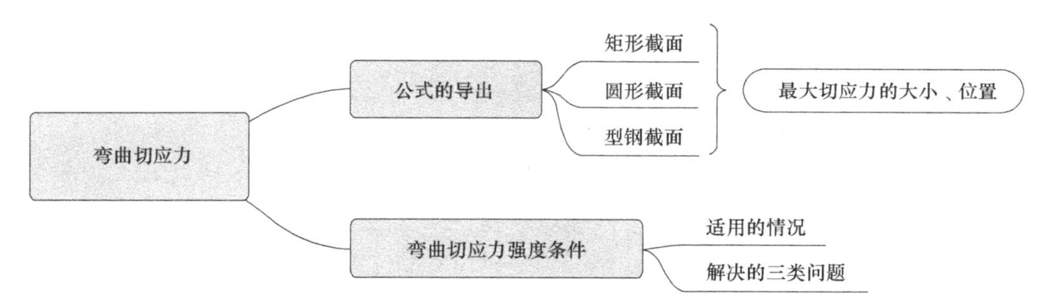

梁的破坏主要是由正应力引起的，但也有一些特殊情况，会发生切应力破坏。这一部分就讲一下切应力的强度条件：包括梁的切应力公式导出，切应力强度条件及适用的三类问题（强度的三类问题，还记得吗？）。

5.3.1 对称弯曲的切应力

（1）矩形截面梁的弯曲切应力

首先我们来看一下矩形截面梁的切应力公式，为简化推导过程，对横截面切应力分布作如下假设［参看图 5-3-1（b）］：

① 切应力与剪力的方向相同；

② 切应力沿截面宽度均匀分布，即相同 y 坐标的切应力是相同的。

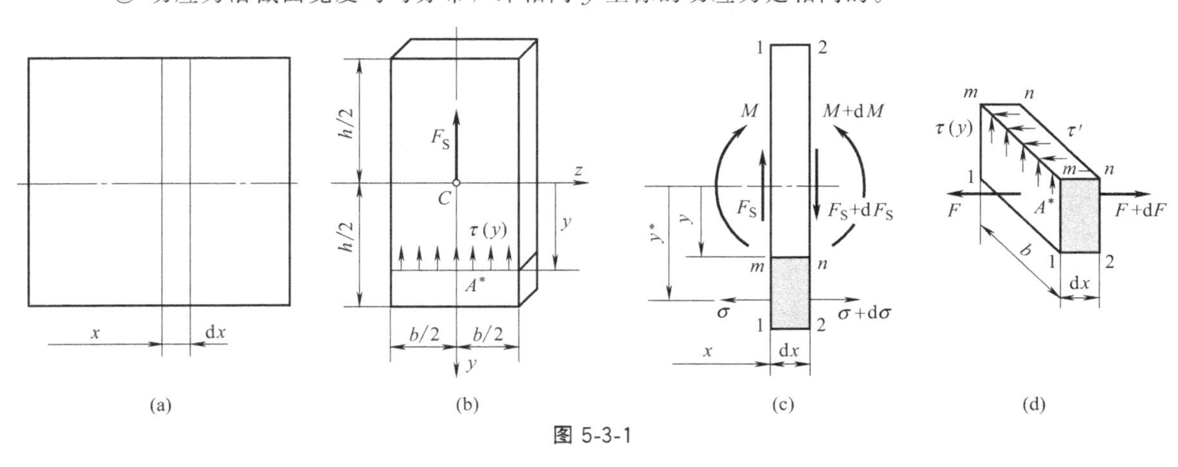

图 5-3-1

☆【说明】 如果横截面的高度 h 远大于宽度 b，理论和实践都证明，根据以上假设得到的切应力公式是足够精确的。

如图 5-3-1 (a)，从梁的任意位置截出长度为 dx 的微段，下面推导一下图 5-3-1 (b) 中任意 y 坐标处的切应力 $\tau(y)$。为方便起见，将图中 y 坐标以下部分的面积记为 A^*，其内部任意点的 y 坐标记为 y^*。为求出切应力 $\tau(y)$，再用纵向截面将包含 A^* 的下面一部分单独截出来，如图 5-3-1(c)、(d)。这样，根据切应力互等，$\tau(y)$ 就等于纵向截面内的切应力 τ'。τ'沿截面宽度方向均匀分布，沿轴向 (dx 方向) 由于长度无限短，也可以认为是均匀分布的，这样可以认为在图 5-3-1 (d) 的截离体的顶部面积上是均布的。

为求出 τ'，考虑图 5-3-1 (d) 中的截离体，图中 F 和 $F+dF$ 分别是正应力在两个横截面对应于 A^* 面积上的合力。截离体在轴线方向 (x 方向) 的平衡方程为

$$\sum F_x=0,\quad -F-\tau' b\,dx+F+dF=0$$

可解得

$$\tau'=\frac{1}{b}\frac{dF}{dx} \tag{5-3-1}$$

而

$$F=\int_{A^*}\sigma dA^*=\int_{A^*}\frac{My^*}{I_z}dA^*=\frac{M}{I_z}\int_{A^*}y^*dA^*=\frac{MS_z^*}{I_z} \tag{5-3-2}$$

式中，S_z^* 为面积 A^* 对中性轴 z 的静矩。

将式 (5-3-2) 代入式 (5-3-1) 得

$$\tau'=\frac{1}{b}\frac{dF}{dx}=\frac{S_z^*}{I_z b}\frac{dM}{dx}=\frac{F_S S_z^*}{I_z b}$$

即

$$\tau(y)=\frac{F_S S_z^*}{I_z b} \tag{5-3-3}$$

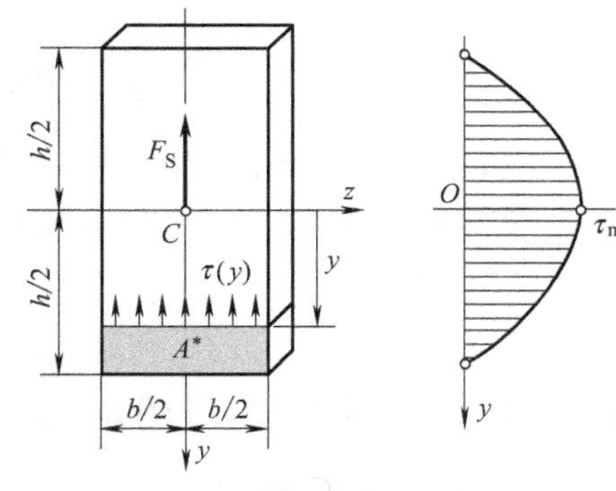

图 5-3-2

★**【注意】** ①以上推导虽然以矩形截面为例，但到目前为止并没有涉及截面形状，**所以式 (5-3-3) 也可以用于其他形状截面的切应力计算**(须满足切应力沿宽度均匀分布的假设)；②由公式可见，横截面切应力分布主要取决于静矩 S_z^* (如果宽度 b 不变，则其余值均为常量)，请读者注意理解其含义。

★**【思考】** 静矩 S_z^* 的最大、最小值在截面的什么位置取得？注意这两个位置也是切应力的最值位置。

★**【解析】** 根据静矩 S_z^* 的含义容易得出，最大值位于中性轴处，最小值则在截面的上下边缘。

参照图 5-3-2，可以求出矩形截面的 S_z^*

$$S_z^*=b\left(\frac{h}{2}-y\right)\cdot\left[\frac{1}{2}\left(\frac{h}{2}-y\right)+y\right]=\frac{b}{2}\left(\frac{h^2}{4}-y^2\right)$$

可得矩形截面切应力分布规律

$$\tau(y)=\frac{3F_S}{2bh}\left(1-\frac{4y^2}{h^2}\right)$$

上式说明矩形截面**切应力沿高度方向为抛物线分布，最大值在中性轴上，而最小值为零，在截面的上下边缘**。将 $y=0$ 代入可得切应力最大值为

$$\tau_{max}=\frac{3F_S}{2bh}=1.5\frac{F_S}{A} \tag{5-3-4}$$

式中，A 为横截面积。即：**矩形截面上切应力的最大值为平均应力的 1.5 倍**。

（2）工字形截面梁的弯曲切应力

① **切应力的方向**。我们知道，在自由边缘处，切应力方向是平行于边缘的（参见 3.5）。而工字型截面，无论腹板还是翼缘，宽度都比较小，所以可以认为沿宽度方向应力大小、方向都大致相同。这样可以得到，工字型截面内的切应力方向近似如图 5-3-3 所示，都平行于腹板或翼缘的长边。这种分布类似于流体在管道中的流动，所以也称**切应力流**。其中，腹板中切应力流的方向和剪力的方向一致，据此可以推断出其他部分切应力流的方向。这种切应力流方法不仅适用于工字型截面，也适用于其他薄壁开口截面。

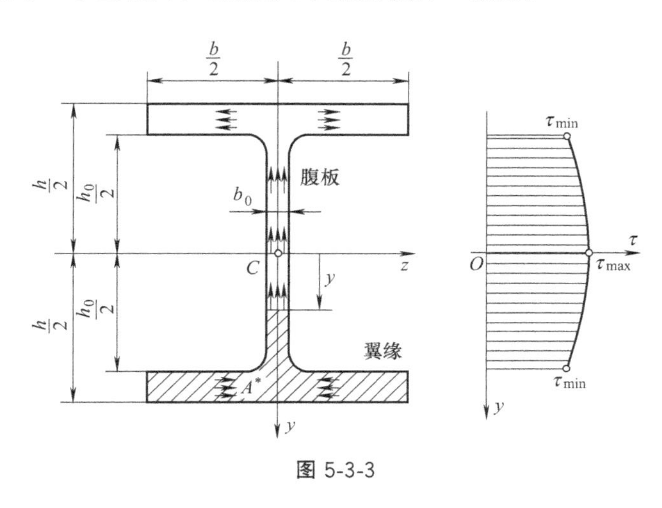

图 5-3-3

② **切应力的大小**。在求切应力大小时，对于腹板部分，可以采用和矩形截面同样的方法，如图 5-3-3，在任意 y 坐标处截取分离体，利用其平衡可求得切应力，具体过程交由读者完成，结果为

$$\tau(y)=\frac{F_S S_z^*}{I_z b_0} \tag{5-3-5}$$

式中，S_z^* 为图 5-3-3 中阴影部分面积 A^* 对中性轴 z 的静矩。如果忽略倒角，按照图中尺寸可以近似计算出

$$S_z^*=\frac{b}{8}(h^2-h_0^2)+\frac{b_0}{2}\left(\frac{h_0^2}{4}-y^2\right)$$

代入式（5-3-5）可得

$$\tau=\frac{F_S}{8I_z b_0}[b(h^2-h_0^2)+b_0(h_0^2-4y^2)] \tag{5-3-6}$$

由以上公式可以画出切应力沿腹板高度的分布如图 5-3-3 所示，可见**切应力在中性轴处取得最大值，在腹板、翼缘分界处取得最小值**。但总的来讲，**腹板部分切应力最大和最小值相差不大，在粗略估算切应力大小时，可以按均匀分布处理**。

【注意】 式（5-3-6）只是计算腹板切应力的近似公式，如果想计算更精确，可以查附录Ⅱ型钢表中的工字钢部分确定参数（参见例题 5-3-1），再代入式（5-3-5）计算。

【思考】 上面只是说明了腹板切应力的计算方法，下面请读者思考一下，如何推导翼缘部分的切应力公式呢？

★**提示**：一是注意翼缘部分切应力是水平的（参见图 5-3-3），如果要利用切应力互等定理，截取分离体时应采用竖向截面；二是翼缘的宽度较小，可以认为切应力沿宽度是均匀分布的。

需要说明的是，理论研究表明，腹板部分的切应力合成所得的剪力占总剪力的 97%左右，因此**翼缘部分的切应力很小，一般可以忽略不计**。

（3）圆形截面梁的弯曲切应力*（选学）

对于圆形截面梁的切应力公式，不再推导，直接给出一些结论。

首先，切应力的分布参见图 5-3-4（a），离中性轴 z 为任意距离 y 的水平直线 kk' 上各点处的切应力均汇交于 k 点和 k' 点处切线的交点 O'，且这些切应力沿 y 方向的分量 τ_y 相等。

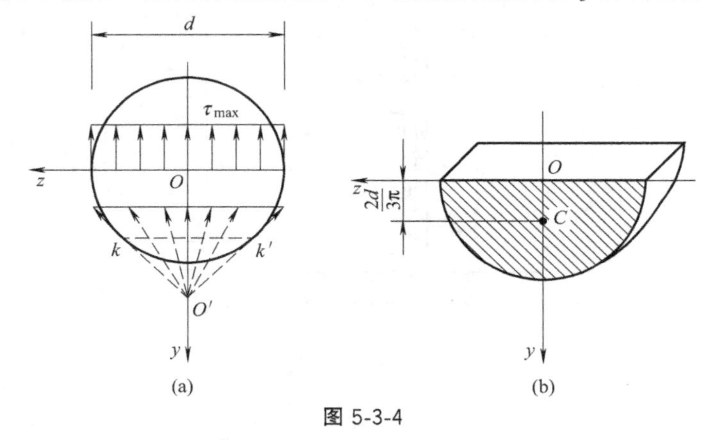

图 5-3-4

其次，切应力的计算公式，由于切应力沿 y 方向的分量 τ_y 相等，可以导出（具体过程读者可参考前面的方法取分离体，由平衡方程求得）

$$\tau_y = \frac{F_S S_z^*}{I_z b_{kk'}} \tag{5-3-7}$$

式中，S_z^* 仍然是 y 坐标以下的部分对中性轴 z 的静矩。

最后，切应力最大值仍然位于中性轴上，此时切应力方向显然是竖直的 [图 5-3-4 (a)]。而静矩 S_z^* 的计算可以参考图 5-3-4（b）中半圆的形心位置，得到

$$S_z^* = \left(\frac{1}{2} \times \frac{\pi d^2}{4}\right) \times \frac{2d}{3\pi} = \frac{d^3}{12}$$

从而

$$\tau_{max} = \frac{4F_S}{3A} \tag{5-3-8}$$

即：**圆形截面上切应力的最大值为平均应力的 4/3 倍**。

5.3.2 弯曲正应力和弯曲切应力的比较

下面以图 5-3-5 中的矩形截面悬臂梁受集中力作用为例，来比较一下最大正应力和最大切应力。

因为比较简单，请读者自己画一下梁的内力图。由图可以得到，梁的最大弯矩大小为

$|M|_{max}=Fl$，最大剪力大小为$|F_S|_{max}=F$，因此，最大正应力和最大切应力分别为

$$\sigma_{max}=\frac{|M|_{max}}{W_z}=\frac{Fl}{bh^2/6}=\frac{6Fl}{bh^2}$$

$$\tau_{max}=\frac{3}{2}\frac{|F_{Smax}|}{A}=\frac{3}{2}\frac{F}{bh}$$

图 5-3-5

最大正应力和最大切应力之比为：$\frac{\sigma_{max}}{\tau_{max}}=\frac{6Fl}{bh^2}\frac{2bh}{3F}=\frac{4l}{h}$

一般对梁来讲，$l\gg h$，所以$\sigma_{max}\gg\tau_{max}$。

实际上，对绝大多数梁，理论和实践都证明，最大正应力都远大于最大切应力，所以一**般梁的强度，是由正应力控制的**，或者说只校核正应力就可以了。

当然，在一些特殊情况下，必须考虑切应力强度，下面我们具体看一下。

5.3.3 梁的切应力强度条件

（1）梁的切应力强度条件

梁的最大切应力，一般位于截面的中性轴上。由于中性轴的正应力为零，所以最大切应力点处于纯剪切的应力状态，类似于扭转的情况。据此可以建立梁的切应力强度条件：

梁危险点应力一般可以写作：$\tau_{max}=\frac{F_{Smax}S_{z\max}^*}{I_z b}$

设材料在纯剪切情况下的许用应力为［τ］，则切应力强度条件为

$$\tau_{max}=\frac{F_{Smax}S_{z\max}^*}{I_z b}\leqslant[\tau] \tag{5-3-9}$$

利用上式，同样可以解决三类强度问题：①强度校核；②设计截面尺寸；③确定许可载荷。其中，设计截面尺寸问题，由于强度条件中涉及的截面参数较多，无法直接确定出截面尺寸，一般和正应力强度条件共同确定，具体可参见后面的例 5-3-1。

（2）需要校核切应力的几种常见情况

正如前面所讲到的，对于梁，大部分情况下，只要校核正应力就可以了。但是有些情况下，校核切应力也是必要的。一般来讲，下面几种情况需要校核切应力。

一是弯矩较小而剪力较大的梁，包括以下两种常见情况：①跨度短的梁；②较大集中载荷作用于支座附近的梁。

二是自行铆接或焊接的型钢截面其腹板的厚度较小的情况，尤其是厚度与高度比小于标准型钢的相应比值时。

三是梁存在焊缝、胶合面、铆接面等易于发生剪切破坏的位置；而木制梁，由于顺纹抗剪切能力较弱，也容易发生剪切破坏。

基础测试

5-3-1 （填空题）矩形截面梁横截面上切应力的分布特点：沿宽度方向（　　）分布，沿高度方向中性轴处切应力（　　），上下边缘切应力（　　）。

5-3-2 （计算题）如图 5-3-6，$F=24\text{kN}$，$M=2.4\text{kN}\cdot\text{m}$，$l=1\text{m}$，$b=40\text{mm}$，$h=60\text{mm}$，求梁的最大切应力。

5-3-3 （计算题）如图 5-3-7，梁 A 截面上 C 点的正应力和切应力分别为多少？

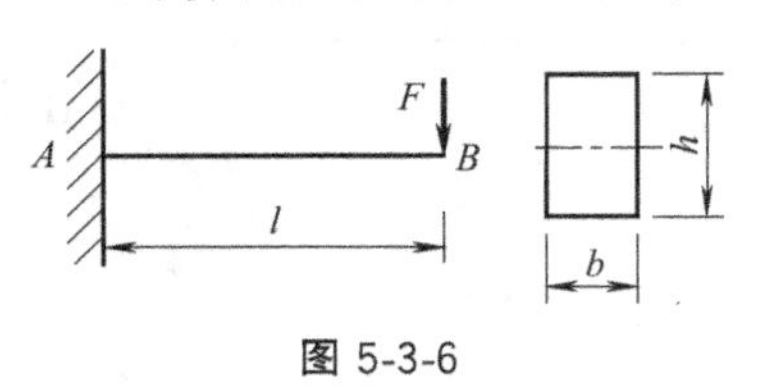

图 5-3-6

图 5-3-7

5-3-4 （计算题）图 5-3-8 所示梁，由 2 片完全相同的部分粘接而成，其中 $l=1\text{m}$，$b=30\text{mm}$，$h=20\text{mm}$，如果粘接面容易破坏且许用应力为 $[\tau]=100\text{MPa}$，求许可载荷 $[F]$。

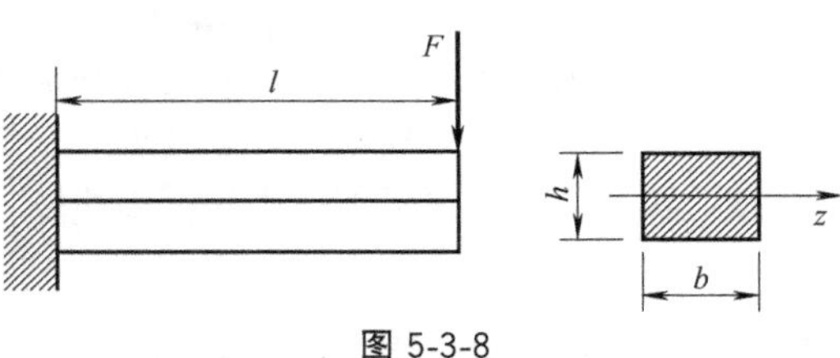

图 5-3-8

<<<< 例 题 >>>>

【例 5-3-1】 简支梁 AB 如图 5-3-9 所示，其中 $l=2\text{m}$，$a=0.2\text{m}$，梁上的均布载荷为 $q=10\text{kN/m}$，集中力 $F=200\text{kN}$。材料的许用正应力为 $[\sigma]=160\text{MPa}$，许用切应力 $[\tau]=100\text{MPa}$，试选择工字钢型号。

【分析】 题目中给出了许用正应力和许用切应力，应分别考虑两种情况来选择工字钢型号。但是由式（5-3-9）可知，利用切应力强度条件无法直接确定截面尺寸，所以只能用正应力强度条件来选择截面。那么怎么才能保证选出的截面满足切应力强度呢？请读者思考一下，再看下面的解答。

【解】 由对称性易求得：$F_{RA}=F_{RB}=210\text{kN}$。

作出梁的内力图（图 5-3-9），由图可得：$F_{S\max}=210\text{kN}$，$M_{\max}=45\text{kN}\cdot\text{m}$。

根据正应力强度条件

$$\sigma_{\max}=\frac{M_{\max}}{W_z}\leqslant[\sigma]$$

$$W_z\geqslant\frac{M_{\max}}{[\sigma]}=\frac{45\times10^3}{160\times10^6}=281\text{cm}^3$$ 查表选 22a 工字钢，$W_z=309\text{cm}^3$。

校核 22a 工字钢是否满足切应力强度要求：

查表得到工字钢相关参数：

$I_z/S^*_{z,\max}=18.9\text{cm}$，腹板宽度 $b=0.75\text{cm}$，代入最大切应力公式

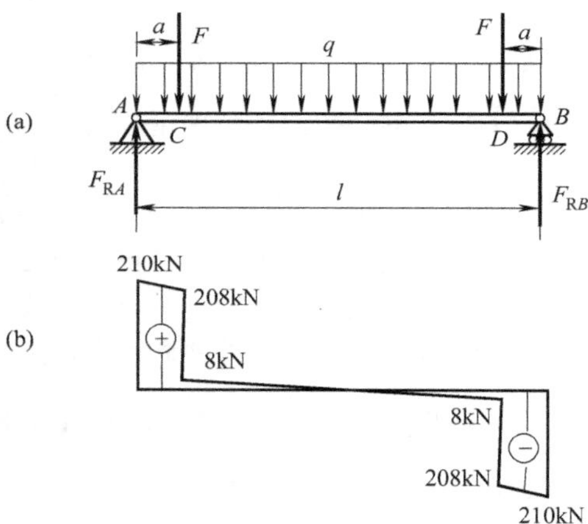

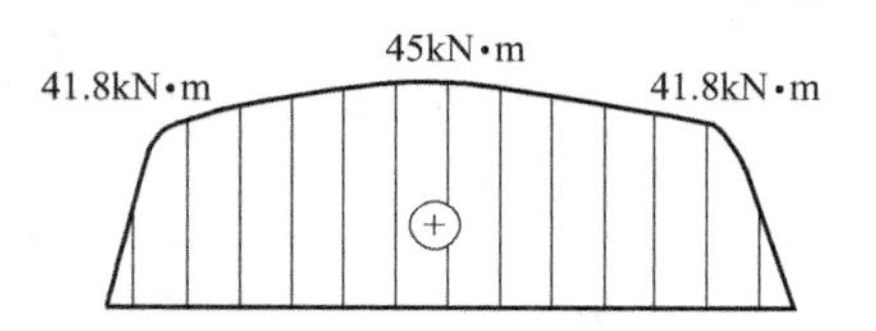

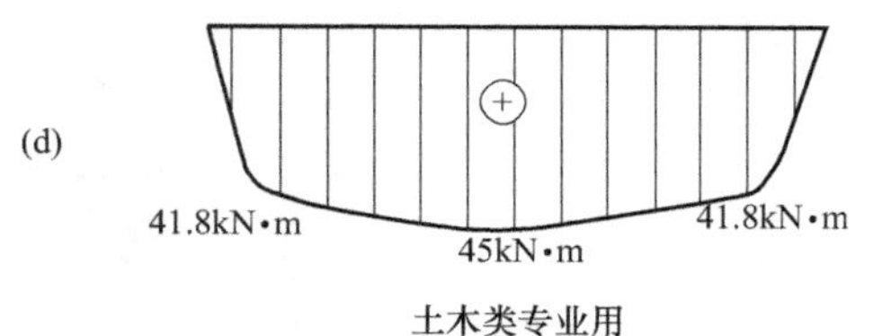

土木类专业用

图 5-3-9

$$\tau_{\max}=\frac{F_{S\max}S_{z,\max}^{*}}{I_z b}=\frac{210\times10^{3}}{18.9\times10^{-2}\times0.75\times10^{-2}}=148\text{MPa}>[\tau]=100\text{MPa}$$

相差较多，不满足切应力强度要求。

下面只能采用试算的方式来确定工字钢型号：例如选 25b 工字钢进行试算，查表得：$I_z/S_{z,\max}^{*}=21.3\text{cm}$，腹板宽度 $b=1\text{cm}$，代入最大切应力公式

$$\tau_{\max}=\frac{F_{S\max}S_{z,\max}^{*}}{I_z b}=\frac{210\times10^{3}}{21.3\times10^{-2}\times1\times10^{-2}}=98.6\text{MPa}<[\tau]$$，满足强度要求。

所以应选用型号为 25b 的工字钢。

★【思考】 本题梁的最终强度显然是由切应力控制的，读者能思考一下原因吗?

通过本节学习，应达到以下目标：

(1) 掌握剪力弯曲时横截面切应力的分布特点和最大切应力的位置；

(2) 能进行简单的梁的切应力校核。

习 题

5-3-1 试计算图 5-3-10 所示简支梁矩形截面 1—1 上点 a 和点 b 处的正应力和切应力。

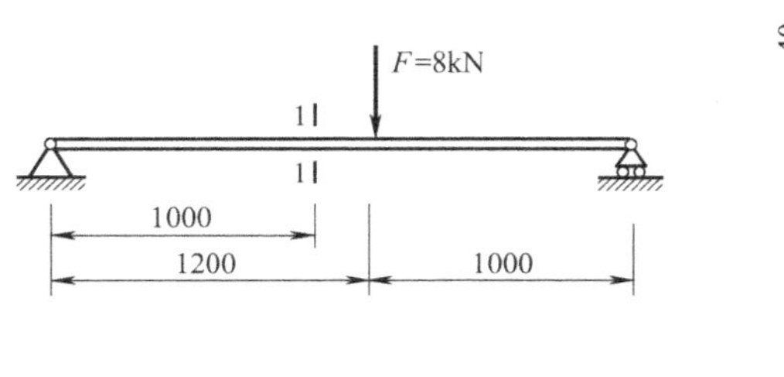

图 5-3-10

5-3-2 T 形截面铸铁悬臂梁，尺寸及载荷如图 5-3-11 所示。若材料的许用拉应力 $[\sigma_t]=40\text{MPa}$，许用压应力 $[\sigma_c]=160\text{MPa}$，截面对形心轴 z_C 的惯性矩 $I_{zC}=10180\text{cm}^4$，且 $h_1=9.64\text{cm}$。试计算：①该梁的许可载荷 F；②梁在该许可载荷作用下的最大切应力。

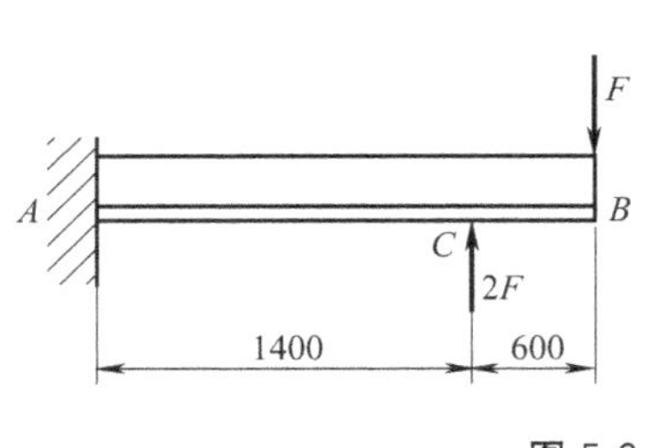

图 5-3-11

5-3-3 一矩形截面木梁，其截面尺寸及载荷如图 5-3-12 所示，已知 $q=1.3\text{kN/m}$，$[\sigma]=10\text{MPa}$，$[\tau]=2\text{MPa}$。试校核梁的正应力和切应力强度。

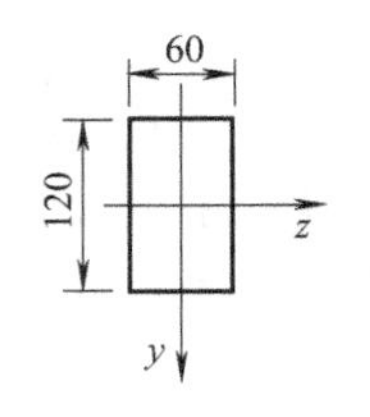

图 5-3-12

5-3-4　一悬臂梁长为 900mm，在自由端受一集中力 F 的作用。梁由三块 50mm×100mm 的木板胶合而成，如图 5-3-13 所示，其中 z 轴为中性轴。胶合缝的许用切应力 $[\tau]=0.35\text{MPa}$。试按胶合缝的切应力强度求许可载荷 $[F]$，并求在此载荷作用下，梁的最大弯曲正应力。

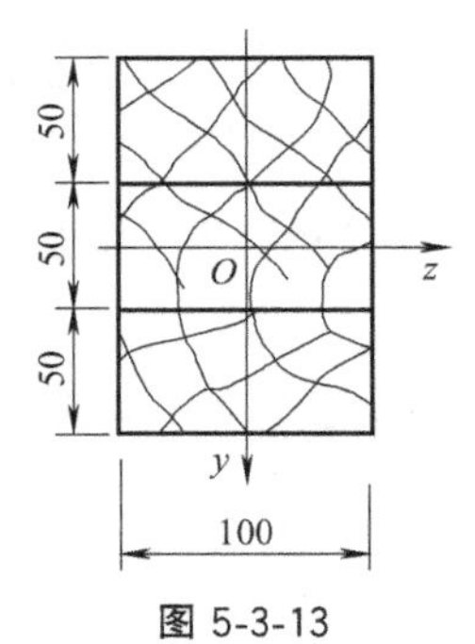

图 5-3-13

5-3-5　图 5-3-14 所示木梁受一可移动的载荷 $F=40\text{kN}$ 作用。已知 $[\sigma]=10\text{MPa}$，$[\tau]=3\text{MPa}$。木梁的横截面为矩形，其高宽比 $h/b=3/2$。试选择梁的截面尺寸。

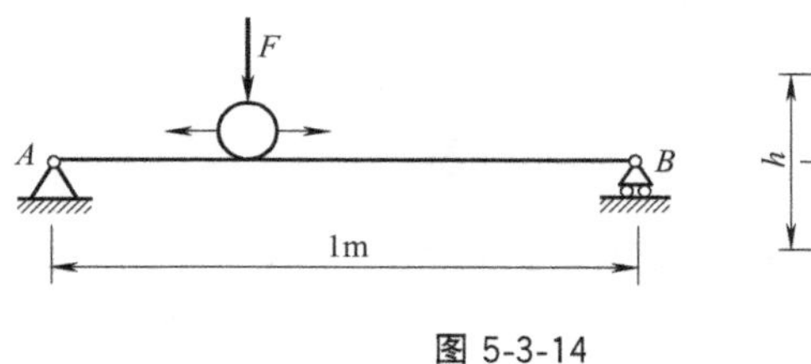

图 5-3-14

5.4　提高弯曲强度的措施

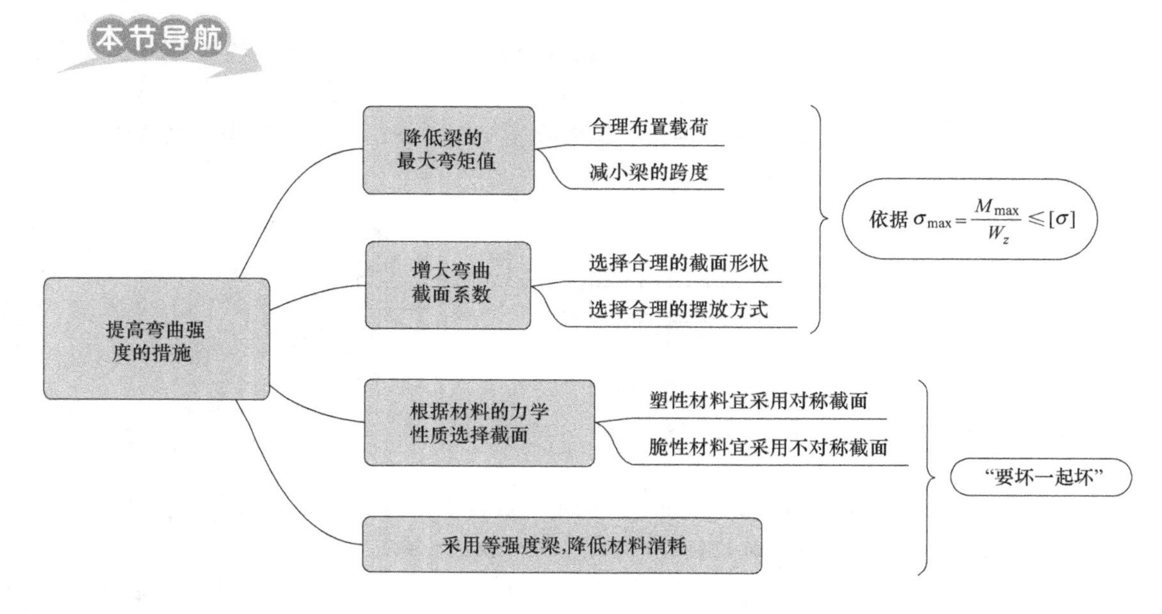

前面我们曾提到，梁的强度主要是由正应力控制的，因此要提高梁的强度，可以主要从正应力强度条件入手。当然，有些时候仅考虑正应力是不够的，还需要考虑切应力因素。另外，材料的力学性质也会影响到强度，所以也是需要考虑的因素之一。

5.4.1 提高弯曲强度的措施

正如导言中所说，弯曲强度主要由正应力控制，同时考虑切应力和材料的力学性质。

☆【问题】 根据正应力强度条件 $\sigma_{max}=\dfrac{M_{max}}{W_z}\leqslant[\sigma]$，读者能想到哪些提高梁强度的措施？

☆【解析】 根据正应力强度条件 $\sigma_{max}=\dfrac{M_{max}}{W_z}\leqslant[\sigma]$，显然可以从以下两个方面来提高梁的强度：降低最大弯矩和提高弯曲截面系数。

（1）降低梁的最大弯矩值

降低梁的最大弯矩值，主要有两个有效的方法。

其一，可以通过合理布置梁的载荷来实现。

如图 5-4-1 所示简支梁，所受载荷大小均为 F，但是由于图 5-4-1（b）、（c）中，将载荷分散在梁上，对应的最大弯矩比图 5-4-1（a）的情况要好得多。当然，如果将图 5-4-1 中（a）和（c）中的集中载荷靠近支座，也可以减小弯矩。但是这种方法，一方面实际情况可能不允许，另一方面会大大增加剪力，从而增大切应力，导致剪切破坏。

所以，合理的载荷分布应该是在梁上适当分散。

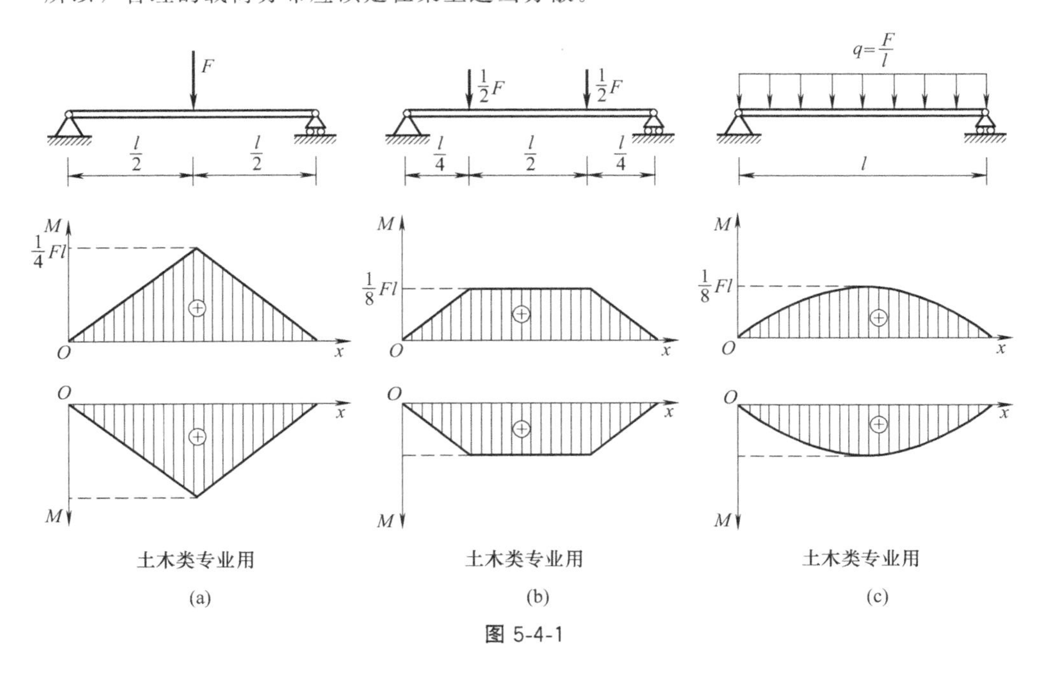

图 5-4-1

其二，合理布置支座，减小梁的跨度。

梁两个支座之间的距离或支座与端部之间的距离，称为梁的跨度。一般减小梁的跨度，可以减小梁的最大弯矩值。如图 5-4-2（a）的跨度为 l 的简支梁受均布载荷作用，最大弯矩为 $0.125ql^2$。如果将支座适当内移，例如移至距梁端部 $0.2l$ 的地方，如图 5-4-2（b），则最大弯矩降为 $0.025ql^2$，效果非常明显。

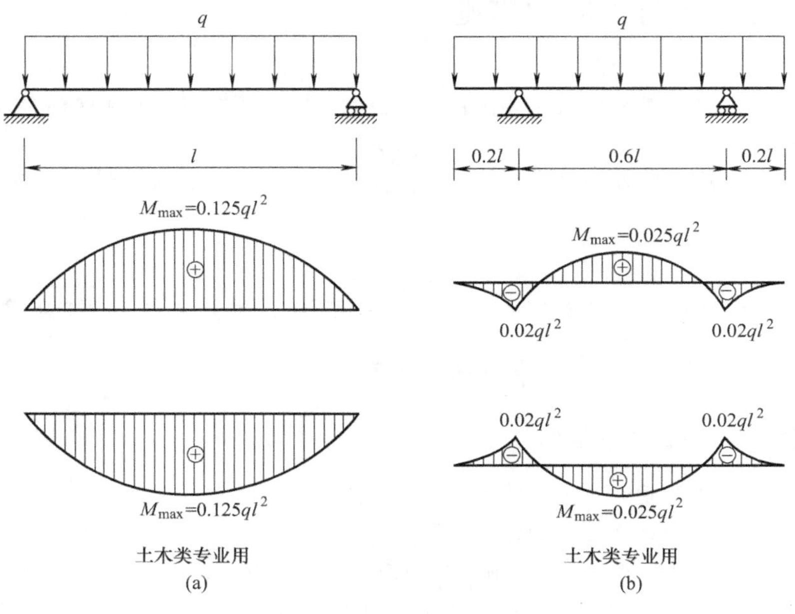

图 5-4-2

★【思考】 图 5-4-2 的简支梁，将支座内移，跨中的最大弯矩会减小，但是支座处的弯矩会增大。请读者思考，如果两支座对称往内移动，最佳位置在哪里？

★**提示**：当移动到支座处弯矩等于跨中弯矩时，再往内移动，最大弯矩位于支座处，反而会增大。

这种减小跨度的布置方式，在工程中也有不少例子：如图 5-4-3 所示，锅炉筒体的安置、龙门吊车大梁的支撑等都是这种情况。

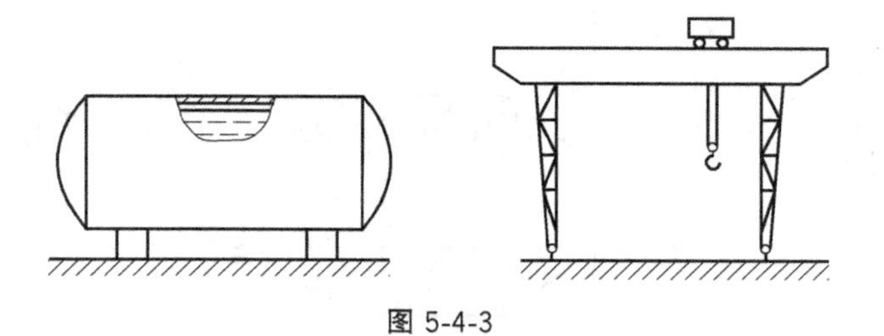

图 5-4-3

（2）增大截面的弯曲截面系数或惯性矩

弯曲截面系数是截面的几何性质，所以要增大它的值，首先考虑合理选择截面形状。附录中惯性矩的性质提到，惯性矩反映了截面面积对轴的偏离程度。通俗点说，就是**截面面积尽量分布地离坐标轴远一些**，这样惯性矩的值才比较大。弯曲截面系数是由惯性矩导出的，同样有这个性质。

☆【思考】 读者可以思考一下，图 5-4-4 中四种截面，如果面积相同，哪种（几种）弯曲截面系数较高？

☆提示：在面积相同的情况下，圆形和矩形截面的弯曲截面系数显然不如箱形和工字形截面的大，而后两种截面，从弯曲截面系数或惯性矩来讲，并无本质差别。

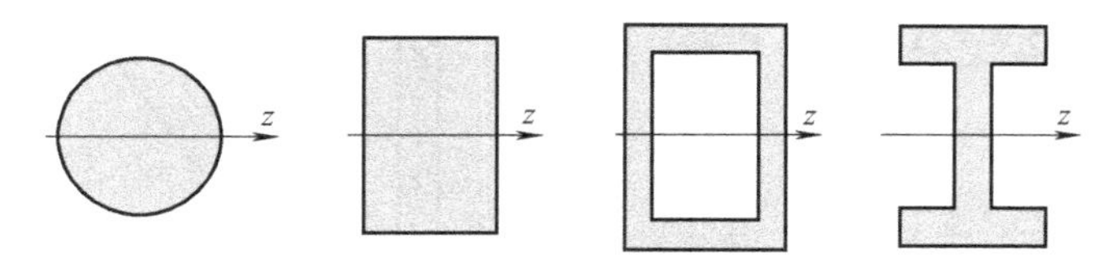

图 5-4-4

综合考虑强度和经济效益，工程上常用 W_z/A（A 为截面面积）来评价梁截面的好坏，比值越大，截面形状越好。几种常见截面形状的比值参见表 5-4-1。

表 5-4-1

截面形状	矩形	圆形	槽钢	工字钢
W_z/A	$0.167h$	$0.125d$	$(0.27-0.31)h$	$(0.27-0.31)h$

可见，圆形截面由于面积主要分布在坐标轴附近，所以不够经济合理；而工字钢等型钢截面则兼顾了强度和经济。

再提示一点：截面来讲，除了形状和强度有密切关系之外，有时候还要考虑摆放的方式。如图 5-4-5，同样尺寸的矩形截面梁，采用图 5-4-5（a）的摆放方式，强度高于图 5-4-5（b）的摆放方式。也就是对于梁截面，我们尽量采用“竖放”的方式，让高度值更大一些。当然，从本质上说，原因还是这种摆放方式对中性轴的惯性矩和弯曲截面系数都更大。

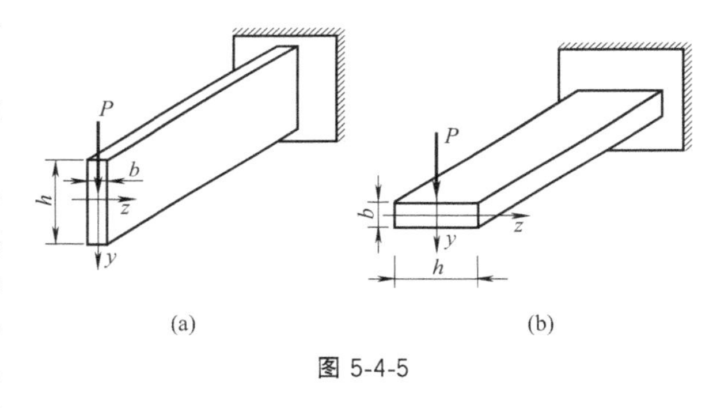

图 5-4-5

☆【注意】 过于“细高”的截面容易导致稳定性问题。

5.4.2 材料力学性能的利用

根据材料的一些特殊力学性能，可以在保证强度的同时，达到经济节约的目的。

例如，对于塑性材料梁，由于许用拉应力和许用压应力可以认为是相等的，此时横截面一般采用关于中性轴对称的形状，这样最大拉应力和最大压应力相同，如果失效时，上下可以同时达到许用应力，任何一侧的材料都没有浪费。用一句通俗的话说，就是：要坏一起坏。

但是，对于脆性材料，其许用拉应力远小于许用压应力，如果再采用对称截面，则受拉侧最大应力已达到许用应力时，受压侧最大应力和许用应力还相去甚远，造成材料的浪费。

那么如何能做到“要坏一起坏”呢?

实际上，对于脆性材料梁，截面一般采用图 5-4-6 中（a）、（b）、（c）所示的非对称截面，并且要合理放置：如果截面应力如图 5-4-6（d）所示，拉应力位于中性轴下侧，则截面的“大头”也应该在下侧。

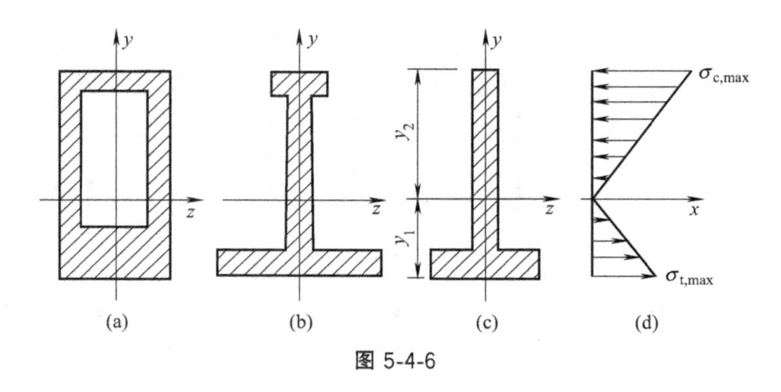

图 5-4-6

如果要严格做到“要坏一起坏”，下面推导一下图 5-4-6（c）中的 y_1 和 y_2 应该满足什么条件：

设材料许用拉应力为 $[\sigma_t]$，许用压应力为 $[\sigma_c]$，截面弯矩为 M 时，拉压最大应力同时达到许用应力，则

$$\sigma_{tmax}=\frac{My_1}{I_z}=[\sigma_t],\sigma_{cmax}=\frac{My_2}{I_z}=[\sigma_c]$$

由以上两式可得

$$\frac{y_1}{y_2}=\frac{[\sigma_t]}{[\sigma_c]}$$

由以上比值确定的形心或中性轴，是脆性材料梁截面的最佳配置。

5.4.3 采用等强度梁

前面我们将“要坏一起坏”原则用于优化梁的横截面配置，如果将这一原则用于整个梁的截面优化，会得到**等强度梁**（Beam of Constant Strength）。

如果在载荷作用下，梁各横截面上的最大正应力能同时达到材料的许用应力，则称为**等强度梁**。

下面我们根据上述概念来设计一根矩形截面等强度梁。

如图 5-4-7（a）所示的矩形截面简支梁，设截面的宽 b 为常量，为满足等强度梁的概念，设任意 x 位置截面高度为函数 $h(x)$，材料许用应力为 $[\sigma]$，则

$$M(x)=\frac{1}{2}Fx,W_z(x)=\frac{bh^2(x)}{6},0\leqslant x\leqslant\frac{l}{2}$$

为满足等强度梁的概念，有

$$\sigma_{max}=\frac{M(x)}{W_z(x)}=\frac{Fx/2}{bh(x)/6}=[\sigma],0\leqslant x\leqslant\frac{l}{2}$$

解得
$$h(x)=\sqrt{\frac{3Fx}{b[\sigma]}},0\leqslant x\leqslant\frac{l}{2}$$

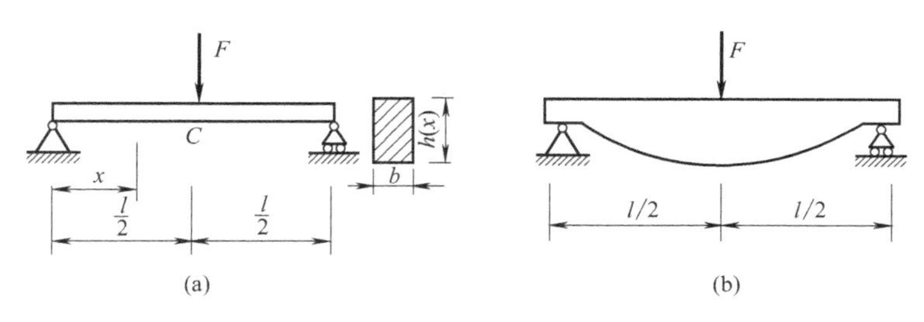

图 5-4-7

根据上式并利用对称性画出相应的等强度梁示意图如图 5-4-7（b）所示，习惯上根据形状称其为鱼腹梁。

☆【问题】 按照上述公式设计的鱼腹梁，在支座处高度可以很小 [$x=0$，$h(x)=0$]，实际加工时，却要有一定的高度，为什么？

☆**提示：** 支座处采用很小的高度，虽然也可以满足正应力强度条件，但却不能满足切应力强度条件。如果许用切应力已知的话，请读者自己推导一下梁的最小高度是多少。

图 5-4-7（b）中的鱼腹梁实际加工比较困难，一般采用其近似形状：如图 5-4-8（a）中车辆底座的板弹簧，图 5-4-8（b）中机器的阶梯轴。

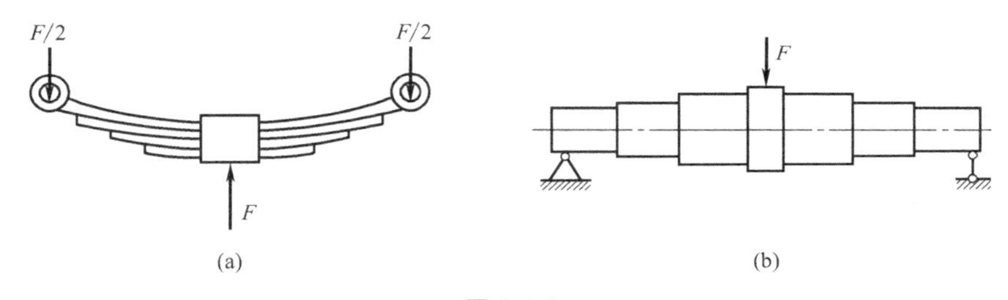

图 5-4-8

基础测试

5-4-1 （填空题）如图 5-4-9，尺寸完全相同的两根简支梁，分别承受均布载荷和集中载荷，图 5-4-9（a）所示梁的最大正应力是图 5-4-9（b）所示梁的（　　）倍。

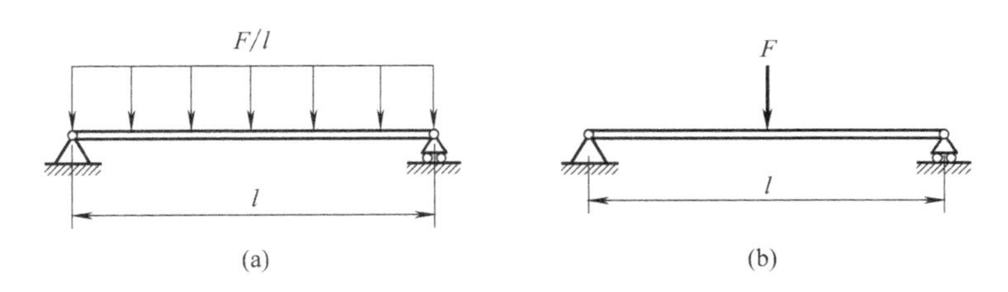

图 5-4-9

5-4-2 （多选题）如图 5-4-10，四根同样的等边角钢焊成的梁，受载在竖向弯曲，从强度角度看，图（　　）更合理？

5-4-3 （填空题）图 5-4-11 所示悬臂梁，材料 $[\sigma_t]=30\text{MPa}$，$[\sigma_c]=120\text{MPa}$，横截面应采用图（　　）放置方式（填 a 或 b），此时 y_2/y_1 最佳取值是（　　）。

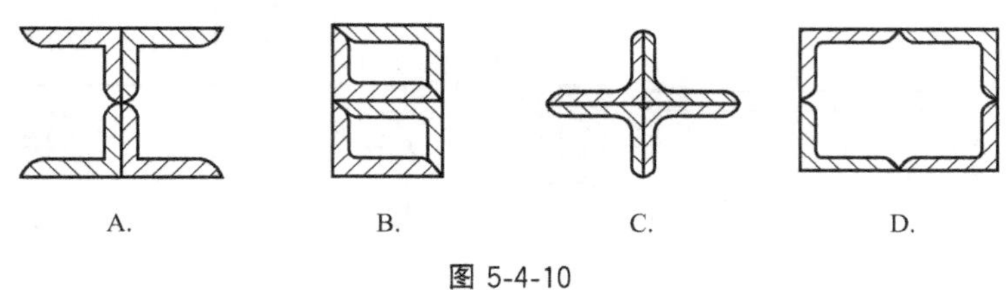

图 5-4-10

5-4-4 （填空题）图 5-4-12 所示火车的底座弹簧利用了（　　）梁的原理。

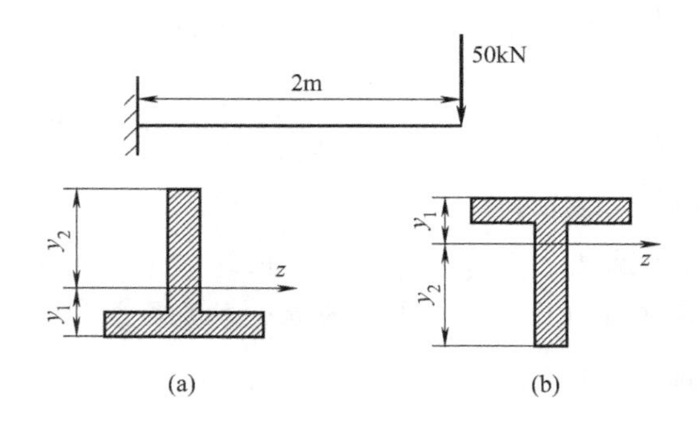

图 5-4-11

图 5-4-12

小结

通过本节学习，应达到以下目标：

（1）掌握提高弯曲强度的一些常用方法；

（2）掌握等强度梁的概念。

习　题

5-4-1　图 5-4-13 所示为一承受纯弯曲的铸铁梁，其截面为“T”形，材料的许用拉伸和压缩应力之比$[\sigma_t]/[\sigma_c]=1/4$。求水平翼板的合理宽度 b。

5-4-2　图 5-4-14 所示简支梁 AB，若载荷 F 直接作用于梁的中点，梁的最大正应力超过了许可值的 30%。为避免这种过载现象，配置了副梁 CD，试求此副梁所需的长度 a。

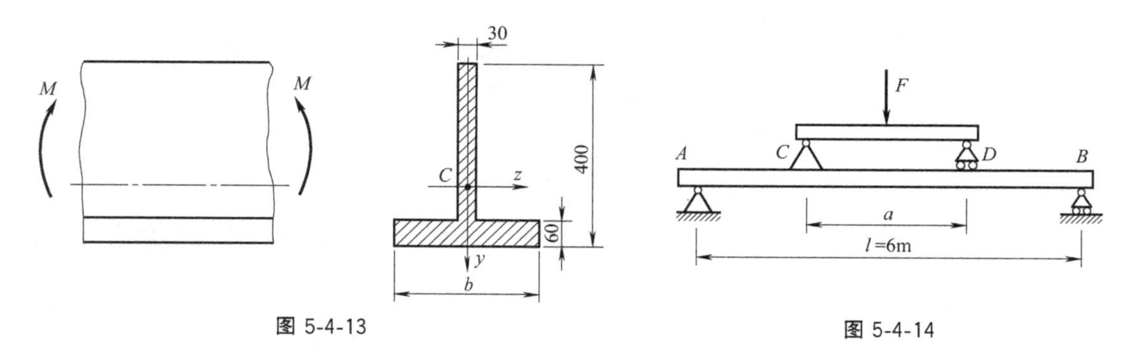

图 5-4-13　　图 5-4-14

5.5 弯曲中心

本节导航

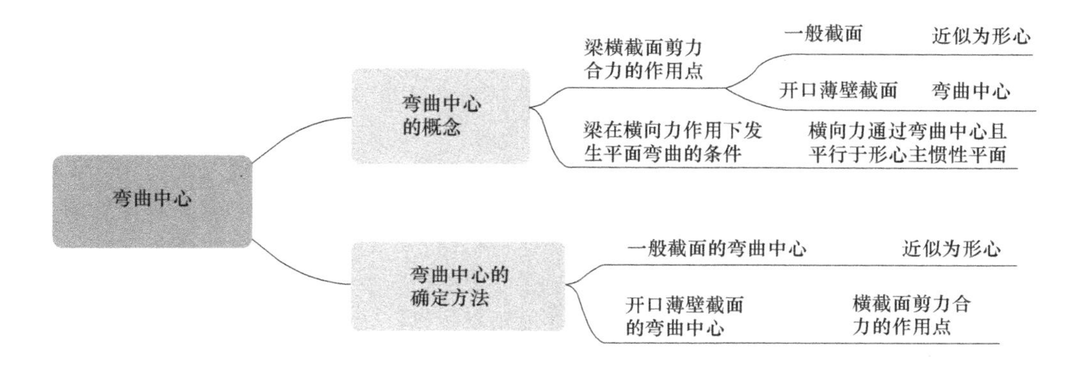

5.5.1 弯曲中心的概念

(1) 一般梁发生平面弯曲的条件

前面所研究的弯曲，我们默认研究的是**对称弯曲**，也就是梁存在纵向对称平面，而外力也作用在纵向对称平面内，从而梁的轴线弯曲后，成为纵向对称面内的平面曲线。所以，**对称弯曲**属于**平面弯曲**。但这并不是说，平面弯曲都是对称弯曲。

有些梁不存在纵向对称平面，但是，如果满足一定条件，这些梁也能发生平面弯曲。如图 5-5-1，y 轴和 z 轴是梁横截面的形心主惯性轴，而 x 轴是梁的轴线，则 y 轴或 z 轴和 x 轴确定的平面称为**形心主惯性平面**（图中为清楚起见，只画出了 y 轴和 x 轴所确定的形心主惯性平面）。实际上，对于大部分等直梁来讲，只要横向外力作用于形心主惯性平面内，则梁弯曲后轴线也近似位于形心主惯性平面内，可以认为属于平面弯曲。但是薄壁截面梁却是其中的特例。

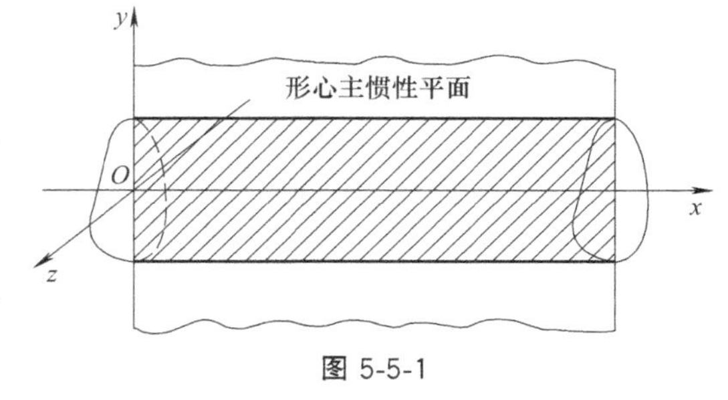

图 5-5-1

(2) 开口薄壁截面梁发生平面弯曲的条件

薄壁截面是指由狭长的面积组成的截面，例如我们前面研究过的薄壁圆筒截面和型钢截面（工字钢、槽钢、角钢等）。一般可以将薄壁截面分为两种：如果狭长面积沿厚度方向（小尺寸方向）的平分线，或称厚度中线，形成闭合曲线，则属于**闭口薄壁截面**（Thin-walled Closed Cross Section），图 5-5-2 (a) 中的薄壁圆筒截面和图 5-5-2 (b) 中的薄壁箱型截面就属于这一种；反之，如果狭长面积的厚度中线不能形成闭合曲线，则称为**开口薄壁截**

面（Thin-walled Open Cross Section），图 5-5-2（c）中的薄壁开口圆环截面和图 5-5-2（d）中的槽钢截面则属于这种类型。

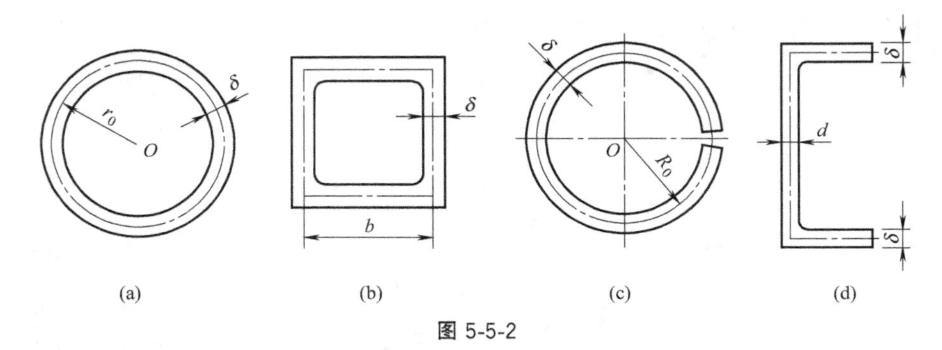

图 5-5-2

实践证明，对于非对称的开口薄壁截面，即使横向外力沿形心主惯性平面作用，梁一般也不会发生平面弯曲，而是在弯曲的同时还产生扭转变形。而且由于开口薄壁截面杆的扭转刚度一般较小，所以往往产生较大的扭转变形。例如图 5-5-3（a）中，由槽钢制造的梁，在位于形心主惯性平面内的横向力作用下，发生了明显的扭转变形。

那么对于开口薄壁截面，外力如何作用才能不发生扭转变形呢？理论和实践都证明，如果横向外力通过截面上（也可能在截面外部）的某一个特定点，则梁只发生弯曲而不发生扭转变形，这个特定的点，称为截面的**弯曲中心**（Bending Center），或**剪切中心**（Shear Center），参见图 5-5-3（b），其中的 K 点即为弯曲中心。进一步研究表明，**如果横向力通过弯曲中心且平行于开口薄壁截面的主惯性平面，则梁发生平面弯曲。**

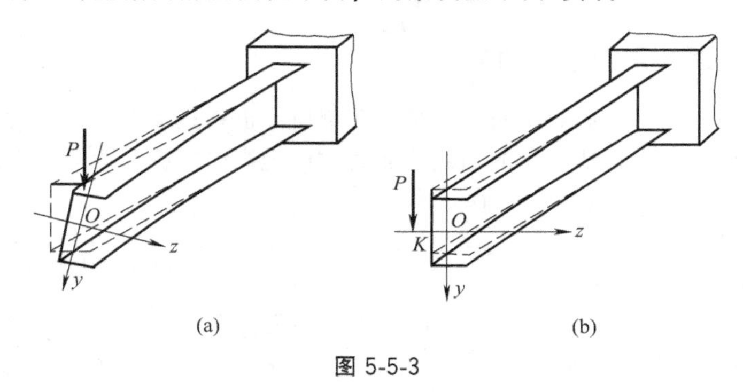

图 5-5-3

小结一下，横向力作用的梁发生平面弯曲需要两个条件：

一是横向力通过截面的弯曲中心。这样能保证梁只发生弯曲而不发生扭转。

二是横向力要平行于形心主惯性平面（含位于形心主惯性平面内的情况）。这样能保证梁的轴线在弯曲时位于同一平面内。

★**【注意】** 实体截面梁和闭口薄壁截面梁一般只要作用于形心主惯性平面内就能发生平面弯曲（例如对称弯曲），这是为什么呢？严格来讲，实体截面梁和闭口薄壁截面梁也需要横向外力通过截面的弯曲中心且平行于形心主惯性平面才发生平面弯曲。但由于实体截面和闭口薄壁截面的弯曲中心一般位于形心主惯性平面内或其附近（下面我们会学到，对称弯曲时，弯曲中心就位于形心主惯性平面内），再加上这两种截面梁的扭转刚度较大，所以外力作用于形心主惯性平面内时，即使有扭转变形，一般也可以忽略不计。

5.5.2 弯曲中心的确定

(1) 开口薄壁截面发生扭转的原因

如图 5-5-4 (a) 所示的矩形截面梁，当横向外力位于纵向对称面（也就是形心主惯性平面）内时，其内力（剪力和弯矩）也位于纵向对称平面内［图 5-5-4 (b)］，所以发生平面弯曲。

对于没有纵向对称平面的开口薄壁截面梁，或虽然具有纵向对称面，但横向外力没有作用于对称面内，这种情况内力和实体截面的情况有很大不同。下面以图 5-5-4 (c) 的 T 形截面梁为例来分析一下：横向外力沿形心主惯性轴 y 轴作用，此时截面的内力如图 5-5-4 (d) 所示，其中的剪力位于翼缘处。这样为保证截离体的平衡，横截面内除了剪力和弯矩外，还应当有扭矩存在，这就是梁发生扭转的原因。

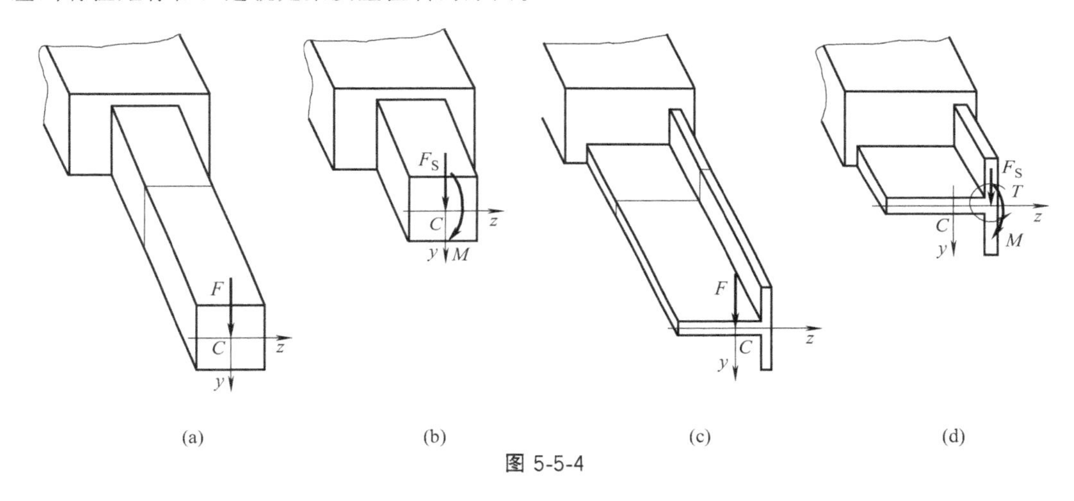

图 5-5-4

那么图 5-5-4 (d) 中的剪力为什么位于翼缘处，而不是像图 5-5-4 (b) 那样作用于形心主惯性平面内呢？我们知道，剪力是由横截面上的切应力合成得到的，而薄壁开口截面的切应力方向可以近似用**切应力流理论**来描述。根据理论，T 形截面上的切应力方向近似如图 5-5-5 (a) 所示。但由于外力是竖向的，剪力也应该是竖向的，因此腹板（水平部分）上的切应力应近似为零［如图 5-5-5 (b)］。由于切应力只在翼缘分布，因此合成的剪力也在翼缘上［如图 5-5-5(c)］。

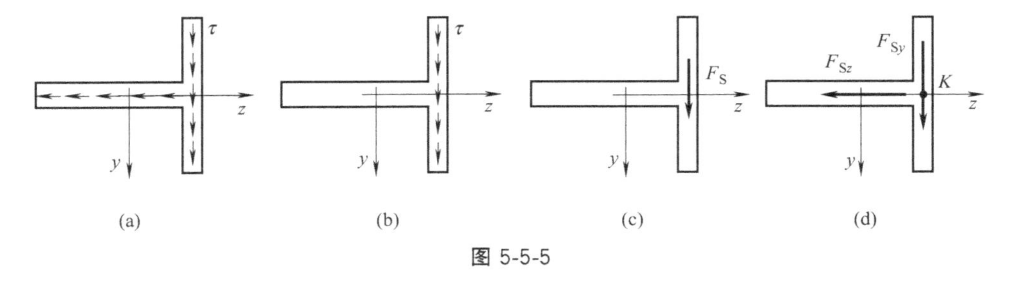

图 5-5-5

可见，由于开口薄壁截面形状的特殊性，导致横截面剪力作用线往往偏离形心主惯性平面较远。此时，如果外力作用于形心主惯性平面内，则会导致扭矩的产生。

（2）开口薄壁截面弯曲中心的确定

读者可以思考一下，对于图 5-5-4（c）所示梁，如果想避免产生扭矩，横向外力应该怎样作用？其实很简单，横向外力如果和剪力位于同一个纵向面内，则不会产生扭矩。实际上就是横向外力也作用于截面的翼缘部分，参见图 5-5-5（c）剪力的作用位置。

对于一般情况，T 形截面的腹板和翼缘都有切应力，则剪力既有竖直分量，也有水平分量，如图 5-5-5（d），二者的交点 K 即为剪力合力的作用点。基于同样的道理，如果横向外力通过截面上的 K 点，则不会产生扭转变形，因此 K 点即为截面的弯曲中心。

可见，**截面的弯曲中心从本质上讲，就是截面剪力合力的作用点。**

（3）常见开口薄壁截面的弯曲中心

常见开口薄壁截面的弯曲中心如表 5-5-1 所示。由表可以看出，弯曲中心位置有以下规律：

① 当截面具有一根对称轴时，例如，槽形、开口薄壁圆环、T 字形、等边角形等，其弯曲中心一定位于对称轴上；

② 当截面具有两根对称轴时，例如工字形等，其弯曲中心和形心位置重合，Z 字形截面为反对称截面，其弯曲中心也与形心位置重合；

③ 由两个狭长矩形组成的截面，例如：T 字形、等边和不等边角形等，其弯曲中心位于两狭长矩形中线的交点处。

表 5-5-1　常见开口薄壁截面的弯曲中心

截面形状	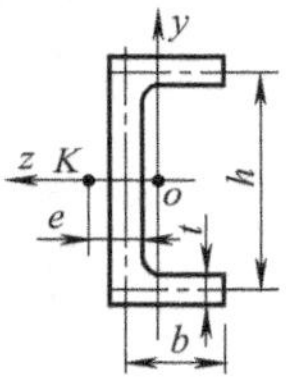 y, z, K, o, e, t, h, b	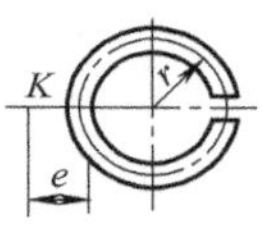 K, r, e	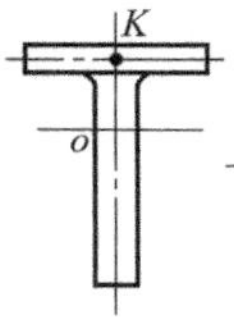 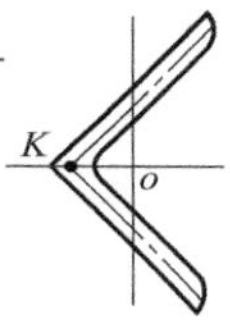 K, o; K, o	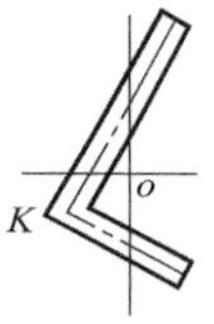 K, o
弯曲中心位置	$e=\frac{th^2b^2}{4I_z}$	$e=r$	在狭长矩形中线的交点	在形心上

基础测试

5-5-1（填空题）截面的弯曲中心是指当梁所受横向力通过此点时，梁只发生（　　）变形而不发生（　　）变形；也可以简单地描述为受横向力作用时，横截面内（　　）合力的作用点。

5-5-2（填空题）开口薄壁截面梁发生平面弯曲的条件是横向力通过截面的弯曲中心且平行于（　　）平面。

5-5-3（填空题）有两个对称轴的截面，弯曲中心位于截面的（　　）；反对称截面的弯曲中心位于截面的（　　）；由两个狭长矩形组成的截面，弯曲中心可以由两个狭长矩形的（　　）来确定。

5-5-4（判断题）开口薄壁圆环截面的弯曲中心位于形心处。（　　）

<<<< 例　题 >>>>

【例 5-5-1】 试确定如图 5-5-6（a）所示槽形截面弯曲中心的位置。

【分析】 根据上面弯曲中心的确定方法，可以按以下思路来确定弯曲中心：

① 由于弯曲中心就是截面剪力合力的作用点，因此可以分别求出截面上剪力水平分量和竖直分量的作用线位置，二者的交点就是截面的弯曲中心；

② 由于剪力是由切应力合成得到的，所以其作用线位置也可以通过合成切应力得到；

③ 开口薄壁截面内的切应力方向近似满足“切应力流理论”。

【解】 如图 5-5-6（b）所示，当只有水平剪力分量 F_{Sz} 时，根据“切应力流理论”可得切应力关于 z 轴对称分布。显然由切应力合成的剪力，其作用线沿水平对称轴 z 轴方向。

如果只有竖向剪力分量，切应力分布如图 5-5-6（c）所示，在翼缘和腹板部分合成的剪力如图 5-5-6（d）所示。由于假设剪力沿竖直方向，所以可得腹板处的剪力大小 $F_R \approx F_{Sy}$，而两个翼缘处的剪力组成力偶。为求出力偶的大小，需要先求出翼缘处切应力的大小。

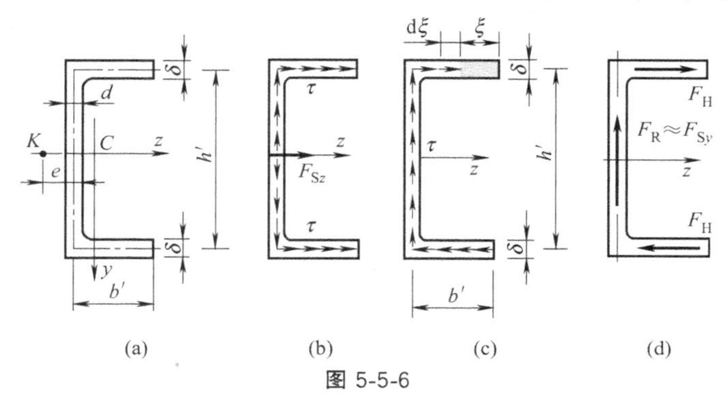

图 5-5-6

如图 5-5-6（c），坐标 ξ 处的切应力可以表示为

$$\tau(\xi)=\frac{F_{Sy}S_z^*}{I_z\delta}$$

其中静矩为阴影部分面积对 z 轴的静矩，可求得：$S_z^*=\xi\delta\frac{h'}{2}$，代入上式

$$\tau(\xi)=\frac{F_{Sy}\xi h'}{2I_z}$$

则翼缘上的剪力为

$$F_H=\int_0^{b'}\tau(\xi)\delta \mathrm{d}\xi=\frac{F_{Sy}b'^2h'\delta}{4I_z}$$

两个翼缘上剪力组成的力偶为

$$M_O=F_Hh'=\frac{F_{Sy}b'^2h'^2\delta}{4I_z}$$

根据平面力系简化理论，参考图 5-5-6（a），整个截面剪力可以简化为一个过作用线 K 点的力，大小等于 F_{Sy}，且满足

$$F_{Sy}e=M_O=\frac{F_{Sy}b'^2h'^2\delta}{4I_z}$$

由此得 F_{Sy} 作用线的位置

$$e=\frac{b'^2h'^2\delta}{4I_z}$$

显然，剪力分量 F_{Sz} 和 F_{Sy} 的交点为 K 点，也就是弯曲中心。

【例 5-5-2】 求图 5-5-7（a）所示开口薄壁圆环截面弯曲中心的位置。

【分析】 首先，图 5-5-7（a）中 z 轴为对称轴，所以弯曲中心 K 一定位于 z 轴上，只要确定出图中距离 e 即可；其次，确定剪力的竖向分量 F_{Sy} 的作用线时，可以借鉴求平面力系

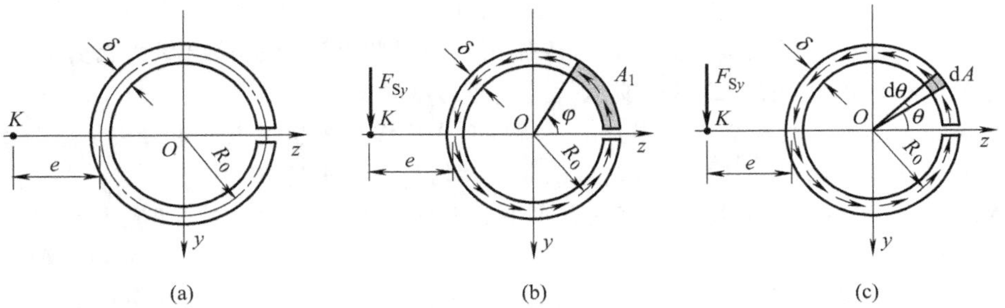

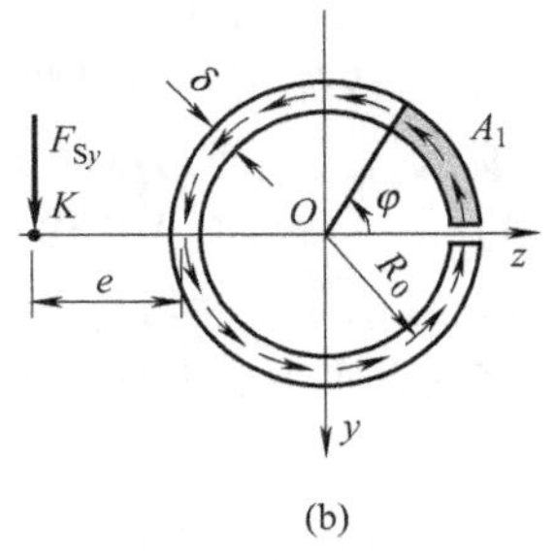

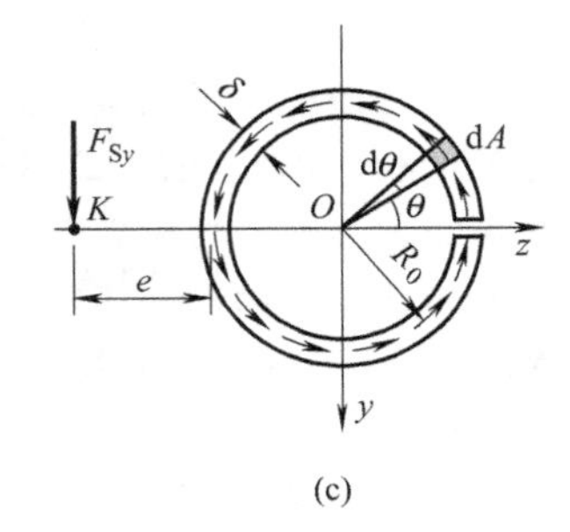

图 5-5-7

合力的办法，先确定出切应力分布，再任意选择简化中心求出主矢量和主矩，即可确定出剪力的作用线。

【解】 由对称性可知弯曲中心一定位于对称轴 z 轴上的某一点 K。

设竖向剪力分量为 F_{Sy}，则切应力方向如图 5-5-7（b）所示，其中任意 φ 角度对应截面处的切应力大小为

$$\tau(\varphi)=\frac{F_{Sy}S_z^*}{I_z\delta}$$

其中 S_z^* 为图 5-5-7（b）中阴影部分面积 A_1 的静矩，可以参考图 5-5-7（c）采用积分计算如下

$$S_z^*=\int_{A_1}y\mathrm{d}A=\int_0^{\varphi}(R_0\sin\theta)\times(\delta\cdot R_0\mathrm{d}\theta)=R_0^2\delta(1-\cos\varphi)$$

开口薄壁圆环和闭口薄壁圆环对中心 O 的极惯性矩是相同的，均为

$$I_p\approx2\pi R_0^3\delta$$

则惯性矩

$$I_z=\frac{1}{2}I_p\approx\pi R_0^3\delta$$

将惯性矩和静矩代入切应力表达式得

$$\tau(\varphi)=\frac{F_{Sy}}{\pi R_0\delta}(1-\cos\varphi)$$

将切应力向 O 点简化，参照图 5-5-7（c）进行积分，求得剪力的主矩为

$$M_0=\int_A R_0\tau(\varphi)\mathrm{d}A=\int_0^{2\pi}R_0\frac{F_{Sy}}{\pi R_0\delta}(1-\cos\varphi)\delta R_0\mathrm{d}\varphi=2R_0F_{Sy}$$

由于 F_{Sy} 的实际作用位置在弯曲中心 K 点，则

$$F_{Sy}(e+R_0)=M_0$$

可求得弯曲中心的位置：$e=R_0$。

小结

通过本节学习，应达到以下目标：

（1）掌握弯曲中心（剪切中心）的概念；

（2）了解弯曲中心的一般确定方法。

习 题

5-5-1　试判断图 5-5-8 所示各截面的弯曲中心的大致位置。

5-5-2　试求图 5-5-9 所示薄壁截面弯曲中心 A 的位置。

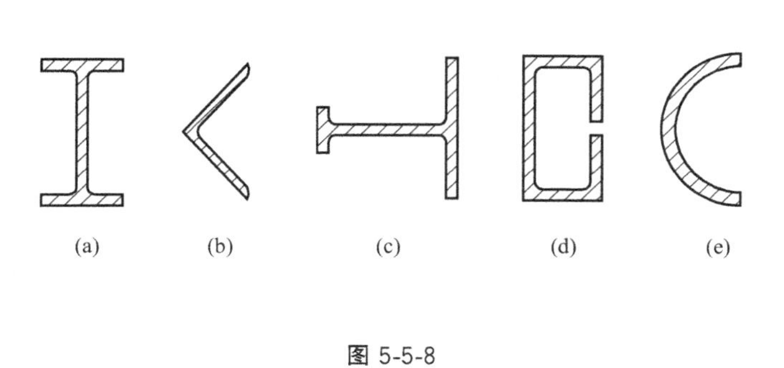

图 5-5-8

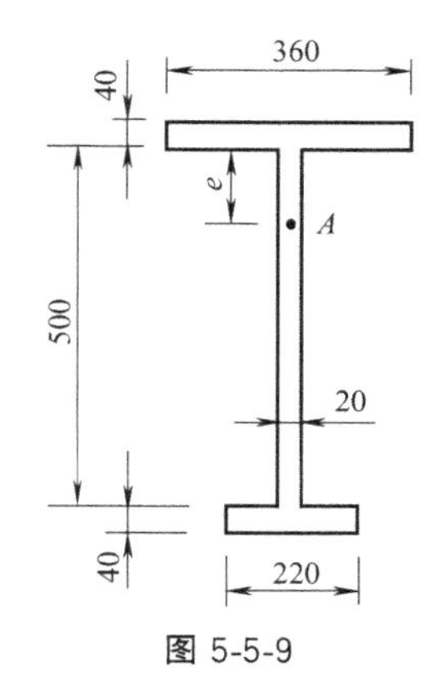

图 5-5-9

弯曲变形

在弯曲变形的开始部分，我们就讲到，其变形相对于其他变形，往往变形量更大，因此其刚度问题相对更为突出。除此之外，求解弯曲超静定问题，也需要以弯曲变形作为基础。当然，由于弯曲变形问题相对较为复杂，这里只给出最基本的对称弯曲问题的一些简单解答，对于一些复杂弯曲问题，放在组合变形和能量法部分来讲述。

现实中的弯曲变形问题主要有两类：一类是所谓的刚度问题，就是防止弯曲变形过大的问题。例如实例图 1 中的钻床立柱，如果刚度不足，发生过大的弯曲，就会影响加工精度；另一类问题则是所谓的“柔度”问题，即避免刚度过大的问题。例如实例图 2 中的板弹簧，可以通过产生弯曲变形吸收能量，起到减震作用。

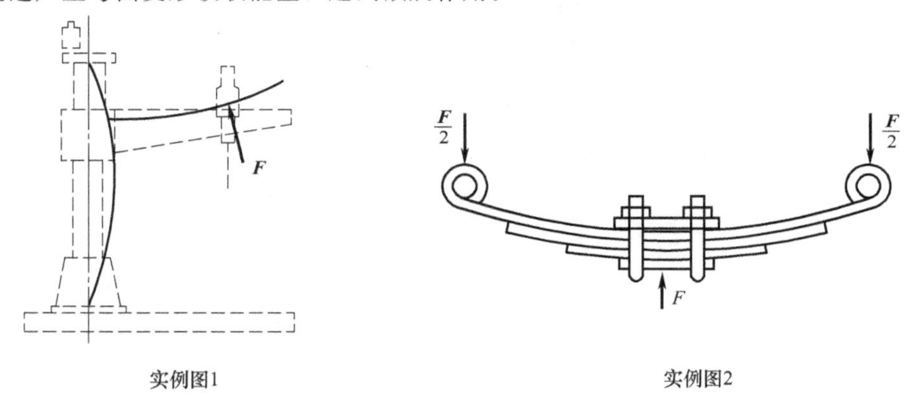

实例图1　　实例图2

6.1 弯曲变形的基本概念和基本方程

本节导航

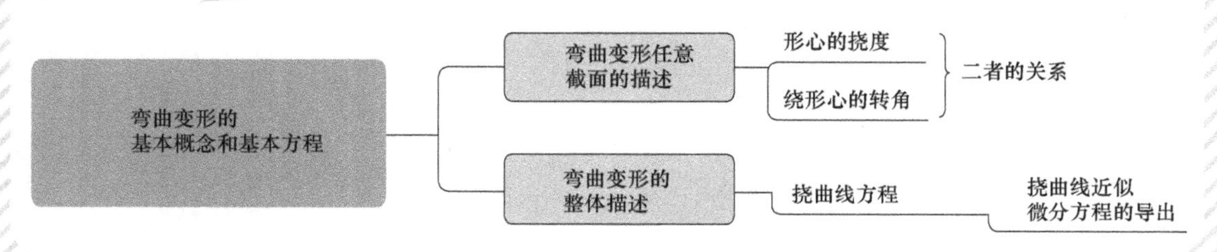

提到弯曲变形，首先一个问题就是，如何描述变形？读者可能马上会想到，变形后梁的轴线由直线变为曲线。实际上，对梁来讲，只描述轴线变形后的情况是不够的，因为还有横截面。所以对梁变形相对完整的描述，应该包括变形后轴线上各点的位移情况和横截面（满足平面假设）的转动情况。

至于如何求解变形，建议读者再回顾一下第5章的公式（5-1-5），它揭示了轴线变形和内力的关系，是本章建立弯曲变形基本方程的基础。

6.1.1 弯曲变形的相关概念

（1）弯曲变形的特点

如图6-1-1，弯曲变形后的梁轴线，是一条连续、光滑的曲线，称为**挠曲线**（Deflection Curve）。本节只考虑梁在弹性范围内的变形，因此挠曲线是一条**弹性曲线**；在对称弯曲时，挠曲线是一条位于纵向对称面的**平面曲线**。

对于细长梁，剪力对弯曲变形的影响一般可忽略不计，因而**横截面仍保持为平面，并与挠曲线正交**。

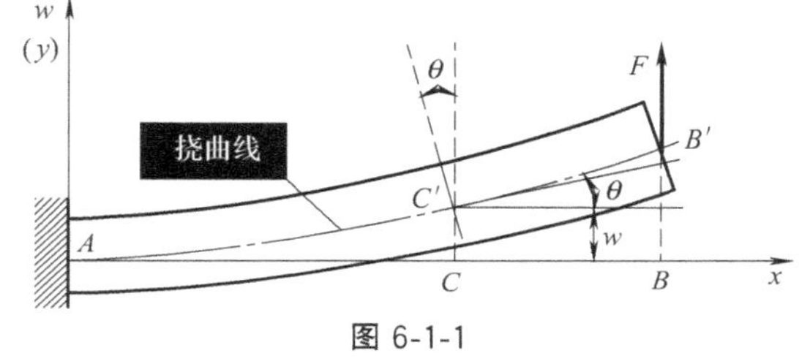

图 6-1-1

（2）挠度和转角

如图6-1-1，以梁未变形前的轴线 ACB 建立 x 轴，与其垂直建立 y 轴。这样，变形后的轴线 $AC'B'$，即挠曲线。显然，挠曲线上点的 y 坐标实际是变形后点的竖向位移。为和一般 y 坐标区别，习惯上用符号 w 表示挠曲线上点的竖向位移。则挠曲线可表示为

$$w=w(x)$$

称为**挠曲线方程**（Equation of Deflection Curve）。

具体到轴线上任意点，例如图6-1-1中的 C 点，变形后移到 C'，其竖向位移（C'点的 y 坐标）称为 C 点的**挠度**（Deflection）。

图6-1-1中过 C 点的横截面，在变形后成为过 C'点的横截面，按照前面的假设，仍保持为平面并和轴线垂直，其角位移称为 C 点截面的转角（Rotation Angle），用符号 θ 表示，规定逆时针为正。梁各横截面转角也是关于 x 坐标的连续函数，记为

$$\theta=\theta(x)$$

称为**转角方程**（Equation of Rotation Angle）。

★**【注意】** 轴线上各点显然不只有竖向位移分量，还应该有水平分量。但是理论上可以证明，水平分量一般较小，相对于竖向分量可以忽略不计。所以在材料力学中，求轴线上点的位移，只求挠度即可。

★**【思考】** 由于变形后，横截面仍然垂直于挠曲线，显然挠度和转角不是独立的，读者能参考图6-1-1，找一下二者的关系吗？

★**【解答】** 如图6-1-1，对于挠曲线上任意 C'点，其切线与水平线的夹角等于横截面的转角（为什么?），由高等数学知识：$\tan\theta=\dfrac{\mathrm{d}w}{\mathrm{d}x}=w'$，而根据小变形假设，转角是小量，

所以 $\tan\theta \approx \theta$，最终得挠度（方程）和转角（方程）的关系为

$$\theta = w' \tag{6-1-1}$$

根据上式可以知道，确定梁的挠曲线方程是解决变形问题的关键：挠曲线方程一旦求出，其导函数即为横截面的转角方程。下面我们推导一下挠曲线所满足的力学方程。

6.1.2 弯曲变形的基本方程

（1）挠曲线的微分方程

由式（5-1-5）可得，纯弯曲时，单一材料的等直梁，轴线上一点的曲率和对应截面的弯矩满足

$$\frac{1}{\rho} = \frac{M}{EI}$$

非纯弯曲时，弯矩和曲率半径均为 x 坐标的函数，即

$$\frac{1}{\rho(x)} = \frac{M(x)}{EI}$$

根据高等数学知识：$\frac{1}{\rho(x)} = \frac{|w''|}{(1+w'^2)^{3/2}}$，代入上式得

$$\frac{|w''|}{(1+w'^2)^{3/2}} = \frac{M(x)}{EI}$$

为了去掉其中的绝对值，考虑一下各量的符号：如图 6-1-2（a）所示，当弯矩大于零时，挠曲线为凹曲线，根据高等数学知识，挠度的二阶导数也大于零；同样如图 6-1-2（b），当弯矩小于零时，挠度的二阶导数也小于零。所以，上式中 M 和 w'' 符号是一致的。

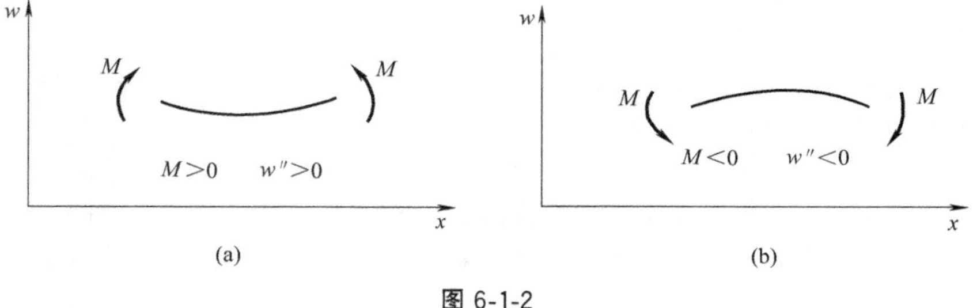

图 6-1-2

这样，可得挠曲线微分方程为

$$\frac{w''}{(1+w'^2)^{3/2}} = \frac{M(x)}{EI} \tag{6-1-2}$$

（2）挠曲线的近似微分方程

式（6-1-2）是非线性微分方程，求解比较困难。为此，做如下简化：

由式（6-1-1）可得，w' 代表了横截面转角。而根据小变形假设，横截面转角应该属于小量，w'^2 则为高阶小量，和 1 相比可以忽略不计。则式（6-1-2）可简化为

$$w'' = \frac{M(x)}{EI} \tag{6-1-3}$$

式（6-1-3）称为**挠曲线的近似微分方程**。

【注意】 ①上述公式（6-1-3），是在纯弯曲情况下导出的，对于横力弯曲梁，如果是细长梁，也能近似应用；②公式（6-1-3）以公式（5-1-5）为基础，而后者导出时应用了胡克定律，因此两者都只适用于线弹性材料。③在进行方程简化时，利用了转角是小量这一结论，因此只适用于小变形的情况。

基础测试

6-1-1 （判断题）挠度是指梁上任意点沿垂直于轴线方向的线位移。（　　）

6-1-2 （判断题）只有在平面假设成立的情况下，梁的转角才有意义。（　　）

6-1-3 （判断题）梁的轴线弯曲后变为曲线，但长度不变。（　　）

6-1-4 （填空题）挠度是轴线上点的竖向位移，规定向（　　）为正，而转角则是横截面的角位移，规定（　　）为正。

6-1-5 （填空题）梁的挠曲线方程求导数得到截面的（　　）方程。

6-1-6 （多选题）已知梁的挠曲线为连续光滑的平面曲线，试根据式（6-1-1）和式（6-1-3）选择：挠度的极值在（　　）处；转角的极值在（　　）处。

A. 挠度最大；B. 挠度为零；C. 转角最大；D. 转角为零；E. 弯矩最大；F. 弯矩为零。

小结

通过本节学习，应达到以下目标：

(1) 掌握挠曲线、挠度、转角的概念；

(2) 掌握挠度和转角之间的关系；

(3) 了解梁挠曲线微分方程的推导过程，掌握挠曲线的近似微分方程。

6.2 积分法求弯曲变形

本节导航

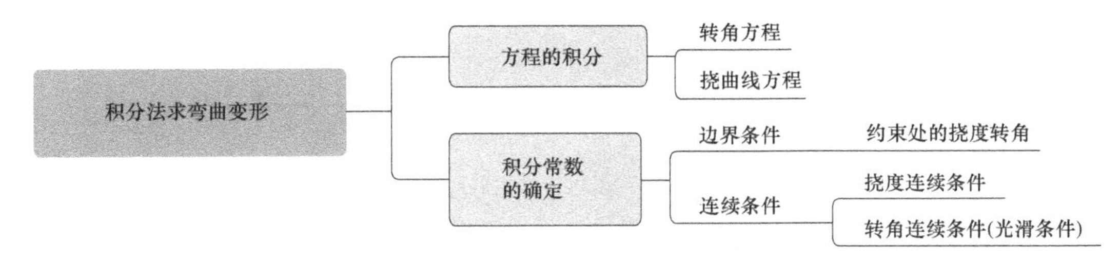

在上节我们学习了挠曲线的近似微分方程，它是关于挠度的二阶常系数微分方程，而且只有二阶项和常数项，因此求解比较简单：一般直接积分就可以了。

6.2.1 挠曲线近似微分方程的积分

假设梁为单一材料制成的等截面梁，则 EI 为常数，式（6-1-3）可转化为

$$EIw''=M(x)$$

积分一次得：$EIw'=\int M(x)\mathrm{d}x+C$，其中 C 为积分常数；

再积分一次得：$EIw=\iint M(x)\mathrm{d}x+Cx+D$，其中 D 为积分常数；

即转角方程为：$\theta=w'=\frac{1}{EI}\left[\int M(x)\mathrm{d}x+C\right]$；

挠曲线方程为：$w=\frac{1}{EI}\left[\iint M(x)\mathrm{d}x+Cx+D\right]$。

那么如何确定积分常数呢？

★【思考】 读者可以回忆一下，在数学中是如何解决积分常数这一问题的？

★【解答】 数学中一般采用边界条件和初始条件来确定积分常数，还记得它们的意义吗？简单地说，边界条件是指待求的未知函数，在定义域边界上，一些点的函数值已知；而初始条件则是指和时间相关的未知函数，在初始时刻的函数值是已知的。

6.2.2 积分常数的确定

（1）边界条件

这里的边界条件，是指梁轴线上在某些点的挠度，或某些截面的转角是已知的。这些点或截面一般位于支座处。如图 6-2-1 中（a）、（b）所示的可动铰支座和固定铰支座，由于都限制点的竖向位移，则梁轴线在这些点的挠度均为 0；而图 6-2-1（c）中的固定端支座，既限制挠度又限制转角，所以此处挠度和转角均为 0。

（2）连续条件

如图 6-2-1（d）所示，对于梁轴线上的 A 点和 B 点，我们知道点两侧的弯矩方程是不同的，显然积分出的挠曲线方程也不相同。那么请读者思考，挠曲线在 A 点或 B 点会不会出现不连续或不光滑的情况呢？

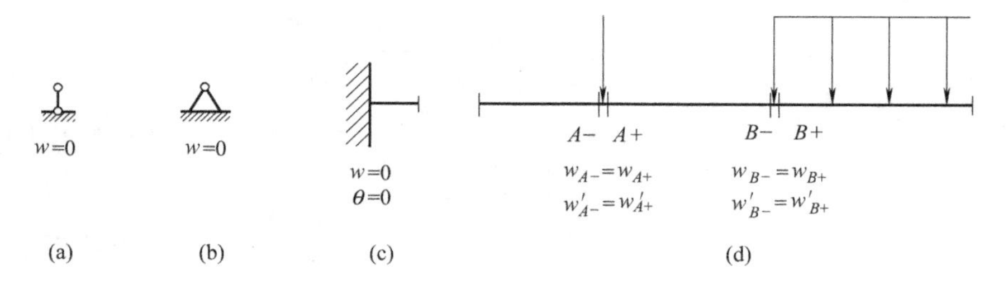

图 6-2-1

实际上，如果不考虑梁出现失效的情况，挠曲线应该始终是一条连续、光滑的曲线，这样在图 6-2-1（d）中的 A、B 两点的挠度及其导数均应该是连续的，即：挠度和转角（或挠度的导数）在一点的左右极限应该相等，表达式可参考图中所示。由于挠度的导数在一点处连续，是挠曲线在此点光滑的前提条件，因此也有教材称其为**光滑条件**。

利用以上的边界条件和连续条件，即可求出挠曲线近似微分方程积分所产生的待定常数。

基础测试

6-2-1 （填空题）挠曲线微分方程积分所产生的常数可以通过（　　）条件和（　　）条件来确定，其中挠曲线一点处的挠度和截面转角是连续的，称为（　　）条件，而一点处的挠度和截面转角已知称为（　　）条件。

6-2-2 （计算题）如图 6-2-2 悬臂梁受集中力偶作用，试结合边界条件确定出梁的转角方程和挠曲线方程（不能含待定常数）。

图 6-2-2　　　　图 6-2-3

6-2-3 （计算题）如图 6-2-3 梁 ABC 中，已求得 AB 段转角方程和挠度方程为：$EIw'=-Mx$，$EIw=-Mx^2/2$，BC 段转角方程和挠度方程为：$EIw'=C$，$EIw=Cx+D$，试根据连续性条件确定待定常数 C、D。

例　题

【例 6-2-1】 图 6-2-4（a）所示镗刀在镗孔时，可以简化为图 6-2-4（b）的悬臂梁，在自由端受一集中力 F 作用，设梁的长度为 l，弯曲刚度为 EI。试求梁的挠曲线方程和转角方程，并确定其最大挠度和最大转角。

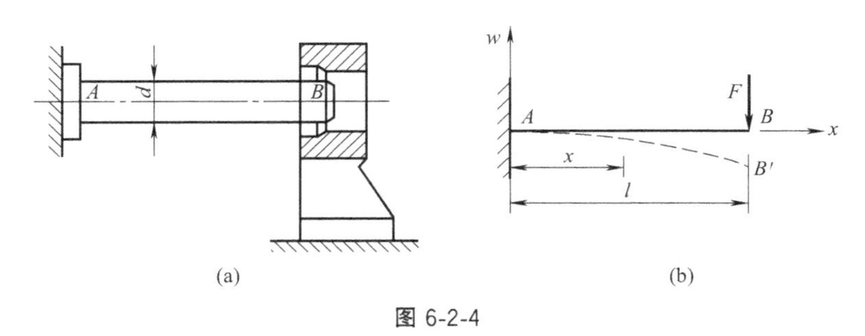

图 6-2-4

【分析】 本题求挠曲线方程和转角方程比较简单，直接用积分法即可，但是如何求最大挠度和转角呢？对于本例最简单的方法是，首先大致画出挠曲线的形状［如图 6-2-4（b）中的虚线］，然后通过观察就能很容易地找到两个最大值的位置。当然有些问题直接通过观察来确定最大值的位置比较困难，此时可以采用理论方法：将挠度和转角视为自变量 x 的函数，这样问题转化为函数的最值问题，读者可以参考高等数学中函数最值的求法进行求解。

【解】 如图 6-2-4（b）所示建立坐标系，则任意截面的弯矩为

$$M(x)=-F(l-x)$$

则挠曲线的近似微分方程为

$$EIw''=M(x)=-Fl+Fx$$

对挠曲线近似微分方程进行积分

$$EIw'=-Flx+\frac{Fx^2}{2}+C \tag{6-2-1}$$

$$EIw=-\frac{Flx^2}{2}+\frac{Fx^3}{6}+Cx+D \tag{6-2-2}$$

根据边界条件：$x=0$，$w'=0$；$x=0$，$w=0$，分别代入式（6-2-1）、式（6-2-2）得

$$C=D=0$$

所以挠曲线方程为

$$w=-\frac{Flx^2}{2EI}+\frac{Fx^3}{6EI}$$

转角方程为

$$\theta=w'=-\frac{Flx}{EI}+\frac{Fx^2}{2EI}$$

通过观察易得，B 点的挠度和转角都是最大的，所以可得

$$\theta_{\max}=\theta|_{x=l}=-\frac{Fl^2}{EI}+\frac{Fl^2}{2EI}=-\frac{Fl^2}{2EI}\text{（顺时针）}$$

$$w_{\max}=w|_{x=l}=-\frac{Fl^3}{2EI}+\frac{Fl^3}{6EI}=-\frac{Fl^3}{3EI}\text{（方向向下）}$$

★**【注意】** 也可以通过求函数极值的方法求最大值。根据式（6-1-1）和式（6-1-3）可知：**在弯矩为 0 处，转角取极值；在转角为 0 处，挠度取极值**。但一定要注意，**极值并不总是最大值**。在求出极值点后还需要考察函数的不连续点、端部点等位置。例如本题中，弯矩等于 0 处在 B 端，转角的极大值和最大值也在 B 端；但转角等于 0 处在 A 端，所以挠度极值点也在这里，但此处极值是极小值，而最大值点位于端点 B。

【例 6-2-2】 图 6-2-5 所示为一弯曲刚度为 EI 的简支梁，在 C 点处受一集中力 F 的作用。试求此梁的最大挠度（设图中 $a>b$）。

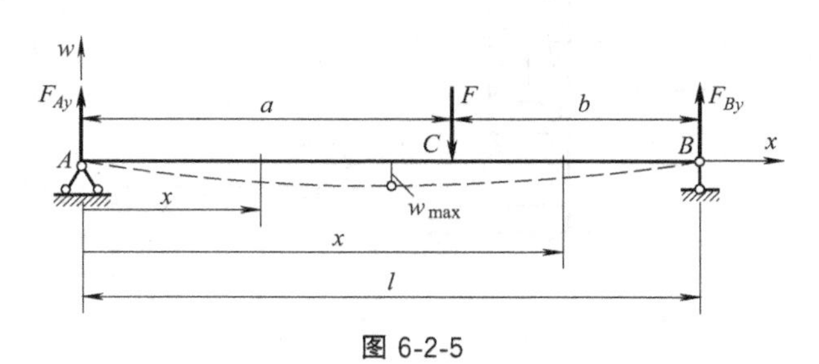

图 6-2-5

【分析】 ①显然梁的弯矩方程要分成 AC 和 CB 两段来写，这样积分出的转角方程和挠曲线方程也是分段的，而且每段积分结果都含两个积分常数，共 4 个待定的常数。这样除**边界条件**外，还要引入 C 点的**连续条件**才能求出所有积分常数。不过，要求出 4 个未知量，工作量也是非常大的。本例给出一种求分段挠曲线方程中积分常数的简单方法，请读者认真体会掌握。②求挠度的最大值，一般通过求函数极值的方法来求，对于分段函数如何求极值？请读者思考一下。

【解】 利用平衡方程求得 $F_{Ay}=\frac{Fb}{l}$，$F_{By}=\frac{Fa}{l}$。

两段梁的弯矩方程分别为

AC 段 $$M(x)=F_{RA}x=F\frac{b}{l}x \qquad (0\leqslant x\leqslant a)$$

CB 段 $$M(x)=F\frac{b}{l}x-F(x-a) \qquad (a\leqslant x\leqslant l)$$

★【注意】 我们写第二段弯矩方程的时候，并没有利用截面右侧外力来写弯矩方程（虽然这样可能更简单一些），而是和第一段一样，利用了左侧的外力。这样，两段方程的第一项是一样的，而第二项则是含有（$x-a$）的项，这就是我们在【分析】中所说的技巧的一部分。另外在后面的积分中，（$x-a$）一定要作为一个整体来积分，而不要展开，这也是技巧之一。

写出近似微分方程：

AC 段 $$EIw''_1=F\frac{b}{l}x$$

CB 段 $$EIw''_2=F\frac{b}{l}x-F(x-a)$$

AC 段积分 $$EIw'_1=F\frac{b}{l}\cdot\frac{x^2}{2}+C_1$$

$$EIw_1=F\frac{b}{l}\cdot\frac{x^3}{6}+C_1x+D_1$$

CB 段积分 $$EIw'_2=F\frac{b}{l}\cdot\frac{x^2}{2}-\frac{F(x-a)^2}{2}+C_2$$

$$EIw_2=F\frac{b}{l}\cdot\frac{x^3}{6}-\frac{F(x-a)^3}{6}+C_2x+D_2$$

下面确定 4 个积分常数，先利用连续性条件：$x=a$ 时，$w_1=w_2$，$w'_1=w'_2$，代入上面的积分表达式，马上可以得到：$C_1=C_2$，$D_1=D_2$。

这并不是一个偶然的结果，只要遵循了上面【注意】中的技巧，可以说这是个必然的结论。这一点请读者自己参照上面的求解过程体会一下。

再利用边界条件，最后确定一下积分常数的值：

$x=0$ 时，$w_1=0$ 可得：$D_1=0=D_2$

$x=l$ 时，$w_2=0$ 可得：$C_1=-\frac{Fb}{6l}(l^2-b^2)=C_2$

最终的转角和挠度方程分别为

$$\theta_1=w'_1=-\frac{Fb}{6lEI}(l^2-b^2-3x^2) \qquad (0\leqslant x\leqslant a) \tag{6-2-3}$$

$$w_1=-\frac{Fbx}{6lEI}[l^2-b^2-x^2] \qquad (0\leqslant x\leqslant a) \tag{6-2-4}$$

$$\theta_2=w'_2=-\frac{Fb}{2lEI}\left[\frac{l}{b}(x-a)^2-x^2+\frac{1}{3}(l^2-b^2)\right] \qquad (a\leqslant x\leqslant l) \tag{6-2-5}$$

$$w_2=-\frac{Fb}{6lEI}\left[\frac{l}{b}(x-a)^3-x^3+(l^2-b^2)x\right] \qquad (a\leqslant x\leqslant l) \tag{6-2-6}$$

由图 6-2-5 中的变形草图可以看出，最大挠度应该在 AC 段。下面从理论上说明一下。显然 A、B 截面转角 $\theta_A<0$，$\theta_B>0$；而 $a>b$ 时，C 截面转角由式（6-2-3）可得

$$\theta_C=\theta_1(a)=-\frac{Fb}{6lEI}(l^2-b^2-3a^2)=\frac{Fab(a-b)}{3lEI}>0$$

所以 $\theta=0$ 截面一定在 AC 段。

令
$$\theta_1=w_1'=-\frac{Fb}{6lEI}(l^2-b^2-3x^2)=0$$

得
$$x=\sqrt{\frac{l^2-b^2}{3}}$$

代入 AC 段挠曲线方程式（6-2-4）得挠度的极值，同时也是梁挠度的最大值（为什么？）

$$w_{\max}=-\frac{Fb}{9\sqrt{3}\,lEI}\sqrt{(l^2-b^2)^3} \tag{6-2-7}$$

【拓展阅读】

对于以上挠曲线是分段函数的情况，求极值还是比较麻烦的，下面介绍一个比较简单的实用方法。

如果集中力作用于梁的跨中，最大挠度显然也在跨中。

如果集中力偏离了梁跨中较多，例如靠近右侧支座，此时 $l\gg b$，利用式（6-2-7）可求得最大挠度大小为

$$w_{\max}=\frac{Fb}{9\sqrt{3}\,lEI}\sqrt{(l^2-b^2)^3}\approx 0.0642\frac{Fbl^2}{EI}$$

而梁跨中的挠度大小由式（6-2-3）得

$$w=\frac{Fb}{48EI}(3l^2-4b^2)\approx 0.0625\frac{Fbl^2}{EI}$$

跨中挠度与最大挠度相差不到 3%，因此在工程计算中，**只要简支梁的挠曲线上没有拐点，都可以用跨中挠度代替最大挠度。**关于拐点的概念和拐点对挠度的影响，请读者自行查阅资料。

★**【技巧】** 在例 6-2-2 中，对于弯矩函数分段的情况，我们采用了以下规则：①从梁的左端开始分段依次写弯矩方程；②每一段的弯矩方程包含前一段的弯矩方程，只增加了包含 $(x-a)^n$ 的项，其中 $n\geqslant 0$ 且为整数；③积分时将 $(x-a)$ 作为一个整体，不要展开。满足以上规则，则积分后产生的积分常数无论有多少，都可以通过连续性条件简化为两个，从而大大减少了求积分常数的工作量。

★**【思考】** 如图 6-2-6 所示简支梁，在 AD 段的弯矩方程为：$M_1(x)=F_{RA}x$，试写出在 DB 段弯矩方程的恰当形式。

★**【解答】** $M_1(x)=F_{RA}x$ $(0\leqslant x\leqslant a)$

$$M_2(x)=F_{RA}x-F(x-a)-\frac{q}{2}(x-a)^2+M(x-a)^0 \quad (a\leqslant x\leqslant a+b)$$

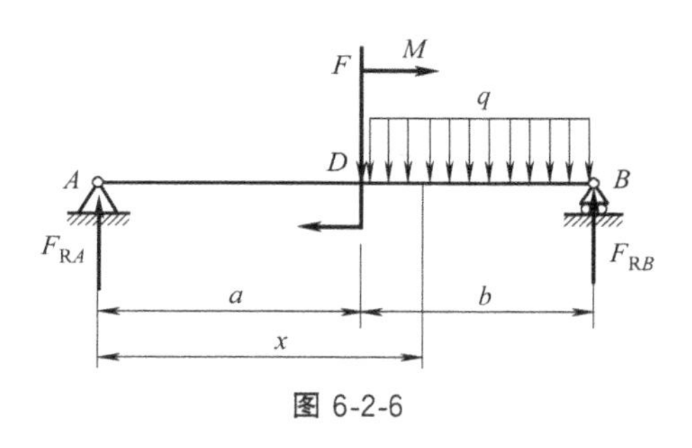

图 6-2-6

小结

通过本节学习，应达到以下目标：

(1) 掌握积分法求挠度和转角的过程；

(2) 掌握边界条件和连续性条件的概念及确定挠度方程和转角方程积分常数的方法；

(3) 掌握利用方程确定挠度和转角极值的方法。

习 题

6-2-1 写出图 6-2-7 所示各梁的边界条件。在图 6-2-7 (d) 中支座 B 的弹簧刚度为 k，EI 为常量。

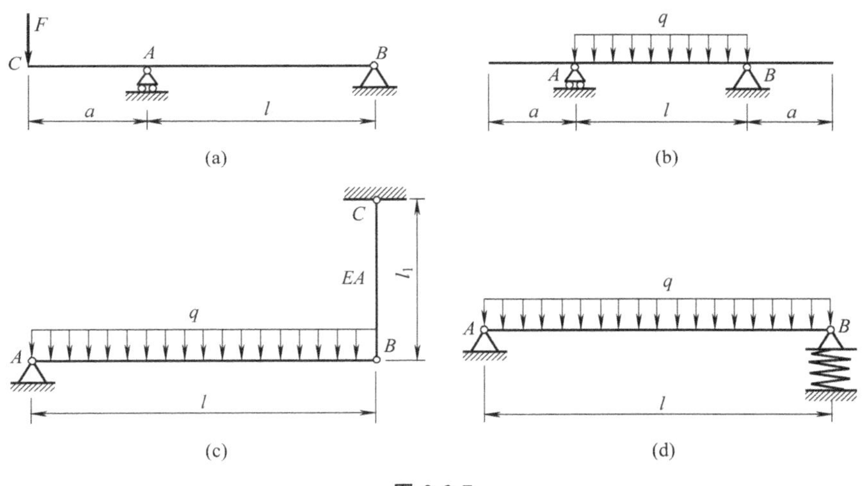

图 6-2-7

6-2-2 试用积分法求图 6-2-8 所示梁 B 端的挠度 w_B。EI 为已知常量。

6-2-3 试用积分法求图 6-2-9 所示外伸梁挠度 w_A、w_D 和转角 θ_A、θ_B。EI 为已知常量。

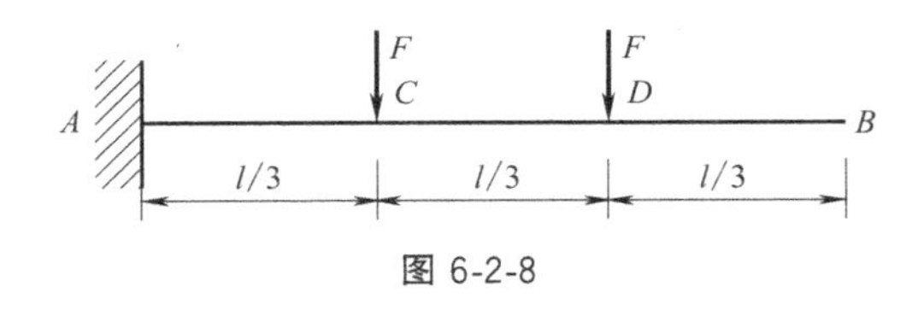

图 6-2-8

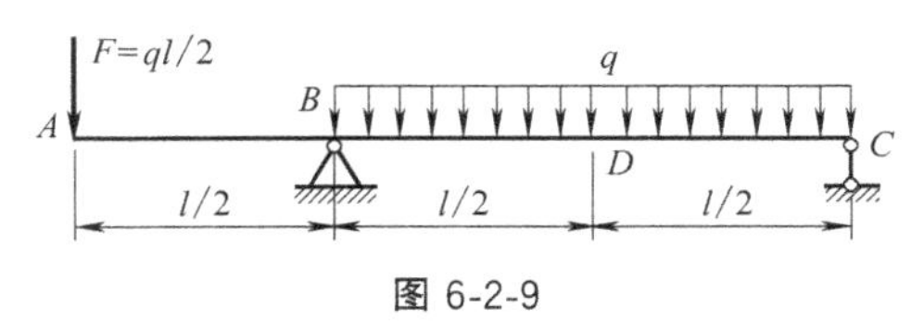

图 6-2-9

6.3 叠加法求弯曲变形

本节导航

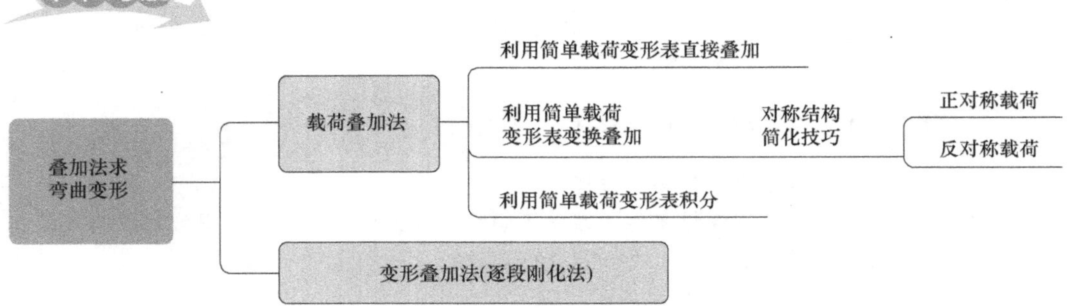

前面我们学习了积分法求弯曲变形，可以看出，这种方法虽然能求出梁的挠曲线方程，进而求出任一个截面的挠度和转角，但是方法过于繁琐。其实很多工程问题中，我们只需要求出梁中一些特殊截面的挠度、转角。此时，**叠加法**是一个更好的选择。

6.3.1 叠加法的概念

在前面的内容中，我们曾不止一次接触过叠加法，其基础是**叠加原理：在小变形和线弹性条件下，构件在几项载荷同时作用下的变形，等于每一载荷单独作用下变形的叠加。**

在本节中，也将利用叠加原理求解梁的变形。这种叠加法，一般称为**载荷叠加法。**除此之外，还有一种叠加法，称为**变形叠加法。**其基本思想是，如果梁是由几段组成的，其变形可以由每一段单独变形的结果进行叠加。也就是说，每次只考虑一段变形，其他段都视为刚体，然后再将每一段变形产生的挠度和转角叠加，所以也被称为**逐段刚化法。**

6.3.2 载荷叠加法

下面通过一个例子来说明一下载荷叠加法的应用：如图 6-3-1（a）所示简支梁，设弯曲刚度为 EI，受均布载荷和力偶作用，求跨中 C 截面的挠度。

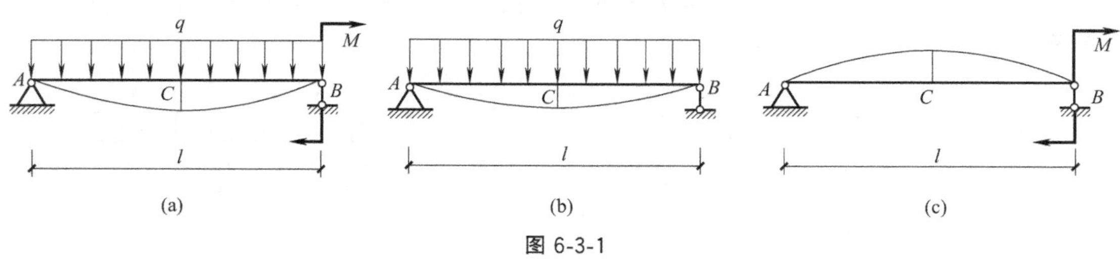

图 6-3-1

根据叠加法的原理，将梁所受的载荷分解为图 6-3-1（b）和（c）两种情况，只要将这两种情况的跨中挠度求出，代数相加，所得结果即为图 6-3-1（a）中所求跨中挠度。需要说明的是，挠度是点的线位移，为矢量，叠加时应该矢量相加，但由于梁的挠度都位于竖直方向，用代数相加的方式同样可以确定大小和方向。

现在问题是：对于图 6-3-1（b）和（c）两种情况下的跨中挠度应该如何计算？如果仍然用积分法确定，叠加法的意义就不大了。事实上，一些简单载荷作用下梁的变形，在一些常见工程手册中可以查到。我们选出了悬臂梁和简支梁在简单载荷作用下的变形情况，制成如表 6-3-1 所示梁在简单载荷作用下的变形。

表 6-3-1 梁在简单载荷作用下的变形

序号	梁上载荷	挠曲线方程	转角和挠度
1	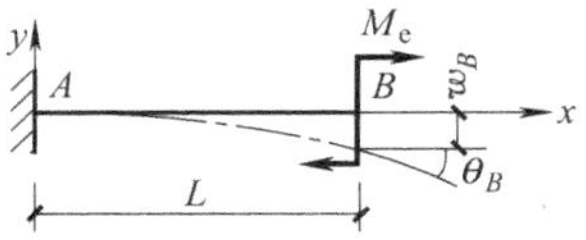 y, A, B, M_e, w_B, x, θ_B, L	$w=-\frac{M_e x^2}{2EI}$	$\theta_B=-\frac{M_e L}{EI}$ $w_B=-\frac{M_e L^2}{2EI}$
2	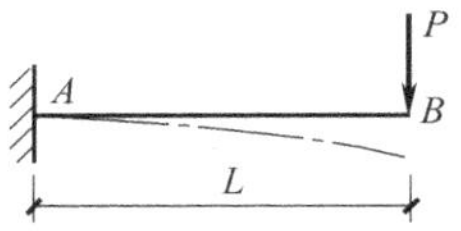 A, B, P, L	$w=-\frac{Px^2}{6EI}(3L-x)$	$\theta_B=-\frac{PL^2}{2EI}$ $w_B=-\frac{PL^3}{3EI}$
3	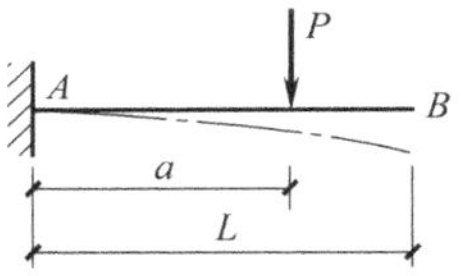 A, B, P, a, L	$w=-\frac{Px^2}{6EI}(3a-x)\quad(0\leqslant x\leqslant a)$ $w=-\frac{Pa^2}{6EI}(3x-a)\quad(a\leqslant x\leqslant L)$	$\theta_B=-\frac{Pa^2}{2EI}$ $w_B=-\frac{Pa^2}{6EI}(3L-a)$
4	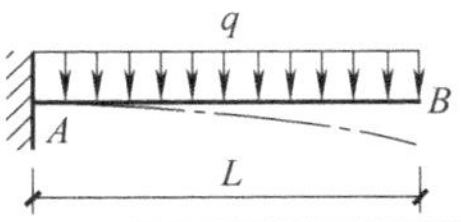 q, A, B, L	$w=-\frac{qx^2}{24EI}(x^2+6L^2-4Lx)$	$\theta_B=-\frac{qL^3}{6EI}$ $w_B=-\frac{qL^4}{8EI}$
5	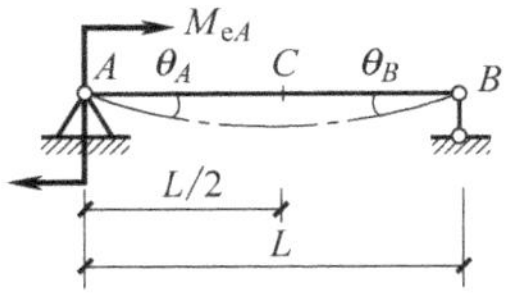 M_{eA}, A, θ_A, C, θ_B, B, L/2, L	$w=-\frac{M_{eA}x}{6EIL}(L-x)(2L-x)$	$\theta_A=-\frac{M_{eA}L}{3EI}$ $\theta_B=\frac{M_{eA}L}{6EI}$ $x=\left(1-\frac{1}{\sqrt{3}}\right)L$ $w_{max}=-\frac{M_{eA}L^2}{9\sqrt{3}EI}$ $x=\frac{L}{2},w=-\frac{M_{eA}L^2}{16EI}$
6	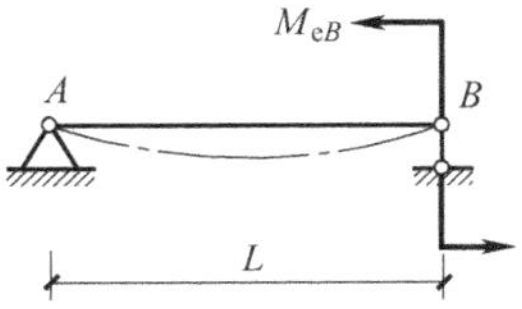 M_{eB}, A, B, L	$w=-\frac{M_{eB}x}{6EIL}(L^2-x^2)$	$\theta_A=-\frac{M_{eB}L}{6EI}$ $\theta_B=\frac{M_{eB}L}{3EI}$ $x=\frac{L}{\sqrt{3}}$ $w_{max}=-\frac{M_{eB}L^2}{9\sqrt{3}EI}$ $w_{\frac{L}{2}}=-\frac{M_{eB}L^2}{16EI}$

续表

序号	梁上载荷	挠曲线方程	转角和挠度
7	q; A; B; L	$w=-\dfrac{qx}{24EI}(L^3-2Lx^2+x^3)$	$\theta_A=-\dfrac{qL^3}{24EI}$ $\theta_B=\dfrac{qL^3}{24EI}$ $w_C=-\dfrac{5qL^4}{384EI}$
8	P; A; B; L/2; L/2	$w=-\dfrac{Px}{48EI}(3L^2-4x^2)\quad\left(0\leqslant x\leqslant\dfrac{L}{2}\right)$	$\theta_A=-\dfrac{PL^2}{16EI}$ $\theta_B=\dfrac{PL^2}{16EI}$ $w_C=-\dfrac{PL^3}{48EI}$
9	P; A; B; a; b	$w=-\dfrac{Pbx}{6EIL}(L^2-x^2-b^2)\quad(0\leqslant x\leqslant a)$ $w=-\dfrac{Pb}{6EIL}\left[\dfrac{L}{6}(x-a)^3+(L^2-b^2)x-x^2\right]$ $(a\leqslant x\leqslant L)$	$\theta_A=-\dfrac{Pab(L+b)}{6EIL}$ $\theta_B=\dfrac{Pab(L+a)}{6EIL}$ $w_{\frac{1}{2}}=-\dfrac{Pb(3L^3-4b^2)}{48EIL}$ 当 $a>b$ 时， $x=\sqrt{\dfrac{L^2-b^2}{3}}$ 处 $w_{\max}=-\dfrac{Pb(L^2-b^2)^{3/2}}{9\sqrt{3}EIL}$
10	M_e; A; B; a; b	$w=-\dfrac{M_e}{6EIL}[x(L^2-3b^2)-x^3]$ $(0\leqslant x\leqslant a)$ $w=\dfrac{M_e}{6EIL}[3(x-a)^2L+x(L^2-3b^2)-x^3]$ $(a\leqslant x\leqslant L)$	$\theta_B=-\dfrac{M_e}{2EIL}\left(\dfrac{L^2}{3}-a^2\right)$ $\theta_A=-\dfrac{M_e}{2EIL}\left(\dfrac{L^2}{3}-b^2\right)$

由表 6-3-1 可查得图 6-3-1（b）的跨中挠度为：$(w_C)_q=-\dfrac{5ql^4}{384EI}$

图 6-3-1（c）的跨中挠度为：$(w_C)_M=\dfrac{Ml^2}{16EI}$

则图 6-3-1（a）的跨中挠度为：$w_C=(w_C)_q+(w_C)_M=\dfrac{Ml^2}{16EI}-\dfrac{5ql^4}{384EI}$

基础测试

如图 6-3-2（a），外伸梁受集中载荷作用，设梁的弯曲刚度为 EI，试利用表 6-3-1 计算 C 截面的挠度和转角。

★**提示**：如图 6-3-2（b），由于 BC 段没有弯矩，因此不会产生变形（轴线保持为直线），只会随 B 截面转动而发生刚体转动。

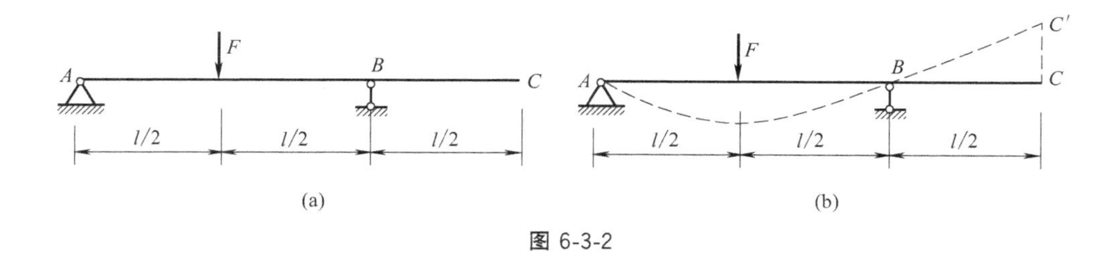

图 6-3-2

例 题

【例 6-3-1】 按叠加原理求图 6-3-3 中 A 截面的挠度和转角（EI 为常量）。

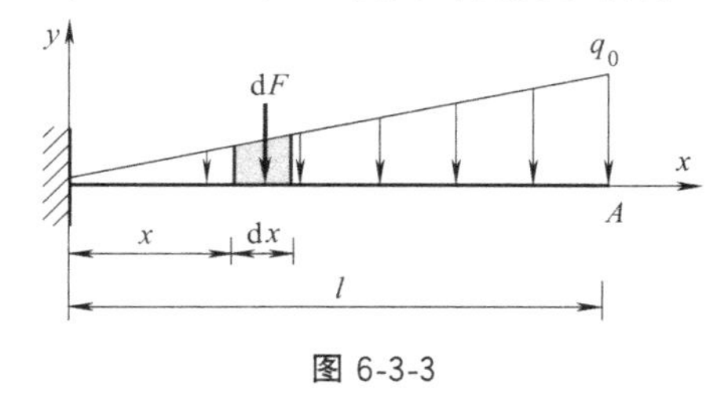

图 6-3-3

【分析】 图 6-3-3 所示三角形载荷在表 6-3-1 中是查不到的，表中只有集中力（偶）和均布载荷的情况。那么如何将这种三角形载荷转化成可以查表计算的情况呢？其实，我们在高等数学中学习的微分知识正适合解决这类问题：将三角形载荷沿分布方向（x 轴）微分成无限短的小窄条，是不是就可以看做集中载荷了？对集中载荷是不是就可以查表计算 A 截面的挠度和转角了？如何将这无限多个集中载荷所产生的变形叠加起来？读者如果能回答这些问题，本题也就迎刃而解了。

【解】 如图 6-3-3，任取 $\mathrm{d}x$ 宽的分布载荷，由于宽度无限小，可以视为均布载荷，集度为 $q(x)=xq_0/l$，则此微段载荷的合力为

$$\mathrm{d}F=q(x)\,\mathrm{d}x=\frac{q_0x}{l}\mathrm{d}x$$

查表 6-3-1 可得 $\mathrm{d}F$ 所引起的 A 截面的挠度和转角为

$$\mathrm{d}\theta_A=-\frac{q_0x\cdot x^2\mathrm{d}x}{2EIl},\quad \mathrm{d}w_A=-\frac{q_0x\cdot x^2}{6EIl}(3l-x)\,\mathrm{d}x$$

积分可得

$$\theta_A=-\int_0^l\frac{q_0x^3}{2EIl}\mathrm{d}x=-\frac{q_0}{2EIl}\int_0^l x^3\,\mathrm{d}x=-\frac{q_0l^3}{8EI}$$

$$w_A=-\frac{q_0}{6EIl}\int_0^l x^3(3l-x)\,\mathrm{d}x=-\frac{11q_0l^4}{120EI}$$

☆**【注意】** 所有悬臂梁和简支梁受任意分布载荷的变形，都可以用这种先微分后积分的方法来求解。

【例 6-3-2】 如图 6-3-4（a）所示简支梁受半跨均布载荷作用，求跨中 C 截面的挠度和 A、B 截面的转角。设弯曲刚度为 EI。

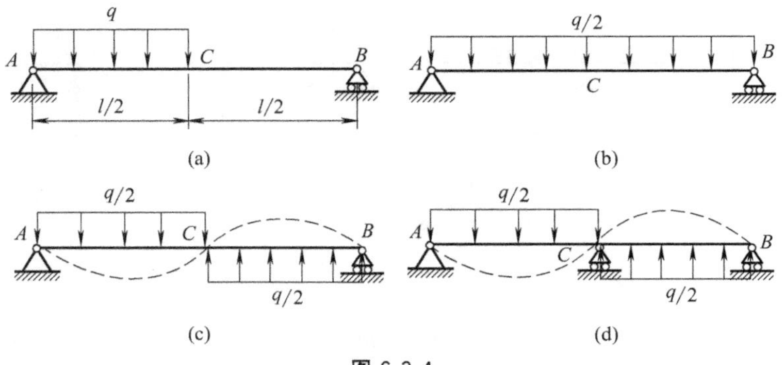

图 6-3-4

【分析】 本例显然可以通过上例的积分方法求解（读者可以自己一试），不过这里我们换一个方法，利用一下结构的对称性，这是力学问题中常用的方法之一。对于简支梁来讲，虽然左右支座不同，但在控制梁的变形上所起的作用是一样的（都是只限制竖向位移），所以可将其视为左右**对称结构**（Symmetrical Structure）。为充分利用对称性，可以考虑将载荷分解为**对称载荷**（Symmetrical Load）和**反对称载荷**（Anti-symmetrical Load，即载荷关于对称轴左右大小对称，方向相反）两种情况的叠加，如图 6-3-4（b）、（c）。对于反对称载荷的情形，由于位移和内力都应该是反对称的，可以得到 C 截面挠度为零，且弯矩为零（请读者画出反对称的变形图和内力图，考虑一下为什么?）。这样图 6-3-4（c）中的变形情况和图 6-3-4（d）是等效的，注意 6-3-4（d）中 C 处的铰支座将梁断开成两部分。于是，图 6-3-4（d）相当于两个简支梁受均布载荷作用的情况，可以通过查表确定其变形。

【解】 对于图 6-3-4（b），可查表 6-3-1 得

$$w_{C1}=-\frac{5(q/2)l^4}{384EI}=-\frac{5ql^4}{768EI};\quad \theta_{B1}=-\theta_{A1}=\frac{(q/2)l^3}{24EI}=\frac{ql^3}{48EI}$$

对于图 6-3-4（d），$w_{C2}=0$，查表 6-3-1 得

$$\theta_{A2}=\theta_{B2}=-\frac{\left(\frac{q}{2}\right)\left(\frac{l}{2}\right)^3}{24EI}=-\frac{ql^3}{384EI}$$

叠加：$w_C=w_{C1}+w_{C2}=-\dfrac{5ql^4}{768EI}$（方向向下）

$$\theta_A=\theta_{A1}+\theta_{A2}=-\frac{ql^3}{48EI}-\frac{ql^3}{384EI}=-\frac{3ql^3}{128EI}\text{（顺时针）}$$

$$\theta_B=\theta_{B1}+\theta_{B2}=\frac{ql^3}{48EI}-\frac{ql^3}{384EI}=\frac{7ql^3}{384EI}\text{（逆时针）}$$

★**【思考 1】** 本例如果只求跨中挠度，也可以如图 6-3-5 所示，分解成图 6-3-5（a）和图 6-3-5（b）两种情况的叠加，读者可以思考一下如何求解？提示：图 6-3-5（b）和原题目的跨中挠度应该大小相等、方向相反。

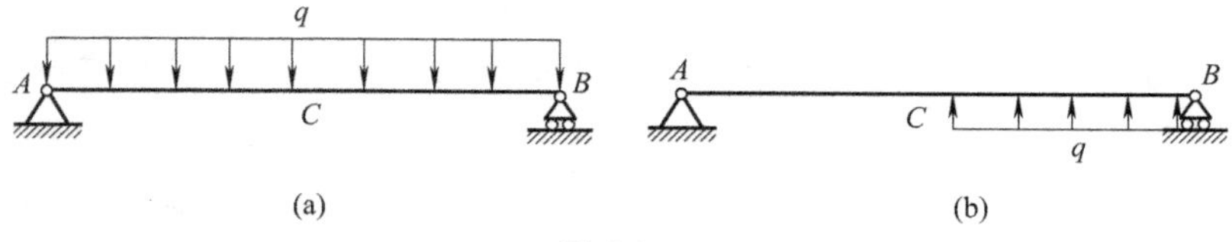

图 6-3-5

☆【思考 2】 在上例中，对于**对称结构受反对称载荷**的情况，我们将其转化为两个**半结构**来计算。那么对于**对称结构受对称载荷**的情况，例如图 6-3-6（a），是否也可以转化为半结构来计算呢？

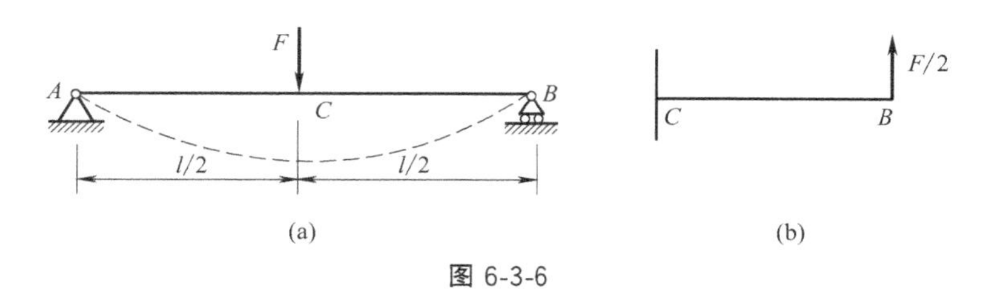

图 6-3-6

☆**提示**：考虑 C 截面转角为零，而且位移是相对的，也可以将 C 截面挠度视为零，而 B 截面相对它产生了大小相等、方向相反的挠度，这样由于 C 截面转角为零，挠度也假设为零，所以可以视为固定端。根据以上分析，可以取如图 6-3-6（b）所示半结构来计算出 B 截面挠度（其中的载荷为 B 处支座反力），进而确定 C 截面的挠度。

☆【小结】 ①对称结构受反对称载荷，可以通过添加中间铰支座，转化为两个半结构来计算；②对称结构受对称载荷，可以通过添加中间固定端支座，只取半结构来计算。

6.3.3 变形叠加法

变形叠加法，也叫**逐段刚化法**，就是计算梁某些截面的挠度、转角时，每次只考虑一部分梁变形，其他部分视为刚体，计算相应截面的挠度、转角。当梁所有部分变形引起的挠度、转角都计算出来后，再进行叠加。逐段刚化法，比较适于求解分段较多的多跨梁。

下面通过一个例子说明其用法：如图 6-3-7（a），外伸梁受集中力，设弯曲刚度为 EI，求 C 截面的挠度。

先刚化 AB 段，只考虑 BC 段变形。由于 AB 部分为刚体时，B 截面既没有挠度也没有转角，所以 BC 可以视为悬臂梁，如图 6-3-7（b）。此时查表 6-3-1，可得 C 截面挠度为

$$w_{C1}=-\frac{Fa^3}{3EI}$$

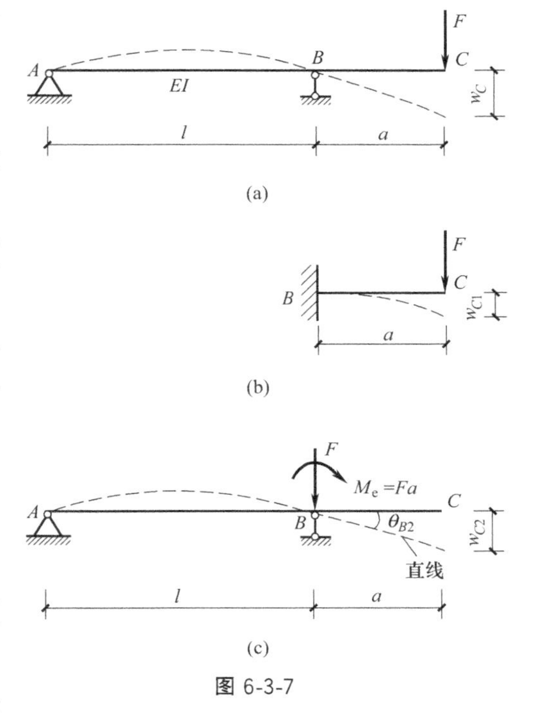

图 6-3-7

其次，再刚化 BC 段，只考虑 AB 段变形。此时 BC 部分轴线保持为直线，只随着 B 截面的转动而发生刚体转动。为方便计算，可以将力 F 平移到 B 端，并附加力偶 $M=Fa$。因为 BC 段是“刚体”，这种平移是力学等效变换，如图 6-3-7（c）。注意一下，图中 F 不会产生变形（为什么?），而力偶产生的变形可以按照简支梁受集中力偶作用来查表确定

$$\theta_{B2}=-\frac{Fa\cdot l}{3EI}$$

由此引起的 C 截面挠度为

$$w_{C2}=a\tan\theta_{B2}\approx a\theta_{B2}=-\frac{Fal}{3EI}\times a=-\frac{Fa^2l}{3EI}$$

所以 C 截面的总挠度为：$w_C=w_{C1}+w_{C2}=-\frac{Fa^2}{3EI}(l+a)$，方向向下。

基础测试

变截面梁如图 6-3-8 所示，已知 AE 段和 DB 段的弯曲刚度为 EI，ED 段的弯曲刚度为 $2EI$，试求 B 截面的转角。

★**提示**：首先可以利用对称性，取半结构研究；其次对弯曲刚度不同的段，可以采用逐段刚化法。

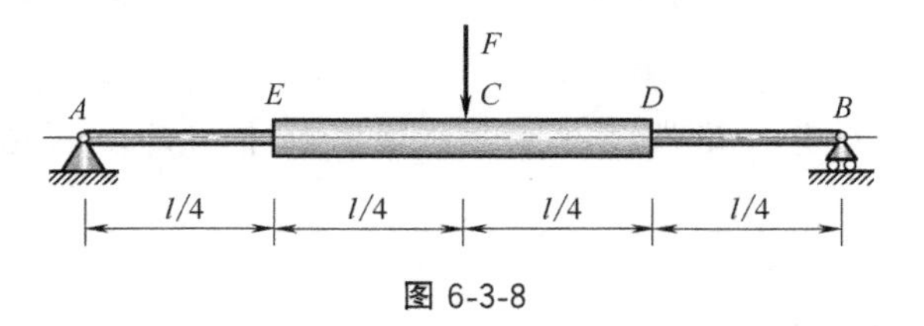

图 6-3-8

小结

通过本节学习，应达到以下目标：

（1）掌握叠加法的概念和通过查表确定简单梁在多种载荷作用下弯曲变形的方法；

（2）能够将一些简单的梁通过等效变化来运用叠加方法确定变形；

（3）初步掌握利用逐段刚化法求解复杂梁变形问题。

<<<< 习 题 >>>>

6-3-1 用叠加法求图 6-3-9 所示梁截面 A 的挠度和截面 B 的转角。EI 为常量。

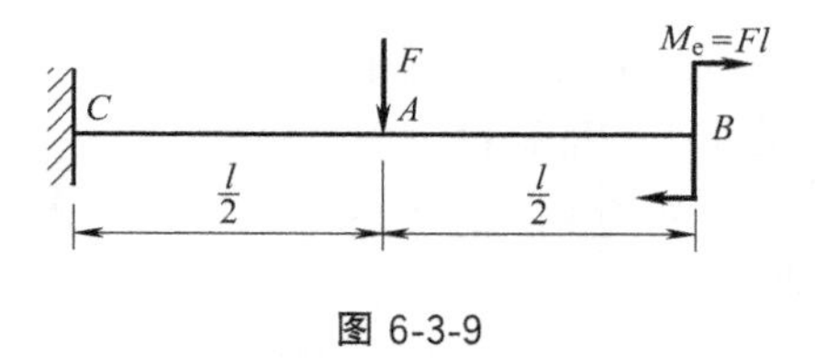

图 6-3-9

6-3-2 试用叠加法求图 6-3-10 所示梁 A 端的挠度 w_A。EI 为已知常量。

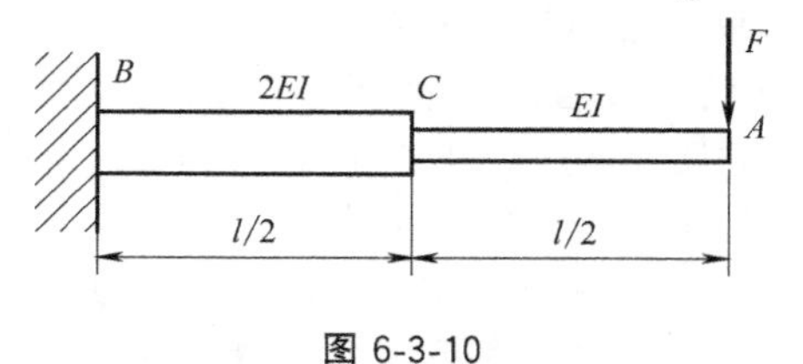

图 6-3-10

6-3-3　试用叠加法求图 6-3-11 所示梁 A 截面的挠度 w_A 和 B 截面的转角 θ_B。梁的 EI 为已知常量。

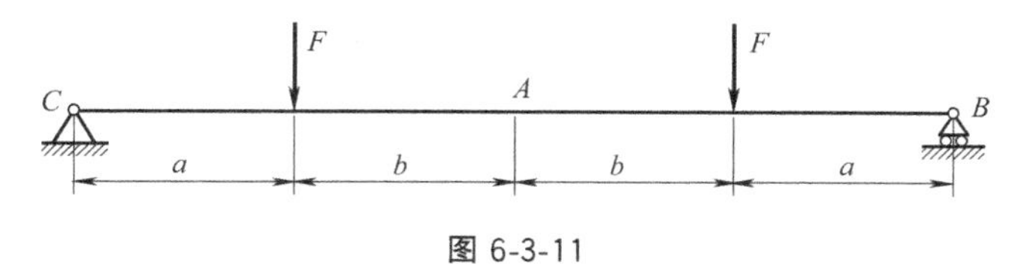

图 6-3-11

6-3-4　试用叠加法求图 6-3-12 所示外伸梁 C 截面的挠度 w_C 和转角 θ_C。梁的 EI 为已知常量。

6-3-5*　试用叠加法求图 6-3-13 所示组合梁 B 截面的挠度 w_B。梁的 EI 为已知常量。

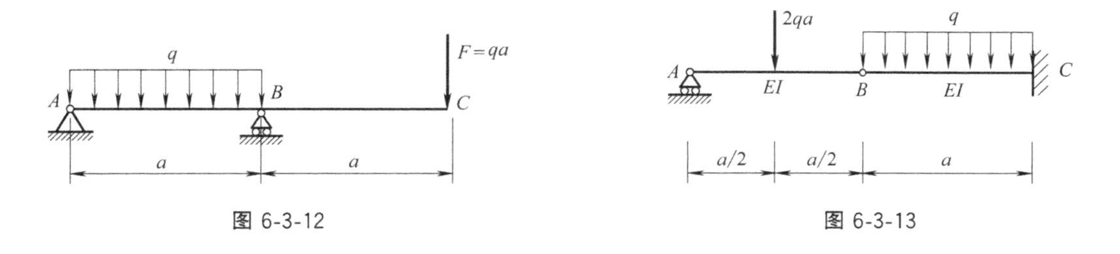

图 6-3-12　　图 6-3-13

6.4 梁变形的应用

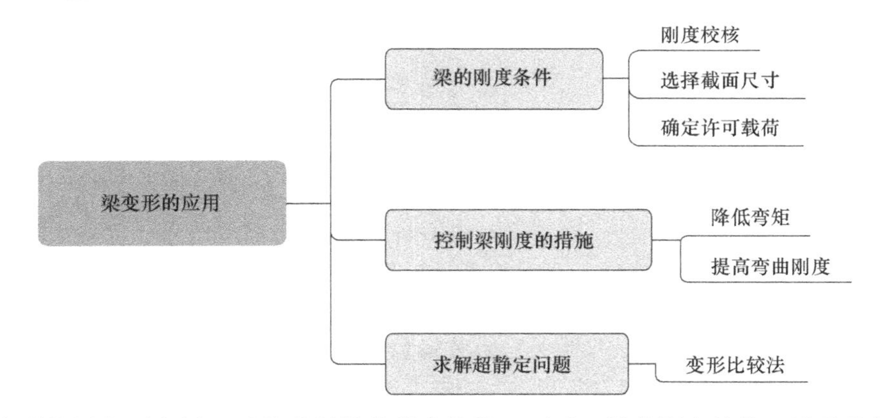

梁变形的最主要应用，还是进行梁的强度校核。不过，梁的刚度校核，涉及的情况要复杂一些，各个行业部门往往有不同的要求：例如土木类专业主要考虑梁的最大挠度；而在机械工程上，则要同时考虑梁的挠度和转角，而且有时不是最大挠度和转角，而是一些特定截面的挠度和转角，例如传动轴在轴承处的转角过大，会造成轴和轴承的磨损，甚至轴被卡住。所以，读者在工作中，进行梁的刚度校核时，一定要结合自己部门的行业规范。

梁变形除了进行刚度校核之外，还有一个重要应用就是求解超静定问题。读者可以回忆一下前面讲过的超静定问题，变形在其中起了什么作用？实际上，通过研究变形，找出变形协调条件，是解决超静定问题的关键。

6.4.1 梁的刚度条件

正如本节导航中所述，梁的刚度问题包括两种类型：一是最大位移控制；二是指定截面位移控制。

（1）最大位移控制

最大位移控制表达式为

$$\left.\begin{array}{l}|w|_{max}\leqslant[w]\\|\theta|_{max}\leqslant[\theta]\end{array}\right\}\tag{6-4-1}$$

式中，$[w]$、$[\theta]$分别是梁的许用挠度和许用转角。

但是，一般工程手册给出的挠度许用值采用和梁跨度比值的形式，即$\left[\frac{w}{l}\right]$，所以式(6-4-1)中第1式一般写作

$$\frac{|w|_{max}}{l}\leqslant\left[\frac{w}{l}\right]\tag{6-4-2}$$

（2）指定截面位移控制

对一些特定截面，要求

$$\left.\begin{array}{l}|w|\leqslant[w]\\|\theta|\leqslant[\theta]\end{array}\right\}\tag{6-4-3}$$

例如传动轴在轴承处$[\theta]=0.001\sim0.005\text{rad}$。

<<<< 例 题 >>>>

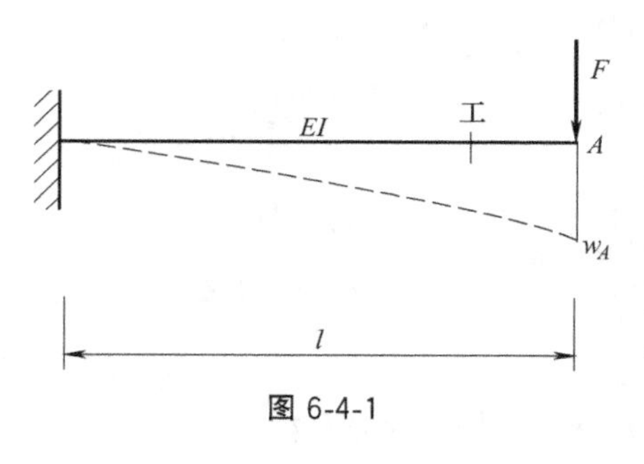

图 6-4-1

【例 6-4-1】 如图6-4-1所示工字钢制成的悬臂梁，已知$F=10\text{kN}$，$l=4\text{m}$，$[\sigma]=160\text{MPa}$，$E=200\text{GPa}$，$\left[\frac{w}{l}\right]=\frac{1}{400}$，试选择工字钢型号。

【分析】 题目中同时给出了许用应力和许用挠度，显然需要通过强度条件和刚度条件分别选择工字钢型号，最终选用截面更大的工字钢。

【解】 （1）按强度条件选择工字钢

最大弯矩在固定端，$|M|_{max}=Fl$

根据强度条件：$\sigma_{max}=\frac{|M|_{max}}{W_z}\leqslant[\sigma]$

$$W_z\geqslant\frac{|M|_{max}}{[\sigma]}=\frac{40\times10^6}{160}\text{mm}^3=250\text{cm}^3$$

查表选20b工字钢，$W_z=250\text{cm}^3$。

（2）按刚度条件选择工字钢

查表 6-3-1 可得 $|w|_{max}=\dfrac{Fl^3}{3EI_z}$

由刚度条件式（6-4-2）得：$\dfrac{|w|_{max}}{l}=\dfrac{Fl^2}{3EI_z}\leqslant\left[\dfrac{w}{l}\right]=\dfrac{1}{400}$

$$I_z\geqslant\frac{400Fl^2}{3E}=\frac{400\times10\times10^3\times(4\times10^3)^2}{3\times200\times10^3}\text{mm}^4=10667\times10^4\text{mm}^4=10667\text{cm}^4$$

查表选 32a 工字钢，$I_z=11075\text{cm}^4$。

综合 1、2，显然应该选择 32a 工字钢。

★**【注意】** 大部分梁，其截面设计主要由强度控制。但由本例可以看出，悬臂梁是个特例。由例子还可以看出，悬臂梁产生的变形是相当大的。为提高其刚度，往往要采取一些措施控制变形，具体可以参考下一部分内容。

6.4.2 提高梁刚度的措施

根据刚度条件，要提高梁的刚度的话，显然要尽量减少挠度和转角。而根据挠曲线微分方程 $w''=\dfrac{M(x)}{EI}$，无论挠度还是转角，都取决于两个要素：一个是梁的弯曲刚度；另一个是梁的弯矩。所以，提高梁的刚度可以从以下两方面入手。

（1）增大梁的弯曲刚度 *EI*

由于弯曲刚度是由两个量组成的，所以可以从**弹性模量**和**截面对中性轴的惯性矩**两方面来提高弯曲刚度。

① 为提高梁的刚度，可以**优先选择弹性模量较大的材料**，例如用金属材料代替木材，用钢材代替铝材，等等。需要说明的是，**各种钢材的弹性模量相差不大**，选用高强度钢虽然能提高梁的强度，对刚度却几乎没有影响。

② 可以**采用大惯性矩截面**来提高梁的刚度，例如工程中常用工字形、箱形截面等。这一点和提高强度的做法有些类似，但一定要注意：**增加强度一般只要提高应力较大部分截面的惯性矩即可，而提高刚度则一般要提高全梁截面的惯性矩才有效果。**因为只提高一小部分截面的惯性矩，对整体刚度影响不大。

（2）减小弯矩

这一点在“5.4 提高弯曲强度的措施”一节中，已有讲述，主要措施包括：减小梁的跨度；合理安排支座；载荷尽量远离跨中，并在梁上分散开等等。其中，梁的跨度对挠度和转角影响非常大，往往是三次方或四次方的关系（参考表 6-3-1），因此减小跨度，是一种非常有效的提高梁刚度的方法。下面通过例子加以说明。

★**【实例 1】** 如图 6-4-2（b）中的外伸梁相对于图 6-4-2（a）中的简支梁，前者最大挠度大约会是后者的 1/45。这是因为：一方面，减小跨度可以减小弯矩，进而减少挠度；另一方面，由于梁的外伸部分的自重作用，将使梁的中间部分产生向上的挠度，从而使向下的挠度能够被抵消一部分。桥式起重机的钢梁（上面均布载荷为重力）通常采用两端外伸的形式，其目的就是为了减少变形。

★**【实例 2】** 如图 6-4-3，车床加工工件。如果工件只用卡盘一端固定，在车刀作用于上面时，容易产生较大的变形，影响加工精度。所以一般在工件另一端用顶针顶住，相当于增加了一个支座。实践证明，这样能较好地控制工件的变形。如果工件较长，还可以在中间加装中心架，相当于又增加了一个支座，而且同时减小了梁的跨度，能进一步减小变形。

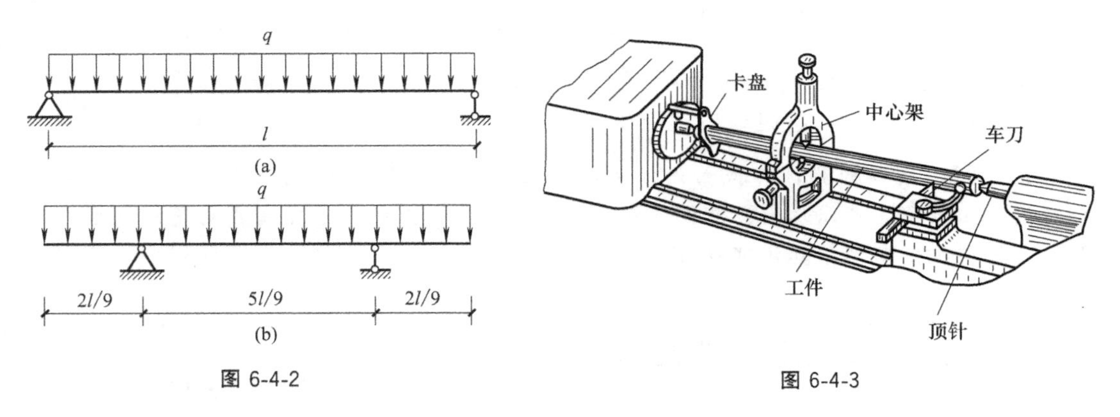

图 6-4-2　　图 6-4-3

基础测试

6-4-1 （判断题）采用钢材代替铝材，或用高强度钢代替普通钢可以有效提高梁的刚度。（　　）

6-4-2 （判断题）降低最大弯矩或在最大弯矩处增大截面，可以有效提高梁的刚度。（　　）

6-4-3 （填空题）为减少梁的弯矩和变形，一般可以减小梁的（　　）和增加梁的（　　）。

6.4.3 超静定梁

（1）超静定梁的基本概念

在前面提到，增加支座可以提高梁的刚度（一般也能增加梁的强度）。不过，增加支座的同时，也增加了未知的支反力个数，往往使梁成为**超静定梁**（Statically Indeterminate Beam）。如图 6-4-4（a）简支梁，有两个未知支反力，属于静定梁。而增加支座后［图 6-4-4（b）］，未知支反力成为三个，而力系是平面平行力系，只用静力学平衡方程就无法求解了。像这种**单凭静力平衡方程不能求出全部支反力的梁，称为超静定梁。**

下面介绍一下和超静定梁求解相关的一些概念。

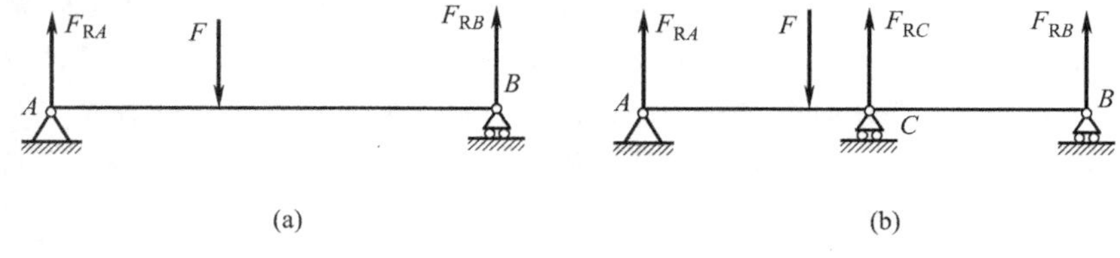

图 6-4-4

多余约束（Redundant Constraint）和**多余约束力**（Redundant Constraint Force）：梁上多于维持其静力平衡所必需的约束称为多余约束，例如图 6-4-4（b）中的支座 C（当然也可以说是支座 A 或 B）。多余约束相应的约束力称多余约束力，例如图 6-4-4（b）中如果取支座 C 为多余约束，则 F_{RC} 为多余约束力。

超静定次数（Degree of Statically indeterminate Problems）：超静定梁的多余约束力的个数称为超静定次数。

☆**【注意】** 多余约束只是一种习惯称谓，在工程实践中，多余约束并不“多余”，它们是提高梁强度和刚度的必要措施。

（2）求解超静定梁的步骤

下面以图 6-4-5（a）所示的超静定梁为例，来说明一下求解超静定梁的步骤。

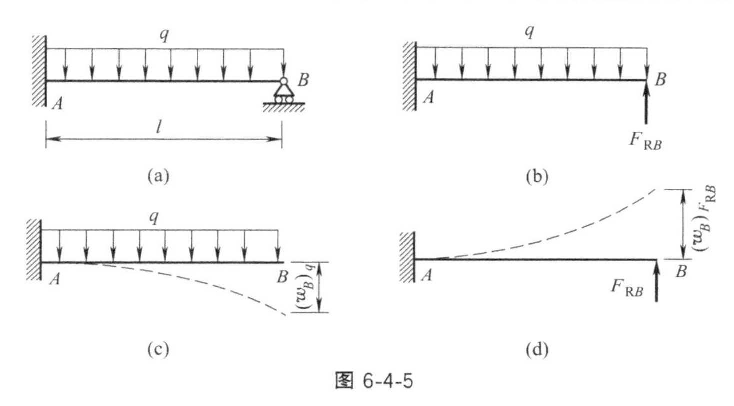

图 6-4-5

① 建立相当系统。显然图 6-4-5（a）所示的梁，是在悬臂梁的基础上增加了一个可动铰支座构成的，有一个多余约束，属于一次超静定问题。

将 B 处多余约束去除，为保证和原系统等效，加上多余约束力，如图 6-4-5（b）。这一等效系统称为原系统的**相当系统**。

② 列变形协调方程（几何方程）。比较原系统和相当系统：原系统在多余约束处 $w_B=0$。

相当系统虽然去除了多余约束，但是增加了多余约束力，和原系统等效，所以仍有 $w_B=0$。

参照图 6-4-5（c）、（d），用叠加法求出 B 截面挠度，令其等于零，即得变形协调方程

$$w_B=(w_B)_q+(w_B)_{F_{RB}}=0 \tag{6-4-4}$$

③ 建立物理方程。查表 6-3-1，得力和变形关系，即物理方程

$$(w_B)_q=-\frac{ql^4}{8EI},(w_B)_{F_{RB}}=\frac{F_{RB}l^3}{3EI} \tag{6-4-5}$$

④ 建立补充方程。将（6-4-5）代入（6-4-4）得补充方程

$$-\frac{ql^4}{8EI}+\frac{F_{RB}l^3}{3EI}=0$$

解得

$$F_{RB}=\frac{3}{8}ql$$

求得多余未知力后，后续问题按静定梁处理即可，这里不再赘述。

以上方法的变形协调方程式（6-3-1）是通过比较原系统和相当系统的变形得到的，是一种通用的求解超静定梁的方法，称为**变形比较法**（Method of Deformation Comparison）。

★【说明】 ①相当系统不是唯一的，可有多种选法。如图 6-4-6（a）中的梁有三个约束力，可以取任意一个为多余未知力，去掉与之对应的多余约束，可以得到相应的相当系统。②对于有两个以上约束力的支座，如果只解除一个约束力对应的约束，则要转化为相应的其他支座。例如图 6-4-6（b）中，取约束力偶为多余约束力，则不能把整个固定端支座去掉，而是应把限制转动的部分约束去掉，所以图中代之以固定铰支座。

★【思考】 如图 6-4-6（b），取约束力偶为多余约束力，试用变形比较法求解。

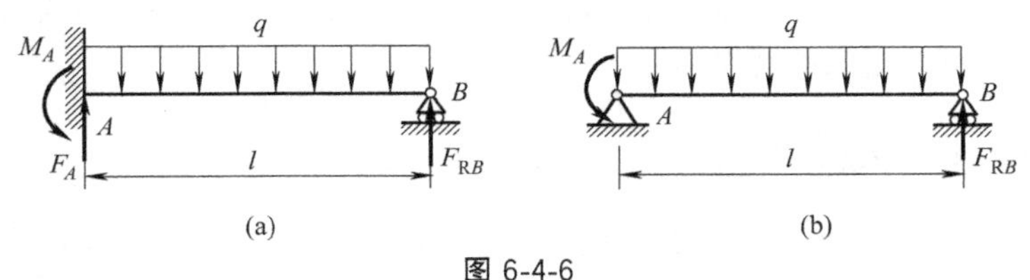

图 6-4-6

★【答案】 $M_A=\frac{1}{8}ql^2$。

小结

通过本节学习，应达到以下目标：

（1）掌握梁的刚度条件；

（2）了解提高梁刚度的常用措施；

（3）掌握多余约束、多余约束力和超静定次数的概念；

（4）能够用变形比较法解简单超静定梁。

习 题

6-4-1 两端简支的输气管道，已知其外径 $D=114\text{mm}$，壁厚 $\delta=4\text{mm}$，单位长度上 $q=106\text{N/m}$，材料的弹性模量 $E=210\text{GPa}$。设管道的许可挠度 $[w]=l/500$，l 为管道的跨度，试确定此管道的最大跨度。

6-4-2 悬臂梁受载荷如图 6-4-7 所示。已知梁为 22a 工字钢，$l=2\text{m}$，弹性模量 $E=200\text{GPa}$，$[\sigma]=160\text{MPa}$，$[w/l]=1/500$，试求许可载荷 $[q]$。

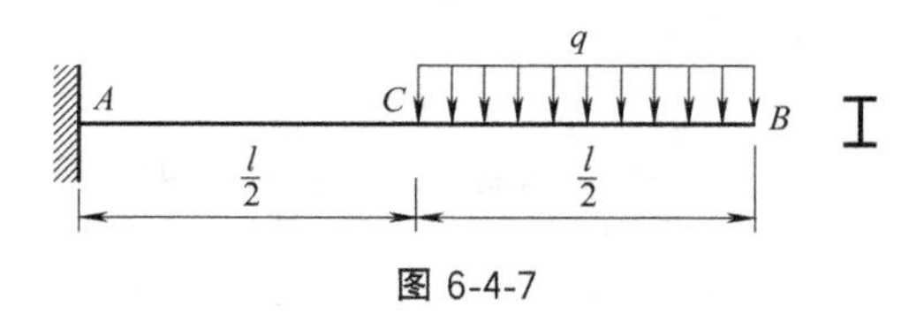

图 6-4-7

6-4-3 试求图 6-4-8 所示各梁的支座反力，并作弯矩图。各梁的 EI 均为常量。

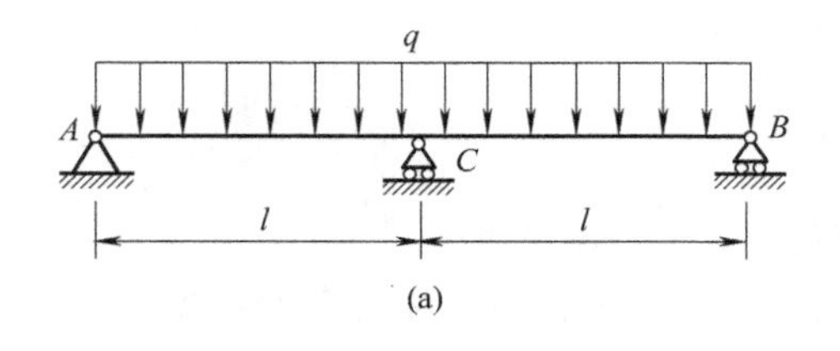

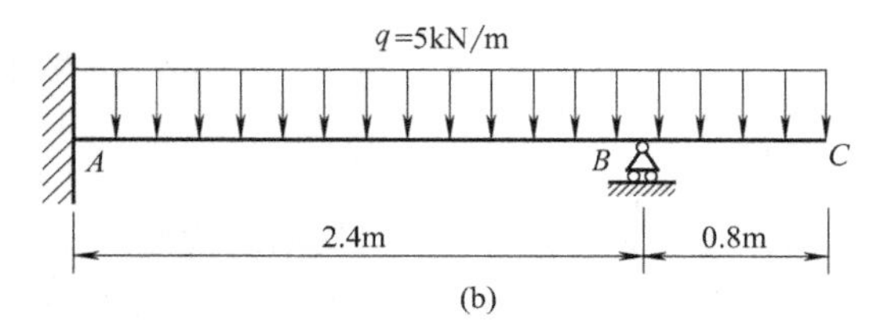

图 6-4-8

应力状态和强度理论

7.1 应力状态的概念

本节导航

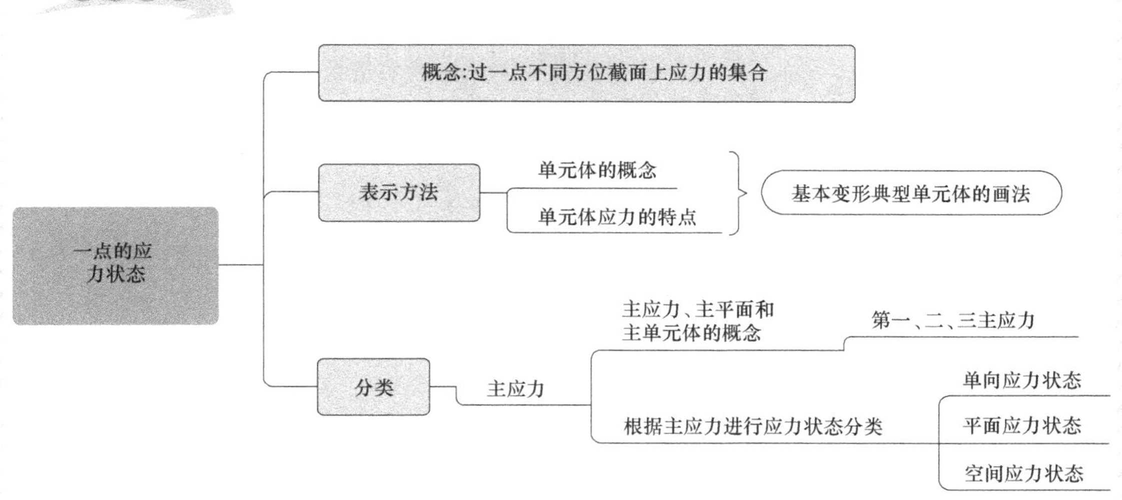

读者是否还记得，在铸铁的单向压缩试验中，试件并非沿横截面，而是沿倾斜方位断开（图 7-1-1）。同样在铸铁的扭转试验中，试件也是沿与轴线大致 45°方向的螺旋线断裂（图 7-1-2）。

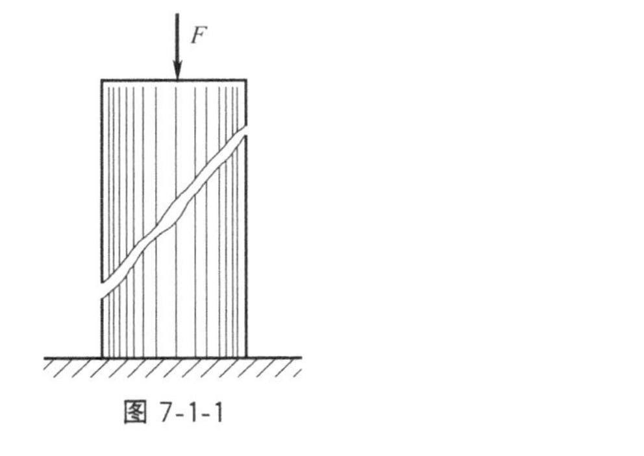

图 7-1-1

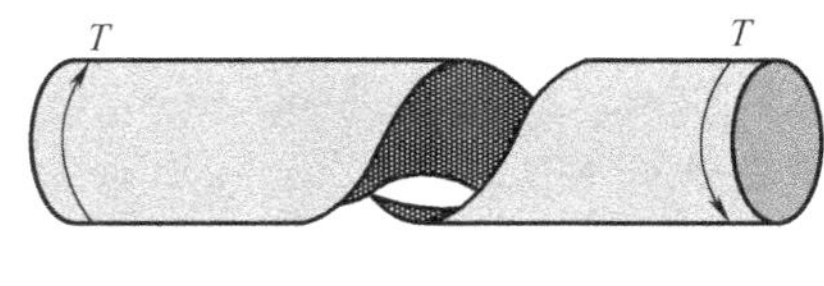

图 7-1-2

读者是不是有了疑问：我们一直在学习横截面上的应力，校核强度也是用横截面的应力，可这些破坏却在斜截面上，那我们以前学的是不是有问题？

确实，一点的应力，不光是横截面应力这一种情况，还应该包含斜截面的应力。以前我们一直在学习同一横截面上各点应力的分布规律，在这一章中，我们要换一下思路，研究一下一点处沿各个方位不同截面的应力情况。

7.1.1 应力状态的概念

一点的应力状态（State of Stress）**是指过一点不同方位截面上应力的集合。**

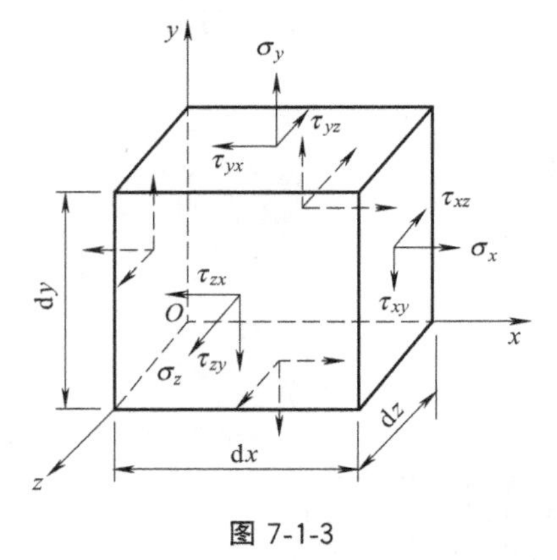

图 7-1-3

显然这是一个无限集，不能直接表示出来。但是，理论可以证明，只要围绕一点**单元体**表面上的应力是已知的（图 7-1-3），则此点任意方位截面的应力可求。

★**【思考】** 读者还记得什么是单元体吗？

★**【解答】** 单元体，就是边长为无限小的长方体，可以参见图 7-1-3。

单元体表面的应力（图 7-1-3），应满足以下两个要求：

① 单元体每个表面上应力都是均匀分布的，这主要是考虑单元体表面是无限小的；

② 平行平面上的沿同一方向的两个应力大小相等、指向相反，这一条主要是为满足单元体平衡的要求。

★**【问题】** 除以上两条之外，读者还能想到各表面切应力应该满足什么关系？

★**【解答】** 正交面上的切应力还应该满足切应力互等定理，还记得吗？参见 3.2 节相关部分。

7.1.2 主单元体和主应力的概念

各侧面切应力均为零的单元体称为**主单元体**（Principal Element）；相应的，切应力为零的截面称为**主平面**（Principal Plane）；主平面上的正应力称为**主应力**（Principal Stress，图 7-1-4）。

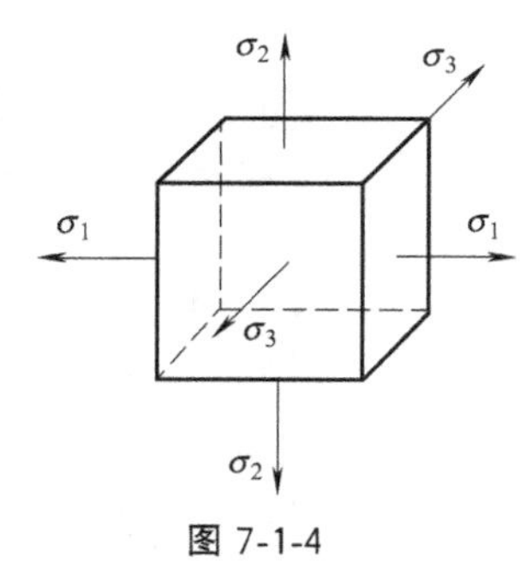

图 7-1-4

可能读者会有疑问，会这么巧吗，单元体各侧面切应力都为零？实际上后面会证明，**对一点来讲，至少会有一个主单元体存在。**

图 7-1-4 中各主应力都有编号：三个互相垂直的主应力一般**按代数值大小**的顺序来排列，记为 σ_1、σ_2、σ_3，分别称为**第一、二、三主应力**（The First，Second and Third Principal Stress），即按代数值排列，大小为：$\sigma_1 \geqslant \sigma_2 \geqslant \sigma_3$。

根据主单元体的应力情况，可以将点的应力状态分为三类：如果三个主应力当中有两个为零，称为**单向应力状态**（State of Uniaxial Stress）；如果三个主应力当中有一个为零，称为**二向应力状态**（State of Biaxial Stress）或**平面应力状态**（State of Plane Stress）；如果三个主应力均不为零，则称为**三向应力状态**（State of Triaxial Stress）或**空间应力状态**（State of Spatial Stress）。

7.1.3 一点应力状态的确定

对于我们以前所学的基本变形，其内部一点应力状态的确定，大致可以分为以下三步：

① 取单元体的两个表面平行于横截面，先根据以前所学基本变形（拉压、扭转、弯曲）的应力情况，画出单元体对应于两个横截面的表面上的应力，包括正应力和切应力；

② 基本变形的纵向截面一般没有正应力，相应的单元体表面也没有正应力；

③ 纵向截面的切应力可以根据横截面的切应力，由切应力互等定理确定。

基础测试

7-1-1 一点的应力状态是指构件上一点处沿各个方位截面上应力的集合，可以简单地用（ ）体上各表面的应力来表示。

7-1-2 单元体表面上的应力可以认为是（ ）分布的，相对面上的相应的正应力或切应力大小（ ）、方向（ ），正交面上的切应力满足（ ）定理。

7-1-3 一点处一定存在一个（ ）单元体，每个侧面上的切应力均为零，而正应力称为（ ），这些正应力按（ ）值大小顺序分别称为第一、第二和第三（ ）应力。

例 题

【例 7-1-1】 画出图 7-1-5（a）中截面 $n—n$ 上点的应力状态示意图。

【分析】 轴向拉压杆横截面上只有正应力，据此画出所求点的单元体对应于横截面的应力。其他面应力参照上面的步骤推出。

【解】 所求点的应力状态如图 7-1-5（b）所示，由于前后表面没有应力，其他面应力也和前后表面平行，所以也可以画成图 7-1-5（c）所示平面单元体。

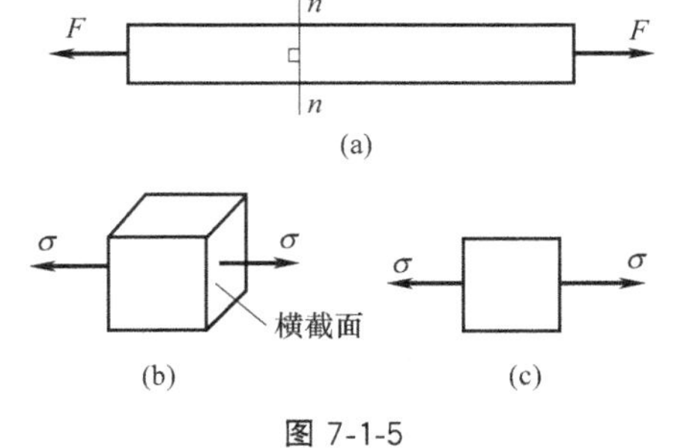

图 7-1-5

【例 7-1-2】 画出图 7-1-6（a）中扭转杆前表面上点的应力状态示意图。

【分析】 同样先由扭转杆横截面应力特点画出横截面切应力，再由切应力互等定理确定其他面的切应力。当然，如果知道点处于纯剪切应力状态，也可以直接画出。

【解】 所求点的应力状态如图 7-1-6（b）所示，或者用图 7-1-6（c）平面单元体表示。

【例 7-1-3】 画出图 7-1-7（a）中梁内一点的应力状态示意图。

【分析】 由图 7-1-7（a）可以看出，点不在梁的中性层和上下边缘，因此上面既有正应力也有切应力。根据横截面的弯矩和剪力方向，可以确定点的应力方向。

【解】 所求点的应力状态如图 7-1-7（b）所示，或者用图 7-1-7（c）平面单元体表示。

★**【思考】** 如果点位于梁的中性层或者上下边缘，请读者思考点的应力状态。

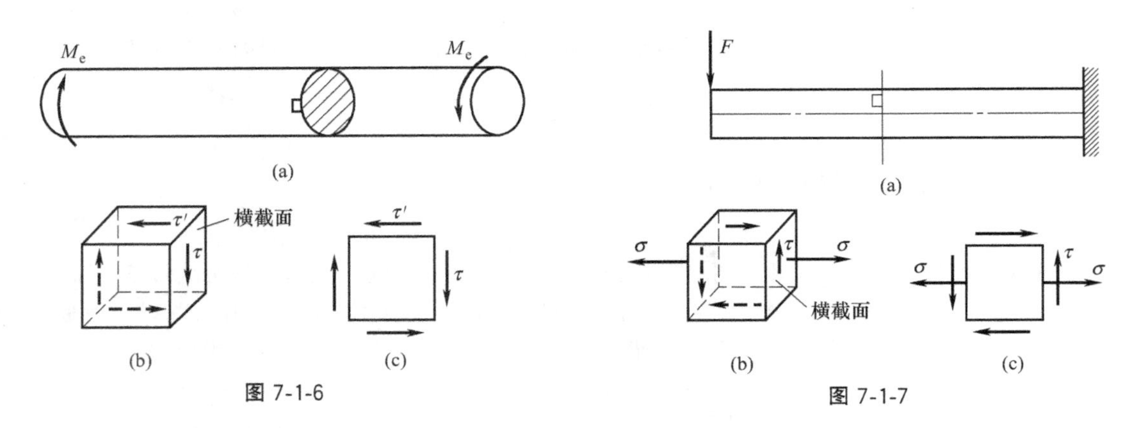

图 7-1-6　　图 7-1-7

★【解析】 中性层的特点是正应力为零；上下边缘的特点是切应力为零。据此，请读者自行绘出应力状态。

7.1.4　二向应力状态实例——薄壁压力容器

薄壁压力容器表面点的应力状态，是典型的二向应力状态实例，下面讨论一下其计算方法。

图 7-1-8

如图 7-1-8，是工业中常见的压力容器罐，用于储存高压液体或气体。如图 7-1-9（b）所示，如果容器的壁厚 δ 和横截面内径 D 满足

$$\delta \leqslant \frac{D}{20}$$

则容器称为薄壁压力容器（Thin-walled Pressure Vessel），其表面一点的应力状态一般近似为二向应力状态［图 7-1-9（a）］。其中的 σ' 称为轴向应力，σ'' 称为环向应力或周向应力。下面具体分析。

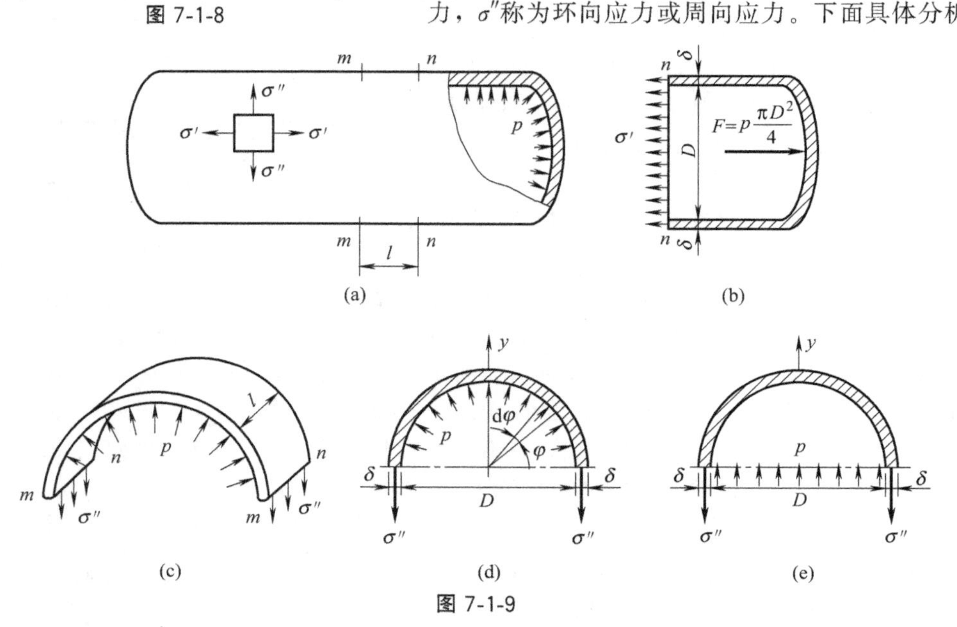

图 7-1-9

首先求一下横截面上的应力，在靠近长度中部的地方作横截面 $n-n$，将右侧部分单独截开 [图 7-1-9 (b)]。由于截面所在部分距端部较远，可以忽略端部影响，认为这部分各截面变形都是相同的，截面之间不存在相对错动，也就是没有切应力，只有正应力。那么，正应力在横截面上是如何分布的呢？

☆【问题】 请读者结合薄壁压力容器的轴对称性和“薄”的特性，分析一下横截面正应力的分布。

☆【解答】 由于轴对称性，正应力沿横截面圆环的周向应该是均匀分布的；又由于容器的壁很薄，沿厚度方向（圆环的径向）也可以认为均匀的。这样正应力在整个横截面上都是均匀分布的。

如图 7-1-9 (b)，设横截面正应力为 σ'，则由平衡方程可得

$$p \cdot \frac{\pi D^2}{4} - \sigma' \pi D \delta = 0$$

由此可求得

$$\sigma' = \frac{pD}{4\delta} \tag{7-1-1}$$

下面再求一下过轴线的纵向截面上的应力。为此，在靠近长度中部的地方用 $m-m$ 和 $n-n$ 两个横截面先截出一段长为 l 的容器，再用过轴线的纵向截面截出一半，如图 7-1-9 (c)。通过简单分析可以得出，纵向面上也只有均匀的正应力 σ''（具体分析方法，交给各位读者）。

如图 7-1-9 (d)，为求出 σ''，可利用竖向力的平衡方程。其中，求内壁压力沿竖向的投影之和，需要采用积分的方法，请读者参考下式

$$\int_0^{\pi} p \frac{D}{2} l \sin\varphi \mathrm{d}\varphi = plD$$

由平衡方程

$$2\sigma'' \delta l - plD = 0$$

下面再给出一种比较简洁的方法供读者参考：如图 7-1-9 (e)，在用过轴线的纵向截面截开容器的同时，也将其中的流体截开，并取容器和流体为一个整体，此时，图 7-1-9 (d) 中的流体压强 p 成为了内力，而流体间的压强则成为外力，大小仍然为 p。这样不用积分即可得到

$$2\sigma'' \delta l - plD = 0$$

最终可求得纵向截面应力为

$$\sigma'' = \frac{pD}{2\delta} \tag{7-1-2}$$

由以上分析可知：压力容器外表面一点的单元体，在对应于横截面和纵向截面的表面都只有正应力，而外表面则没有应力（忽略大气压），这样根据单元体的特点内表面有没有应力，可以认为是处于二向应力状态。

☆【问题】 上面我们取外表面一点进行研究，得出其处于二向应力状态。如果将点取在内表面，是否仍然是二向应力状态？

☆【解答】 内表面点的单元体，由于内压 p 的存在，显然内侧表面正应力也为 p，严格讲应处于三向应力状态，但由于 $D \gg \delta$，所以

$$\sigma' = \frac{pD}{4\delta} \gg p, \quad \sigma'' = \frac{pD}{2\delta} \gg p$$

这样单元体内外表面的应力都可以忽略不计，仍然可以认为是二向应力状态。

7.1.5 三向应力状态实例

应该明确一点，三向应力状态不一定是三向加载的状态，如图 7-1-10 铁轨上一点 A 所对应的单元体，上表面受到车轮压力后，四个侧面有往周围扩张的趋势，从而受到周围其他部分的压力，处于三向应力状态。

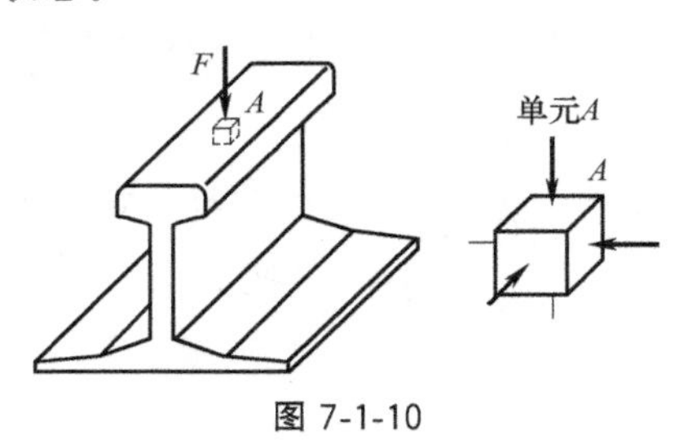

图 7-1-10

基础测试

如图 7-1-11，圆球形薄壁容器，壁厚为 t，内径为 D，承受内压 p 作用。则表面 A 点单元体的应力 σ 大小为（　　）。

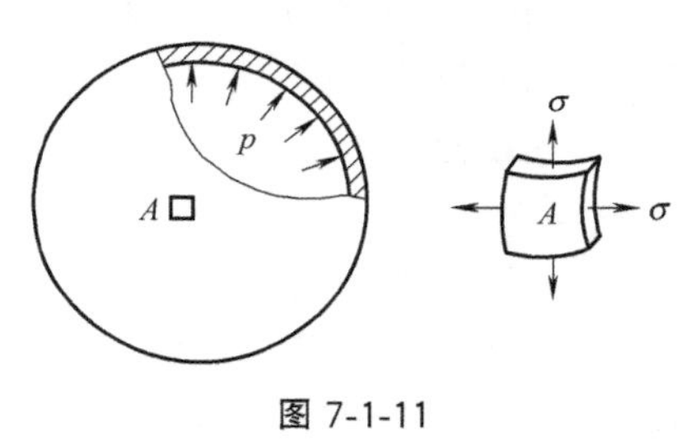

图 7-1-11

小结

通过本节学习，应达到以下目标：

（1）掌握应力状态的概念及表示方法；

（2）掌握主应力、主平面和主单元体的概念；

（3）能够熟练画出基本变形各点的典型单元体；

（4）了解薄壁压力容器表面点应力状态的计算方法。

习　题

7-1-1　试用单元体表示图 7-1-12 所示构件中 A、B 两点的应力状态，并标出单元体各面上的应力。

7-1-2　如图 7-1-13 所示，简支梁承受均布载荷，试在 m—m 横截面处从 1、2、3、4、5 点截取出 5 个单元体并标明各单元体上的应力情况（标明存在何种应力及应力方向）。

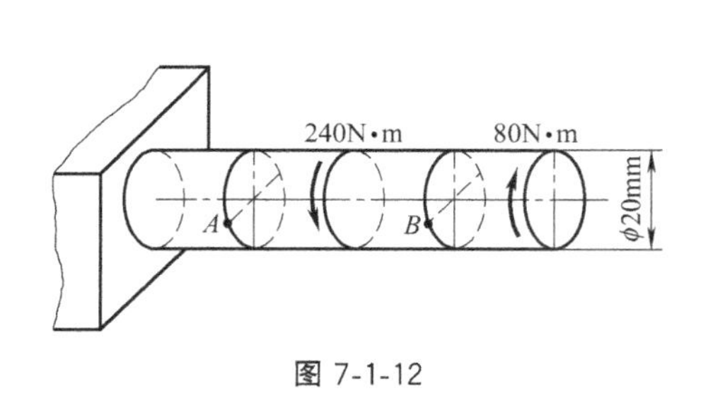

图 7-1-12

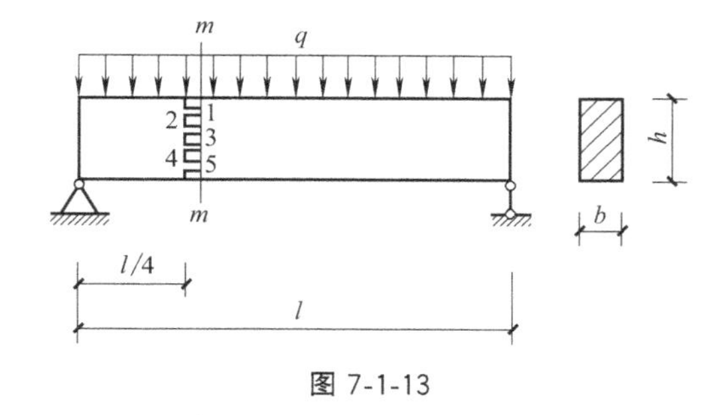

图 7-1-13

7.2 二向应力状态分析的解析法

本节导航

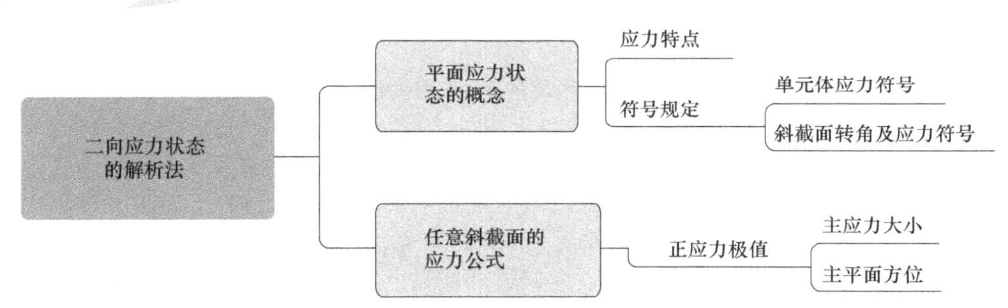

读者是否还记得，我们提到的应力状态应该是一点沿各方位截面上应力的集合，属于无限集合，而单元体只有有限的六个表面，怎么能表示出一点的应力状态呢？

实际上，这里说的表示，不是直接表示，而是知道了单元体表面的应力后，其他任意截面上的应力，都可以通过一套公式表示出来。本节先从比较简单的二向应力状态开始，来研究一下如何推导出这套公式。

其实，公式推导的思路比较简单，就是无论考虑多少个截面的应力，点的受力应该是平衡的，也就是最终归结于点的平衡问题。

7.2.1 二向应力状态的一般形式

我们知道，二向应力状态，是指单元体的三个主应力当中，有一个为零。此时，单元体应该只有两个主应力作用。但很多时候，我们绘制的单元体可能不止有正应力，还有切应力，所以在一般情况下，二向应力状态的单元体如图 7-2-1 所示。

这里简单说一下图中应力角标的规则：正应力的角标一般表示其方向，例如 σ_x 表示沿 x 轴方向的应力，以此类推；切应力的角标有两个，第一个代表其作用面的方位，第二个则代表在作用面内的方向，例如 τ_{xy} 中 x 表示切应力作用于以 x 轴为法线的面内，y 则表示应力沿 y 方向。

图 7-2-1 中所有应力都平行于 xy 平面，一般用图 7-2-2 的**平面单元体**来表示。因此，二向应力状态习惯上也称作**平面应力状态**。

图 7-2-1　　图 7-2-2

★【注意】 这里的平面应力状态并非是应力都作用于某一平面内，而是所有应力都平行于某一平面。

7.2.2 任意截面应力的确定

(1) 方法：截面法

假设任意斜截面过所研究的点，截单元体于 ef，如图 7-2-3 (a)。如果取截开的左侧部分楔形块 [图 7-2-3 (b)]，则斜截面方位可以用外法线 n 与 x 轴正向夹角 α 来表示。这样，斜截面上的应力就可以通过楔形块的平衡来求解，称为求解应力的**截面法**。

为方便求解，如图 7-2-3 (b)，在斜截面上建立切线轴 t 和法线轴 n，其中 n 轴以向外为正（沿外法线方向），而 t 轴正向在 n 轴正向顺时针转动 90°的方向上。这样，斜截面两个应力分量 σ_α 和 τ_α，沿坐标轴正向时为正。为保证符号统一，将其他量的符号规定如下：

正应力以拉应力为正，切应力以推动截离体或单元体顺时针转动为正。而斜截面的方位角 α 则以相对 x 轴逆时针转动为正。

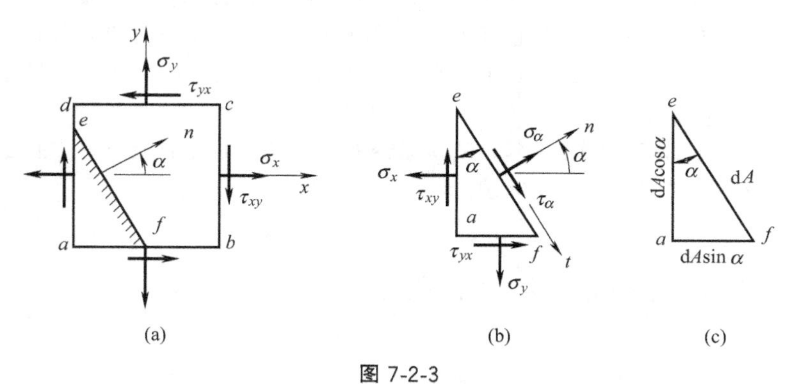

图 7-2-3

(2) 斜截面应力求解

参照图 7-2-3 (b)，利用 n 和 t 方向的平衡方程求解。注意到图中均为应力，列方程时需要乘以面积，而楔形块各表面的面积关系如图 7-2-3 (c)。

$$\sum F_n=0,\quad \sigma_\alpha \mathrm{d}A+(\tau_{xy}\mathrm{d}A\cos\alpha)\sin\alpha-(\sigma_x\mathrm{d}A\cos\alpha)\cos\alpha+(\tau_{yx}\mathrm{d}A\sin\alpha)\cos\alpha-(\sigma_y\mathrm{d}A\sin\alpha)\sin\alpha=0$$

$\sum F_t=0$，　$\tau_\alpha \mathrm{d}A-(\tau_{xy}\mathrm{d}A\cos\alpha)\cos\alpha-(\sigma_x \mathrm{d}A\cos\alpha)\sin\alpha+(\tau_{yx}\mathrm{d}A\sin\alpha)\sin\alpha+(\sigma_y \mathrm{d}A\sin\alpha)\cos\alpha=0$

化简以上两个平衡方程并利用 $\tau_{xy}=\tau_{yx}$ 得

$$\sigma_\alpha=\frac{\sigma_x+\sigma_y}{2}+\frac{\sigma_x-\sigma_y}{2}\cos2\alpha-\tau_{xy}\sin2\alpha \tag{7-2-1}$$

$$\tau_\alpha=\frac{\sigma_x-\sigma_y}{2}\sin2\alpha+\tau_{xy}\cos2\alpha \tag{7-2-2}$$

提示：读者是不是对这两个式子有些眼熟，是的，它们和惯性矩（积）的转角公式［式（Ⅰ-11）、式（Ⅰ-12）］非常类似。其实，平面应力状态和截面的惯性矩（积）在力学中都被称为二阶张量，符合相同的变换法则。下面导出一个和惯性矩类似的不变量。

由式（7-2-1）可得

$$\sigma_{\alpha+\pi/2}=\frac{\sigma_x+\sigma_y}{2}-\frac{\sigma_x-\sigma_y}{2}\cos2\alpha+\tau_{xy}\sin2\alpha$$

则

$$\sigma_\alpha+\sigma_{\alpha+\pi/2}=\sigma_x+\sigma_y$$

即：**在二向（平面）应力状态下，单元体两正交面上的正应力之和为常量。**这个结论也可以推广到三向（空间）应力状态的情况。

7.2.3 正应力的极值——主应力

（1）正应力极值位置

利用式（7-2-1），可以确定正应力关于变量 α 的极值。首先确定极值位置

$$\frac{\mathrm{d}\sigma_\alpha}{\mathrm{d}\alpha}=-2\left(\frac{\sigma_x-\sigma_y}{2}\sin2\alpha+\tau_{xy}\cos2\alpha\right)=0$$

即

$$\frac{\sigma_x-\sigma_y}{2}\sin2\alpha+\tau_{xy}\cos2\alpha=0 \tag{7-2-3}$$

设极值位置对应的角度为 α_0，由式（7-2-3）可得：$\tan2\alpha_0=-\dfrac{2\tau_{xy}}{\sigma_x-\sigma_y}$

$$\alpha_0=\frac{k\pi}{2}+\frac{1}{2}\arctan\left(\frac{-2\tau_{xy}}{\sigma_x-\sigma_y}\right) \tag{7-2-4}$$

式中，k 是任意整数。考虑实际问题的要求，只要取 $k=0$，1 两种情况，得到正交面上的一对解就够了（为什么？请读者思考）。

对比式（7-2-2）和式（7-2-3），可以得到一个重要结论：**正应力取极值的截面上，切应力为零**。即：**正应力的极值是主应力**（图 7-2-4）。这就说明了，一般情况下，一点总是存在着一个主单元体。

【注意】 某些特殊情况下，例如 $\tau_{xy}=0$ 且 $\sigma_x=\sigma_y$ 时，α_0 的值无法确定，主单元体也就不唯一了。实际上在这种情况下，容易证明，任意方位的单元体都是主单元体。

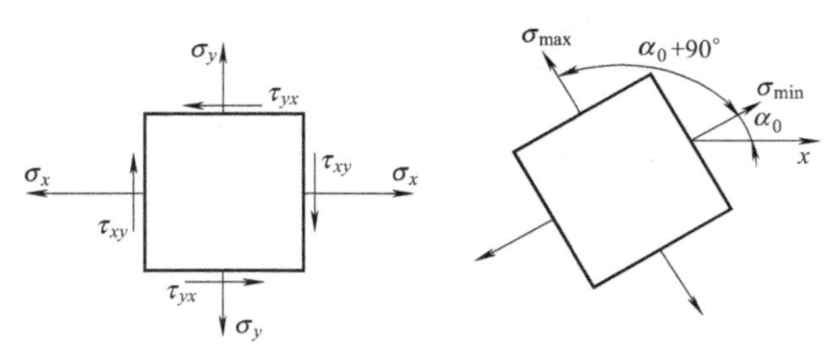

图 7-2-4

（2）主应力的大小

将上面所确定的 α_0 和 $\alpha_0+\pi/2$ 代入公式（7-2-1）可得到两个极值，根据连续函数的性质，它们也是平面应力状态下正应力的最值（结合高等数学极值和最值的关系思考一下为什么?）。考虑正交面上的正应力之和为常量，可知：这两个最值一个是正应力的最大值，一个是最小值

$$\begin{cases}\sigma_{\max} \\ \sigma_{\min}\end{cases}=\frac{\sigma_x+\sigma_y}{2}\pm\sqrt{\left(\frac{\sigma_x-\sigma_y}{2}\right)^2+\tau_{xy}^2} \tag{7-2-5}$$

这两个应力同时也是平面应力状态的两个主应力。

★【思考】 二向应力状态，一定有一个主应力为零，那么这两个极值主应力应该分别是第几主应力?

★提示：因为是二向应力状态，排除这两个极值主应力为零的情况，可以考虑以下几种可能：都大于零；都小于零；一个大于零，一个小于零。

（3）二向应力状态下主应力的确定

根据上面的推导，可以得到二向应力状态下主应力的确定方法：

① 主应力的大小确定：由式（7-2-5）求解，然后根据计算值并考虑有一个为零的主应力，最后确定第一、二、三主应力的大小。

② 主平面方位的确定：主平面方位角可由式（7-2-4）求解，其中只要取 $k=0$，1 两种情况，得到如图 7-2-4 所示的两个主应力即可。

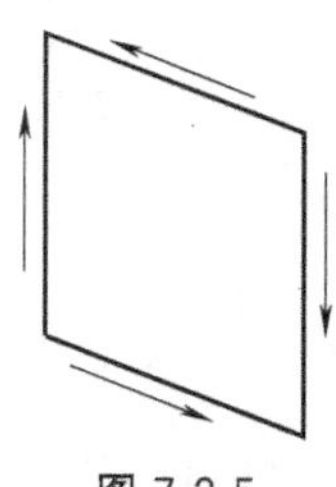

图 7-2-5

★【注意】 α_0 和 $\alpha_0+\pi/2$ 到底哪个对应于最大正应力，读者可以记住一个原则，即：**单元体正交面上两个切应力指向的象限是最大正应力所在的象限**。如图 7-2-4 所示，单元体的两个切应力指向二四象限，而 $\alpha_0+90°$ 位于第二象限，所以对应于最大的正应力。由此可以方便地确定最大正应力对应的角度。至于原因，可以参考图 7-2-5 理解为，切应力导致单元体发生切应变，引起沿切应力指向方向的拉应变，从而使所对应的两个象限的正应力增加。

基础测试

7-2-1 （填空题）处于二向应力状态的单元体，有一对面上的应力分量都等于（　　），而其他面上的应力方向都（　　）于这两个面。

7-2-2 （判断题）构件内部一点处一定唯一存在一个主单元体，每个面上的切应力

均为零，而正应力称为主应力。（　　）

7-2-3　（判断题）二向应力状态一般有两个主应力，其值分别是一点所有正应力的最大值和最小值。（　　）

7-2-4　（判断题）二向应力状态的两个主应力，分别是第一和第二主应力。（　　）

7-2-5　（判断题）按照应力和角度符号的规定，图 7-2-6 中应力全部为正，斜截面的方位角 α 也为正。（　　）

7-2-6　（判断题）二向应力状态单元体上各面正应力之和为常量。（　　）

7-2-7　（计算题）图 7-2-7 中，纯剪切单元体的切应力大小 $\tau=50$MPa，试求三个主应力的大小并画出主单元体。

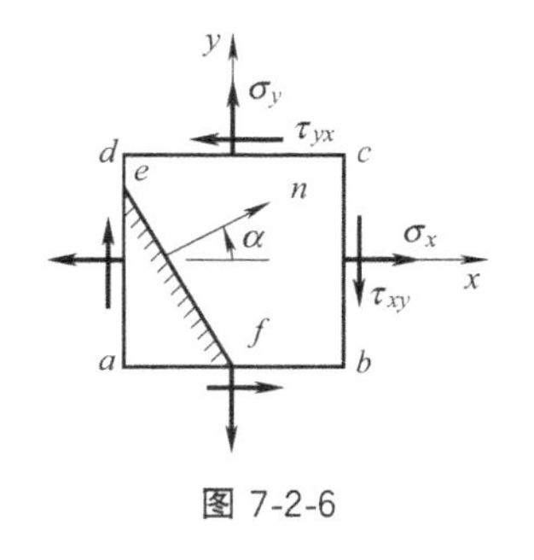

图 7-2-6

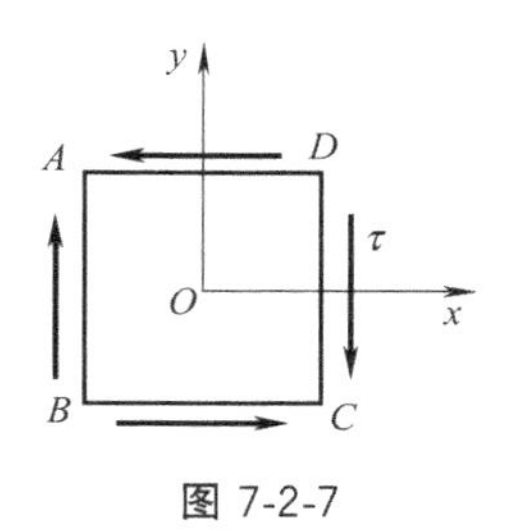

图 7-2-7

例　题

【例 7-2-1】 简支梁如图 7-2-8（a）所示，已知 $m—m$ 截面上 A 点的弯曲正应力和切应力分别为 $\sigma=-70$MPa，$\tau=50$MPa［图 7-2-8（b）］。试确定 A 点的主应力及主平面的方位并画出主单元体。

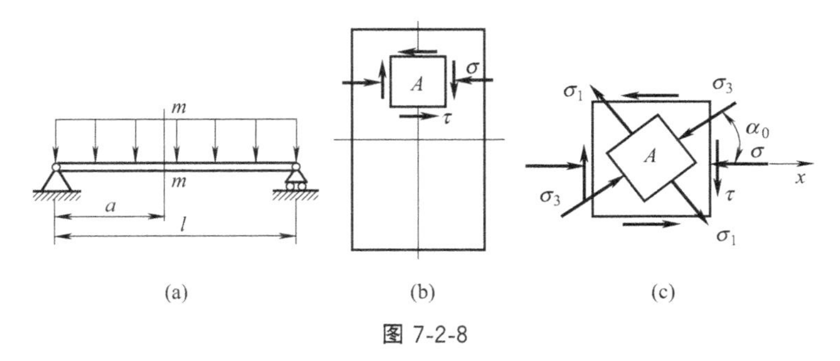

图 7-2-8

【分析】 如图 7-2-8（b）所示，由于 A 点应力状态已知，本题实际上就是利用式（7-2-4）和式（7-2-5）求解主应力的问题。求解出主应力的大小和方位角后，在画主单元体时，一定要注意角度和应力的对应关系。

【解】 按照惯例取 x 轴水平向右，y 轴竖直向上，对 A 点有

$$\sigma_x=\sigma=-70,\ \sigma_y=0,\ \tau_{xy}=\tau=50$$

则两个主应力

$$\left\{\begin{matrix}\sigma_{\max}\\ \sigma_{\min}\end{matrix}\right.=\frac{\sigma_x+\sigma_y}{2}\pm\sqrt{\left(\frac{\sigma_x-\sigma_y}{2}\right)^2+\tau_{xy}^2}=\left\{\begin{matrix}26\text{MPa}\\ -96\text{MPa}\end{matrix}\right.$$

所以

$$\sigma_1=26\text{MPa},\ \sigma_2=0,\ \sigma_3=-96\text{MPa}$$

第7章 应力状态和强度理论

由 $\tan 2\alpha_0 = -\frac{2\tau_{xy}}{\sigma_x - \sigma_y} = -\frac{2\times 50}{(-70)-0} = 1.429$

得主应力一个方位角

$$\alpha_0 = 27.5°$$

根据图 7-2-8（b）中切应力方向可以判断出 σ_1 在二、四象限，σ_3 在一、三象限，所以主单元体如图 7-2-8（c）所示。

【例 7-2-2】 在铸铁试件的扭转试验中，断裂面大致沿与轴线 45°夹角的螺旋线方向，如图 7-2-9（c）。试分析其原因。

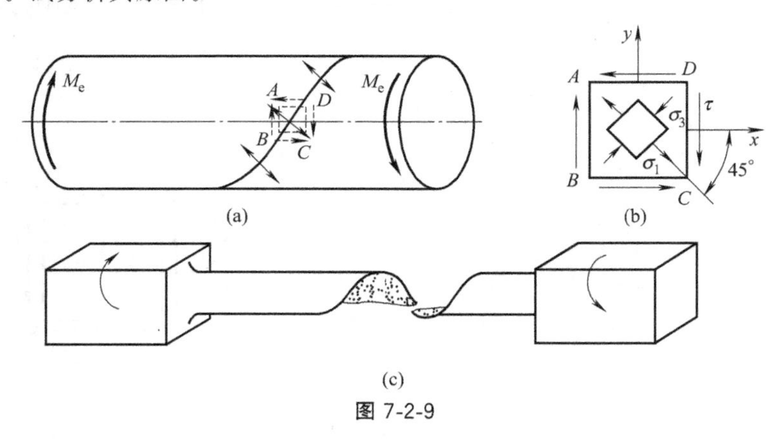

图 7-2-9

【分析】 在试件表面取单元体［图 7-2-9（a）］的话，根据扭转变形的应力特点可知，单元体是纯剪切应力状态［图 7-2-9（b）］。而断裂是发生在 45°斜截面上的（准确说是 −45°），所以可以由纯剪切时的应力求一下这一斜截面上应力，看有什么特点。

【解】 试件表面取单元体如图 7-2-9（b），其中

$$\sigma_x = \sigma_y = 0,\ \tau_{xy} = \tau$$

则

$$\sigma_{-45°} = \frac{\sigma_x + \sigma_y}{2} + \frac{\sigma_x - \sigma_y}{2}\cos 2\times(-45°) - \tau_{xy}\sin 2\times(-45°) = \tau$$

$$\tau_{-45°} = \frac{\sigma_x - \sigma_y}{2}\sin 2\times(-45°) + \tau_{xy}\cos 2\times(-45°) = 0$$

所以正应力应为主应力。同理可求得另一主应力：$\sigma_{45°} = -\tau$。

显然 $\sigma_1 = \tau$、$\sigma_2 = 0$、$\sigma_3 = -\tau$，说明在断裂面上只有正应力，而且是最大的拉应力。从而说明，是拉应力造成了扭转试件的破坏。

【例 7-2-3】 两端简支的焊接工字钢梁及其载荷如图 7-2-10 所示，梁的横截面尺寸示于图中。试绘出最危险截面上 A 点处的单元体，求出主应力。

【分析】 此处为什么要求 A 点的应力呢？原因在于 A 点所在的位置使它成为截面可能

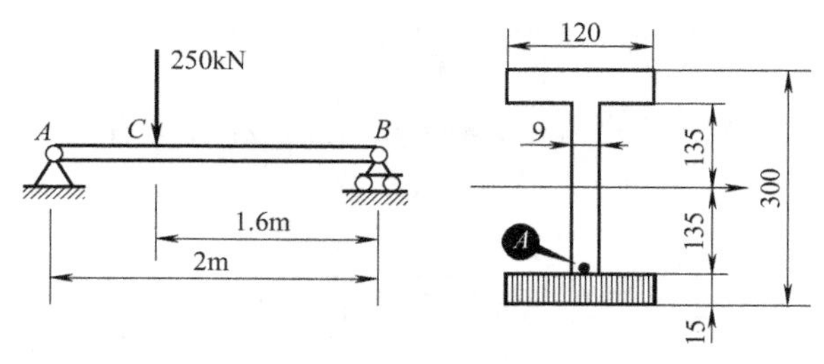

图 7-2-10

的最危险点。前面我们讲到过，横力弯曲时，横截面既有正应力也有切应力，正应力最大的点在截面的上下边缘，而切应力最大的点，在中性轴上。那为什么 A 点也可能是最危险的点呢？请读者思考一下，再看解答后面的解释。

【解】 首先求得梁的约束力并画出内力图，见图 7-2-11。

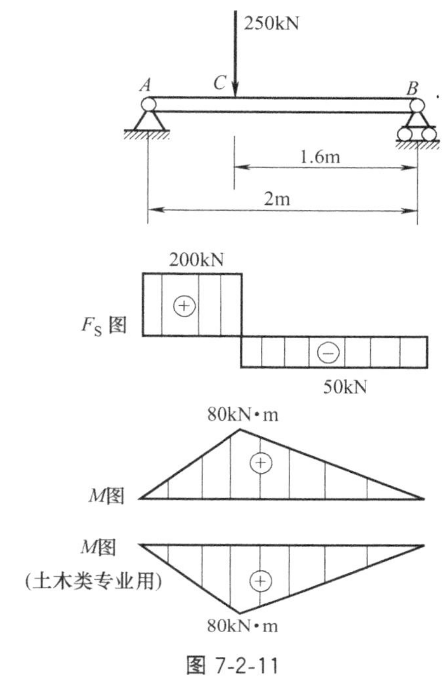

图 7-2-11

显然，最危险的截面是 C 点左侧的截面，最大内力为

$$F_{Smax}=200\text{kN},\ M_{max}=80\text{kN}\cdot\text{m}$$

截面对中性轴 z 的惯性矩

$$I_z=\frac{120\times 300^3}{12}-\frac{111\times 270^3}{12}=88\times 10^6\text{mm}^4$$

A 点竖坐标：$y_A=135\text{mm}$。

图 7-2-10 截面阴影部分对中性轴的静矩

$$S_{zA}^*=120\times 15\times(150-7.5)=256000\text{mm}^3$$

A 点所在位置宽度取腹板厚度（为什么不取翼缘宽度?）：$b=9\text{mm}$

A 点正应力：$\sigma_A=\dfrac{M_{max}y_A}{I_z}=122.5\text{MPa}$

A 点切应力：$\tau_A=\dfrac{F_{Smax}S_{zA}^*}{I_z b}=64.6\text{MPa}$

由此得 A 点单元体如图 7-2-12（a）所示，为二向应力状态。由二向应力状态的主应力公式求得

$$\left\{\begin{matrix}\sigma_{max}\\ \sigma_{min}\end{matrix}\right.=\frac{\sigma_A+0}{2}\pm\sqrt{\left(\frac{\sigma_A-0}{2}\right)^2+\tau_A^2}=\left\{\begin{matrix}150.4\text{MPa}\\ -27.7\text{MPa}\end{matrix}\right.$$

可得三向主应力分别为：$\sigma_1=150.4\text{MPa}$，$\sigma_2=0$，$\sigma_3=-27.7\text{MPa}$

$\tan 2\alpha_0=-\dfrac{2\tau_{xy}}{\sigma_x-\sigma_y}=-1.05$ 得：$\alpha_0=-23.2°$，为第一主应力与水平轴的夹角，见图 7-2-12（b）。

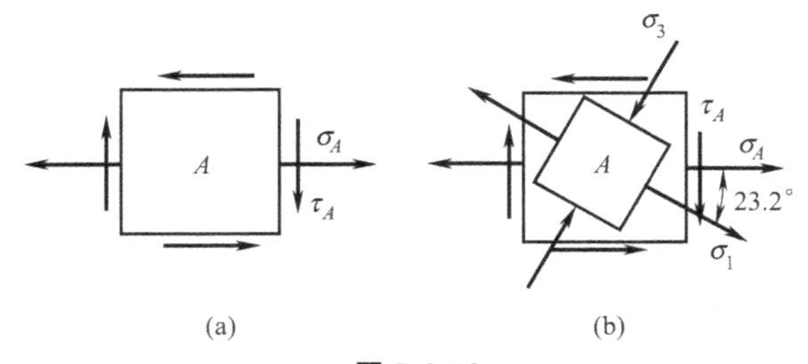

图 7-2-12

【说明】 A 点的正应力和切应力都不是截面内最大的，但如果与最大正应力和最大切应力相比，都相差不多（读者可以自己计算一下最大正应力和最大切应力并比较一下）。根据后面将要学到的强度理论，此点也是截面的危险点之一，具体可参见例 7-6-3。

7.2.4 主应力的应用——主应力迹线

参照例 7-2-1，我们可以在梁的任意截面上取一系列点，求出主应力，如图 7-2-13（a）、

(b)、(c)。如果从某个存在主拉应力的点出发，作出拉应力作用线和临近截面的交点，同样求出此点主应力，作出其拉应力作用线和另一临近截面的交点；以此类推，得到的折线，称为**近似主拉应力迹线。**如果将上述截面取得很近，则折线趋向于光滑，在极限情况下，成为光滑曲线，即为**主拉应力迹线，**如图 7-2-13（a）中的实线。

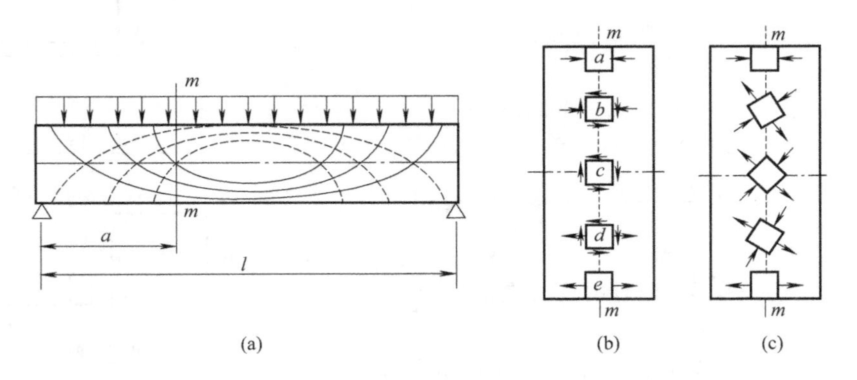

图 7-2-13

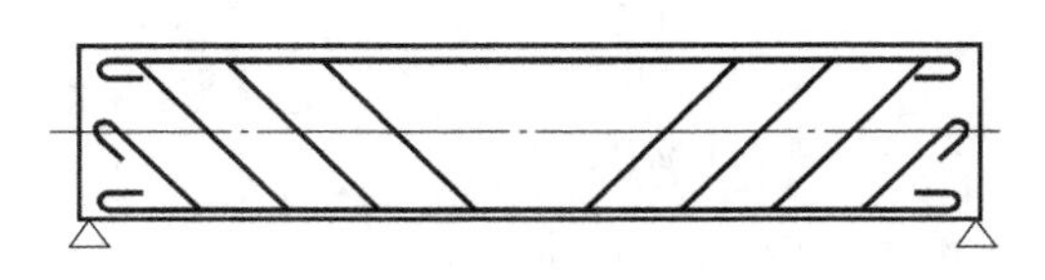

图 7-2-14

同样的方法，也可以作出所谓的**主压应力迹线，**如图 7-2-13（a）中的虚线。主拉应力迹线和主压应力迹线是两组正交曲线，合称为**主应力迹线。**其中，主拉应力迹线在钢筋混凝土梁中有重要的应用，常被用来作为配筋的依据。例如，对应于图 7-2-13（a）的钢筋混凝土梁，一般采用图 7-2-14 中的配筋方式。

★**【思考】** 为什么钢筋混凝土梁配置的钢筋大都近似沿主拉应力迹线方向？

★**提示：**混凝土作为一种脆性材料，其抗拉性能是很弱的，由此读者可以思考配置钢筋的目的及钢筋的配置方向。

小结

通过本节学习，应达到以下目标：

(1) 掌握平面应力状态应力及截面方位角正负的规定；

(2) 理解和应用二向应力状态任意斜截面应力的公式；

(3) 掌握主应力和主平面方位角的计算公式。

<<<< 习 题 >>>>

7-2-1 在图 7-2-15 所示应力状态中，试分别用解析法求指定斜截面上的应力。(图中应力单位为 MPa)

7-2-2 如图 7-2-16 所示木质悬臂梁，其横截面为高 $h=200$mm、宽 $b=60$mm 的矩

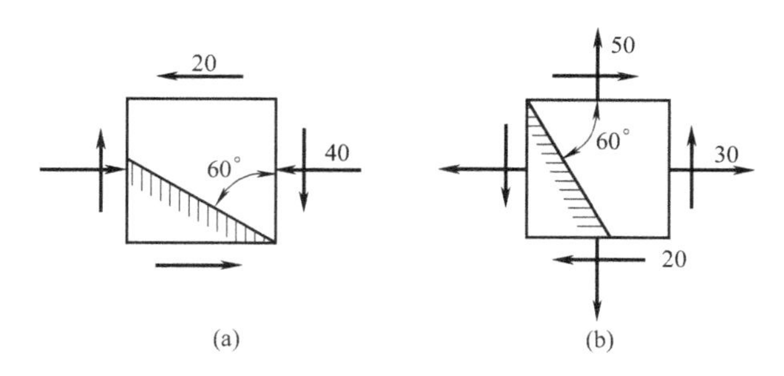

图 7-2-15

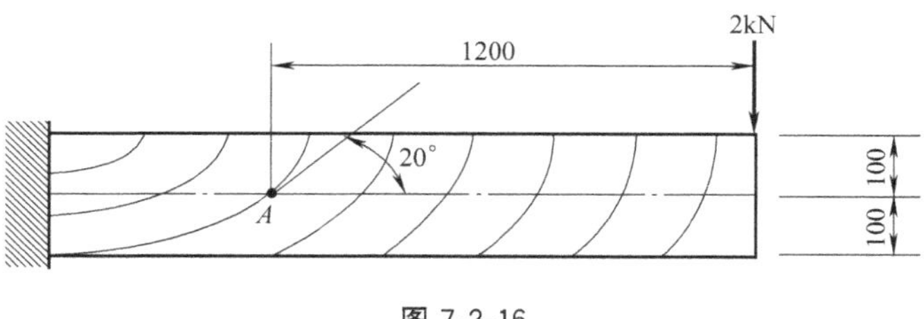

图 7-2-16

形。在 A 点木材纤维与水平线的倾角为 $\alpha=20°$。试求通过 A 点沿纤维方向的斜面上的正应力和切应力。

7-2-3　试求图 7-2-17 所示各单元体的三个主应力和它们的作用面方位，并画在单元体图上。

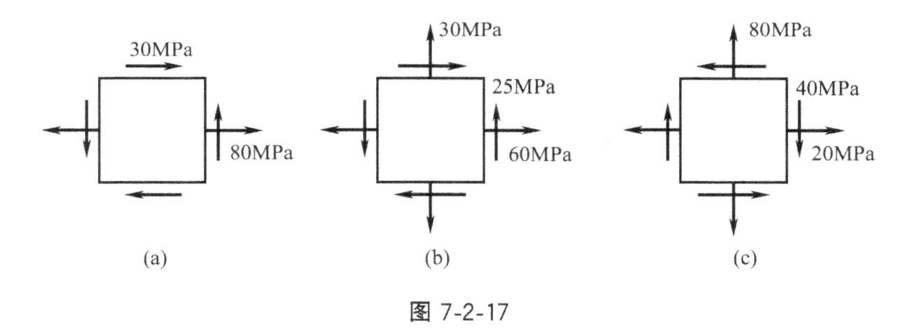

图 7-2-17

7-2-4　图 7-2-18 所示简支梁为 36a 工字钢，$F=140\text{kN}$，$l=4\text{m}$。点 A 所在截面在集中力 F 的左侧，且无限接近力 F 作用的截面。试求：①点 A 在指定斜截面上的应力；②点 A 处的主应力及主平面方位（用单元体表示）。

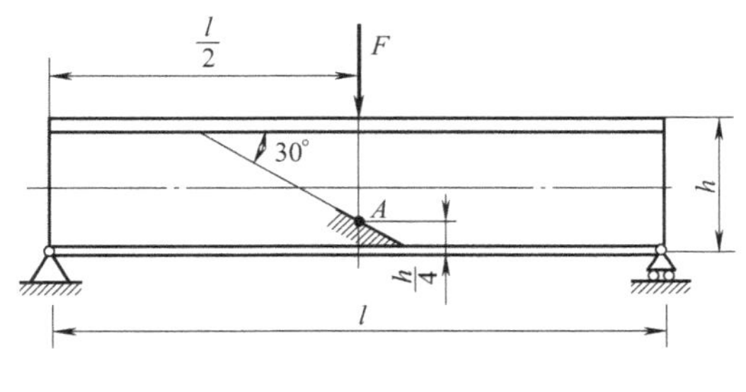

图 7-2-18

7.3 二向应力状态分析的图解法

本节导航

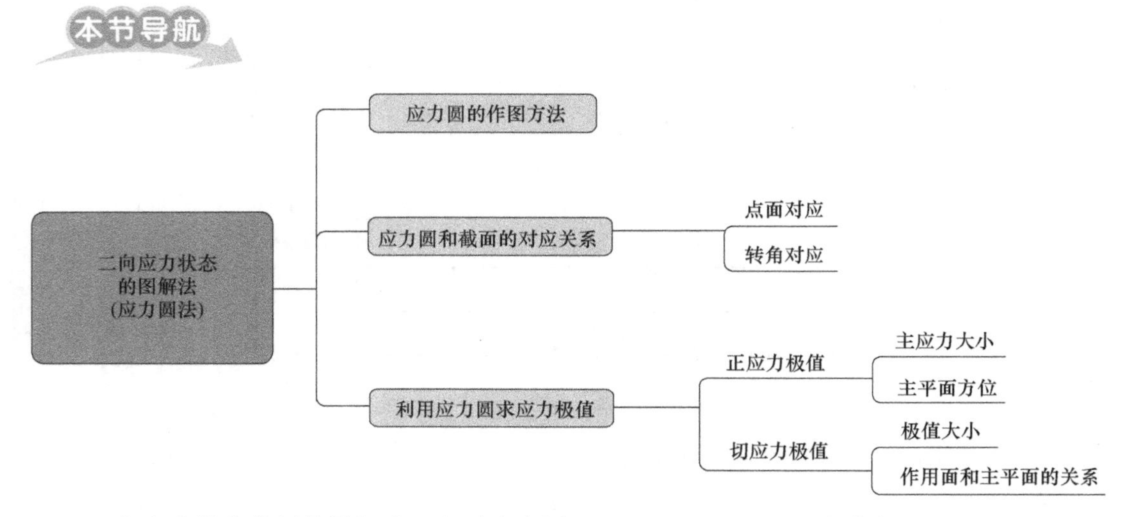

二向应力状态分析的图解法，也叫应力圆（Stress Circle）法，或莫尔圆（Mohr Circle）法，是用图解方式求解一点应力状态的方法。一般来讲，力学中的图解法都面临被淘汰的窘境，但是应力圆方法目前仍得到广泛的应用，它的魅力何在呢？

7.3.1 应力圆（莫尔圆）的绘制

（1）应力圆方程

式（7-2-1）和式（7-2-2）是任意截面上正应力和切应力随截面方位角变化规律的解析式。我们也可以将其视为正应力 σ 和切应力 τ 关于一个参量 α 的参数方程，这样，只要消去参数 α，就可以得到任意截面上正应力和切应力之间的关系。下面具体推导一下：将式（7-2-1）和式（7-2-2）分别变换如下

$$\sigma_\alpha-\frac{\sigma_x+\sigma_y}{2}=\frac{\sigma_x-\sigma_y}{2}\cos 2\alpha-\tau_{xy}\sin 2\alpha$$

$$\tau_\alpha=\frac{\sigma_x-\sigma_y}{2}\sin 2\alpha+\tau_{xy}\cos 2\alpha$$

观察两式右侧可以看出，只要将两式平方再相加，即可消去参数 α

$$\left(\sigma_\alpha-\frac{\sigma_x+\sigma_y}{2}\right)^2+\tau_\alpha^2=\left(\frac{\sigma_x-\sigma_y}{2}\right)^2+\tau_{xy}^2 \tag{7-3-1}$$

如果建立正应力 σ 和切应力 τ 组成的正交坐标系，则上式表示的是一个圆。其中：圆心坐标为 $C\left(\frac{\sigma_x+\sigma_y}{2},\ 0\right)$，半径为 $R=\sqrt{\left(\frac{\sigma_x-\sigma_y}{2}\right)^2+\tau_{xy}^2}$。这个圆习惯上称为**应力圆**［参见图7-3-1（b）］，或者**莫尔圆**（1882年，德国工程师克里斯蒂安·莫尔在前人的基础上，提出了

用应力圆描述一点应力状态的方法）。

（2）应力圆的绘制方法

已知一点的应力状态如图 7-3-1（a），则其对应的应力圆可以绘制如下［参见图 7-3-1（b）］。

以正应力为水平轴，切应力为竖直轴建立坐标系。然后取单元体 x 面的两个应力值作为一组坐标确定 D 点，即 $D(\sigma_x, \tau_{xy})$，同样以 y 面的两个应力值作为一组坐标确定 $D'(\sigma_y, \tau_{yx})$ 点。连接 DD'，交水平轴于 C 点。注意到 $\tau_{xy}=-\tau_{yx}$，可得 C 点为 DD' 的中点。以 C 为圆心，DD' 为直径所作的圆即为应力圆。

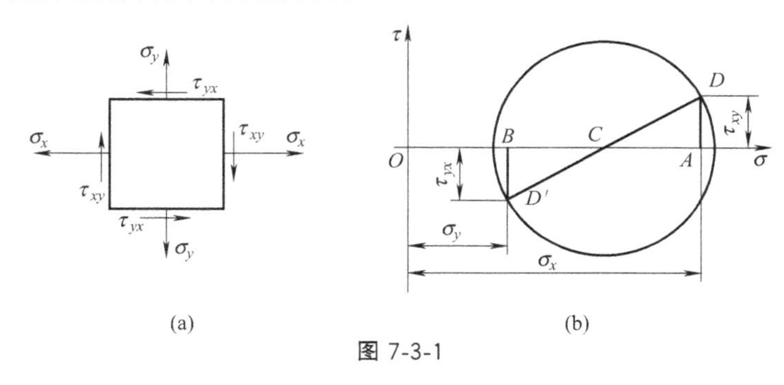

图 7-3-1

证明以上所作的应力圆满足方程式（7-3-1），也就是证明圆心坐标为 $C\left(\frac{\sigma_x+\sigma_y}{2}, 0\right)$，半径为 $R=\sqrt{\left(\frac{\sigma_x-\sigma_y}{2}\right)^2+\tau_{xy}^2}$。

参照图 7-3-1（b）中所示的几何尺寸，易得以上结论，具体步骤请读者自行完成。

（3）应力圆小结

读者如果想熟练应用应力圆的话，下面几个几何要素牢牢记住，就能方便地利用几何关系来求解相关问题了：

首先，圆心在 σ 轴上，坐标为 $\frac{\sigma_x+\sigma_y}{2}$；

其次，两个重要的尺寸：$AC=BC=\left|\frac{\sigma_x-\sigma_y}{2}\right|$；$AD=BD'=|\tau_{xy}|$；

最后，由上面两个尺寸可以求出半径为 $R=\sqrt{\left(\frac{\sigma_x-\sigma_y}{2}\right)^2+\tau_{xy}^2}$。

基础测试

从水坝体内某点处取出的单元体应力为：$\sigma_x=-1\text{MPa}$，$\sigma_y=-0.4\text{MPa}$，$\tau_{xy}=-0.2\text{MPa}$，$\tau_{yx}=0.2\text{MPa}$，试绘出应力圆的草图。

7.3.2 应力圆的应用

我们绘制应力圆的目的何在呢？下面具体说一下。

（1）求任意斜截面上的应力

如图 7-3-2（a），利用应力圆求方位角为 α 的任意斜截面上的应力。参照图 7-3-2（b），我们只要从应力圆上对应于 x 面的半径 CD 出发，按照 α 的转向（图中为逆时针）转动 2α 得到半径 CE，则 E 点的坐标就是斜截面上的应力。下面简单证明一下。

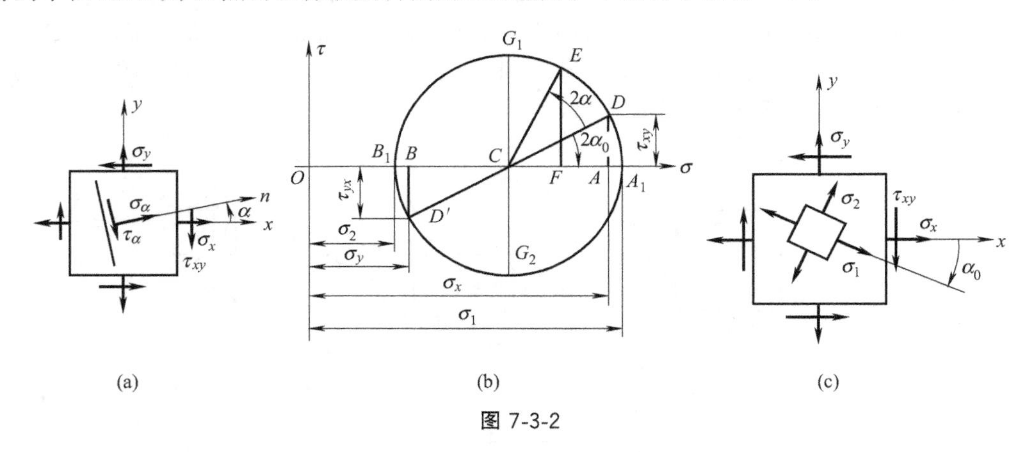

图 7-3-2

★【思路】 公式（7-2-1）和公式（7-2-2）给出了任意斜截面上正应力和切应力的表达式，这里只要用几何关系证明 E 点的坐标和这两个公式对应即可，读者可以试一下。

★【证明】 如图 7-3-2（b），利用几何关系可得 E 点的坐标：

$$
\begin{aligned}
OF &= OC + CF = OC + CE\cos(2\alpha_0 + 2\alpha) = OC + CD\cos(2\alpha_0 + 2\alpha) \\
&= OC + CD\cos 2\alpha_0 \cos 2\alpha - CD\sin 2\alpha_0 \sin 2\alpha \\
&= \frac{\sigma_x + \sigma_y}{2} + \frac{\sigma_x - \sigma_y}{2}\cos 2\alpha - \tau_{xy}\sin 2\alpha = \sigma_\alpha
\end{aligned}
$$

$$
\begin{aligned}
FE &= CE\sin(2\alpha_0 + 2\alpha) = CD\sin(2\alpha_0 + 2\alpha) \\
&= CD\sin 2\alpha_0 \cos 2\alpha + CD\cos 2\alpha_0 \sin 2\alpha \\
&= AD\cos 2\alpha + CA\sin 2\alpha = \tau_{xy}\cos 2\alpha + \frac{\sigma_x - \sigma_y}{2}\sin 2\alpha = \tau_\alpha
\end{aligned}
$$

可见，应力圆上的点和斜截面的应力是一一对应的。具体的对应关系，请记住下面的要点：①点面对应：单元体某一斜截面上的应力，必对应于应力圆上某一点的坐标。②转角对应：圆周上任意两点半径的转角等于单元体上对应两截面转角的两倍，且二者的转向一致。

（2）求主应力及主平面的方位

利用应力圆求解主应力，是应力圆最常用的功能。实际上，由图 7-3-2（b）可以直观地看出主应力位于 A_1 和 B_1 点，分别对应于 σ_1 和 σ_2，其大小可由几何关系求出

$$
\left.\begin{matrix}\sigma_1 \\ \sigma_2\end{matrix}\right\} = \frac{\sigma_x + \sigma_y}{2} \pm \sqrt{\left(\frac{\sigma_x - \sigma_y}{2}\right)^2 + \tau_{xy}^2}
$$

主平面方位角，以第一主应力所在平面为例，与 x 轴（对应于图 7-3-2 中半径 CD）的夹角 α_0（逆时针为正，图中为负）

$$2\alpha_0=-\arctan\frac{\tau_{xy}}{\frac{\sigma_x-\sigma_y}{2}}=\arctan\left(\frac{-2\tau_{xy}}{\sigma_x-\sigma_y}\right)$$

和解析法是一致的。

最终求得的主单元体如图 7-3-2（c）所示。

（3）求最大切应力及作用面的方位

由图 7-3-2（b）可以看出，图中的 G_1 和 G_2 点为最大和最小切应力点，其大小均等于应力圆的半径，利用几何关系可得

$$\left\{\begin{matrix}\tau_{max}\\ \tau_{min}\end{matrix}\right.=\pm\sqrt{\left(\frac{\sigma_x-\sigma_y}{2}\right)^2+\tau_{xy}^2} \tag{7-3-2}$$

由图还可以看出，最大、最小切应力作用面的方位利用最大主应力所在的主平面表示更方便：从最大主应力所在平面逆时针转 45°（图中 90°的一半），即得最大切应力平面；而顺时针转 45°，即得最小切应力平面。同样最大、最小切应力如果用主应力表示也比较简洁

$$\left\{\begin{matrix}\tau_{max}\\ \tau_{min}\end{matrix}\right.=\pm\frac{\sigma_1-\sigma_2}{2} \tag{7-3-3}$$

★【注意】 以上只是考虑二向应力状态得到的结果，如果考虑三向应力状态的情况，所得的最大、最小正应力会有所不同，具体见 7.4 节。

基础测试

7-3-1 （单选题）一般情况下，二向应力状态的应力圆的圆心横坐标和半径分别表示平面内的（　　）。

A. σ_{max}，τ_{max}；　　B. $(\sigma_{max}+\sigma_{min})/2$，$\tau_{max}$；

C. $(\sigma_{max}-\sigma_{min})/2$，$\tau_{max}$；　　D. $(\sigma_{max}+\sigma_{min})/2$，$\sigma_{max}$。

7-3-2 （填空题）图 7-3-3 所示纯剪切单元体，试作出其单元体的应力圆，由此填空：第一、二、三主应力按顺序分别等于（　　）MPa、（　　）MPa 和（　　）MPa，其中第一主应力和 x 轴的夹角为（　　）度。

7-3-3 （填空题）图 7-3-4 所示单向拉伸单元体，试作出单元体的应力圆，由此填空：最大切应力等于（　　）MPa，作用面法线和 x 轴的夹角为（　　）度。

图 7-3-3　　图 7-3-4

例　题

【例 7-3-1】 从水坝体内某点处取出的单元体如图 7-3-5（a）所示，$\sigma_x=-1\text{MPa}$，$\sigma_y=-0.4\text{MPa}$，$\tau_{xy}=-0.2\text{MPa}$，$\tau_{yx}=0.2\text{MPa}$，请：①试绘出应力圆；②确定此单元体在 $\alpha=30°$ 和 $\alpha=-40°$两斜面上的应力。

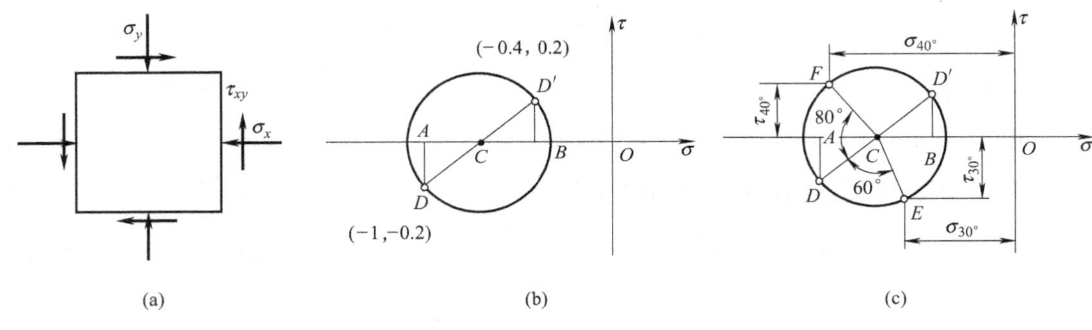

图 7-3-5

【分析】 利用应力圆求斜截面的应力有两种方法：一是取一个合适的比例尺（单位长度代表多大的应力），严格按比例画出应力圆。然后在应力圆中利用已知的角度找到斜截面所对应的点，量出点的坐标长度值，再换算成应力值；二是利用应力圆中的几何关系，直接用几何法求斜截面对应点的坐标值（应力值）。

【解】 （1）利用单元体的 x 和 y 面的应力值绘制应力圆如图 7-3-5（b）。

（2）应力圆中 x 面应力对应 D 点，从半径 CD 出发，分别逆时针转 60°、顺时针转 80°，得到 E、F 两点，其坐标即为所求的斜截面上的应力图 7-3-5（c）。由于采用直接测量的方式精度较差，所以这里采用几何法求一下 E 点的坐标。

圆心坐标：$\left(\dfrac{\sigma_x+\sigma_y}{2},\ 0\right)$

半径：$R=\sqrt{\left(\dfrac{\sigma_x-\sigma_y}{2}\right)^2+\tau_{xy}^2}$

$$\angle DCA=\arctan\frac{\tau_{xy}}{\dfrac{\sigma_x-\sigma_y}{2}}=33.69°,\ \angle BCE=180°-60°-33.69°=86.31°$$

$$\sigma_{30°}=\frac{\sigma_x+\sigma_y}{2}+\sqrt{\left(\frac{\sigma_x-\sigma_y}{2}\right)^2+\tau_{xy}^2}\cos 86.31°=-0.68\text{MPa}$$

$$\tau_{30°}=-\sqrt{\left(\frac{\sigma_x-\sigma_y}{2}\right)^2+\tau_{xy}^2}\sin 86.31°=-0.36\text{MPa}$$

可见计算非常繁琐，还不如直接用公式（7-2-1）和公式（7-2-2）来计算。

★**【小结】** 应力圆用来求解一般的斜截面应力问题并不简单，它常用来求解某些特殊角度的截面应力，或者和最大正应力（主应力）、最大切应力相关的问题。基础测试的题目 7-3-2 和题目 7-3-3 就是两个很好的例子。

【例 7-3-2】 如图 7-3-6（a）所示单元体，$\sigma_x=80$MPa，$\sigma_\alpha=30$MPa，$\tau_\alpha=20$MPa，试用图解法求 σ_y 和 α。

【分析】 如图 7-3-6（b），由 $\sigma_x=80$MPa 和 $\tau_x=0$，确定点 D_x（80，0）；由 $\sigma_\alpha=30$MPa 和 $\tau_\alpha=20$MPa，确定点 D_α（30，20）。因为 D_x 和 D_α 均在应力圆的圆周上，且应力圆的圆心一定位于 σ 轴上，所以 D_xD_α 的垂直平分线和 σ 轴的交点 C 即为应力圆的圆心。以 C 为圆心，CD_x 为半径画出的圆就是单元体的应力圆。

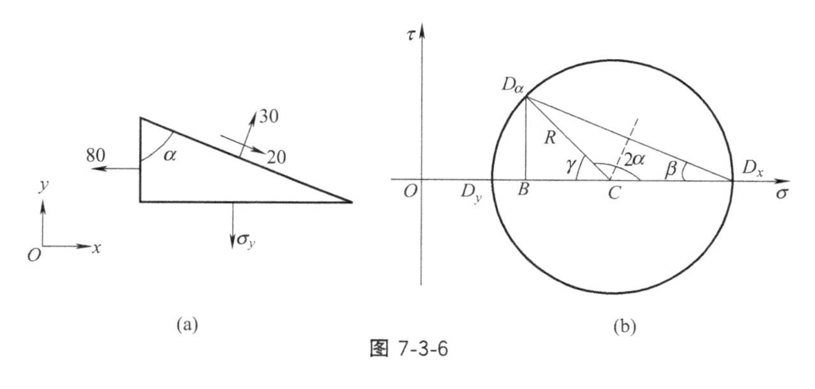

(a) (b)

图 7-3-6

【解】 如图 7-3-6（b）作出应力圆，则图中

$$\beta = \arctan\frac{BD_\alpha}{BD_x} = \arctan\frac{20}{80-30} = 21.8^\circ$$

$$2\alpha = 180^\circ - 2\beta = 136.4^\circ, \alpha = 68.2^\circ$$

$$\gamma = 180^\circ - 2\alpha = 180^\circ - 136.4^\circ = 43.6^\circ$$

则应力圆半径：$R = \frac{BD_\alpha}{\sin\gamma} = \frac{20}{\sin 43.6^\circ} = 29\text{MPa}$

应力：$\sigma_y = OD_y = OD_x - 2R = 80 - 29 = 22\text{MPa}$

当然也可以严格按照比例尺作出应力圆，然后量得所需应力和角度。

小结

通过本节学习，应达到以下目标：

（1）掌握二向应力状态应力圆的画法；

（2）理解应力圆各参数的含义，掌握利用应力圆求任意截面应力的方法（点面对应、转角对应）；

（3）能够利用应力圆确定主应力、主平面、最大和最小切应力。

习 题

7-3-1 在图 7-3-7 所示应力状态中，试分别用应力圆求指定斜截面上的应力。（图中应力单位为 MPa。）

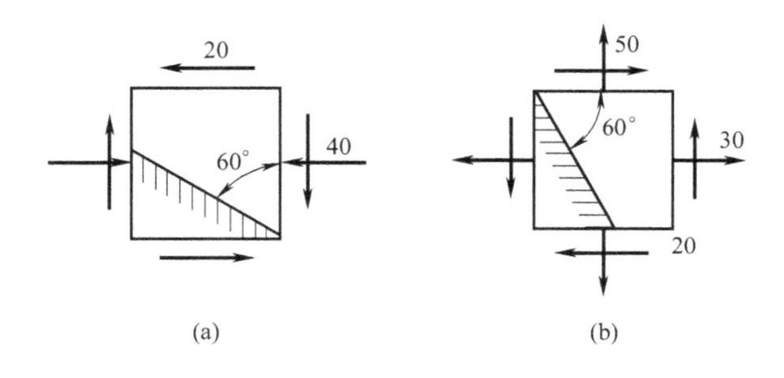

(a) (b)

图 7-3-7

7-3-2　各单元体面上的应力如图 7-3-8 所示。试利用应力圆求：①指定截面上的应力；②主应力的数值；③在单元体上绘出主平面的方位及主应力的方向。

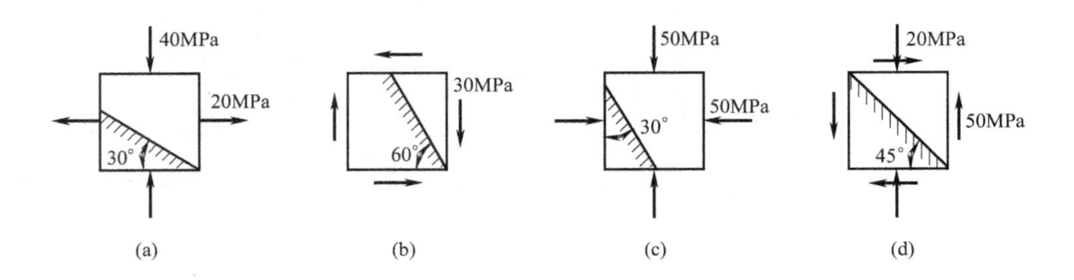

图 7-3-8

7-3-3　二向应力状态如图 7-3-9 所示，应力单位为 MPa。试求主应力并作应力圆。

7-3-4　图示 K 点处为二向应力状态，已知过 K 点两个截面上的应力如图 7-3-10 所示（应力单位为 MPa）。试分别用解析法与图解法确定该点的主应力。

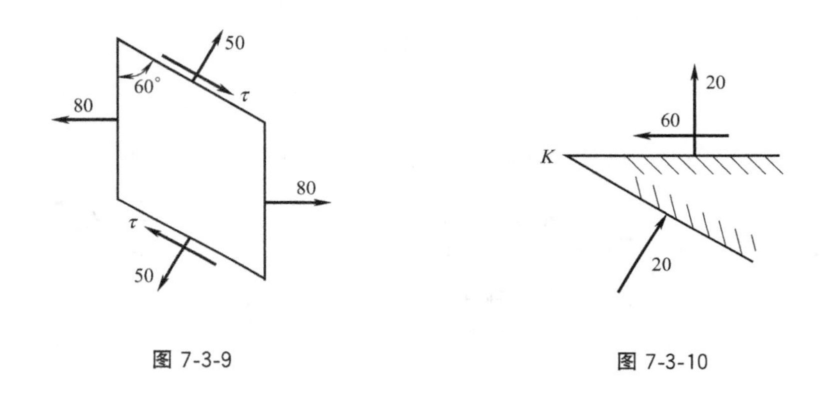

图 7-3-9　　图 7-3-10

7.4　三向应力状态基础

本节导航

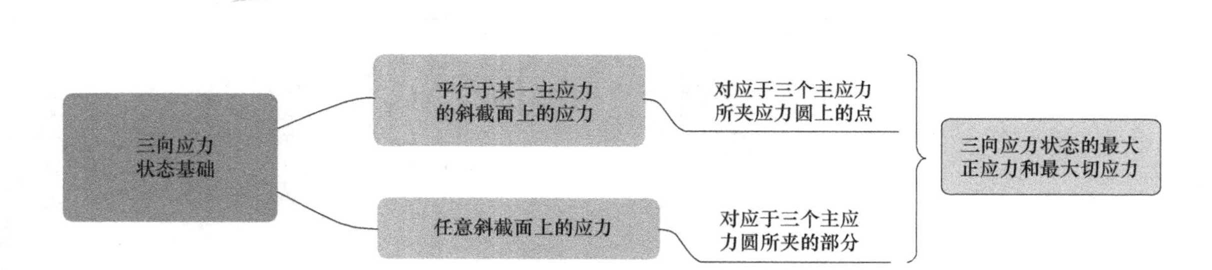

本节介绍三向应力状态的一些特殊情况的求解方法，并给出一些一般性的结论。

7.4.1 空间应力状态的求解方法

（1）三种特例的求解

我们先来求解一下空间应力状态的三种特例：三个主应力已知，当斜截面和其中一个主应力平行时，其上的应力如何求解。如图 7-4-1 列出了这三种特例。

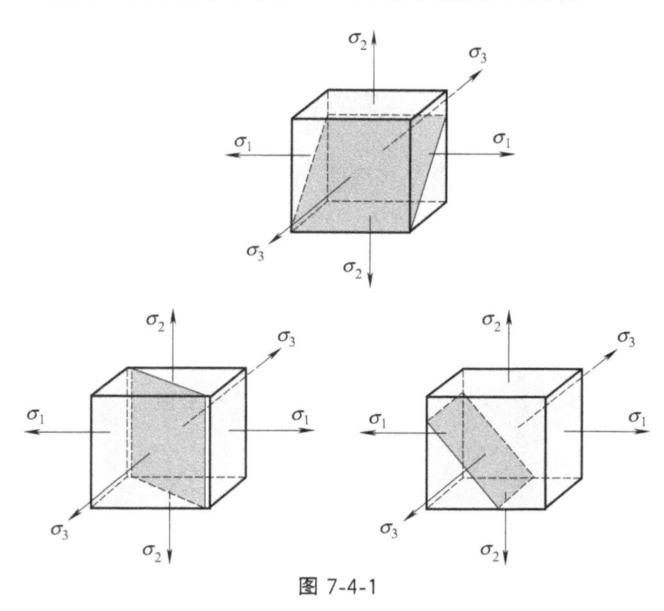

图 7-4-1

☆【思考】 读者可以自己先思考一下，如果仍然采用截面法，图 7-4-1 三种情况截面应力如何求解？

下面给出求解方法：以图 7-4-2（a）为例，斜截面平行于主应力 σ_3。仍然采用截面法，切出一个楔形块，利用其平衡来求解截面应力，如图 7-4-2（b）。根据单元体的特点，楔形块前后两个面上主应力是相等的，产生的力互相平衡，不会影响斜截面应力的求解，因此最终可以简化为二向应力的情况，如图 7-4-2（c）。

对应图 7-4-2（c）的情况，在求解时可以很方便地画出其应力圆（图 7-4-3 中 σ_1 和 σ_2 之间所夹的应力圆）。同样方法，对于其他两种特例也可以用应力圆求解，参见图 7-4-3。

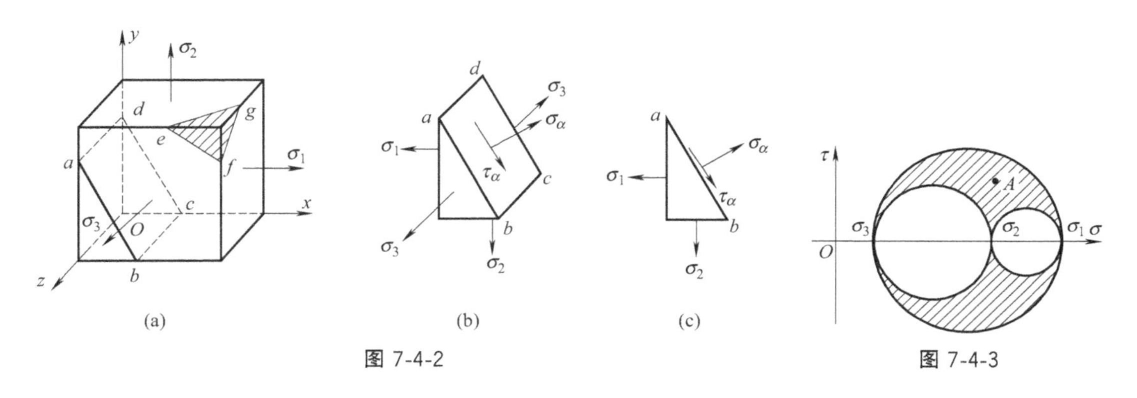

图 7-4-2　　图 7-4-3

（2）任意斜截面上的应力

对于图 7-4-2 (a) 中，任意斜截面 efg，其上的应力如何求解呢？这里不再详细推导，只给出结论，有兴趣的读者可参考相关文献（例如：刘鸿文主编：《材料力学Ⅰ》（第六版）§7-5，第 236 页，高等教育出版社，2017）。

三向应力状态的任意斜截面应力，对应于图 7-4-3 中三个应力圆所夹阴影部分中的一个点（例如点 A）。当然，据此还不能具体给出斜截面和点一一对应关系，但是可以给出一些关于三向应力状态的重要结论。

7.4.2 空间应力状态的两个重要结论

如图 7-4-4，由于任意斜截面的应力对应于三个应力圆所夹的阴影部分（含三个应力圆的边缘）中的一个点，容易看出：

① **一点的最大正应力（代数值）就是此点的第一主应力**，即：$\sigma_{\max}=\sigma_1$。

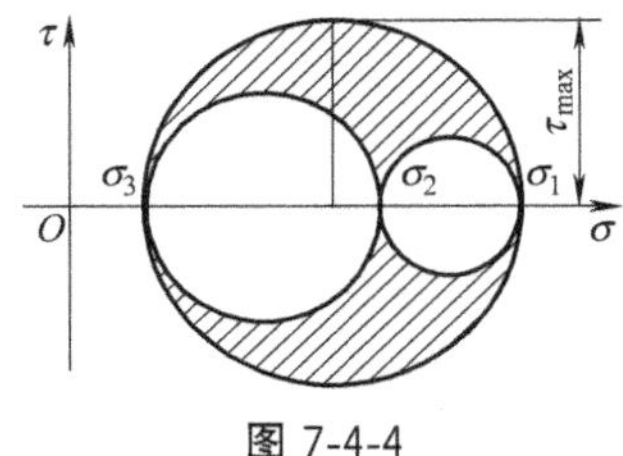

图 7-4-4

② **一点的最大切应力大小等于 $\tau_{\max}=\frac{1}{2}(\sigma_1-\sigma_3)$，最大切应力所在的截面与 σ_2 平行，并与 σ_1 和 σ_3 所在的主平面成 45°角。**

基础测试

7-4-1 （填空题）三向应力状态中，与某一主应力（　　）的截面上的应力，可以转化为二向应力状态求解。

7-4-2 （填空题）一点处最大正应力也就是该点的（　　）主应力。

7-4-3 （单选题）当主应力（　　）时，应力圆成为一个点。

A. $\sigma_1=\sigma_2$；B. $\sigma_2=\sigma_3$；C. $\sigma_1=\sigma_3$；D. $\sigma_1=\sigma_2$ 或 $\sigma_2=\sigma_3$。

7-4-4 （填空题）如图 7-4-5 所示单元体（应力单位为 MPa)，最大切应力在图（　　）的阴影面上，大小为（　　）MPa。

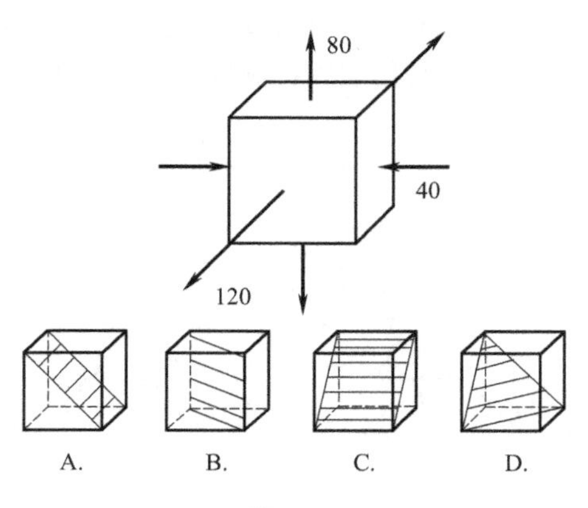

图 7-4-5

例 题

【例 7-4-1】 单元体的应力状态如图 7-4-6 所示，做该点的应力圆，并求出主应力和最大切应力值。

【分析】 由于有一个主应力已知，可将其余应力视为二向应力状态，求出其他两个主应力。

【解】 该单元体有一个已知主应力 $\sigma_z=20\text{MPa}$，可将其余应力视为二向应力状态，则

$$\sigma_x=40\text{MPa},\ \tau_{xy}=-20\text{MPa},\ \sigma_y=-20\text{MPa}$$

$$\begin{cases}\sigma_{\max}\\ \sigma_{\min}\end{cases}=\frac{\sigma_x+\sigma_y}{2}\pm\sqrt{\left(\frac{\sigma_x-\sigma_y}{2}\right)^2+\tau_{xy}^2}=\begin{cases}46\text{MPa}\\ -26\text{MPa}\end{cases}$$

由此得三个主应力分别为：$\sigma_1=46\text{MPa}$，$\sigma_2=20\text{MPa}$，$\sigma_3=-26\text{MPa}$。

根据上述主应力，作出三个应力圆，如图 7-4-7，由图可得最大切应力为：$\tau_{\max}=CE=\dfrac{\sigma_1-\sigma_3}{2}=36\text{MPa}$。

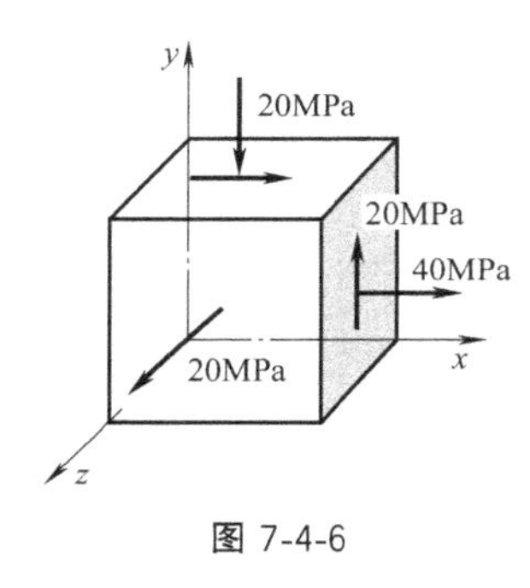

图 7-4-6

图 7-4-7

小结

通过本节学习，应达到以下目标：

（1）掌握空间应力状态下，斜截面平行于某一主应力时，其上应力的计算方法；

（2）能够利用三向应力状态的应力圆确定最大和最小正应力及切应力。

习 题

图 7-4-8 所示特殊空间应力状态单元体，试求其主应力及最大切应力。图中应力单位为 MPa。

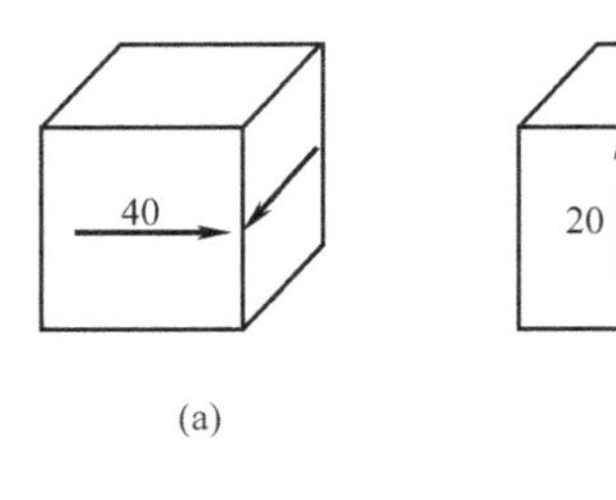

(a)

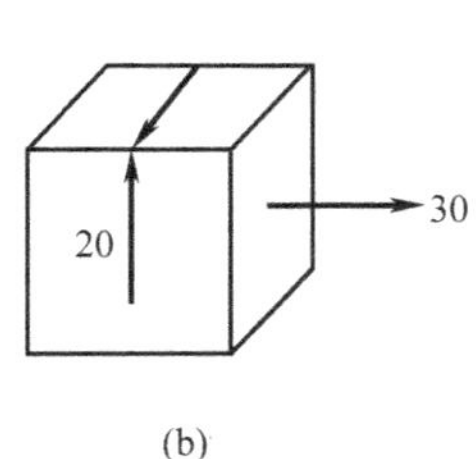

(b)

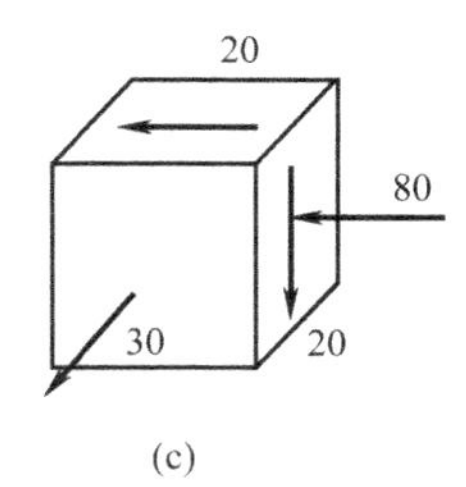

(c)

图 7-4-8

7.5 点的变形分析

本节导航

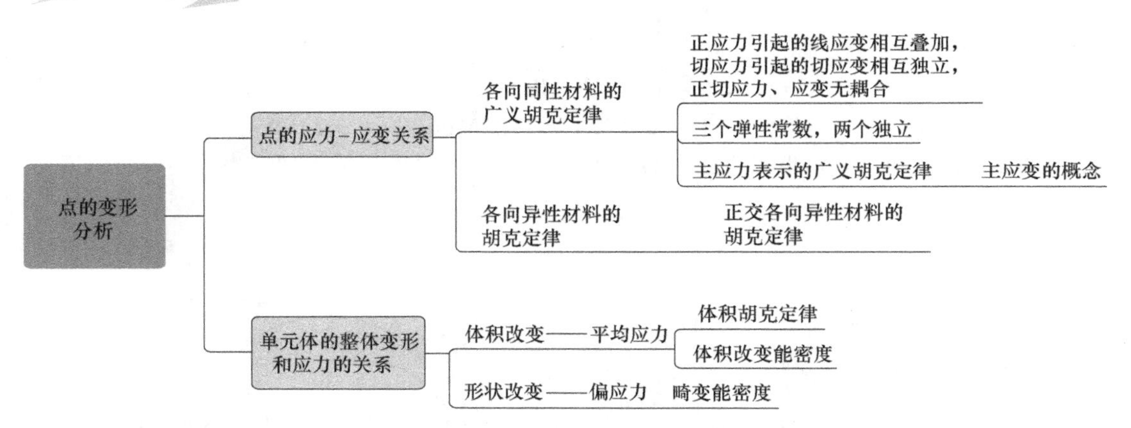

变形固体在应力作用下会产生变形，下面我们就来讲一下点的变形问题。严格说，几何意义上的点是没有变形的，我们这里还是研究极限意义上的点，也就是单元体的变形问题。

本节我们用两种方式研究点的变形：一是应力-应变关系，也就是**广义胡克定律**（Generalized Hook's Law），是前面所学的单向胡克定律和剪切胡克定律的拓展；二是从整体上看单元体的变形，将其分解成体积改变和形状改变的叠加。

7.5.1 各向同性材料的广义胡克定律

（1）空间应力状态的符号规定

如图 7-5-1，空间单元体，其上有 18 个应力分量，但由于对面的应力大小相同，而正交面上又满足切应力互等，实际独立的只有六个应力分量，即：σ_x，σ_y，σ_z，τ_{xy}，τ_{yz}，τ_{zx}。

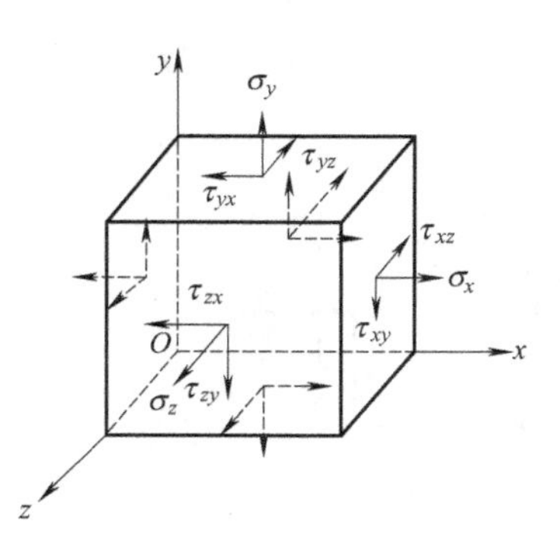

图 7-5-1

空间应力符号规定：正应力，以拉应力为正；切应力，如果推动单元体绕坐标轴转动时，从坐标轴正向看是顺时针，则为正。

★**【问题】** 读者可以根据以上规定判断一下，图 7-5-1 中所标识的 9 个应力分量，哪些是正的？

★**【答案】** σ_x、σ_y、σ_z、τ_{xy}、τ_{yz}、τ_{zx}。

空间应变的符号规定：和前面规定相同，正应变以伸长为正，切应变以直角减小为正。

★**【说明】** 弹性力学对切应力符号的规定和本书不同：它规定如果单元体表面外法线沿坐标轴正向，则称为正面，正面上的切应力分量沿坐标轴正向为正，负向为负；反之，如果单元体表面外法线沿坐标轴负向，则称为负面，负面内的切应力分量沿坐标轴正向反而为负，沿坐标轴负向才为正值。有些《材料力学》教材中采用了这种规定。本教材为了和前面内容保持一致，没有采用这种规定。

☆**【问题】** 请读者根据弹性力学规定分析一下，图 7-5-1 中所标识的 6 个切应力分量，哪些和本书规定是不同的？

☆**【答案】** τ_{xy}、τ_{yz}、τ_{zx}。

（2）广义胡克定律的导出

为导出广义胡克定律，首先假设材料是各向同性的，且处于线弹性范围内，另外假设变形是小变形。满足以上条件，我们可以采用叠加原理来推导公式：图 7-5-1 中空间应力状态的变形，可以分解为在正应力作用下的三组单向拉压变形，及在切应力作用下的三组纯剪切变形。而单元体的实际变形，是由以上六组变形的叠加结果。

对于各向同性材料，在小变形情况下，正应力只引起正应变，切应力只引起切应变。但需要注意的是，**正应力不光引起同方向的正应变，还会引起正交方向的正应变，而切应力则只引起与其平行平面内的切应变。**

先考虑 x 方向的线应变：由于三个正应力都会引起此方向的线应变，分别考虑如下：

σ_x 单独作用时：$\varepsilon'_x=\dfrac{\sigma_x}{E}$；

σ_y 单独作用时：$\varepsilon''_x=-\mu\dfrac{\sigma_y}{E}$；

σ_z 单独作用时：$\varepsilon'''_x=-\mu\dfrac{\sigma_z}{E}$；

叠加可得

$$\varepsilon_x=\frac{1}{E}[\sigma_x-\mu(\sigma_y+\sigma_z)] \tag{7-5-1}$$

同样可得

$$\varepsilon_y=\frac{1}{E}[\sigma_y-\mu(\sigma_z+\sigma_x)] \tag{7-5-2}$$

$$\varepsilon_z=\frac{1}{E}[\sigma_z-\mu(\sigma_y+\sigma_x)] \tag{7-5-3}$$

切应变则不必叠加，可直接得：

$$\gamma_{xy}=\frac{\tau_{xy}}{G} \tag{7-5-4}$$

$$\gamma_{yz}=\frac{\tau_{yz}}{G} \tag{7-5-5}$$

$$\gamma_{zx}=\frac{\tau_{zx}}{G} \tag{7-5-6}$$

以上式（7-5-1）～式（7-5-6）统称为**广义胡克定律**。

（3）主应力表示的广义胡克定律

导出广义胡克定律时，如果采用主单元体的话，由于只有正应力，应变也只有线应变，称为**主应变**（Principal Strain）。相应的广义胡克定律可简化为

$$\varepsilon_1=\frac{1}{E}[\sigma_1-\mu(\sigma_2+\sigma_3)]$$

$$\varepsilon_2=\frac{1}{E}[\sigma_2-\mu(\sigma_3+\sigma_1)] \tag{7-5-7}$$

$$\varepsilon_3=\frac{1}{E}[\sigma_3-\mu(\sigma_1+\sigma_2)]$$

主应变和主应力方向是一一对应的，分别称为**第一、第二和第三主应变**。需要注意的是，这种一一对应关系只在材料是各向同性时才成立，如果是各向异性材料，情况就复杂了，下面简单介绍一下。

【拓展阅读】 各向异性材料的广义胡克定律。

(1) 一般各向异性材料的广义胡克定律

对于一般的各向异性材料，其应力-应变关系是非常复杂的，一般要用矩阵来表示（在线弹性情况下，习惯上也称广义胡克定律）

$$\begin{Bmatrix}\sigma_x\\ \sigma_y\\ \sigma_z\\ \tau_{yz}\\ \tau_{zx}\\ \tau_{xy}\end{Bmatrix}=\begin{bmatrix}C_{11}&C_{12}&C_{13}&C_{14}&C_{15}&C_{16}\\ C_{21}&C_{22}&C_{23}&C_{24}&C_{25}&C_{26}\\ C_{31}&C_{32}&C_{33}&C_{34}&C_{35}&C_{36}\\ C_{41}&C_{42}&C_{43}&C_{44}&C_{45}&C_{46}\\ C_{51}&C_{52}&C_{53}&C_{54}&C_{55}&C_{56}\\ C_{61}&C_{62}&C_{63}&C_{64}&C_{65}&C_{66}\end{bmatrix}\begin{Bmatrix}\varepsilon_x\\ \varepsilon_y\\ \varepsilon_z\\ \gamma_{yz}\\ \gamma_{zx}\\ \gamma_{xy}\end{Bmatrix} \tag{7-5-8}$$

其中 $C_{11}\sim C_{66}$ 是和材料相关的弹性常数，共 36 个。但可以证明，弹性常数矩阵是对称矩阵，所以独立的弹性常数只有 21 个。

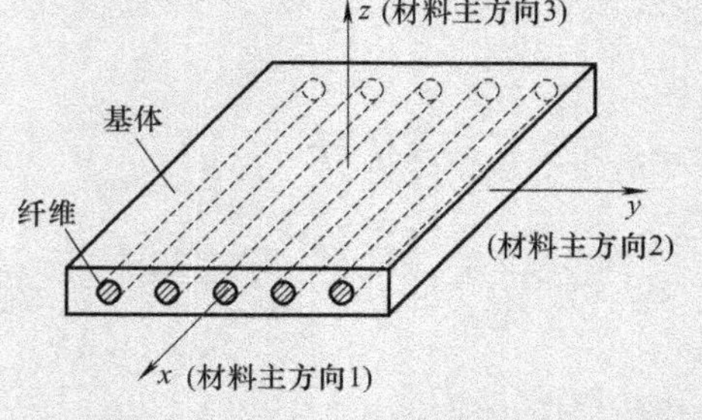

图 7-5-2 单向纤维增强复合材料

可以看出，在各向异性材料的情况下，线应变可以引起切应力，切应变也可以引起正应力，称为**拉压和剪切的耦合效应**。

(2) 正交各向异性材料的广义胡克定律

如图 7-5-2 单向铺设的纤维增强复合材料板，存在三个正交的材料性质对称面，称为**正交各向异性材料**。

此时的广义胡克定律可简化为

$$\begin{Bmatrix}\sigma_x\\ \sigma_y\\ \sigma_z\\ \tau_{yz}\\ \tau_{zx}\\ \tau_{xy}\end{Bmatrix}=\begin{bmatrix}C_{11}&C_{12}&C_{13}&0&0&0\\ C_{12}&C_{22}&C_{23}&0&0&0\\ C_{13}&C_{23}&C_{33}&0&0&0\\ 0&0&0&C_{44}&0&0\\ 0&0&0&0&C_{55}&0\\ 0&0&0&0&0&C_{66}\end{bmatrix}\begin{Bmatrix}\varepsilon_x\\ \varepsilon_y\\ \varepsilon_z\\ \gamma_{yz}\\ \gamma_{zx}\\ \gamma_{xy}\end{Bmatrix} \tag{7-5-9}$$

共有 9 个独立的弹性常数。

显然，对于正交各向异性材料，拉压和剪切之间不存在耦合效应。

基础测试

7-5-1 （填空题）如图 7-5-3，单元体上所标的 9 个应力中，符号为正的有（　　）；符号为负的有（　　），和 x 方向线应变有关的有（　　）。

7-5-2 （判断题）一点沿某方向的正应力等于零，则沿此方向的正应变也一定等于零。（　　）

7-5-3 （判断题）一点沿某方向的正应变等于零，则沿此方向的正应力也一定等于零。（　　）

7-5-4 （填空题）我们曾学过的各向同性材料的弹性常数有（　　）个，其中独立的只有（　　）个；拉伸和剪切之间（　　）耦合效应。

7-5-5 （填空题）一般各向异性材料有（　　）个独立的弹性常数，拉伸和剪切之间（　　）耦合效应；正交各向异性材料有（　　）个独立的弹性常数，拉伸和剪切之间（　　）耦合效应。

7-5-6 （填空题）单元体应力状态如图 7-5-4 所示，应力单位为 MPa，已知材料 $E=200\text{GPa}$，$\mu=0.1$，则沿 $-45°$ 方向的线应变为（　　）个微应变。

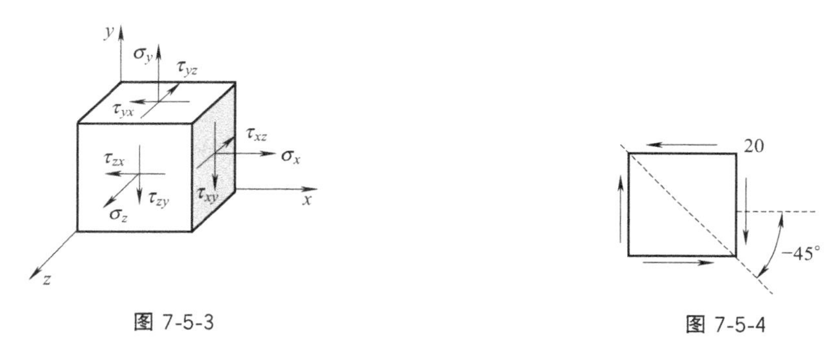

图 7-5-3　　　　图 7-5-4

例　题

【例 7-5-1】 如图 7-5-5（a）拉伸试件，已知横截面上的正应力 σ，材料的弹性模量 E 和泊松比 μ，试求与轴线成 45°和 135°方向上的线应变。

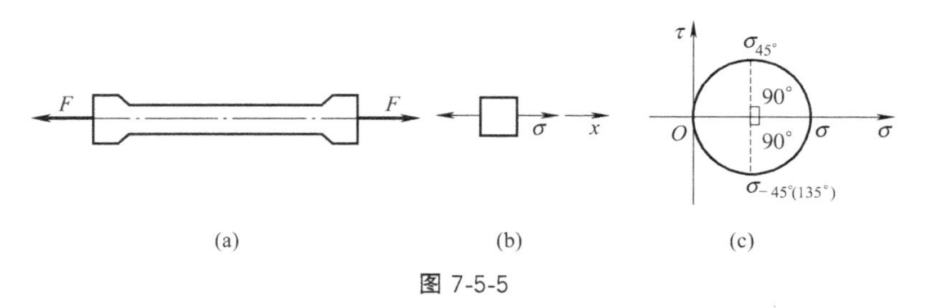

图 7-5-5

【分析】 ①在二向应力状态下，广义虎克定律可以简化为

$$\varepsilon_x=\frac{1}{E}(\sigma_x-\mu\sigma_y),\ \varepsilon_y=\frac{1}{E}(\sigma_y-\mu\sigma_x),\ \gamma_{xy}=\frac{\tau_{xy}}{G} \tag{7-5-10}$$

由上式可知，求某方向的线应变，不光要知道这一方向的正应力，还要知道与其正交方

向的正应力，例如求 45°方向的线应变，应该先求出 45°和 135°方向上的正应力。

② 本例试件上一点的应力状态如图 7-5-5（b）所示，要求 45°和 135°方向上的正应力，读者思考一下用解析法还是图解法更简单一些？实际上，对于单向应力状态和纯剪切应力状态，而且截面方位角是一些特殊角的话，用图解法会比较简单。

【解】 试件上一点的应力状态如图 7-5-5（b）所示，由此做出应力圆如图 7-5-5（c），可得

$$\sigma_{45^\circ}=\sigma/2\ ,\ \sigma_{135^\circ}=\sigma_{-45^\circ}=\sigma/2$$

代入广义胡克定律有

$$\varepsilon_{45^\circ}=\frac{1}{E}(\sigma_{45^\circ}-\mu\sigma_{135^\circ})=\frac{1-\mu}{2}\cdot\frac{\sigma}{E}$$

$$\varepsilon_{135^\circ}=\frac{1}{E}(\sigma_{135^\circ}-\mu\sigma_{45^\circ})=\frac{1-\mu}{2}\cdot\frac{\sigma}{E}$$

【例 7-5-2】 如图 7-5-6（a）所示，一直径为 d 的实心圆轴，弹性模量 E 和泊松比 μ 已知，在轴的两端加扭力偶 M_e 在轴的表面上某一点 A 处用变形仪测出与轴线成 -45° 方向的线应变 ε，试求扭力偶 M_e 的大小。

【分析】 ①本题是已知变形求受力的问题，属于上一个例子的“反问题”，基本思路是建立起已知和未知的联系：-45° 方向应变-广义胡克定律-相应方向的应力-应力状态理论-横截面应力-外力偶。

② 斜截面应力和横截面应力关系由图解法最为方便。

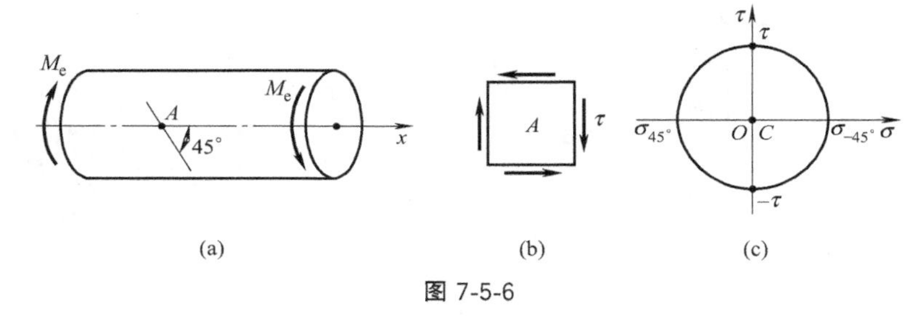

图 7-5-6

【解】 A 点应力状态如图 7-5-6（b），为纯剪切，其中

$$\tau=\frac{M_e}{W_p}=\frac{16M_e}{\pi d^3}$$

作应力圆求出 $\sigma_{-45^\circ}=\tau$，$\sigma_{45^\circ}=-\tau$

代入广义胡克定律，得 -45° 方向的应力-应变关系

$$\varepsilon=\frac{1}{E}(\sigma_{-45^\circ}-\mu\sigma_{45^\circ})=\frac{1+\mu}{E}\cdot\tau=\frac{16M_e(1+\mu)}{E\pi d^3}$$

解得：$M_e=\dfrac{\pi d^3 E\varepsilon}{16(1+\mu)}$

【例 7-5-3】 在一体积较大的钢块上开一个贯穿的槽，其宽度和深度都是 10mm。在槽内紧密无隙地嵌入一铝质立方块，它的尺寸是 10mm×10mm×10mm，如图 7-5-7（a）所示。当铝块受到压力 $F=6$kN 的作用时，试求铝块的三个主应力及相应的应变。假设钢块不变形，铝的弹性模量 $E=70$GPa，泊

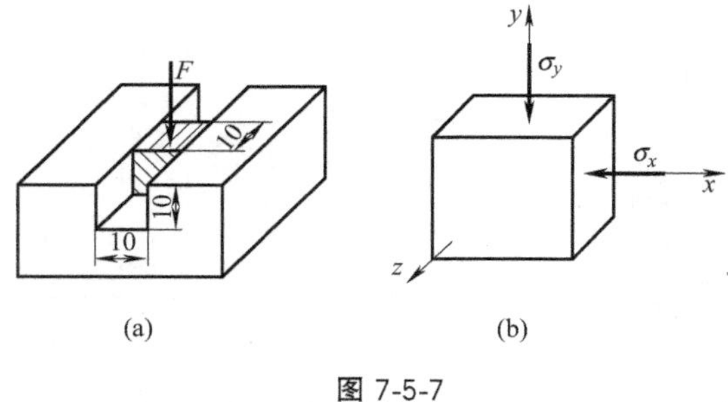

图 7-5-7

松比 $\mu=0.33$。

【分析】 对铝块来讲，如图 7-5-7（b），其三组表面正好是三种典型情况：y 面受力已知；z 面不受力；而 x 面受力未知，但是由于槽的限制，不能移动。读者可以先思考一下，每一种情况如何求应力，然后再看下面的答案。

【解】 如图 7-5-7（b），y 面受轴向压力作用，其应力为

$$\sigma_y=-\frac{F}{A}=-\frac{6\times10^3}{10^2}\text{MPa}=-60\text{MPa}$$

两个 x 面受槽的限制，不能移动，因此 x 方向线应变为零

$$\varepsilon_x=\frac{1}{E}[\sigma_x-\mu(\sigma_y+\sigma_z)]=0$$

解得：$\sigma_x=-19.8\text{MPa}$

z 向为自由表面，显然其上应力为零。

显然铝块内一点的应力状态为：$\sigma_1=0$，$\sigma_2=-19.8\text{MPa}$，$\sigma_3=-60\text{MPa}$，代入式（7-5-7）可得相应的主应变

$$\varepsilon_1=\frac{1}{E}[\sigma_1-\mu(\sigma_2+\sigma_3)]=376\times10^{-6}$$

$$\varepsilon_2=\varepsilon_x=0$$

$$\varepsilon_3=\frac{1}{E}[\sigma_3-\mu(\sigma_1+\sigma_2)]=-764\times10^{-6}$$

7.5.2 单元体的体积改变和形状改变

（1）单元体变形的分解

如图 7-5-8（a）所示的主单元体，根据叠加原理，可以分解为图 7-5-8（b）和图 7-5-8（c）两种应力状态的叠加。

其中图 7-5-8（b）中的 $\sigma_m=\dfrac{\sigma_1+\sigma_2+\sigma_3}{3}$，称为一点的**平均应力**（Mean Stress）。图 7-5-8

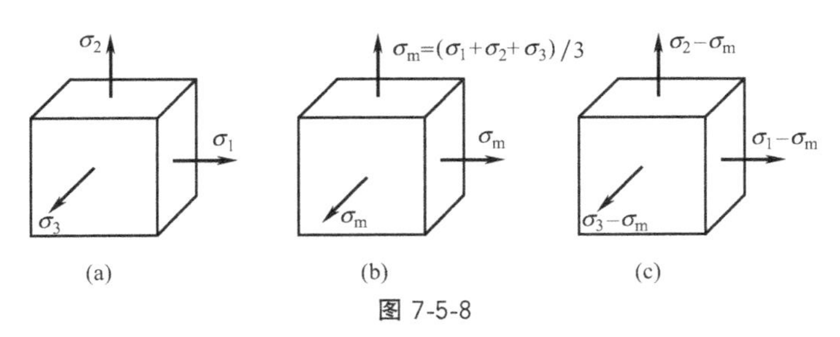

图 7-5-8

（c）中的主应力和平均应力之差，称为**偏应力**（Deviatoric Stress）。

图 7-5-8（b）中单元体在平均应力作用下，由于各向的线应变相同，所以每条边都伸缩了相同的比例大小，也就是单元体按比例放缩了。所以，习惯上称，**在平均应力作用下，单元体形状不变，体积改变**。

图 7-5-8（c）中单元体在偏应力作用下，由于各偏应力分量一般是不相同的，不同方向的线应变也不同，所以，其形状会发生改变。但下面会证明，此时单元体体积是不变的。所以，**在偏应力作用下，单元体体积不变，形状改变**，也称**畸变**（Distortion）。

★**提示**：这种分解的意义在于，研究证明，构件的失效，往往和危险点的偏应力有关。

为证明体积的变化规律，下面引入各向同性线弹性材料的体积胡克定律。

（2）体积胡克定律

单元体单位体积的变化，称为**体积应变**（Volume Strain），常用符号 θ 表示。下面证明：各向同性线弹性材料在线弹性和小变形情况下，点的体积应变和平均应力成正比，即

$$\theta=\frac{\sigma_m}{K} \tag{7-5-11}$$

式中，K 称为体积弹性模量（Bulk Modulus of Elasticity），是材料的弹性常数。

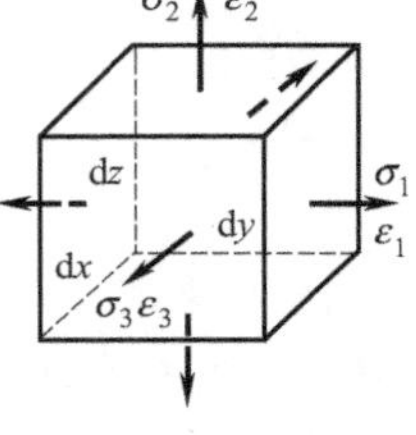

图 7-5-9

★【**证明**】 如图 7-5-9 所示单元体，边长为 dx、dy、dz，在三个主应力 σ_1、σ_2、σ_3 作用下线应变分别为 ε_1、ε_2、ε_3。则单元体边长变为

$$dx(1+\varepsilon_1),\ dy(1+\varepsilon_2),\ dz(1+\varepsilon_3)$$

由此得体积应变为

$$\begin{aligned}\theta &=\frac{V_1-V}{V}=\frac{dx(1+\varepsilon_1)\cdot dy(1+\varepsilon_2)\cdot dz(1+\varepsilon_3)-dx\cdot dy\cdot dz}{dx\cdot dy\cdot dz}\\ &\approx\frac{dx\cdot dy\cdot dz(1+\varepsilon_1+\varepsilon_2+\varepsilon_3)-dx\cdot dy\cdot dz}{dx\cdot dy\cdot dz}\\ &=\varepsilon_1+\varepsilon_2+\varepsilon_3\end{aligned}$$

注：计算中略去了应变的高阶项。

为找到和应力之间的关系，将式（7-5-7）应力-应变关系代入得

$$\theta=\frac{1-2\mu}{E}(\sigma_1+\sigma_2+\sigma_3)=\frac{1-2\mu}{E}3\sigma_m$$

令 $K=\dfrac{E}{3(1-2\mu)}$，即**体积弹性模量**，即得到公式（7-5-11）。

请读者根据以上内容，回答以下两个常识性的力学问题：为什么泊松比接近 0.5 的材料（例如橡胶）被称为**不可压缩材料**？材料泊松比为什么不能大于 0.5？问题非常简单，读者可以结合体积弹性模量的定义式回答，目的是让大家记住这两点常识。

★【**思考**】 请读者利用体积胡克定律证明图 7-5-8（c）中受偏应力作用的单元体，其体积大小不变。

★【**解析**】 易得：图 7-5-8（c）中三个偏应力分量的平均应力 $\sigma_m=0$，代入体积胡克定律可证。

（3）一点的应变能密度

回顾：弹性体的**应变能密度**，即在单位体积内所积蓄的应变能，也叫**比能**。

前面已学过，在单向应力状态下，如果一点的正应力为 σ，相应的线应变为 ε，则此点的应变能密度 v_ε 为

$$v_\varepsilon=\frac{1}{2}\sigma\varepsilon$$

如果点处于三向应力状态下，应力、应变如图 7-5-9，则可以证明，点的应变能密度为

$$v_\varepsilon = \frac{1}{2}\sigma_1\varepsilon_1 + \frac{1}{2}\sigma_2\varepsilon_2 + \frac{1}{2}\sigma_3\varepsilon_3 \tag{7-5-12}$$

【拓展阅读】应变能密度公式的证明

公式（7-5-11）的证明比较繁琐，需要用到弹性体应变能的一个重要结论和比例加载的概念，这里简单介绍一下。

（1）弹性体储存的应变能只与载荷的最终值有关，而与加载的顺序无关。

这里用反证法简单证明一下：假设构件有两种工况，所受载荷的最终值是相同的，但由于加载顺序不同，工况①储存的应变能比工况②要多。我们知道，弹性加载是可逆的，即两种工况下按加载的相反顺序卸载，应变能可以全部释放。据此，如果我们按照工况①的顺序加载，但是按照与工况②加载相反的顺序卸载，则只能将工况②产生的应变能释放，还有一部分应变能会保留下来。也就是说弹性体在载荷去除后变形仍然存在，这是不可能的。

（2）比例加载（Proportional Loading）：我们可以将图 7-5-8 中的三向主应力视为作用于单元体的载荷。由于应变能和加载顺序无关，可以假设**三向主应力均是按相同的比例从零逐渐增加到最终值，称为比例加载（简单加载）**。下面证明：**在比例加载时，各向主应力和相应的主应变始终成正比。**

设比例加载开始后的任一时刻，$\sigma_1 \neq 0$ 且 $\sigma_2/\sigma_1 = k_{21}$，$\sigma_3/\sigma_1 = k_{31}$，按照比例加载的概念应该可得 k_{21} 和 k_{31} 为常量。则代入胡克定律可得

$$\varepsilon_1 = \frac{1}{E}[\sigma_1 - \mu(\sigma_2 + \sigma_3)] = \frac{\sigma_1}{E}[1 - \mu(k_{21} + k_{31})] \propto \sigma_1$$

同样可以证明其他方向的主应力和主应变在比例加载时也是成正比的。

这样，对于图 7-5-8 中的单元体的应变能，可以由单元体表面力的功来计算。由于各向主应力和主应变都成正比，则三个方向的力和位移也成正比，可求得总的外力功为：

$$W = \frac{1}{2}(\sigma_1 \mathrm{d}x\mathrm{d}z)(\varepsilon_1 \mathrm{d}y) + \frac{1}{2}(\sigma_2 \mathrm{d}x\mathrm{d}y)(\varepsilon_2 \mathrm{d}z) + \frac{1}{2}(\sigma_3 \mathrm{d}y\mathrm{d}z)(\varepsilon_3 \mathrm{d}x)$$

根据功能原理，上式也就是单元体所储存的应变能，除以单元体体积 $\mathrm{d}x\mathrm{d}y\mathrm{d}z$，即可得到应变能密度的表达式（7-5-12）。

将式（7-5-8）应力-应变关系代入上式，消去应变项得

$$v_\varepsilon = \frac{1}{2E}[\sigma_1^2 + \sigma_2^2 + \sigma_3^2 - 2\mu(\sigma_1\sigma_2 + \sigma_2\sigma_3 + \sigma_3\sigma_1)] \tag{7-5-13}$$

下面考虑图 7-5-8 中单元体变形的分解，分别计算一下在平均应力和偏应力作用下的应变能密度。

在平均应力作用下的应变能密度，也称**体积改变能密度**（Strain Energy Density of Volume Change），用符号 v_V 表示，类比式（7-5-13）可得

$$v_V = \frac{1}{2E}[(3\sigma_m^2) - 2\mu(3\sigma_m^2)] = \frac{3(1-2\mu)}{2E}\sigma_m^2 = \frac{1-2\mu}{6E}(\sigma_1 + \sigma_2 + \sigma_3)^2 \tag{7-5-14}$$

在偏应力作用下的应变能密度，也称**形状改变能密度**，或**畸变能密度**（Distortional Strain Energy Density），用符号 v_d 表示，可得

$$v_d = \frac{1+\mu}{6E}[(\sigma_1 - \sigma_2)^2 + (\sigma_2 - \sigma_3)^2 + (\sigma_3 - \sigma_1)^2] \tag{7-5-15}$$

可以验证

$$v_\varepsilon = v_V + v_d \tag{7-5-16}$$

★【注意】 一般情况下，应变能密度并不符合叠加原理。

基础测试

7-5-7 （填空题）一点处单元体的变形可以分解为在平均应力作用下的（　　）改变和在偏应力作用下的（　　）改变，也称畸变。

7-5-8 （单选题）对空间主单元体，以下结论（　　）是错误的。

A. 若 $\sigma_1+\sigma_2+\sigma_3=0$，则没有体积改变；

B. 若 $\sigma_1=\sigma_2=\sigma_3$，则没有形状改变（畸变）；

C. 若 $\sigma_1=\sigma_2=\sigma_3=0$，则既没有体积改变，也没有形状改变（畸变）；

D. 若三个主应力不等，则必定既有体积改变，也有形状改变（畸变）。

7-5-9 （填空题）一点的应变能密度可以由平均应力作用下的（　　）密度和偏应力作用下的（　　）密度相加得到。

<<<< 例 题 >>>>

【例 7-5-4】 利用纯剪切情况的应变能密度证明各向同性材料的三个弹性常数（弹性模量 E、切变模量 G、泊松比 μ）满足

$$G=\frac{E}{2(1+\mu)}$$

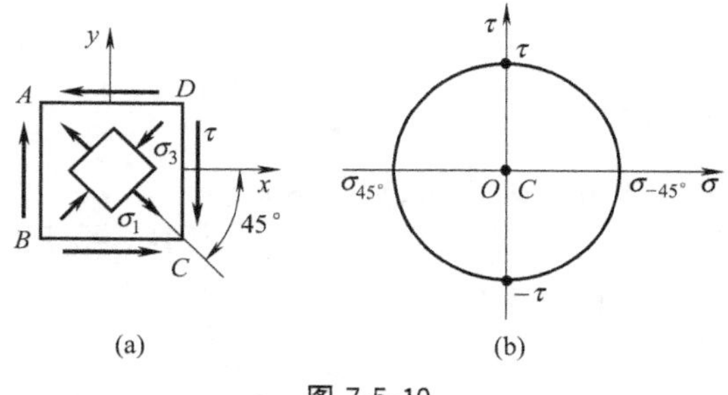

图 7-5-10

【分析】 纯剪切情况下一点的应变能密度曾在“扭转”部分导出。为求出弹性常数之间的关系，可以利用公式（7-5-13）写出等价的表达式，并考虑同一点的应变能密度必相等来推导一下。

【证明】 纯剪切时应变能密度为

$$v_\varepsilon=\frac{1}{2}\tau\gamma=\frac{\tau^2}{2G}$$

由图 7-5-10 可得纯剪切时的三个主应力为：$\sigma_1=\tau$、$\sigma_2=0$、$\sigma_3=-\tau$，代入公式（7-5-13）可得应变能密度的另一种形式

$$v_\varepsilon=\frac{\tau^2(1+\mu)}{E}$$

由两式相等可得结论。

小结

通过本节学习，应达到以下目标：

（1）掌握各向同性材料的广义胡克定律；

（2）掌握体积应变、平均应力的概念和体积胡克定律；

（3）了解体积改变能密度、畸变能密度的概念。

习 题

7-5-1 在二向应力状态下，试计算主应力的大小。设已知最大切应变 $\gamma_{max}=5\times10^{-4}$，并已知两个相互垂直方向的正应力之和为 27.5MPa，材料的弹性模量 $E=200$GPa，$\mu=0.25$。

7-5-2 图 7-5-11 所示直径为 d 的圆截面轴，其两端承受扭转力偶矩 M_e 的作用。设由试验测得轴表面与轴线成方向的正应变 $\varepsilon_{45°}$。试求力偶矩 M_e 之值。材料的弹性常数 E、μ 均为已知。

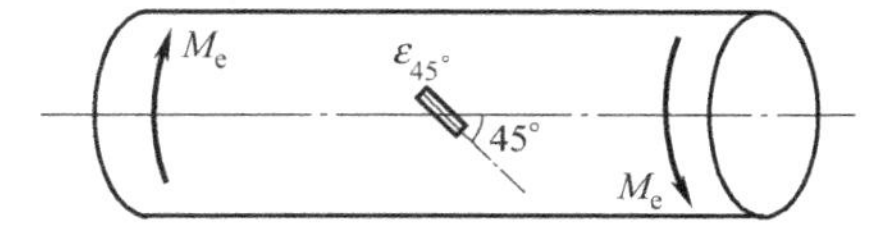

图 7-5-11

7-5-3 图 7-5-12 所示直径 $d=200$mm 的钢质圆轴受轴向拉力 F 和扭转外力偶矩 M_e 的联合作用。钢的弹性模量 $E=200$GPa，泊松比 $\mu=0.28$，且 $F=251$kN。现由电测法测得圆轴表面上与轴线成 45°方向的线应变为 $\varepsilon_{45°}=2.24\times10^{-4}$，试求圆轴所传递的外力偶矩 M_e 的大小。

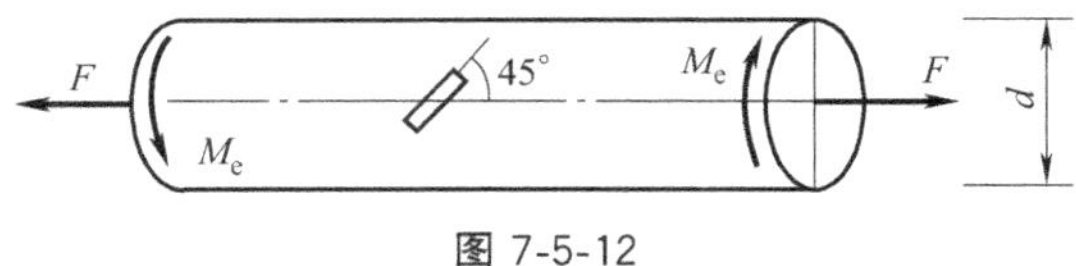

图 7-5-12

7-5-4 求图 7-5-13 所示单元体的体积应变、体积改变能密度和形状改变能密度。设 $E=200$GPa，$\mu=0.3$（图中应力单位为 MPa）。

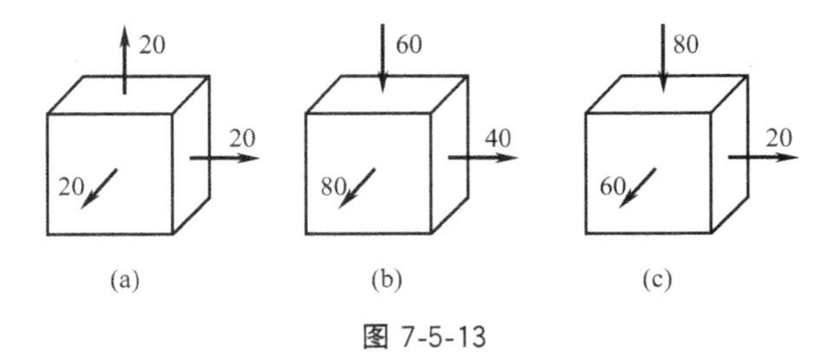

图 7-5-13

7-5-5 边长 $a=0.1$m 的铜立方块，无间隙地放入体积较大、变形可略去不计的钢凹槽中，如图 7-5-14 所示。已知铜的弹性模量 $E=100$GPa，泊松比 $\mu=0.34$，当受到 $F=300$kN 的均匀压力作用时，求该铜块内点的主应力以及最大切应力，设重力及摩擦不计。

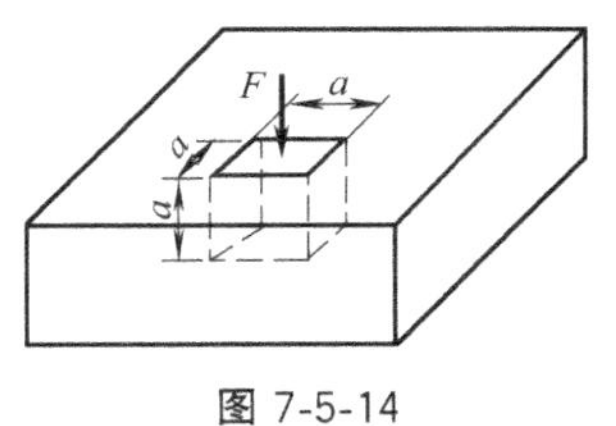

图 7-5-14

7.6 强度理论

本节导航

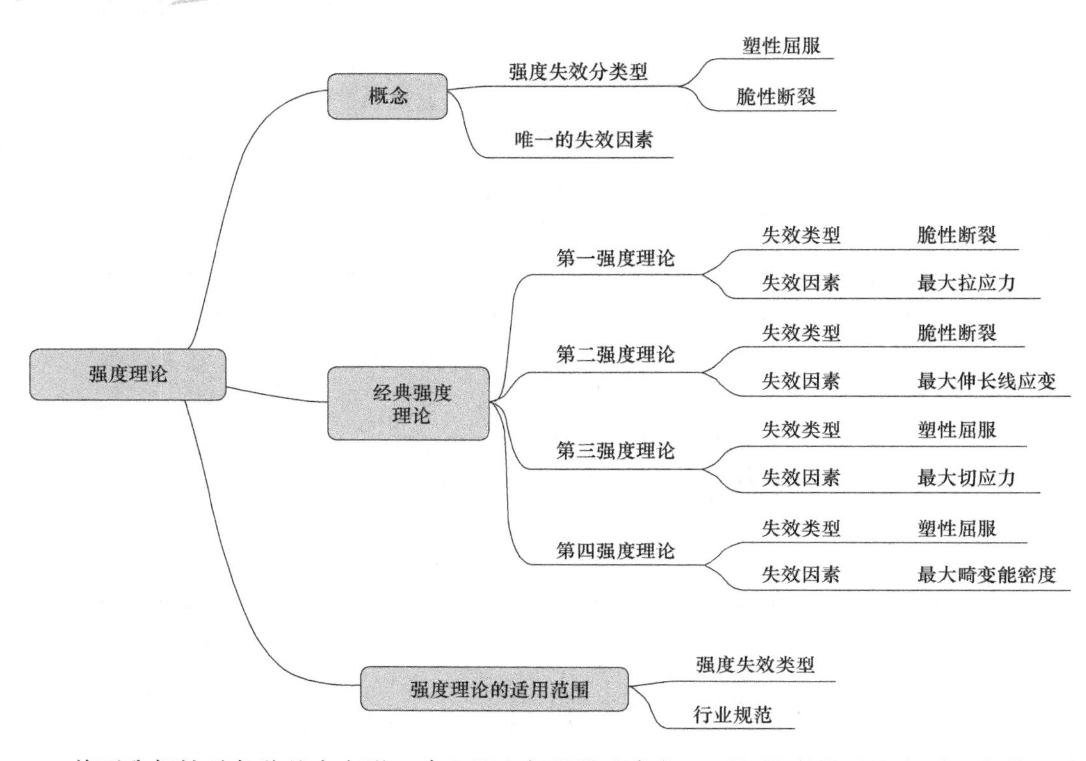

前面我们针对各种基本变形，建立了它们的强度条件。不知读者是否注意到，在前面建立的强度条件中，危险点都处于所谓的简单应力状态（如图7-6-1）：单向应力状态或纯剪切应力状态。

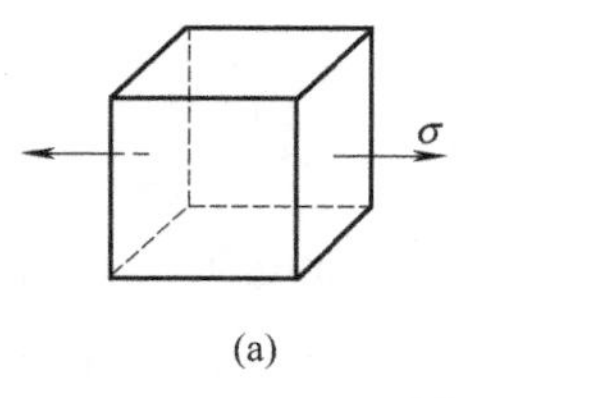

图7-6-1

对于这种简单应力状态，建立强度条件相对简单：首先通过试验，使某种材料试件的危险点达到**强度失效**（断裂或屈服），此时危险点的应力称为**极限应力**，然后将极限应力除以**安全因数**得到相应材料的**许用应力**，以此建立强度条件。

但是如果是危险点处于图7-6-2的应力状态怎么办？可以告诉大家，这些情况叫**复杂应力状态**，他们的强度条件建立就复杂多了。因为每种应力状态都包含两个以上的应力，而两个以上应力可能的强度失效组合有无限多种，你不可能都一一通过试验的方法找出来。

所以，如果想建立这种复杂应力状态的强度条件，还是要将失效原因归结为一种因素（例如其中一个应力或所有应力的某种组合形式）。**强度理论**（Theory of Strength）因此应运而生。

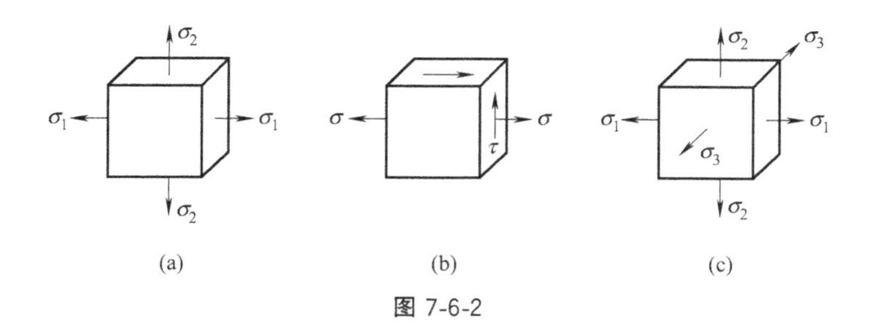

图 7-6-2

【拓展阅读】 几点补充说明。

① 关于破坏、失效、强度失效的说明：在强度定义中，用到了“破坏”这一说法。但实际上，塑性材料构件，达到屈服就不能正常工作了，并没有真正破坏，因此有人建议用“失效”代替“破坏”。不过，“失效”的词义范围比较广，刚度和稳定性不满足也可以说失效，所以更准确的说法是“强度失效”，强度理论概念中采用了这一说法。但是在本书前面的“强度”概念仍沿用了“破坏”这一习惯说法。

② 试验已经证明，对于图 7-6-2（a）、（b）的应力状态，让所有正应力都小于许用正应力；或者，对于图 7-6-2（b）的应力状态，让正应力小于许用正应力、切应力小于许用切应力，这样建立强度条件是行不通的。

③ 简单应力状态建立的强度条件，有一个明显的缺陷，就是有时候不能反映强度失效的真正原因。例如，铸铁试件压缩时，一般采用横截面正应力建立强度条件，但实际的破坏面并不是横截面；同样，铸铁试件扭转时，也有这种情况。而强度理论中，直接提出了强度失效的原因，弥补了这一缺憾。

7.6.1 强度理论的概念和类型

（1）强度理论概念

强度理论是关于材料在复杂应力状态下发生强度失效（塑性材料的屈服或脆性材料的断裂）原因的假说。

正如前面所言，复杂应力状态失效时应力组合是无限的，无法全部验证，因此，强度理论只能是一种假说。

目前，国内外各种强度理论层出不穷，达数百种之多，但主流的强度理论，其基本观点是一致的，归纳如下：**构件受外力作用而发生强度失效时，不论表面现象如何复杂，其失效形式总不外乎几种类型，而同一类型的失效则是某一个共同原因所引起的。**

以上总结起来主要是两个要点：一是强度失效是分类型的，不同类型的失效原因不同；二是同一类型的强度失效，有唯一的共同原因。

（2）强度失效的两种常见类型

按照强度理论，首先应该将强度失效分为相应的类型，才能使用相应的理论解决问题。根据我们前面所学，强度失效主要有两种类型：

脆性断裂（Brittle Fracture）：无明显变形或很小变形的情况下突然断裂；

塑性屈服（Plastic Yield）：材料出现显著的塑性变形而丧失其正常的工作能力。

一般来讲，脆性材料制成的构件，其强度失效形式为脆性断裂；而塑性材料制成的构件，其强度失效形式为塑性屈服。当然，这些并不是绝对的，下面我们会结合强度理论，给出一些特例。

7.6.2 四种经典的强度理论

材料力学中四种常见的强度理论，由于它们出现时间较早，习惯上被称为第一、二、三、四强度理论。其中，第一、二强度理论适用的强度失效形式为脆性断裂；第三、四强度理论适用的强度失效形式为塑性屈服。

（1）第一强度理论

第一强度理论适用的强度失效形式是脆性断裂，认为造成构件脆断的因素是危险点的最大拉应力，因此又称为**最大拉应力理论**（Maximum Tensile Stress Theory）。据此我们可以导出第一强度理论的强度条件。

首先，既然破坏因素确定了，我们可以通过试验的方式确定其极限应力。其中，最简单的试验方式是单向拉伸试验，而发生脆性断裂时的最大拉应力，或极限应力，为材料的拉伸强度极限 σ_b。

其次，由极限应力除以安全因数得到最大拉应力的许用应力 $[\sigma]$。

最后，建立强度条件：构件危险点如果存在最大拉应力，则必然是 σ_1，所以强度条件为

$$\sigma_1 \leqslant [\sigma] \tag{7-6-1}$$

★**【注意】** 对脆性材料来讲，许用应力应为许用拉应力。

由第一强度理论的强度失效原因可以看出，其对不存在拉应力的应力状态默认为强度安全，这和实际情况是有矛盾的（例如处于单项受压应力状态的危险点仍然会强度失效）。另外，在三向应力状态中只考虑第一主应力，也使这一强度理论受到质疑。但总的来讲，**第一强度理论由于简单实用，在工程中得到了广泛应用。**

（2）第二强度理论

第二强度理论适用的强度失效形式是脆性断裂，认为造成构件脆断的因素是危险点的最大伸长线应变，因此又称为**最大伸长线应变理论**（Maximum Elongated Strain Theory）。如果危险点存在伸长线应变（或者说拉线应变）的话，那么最大伸长线应变就应该是点的第一主应变 ε_1。

此时同样可以采用单向拉伸试验来确定最大伸长线应变的极限值 ε_u。但是在试验中，一般测出的是试件的应力，所以 ε_u 一般近似用胡克定律来求出

$$\varepsilon_u = \frac{\sigma_b}{E}$$

而根据广义胡克定律，危险点的最大伸长线应变为

$$\varepsilon_1 = \frac{1}{E}[\sigma_1 - \mu(\sigma_2 + \sigma_3)]$$

而强度失效时应该有：$\varepsilon_1 = \varepsilon_u$，即

$$\sigma_1-\mu(\sigma_2+\sigma_3)=\sigma_b$$

这样将强度极限除以安全因数的材料的许用应力 $[\sigma]$，可得强度条件为

$$\sigma_1-\mu(\sigma_2+\sigma_3)\leqslant[\sigma] \tag{7-6-2}$$

第二强度理论全面考虑了三个主应力，似乎应该比第一强度理论更为合理，但是实际结果却是第一强度理论应用更为广泛。这不光是因为第一强度理论更为简洁，更主要的是很多时候，它得到的结果比第二强度理论更准确。

★【思考】 混凝土在单轴压缩试验中，会出现平行于压力方向的纵向断裂面，如图 7-6-3 所示，这一现象用强度理论如何解释？

★提示：和纵向开裂面垂直的横向变形有什么特点？

图 7-6-3

（3）第三强度理论

第三强度理论适用的强度失效形式是塑性屈服，认为造成构件屈服的因素是危险点的最大切应力，因此又称为**最大切应力理论**。

我们知道，一点的最大切应力为

$$\tau_{\max}=\frac{\sigma_1-\sigma_3}{2}$$

因此，确定极限应力时也可以按照主应力来确定。同样用单向拉伸试验，试件屈服时有

$$\tau_u=\frac{\sigma_s-0}{2}=\frac{\sigma_s}{2}$$

构件在强度失效时，应满足 $\tau_{\max}=\tau_u$，即：$\dfrac{\sigma_1-\sigma_3}{2}=\dfrac{\sigma_s}{2}$

可得：$\sigma_1-\sigma_3=\sigma_s$

考虑安全因数得强度条件：

$$\sigma_1-\sigma_3\leqslant[\sigma] \tag{7-6-3}$$

（4）第四强度理论

第四强度理论适用的强度失效形式是塑性屈服，认为造成构件屈服的因素是危险点的畸变能密度，因此又称为**最大畸变能密度理论**。

同样用单向拉伸试验来测定试件屈服时的最大畸变能密度，此时：$\sigma_1=\sigma_s$，$\sigma_2=\sigma_3=0$，代入公式（7-5-14）得

$$v_{du}=\frac{1+\mu}{6E}\cdot 2\sigma_s^2$$

设危险点的畸变能密度为：$v_d=\dfrac{1+\mu}{6E}[(\sigma_1-\sigma_2)^2+(\sigma_2-\sigma_3)^2+(\sigma_3-\sigma_1)^2]$，可得屈服时应满足：$(\sigma_1-\sigma_2)^2+(\sigma_2-\sigma_3)^2+(\sigma_3-\sigma_1)^2=2\sigma_s^2$，同样引入安全因数可得强度条件

$$\sqrt{\frac{1}{2}[(\sigma_1-\sigma_2)^2+(\sigma_2-\sigma_3)^2+(\sigma_3-\sigma_1)^2]}\leqslant[\sigma] \tag{7-6-4}$$

7.6.3 强度理论的统一形式

可以统一将强度理论写成如下形式

$$\sigma_r \leqslant [\sigma] \tag{7-6-5}$$

式中，σ_r 称为强度理论的相当应力，当采用第一、二、三、四强度理论时，相当应力分别为

$$\left.\begin{aligned} &\sigma_{r1}=\sigma_1\\ &\sigma_{r2}=\sigma_1-\mu(\sigma_2+\sigma_3)\\ &\sigma_{r3}=\sigma_1-\sigma_3\\ &\sigma_{r4}=\sqrt{\frac{1}{2}[(\sigma_1-\sigma_2)^2+(\sigma_2-\sigma_3)^2+(\sigma_3-\sigma_1)^2]} \end{aligned}\right\} \tag{7-6-6}$$

虽然，强度理论的统一形式只是原强度理论的一种变形，但却进一步揭示了强度理论的意义：当危险点处于复杂应力状态时，可以用某种应力组合形式作为强度失效的原因来校核强度。当然，这种失效原因是否合理，还要由试验来验证。

7.6.4 各种强度理论的适用条件

（1）一般由脆性材料制成的构件，其强度问题由第一、二强度理论来解决；而塑性材料制成的构件，其强度问题由第三、四强度理论来解决。

（2）如果构件危险点的应力状态是三向相近的压应力，无论是由什么材料制成的，其强度失效形式总是塑性屈服，所以宜采用第三、四强度理论；如果构件危险点的应力状态是三向相近的拉应力，无论是由何种材料制成，失效形式总是脆性断裂，所以宜采用第一、二强度理论。图 7-6-4 是带有 V 型切槽的低碳钢试件，在单向拉伸时，槽根部点处于三向拉应力状态，所以发生了脆性断裂；而图 7-6-5 的大理石试件，在三向压应力作用下，发生了明显的塑性变形，被压成了鼓状。

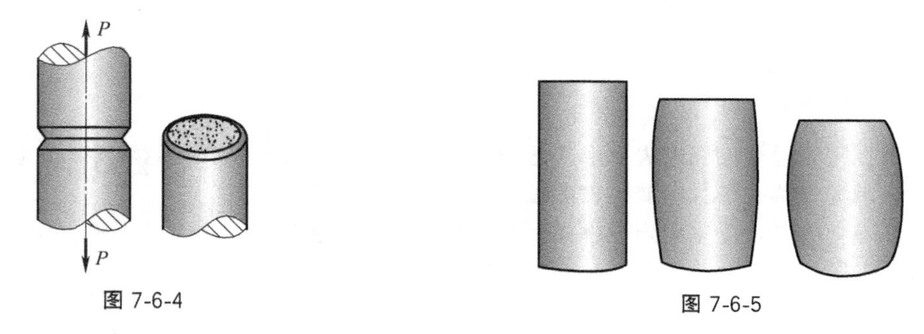

图 7-6-4　　图 7-6-5

（3）很多行业部门，对于强度理论的选用，有自己的行业规范。例如在土建行业，对于钢梁的设计，一般采用第四强度理论；而压力容器制造行业，对于钢制容器的设计，则遵循第三强度理论。

基础测试

7-6-1　（填空题）强度理论是关于复杂应力状态下，材料发生强度（　　）原因的假说。

7-6-2　（填空题）典型的第一到第四强度理论将强度失效分为（　　）和（　　）两种，依次将引起失效的因素归结为最大（　　）应力、最大（　　）线应变、最大（　　）应力和（　　）能密度。

7-6-3 （填空题）对于（　　）材料构件一般采用第一和第二强度理论；对于（　　）材料构件一般采用第三和第四强度理论。但塑性材料构件在三向近似拉应力状态，往往采用第（　　）和第（　　）强度理论；脆性材料构件在三向近似压应力状态，往往采用第（　　）和第（　　）强度理论。

7-6-4 （计算题）用第一和第三强度理论写出图 7-6-6 所示单元体的相当应力。

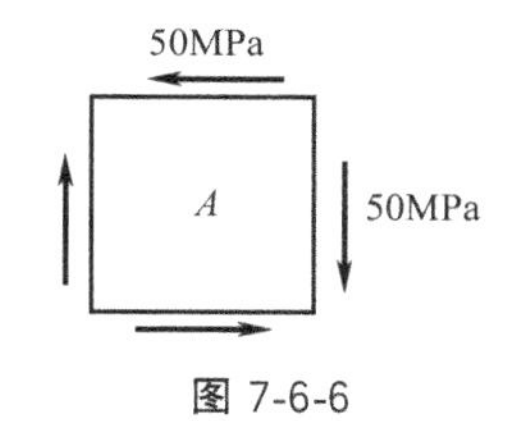

图 7-6-6

例　题

【例 7-6-1】 图 7-6-7 中单元体，已知 σ 和 τ，求第三、四强度理论的相当应力 σ_{r3} 和 σ_{r4}。

【分析】 ①求相当应力应该用到主应力，请读者思考如何求图 7-6-7（a）的主应力？②图 7-6-7（b）的主应力和图 7-6-7（a）什么关系？

【解】 图 7-6-7（a）是典型的二向应力状态，两个主应力（也就是两个正应力极值）为

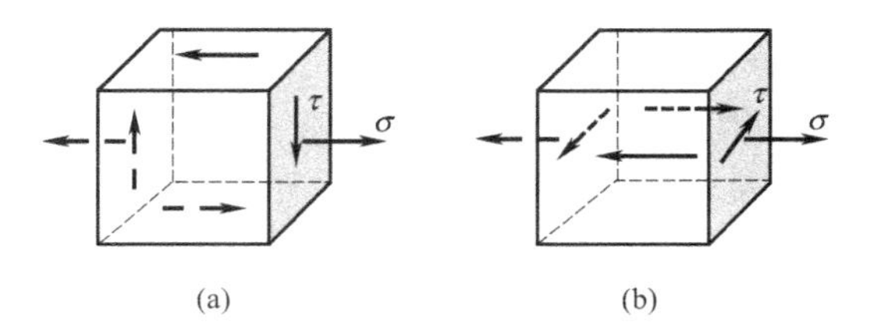

图 7-6-7

$$\begin{cases}\sigma_{max}\\ \sigma_{min}\end{cases}=\frac{\sigma_x+\sigma_y}{2}\pm\sqrt{\left(\frac{\sigma_x-\sigma_y}{2}\right)^2+\tau_{xy}^2}=\frac{\sigma}{2}\pm\sqrt{\left(\frac{\sigma}{2}\right)^2+\tau^2}$$

因此三个主应力分别为：$\sigma_1=\frac{\sigma}{2}+\sqrt{\left(\frac{\sigma}{2}\right)^2+\tau^2}$，$\sigma_2=0$，$\sigma_3=\frac{\sigma}{2}-\sqrt{\left(\frac{\sigma}{2}\right)^2+\tau^2}$

第三强度理论的相当应力

$$\sigma_{r3}=\sqrt{\sigma^2+4\tau^2} \tag{7-6-7}$$

第四强度理论的相当应力

$$\sigma_{r4}=\sqrt{\sigma^2+3\tau^2} \tag{7-6-8}$$

图 7-6-7（b）和图 7-6-7（a）只是有些应力方向不同，大小完全一样，显然求得的主应力大小也是相同的，因此所求的第三、四强度理论的相当应力也是相同的，如式（7-6-7）和式（7-6-8）所示。

☆【说明】 图 7-6-7 是二向应力状态的一种典型情况，只有一组正应力，这种情况下，第三、四强度理论的相当应力如式（7-6-7）和式（7-6-8）所示。

另外，比较式（7-6-7）和式（7-6-8）可以看出，同样情况下，第三强度理论求得的相当应力更大一些，更易达到极限应力，所以相对保守（偏于安全）。为清楚起见，将第三强度理论和第四强度理论的相当应力等于极限应力（屈服极限）的情况（习惯称**强度失效准则**）画在图 7-6-8（a）中，可以看出第三强度理论确实偏于安全。而图 7-6-8（b）中则描绘了三种典型金属材料的试验结果，可以看出，结果更接近于第四强度理论的失效准则。

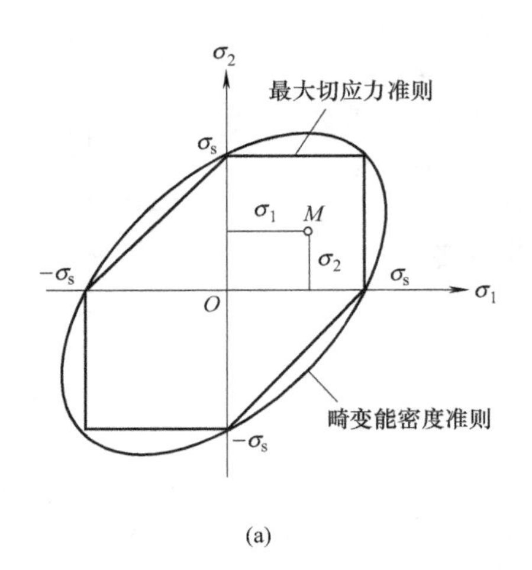

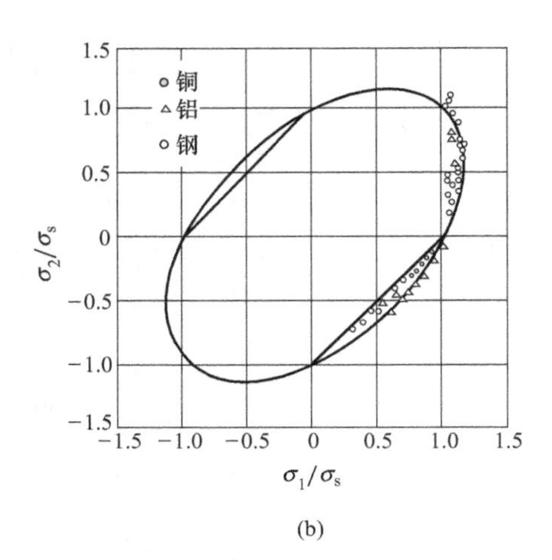

图 7-6-8

★【注意】 图 7-6-7 中，σ_1 和 σ_2 分别代表二向应力状态中不为零的两个主应力，并非通常的第一和第二主应力。

【例 7-6-2】 设塑性材料的许用正应力和许用切应力分别为 $[\sigma]$ 和 $[\tau]$，试分别用切应力强度条件、第三和第四强度理论写出图 7-6-9（a）所示纯剪切状态危险点的强度条件，并据此推断材料的许用正应力和许用切应力之间的关系。

【分析】 利用强度理论建立强度条件时，需要用到主应力，读者请回顾一下，纯剪切应力状态，如何采用最简单的方法求出主应力？

【解】 如图 7-6-9（b），作出纯剪切应力状态的应力圆，易求出

$$\tau_{\max}=\tau，\sigma_1=\tau，\sigma_2=0，\sigma_3=-\tau$$

切应力强度条件：$\tau_{\max}=\tau\leqslant[\tau]$ （7-6-9）

第三强度理论：$\sigma_{r3}=\sigma_1-\sigma_3=2\tau\leqslant[\sigma]$ （7-6-10）

第四强度理论：$\sigma_{r4}=\sqrt{\frac{1}{2}[(\sigma_1-\sigma_2)^2+(\sigma_2-\sigma_3)^2+(\sigma_3-\sigma_1)^2]}=\sqrt{3}\tau\leqslant[\sigma]$ （7-6-11）

由式（7-6-9）、式（7-6-10）可得：$[\tau]=0.5[\sigma]$

由式（7-6-9）、式（7-6-10）可得：$[\tau]=[\sigma]/\sqrt{3}\approx0.577[\sigma]$

所以，塑性材料的许用切应力是许用正应力的 0.5～0.6 倍，有时可以据此由许用正应力来推断许用切应力。

【例 7-6-3】 两端简支的工字钢梁承受载荷如图 7-6-10 所示。已知 Q235 钢的许用正应

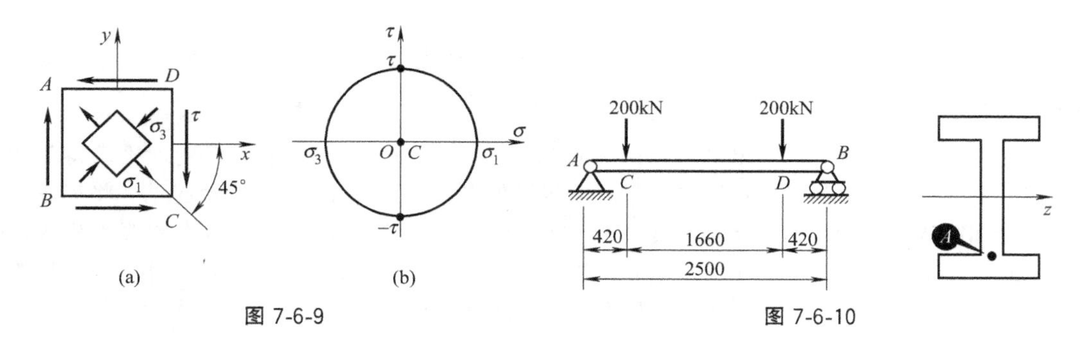

图 7-6-9　　图 7-6-10

力为 [σ]=170MPa，许用切应力为 [τ]=100MPa，试按强度条件选择工字钢的型号。

【分析】 和这道题类似的例题在前面已经碰到过两次（例 5-3-9 和例 7-2-3），在例 5-3-9 中，我们利用了梁的正应力强度条件和切应力强度条件来共同确定工字钢的型号。这里之所以要要给出一个类似的例子，是因为在例 7-2-3 中我们曾经讲过，如图所示的 A 点也是可能的危险点。结合上面两道例题，读者是不是对本例的解法有了一些思路呢？

【解】 梁的内力图如图 7-6-11 所示，显然 C、D 为危险截面。

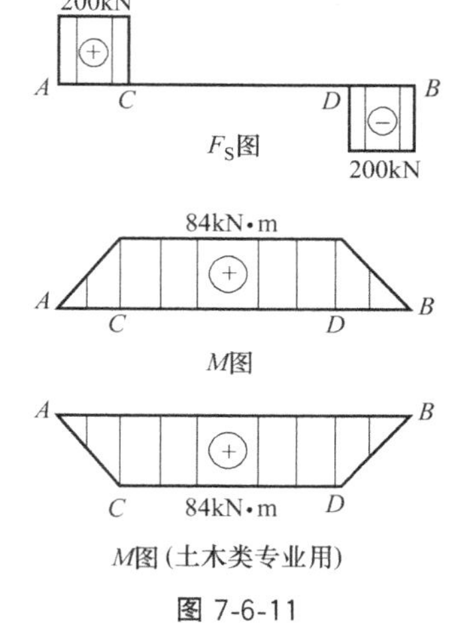

图 7-6-11

最大内力为：$F_{Smax}=200\text{kN}$，$M_{max}=84\text{kN}\cdot\text{m}$

先根据正应力选择截面：$\sigma_{max}=\dfrac{M_{max}}{W_z}\leqslant[\sigma]$

$W_z\geqslant\dfrac{M_{max}}{[\sigma]}=494\times10^{-6}\text{m}^3$，选用 28a 工字钢，其截面的 $W_z=508\text{cm}^3$。其他参数为：$I_z=7114\times10^{-8}\text{m}^4$，$b=0.85\times10^{-2}\text{m}$，$I_z/S_{z\max}^*=24.62\times10^{-2}\text{m}$，代入最大切应力计算公式 $\tau_{max}=\dfrac{F_{Smax}\cdot S_{z\max}^*}{I_zb}=\dfrac{F_{Smax}}{I_zb/S_{z\max}^*}=95.5\text{MPa}<[\tau]$，满足切应力强度条件。

再取图 7-6-12（a）中的 A 点进行校核，其应力状态如图 7-6-12（b）。

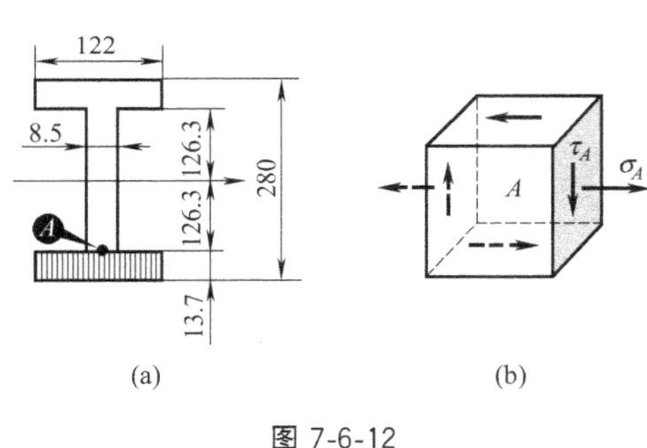

图 7-6-12

由于图 7-6-12（a）中阴影部分的静矩不能直接查表得到，利用表中给出的参数，忽略其中的倒角，进行近似计算

$$S_{zA}^*=122\times13.7\times\left(126.3+\frac{13.7}{2}\right)=223\times10^{-6}\text{m}^3$$

则切应力 $\tau_A=\dfrac{F_{Smax}S_{zA}^*}{I_z\cdot b}=73.8\text{MPa}$

正应力 $\sigma_A=\dfrac{M_{max}\cdot y_A}{I_z}=149.1\text{MPa}$

由于材料是 Q235 钢，可以用第三或第四强度理论校核，此处采用第四强度理论，利用式（7-6-8）可得

$$\sigma_{r4}=\sqrt{\sigma_A^2+3\tau_A^2}=197\text{MPa}>[\sigma]$$

超过许用应力的百分比：

$$\frac{\sigma_{r4}-[\sigma]}{[\sigma]}\times100\%=15.9\%$$

已经远超过 5%，必须重新选择。

若选用 28b 号工字钢，请读者自己计算一下，相当应力为 $\sigma_{r4}=173.2\text{MPa}$，比 [$\sigma$] 大 1.88%，不超过 5%，所以可选用 28b 号工字钢。

【说明】 以上 A 点的切应力计算中，采用了横截面的近似尺寸，实际由于倒角的存在，切应力值应该比计算值小。

小结

通过本节学习，应达到以下目标：

(1) 掌握复杂应力状态下强度理论的概念；

(2) 掌握四种常用的强度理论及其相当应力，并了解其适用条件。

习　题

7-6-1　已知应力状态如图 7-6-13 所示（应力单位为 MPa）。若 $\mu=0.3$，试分别用四种常用强度理论计算其相当应力。

7-6-2　从某铸铁构件内的危险点处取出的单元体，各面上的应力分量如图 7-6-14 所示。已知铸铁材料的泊松比 $\mu=0.25$，许用拉应力 $[\sigma_t]=30\text{MPa}$，许用压应力 $[\sigma_c]=90\text{MPa}$。试按第一强度理论和第二强度理论校核其强度。

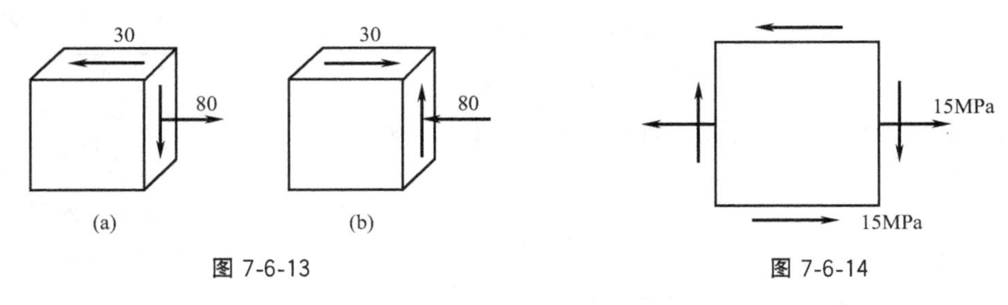

图 7-6-13　　图 7-6-14

7-6-3　第三强度理论和第四强度理论的相当应力分别为 σ_{r3} 及 σ_{r4}，试计算纯剪应力状态的比值 σ_{r3}/σ_{r4}。

7-6-4　锅炉内直径 $D=2\text{m}$，壁厚 $\delta=10\text{mm}$，内受蒸汽压力 $p=1.5\text{MPa}$，如图 7-6-15 所示。试求：①壁内主应力 σ_1、σ_2 及最大切应力 τ_{max}；②斜截面 ab 上的正应力及切应力。

7-6-5　一简支钢板梁承受载荷如图 7-6-16 (a) 所示，其截面由几块钢板焊接而成，尺寸如图 7-6-16 (b) 所示。已知钢材的许用应力为 $[\sigma]=170\text{MPa}$，$[\tau]=100\text{MPa}$，$F=550\text{kN}$，$q=40\text{kN/m}$。试校核梁内的最大正应力和最大切应力，并按第四强度理论校核危险截面上点 a 处的强度。注：通常在计算点 a 处的应力时可近似地按点 a' 的位置计算。

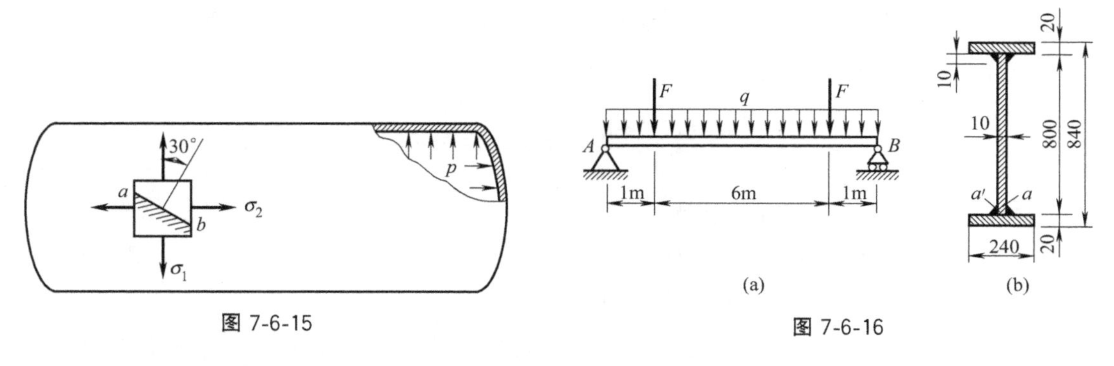

图 7-6-15　　图 7-6-16

7-6-6　用 Q235 钢制成的实心圆截面杆，受轴向拉力 F 及扭转力偶矩 M_e 作用，且

$M_e = Fd/10$，测得圆杆表面 k 点处沿图 7-6-17 所示方向的线应变 $\varepsilon_{30} = 1.433 \times 10^{-4}$。已知杆直径 $d = 10\text{mm}$，材料的弹性模量 $E = 200\text{GPa}$、泊松比 $\mu = 0.3$。试求载荷 F 和 M_e。若其许用应力 $[\sigma] = 160\text{MPa}$，试按第四强度理论校核杆的强度。

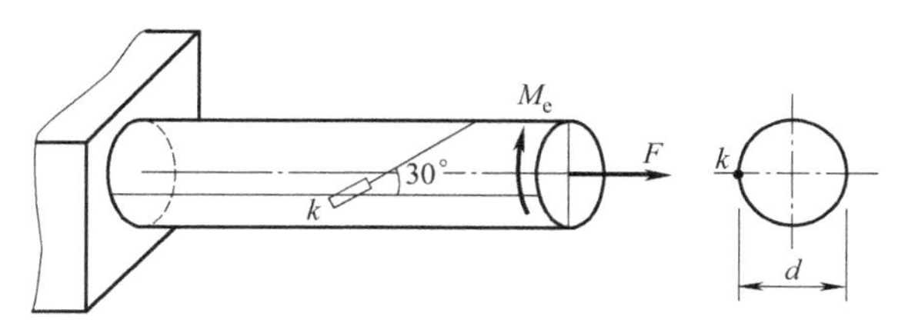

图 7-6-17

第8章

组合变形

8.1 组合变形的概念

本节导航

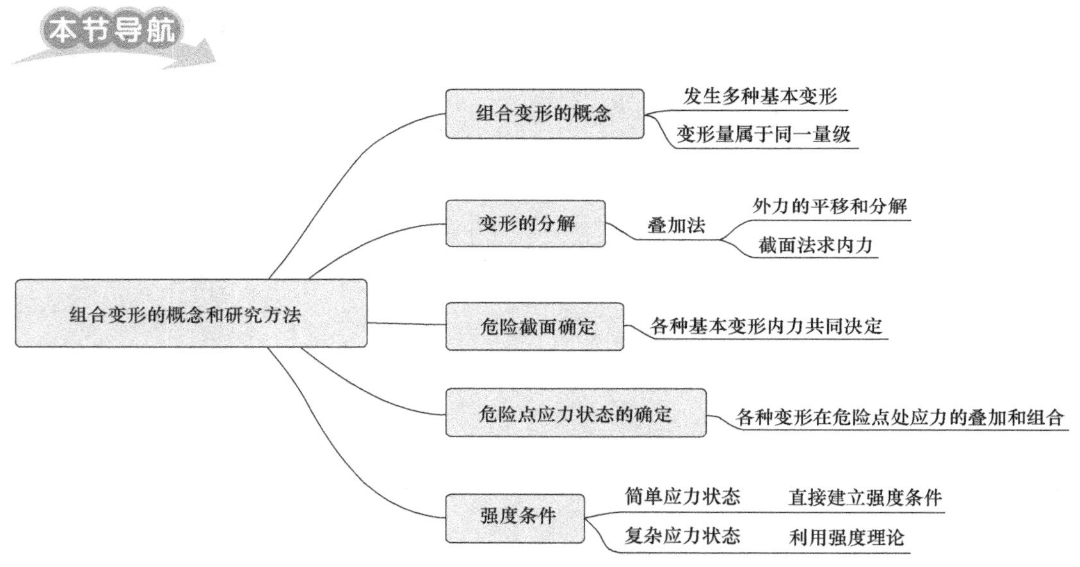

在前面我们学习了杆件的四种基本变形，而实际上，单一的基本变形基本是不存在的，例如图8-1-1所示，杆的轴向拉力偏离了轴线（这是很难避免的，当然为清楚起见，图中偏角比较夸张），通过简单地分解，可以看出杆的变形不再是拉伸，而是变为同时存在拉伸和弯曲两种基本变形。不过，当偏角很小时，弯曲变形很小，仍可以近似按照拉伸问题处理。

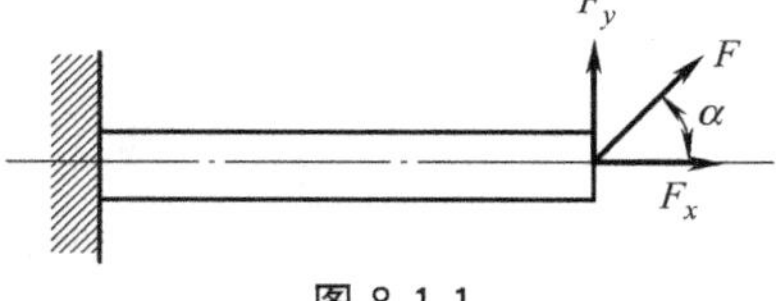

图8-1-1

8.1.1 组合变形的概念

构件在载荷作用下发生两种或两种以上的基本变形，且所对应的应力或变形属于同一数量级，则构件的变形称为**组合变形**（Combined Defornation）。

图 8-1-2 中所示的齿轮传动轴，属于弯曲和扭转组合变形的工程实例。

图 8-1-3 中的小型压力机，其左侧的立柱则属于拉伸和弯曲组合变形的情况。

以上两个例子，读者可以自己试着分析一下，看能不能自行分析出变形组合的情况。如果不行的话，请看下面组合变形的一般分析方法。

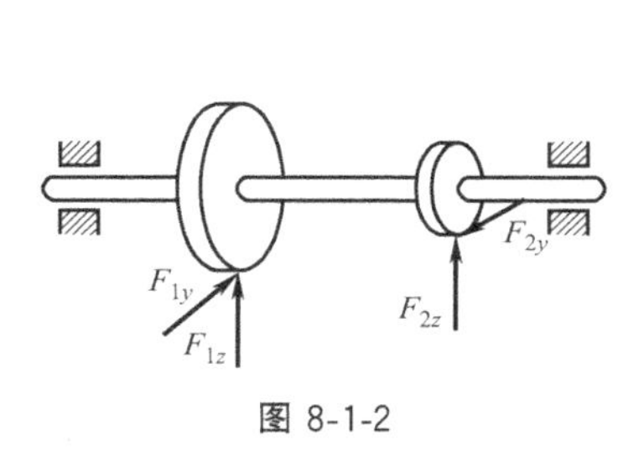

图 8-1-2

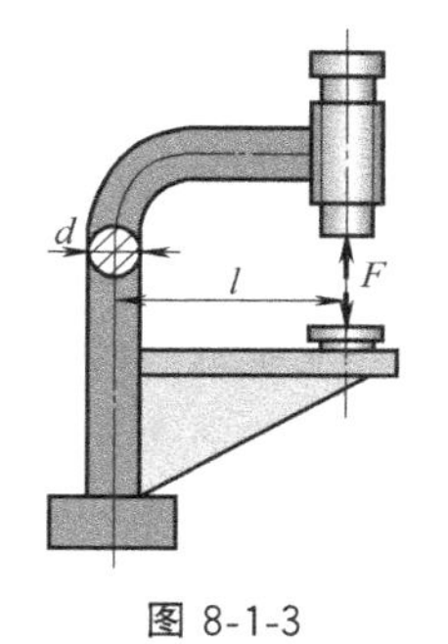

图 8-1-3

8.1.2 解决组合变形问题的一般方法：叠加法

根据**叠加原理**，杆件受多种载荷作用时，其变形、内力和应力等可以看作是单个载荷作用情况的叠加。

☆**【问题】** 读者是否还记得叠加原理适用的条件是什么？

☆**【解答】** 首先，杆件的材料应处于线弹性阶段，即变形、内力、应力等和载荷都是线性关系；其次，变形必须是小变形，否则会产生所谓的几何非线性（变形过大时，即使材料是线弹性的，力和变形也不再是线性关系）；而且大变形时，各种基本变形会互相影响（可以参阅 9.1 节，分析压杆稳定性问题时，轴向力产生的弯矩），导致叠加原理失效。

下面通过一个例子，来说明一下叠加法的应用。

如图 8-1-4 中的柱子，在边角处受一个任意方向集中力的作用，那么这个力会产生哪些基本变形呢？一般来讲，这样沿任意方向作用的力的变形效应不容易看出来。为此，我们作以下**静力等效变换**：首先将力平移至横截面的形心，为保持静力等效，再附加一个力偶。此时，作用于形心的集中力产生的变形仍不明显，我们再将其沿轴线和横截面的切线方向分解，这样最终得到两个力和一个力偶。根据叠加原理，最终将柱子的变形分解为图中右边三种情况的叠加。显然，在这些力作用下，柱子将产生压缩变形和弯曲变形（分别由横向力和弯曲力偶产生）。由此，可以按照每一种基本变形的特点，根据叠加原理确定柱子的危险截

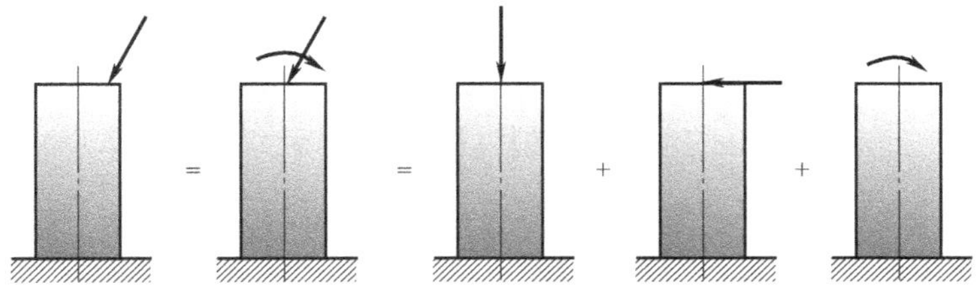

图 8-1-4

面和危险点，然后进行强度校核。

★【问题】 在上述过程中，将一个力通过静力等效变换，转换成了两个力和一个力偶。但是我们知道，静力等效变换属于理论力学的范畴，应该只适用于刚体，现在将其用于变形体会不会产生较大的误差？提示一下：柱子属于杆，其横截面尺寸远小于长度。

★【解析】 确实，将只适用于刚体的静力等效变化用于变形体，肯定会产生误差。但由于柱子的横截面积相对较小，属于小边界，则根据圣维南原理，这种变换只在力作用的边界附近产生较大误差，在远离边界的绝大部分地方，误差可以忽略不计。

下面将组合变形的叠加法步骤总结如下：

（1）**外力分析**：横截面尺寸较小时（小边界），分析外力，向截面形心简化，并沿轴线方向和横向分解；如果横向力不沿截面的形心主惯性轴（一般是对称轴）方向，还要沿形心主惯性轴分解（见图 8-1-5），使每个力（或力偶）对应一种基本变形，将组合变形分解为基本变形。

（2）**内力分析**：求每个外力分量对应的内力和内力图，综合起来确定危险截面。

（3）**应力分析**：画出危险截面的应力分布图，利用叠加原理将基本变形下的应力叠加成组合，建立危险点的强度条件。

★【思考】 上面提到，如果横向力不沿截面的形心主惯性轴（一般是对称轴）方向，还是要沿形心主惯性轴分解（参见 8-1-5）。请读者思考，为什么要进行这样的分解？

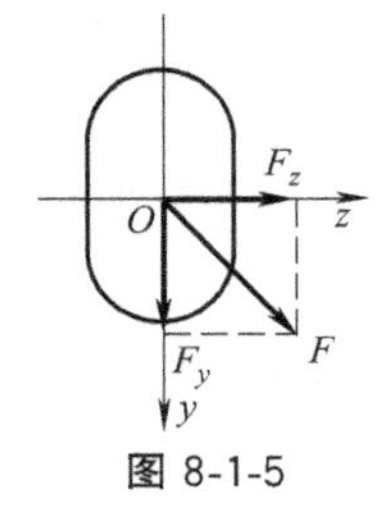

图 8-1-5

★【解析】 一般的横向力产生的弯曲，如果直接分析的话比较复杂（别忘了，我们前面研究的是对称弯曲，并不能简单推广到一般的横向力弯曲）。对于一般实体截面，将横向力沿形心主惯性轴分解后，每个分力都产生平面弯曲（参看第 5 章的 5.5 节），降低了分析的难度。如果两个形心主惯性轴还是对称轴的话，则可以进一步简化为两个对称弯曲。下面的 8.2 节双对称弯曲就采用了这种分析方法。

基础测试

8-1-1 （填空题）构件在载荷作用下发生两种或两种以上的基本变形，且每种基本变形所对应的应力或变形属于同一（　　），则构件的变形称为组合变形。

8-1-2 （填空题）采用叠加法时，一是要求材料处于（　　）弹性阶段；二是要求变形必须是（　　）变形。

8-1-3 （多选题）如图 8-1-6，柱子受平行于轴线的偏心力 F 作用，产生的基本变形为（　　）。

A. 拉伸；B. 压缩；C. 扭转；D. 弯曲

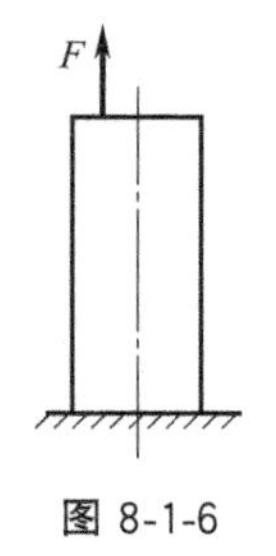

图 8-1-6

<<<< 例　题 >>>>

【例 8-1-1】 如图 8-1-7（a）所示，水平直角折杆 ABC 在 C 处受两个正交力的作用，试分析 AB 部分产生的基本变形情况。

【分析】 由于只分析 AB 部分的变形，可以考虑两种方法：一是根据小变形假设，将

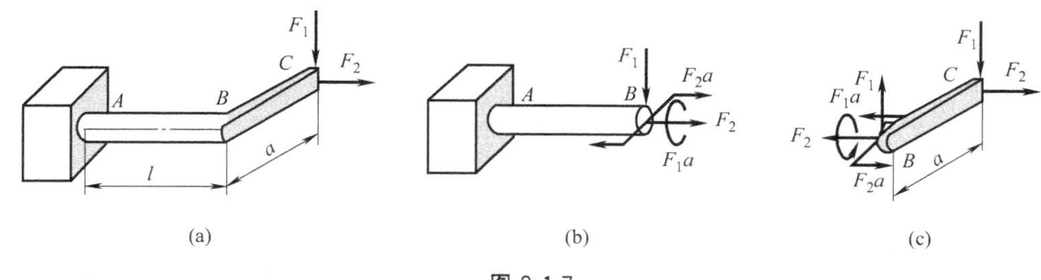

图 8-1-7

BC 部分视为刚体，直接将力平移到 B 端进行分析；二是采用截面法，将曲杆在 B 处沿 AB 杆的横截面截开，直接求出内力，根据内力来判断有哪些基本变形。

【解法一】 如图 8-1-7（b），将载荷平移至 B 端（为清楚起见，将 BC 部分去除），并附加力偶。可见，所产生的基本变形包括：横向力 F_1 产生的竖向弯曲和力偶 F_2a 所产生的水平弯曲，由 F_2 所产生的拉伸，扭力偶 F_1a 产生的扭转。

【解法二】 用截面法：如图 8-1-7（c），在 B 端沿 AB 的横截面截开并取 BC 部分，显然为保持平衡内力应如图所示，其中横向力 F_1 产生竖向弯曲，力偶 F_2a 产生水平弯曲，由 F_2 产生拉伸，扭力偶 F_1a 产生扭转。

小结

通过学习，应达到以下目标：

（1）掌握组合变形的概念；
（2）掌握组合变形分解为基本变形的方法。

8.2 双对称弯曲

本节导航

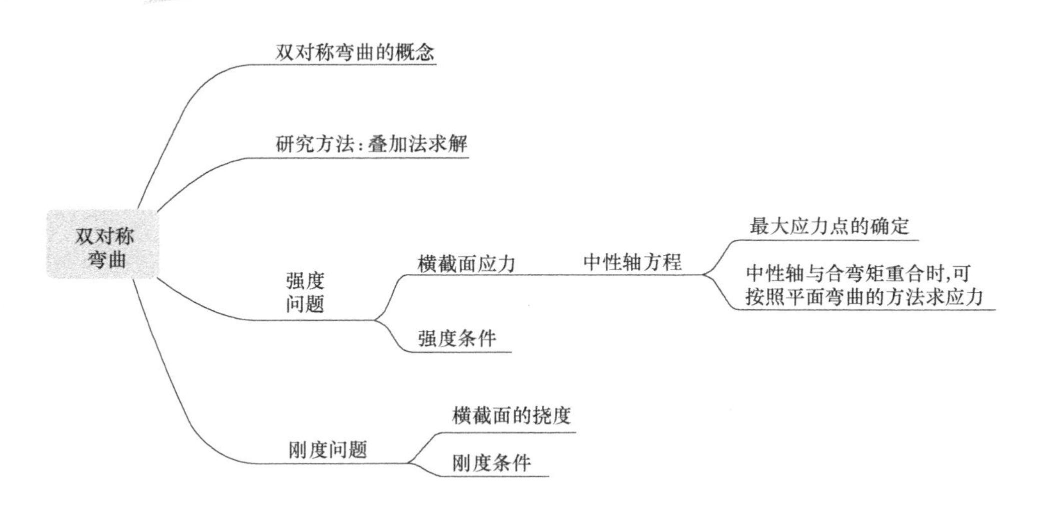

8.2.1 双对称弯曲的概念

前面我们学习弯曲变形时，是以弯曲中最简单的对称弯曲为例进行研究的。对称弯曲要求梁有一个纵向对称面，而外力也作用于此对称面内。本节以此为基础，研究一下双对称弯曲。

双对称弯曲（Doubly Symmetric Bending）**是指梁具有一对正交的纵向对称面，且外力都作用于这两个对称面内。**在图 8-2-1（a）中，y 轴和 z 轴都是梁截面的对称轴，则这两个坐标轴和梁的轴线各确定一个梁的纵向对称面。由于梁的两个纵向对称平面是正交的，且外力也都作用于这两个平面内，所以属于双对称弯曲梁。

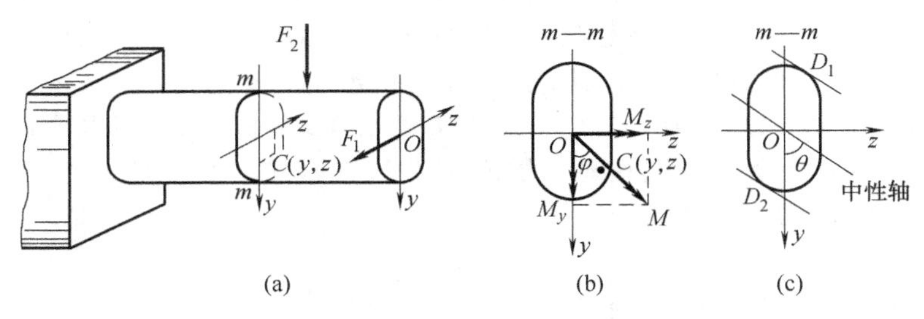

图 8-2-1

双对称弯曲严格讲并不属于组合变形，但由于可以分解为两个正交方向的对称弯曲来研究，所以可以参照研究组合变形方法，用叠加原理进行求解。

★【注意】 **大部分梁属于实体截面细长杆，剪力引起的变形和应力一般都相对较小，在组合变形中可以忽略不计。**所以下面的内力分析中只考虑了弯矩。另外，这里的实体截面是和薄壁截面相对而言的。在 5.5 节我们曾学习过某些薄壁截面梁在剪力作用下会产生较大的变形。

8.2.2 双对称弯曲横截面的应力和强度条件

8.2.2.1 横截面应力的公式

在梁上任取 $m—m$ 横截面，设其上作用的弯矩 M_y 和 M_z 如图 8-2-1（b）所示。为清楚起见，弯矩的方向用矢量方向表示。

当 M_y 单独作用时，梁为对称弯曲，则截面上任意点 C（y，z）的应力为

$$\sigma'=\frac{M_y}{I_y}z$$

同样 M_z 单独作用时，应力为

$$\sigma''=-\frac{M_z}{I_z}y$$

根据叠加法原理，C 点的应力为

$$\sigma=\sigma'+\sigma''=\frac{M_y}{I_y}z-\frac{M_z}{I_z}y \tag{8-2-1}$$

在横截面应力中，我们最关心的是应力的最大值，下面通过确定截面的中性轴的方法来确定最大应力的位置。

可能有读者由图 8-2-1（b）会想到，不采用叠加法，采用合成弯矩的方法，用合弯矩直接求解应力是否可以呢？这个方法一般是行不通的，在下面会作详细分析。

8.2.2.2 横截面中性轴及最大应力的位置

在双对称弯曲时，仍然存在着中性轴。由于中性轴上点的正应力为零，所以令式（8-2-1）中 $\sigma=0$，可得中性轴方程

$$\frac{M_y}{I_y}z-\frac{M_z}{I_z}y=0 \tag{8-2-2}$$

我们假设，在双对称弯曲时横截面仍然满足平面假设。这样，各横截面在弯曲时以中性轴为转轴发生相对转动，所以距中性轴越远的地方正应变越大，相应的正应力也越大。据此，可以采用如下方法确定截面的最大应力位置：

① 如果截面边缘是光滑曲线，则做和中性轴平行的直线与截面边缘相切，切点就是最大应力点，如图 8-2-1（c）所示的 D_1 和 D_2 点。

② 如果截面边缘存在角点，如图 8-2-2（a）、（b）所示，则一般应力的最大值位于角点处。

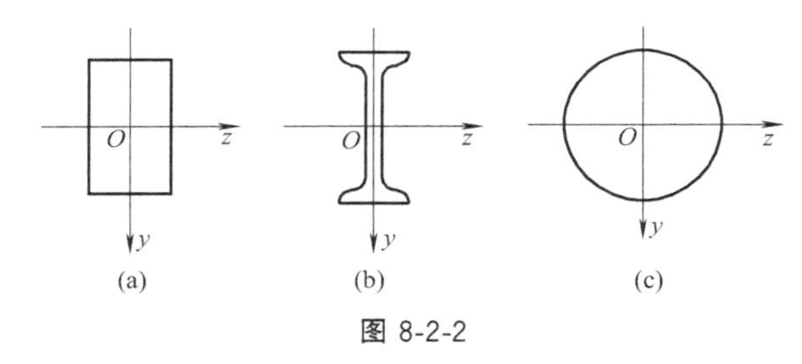

图 8-2-2

【思考】 如图 8-2-1（b）、（c），我们已经求出了截面的合弯矩和中性轴方程，那么是否就可以利用合弯矩直接计算横截面应力呢？

【解析】 答案是否定的，在图 8-2-1（b）、（c）中如果分别假设合弯矩和中性轴与 y 轴的夹角为 φ 和 θ，则利用式（8-2-1）可求得

$$\tan\theta=\frac{z}{y}=\frac{M_z I_y}{M_y I_z}=\frac{I_y}{I_z}\tan\varphi$$

这就表明，只要形心主惯性矩 $I_y\neq I_z$，则中性轴与合弯矩 M 矢量不重合，此时梁的挠度不与合弯矩的作用面在同一平面内，通常把这类弯曲称为**斜弯曲**。

当然，如果形心主惯性矩 $I_y=I_z$，例如图 8-2-2（c）中的圆形截面，就可以用合弯矩来计算截面应力。读者可以想一下，常见截面形状中除圆形外，还有什么形状满足 $I_y=I_z$？

【注意】 对于形心主惯性矩 $I_y=I_z$ 的截面，挠度和弯矩在同一平面内。但由于各截面合弯矩方向一般不同，所以挠度的方向也不同。可见：**双对称弯曲时，挠度曲线一般为空间曲线**，不属于平面弯曲。

8.2.2.3 强度条件

在不计横截面剪力的情况下，双对称弯曲梁内各点应力处于单向应力状态，可以直接建立强度条件

$$\sigma_{max} \leqslant [\sigma]$$

式中，σ_{max} 是梁的最大工作应力；$[\sigma]$是相应材料的许用正应力。

8.2.3 双对称弯曲的变形和刚度条件

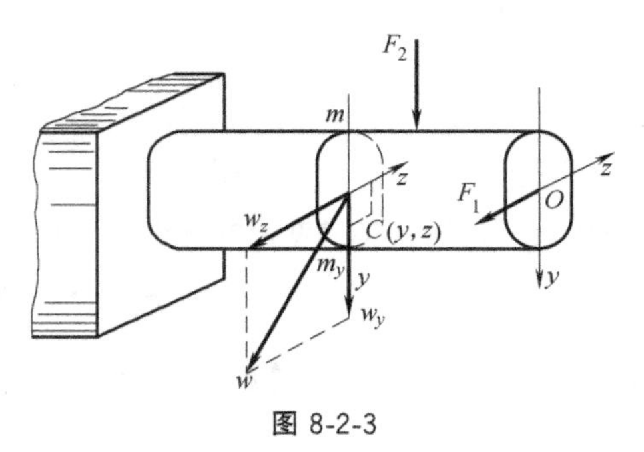

图 8-2-3

求双对称弯曲变形时，仍然先分解为两个对称弯曲，分别求弯曲变形，然后再用叠加法求总变形。这里以截面的挠度为例，来说明一下。

如图 8-2-3，注意到双对称弯曲时，截面的挠度沿两个正交方向，所以挠度叠加时采用矢量合成的方法

$$w=\sqrt{w_y^2+w_z^2}$$

然后按照相应的规定，校核最大挠度或指定截面挠度即可。例如校核最大挠跨比的刚度条件为：

$$\frac{w_{max}}{l} \leqslant \left[\frac{w}{l}\right]$$

式中，l 为梁的跨度。

基础测试

8-2-1 （填空题）双对称截面梁是指梁存在两个正交的纵向（　　）平面，当横向外力作用于其中一个平面时，则发生（　　）弯曲；当横向外力作用于两个平面时，则计算应力和变形时，可以分解为两个（　　）弯曲，然后按照（　　）法求梁的应力和位移。

8-2-2 （填空题）双对称弯曲时，一般忽略（　　）的影响，所以横截面只有正应力，而且横截面存在正应力为零的（　　）轴，最大应力点在距此轴（　　）处。

8-2-3 （填空题）双对称弯曲时，如果梁的两个对称轴惯性矩不相等，则合弯矩和挠度不位于同一平面内，称为（　　）弯曲；而两个对称轴惯性矩相等时，合弯矩的矢量方向和（　　）轴重合，可以直接采用合弯矩计算应力。

8-2-4 （填空题）双对称弯曲时，横截面只有正应力，所以危险点处于（　　）应力状态；截面挠度则沿正交方向，所以合成时要用（　　）合成的方法。

例题

【例 8-1-1】 如图 8-2-4 所示悬臂梁，由 20a 号工字钢制成，梁上的均布载荷集度为 q（单位：N/m），集中载荷为 $F=qa/2$（单位：N）。试求梁的许用载荷集度 $[q]$。已知：$a=1$m；20a 号工字钢参数：$W_z=237\times10^{-6}\text{m}^3$，$W_y=31.5\times10^{-6}\text{m}^3$；钢的许用弯曲正应力 $[\sigma]=160$MPa。

【分析】 解决本题，无外乎解决下面三个问题，请读者思考：①如何进行变形分解？②如何确定危险截面？③如何确定危险截面上的危险点？

【解】 ①变形分解。将集中载荷 F 沿梁横截面的两个对称轴 y、z 分解为

$$F_y = F\cos40° = \frac{qa}{2}\cos40° = 0.383qa$$

$$F_z = F\sin40° = \frac{qa}{2}\sin40° = 0.321qa$$

则梁的变形可以分解为在 F_z 作用下的水平对称弯曲和在 F_y、q 作用下的竖向对称弯曲，见图 8-2-5（a）、（c）。

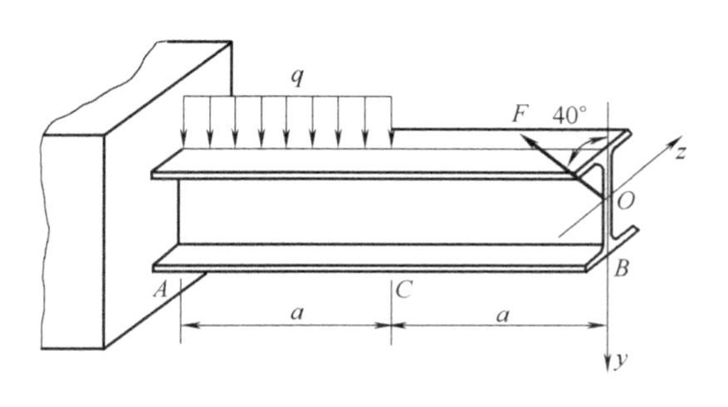

图 8-2-4

② 确定危险截面。仍然采用内力图来确定危险截面，为清楚起见，分别画出水平弯曲和竖向弯曲的弯矩图如图 8-2-5（b）、（d）。弯矩图不再标正负号，一般画在梁受压的一侧，但是土木专业要画在受拉侧。

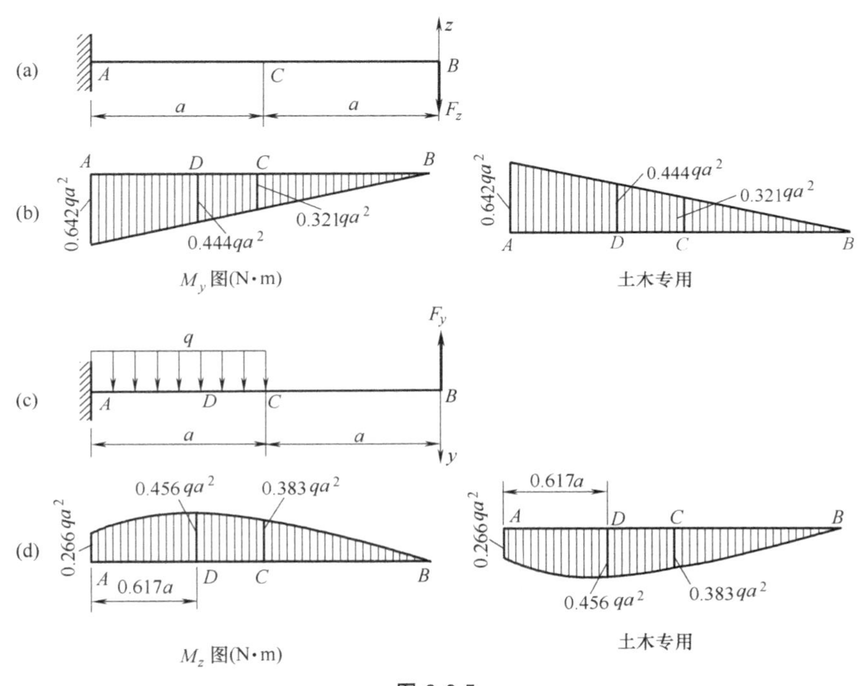

图 8-2-5

综合两个方向的弯矩图，推断 A 截面和 D 截面是可能的危险截面。

【注意】 这里通过两个弯矩图关键点的值推断可能的危险截面是一种近似的方法。精确的方法是写出两个对称面内的内力方程，并综合求出任意截面危险点的应力（函数），然后用函数求最值的方法求出最大应力。不过后者过于繁琐，在误差不大的情况下，在实际工程问题中常用前者来代替。

③ 求危险点的应力。由于截面为工字型，所以最大应力点在角点上

$$(\sigma_{\max})_A = \frac{M_{yA}}{W_y} + \frac{M_{zA}}{W_z} = \frac{0.642q\times(1^2)}{31.5\times10^{-6}} + \frac{0.266q\times(1^2)}{237\times10^{-6}} = (21.5\times10^3)\times q$$

$$(\sigma_{\max})_D = \frac{M_{yD}}{W_y} + \frac{M_{zD}}{W_z} = \frac{0.444q\times(1^2)}{31.5\times10^{-6}} + \frac{0.456q\times(1^2)}{237\times10^{-6}} = (16.02\times10^3)\times q$$

可见 A 截面为危险截面。

④ 利用强度条件求许可载荷。

$$(\sigma_{\max})_A \leqslant [\sigma]$$

$$(21.5\times10^{-3})q \leqslant 160\times10^6\ \text{Pa}$$

可得
$$q \leqslant \frac{160\times10^6}{21.5\times10^{-3}} = 7.44\times10^3\ \text{N/m}$$

即
$$[q] = 7.44\times10^3\ \text{N/m} = 7.44\text{kN/m}$$

小结

通过本节学习，应达到以下目标：

(1) 掌握双对称弯曲的概念和变形分解方法；
(2) 掌握双对称弯曲时内力和应力的确定方法；
(3) 掌握双对称弯曲时中性轴及最大应力的确定方法。

<<<< 习题 >>>>

8-2-1 如图 8-2-6 所示为 14 号工字钢悬臂梁受力情况，已知 $l=0.8\text{m}$，$F_1=2.5\text{kN}$，$F_2=1.0\text{kN}$，试求危险截面上的最大正应力。

8-2-2 受集度为 q 的均布载荷作用的矩形截面简支梁，其载荷作用面与梁的纵向对称面间的夹角为 $\alpha=30°$，如图 8-2-7 所示。已知该梁材料的弹性模量 $E=10\text{GPa}$；梁的尺寸为 $l=4\text{m}$，$h=160\text{mm}$，$b=120\text{mm}$；许用应力 $[\sigma]=12\text{MPa}$；许可挠度 $[w]=l/150$。试校核梁的强度和刚度。

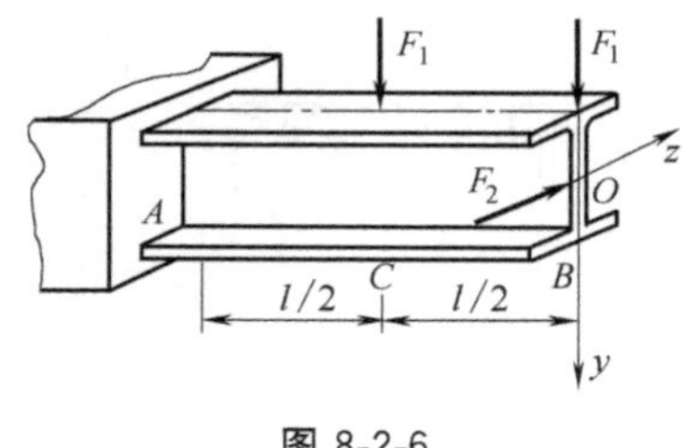

图 8-2-6

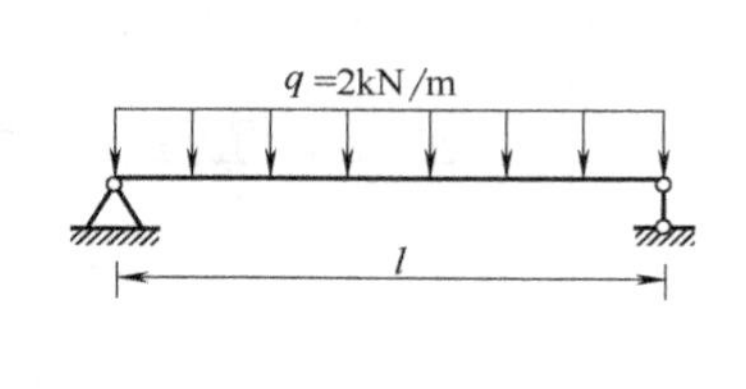

图 8-2-7

8-2-3 悬臂梁受集中力 F 作用如图 8-2-8 所示。已知横截面的直径 $D=120\text{mm}$，$d=30\text{mm}$，材料的许用应力 $[\sigma]=160\text{MPa}$。试求中性轴的位置，并按照强度条件求梁的许可载荷 $[F]$。

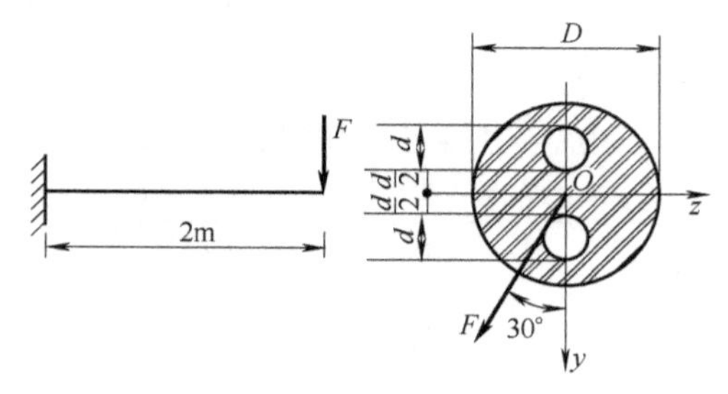

图 8-2-8

8.3 扭弯组合变形

本节导航

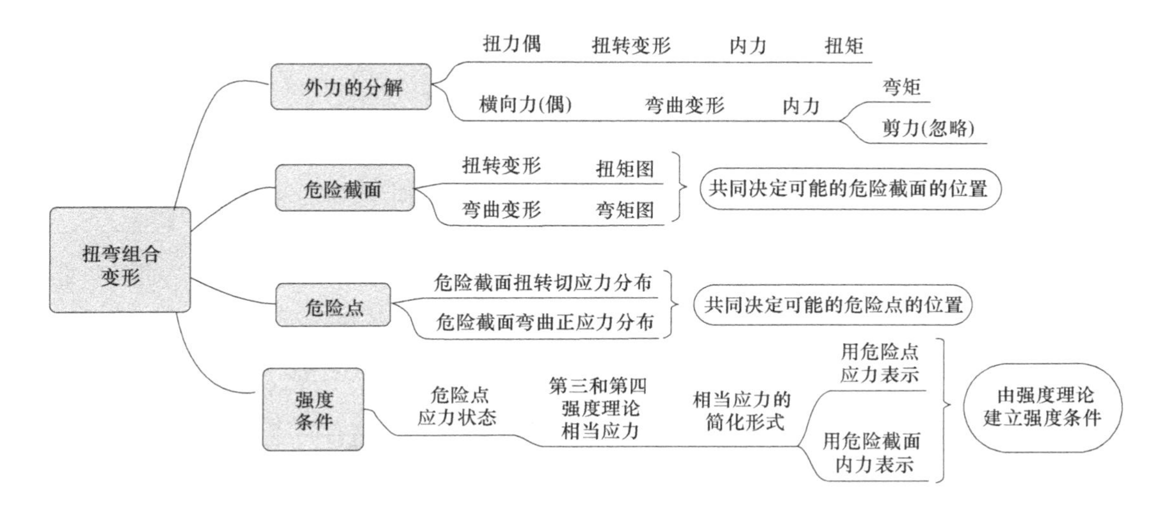

扭弯组合变形，顾名思义，就是由扭转和弯曲两种基本变形组合而成的变形。因此，读者在学习本节之前，可以回顾一下这两种变形的相关内容，主要是：①扭转变形和弯曲变形的内力图如何绘制？②扭转变形和弯曲变形横截面上的应力有哪些？分布规律怎样？

8.3.1 扭弯组合变形实例

扭弯组合变形的实例较多，如图 8-3-1（a）所示，一端固定的圆截面杆带有与其正交的水平刚臂，当在刚臂上施加竖向力时，圆杆就会发生扭弯组合变形（为什么?）。

在机械工程中，最常见的例子是传动轴：在扭转部分，我们将其视为只发生扭转变形，实际上，由于横向力的存在，轴发生的是扭弯组合变形，具体的例子可以见图 8-1-2。

下面以图 8-3-1（a）中带有刚臂的圆截面杆为例，具体讲述扭弯组合变形的强度问题。

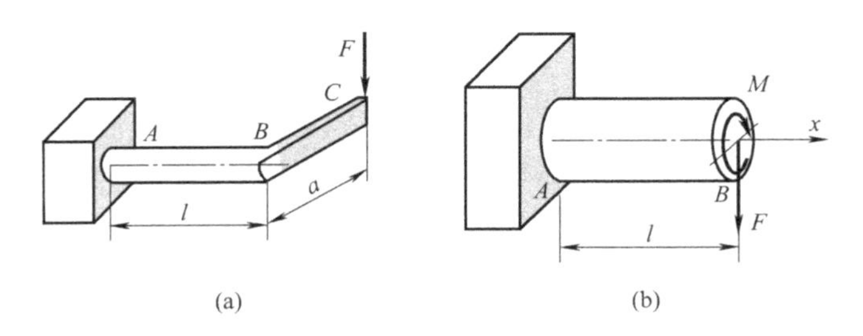

图 8-3-1

8.3.2 外力分析和变形分解

由于力作用于刚臂上，我们可以按照力的平移定理，直接将力移至杆的 B 端，并且附加力偶 $M=Fa$，如图 8-3-1（b）所示。显然，力和力偶分别引起弯曲和扭转变形，杆发生的是扭弯组合变形。

8.3.3 内力分析

根据变形将外力分为图 8-3-2 两种情况的叠加，显然图 8-3-2（a）只发生弯曲变形，而图 8-3-2（b）只发生扭转变形。

为确定杆的危险截面，分别画两种情况的内力图。由于**剪力引起的变形和应力都相对较小，一般在组合变形中可以忽略不计。**所以在图 8-3-2（a）中只画了弯矩图。

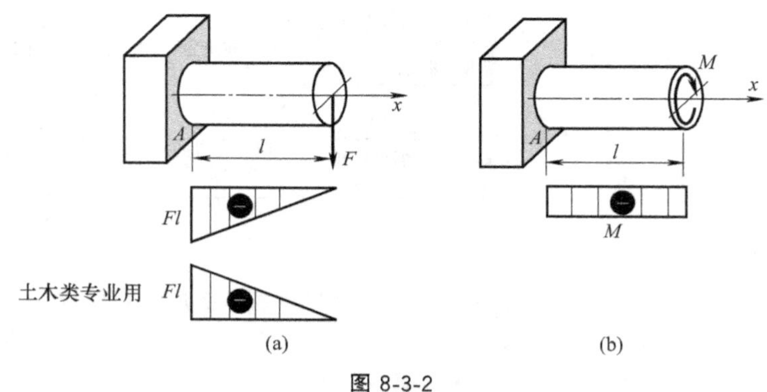

图 8-3-2

根据两个内力图，显然可以看出，危险截面是固定端处的 A 截面。

8.3.4 应力分析

应力分析的目的，是在危险截面中找到最危险的点。因此，分别分析在弯曲和扭转两种变形下的应力分布。

两种变形下危险截面的应力分布如图 8-3-3 所示，其中，图 8-3-3（a）的弯曲变形中仍然忽略了剪力引起的切应力，只考虑了弯曲正应力。

显然图 8-3-3（a）中的 C_1 和 C_2 两点是应力数值最大的点，其中 C_1 为最大拉应力点，而 C_2 为最大压应力点。

而图 8-3-3（b）中的扭转切应力，应力的最大值位于横截面的外缘圆周上。

这样，综合以上两种应力分布可以确定，危险截面中最危险的点应该是图中的 C_1 和 C_2 点。如果制作杆的材料是塑性材料，拉应力或压应力对于强度的危险程度是相同的，则可以任取一点来研究。

下面以 C_1 点为例，来分析其应力状态：根据横截面上应力分布结合切应力互等定理可以得到点的应力状态如图 8-3-4（a）所示。

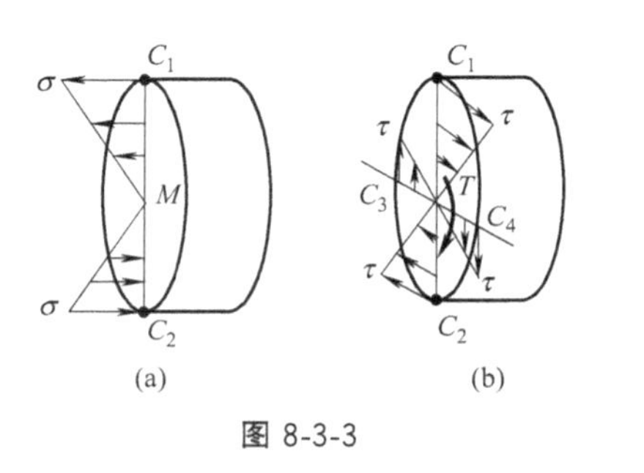

图 8-3-3

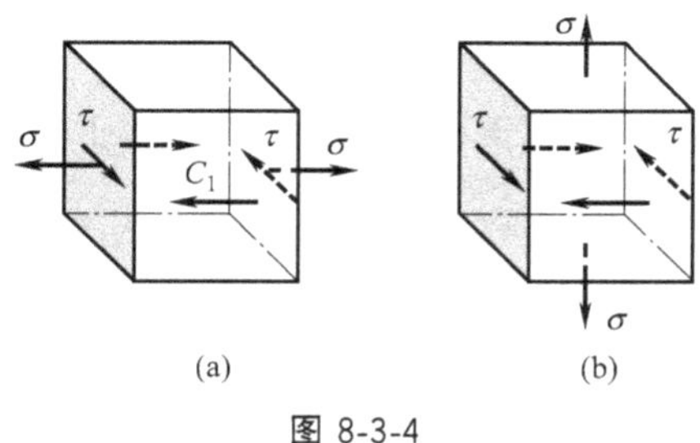

图 8-3-4

8.3.5 强度校核

由于危险点的应力状态显然属于复杂应力状态，所以需要用强度理论来进行强度校核，为此，先确定 C_1 点的主应力。借用二向应力状态主应力的公式可得两个主应力大小为：

$$\left.\begin{matrix}\sigma_{max}\\ \sigma_{min}\end{matrix}\right\}=\frac{\sigma}{2}\pm\sqrt{\left(\frac{\sigma}{2}\right)^2+\tau^2}$$

显然可得三个主应力分别为：$\sigma_1=\frac{\sigma}{2}+\sqrt{\left(\frac{\sigma}{2}\right)^2+\tau^2}$，$\sigma_2=0$，$\sigma_3=\frac{\sigma}{2}-\sqrt{\left(\frac{\sigma}{2}\right)^2+\tau^2}$。

求得危险点主应力之后，就可以选择相应的强度理论进行强度校核了。仍然假设材料为塑性材料，则可以选择第三和第四强度理论。

如果选用第三强度理论，则危险点的相当应力为：

$$\sigma_{r3}=\sigma_1-\sigma_3=\sqrt{\sigma^2+4\tau^2} \tag{8-3-1}$$

如果选用第四强度理论，则危险点的相当应力为：

$$\sigma_{r4}=\sqrt{\frac{1}{2}\left[(\sigma_1-\sigma_2)^2+(\sigma_2-\sigma_3)^2+(\sigma_3-\sigma_1)^2\right]}=\sqrt{\sigma^2+3\tau^2} \tag{8-3-2}$$

求得以上相当应力，就可以参照强度理论建立相应的强度条件了：

$$\sigma_r\leqslant[\sigma]$$

式中，$[\sigma]$ 是塑性材料的许用应力。

8.3.6 强度问题的进一步讨论

在上面内容中，导出了扭弯组合变形危险点的第三和第四强度理论的相当应力，即式（8-3-1）和式（8-3-2）。需要说明的是，以上两式不只适用于扭弯组合变形的情况，实际上，只要是类似于图 8-3-4（a）中单元体的应力状态，即**二向应力状态且只有一个正应力**的情况，都可以应用以上两式求解相当应力。具体来讲，除扭弯组合变形外，扭拉组合变形、扭拉弯组合变形，也可以用上面两个式子计算危险点的相当应力。至于后面两种组合变形，我们没有研究，适用的具体条件，请读者自己思考。

☆**【思考】** 图 8-3-4（b）的应力状态，能否用式（8-3-1）和式（8-3-2）求相当应力？

★【答案】 图 8-3-4（b）的应力状态属于三向应力状态，和图 8-3-4（a）完全不同，因此是不能用式（8-3-1）和式（8-3-2）求解相当应力的。

针对**圆截面杆**的情况，还可以对式（8-3-1）和式（8-3-2）作进一步简化：

危险点的应力 $\sigma=\dfrac{M}{W}$，$\tau=\dfrac{T}{W_p}$，对圆截面杆，其中的 $W=\dfrac{\pi d^3}{32}$，$W_p=\dfrac{\pi d^3}{16}$，即 $W_p=2W$。将以上各式代入式（8-3-1）可得

$$\sigma_{r3}=\sqrt{\sigma^2+4\tau^2}=\sqrt{\left(\frac{M}{W}\right)^2+4\left(\frac{T}{2W}\right)^2}=\frac{\sqrt{M^2+T^2}}{W} \tag{8-3-3}$$

代入式（8-3-2）可得

$$\sigma_{r4}=\frac{\sqrt{M^2+0.75T^2}}{W} \tag{8-3-4}$$

以上两式，只用危险截面的内力就表示出了危险点的相当应力，使用更为方便，但是一定要注意其适用范围：**发生扭弯组合变形的圆截面杆**。另外，注意一下，里面的 W 是截面的弯曲截面系数。

基础测试

8-3-1 （多选题）扭弯组合变形主要考虑的内力有：（　　）。

A. 轴力；B. 剪力；C. 扭矩；D. 弯矩。

8-3-2 （填空题）扭弯组合变形危险点的单元体上一般既有正应力又有切应力，应该采用（　　）校核其强度。

8-3-3 （填空题）已知：传动轴尺寸及受力如图 8-3-5 所示（A 处为扭转外力偶），轴的抗弯截面系数为 $W=5000\text{mm}^3$。则轴的最大扭矩为（　　）N·m，最大弯矩为（　　）N·m，危险点的第三强度理论相当应力为（　　）MPa。

8-3-4 （单选题）钢制圆杆危险截面上的内力如图 8-3-6 所示，若已知材料的许用应力为 $[\sigma]$，截面面积 A，弯曲截面系数 W，则正确的强度条件为：（　　）。

A. $\dfrac{F_N}{A}+\dfrac{M}{W}\leqslant[\sigma]$；

B. $\sqrt{\left(\dfrac{F_N}{A}\right)^2+\left(\dfrac{M}{W}\right)^2}\leqslant[\sigma]$；

C. $\sqrt{\left(\dfrac{F_N}{A}+\dfrac{M}{W}\right)^2+4\left(\dfrac{T}{2W}\right)^2}\leqslant[\sigma]$；

D. $\sqrt{\left(\dfrac{F_N}{A}\right)^2+\left(\dfrac{M}{W}\right)^2+4\left(\dfrac{T}{2W}\right)^2}\leqslant[\sigma]$。

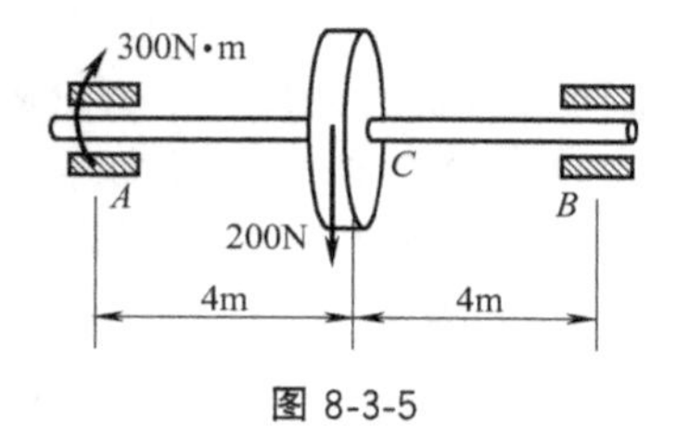

图 8-3-5

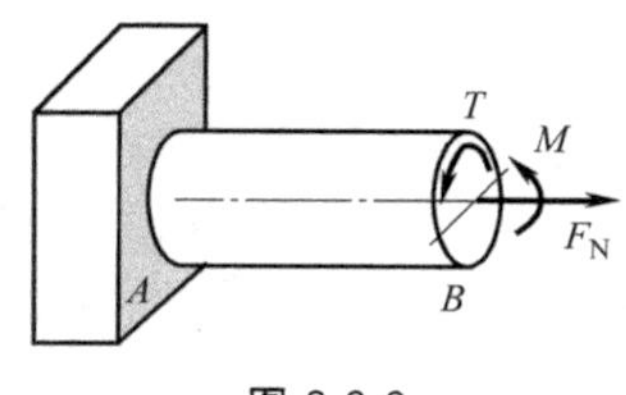

图 8-3-6

例　题

【例 8-3-1】 传动轴如图 8-3-7 所示，在 A 处作用一个扭力偶 $M_e=1\text{kN}\cdot\text{m}$，皮带轮直径 $D=300\text{mm}$，皮带轮紧边拉力为 F_1，松边拉力为 F_2，方向向下，且 $F_1=2F_2$，$l=200\text{mm}$，轴径 $d=50\text{mm}$，许用应力 $[\sigma]=160\text{MPa}$。试用第三强度理论校核轴的强度。

【分析】 首先，请读者思考，如何求出外力 F_1 和 F_2？实际上求解外力一般考虑用静力学平衡方程，那么采用哪个静力学方程求解比较方便呢？注意到扭力偶为已知，且其矢量方向沿 x 轴方向，所以可以采用 $\sum M_x=0$，具体方程读者可以试着先列一下。

其次，如何进行变形的分解？请读者结合图 8-3-8 中的力学模型思考一下。

显然通过将外力向轴的截面形心平移，变形可以分解为扭转加弯曲变形。

【解】 参照图 8-3-7 的受力情况，由 $\sum M_x=0$ 得：

$F_1\dfrac{D}{2}-F_2\dfrac{D}{2}-M_e=0$，且 $F_1=2F_2$，可解得：$F_1=2F_2=\dfrac{40}{3}\text{kN}$

将外力截面形心简化，如图 8-3-8 所示，显然轴的变形为扭弯组合变形。图中：$F=3F_2=20\text{kN}$，$M_{eC}=M_e=1\text{kN}\cdot\text{m}$。

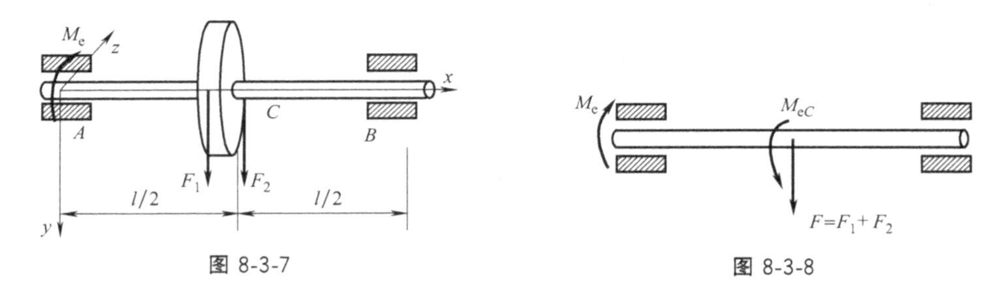

图 8-3-7　　图 8-3-8

为确定危险截面的位置，分别画出扭转和弯曲的内力图如图 8-3-9 和图 8-3-10 所示。由图可以看出危险截面位于跨中，$T_{max}=M_{max}=1\text{kN}\cdot\text{m}$。

由式（8-3-3）得危险点的第三强度理论相当应力为：

$$\sigma_{r3}=\frac{1}{W}\sqrt{M_{max}^2+T_{max}^2}=\frac{32}{\pi(50)^3}\sqrt{(1\times10^6)^2\times2}\,\text{MPa}=115.24\text{MPa}<[\sigma]$$

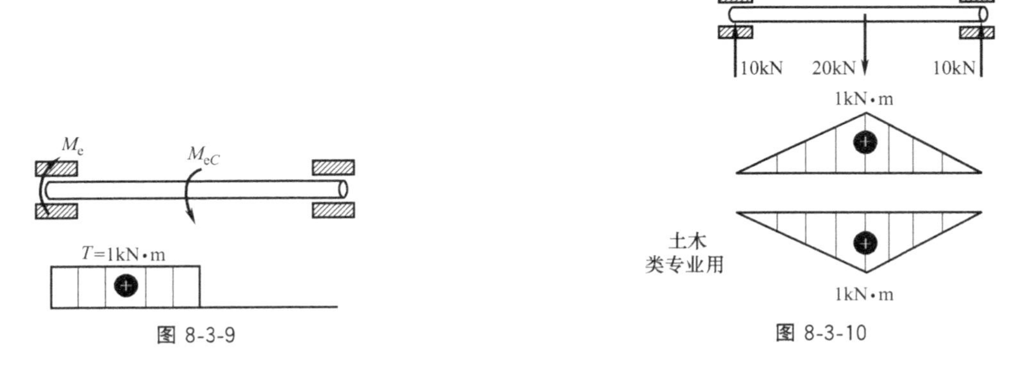

图 8-3-9　　图 8-3-10

可见，轴满足强度要求。

【例 8-3-2】 图 8-3-11 所示一钢制实心圆轴，轴上的齿轮 C 上作用有铅垂切向力 5kN，径向力 1.82kN；齿轮 D 上作用有水平切向力 10kN，径向力 3.64kN。齿轮 C 的节圆直径

$d_1=400\text{mm}$，齿轮 D 的节圆直径 $d_2=200\text{mm}$。设许用应力 $[\sigma]=100\text{MPa}$，试按第四强度理论求轴的直径。

【分析】 本题的基本思路和上一个例子是基本一致的，将载荷分解（图 8-3-12），可以明显看出，这也是一个扭弯组合变形的情况。不过由于在竖向和水平方向都有载荷分量，因此会同时发生双向的对称弯曲（见 8.2 节，可以分解为两向对称弯矩处理），所以属于空间的扭弯组合变形问题。

【解】 如图 8-3-12，将载荷向截面形心平移并附加扭力偶，可以看出，变形为扭转和双向弯曲。

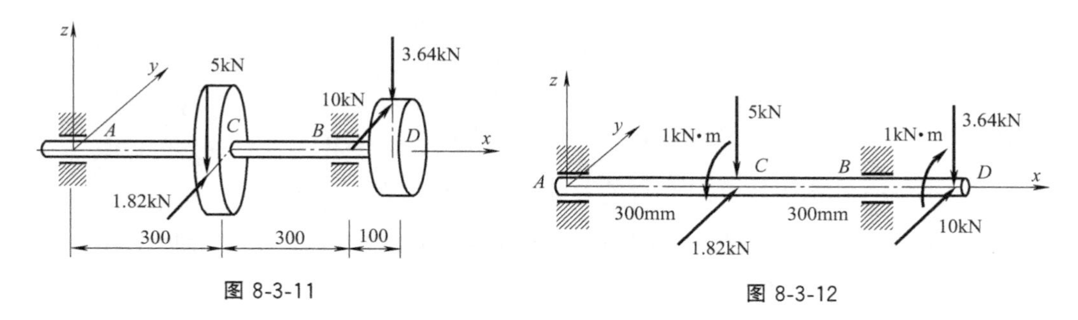

图 8-3-11　　　　图 8-3-12

为确定危险截面，画出每一种基本变形的内力图（图 8-3-13～图 8-3-15）。其中，两个方向的弯曲分别考虑，不再区分正负，而是将弯矩画在轴的受压侧，当然土木类专业用的弯矩图画在受拉侧。

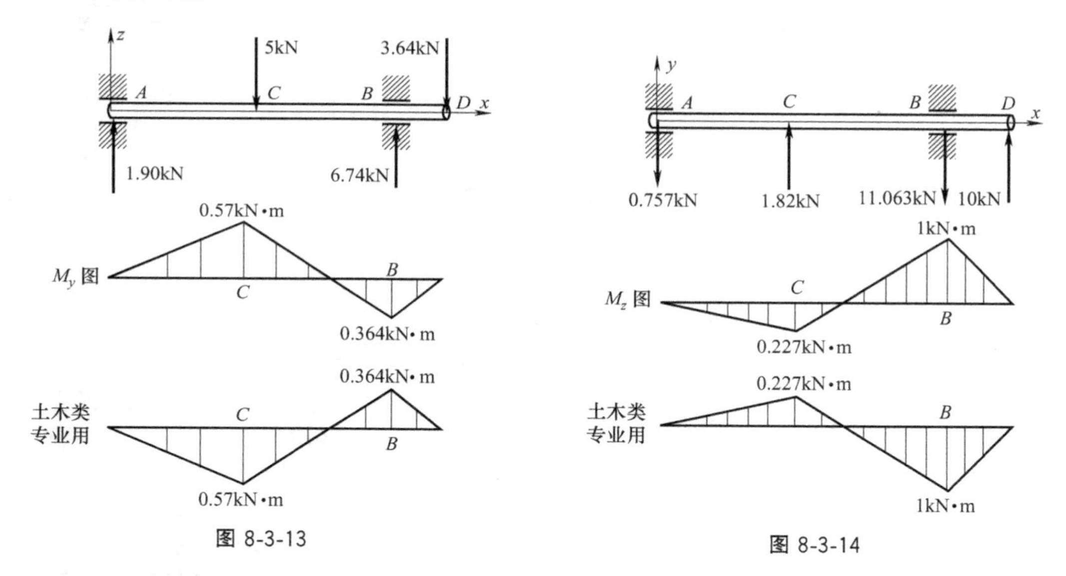

图 8-3-13　　　　图 8-3-14

由图可以看出，B、C 两截面是可能的危险截面，而哪一个截面更危险取决于两截面总弯矩的大小，那么怎么根据两正交面内的弯矩来确定哪一个截面弯矩更大呢？

由 8.2 节相关内容可知，对于圆截面，可以直接采用合弯矩来计算弯曲应力和变形。因此，参照图 8-3-16（b）可得合弯矩的大小：$M=\sqrt{M_y^2+M_z^2}$，由此可得 B、C 截面的合弯矩分别为：$M_B=\sqrt{M_{yB}^2+M_{zB}^2}=1.063\text{kN}\cdot\text{m}$，$M_C=\sqrt{M_{yC}^2+M_{zC}^2}=0.614\text{kN}\cdot\text{m}$。可见，$B$ 截面是危险截面。

则由式（8-3-4）可得危险点第四强度理论的表达式为：

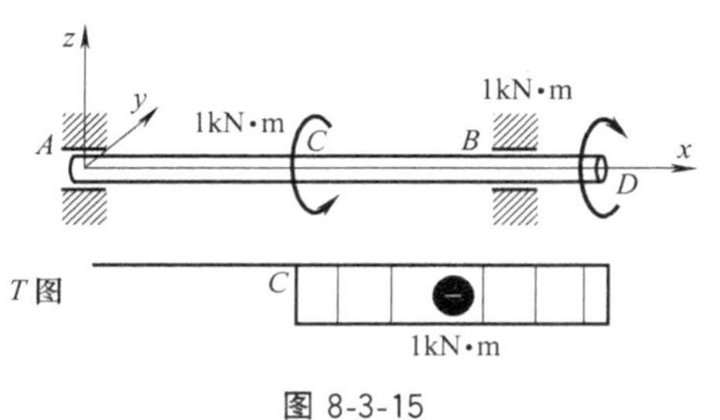

图 8-3-15

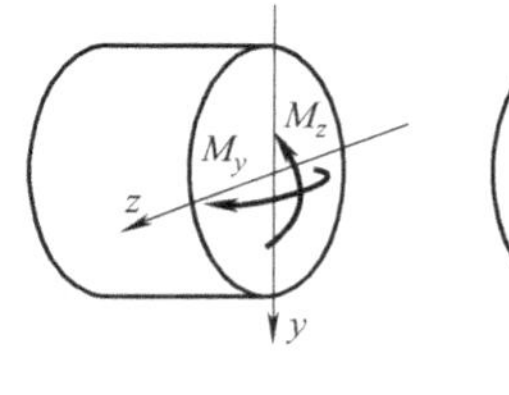

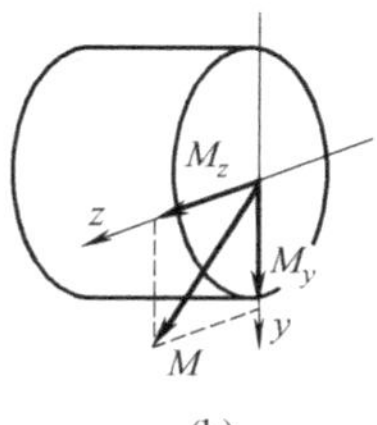

图 8-3-16

$$\sigma_{r4}=\frac{\sqrt{M_B^2+0.75T_B^2}}{W}=\frac{1372}{W}\leqslant[\sigma]\text{，其中 }W=\frac{\pi d^3}{32}$$

由此解得：$d\geqslant\sqrt[3]{\frac{32\times1372}{\pi\times100\times10^6}}\text{mm}=51.9\text{mm}$

因此可取轴的直径为 52mm。

小结

通过学习，应达到以下目标：

（1）掌握扭弯组合变形的分析方法；

（2）掌握扭弯组合变形的强度条件；

（3）掌握圆轴扭弯组合变形强度条件的简化。

习 题

8-3-1 如图 8-3-17 所示，道路的圆信号板，安装在外径为 $D=60$mm 的空心圆柱上，若信号板所受的最大风载荷 $q=2000\text{N/m}^2$，柱材料的许用应力 $[\sigma]=60$MPa，试按照第三强度理论选择空心柱的壁厚。

8-3-2 手摇绞车如图 8-3-18 所示，轴的直径 $d=30$mm，材料为 Q235 钢，许用应力 $[\sigma]=80$MPa，试按第三强度理论求绞车的最大起吊重量 P。

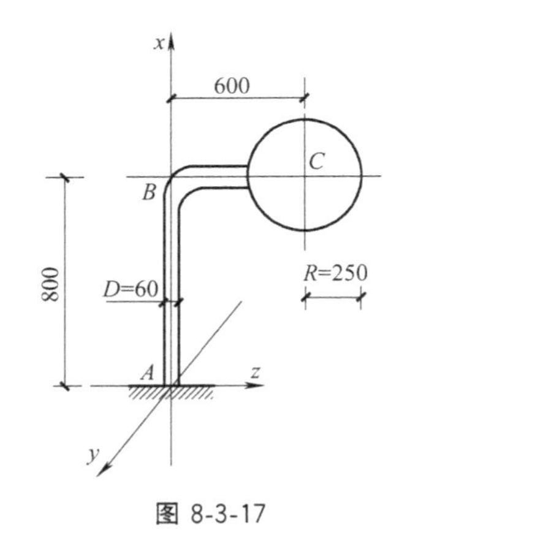

图 8-3-17

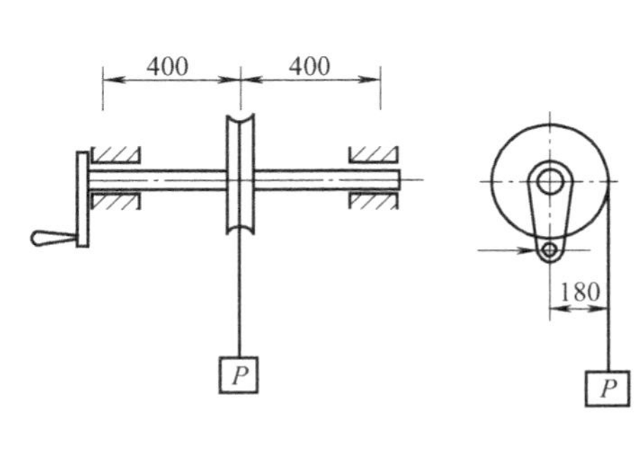

图 8-3-18

8-3-3 如图 8-3-19 所示，轴上安装两个皮带轮，C 轮皮带处于水平位置，D 轮皮带处于铅垂位置，带拉力 $F_1=3.9$kN，$F_2=1.5$kN，两轮直径均为 600mm，轴材料的

许用应力 $[\sigma]=80\text{MPa}$，试按第三强度理论确定轴的直径，轴及皮带自重不计。

8-3-4　如图 8-3-20 所示，钢制圆轴，按第三强度理论校核圆轴的强度。已知：直径 $d=100\text{mm}$，$F=4.2\text{kN}$，$M_e=1.5\text{kN}\cdot\text{m}$，$[\sigma]=80\text{MPa}$。

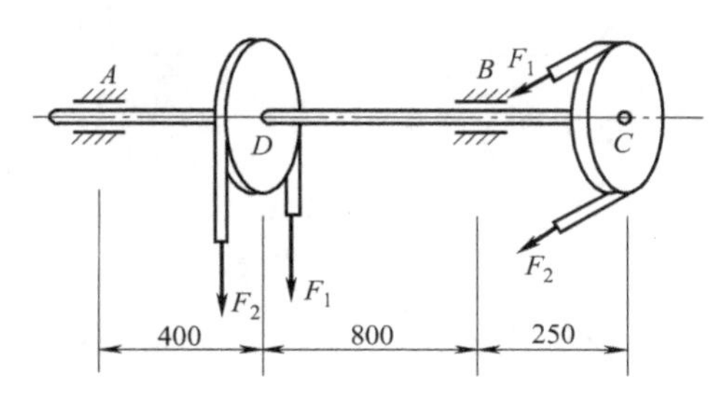

图 8-3-19

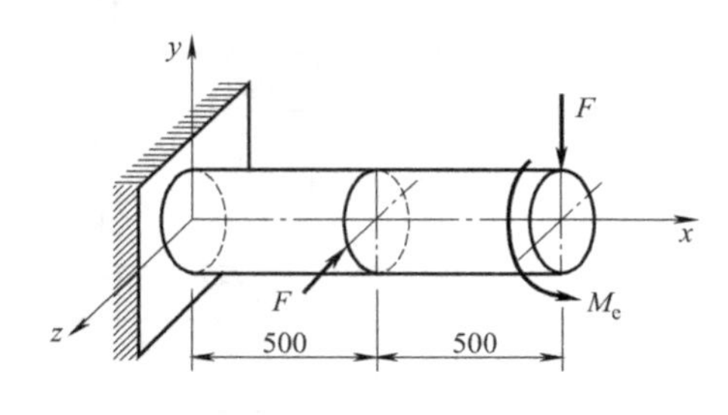

图 8-3-20

8-3-5　图 8-3-21 所示钢制水平直角曲拐 ABC，A 端固定，C 端挂有钢丝绳，绳长 $s=2.1\text{m}$，截面面积 $A=0.1\text{cm}^2$，绳下连接吊盘 D，其上放置重量为 $Q=100\text{N}$ 的重物。已知 $a=40\text{cm}$，$l=100\text{cm}$，$b=1.5\text{cm}$，$h=20\text{cm}$，$d=4\text{cm}$，钢材的弹性模量 $E=210\text{GPa}$，$G=80\text{GPa}$，$[\sigma]=160\text{MPa}$（直角曲拐、吊盘、钢丝绳的自重均不计）。试求：①用第四强度理论校核直角曲拐中 AB 段的强度；②曲拐 C 端及钢丝绳 D 端竖直方向位移。

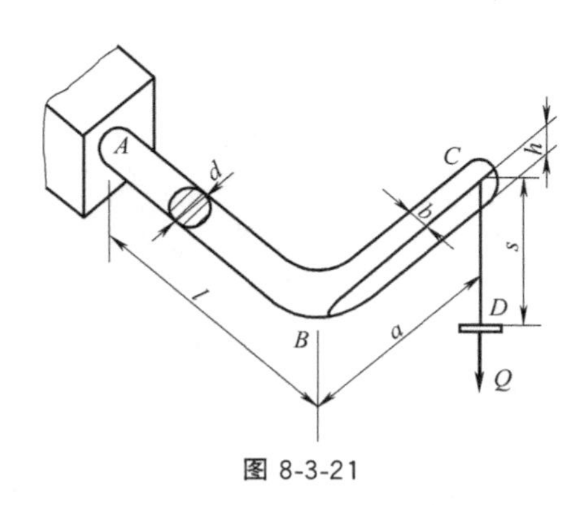

图 8-3-21

8.4 拉弯组合变形

本节导航

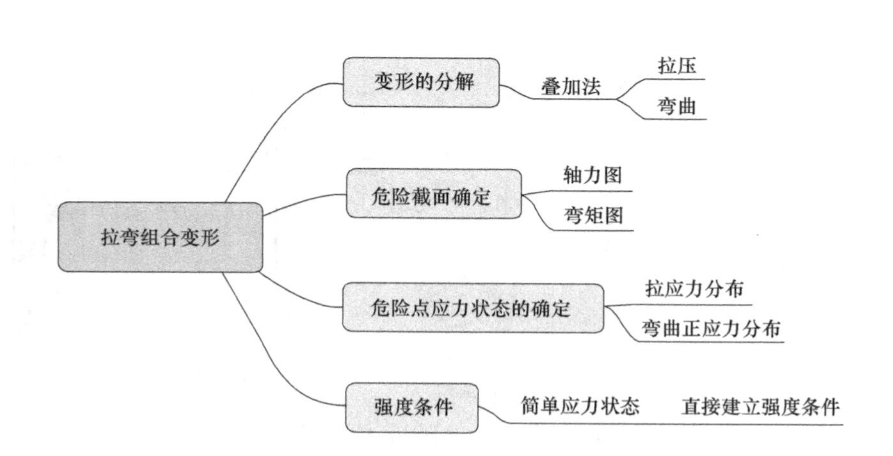

拉弯组合变形（Combined Bending and Axial Loading）实际上就是轴向拉伸（含压缩）基本变形和弯曲基本变形的组合形式。所以在学习本节之前，请读者先回顾一下：

① 轴向拉压变形的内力图是如何绘制的？横截面应力分布有什么特点？

② 弯曲内力图是如何绘制的（和扭弯组合变形一样，这里一般忽略剪力的影响，因此只要考虑弯矩图就可以了）？横截面应力分布有什么特点。

本节主要讨论拉弯组合变形的强度问题。

8.4.1 拉弯组合变形实例

图 8-1-1 是一个拉弯组合变形的实例。图 8-4-1 中的偏心压缩柱，则是典型的压弯组合变形（为什么？）。

图 8-4-2 是更明显的拉弯组合变形，其中轴向力 F 引起拉伸，而横向均布载荷 q 则引起弯曲。

下面以图 8-4-2 的拉弯组合变形为例，来看一下这种组合变形的研究方法。

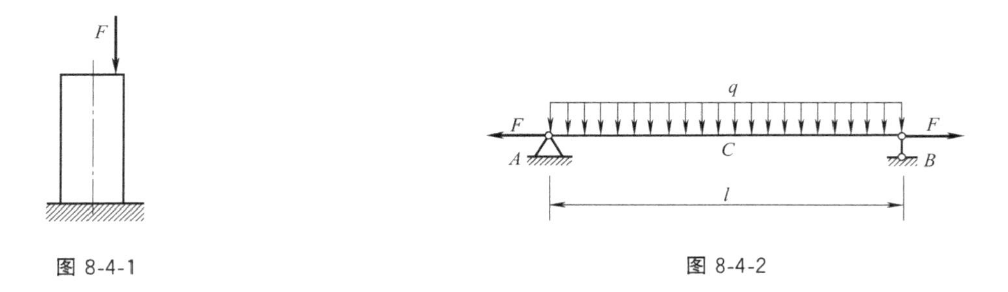

图 8-4-1　　　　图 8-4-2

8.4.2 变形分解

根据叠加原理，可以将图 8-4-2 的情形，分解为图 8-4-3（a）和（b）两种情况的叠加。显然，这两种情况分别对应于轴向拉伸和弯曲两种基本变形。

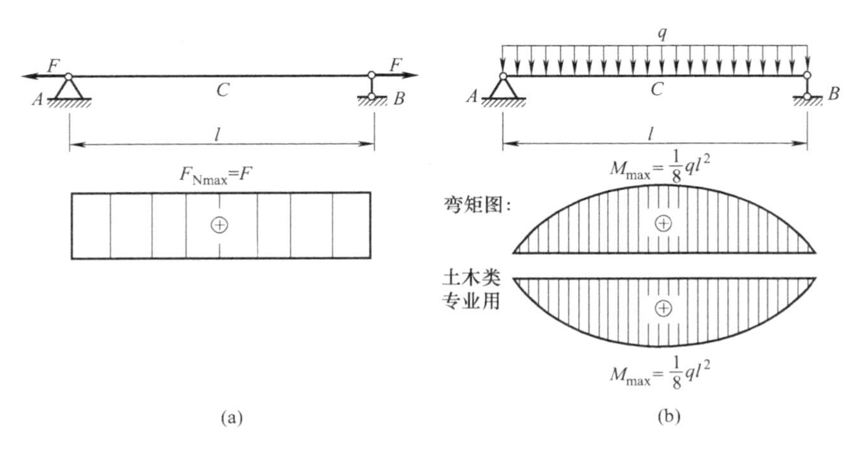

图 8-4-3

8.4.3 内力分析

分别分析两种基本变形的内力，画出内力图，分别如图 8-4-3（a）、（b）所示。需要说明的是，内力图中并没有包括剪力图，这一点我们在前面已有说明，读者是否记得？

由以上内力图可以确定出梁的危险截面是跨中的 C 截面。相应的最大内力值也标在内力图上。

8.4.4 应力分析

根据叠加原理，做出轴向拉伸和弯曲时横截面的应力分布图，然后进行应力叠加（图 8-4-4）。由于两种情况都只有正应力，所以最终的应力也只有正应力。

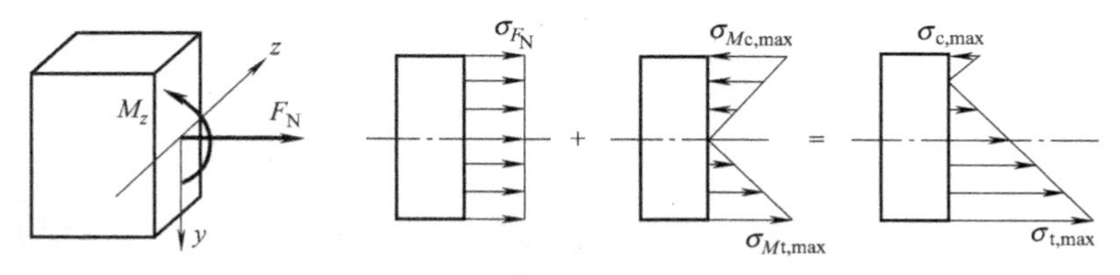

图 8-4-4

显然最大拉应力为

$$\sigma_{t,max}=\sigma_{Mt,max}+\sigma_{F_N}=\frac{M_{max}}{W_z}+\frac{F_{Nmax}}{A}$$

其中的 $\sigma_{Mt,max}$，σ_{F_N} 分别表示由弯矩引起的拉应力和由轴力引起的拉应力。

最大压应力的情况复杂一些，请读者思考：

★【问题】 什么时候横截面存在压应力？

★【解答】 实际上，只有弯矩引起的压应力的绝对值（压应力按应力符号规定应为负值，还记得吗?）大于轴力引起的拉应力的值，二者叠加才会产生压应力，大小为：

$$|\sigma_{c,max}|=|\sigma_{Mc,max}|-\sigma_{F_N}=\frac{M_{max}}{W_z}-\frac{F_{Nmax}}{A}$$

8.4.5 强度问题

显然，拉弯组合变形时，横截面各点处于单向应力状态，因此，可以按简单应力状态情况直接建立强度条件。

对于上述问题，如果是塑性材料，强度条件为

$$\sigma_{t,max}\leqslant[\sigma]$$

如果是脆性材料，考虑拉压许用应力不等，强度条件分别为

$$\sigma_{t,max}\leqslant[\sigma_t]；$$
$$|\sigma_{c,max}|\leqslant[\sigma_c]。$$

基础测试

（填空题）如图8-4-5所示，正方形截面轴向受压立柱的中间处开一个槽，使截面面积为原来的一半，则开槽处最大拉应力为（　　）；最大压应力为（　　）。

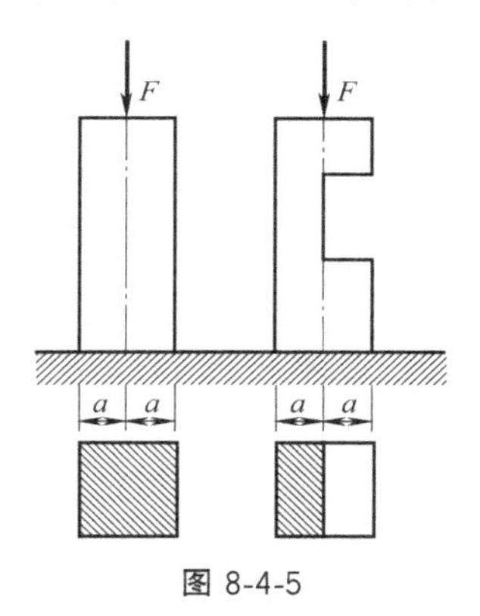

图 8-4-5

例题

【例 8-4-1】 如图8-4-6（a）所示横梁 AB，用工字钢制成，载荷 $F=34\text{kN}$，横梁材料的许用应力 $[\sigma]=125\text{MPa}$，试选择横梁工字钢的型号。

【分析】 ①由于 BC 杆属于二力杆，对于 AB 的约束力沿杆的方向。这样，将其沿 AB 轴线方向和横向分解［如图8-4-6（b）所示］，就可以明显看出属于压弯组合变形。

② 对于拉弯组合变形，强度条件为 $\sigma_{\max}=\dfrac{M_{\max}}{W_z}+\dfrac{F_{\text{Nmax}}}{A}\leqslant[\sigma]$，由此来确定截面尺寸（工字钢型号）时，存在两个未知量（弯曲截面系数 W_z 和横截面面积 A），显然二者无法同时确定。这种情况如何处理？

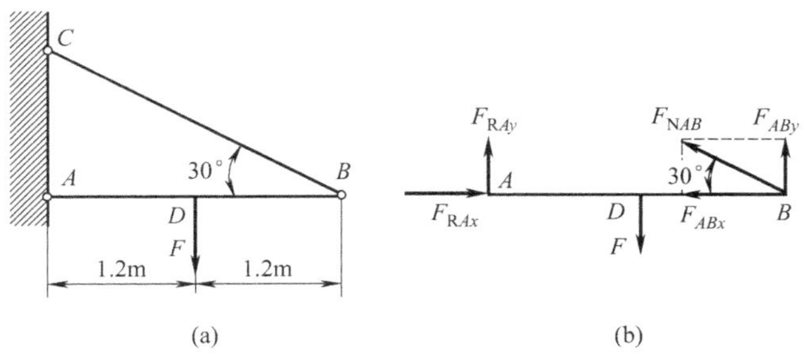

图 8-4-6

这种问题我们只能先试着按照一般情况来处理：一般来讲，弯曲引起的正应力比较大，这样我们可以先只考虑弯曲初选截面，然后再考虑拉弯组合变形，看是否满足强度条件。如果满足则问题解决，如果不满足，可以适当加大截面尺寸，直到满足强度条件为止。

【解】 取 AB 为研究对象，受力如图8-4-6（b）所示。列平衡方程：

$$\sum M_A=0 \qquad F_{NAB}\sin30^\circ\times2.4-1.2F=0$$

解得 $F_{NAB}=F$

同理 $\sum F_x=0$，$F_{RAx}=0.866F$

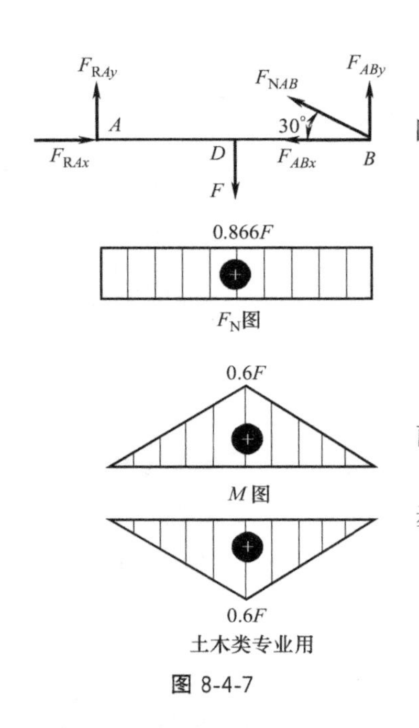

图 8-4-7

$$\sum F_y=0,\ F_{RAy}=0.5F$$

显然横梁发生压弯组合变形，分别画出轴力图和弯矩图，如图 8-4-7。由图可以明显看出危险截面是 D 截面。

首先根据弯曲变形初选工字钢型号：

最大弯曲正应力

$$\sigma_{max}=\frac{0.6F}{W}\leqslant[\sigma]$$

$$W\geqslant\frac{0.6F}{[\sigma]}=\frac{0.6\times34\times10^6}{125}\text{mm}^3=163.2\text{cm}^3$$

查表初选 18 号工字钢，弯曲刚度 $W=185\text{cm}^3$，横截面积 $A=30.756\text{cm}^2$。

考虑压弯组合变形的情况，对选择的工字钢进行进一步校核

$$\sigma_{cmax}=\frac{0.866F}{A}+\frac{0.6F}{W}=(9.57+110.27)\text{MPa}$$
$$=119.84\text{MPa}<[\sigma]$$

可见，选择的 18 号工字钢是合适的。

【例 8-4-2】 小型压力机如图 8-4-8（a）所示，立柱截面如图 8-4-8（b）所示，其中 y 为形心轴。已知材料的许用拉应力 $[\sigma_t]=30\text{MPa}$，许用压应力 $[\sigma_c]=160\text{MPa}$。试按立柱的强度确定压力机的许可压力 F。

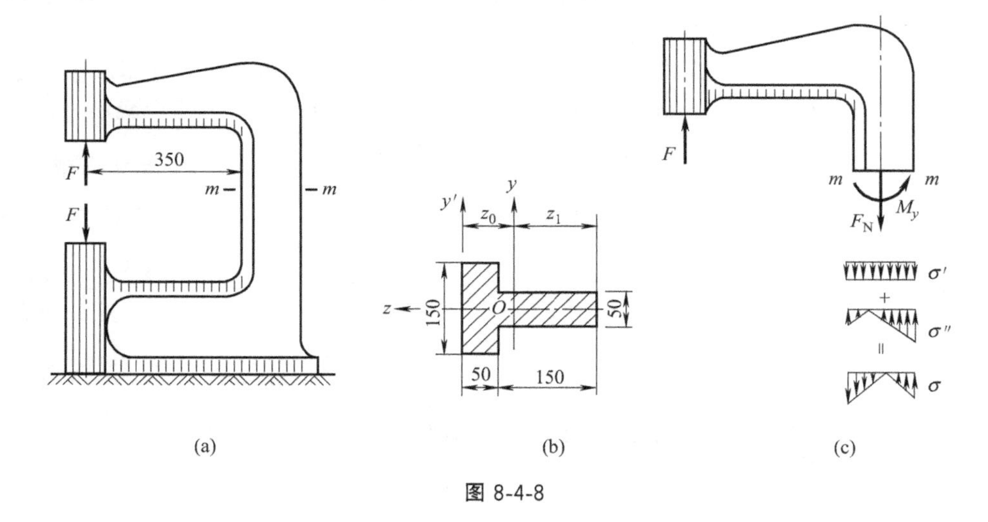

图 8-4-8

【分析】 本题属于综合题，除了要解决拉弯组合变形之外，还涉及组合截面几何性质的计算。

① 对于组合变形的分析，这里采用了截面法，直接求出截面的内力（图中的 $m—m$ 截面），然后根据内力确定是怎样的组合变形，这也是确定组合变形形式的另一种常用方法。也可以采用将外力直接平移到截面的方法，此时注意应该从 $m—m$ 截面截开立柱，但是保留下面的部分，请读者自己尝试。

② 图 8-4-8（b）中虽然画出了形心轴 y，但却没有给出具体位置，需要计算出形心的位置。对于组合截面形心坐标的求法，读者还能回忆起来吗？求出形心轴位置后，由于它也是弯曲时的中性轴（中性轴为什么不是图中的 z 轴?），所以还要计算对 y 轴的惯性矩，读者再回忆一下如何计算。

【解】 首先利用截面尺寸，可以确定出截面面积：$A=15\times10^3\ \text{mm}^2$；截面形心的位置：$z_0=75\text{mm}$，$z_1=125\text{mm}$；进而确定出对中性轴 y 的惯性矩（过程略，读者自行完成）：$I_y=5.31\times10^7\text{mm}^4$。

如图 8-4-8（c），采用截面法，可求得 $F_N=F$，$M_y=(350+75)F=425F$。

由叠加法可知［见图 8-4-8（c）应力叠加图］：最大拉应力在截面左侧，根据强度条件可得

$$\sigma_{\text{tmax}}=\frac{F_N}{A}+\frac{M_y z_0}{I_y}=6.67\times10^{-4}F\leqslant[\sigma_t]$$

求得 $F\leqslant45.0$ kN

同理最大压应力在截面右侧，其大小为

$$\sigma_{\text{cmax}}=-\frac{F_N}{A}+\frac{M_y z_0}{I_y}=(0.001-0.0000667)F\leqslant[\sigma_c]$$

求得 $F\leqslant171.3$kN

综上可得，许可载荷为 $[F]=45.0$kN

通过学习，应达到以下目标：

（1）掌握拉弯组合变形的分析方法；

（2）掌握拉弯组合变形的强度条件。

习 题

8-4-1 如图 8-4-9 所示，起重架的最大起吊重量（包括移动小车等）为 $P=40$kN，横梁 AB 由两根 18b 槽钢组成，材料为 Q235 钢，其许用应力 $[\sigma]=120$MPa。试校核横梁的强度。

8-4-2 如图 8-4-10 所示偏心受压立柱，试求该立柱中不出现拉应力时的最大偏心距 e。

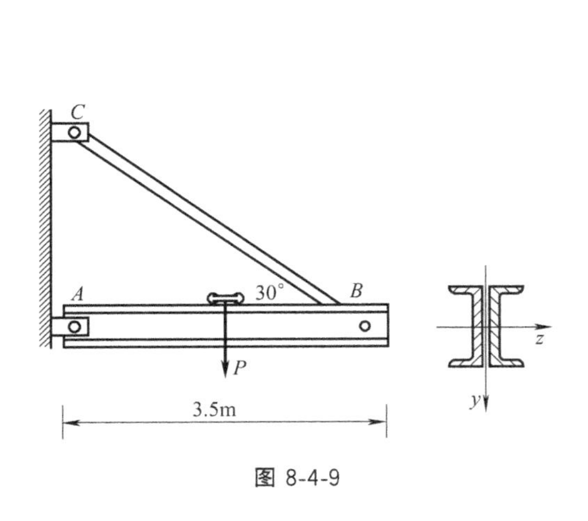

图 8-4-9

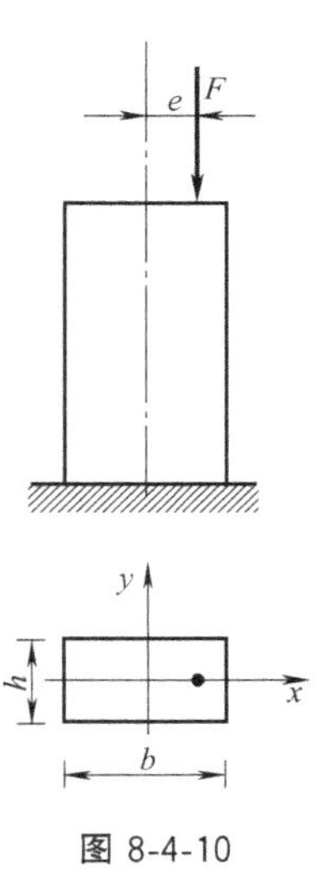

图 8-4-10

8-4-3　单臂液压机机架及其立柱的横截面尺寸如图 8-4-11 所示，$P=1800\text{kN}$，材料的许用应力 $[\sigma]=160\text{MPa}$。试校核机架立柱的强度。

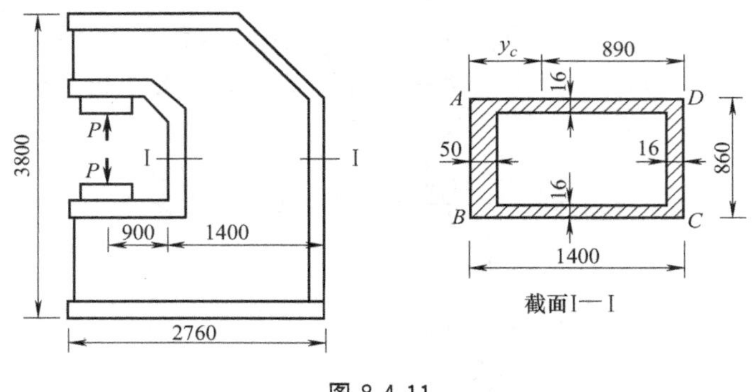

图 8-4-11

8.5　偏心压缩和截面核心

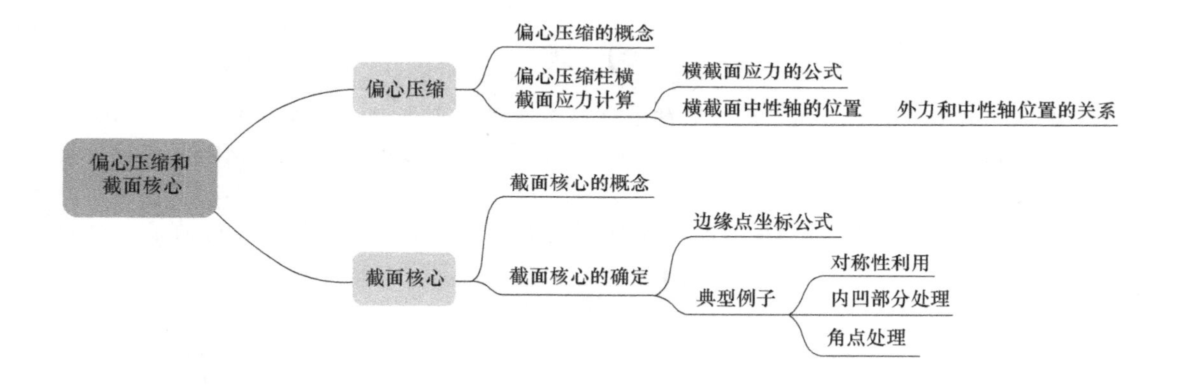

8.5.1　偏心压缩柱横截面应力

8.5.1.1　偏心压缩的概念

偏心压缩（Eccentric Compression）**是指杆件所受的轴向压力未通过截面的形心，也就是压力和杆的轴线平行却不重合。**图 8-5-1 中，厂房中常用的牛腿柱子就是偏心压缩的例子。

显然，如果将偏心的压力移至形心处，则要附加弯曲力偶（图 8-5-2），从而形成压-弯组合变形，这种组合变形和 8.4 节中拉-弯组合变形没有本质区别。这里之所以要专门研究，是因为偏心压缩和土木工程中受压柱的截面核心有关。这里要通过研究偏心压缩问题，给出受压柱截面核心的确定方法。

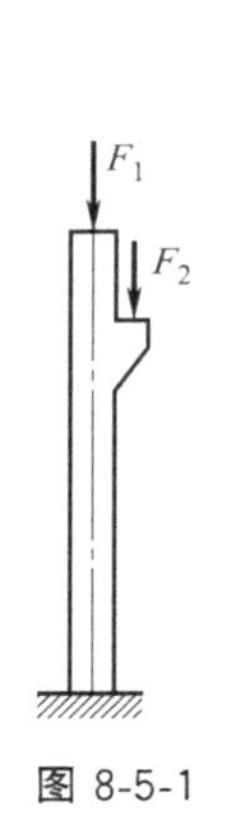

图 8-5-1

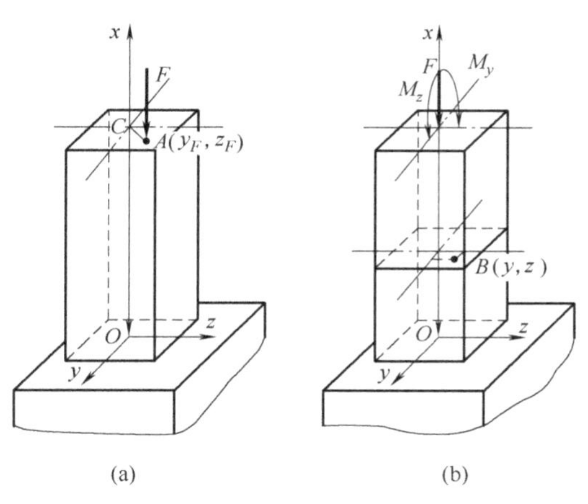

图 8-5-2

8.5.1.2 偏心压缩柱横截面应力公式

在土木工程中，一般把竖向受压杆称为柱（Column）。这里推导一下如图 8-5-2（a）中的偏心受压柱任意横截面的应力公式。

在图 8-5-2 所示坐标系中，x 轴为轴线，y 轴和 z 轴则是横截面的形心主惯性轴。设偏心压力 F 的作用点 A 的 y、z 坐标为（y_F，z_F），则当力向形心平移时，要附加力偶 M_y 和 M_z，其转向如图 8-5-2（b）所示，大小分别为

$$M_y(F)=Fz_F,\ M_z(F)=Fy_F$$

这两个附加力偶显然为弯矩。

在轴力和弯矩共同作用下，图 8-5-2（b）中任意横截面上一点 B 的正应力为

$$\sigma=-\left(\frac{F_N}{A}+\frac{M_y z}{I_y}+\frac{M_z y}{I_z}\right)=-\left(\frac{F}{A}+\frac{Fz_F \cdot z}{I_y}+\frac{Fy_F \cdot y}{I_z}\right)$$

这里负号表示为压应力。

令：$I_y=Ai_y^2$，$I_z=Ai_z^2$，其中 i_y 和 i_z 分别为截面相对于 y 轴和 z 轴的惯性半径。代入应力表达式可得横截面应力公式

$$\sigma=-\frac{F}{A}\left(1+\frac{z_F z}{i_y^2}+\frac{y_F y}{i_z^2}\right) \tag{8-5-1}$$

8.5.1.3 偏心压缩柱横截面中性轴的位置

设横截面中性轴上任意点的坐标为 y_0、z_0，根据中性轴的特点，将坐标代入式（8-5-1）可得到 $\sigma=0$，也就是中性轴的方程

$$1+\frac{z_F}{i_y^2}z_0+\frac{y_F}{i_z^2}y_0=0 \tag{8-5-2}$$

为方便确定中性轴的位置，可利用中性轴方程在两个坐标轴上的截距。

在式（8-5-2）中令 $z_0=0$，可得在 y 轴上的截距 a_y

$$a_y=-\frac{i_z^2}{y_F} \tag{8-5-3}$$

同样可得在 z 轴的截距 a_z

$$a_z = -\frac{i_y^2}{z_F} \tag{8-5-4}$$

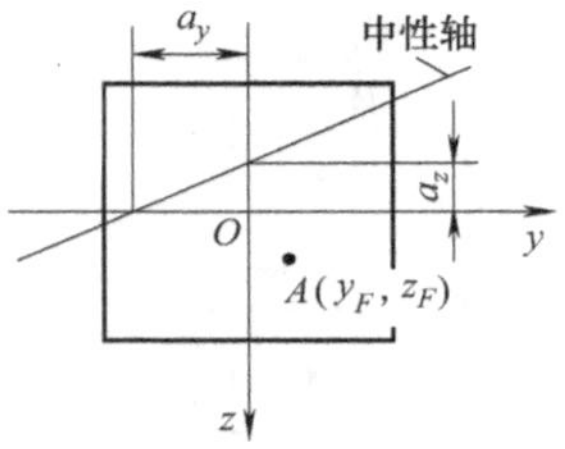

将中性轴的截距和偏心力作用点的位置标于图 8-5-3 中，结合式（8-5-3）和式（8-5-4），可以得到中性轴和力作用点的位置有以下关系：

（1）**偏心力作用点和中性轴位于形心的两侧；**

（2）**偏心力作用点距离形心**（图 8-5-3 中坐标原点 O）**越近，则中性轴在坐标轴上的截距越大，中性轴离形心越远；反之，偏心力作用点距离形心越远，则中性轴在坐标轴上的截距越小，中性轴离形心越近。**

图 8-5-3

根据以上关系，下面给出受压柱截面核心的概念。

8.5.2 偏心压缩柱的截面核心

8.5.2.1 截面核心的概念

土木工程中由混凝土、砖、石等脆性材料制成的偏心压缩柱，由于抗拉强度较小，往往不允许横截面上出现拉应力，如何做到这一点呢？

根据前面所讲到的偏心力作用点和截面中性轴的关系，如果力作用点向形心靠近，则中性轴会远离形心。一旦力的作用点离中性轴的距离小于某一范围，则中性轴会和截面的边界相切或重合，甚至落在截面外部，此时截面内就不会出现拉应力。也就是说，**如果偏心压力作用于柱横截面形心附近的某个范围内时，横截面不会产生拉应力，这个范围称之为偏心压缩柱的截面核心**（Core of Section）。

8.5.2.2 截面核心的确定

如图 8-5-4，设截面外缘为连续光滑的曲线，则其截面核心可通过下面的方法确定。

① 围绕截面边缘做一系列的切线，如图中切线①、②、④、⑤等。如果某一部分曲线为内凹的曲线，则做其外接直线，如图中直线③。

② 将这些直线视为截面的中性轴，分别求出它们在坐标轴上的截距 a_{yi} 和 a_{zi}（$i=1，2，3，\cdots$）。

③根据式（8-5-3）和式（8-5-4）可求得各中性轴截距所对应偏心压力作用点的坐标 ρ_{yi}，ρ_{zi}

$$\rho_{yi} = -\frac{i_z^2}{a_{yi}},\rho_{zi} = -\frac{i_y^2}{a_{zi}}\ (i=1,2,3,\cdots) \tag{8-5-5}$$

④ 将各偏心压力作用点用光滑曲线相连，即可得到截面核心的外边缘。

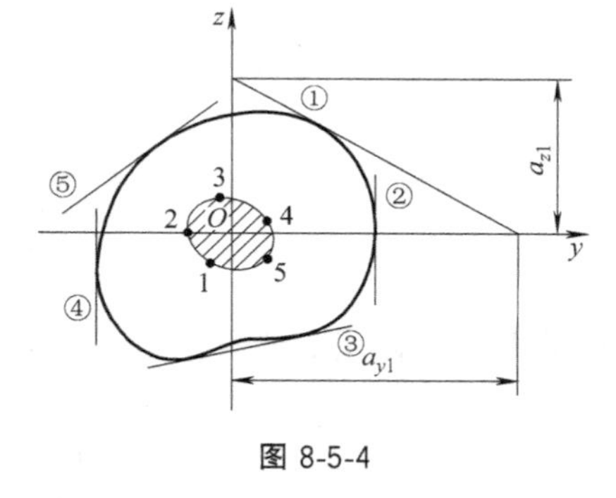

图 8-5-4

★【思考】 ①最后得到的光滑曲线为什么是截面核心的外边缘？

② 凹曲线处为什么用外接直线而不采用切线？

★提示：①如果力的作用点落在光滑曲线的里侧和外侧分别会出现什么情况？

② 凹曲线部分的切线会穿过横截面内部，把它作为中性轴，能保证横截面上所有点的应力均为压应力吗？

8.5.2.3　截面核心的求法举例

（1）圆截面的截面核心

求图 8-5-5 中圆截面的截面核心。

由于任意圆切线到圆心距离为常量，所以截面核心外边缘也应该是圆。如图 8-5-5 取竖向切线①，其截距分别为

$$a_{y1}=d/2,\ a_{z1}=\infty$$

圆形截面的惯性半径为

$$i_y^2=i_z^2=\frac{I_y}{A}=\frac{\pi d^4/64}{\pi d^2/4}=\frac{d^2}{16}$$

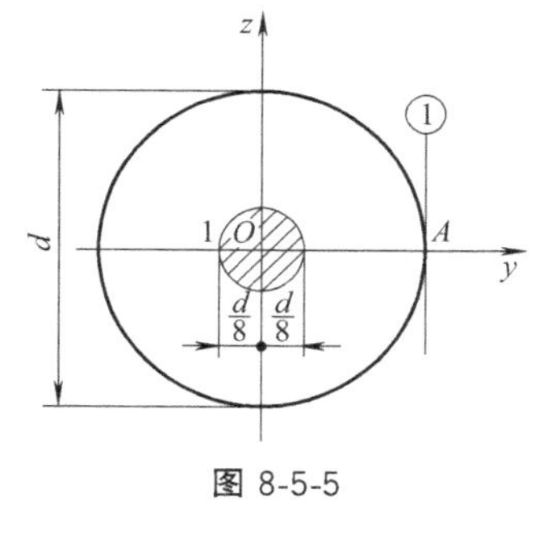

图 8-5-5

则切线对应的截面核心边缘点 1 的坐标为

$$\rho_{y1}=-\frac{i_z^2}{a_{y1}}=-\frac{d^2/16}{d/2}=-\frac{d}{8}$$

$$\rho_{z1}=-\frac{i_y^2}{a_{z1}}=0$$

所对应的截面核心为图中阴影部分的小圆。

（2）矩形截面的截面核心

求图 8-5-6 中矩形截面的截面核心。

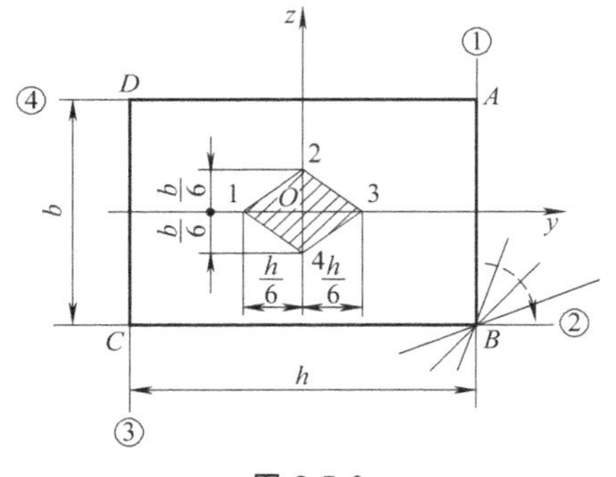

图 8-5-6

矩形截面的惯性半径为

$$i_y^2=\frac{I_y}{A}=\frac{b^3h/12}{bh}=\frac{b^2}{12}$$

$$i_z^2=\frac{I_z}{A}=\frac{bh^3/12}{bh}=\frac{h^2}{12}$$

如图 8-5-6 做外边缘的切线①、②、③、④，将它们视为中性轴，根据它们在形心主惯性轴 y、z 上的截距，代入公式（8-5-5）便可求得截面核心边缘上的相应点 1、2、3、4。这里以点 1 坐标为例。

切线①的截距为

$$a_{y1}=\frac{h}{2},\qquad a_{z1}=\infty$$

则切线对应的截面核心边缘点 1 的坐标为

$$\rho_{y1}=-\frac{i_z^2}{a_{y1}}=-\frac{h^2/12}{h/2}=-\frac{h}{6}$$

$$\rho_{z1}=-\frac{i_y^2}{a_{z1}}=0$$

其他点坐标可以利用对称性求出，具体标于图中。

现在的问题是，确定截面核心边界上的四个点 1、2、3、4 后，相邻各点之间应如何连接？或者说，图 8-5-6 中，当与截面相切的直线（中性轴）绕截面周边上一点旋转至下一条与周边相切的直线时，例如切线①绕 B 点转向切线②时，对应的偏心压力的作用点按什么轨迹移动？

我们知道，偏心受压柱横截面的中性轴方程为

$$1+\frac{z_F}{i_y^2}z_0+\frac{y_F}{i_z^2}y_0=0$$

这样，中性轴①绕 B 点转向中性轴②时，形成一系列通过点 B 的中性轴。设点 B 坐标为（y_B，z_B），则这一系列中性轴方程都满足

$$1+\frac{z_B}{i_y^2}z_F+\frac{y_B}{i_z^2}y_F=0$$

上述方程中，由于 y_B、z_B 为常量，说明对应的偏心压力的作用点（y_F，z_F）在沿直线移动。

这表明，**当截面周边的切线（中性轴）绕周边上的点转动时，相应的偏心压力的作用点，亦即截面核心的边缘点，沿直线移动。**

这样，只要将 1、2、3、4 点以直线连接，即得截面核心的外边缘，而截面核心如图 8-5-6 中的阴影部分。

基础测试

8-5-1 （填空题）偏心压缩问题实质是压缩和（　　）的组合变形。

8-5-2 （填空题）偏心压缩力的作用点越靠近截面的形心，则截面的中性轴离形心越（　　）。

8-5-3 （单选题）偏心压缩时，如果偏心力作用于截面核心的边缘，则截面内（　　）。

A. 只有拉应力；　　　B. 只有压应力；

C. 压、拉应力都存在；D. 通过计算才能确定应力分布。

8-5-4 （单选题）杆件受一集中力偏心压缩时，下列结论中正确的是（　　）。

A. 若中性轴穿越杆件的横截面，则压力作用点必然位于截面核心内；

B. 若中性轴与横截面边缘相切，则压力作用点必然位于截面核心的边缘上；

C. 若中性轴位于横截面的外部，则压力作用点必然位于截面核心的外部；

D. 若中性轴的位置离横截面越远，则压力作用点离截面核心也是越远。

例　题

【例 8-5-1】 试确定图 8-5-7（a）所示 T 形截面的截面核心边界。已知：图中 y、z 轴为形心主轴；截面积 $A=0.6\text{m}^2$；惯性矩 $I_y=48\times10^{-3}\text{m}^4$，$I_z=27.5\times10^{-3}\text{m}^4$。

【分析】 为确定截面核心的边缘点坐标，可以在截面边缘做一系列切线，通过其截距来计算。请读者思考以下问题：①对于截面凹角的部分，如何确定对应的切线（中性轴）？②截面的尖角点，对应于截面核心的什么部分？

【解】 求惯性半径（的平方）

$$i_y^2=\frac{I_y}{A}=8\times10^{-2}\text{m}^2$$

$$i_z^2=\frac{I_z}{A}=4.58\times10^{-2}\text{m}^2$$

图 8-5-7（b）中的 6 条直线①、②、…、⑥便是用以确定该 T 形截面核心边界点 1，2…，6 的中性轴；其中①、②、③、⑤分别与周边 AB、BC、CD、FG 相切（重合），④和⑥则

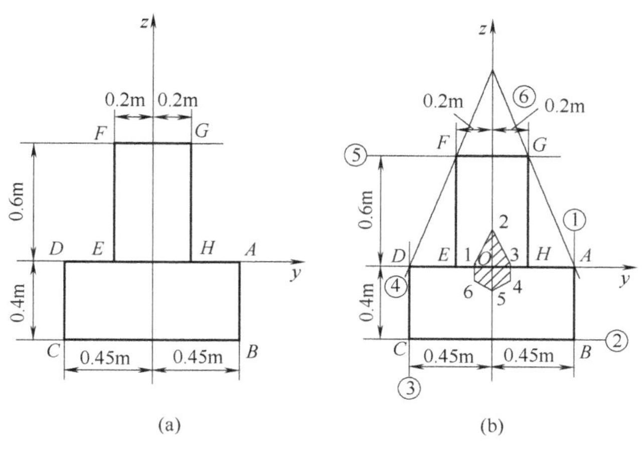

图 8-5-7

分别为凹角的部分的外接线。

据它们各自在形心主惯性轴上的截距 a_{yi}、a_{zi}，利用计算公式

$$\rho_{yi}=-\frac{i_z^2}{a_{yi}}$$

$$\rho_{zi}=-\frac{i_y^2}{a_{zi}}$$

计算截面核心外边缘点的位置坐标 ρ_{yi}、ρ_{zi}，为方便起见将各量及计算结果列表如下。

中性轴编号		①	②	③	④	⑤	⑥
中性轴的截距/m	a_y	0.45	∞	−0.45	−0.45	∞	0.45
	a_z	∞	−0.40	∞	1.08	0.60	1.08
对应的截面核心边界上的点		1	2	3	4	5	6
截面核心边界上点的坐标值/m	$\rho_y=-\frac{i_z^2}{a_y}$	−0.102	0	0.102	0.102	0	−0.102
	$\rho_z=-\frac{i_y^2}{a_z}$	0	0.20	0	−0.074	−0.133	−0.074

确定截面核心的边缘点之后，由于截面的尖角点对应于截面核心边缘上的直线，因此，依次连接各点可得截面核心的外边界，如图 8-5-7（b）所示。

小结

通过本节学习，应达到以下目标：

（1）掌握偏心压缩杆横截面应力的计算方法和中性轴位置的确定的方法；

（2）掌握偏心压缩柱截面核心的概念；

（3）掌握简单形状截面截面核心的确定方法。

习　题

求图 8-5-8 所示截面的截面核心。

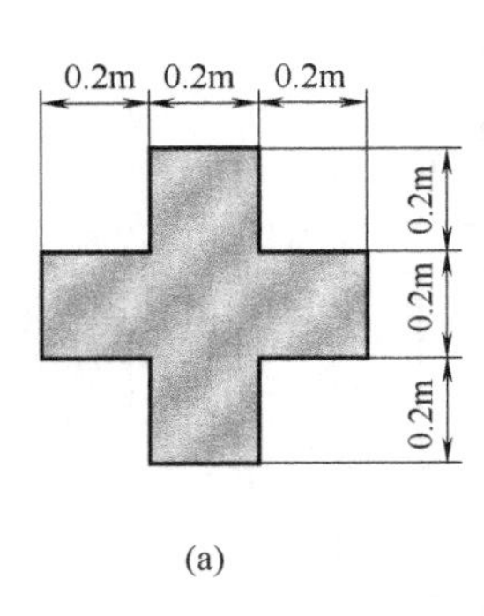

(a)

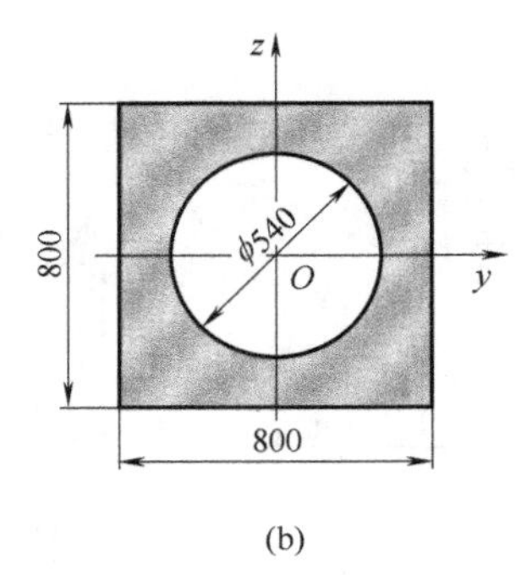

(b)

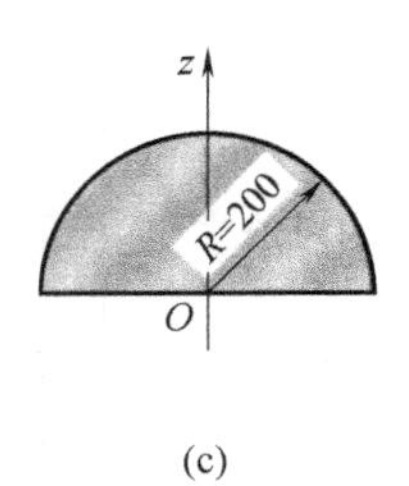

(c)

图 8-5-8

第9章 压杆稳定

9.1 压杆稳定的概念

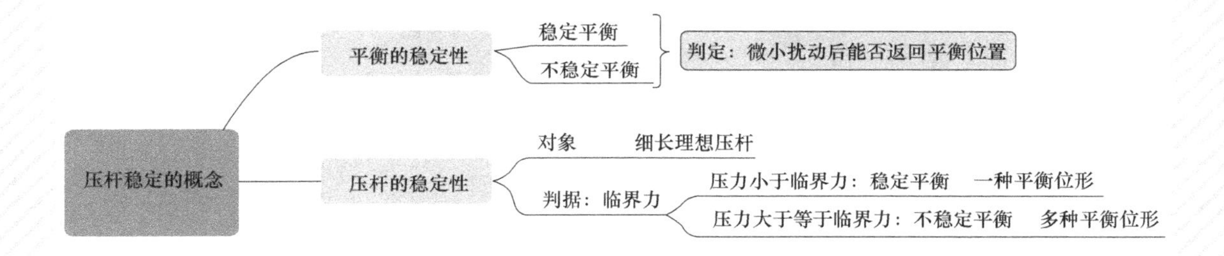

9.1.1 平衡稳定性的概念

对于构件来讲，同样是平衡，还有稳定和不稳定之分：例如图 9-1-1（a）中的小球放在凹形轨道的底部，相对于图 9-1-1（b）中小球放在凸形轨道的顶部，读者应该能够明显感觉到图 9-1-1（b）中的情况，小球的平衡非常不稳定，稍有"风吹草动"，小球就会离开平衡

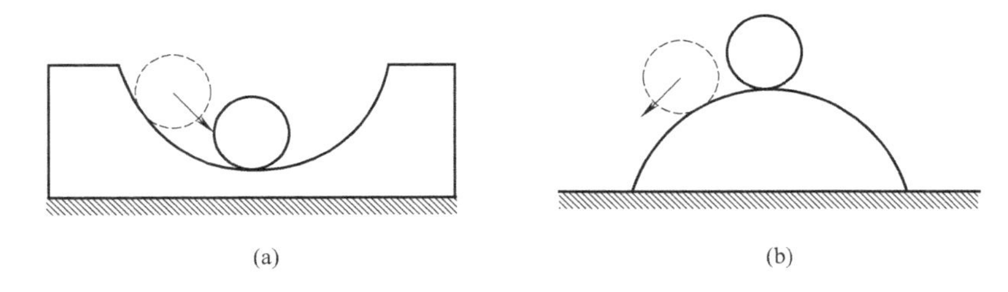

图 9-1-1

位置，并且无法自动返回。这就是一种平衡稳定性问题。

当然，我们不能只凭感觉来判断稳定性问题。下面我们来看一下，力学上是如何定义稳定性问题的：对一个在某一位置处于平衡状态的物体，如果施加一个微小的扰动，让物体稍稍偏离平衡位置，当扰动消失后，物体能够自动返回原来的平衡位置，则物体的平衡属于**稳定平衡**（Stable Equilibrium）。反之，如果物体不能自动返回原来的平衡位置，则物体的平衡属于**不稳定平衡**（Unstable Equilibrium）。

对于材料力学中的杆件来讲，最常见的稳定性问题是压杆的稳定问题。

9.1.2 压杆稳定的概念

在第2章中，我们曾经接触过轴向拉压杆的强度和刚度问题。但事实上，对于所谓的“细长压杆”（什么样的杆属于细长杆呢？我们会在后面给出判定准则），还存在稳定性问题：如图9-1-2所示，利用试验机对细长杆进行压缩时，当载荷超过一定值，杆会突然发生侧向的弯曲变形，从而失去进一步的承载能力，这就是一种典型的不稳定平衡的例子。

下面给出压杆稳定性的概念，为方便理论分析，这里假定压杆是**理想压杆**，即：**由均质材料构成，轴线为绝对直线，且压力严格沿轴线作用的压杆。**对于细长的理想压杆，平衡可按照以下方法区分为稳定平衡和不稳定平衡：

图 9-1-2

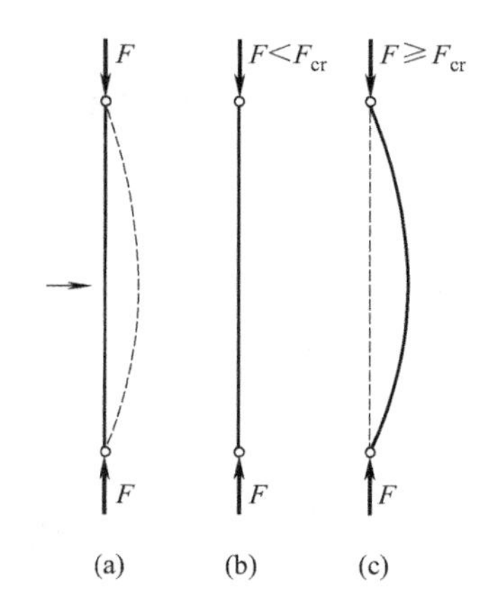

图 9-1-3

当细长理想压杆上的压力 F 小于某一值临界值 F_{cr} 时，如果压杆受到干扰力［图9-1-3（a)］偏离平衡位置，在干扰消除后，杆仍然恢复原来的平衡状态［图9-1-3（b)］，或者说，杆只在直线状态下保持平衡（只有一种平衡位形），称**稳定平衡**。临界值 F_{cr}，称为**临界压力**（Critical Compressive Force），简称**临界力**（Critical Force）。

当 F 等于或略大于 F_{cr} 时，如果压杆受到干扰力偏离平衡位置，在干扰消除后，杆仍然保持现有的微弯状态，不能恢复原来的平衡状态［图9-1-3（c)］，或者说，压杆既可在直线状态下保持平衡，也可以在微弯状态下保持平衡（有多种平衡位形），称**不稳定平衡**［图9-1-3（c)］。

当 $F=F_{cr}$ 时，压杆开始由稳定平衡向不稳定平衡过渡，称**失稳**（Lost Stability），或称**屈曲**（Buckling）。

9.2 理想压杆的临界力计算

本节导航

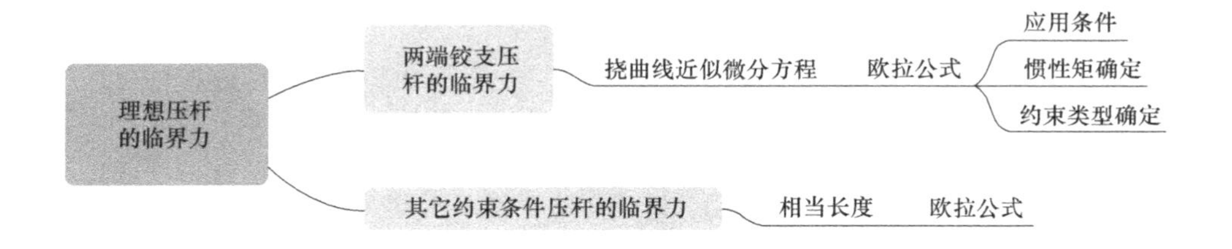

9.2.1 两端铰支理想细长压杆的临界力

下面，我们按照上述概念来推导一下，两端铰支理想细长压杆的临界力。

如图 9-2-1 所示，假设压杆在力 F 作用下失稳，即在图中微弯状态下处于平衡，则 F 的最小值即为临界力。那么，如何描述这种平衡状态和受力的关系？

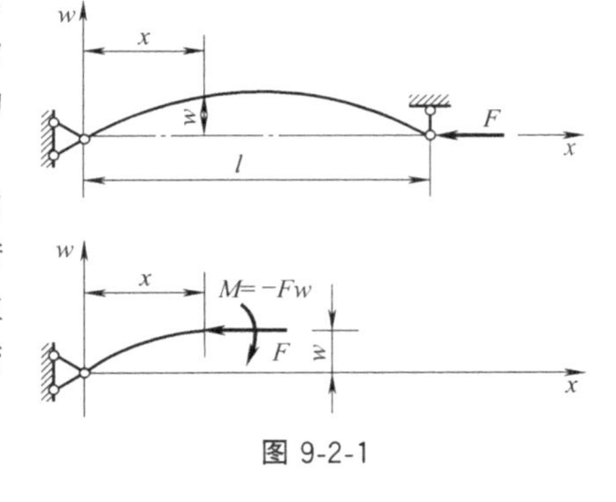

图 9-2-1

实际上，在失稳时，杆的主要变形已经成为弯曲变形，因此，需要用到挠曲线的微分方程来描述平衡时变形和受力的关系：如图 9-2-1 所示，在任意 x 位置的挠度 w 和弯矩 M 之间应满足（设杆在面内的弯曲刚度为 EI）

$$\frac{d^2 w}{dx^2}=\frac{M}{EI}$$

而 $M(x)=-Fw$，代入可得

$$\frac{d^2 w}{dx^2}+\frac{F}{EI}w=0$$

令 $k^2=\frac{F}{EI}$，则方程可化为

$$\frac{d^2 w}{dx^2}+k^2 w=0$$

这是标准的二阶常系数齐次微分方程，可以用特征根法解得其通解为：

$$w=A\sin kx+B\cos kx$$

式中，A、B 为待定常数。

利用边界条件：$x=0$ 时，$w=0$，可得 $B=0$；

$x=l$ 时，$w=0$，可得 $A\sin kl=0$。

如果 $A=0$，对应于无侧向位移的情况，不合要求，因此可得：

$$\sin kl=0$$

由此可得：$kl=n\pi$，或 $k=\dfrac{n\pi}{l}$

其中的 n 为不为零的整数。(读者可以考虑一下为什么 n 不为零。)

由于 $k^2=\dfrac{F}{EI}$，可求得压力为：

$$F=\frac{n^2\pi^2 EI}{l^2}$$

考虑 n 的取值范围，可得 $n=1$ 时压力取得最小值，也就是临界力为

$$F_{cr}=\frac{\pi^2 EI}{l^2} \tag{9-2-1}$$

上式是由瑞士数学家和力学家欧拉（Leonhard Euler 1707—1783）最先推出的，因此被称为**欧拉公式**（Euler Formula）。

关于两端铰支细长压杆的失稳问题，请读者注意以下几点：

① 由临界力导出过程可得，压杆在微弯状态的挠曲线方程为 $w=A\sin(\pi/l)x$，即半个正弦波曲线，其中的待定常数 A 理论上可以取任何数字。当然这是不符合实际的。进一步的理论分析表明，造成这一结果的原因是求解采用了挠曲线的近似微分方程。如果采用精确微分方程，则可以唯一确定挠曲线形状。另外还需要注意的是，挠曲线微分方程是以胡克定律为基础的，因此材料必须处于线弹性状态。但实际上，由于压杆在屈曲后，主要变形为侧向弯曲变形，应力容易超过比例极限，导致压杆发生塑性变形甚至断裂，此时临界力不能采用欧拉公式（9-2-1）计算。但是，欧拉公式计算出的临界力仍然可以作为实际临界力的上限。

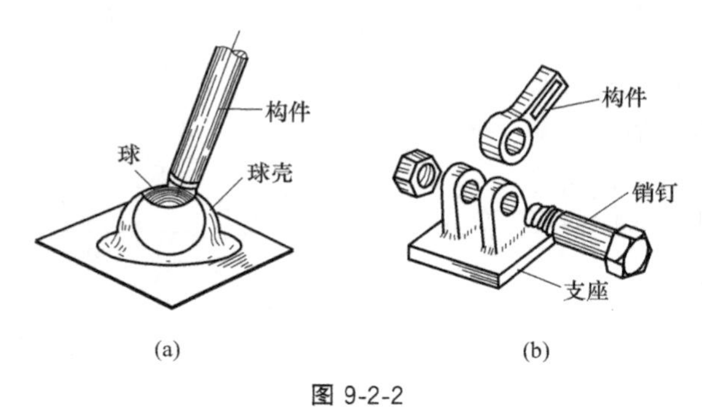

图 9-2-2

② 如果压杆两端铰支座是球铰支座，如图 9-2-2（a）所示，压杆失稳时可以沿任意方向弯曲，则临界力取弯曲刚度（惯性矩）最小的值计算；如果两端是圆柱铰链，如图 9-2-2（b）所示，要综合考虑支座和杆件的弯曲刚度，才能确定出失稳时弯曲的方向，具体可以参见例 9-2-2。

③ 本节讨论的压杆是所谓的理想压杆，实际压杆由于压力很难严格沿轴线方向，或轴线不是严格的直线、或材料不均匀、或内部存在缺陷等原因，相当于处于偏心压缩的状态。此时一旦达到临界力，会发生很大的侧向位移，导致杆的失效。而且失稳往往会很突然，在现实当中容易发生灾难性的后果。

9.2.2 不同杆端约束下细长杆临界力的欧拉公式

公式（9-2-1）是两端铰支细长压杆的临界力公式，如果约束发生改变，相应的临界力也会发生改变。理论可以证明，对于不同的约束条件，临界力的公式可以统一写为

$$F_{cr}=\frac{\pi^2 EI}{(\mu l)^2} \tag{9-2-2}$$

式中，μ 为对应于不同杆端约束的系数，称**长度因数**，具体取值可参考表 9-2-1；μl 习惯上称**相当长度**。这一称谓是以两端铰支压杆为基准的。我们知道，在临界载荷作用下，两端铰支压杆的挠曲线为半个正弦波。其他约束条件的压杆，在临界载荷作用下，挠曲线中所包含的半个正弦波的长度，或经过延拓得到的半个正弦波的长度，就是它的相当长度。

表 9-2-1　各种约束条件下细长压杆的临界力

支承情况	两端铰支	一端固定一端铰支	两端固定	一端固定一端自由
失稳时挠曲线形状	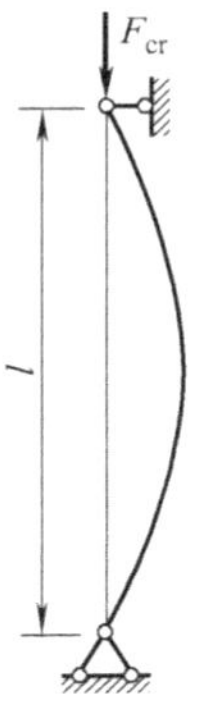 F_{cr}, l	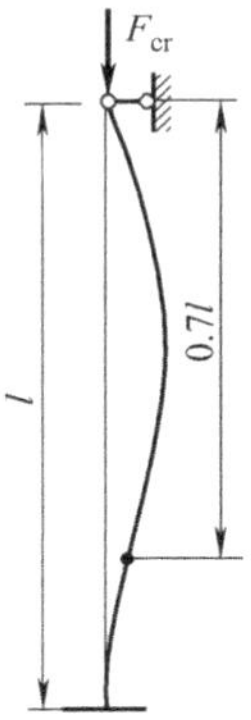 F_{cr}, l, $0.7l$	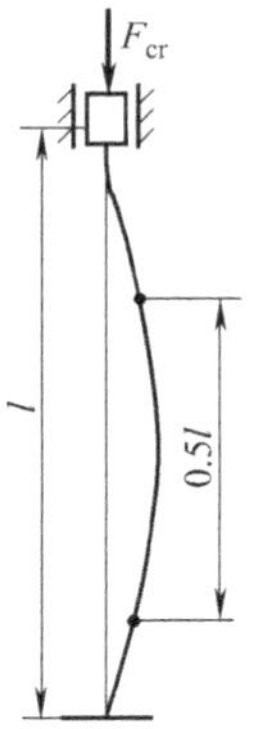 F_{cr}, l, $0.5l$	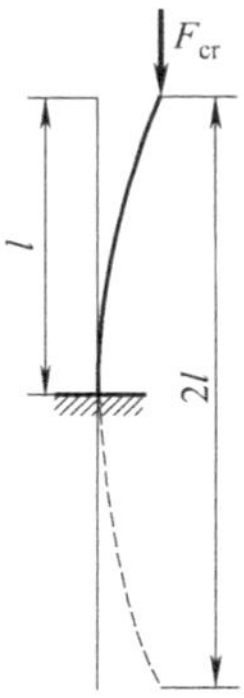 F_{cr}, l, $2l$
临界力	$F_{cr}=\dfrac{\pi^2 EI}{l^2}$	$F_{cr}=\dfrac{\pi^2 EI}{(0.7l)^2}$	$F_{cr}=\dfrac{\pi^2 EI}{(0.5l)^2}$	$F_{cr}=\dfrac{\pi^2 EI}{(2l)^2}$
长度因数	$\mu=1$	$\mu=0.7$	$\mu=0.5$	$\mu=2$

基础测试

9-2-1 （填空题）对于（　　）长压杆，除强度刚度问题外，当杆的压力达到（　　）力时，会产生（　　）稳现象，即压杆处于由（　　）平衡向不（　　）平衡过渡的（　　）界状态。

9-2-2 （填空题）为方便研究，一般假设压杆由均质材料构成，轴线为绝对直线，且压力严格沿轴线作用，称为（　　）压杆。

9-2-3 （填空题）当压杆处于不稳定平衡状态时，既可以在（　　）线状态下平衡，也可以在微（　　）状态下平衡。

9-2-4 （填空题）欧拉公式可以统一写成（　　），其中（　　）称相当长度，由两端的（　　）确定，而惯性矩则一般取两个形心主惯性矩中（　　）。

例　题

【例 9-2-1】 如图 9-2-3，矩形截面细长压杆，一端自由、一端固定，已知 $b=2\text{cm}$，$h=4\text{cm}$，$l=1\text{m}$，材料弹性模量 $E=200\text{GPa}$。试用欧拉公式计算压杆的临界力。

【分析】 可由公式（9-2-2）来计算临界力，这里有两个量需要预先确定，即长度因数 μ 和惯性矩 I。前者可由表 9-2-1 来确定，而后者请读者先思考一下，应该用对哪一个轴的惯性矩？

实际上，我们前面已经介绍过，失稳时杆以惯性矩最小的轴为中性轴发生侧向弯曲。所

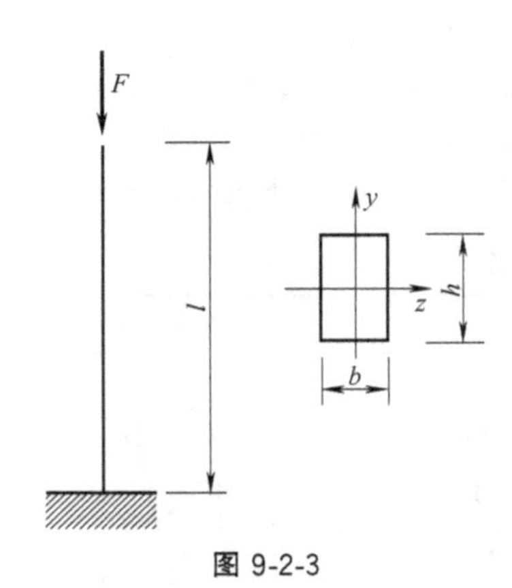

图 9-2-3

以，这里的惯性矩应该用 I_y。

【解】 由表 9-2-1 可查得 $\mu=2$，$I_y<I_z$，所以取 $I=I_y$，代入欧拉公式可求得临界力为

$$F_{cr}=\frac{\pi^2EI}{(\mu l)^2}=\frac{\pi^2\times200\times10^3\times\frac{1}{12}\times40\times20^3}{(2\times1000)^2}\text{N}=13200\text{N}$$
$$=13.2\text{kN}$$

【例 9-2-2】 矩形截面细长压杆，尺寸如图 9-2-4，两端为圆柱铰链，试从稳定性角度讨论一下横截面尺寸 b 和 h 之间的合理关系。

【分析】 ①圆柱铰链和球形铰链的区别可以参考图 9-2-2，对于本题，如果压杆在 xOy 面内失稳，两端转动不受限制，即为普通铰链；但如果在 xOz 面内失稳，由于圆柱销子的限制，两端不能随意转动，可以按照固定端处理。②和上个例子一样，读者要注意：在不同面内失稳时，对应的惯性矩是不同的。那么，怎样才是合理的截面尺寸呢？请读者回顾一下，我们在讲到等强度梁设计时（参见 5.4 节），曾经提到梁的各个截面应同时达到许用应力（“要坏一起坏”）才是合理的。读者可以考虑一下如何应用到稳定性问题当中。

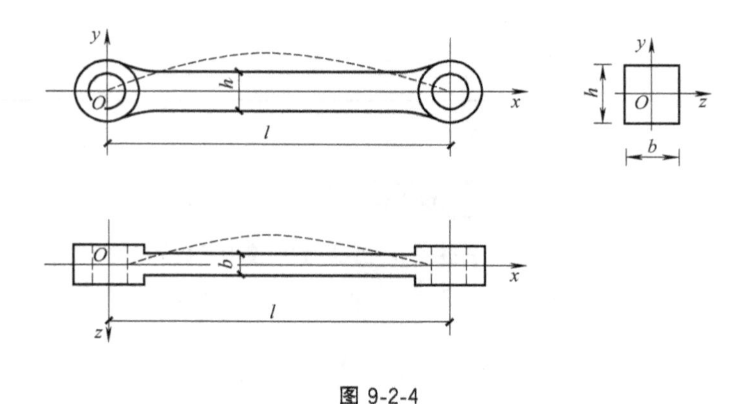

图 9-2-4

【解】 如果压杆在 xOy 面内失稳，则两端为铰支，$\mu=1$，$I=I_z$，临界载荷为

$$F_{cr1}=\frac{\pi^2EI_z}{l^2}=\frac{\pi^2Ebh^3}{12l^2}$$

如果压杆在 xOz 面内失稳，则两端为固定支座，$\mu=0.5$，$I=I_y$，临界载荷为

$$F_{cr2}=\frac{\pi^2EI_y}{(0.5l)^2}=\frac{\pi^2Ehb^3}{3l^2}$$

最佳的截面设计应该是两个面内同时失稳，即满足

$$F_{cr1}=\frac{\pi^2Ebh^3}{12l^2}=F_{cr2}=\frac{\pi^2Ehb^3}{3l^2}$$

可得 $$h=2b$$

☆【注意】 压杆在 xOz 面内失稳时，本例将两端的圆柱铰链按照固定端来处理，实际上此时圆柱销钉对杆的约束和固定端约束还是有差别的，形象地说，就是约束比固定端要“弱”一些，当然比起铰支座又要“强”一些，因此取 $0.5<\mu<1$ 的某一个值更合理。不过具体取值比较复杂，需要积累经验或通过试验来确定。

【例 9-2-3】 如图 9-2-5 所示，一端固定一端铰支的细长压杆 AC，设其在面内失稳，且弯曲刚度为 EI。为加强稳定性，在压杆中间 B 处增加一铰支座，试求其合理位置，即图中 x 的最佳取值。设增加支座后每段仍属于细长杆。

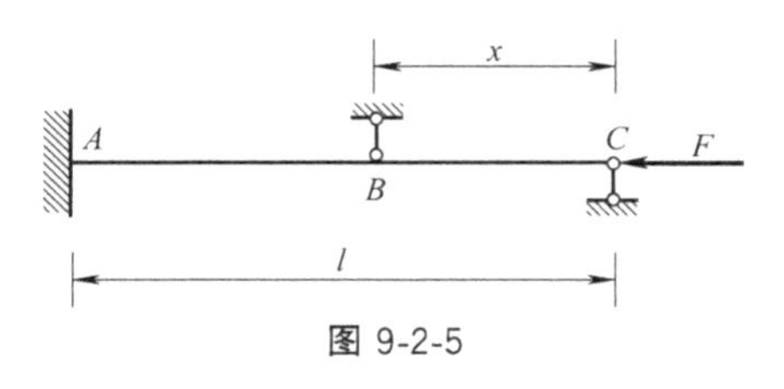

图 9-2-5

【分析】 在 B 处增加支座后，压杆被分成了两段，显然应该分别考虑两段的稳定性。参照上例，读者思考一下，怎样才是 x 的最佳取值？

☆**提示**：两段一起失稳才是最佳配置。

【解】 增加 B 处支座后，AB 段属于一端固定一端铰支细长压杆，而 BC 段则属于两端铰支细长压杆。由于两段的压力相同，所以合理的支座位置应该使每段的临界力相同。

对 AB 段：$F_{cr1}=\dfrac{\pi^2 EI}{[0.7(l-x)]^2}$

对 BC 段：$F_{cr2}=\dfrac{\pi^2 EI}{x^2}$

令 $F_{cr1}=F_{cr2}$，可得：$x=0.412l$

小结

通过本节学习，应掌握和了解以下内容：

(1) 掌握理想压杆稳定性的概念；
(2) 掌握常见支撑情况下理想压杆临界力的欧拉公式及其应用。

习 题

9-2-1 一端固定、一端自由的圆截面中心受压铸铁的细长杆件，直径 $d=50\text{mm}$，长度 $l=1\text{m}$。若材料的弹性模量 $E=117\text{GPa}$，试按欧拉公式计算其临界压力。

9-2-2 图 9-2-6 所示的细长压杆均为圆截面杆，其直径 d 均相同，材料是 Q235 钢，$E=200\text{GPa}$，$\sigma_p=200\text{MPa}$。其中：图 9-2-6 (a) 为两端铰支；图 9-2-6 (b) 为一端固定，一端铰支；图 9-2-6 (c) 为两端固定。试判别哪一种情形的临界力最大，哪种其次，哪种最小？若圆杆直径 $d=16\text{cm}$，试求最大的临界力 F。

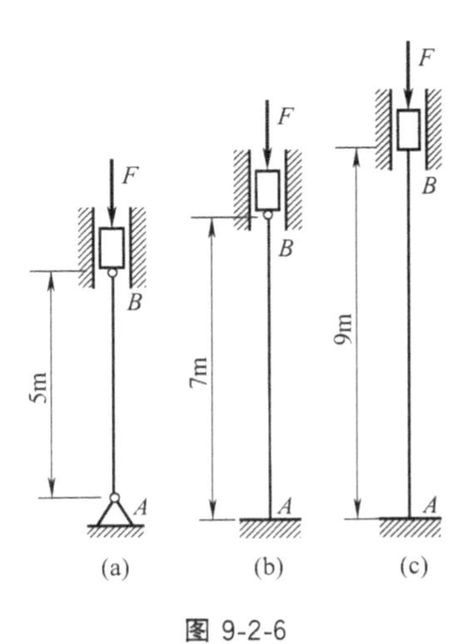

图 9-2-6

9-2-3 由 Q235 钢制成的矩形截面细长杆，受力情况及两端销钉支承情况如图 9-2-7 所示，$b=40\text{mm}$，$h=75\text{mm}$，$l=2000\text{mm}$，$E=206\text{GPa}$，试用欧拉公式求压杆的临界应力。

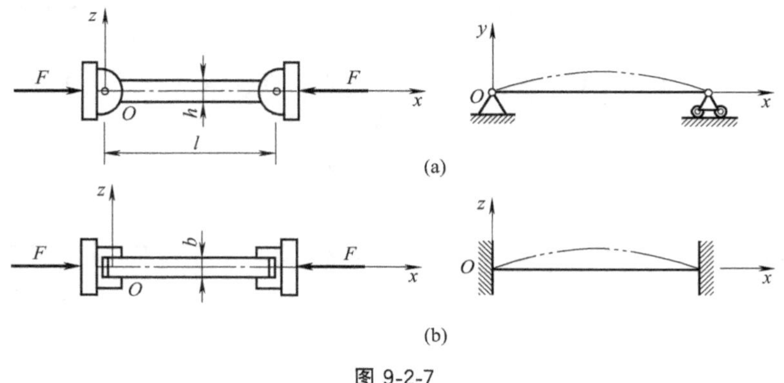

图 9-2-7

9.3 压杆的稳定计算

本节导航

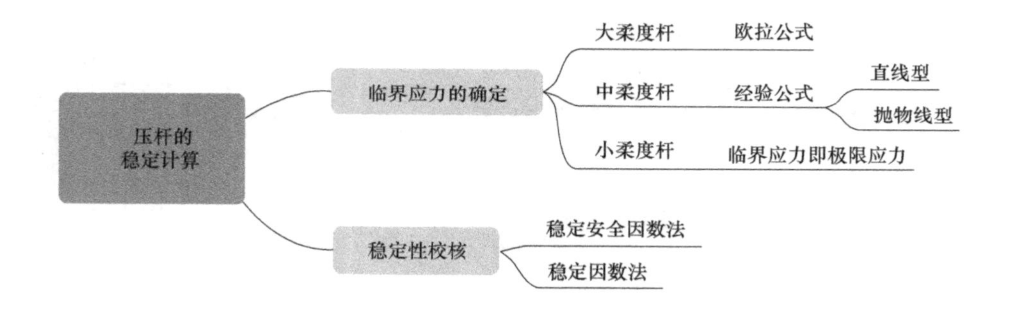

9.3.1 临界应力的欧拉公式

(1) 临界应力

临界应力 (Critical Stress)：压杆处于临界状态时横截面上的平均应力。

对于细长压杆，可以利用欧拉公式计算临界力，相应的临界应力为

$$\sigma_{cr}=\frac{F_{cr}}{A}=\frac{\pi^2 EI}{(\mu l)^2 A}$$

设惯性矩 I 对应的惯性半径为 i，即 $I=i^2A$，代入得

$$\sigma_{cr}=\frac{\pi^2 Ei^2}{(\mu l)^2}=\frac{\pi^2 E}{(\mu l/i)^2}$$

令：$\lambda=\frac{\mu l}{i}$，是一个无单位的量，称为杆的**柔度**（Slenderness），或**长细比**。代入上式可得

$$\sigma_{cr}=\frac{\pi^2 E}{\lambda^2} \tag{9-3-1}$$

上式称为计算细长压杆临界应力的**欧拉公式**。

（2）欧拉公式的适用范围

上述计算临界力和临界应力的欧拉公式，推导时利用了挠曲线的微分方程。而这一微分方程在推导时则利用了胡克定律，这就要求材料处于线弹性状态，即内部应力小于材料的比例极限

$$\sigma_{cr}=\frac{\pi^2 E}{\lambda^2}\leqslant\sigma_p\text{，可得：}\lambda\geqslant\sqrt{\frac{\pi^2 E}{\sigma_p}}$$

令：$\lambda_p=\sqrt{\frac{\pi^2 E}{\sigma_p}}$，意义为能使用欧拉公式的最小柔度。

则满足 $\lambda\geqslant\lambda_p$ 的杆称为**大柔度杆**，或**细长杆**（Slender Column）。这就是前面我们经常提到的细长杆的判定方法。

λ_p 是和材料相关的常数。例如对于 Q235 钢，弹性模量 $E=206\text{GPa}$，比例极限 $\sigma_p=200\text{MPa}$，则

$$\lambda_p=\sqrt{\frac{\pi^2 E}{\sigma_p}}=\sqrt{\frac{\pi^2\times 206\times 10^9}{200\times 10^6}}\approx 100$$

也就是说，对于 Q235 钢制成的压杆，只有柔度大于或等于 100 时，才属于细长杆，可以利用欧拉公式计算临界力和临界应力。

9.3.2 临界应力总图

（1）压杆的分类

对于压杆来讲，可以根据柔度 λ 将其分为以下三类。

① $\lambda\geqslant\lambda_p$ 的压杆，称为**大柔度杆**或**细长压杆**，用欧拉公式计算临界应力。

② 当柔度小于某一个值 λ_s 时（具体取值参见下面内容），即 $\lambda<\lambda_s$ 时，压杆不会失稳，只会发生强度失效，称为**小柔度杆**或**短粗压杆**（Short Column）。

③ $\lambda_s\leqslant\lambda<\lambda_p$ 的压杆，称为**中柔度杆**或**中长压杆**（Intermediate Column）。对于中柔度杆，虽然也有理论公式来计算临界应力，但工程中一般采用以试验结果为基础的经验公式。

（2）中柔度杆临界应力的经验公式

目前在工程中有两类最常用的经验公式：直线公式和抛物线公式。

① 在机械工程中一般采用直线公式

$$\sigma_{cr}=a-b\lambda \tag{9-3-2}$$

式中，a、b 是和材料相关的常数，其取值可参考表 9-3-1。

表 9-3-1 常见材料的直线公式常数

材料(σ_b,σ_s 的单位为 MPa)	a/MPa	b/MPa
Q235 钢($\sigma_b \geqslant 372$,$\sigma_s = 235$)	304	1.12
优质碳钢($\sigma_b \geqslant 471$,$\sigma_s = 235$)	461	2.568
硅钢($\sigma_b \geqslant 510$,$\sigma_s = 353$)	578	3.744
铬钼钢	9807	5.296
铸铁	332.2	1.454
强铝	373	2.15
松木	28.7	0.19

对塑性材料，按直线公式算出的应力最高只能等于σ_s，否则材料已经屈服，成了强度问题，即要求

$$\sigma_{cr} = a - b\lambda \leqslant \sigma_s$$

可得

$$\lambda \geqslant \frac{a - \sigma_s}{b}$$

令 $\lambda_s = \dfrac{a - \sigma_s}{b}$，意义为能使用直线公式的柔度上限。

② 在土木工程中我国的钢结构规范中采用如下抛物线经验公式

$$\sigma_{cr} = a_1 - b_1\lambda^2 \tag{9-3-3}$$

式中，a_1、b_1 是和材料相关的常数。

例如：Q235 钢（$\sigma_s = 235\text{MPa}$，$E = 206\text{GPa}$）制作的中长压杆，其临界应力的抛物线经验公式为 $\sigma_{cr} = 235 - 0.00668\lambda^2$。可见，在上述抛物线公式中，只有柔度为零时，临界力才等于极限应力（屈服极限），也就是不存在小柔度杆和中柔度杆的划分，这是和直线公式不同的地方。

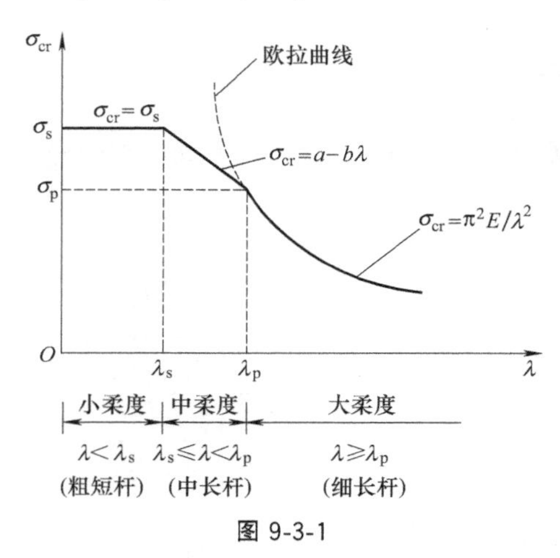

图 9-3-1

（3）临界应力总图

现将压杆的分类及各类压杆的临界应力确定方法绘制于图 9-3-1 中，称为**临界应力总图**。图中对中长杆采用了直线经验公式，采用抛物线经验公式的临界应力总图略有不同，这里不再给出，请读者参考相关的文献。

需要注意的是，对于小柔度杆（短粗杆），实际上不会发生失稳，这里的所谓“临界应力”，实际上是材料的压缩极限应力（图 9-3-1 中采用的是塑性材料的屈服极限）。

9.3.3 压杆的稳定校核

（1）稳定安全因数法

这是一种在机械工程中经常采用的方法：对于大柔度杆和中柔度杆，一旦确定了临界应力 σ_{cr}，和强度问题类似，可以规定一个**稳定安全因数**（Safety Factor of Stability）n_{st}，由此

得到稳定的许用应力

$$[\sigma]_{st}=\frac{\sigma_{cr}}{n_{st}} \tag{9-3-4}$$

稳定安全因数 n_{st} 一般要高于强度安全因数。**这是因为考虑杆件的初弯曲、压力偏心、材料不均匀和支座缺陷等因素，它们都严重地影响压杆的稳定，降低压杆的临界压力。**压杆柔度 λ 越大，其影响也越大。稳定安全因数一般可在设计手册或规范中查到。

则压杆稳定条件为

$$\sigma=\frac{F}{A}\leqslant[\sigma]_{st} \tag{9-3-5}$$

但实际校核压杆稳定性时，一般采用载荷而不是应力，推导如下。

稳定许用应力 $[\sigma]_{st}=\frac{\sigma_{cr}}{n_{st}}=\frac{F_{cr}}{An_{st}}$，代入式（9-3-5）得：$\frac{F}{A}\leqslant\frac{F_{cr}}{An_{st}}$

由此得压杆稳定条件的另一种形式

$$\frac{F_{cr}}{F}\geqslant n_{st} \tag{9-3-6}$$

（2）稳定因数法

这是在土木工程中经常采用的一种方法，其思想是：由于压杆的临界应力总是小于等于其材料的极限应力，因此稳定许用应力也应小于等于材料的许用应力。因此在压杆设计中，常将压杆的稳定许用应力 $[\sigma]_{st}$ 写作材料的强度许用应力 $[\sigma]$ 乘以一个随压杆柔度 λ 而改变的因数 $\varphi=\varphi(\lambda)$，称为**稳定因数**（Stability Factor），即

$$[\sigma]_{st}=\varphi[\sigma] \tag{9-3-7}$$

稳定因数 $\varphi\leqslant1$，且随 λ 而变化。该因数 φ 可以**反映压杆的稳定许用应力随压杆柔度改变而改变的特点。**稳定因数的具体确定方法可查阅《钢结构设计标准》（GB 50017—2017）、《木结构设计标准》（GB 50005—2017）。

引入稳定因数后，则可将式（9-3-5）改写为

$$\sigma=\frac{F}{A}\leqslant\varphi[\sigma] \tag{9-3-8}$$

★**【注意】** 稳定安全因数法和稳定因数法是两种相互独立的稳定校核方法，一般分别适用于机械工程和土木工程问题，不能同时使用。

【拓展阅读】稳定因数的确定

下面简单介绍一下《钢结构设计标准》（GB 50017—2017）、《木结构设计标准》（GB 5005—2017）中对于钢制压杆和木制压杆稳定因数计算的一些规定。

（1）钢制压杆：我国《钢结构设计标准》根据常用截面形式、尺寸和加工工艺，并考虑初曲率和加工产生的残余应力，把承载能力相近的截面归为 a、b、c、d 四类。表 9-3-2 为 Q235 钢 b 类压杆在不同柔度下的稳定因数值。

（2）木制压杆：我国《木结构设计标准》中对木制压杆按树种的弯曲强度分两类，分别给出理论稳定因数 φ 的计算公式。

① 树种强度等级为 TC13 级（TB 表示阔叶材；“13”表示弯曲强度为 13MPa）、TC11 级（TC 表示针叶材）、TB17 级和 TB15 级所属分类的稳定因数计算公式为

$$\lambda \leqslant 91, \quad \varphi=\frac{1}{1+\left(\frac{\lambda}{65}\right)^{2}}$$

$$\lambda > 91, \quad \varphi=\frac{2800}{\lambda^{2}}$$

② 树种强度等级为 TC17 级、TC15 级和 TB20 级，所属分类的稳定因数计算公式为

$$\lambda \leqslant 75, \quad \varphi=\frac{1}{1+\left(\frac{\lambda}{80}\right)^{2}}$$

$$\lambda > 75, \quad \varphi=\frac{3000}{\lambda^{2}}$$

表 9-3-2　Q235 钢 b 类截面中心受压直杆的稳定因数 φ

λ	0	1	2	3	4	5	6	7	8	9
0	1.000	1.000	1.000	0.999	0.999	0.998	0.997	0.996	0.995	0.994
10	0.992	0.991	0.989	0.987	0.985	0.983	0.981	0.978	0.976	0.973
20	0.970	0.967	0.963	0.960	0.957	0.953	0.950	0.946	0.943	0.939
30	0.936	0.932	0.929	0.925	0.922	0.918	0.914	0.910	0.906	0.903
40	0.899	0.895	0.891	0.887	0.882	0.878	0.874	0.870	0.865	0.861
50	0.856	0.852	0.847	0.842	0.838	0.833	0.828	0.823	0.818	0.813
60	0.807	0.802	0.797	0.791	0.786	0.780	0.774	0.769	0.763	0.757
70	0.751	0.745	0.739	0.732	0.726	0.720	0.714	0.707	0.701	0.694
80	0.688	0.681	0.675	0.668	0.661	0.655	0.648	0.641	0.635	0.628
90	0.621	0.614	0.608	0.601	0.594	0.588	0.581	0.575	0.568	0.561
100	0.555	0.549	0.542	0.536	0.529	0.523	0.517	0.511	0.505	0.499
110	0.493	0.487	0.481	0.475	0.470	0.464	0.458	0.453	0.447	0.442
120	0.437	0.432	0.426	0.421	0.416	0.411	0.406	0.402	0.397	0.392
130	0.387	0.383	0.378	0.374	0.370	0.365	0.361	0.357	0.353	0.349
140	0.345	0.341	0.337	0.333	0.329	0.326	0.322	0.318	0.315	0.311
150	0.308	0.304	0.301	0.298	0.295	0.291	0.288	0.285	0.282	0.279
160	0.276	0.273	0.270	0.267	0.265	0.262	0.259	0.256	0.254	0.251
170	0.249	0.246	0.244	0.241	0.239	0.236	0.234	0.232	0.229	0.227
180	0.225	0.223	0.220	0.218	0.216	0.214	0.212	0.210	0.208	0.206
190	0.204	0.202	0.200	0.198	0.179	0.195	0.193	0.191	0.190	0.188
200	0.186	0.184	0.183	0.181	0.180	0.178	0.176	0.175	0.173	0.172
210	0.170	0.169	0.167	0.166	0.165	0.163	0.162	0.160	0.159	0.158
220	0.156	0.155	0.154	0.153	0.151	0.150	0.149	0.148	0.146	0.145
230	0.144	0.143	0.142	0.141	0.140	0.138	0.137	0.136	0.135	0.134
240	0.133	0.132	0.131	0.130	0.129	0.128	0.127	0.126	0.125	0.124
250	0.123	—	—	—	—	—	—	—	—	—

基础测试

9-3-1 （填空题）细长压杆（大柔度杆）的临界应力是用欧拉公式计算的（　　）力除以面积得到的平均值。

9-3-2 （判断题）如果用欧拉公式算得的临界应力大于材料的比例极限，则此临界应力是没有意义的。（　　）

9-3-3 （填空题）压杆柔度的表达式为（　　），它全面反映了杆的（　　）、两端的（　　）、（　　）形状尺寸等对临界应力的影响。同种材料制成的压杆，柔度越大，越（　　）失稳。

9-3-4 （填空题）对同种材料制成的压杆，只有杆的柔度大于某一值时，才能用欧拉公式计算临界应力，此时称（　　）柔度压杆。对于Q235钢，此值为（　　）。

9-3-5 （填空题）对于塑性材料制成的压杆，如果计算得到的临界应力大于材料的屈服极限，则压杆实际上会发生（　　）失效。

9-3-6 （填空题）压杆的临界应力除以稳定（　　）得到其稳定许用应力。用这种方法进行稳定性校核称为（　　）法。

9-3-7 （填空题）在土木建筑行业中，确定压杆的稳定许用应力是用材料的强度许用应力乘以（　　）因数来计算的，此因数数值应该不大于（　　），并且随柔度的减小而（　　），或者说压杆稳定性越好，因数就越（　　）。

9-3-8 （单选题）对于局部存在小的孔洞的压杆，在进行强度计算时，横截面积（　　）；在进行稳定性计算时，横截面积（　　）。

A. 采用净面积；　　B. 采用不考虑孔洞的毛面积；

C. 考虑或不考虑孔洞均可；　　D. 不好确定。

<<<< 例　题 >>>>

（1）稳定安全因数法例题

【例 9-3-1】 两端球铰支座等截面圆柱压杆，长度 $l=703\text{mm}$，直径 $d=45\text{mm}$，材料为优质碳钢，$\sigma_s=306\text{MPa}$，$\sigma_p=280\text{MPa}$，$E=210\text{GPa}$。最大轴向压力 $F_{max}=41.6\text{kN}$，稳定安全因数 $n_{st}=10$。试校核其稳定性。

【分析】 由式（9-3-6）可知，本题的关键是确定临界力。那么请读者思考：是不是直接套用欧拉公式呢？

能不能用欧拉公式要取决于压杆的种类，而压杆的种类又取决于其柔度 λ 和两个柔度常数 λ_p 和 λ_s。

【解】 ① 求杆的柔度

$\mu=1$，$i=d/4$，可得

$$\lambda=\frac{\mu l}{i}=\frac{\mu l}{d/4}=\frac{1\times703\times10^{-3}}{45\times10^{-3}/4}=62.5$$

② 确定压杆种类

$$\lambda_p=\sqrt{\frac{\pi^2 E}{\sigma_p}}=\sqrt{\frac{\pi^2\times210\times10^9}{280\times10^6}}=86$$

由于$\lambda<\lambda_p$，不是细长压杆，不能采用欧拉公式。先假设为中长杆，采用直线公式试算临界应力，对于优质碳钢查表9-3-1可得临界应力

$$\sigma_{cr}=a-b\lambda=(461-2.57\times62.5)\mathrm{MPa}=300\mathrm{MPa}<\sigma_s=306\mathrm{MPa}$$

确实属于中长杆，且临界力为

$$F_{cr}=\sigma_{cr}A=300\times10^6\times\frac{\pi}{4}\times(45\times10^{-3})^2=477\mathrm{kN}$$

③ 校核稳定性

$$\frac{F_{cr}}{F_{max}}=\frac{477}{41.6}=11.5>n_{st}=10$$

满足稳定性要求。

【例9-3-2】 如图9-3-2所示的油缸直径$D=45\mathrm{mm}$，油压$p=1.2\mathrm{MPa}$。活塞杆长度$l=1250\mathrm{mm}$，材料的$\sigma_p=220\mathrm{MPa}$，$E=210\mathrm{GPa}$，稳定安全因数$n_{st}=6$。试确定活塞杆的直径d。

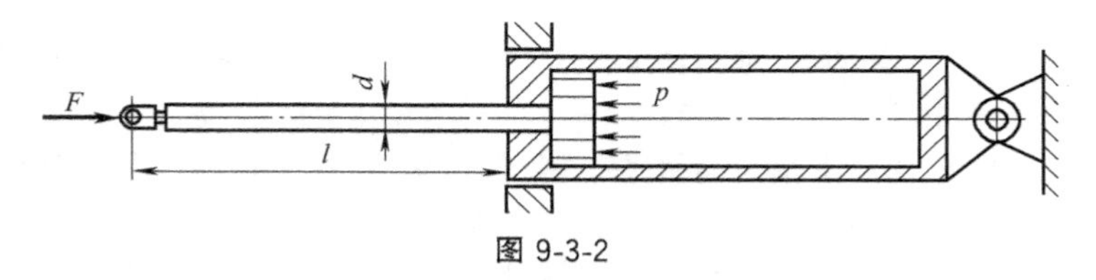

图9-3-2

【分析】 由于活塞杆的直径未知，因此无法计算压杆的柔度，也就无法判断采用何种方法计算临界（应）力。请读者思考，在这种情况下，如何进行稳定性计算？

【解】 压杆的压力为

$$F=\frac{\pi}{4}D^2p=\frac{\pi}{4}\times(65\times10^{-3})^2\times1.2\times10^6=3980\mathrm{N}$$

由于活塞杆的直径未知，无法进行稳定性计算，只能采用试算的方法：不妨先假设压杆属于细长杆，据此来选择压杆直径，然后再校核柔度是否符合细长杆的假设。如果不符合的话，再假设为其他类型的压杆进行试算。

如果压杆为细长杆，其柔度为

$$\lambda=\frac{\mu l}{i}=\frac{\mu l}{d/4}$$

临界应力为 $$\sigma_{cr}=\frac{\pi^2E}{\lambda^2}=\frac{\pi^2d^2E}{(4\mu l)^2}$$

稳定许用应力为 $$[\sigma]_{st}=\frac{\sigma_{cr}}{n_{st}}=\frac{\pi^2d^2E}{n_{st}(4\mu l)^2}$$

稳定条件为 $$\frac{F}{A}=\frac{F}{\pi d^2/4}\leqslant[\sigma]_{st}=\frac{\pi^2d^2E}{16n_{st}(\mu l)^2}$$

可得 $$d\geqslant\sqrt[4]{\frac{64n_{st}F(\mu l)^2}{\pi^3E}}=\sqrt[4]{\frac{64\times6\times3980\times(2\times1250)^2}{\pi^3\times210\times10^3}}\mathrm{mm}=34.8\mathrm{mm}$$

校验：取$d=35\mathrm{mm}$，则$\lambda=\dfrac{\mu l}{d/4}=\dfrac{8\times1250}{35}=286$

$$\lambda_p=\sqrt{\frac{\pi^2 E}{\sigma_p}}=\sqrt{\frac{\pi^2\times 210\times 10^9\,\mathrm{Pa}}{220\times 10^6\,\mathrm{Pa}}}=97$$

由于 $\lambda>\lambda_p$，用欧拉公式进行的试算正确。故取 $d=35\mathrm{mm}$。

☆**注：**根据稳定性条件选择压杆截面的问题，由于柔度未知，必须采用试算的方法。

【例 9-3-3】 如图 9-3-3 所示的压杆，两端为球铰约束，杆长 $l=2400\mathrm{mm}$，压杆由两根 $125\mathrm{mm}\times125\mathrm{mm}\times12\mathrm{mm}$ 的等边角钢铆接而成，铆钉孔直径为 23mm。已知压杆所受压力 $F=800\mathrm{kN}$，材料为 Q235 钢，许用应力 $[\sigma]=160\mathrm{MPa}$，稳定安全因数 $n_{st}=1.48$。试校核此压杆是否安全。设 Q235 钢中长压杆临界应力的计算采用抛物线经验公式。

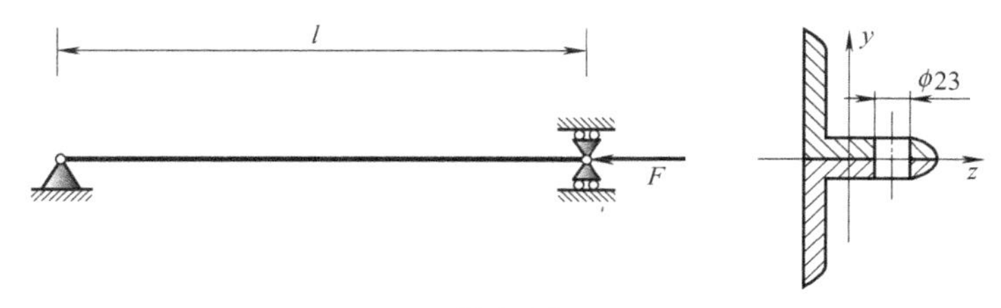

图 9-3-3

【分析】 因为铆接时在角钢上开孔，所以此例中的压杆可能发生两种失效：①屈曲失效。整体平衡形式发生突然转变（由直变弯），但个别截面上的铆钉孔对这种整体变形影响不大，因此在稳定计算中，仍采用未开孔时的横截面面积，即截面毛面积 A_g。②强度失效。在开有铆钉孔的截面上其应力由于截面削弱将增加，并有可能超过许用应力值，所以在强度计算时，要用削弱后的面积，即截面净面积 A_n。

【解】 ① 稳定性校核

组合截面对 y 轴的惯性半径显然较小，其惯性半径与单个角钢相同，查表可得 $A=2.89\times10^3\mathrm{mm}^2$，$i_y=38.3\mathrm{mm}$，则杆的柔度

$$\lambda_y=\frac{\mu l}{i_y}=\frac{1\times2400\mathrm{mm}}{38.3\mathrm{mm}}=62.66<100\text{，非细长杆}$$

设压杆为中长杆，对于 Q235 钢制成的压杆，根据抛物线经验公式

$$\sigma_{cr}=235-0.00668\times62.66^2=208\mathrm{MPa}$$

$$F_{cr}=\sigma_{cr}A_g=\sigma_{cr}(2A)=208\times10^6\times2\times2.89\times10^3=1202\mathrm{kN}$$

所以，$\dfrac{F_{cr}}{F}=1.50>n_{st}=1.48$，符合稳定性要求。

② 强度校核

角钢由于铆钉孔削弱后的面积

$$A_n=2\times2.89\times10^{-3}-2\times23\times10^{-3}\times12\times10^{-3}=5.288\times10^{-3}\mathrm{m}^2$$

该截面上的应力：$\sigma=\dfrac{F}{A_n}=\dfrac{800\times10^3}{5.288\times10^{-3}}=151\mathrm{MPa}<[\sigma]=160\mathrm{MPa}$

强度也满足要求。

综上所述，该压杆安全。

（2）稳定因数法例题

【例 9-3-4】 图 9-3-4 所示为简易起重装置，其扒杆（图中的斜杆，可视为二力杆）为平均直径 $d=300\mathrm{mm}$ 的红松，树种强度 TC13 级，长度 $l=6\mathrm{m}$，顺纹抗压强度许用应力 $[\sigma]=10\mathrm{MPa}$，其下部为圆柱铰链。试求该扒杆所能承受的许用压力值。

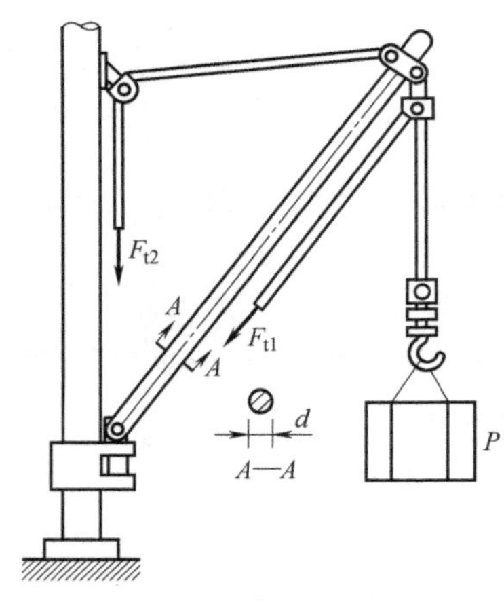

图 9-3-4

【分析】 本题采用稳定因数法，因此有两个问题需要解决。①如何确定稳定因数？因为确定安全因数需要求出杆的柔度，所以第二个问题是：②如何确定杆的柔度？其中第二个问题是关键。其实和例 9-3-2 有些类似，确定杆柔度的关键又在于如何确定长度因数。本例扒杆一端是圆柱铰链，一端被绳索拉紧，读者可以先考虑一下如何取长度因数才合理。下面分析供参考，实际工程分析时所取的长度因数会略有不同。

该扒杆在轴向压力作用下如果在图 9-3-4 所示平面内失稳，则由于其上端受水平钢丝绳的约束而基本上不能产生线位移而只能转动，其下端由于销钉的约束也只能转动，故扒杆大致相当于两端铰支压杆，长度因数可取为 $\mu=1$。扒杆在垂直于平面的方向上（离面方向）失稳时，其上端钢丝绳几乎没有任何约束，而下端由于受销钉约束基本上不能转动而可视为固定端，故长度因数可取为 $\mu=2$。由于截面为圆形，显然扒杆在离面方向失稳。

【解】 杆在离面方向相当于一端固定一端自由，更容易失稳，此时 $\mu=2$，扒杆的惯性半径

$$i=\sqrt{\frac{I}{A}}=\sqrt{\frac{\pi d^4/64}{\pi d^2/4}}=\frac{d}{4}$$

柔度为

$$\lambda=\frac{\mu l}{i}=\frac{\mu l}{\sqrt{\frac{I}{A}}}=\frac{2\times 6\text{m}}{\frac{1}{4}\times 0.3\text{m}}=160$$

树种强度 TC13 级所属分类的稳定因数计算公式为

$$\lambda>91,\ \varphi=\frac{2800}{\lambda^2}=\frac{2800}{160^2}=0.109$$

由公式（9-3-8）可得

$$\frac{F}{\varphi A}\leqslant[\sigma]$$

$$F\leqslant\varphi[\sigma]A=0.109\times(10\times10^6\text{Pa})\times\frac{\pi}{4}(0.3\text{m})^2=77\text{ kN}$$

所以 $[F]=77\text{kN}$。

【例 9-3-5】 如图 9-3-5，厂房的钢柱由两根槽钢组成，并由缀板和缀条联结成整体，承受轴向压力 $F=270\text{kN}$。根据杆端约束情况，该钢柱的长度因数取为 $\mu=1.3$。钢柱长 7m，材料为 Q235 钢，强度许用应力 $[\sigma]=170\text{MPa}$。该柱属于 b 类截面中心压杆。由于杆端连接的需要，其同一横截面上有 4 个直径为 $d_0=30\text{mm}$ 的钉孔。①试为该钢柱选择槽钢型号；②恰当选择图中槽钢间距 h。

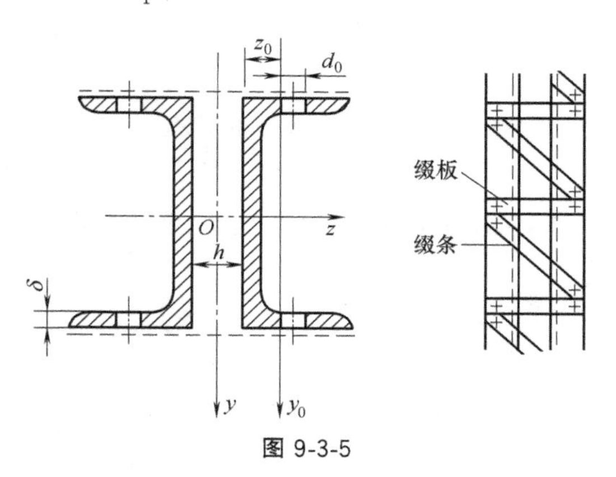

图 9-3-5

【分析】 ①利用稳定性选择截面时，只能采用试算法，如【例 9-3-2】；②前面讲到过，合理的稳定设计应该是保证沿各向稳定性相同。这样，在约束条件相同时，截面的两个形心

主惯性矩应相等。读者可以据此考虑一下应如何选择槽钢间距。

【解】 ① 按稳定性条件初选槽钢号码。由公式（9-3-8）可知，由于稳定因数和槽钢横截面积均未知，所以无法选择槽钢型号。为此，采用试算法，先取 $\varphi=0.50$，得到

$$A \geqslant \frac{F}{\varphi[\sigma]}=\frac{F/2}{0.50\times170\times10^{6}\text{Pa}}=\frac{(270\times10^{3}\text{N})/2}{85\times10^{6}\text{Pa}}=15.9\times10^{-4}\text{m}^{2}$$

由型钢表查得，14a 号槽钢的横截面面积为 $A=18.51\text{cm}^2=18.51\times10^{-4}\text{m}^2$，而它对 z 轴的惯性半径为 $i_z=5.52\text{cm}=55.2\text{mm}$

② 检查所选槽钢是否符合稳定性要求。可以通过计算杆稳定因数来确定，有三种可能性：

稳定因数 $\varphi\approx0.5$，则所选截面符合要求；

稳定因数 φ 大于 0.5 较多，带入稳定性校核公式也能满足要求，但是其他条件相同的情况下，较大的稳定因数意味着较大的截面，会造成浪费；

稳定因数 φ 小于 0.5 较多，不满足稳定性校核公式，必须重新选择。

根据所选截面计算杆的柔度：

$$\lambda=\frac{\mu l}{i_z}=\frac{1.3\times7\text{m}}{55.2\times10^{-3}\text{m}}=165$$

由表 9-2-3 查得，Q235 钢 b 类截面中心压杆相应的稳定因数为 $\varphi=0.262$，小于 0.5 较多，必须重新选择。

③ 重新假设 φ 值再来试算。重新假设的 φ 值大致取前面假设的 $\varphi=0.5$ 和所得的 $\varphi=0.262$ 的平均值（根据经验可以略偏于后者），例如取 $\varphi=0.35$，可得

$$A \geqslant \frac{F}{\varphi[\sigma]}=\frac{135\times10^{3}\text{N}}{59.5\times10^{6}\ \text{Pa}}=22.7\times10^{-4}\ \text{m}^{2}$$

试选 16 号槽钢，其 $A=25.15\times10^{-4}\text{m}^2$，$i_z=61\text{mm}$，从而有组合截面压杆的柔度

$$\lambda=\frac{1.3\times7\text{m}}{61\times10^{-3}\text{m}}=149.2$$

由表 9-3-3 得 $\varphi=0.311$，它略小于假设的 $\varphi=0.35$。现按采用 2 根 16 号槽钢的组合截面柱 $\varphi=0.311$ 进行稳定性校核：

$$\frac{F}{\varphi A}=\frac{F/2}{0.311\times25.15\times10^{-4}}\text{Pa}=172.6\text{MPa}$$

虽然超过了许用应力 $[\sigma]=170\text{MPa}$，但仅超过 1.5%，这是允许的。

④ 按钢柱的净横截面积校核强度。由于稳定性是由钢柱整体主要的截面尺寸决定的，局部的削弱影响很小，所以前面都没有考虑钉孔。但是强度问题不同，局部削弱可能导致在此处破坏。因此，这里按去除钉孔后的净面积再校核一下强度

$$\sigma=\frac{F}{2A-4\delta d_0}=\frac{270\times10^{3}\text{N}}{3.830\times10^{-3}\text{m}^{2}}=70.5\text{MPa}<[\sigma]$$

满足强度要求。

⑤ 选择钢柱两槽钢的合理间距。为了使组合截面压杆在 xy 和 xz 平面内有相同稳定性，又由于钢柱的杆端约束在各纵向平面内相同，故要求组合截面的惯性矩 $I_y=I_z$。

如果 z_0，I_{y0}，I_{z0}，A_0 分别代表单根槽钢的形心位置和自身的形心主惯性矩以及横截

面面积，则 $I_y=I_z$ 的条件可表达为

$$2I_{z_0}=2\left[I_{y_0}+A_0\left(z_0+\frac{h}{2}\right)^2\right]$$

或

$$2A_0 i_{z_0}^2=2A_0\left[i_{y_0}^2+\left(z_0+\frac{h}{2}\right)^2\right]$$

$$i_{z_0}^2=i_{y_0}^2+\left(z_0+\frac{h}{2}\right)^2$$

在选用16号槽钢的情况下，上式为：

$$(61\text{mm})^2=(18.2\text{mm})^2+\left(17.5\text{mm}+\frac{h}{2}\right)^2$$

由此求得 $h=81.4\text{mm}$。

小结

通过本节学习，应掌握和了解以下内容：

(1) 掌握柔度的概念及压杆种类的划分；
(2) 掌握大柔度杆临界应力的欧拉公式；
(3) 了解中柔度杆的临界应力计算方法和压杆的临界应力总图；
(4) 掌握压杆的稳定校核方法；
(5) 掌握确定压杆截面积的试算法。

习 题

9-3-1 长度为 l，两端固定的空心圆截面压杆承受轴向压力，如图9-3-6所示。压杆材料为Q235钢，弹性模量 $E=200\text{GPa}$，取 $\lambda_p=100$，设截面外径 $D/d=1.2$。试求：①能应用欧拉公式时，压杆长度与外径的最小比值以及这时的临界应力；②若压杆改用实心圆截面，而压杆的材料、长度、杆端约束及临界压力值均与空心圆截面时相同，两杆的重量之比值。

9-3-2 图9-3-7中的1、2杆材料相同，均为圆截面压杆，若使两杆的临界应力相等，试求两杆的直径之比 d_1/d_2 以及临界压力之比 F_{cr1}/F_{cr2}，并指出哪根杆的稳定性较好。

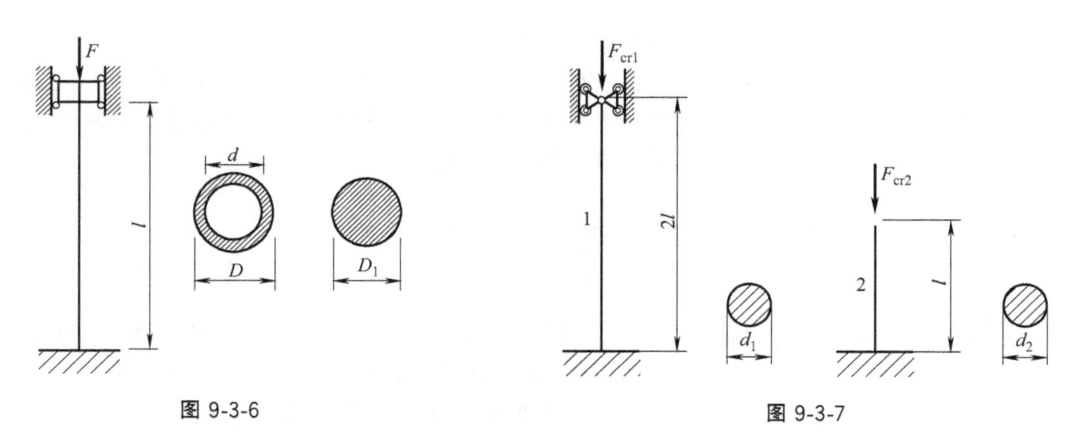

图9-3-6　　图9-3-7

9-3-3　某钢材的比例极限 $\sigma_p=230$MPa，屈服应力 $\sigma_s=274$MPa，弹性模量 $E=200$GPa，$\sigma_{cr}=331-1.09\lambda$（MPa）。试求 λ_s 和 λ_p，并绘出临界应力总图（在 $0\leqslant\lambda\leqslant150$ 范围内）。

9-3-4　细长杆 1、2 和刚性杆 AD 组成平面结构，如图 9-3-8 所示。已知两杆的弹性模量 E，横截面面积 A，截面惯性矩 I 和杆长 l 均相同，且为已知。试问，当压杆刚要失稳时，F 为多大？

9-3-5　长 $l=1.06$m 的硬铝圆管，一端固定，另一端铰支，承受的轴向压力为 $F=7.6$kN。材料的 $\sigma_p=270$MPa，$E=70$GPa。若安全因数取 $n_{st}=2$，试按外径 D 与壁厚 δ 的比值 $D/\delta=25$ 设计硬铝圆管的外径。

9-3-6　图 9-3-9 所示蒸汽机的活塞杆 AB，所受的压力 $F=120$kN，$l=180$cm，横截面为圆形，直径 $d=7.5$cm。材料为 Q255 钢，$E=210$GPa，$\sigma_p=240$MPa，若规定的稳定安全因数 $n_{st}=8$，试校核活塞杆的稳定性。

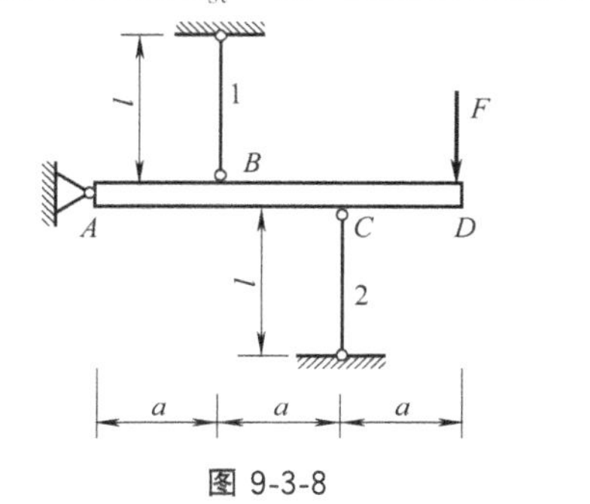

图 9-3-8

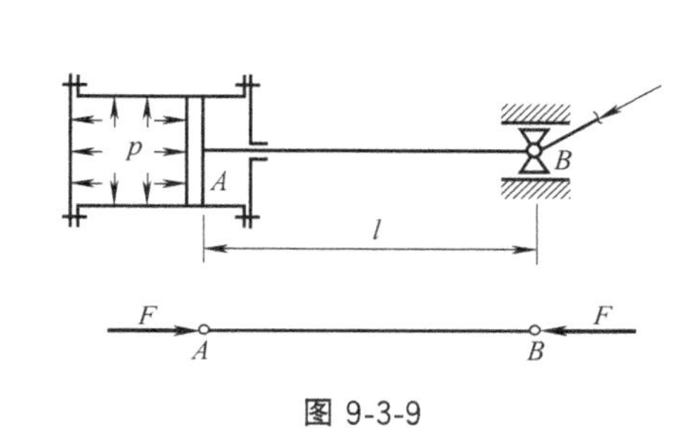

图 9-3-9

9-3-7　图 9-3-10 所示托架中杆 AB 的直径 $d=40$mm，长度 $l=800$mm，两端可视为铰支，材料为 Q235 钢，$E=200$GPa，$\sigma_p=200$MPa。①试按杆 AB 的稳定条件求托架的临界力 F；②若已知实际载荷 $F=70$kN，规定的稳定安全因数 $n_{st}=2$，问此托架是否安全？

9-3-8　图 9-3-11 所示结构中杆 AC 与 CD 均由 Q235 钢制成，C、D 两处均为球铰。已知：$d=20$mm，$b=100$mm，$h=180$mm，$E=200$GPa，$\sigma_s=235$MPa，$\sigma_b=400$MPa，若强度安全因数 $n=2.0$，稳定安全因数 $n_{st}=3$。试确定该结构的许可载荷。

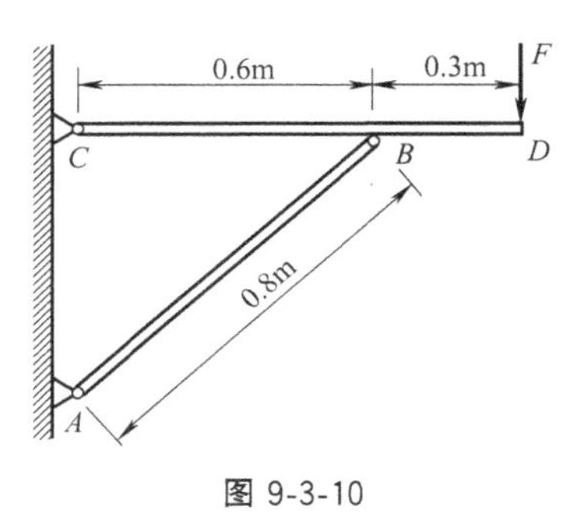

图 9-3-10

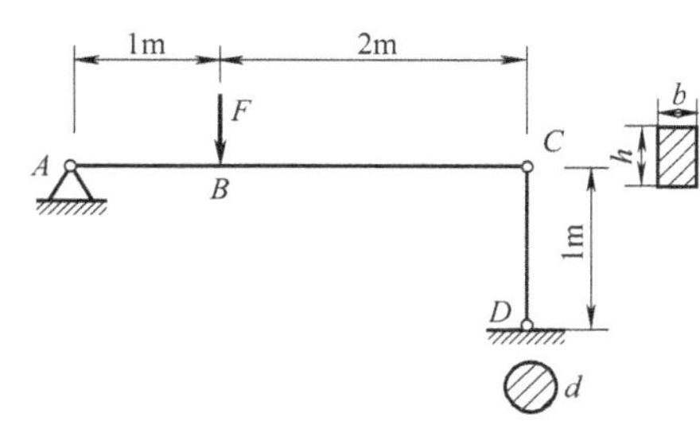

图 9-3-11

9-3-9　一支柱由 4 根 80mm×80mm×6mm 的角钢组成（图 9-3-12），并符合《钢结构设计标准》中实腹式 b 类截面中心受压杆的要求。支柱的两端为铰支，柱长 $l=6$m，压力为 450kN。若材料为 Q235 钢，强度许用应力 $[\sigma]=170$MPa，试求支柱横截面边长 a 的尺寸。

9-3-10　两端铰支、强度等级为 TC13 的木柱，截面为 150mm×150mm 的正方形，

长度 $l=3.5\text{m}$，强度许用应力 $[\sigma]=10\text{MPa}$。试求木柱的许可载荷。

9-3-11　图 9-3-13 所示一简单托架，其撑杆 AB 为圆截面木杆，强度等级为 TC15。若架上受集度为 $q=50\text{kN/m}$ 的均布载荷作用，AB 两端为柱形铰，材料的强度许用应力 $[\sigma]=11\text{MPa}$，试求撑杆所需的直径 d。

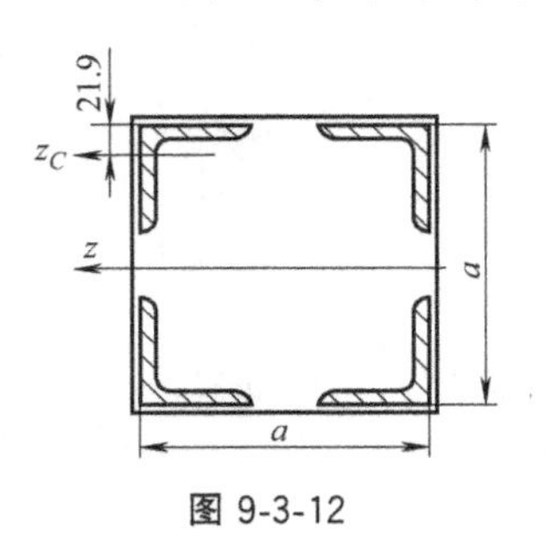

图 9-3-12

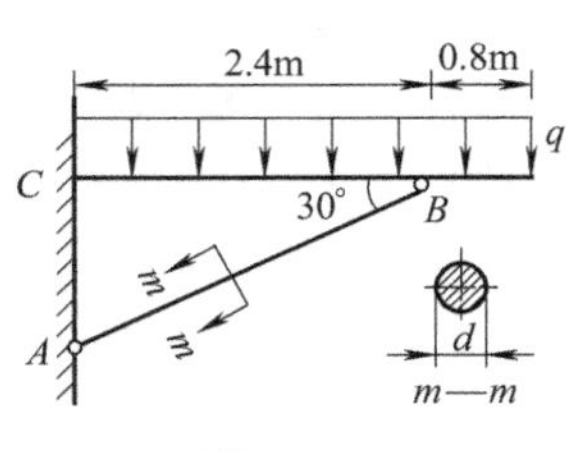

图 9-3-13

9.4 压杆稳定的合理设计

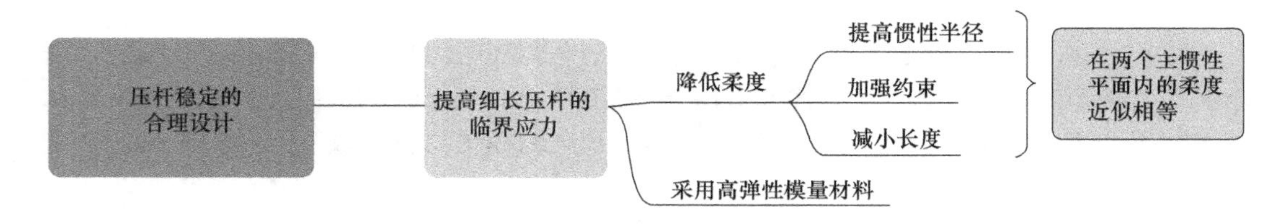

9.4.1　压杆稳定性设计的依据

由前面分析可以知道，杆的稳定性和杆的柔度有很大关系：柔度越大，杆越容易失稳。而杆的柔度 $\lambda=\mu l/i$，根据各量的含义，柔度应该取决于杆的惯性半径（惯性矩）、约束情况和长度。除此之外，根据临界应力的公式 $\sigma_{cr}=\pi^2 E/\lambda^2$，细长压杆的稳定性还和材料的弹性模量 E 有关。下面具体介绍一下提高压杆稳定性的措施。

9.4.2　提高压杆稳定性的措施

（1）选择合理的截面形状

在保持横截面面积不变的情况下，尽可能地把材料放在远离截面形心处，可以取得较大的惯性半径或惯性矩，从而提高临界力。参见图 9-4-1，读者可以判断一下合理的截面形状有哪些。

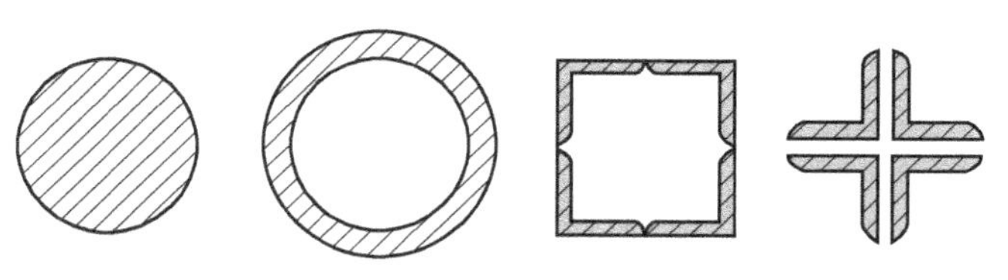

图 9-4-1

当然，也不能为了取得较大的惯性半径或惯性矩，就无限制地增大环形截面的直径并使其壁厚减小，这将使其因壁厚太薄而引起局部失稳，发生局部折皱的危险，反而降低了稳定性。

若压杆在各个纵向平面内的相当长度 μl 相同，则应使用截面对任一形心轴的 i 相等或接近相等的截面。

若压杆在不同的纵向平面内，μl 值不相同时，截面对两个主形心惯性轴 y 和 z 有不同的 i_y 和 i_z，设计的截面应尽量使在两个主惯性平面内的柔度 λ_y 和 λ_z 接近相等，从而使压杆在两个主惯性平面内仍然有接近相等的稳定性。

（2）改变压杆的约束条件

改变压杆的支承条件能直接影响临界力的大小。如图 9-4-2 所示，将长为 l 的两端铰支的细长压杆，在其中点增加 1 个铰支座，或把压杆的两端改为固定端，则相当长度就由原来的 μl 变为 $\mu l/2$，临界力是原来的 4 倍。可见增加压杆的约束，使其不容易发生弯曲变形，从而提高压杆的稳定性。

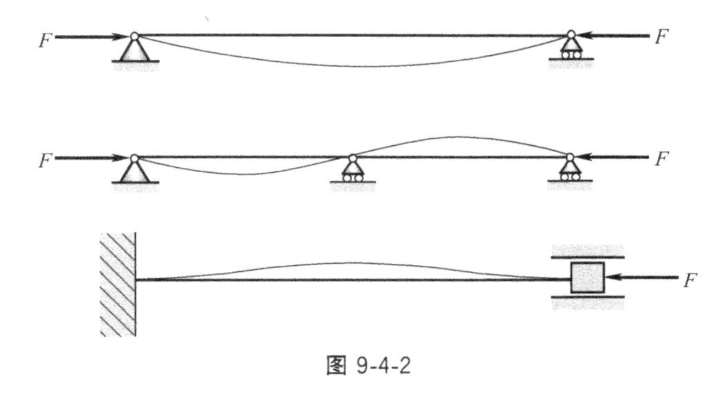

图 9-4-2

（3）合理选择材料

细长压杆的临界力由欧拉公式计算，故临界力的大小与材料的弹性模量有关。由于各种钢材的 E 值大致相等，所以选用优质钢材或普通钢材，对细长压杆临界力来说并无很大差别。对于中长压杆，无论是经验公式还是理论分析，都说明临界力与材料的强度有关。此时，优质钢材的选用在一定程度上可以提高临界力的数值。至于粗短压杆，本来就是强度问题，优质钢材的强度高，其优越性自然是明显的。

基础测试

9-4-1 （填空题）为提高压杆的稳定性，可以考虑减小压杆的（　　）长度，或增大杆截面的（　　）半径，实际上也就是减小杆的（　　）度。

9-4-2 （填空题）在进行压杆稳定性设计时，应尽量使截面在两个主惯性平面内的柔度接近（ ）。

9-4-3 （填空题）对于细长压杆，可以通过选用弹性（ ）较高的材料来提高其稳定性。

9-4-4 （判断题）采用高强度钢制造细长压杆，可以提高其稳定性。（ ）

小结

通过本节学习，应掌握和了解以下内容：

（1）掌握压杆稳定性设计的依据；

（2）掌握压杆稳定性设计的具体措施。

能 量 法

在前面基本变形部分，我们曾经接触过能量法，其基本思想是**功能原理：弹性杆件外力所做的功等于杆件储存的应变能**。这一思想的依据是能量守恒，要求在加载过程中没有其他能量损失。这里的应变能是杆件发生弹性变形时储存的能量，由于弹性变形的可恢复性，所以应变能实际上是一种弹性势能。

利用功能原理能求解的材料力学问题非常有限，在本章中将对其进行推广，给出应用范围更为广泛的卡式定理。另外，前面所研究的能量方法都是假设材料是线弹性的，本章则推广到有普遍意义的非线性弹性体。

10.1 应变能和卡式第一定理

本节导航

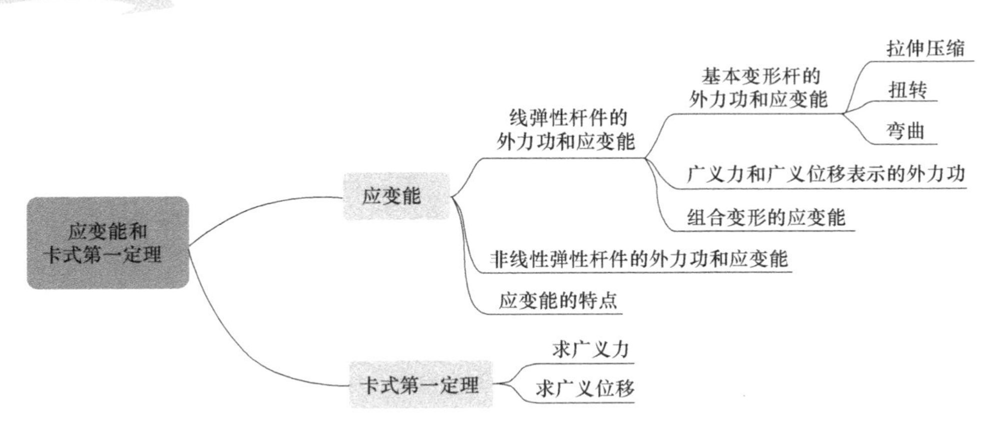

10.1.1 线弹性体的外力功和应变能

10.1.1.1 基本变形的外力功和应变能的计算

在前面我们学习过轴向拉压杆和扭转杆的外力功和应变能的计算，这里我们先复习一下。

（1）轴向拉压杆的外力功和应变能

参照图 10-1-1，在线弹性情况下，外力所做的功等于图 10-1-1（b）中阴影部分的面积，即

$$W=\frac{1}{2}F\Delta l$$

根据功能原理，不计能量损失，这些功都转化为杆的应变能，即

$$V_\varepsilon=W=\frac{1}{2}F\Delta l=\frac{1}{2}F_N\Delta l$$

式中，F_N 为杆的轴力。

考虑 $\Delta l=\dfrac{F_N l}{EA}$，代入应变能表达式得

$$V_\varepsilon=\frac{F_N^2 l}{2EA}$$

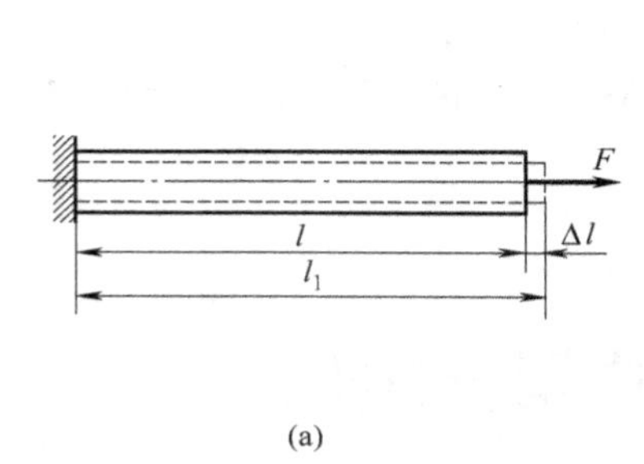

(a) (b)

图 10-1-1

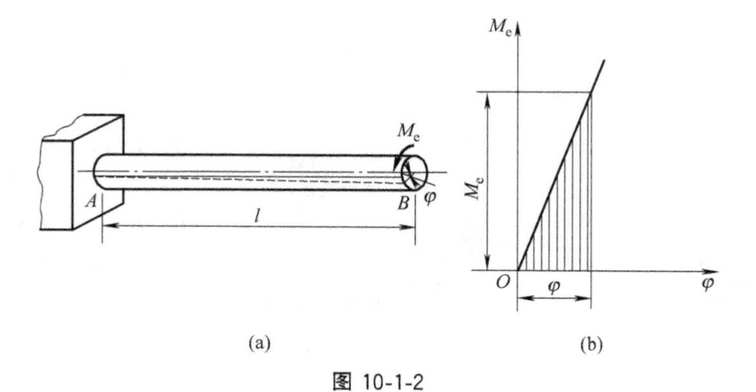

(a) (b)

图 10-1-2

（2）扭转杆的外力功和应变能

对于图 10-1-2 的情况，同样可推得外力偶做功为

$$W=\frac{1}{2}M_e\varphi$$

应变能为

$$V_\varepsilon=\frac{T^2 l}{2GI_p}$$

式中，T 为杆的扭矩。

（3）纯弯曲时的外力功和应变能

如图 10-1-3（a）纯弯曲杆，在一对外力偶 M_e 作用下两端面的相对转角为 θ。在线弹性条件下，图中轴线的曲率半径由公式（5-1-1）可得

$$\frac{1}{\rho}=\frac{M_e}{EI}$$

而

$$\theta=\frac{l}{\rho}=\frac{M_e l}{EI}$$

显然外力偶和相对转角的关系为线性关系，如图 10-1-3（b）所示，则外力偶所做的功为

$$W=\frac{1}{2}M_e\theta \tag{10-1-1}$$

根据功能关系，并用弯矩 M 代替外力偶 M_e，可得杆的应变能

$$V_\varepsilon=\frac{1}{2}M\theta=\frac{M^2 l}{2EI} \tag{10-1-2}$$

如果是一般的横力弯曲，则弯矩不再为常量，而是坐标的函数，即

$$M=M(x)$$

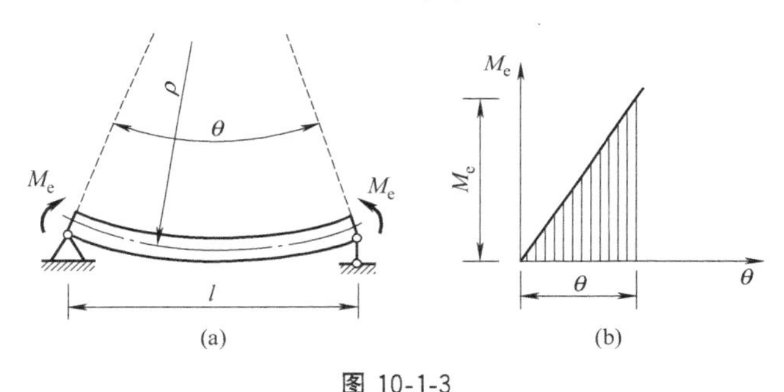

图 10-1-3

此时可以将杆微分成微段。对于任意微段 dx，其中的弯矩 $M(x)$ 可视为常量，则可以利用式（10-1-2）计算应变能，然后积分可得整个杆的应变能

$$V_\varepsilon=\int_l \frac{M^2(x)}{2EI}dx \tag{10-1-3}$$

横力弯曲时，内力还包括剪力，但是对于大多数细长杆，剪力引起的变形较小，相应的应变能也较小，所以一般可以略去不计。

10.1.1.2 外力做功的统一形式

参照上面的内容，可以将线弹性体外力做功的计算公式统一写作

$$W=\frac{1}{2}F\Delta \tag{10-1-4}$$

式中，F 为广义力，可以代表力、力偶、一对平衡力或一对平衡力偶等；Δ 为广义位移，可以代表线位移、角位移，相对线位移或相对角位移等。

注意其中的一对平衡力或一对平衡力偶，只在作用点或作用截面的相对线位移或角位移上做功。例如图 10-1-3（a）中，两端面作用的一对平衡力偶，只在两端面的相对角位移上做功。

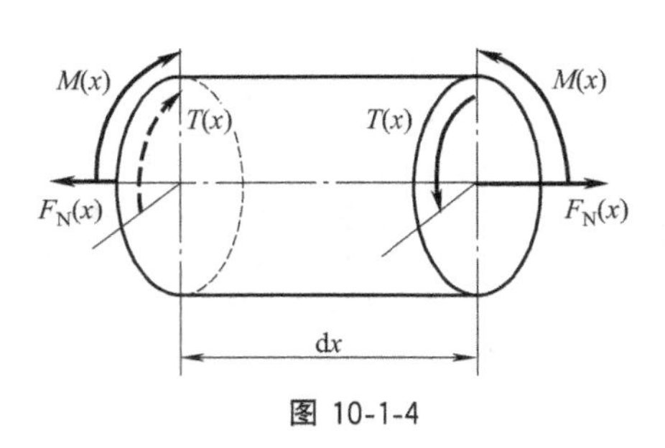

图 10-1-4

10.1.1.3 杆件组合变形时应变能一般表达式

下面探讨一下组合变形时，应变能的一般表达式。由于剪力引起的应变能较小，这里只考虑在轴力、扭矩和平面弯曲力偶作用下的情形，如图 10-1-4 所示。

参照式（10-1-3）的推导方法，可以先求出图 10-1-4 微段上的应变能

$$dV_\varepsilon = \frac{F_N^2(x)dx}{2EA} + \frac{T^2(x)dx}{2GI_p} + \frac{M^2(x)dx}{2EI}$$

则杆内总的应变能可通过积分求得

$$V_\varepsilon = \int_l \frac{F_N^2(x)}{2EA}dx + \int_l \frac{T^2(x)}{2GI_p}dx + \int_l \frac{M^2(x)}{2EI}dx \qquad (10\text{-}1\text{-}5)$$

10.1.2 非线性弹性体的外力功和应变能

前面我们研究的杆件的外力功和应变能，都是在材料是线弹性的情况下得到的结果。其实，即使典型的线弹性材料，如 Q235 钢，在弹性阶段的力-变形曲线也存在非线性段。而铸铁、混凝土、岩石等脆性材料，在弹性段的力-变形曲线具有更明显的非线性。像塑料、橡胶等材料则是典型的非线性弹性材料。可见，研究弹性体的应变能，只研究线弹性材料的情况是不够的。因此，下面我们将讨论一下非线性弹性体的外力功和应变能。

★【注意】 以上所说的力-变形曲线的非线性，是和弹性材料相关的，称为**材料非线性**（Material Nonlinearity）或**物理非线性**（Physical Nonlinearity）。除此之外，还有一种由于考虑变形引起的力-变形曲线的非线性，称为**几何非线性**（Geometrial Nonlinearity）。这里主要讨论材料非线性问题，关于几何非线性问题，请读者参阅后面的例题 10-1-3。

如图 10-1-5（a），杆由非线性弹性材料制成，外力和伸长量的关系如图 10-1-5（b）。在任意伸长量 Δ 处发生增量 $d\Delta$ 时，对应力 F 所做的功为

$$dW = F d\Delta$$

由此得总伸长量为 Δ_1 时外力所做的功或杆储存的应变能为

$$W = V_\varepsilon = \int_0^{\Delta_1} F d\Delta \qquad (10\text{-}1\text{-}6)$$

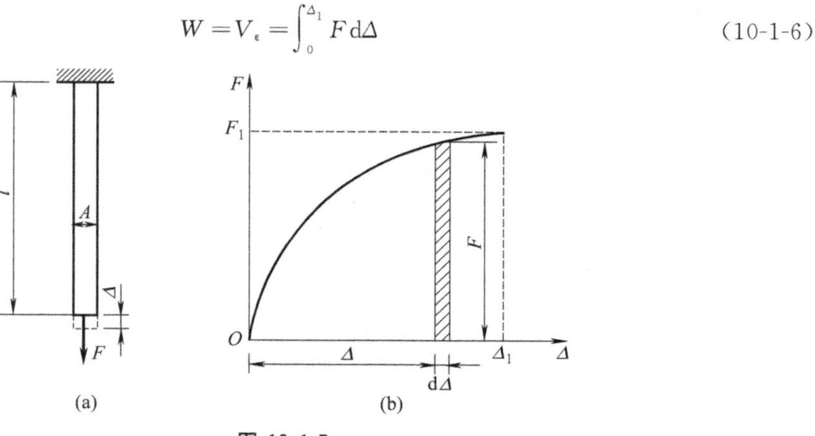

图 10-1-5

10.1.3 应变能的特点

（1）应变能恒为正值，且与坐标系选择无关。因此可以选择任意方便的坐标系求解问题，也可以在一个结构中选择多个坐标系。

如图 10-1-6 的刚架，在不同取向的杆上采用了不同的坐标系。

（2）由于应变能是外力（内力）或位移的二次式，所以不满足叠加原理。

如图 10-1-7 所示的轴向拉压杆，可以按照每一段的轴力写出杆的应变能为

$$V_{\varepsilon}=\frac{F_1^2 b}{2EA}+\frac{(F_1+F_2)^2 a}{2EA}$$

如果按照每个力单独作用时的轴力写出应变能再相加，可得

$$V_{\varepsilon}=\frac{F_1^2(a+b)}{2EA}+\frac{F_2^2 a}{2EA}$$

二者显然是不相等的。说明按照叠加原理求应变能是错误的。

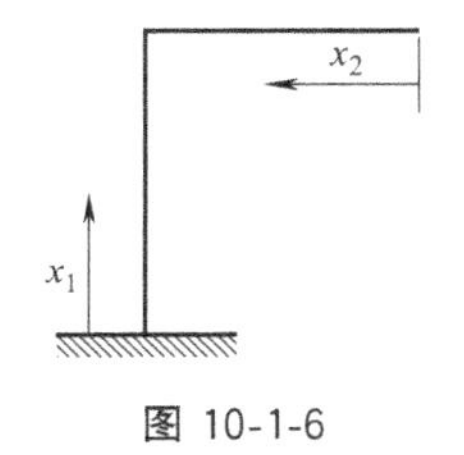

图 10-1-6

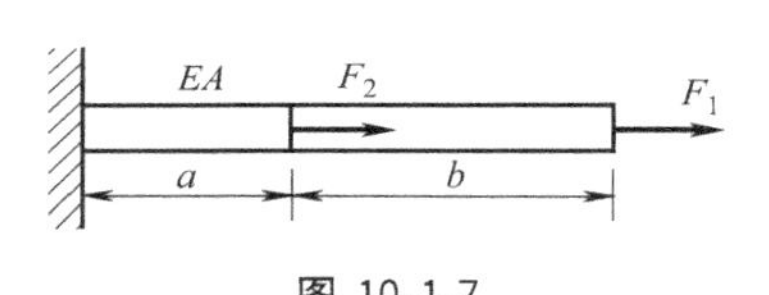

图 10-1-7

【注意】 在小变形时，产生不同基本变形的一组广义力在杆内产生的应变能，等于各力单独作用时产生的应变能之和。例如图 10-1-8 中，三个力（偶）所产生的三种基本变形，在小变形时可以认为互不影响，且每一个力（偶）只在自己产生的广义位移上做功，即做功是独立的。所以，它们共同作用时所储存的总的应变能，等于各自作用时所储存的应变能之和。式（10-1-5）就是根据这一特点导出的。

（3）应变能的大小只与载荷的最终值有关，与加载顺序无关。

以上结论，在 7.5 节中有详细证明。这里结合图 10-1-9 中的情况说明其应用：设图中两个载荷其最终值和变形情况如图所示，由于应变能和加载顺序无关，则假设在梁上同时作用 F 和 M_e，大小按同一比例由零逐渐增加到最终值，即采用**比例加载（简单加载）**。可以证明（见 7.5 节），比例加载时，力 F 或者力偶 M_e 都与相对应的广义位移（图中的 w_C 和 θ_A）成正比。这样，应变能就可以通过外力所做的功来计算

$$V_{\varepsilon}=\frac{1}{2}Fw_C+\frac{1}{2}M_e\theta_A$$

上式虽然是特例，但是可以推广到外力做功的一般情况。

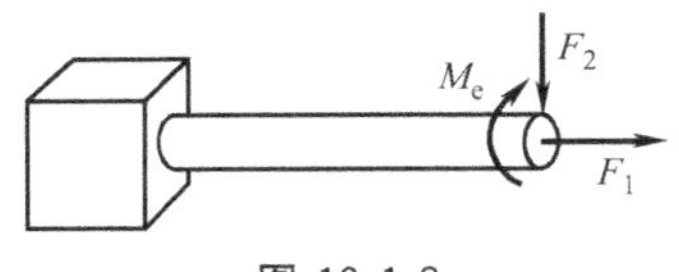

图 10-1-8

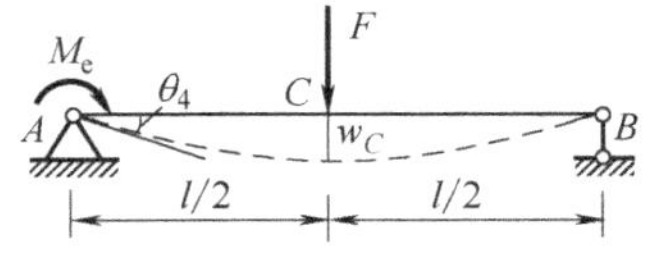

图 10-1-9

★【注意】 一定不要将上式理解为应变能或做功的叠加原理：因为其中的广义位移 w_C 和 θ_A，都是两个广义力共同作用产生的，所以其中每一项并非单个力单独作用时所做的功。

10.1.4 卡式第一定理

（1）卡式第一定理的特例

对于图 10-1-5 所示任意弹性材料制成的杆件，其应变能可以由积分式（10-1-6）来定义。如果认为位移 Δ_1 是可变的，则应变能可视为 Δ_1 的函数，即

$$V_\varepsilon=\int_0^{\Delta_1}F\,\mathrm{d}\Delta=V_\varepsilon(\Delta_1)$$

考虑积分和导数的关系，将上式对 Δ_1 求导可得

$$\frac{\mathrm{d}V_\varepsilon}{\mathrm{d}\Delta_1}=\frac{\mathrm{d}}{\mathrm{d}\Delta_1}\left(\int_0^{\Delta_1}F\,\mathrm{d}\Delta\right)=F(\Delta_1)=F_1$$

则可以求得位移 Δ_1 所对应的力 F_1。这其实就是卡式第一定理的特殊情况。

（2）卡式第一定理的证明

下面将以上情形推广到一般情况：如图 10-1-10 所示弹性杆件，受到最终值为 F_1，…，F_i，…，F_n 的一组广义力作用，所对应的广义位移的最终值为：Δ_1，…，Δ_i，…，Δ_n。假设力的施加过程为简单加载，则应变能

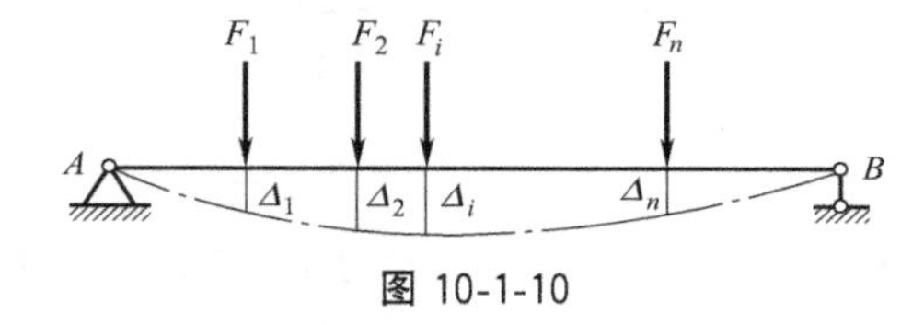

图 10-1-10

$$V_\varepsilon=W=\sum_{i=1}^{n}\int_0^{\Delta_i}F_i\,\mathrm{d}\Delta_i$$

将以上广义位移视为可变的，则应变能可视为广义位移的多元函数，即

$$V_\varepsilon=V_\varepsilon(\Delta_1,\cdots,\Delta_i,\cdots,\Delta_n)$$

将以上应变能函数对任意广义位移求偏导

$$\frac{\partial V_\varepsilon}{\partial\Delta_i}=\frac{\partial}{\partial\Delta_i}\left(\sum_{i=1}^{n}\int_0^{\Delta_i}F_i\,\mathrm{d}\Delta_i\right)=\frac{\partial}{\partial\Delta_i}\left(\int_0^{\Delta_i}F_i\,\mathrm{d}\Delta_i\right)=F_i$$

得到广义位移对应的力，即

$$F_i=\frac{\partial V_\varepsilon}{\partial\Delta_i}\quad(i=1,2,\cdots,n)\tag{10-1-7}$$

式（10-1-7）表明：**弹性体的应变能对任意广义位移求导，可以得到广义位移所对应的广义力**。这一结论被称为**卡式第一定理**，是由意大利工程师阿尔伯托·卡斯提里安诺（1847—1884）导出的。

（3）卡式第一定理的应用

卡式第一定理最常见的应用是求解广义力。利用卡式第一定理求解广义力时，需要将应变能表示为广义位移的函数。在前面我们曾经导出了线弹性情况下，各种基本变形的应变能，但是都用内力表示的。为方便应用，下面导出基本变形用广义位移表示的应变能（线弹性情况）。

轴向拉压时

$$V_\varepsilon=\frac{F_N^2 l}{2EA}$$

根据胡克定律

$$\Delta l=\frac{F_N l}{EA} \text{ 或 } F_N=\frac{EA}{l}\Delta l$$

可得用广义位移（伸长量）表示的应变能

$$V_\varepsilon=\frac{EA}{2l}\Delta l^2 \tag{10-1-8}$$

同样可得扭转时用广义位移（扭转角）表示的应变能

$$V_\varepsilon=\frac{GI_p}{2l}\varphi^2 \tag{10-1-9}$$

弯曲时用广义位移（端面相对转角）表示的应变能

$$V_\varepsilon=\frac{EI}{2l}\theta^2 \tag{10-1-10}$$

在将应变能表示为广义位移的函数后，求解对应的广义力还是很方便的。例如图 10-1-11 的悬臂梁，如果要在端部截面产生大小为 θ 的顺时针转角，求所需的外力偶 M 的大小。借助于式（10-1-7），可以方便地表示出梁的应变能，则广义位移 θ 对应的广义力 M 可由卡式第一定理求得

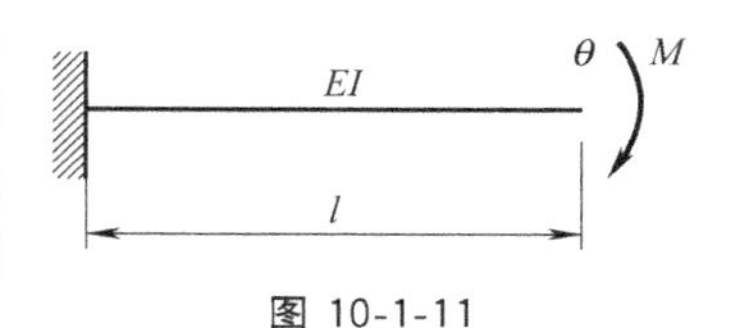

图 10-1-11

$$M=\frac{dV_\varepsilon}{d\theta}=\frac{d}{d\theta}\left(\frac{EI}{2l}\theta^2\right)=\frac{EI\theta}{l}$$

☆**【问题】** 这样求得的广义力的方向如何确定？

☆**【解答】** 由于卡式第一定理中的应变能是由广义力在广义位移上做功求得，所以二者方向相同时对应的功为正值，所求的广义力也为正值。所以最后所求广义力如果为正值的话，则方向和对应的广义位移方向相同，所以上面例子中求得的力偶是顺时针转向。当然，如果求得的广义力是负值，就是和广义位移方向相反了。

基础测试

10-1-1 （填空题）弹性体能量法的基本思想是：假设构件在变形过程中没有能量损失，外力所做的功全部转化为构件的（　　）。

10-1-2 （填空题）在线弹性情况下，基本的轴向拉压杆、轴和纯弯曲梁的应变能可以采用外力做功计算，也可以通过杆件的（　　）力表示，具体表达式分别为（　　）、（　　）、（　　）。

10-1-3 （判断题）线弹性杆在多个载荷作用下的应变能等于每一个载荷单独作用时应变能之和。（　　）

10-1-4 （判断题）弹性杆的应变能和各载荷的加载顺序无关。（　　）

10-1-5 （判断题）卡式第一定理只适用于线弹性构件。（　　）

10-1-6 （填空题）如果利用卡式第一定理求得的广义力为负值，则其方向和对应的广义位移方向（　　）。

例　题

【例 10-1-1】 如图 10-1-12 所示的圆截面刚架，载荷 F 沿竖向作用，已知杆的抗弯刚度为 EI，抗扭刚度为 GI_p，试求刚架的应变能（略去剪力的影响）。

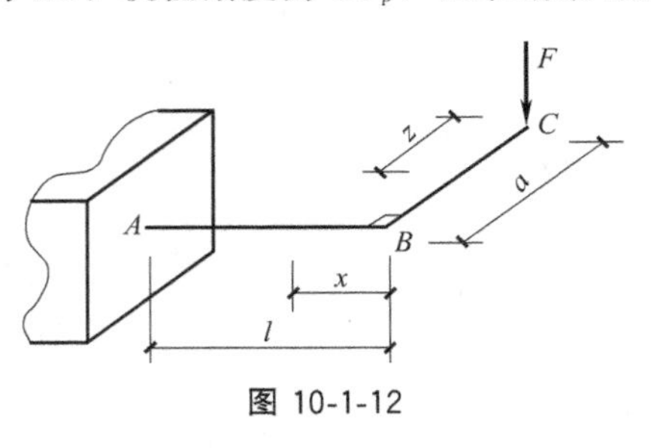

图 10-1-12

【分析】 由式（10-1-5）可知，只要求得各杆的内力分量，就可以通过积分的方法求得应变能。

【解】 如图 10-1-12 在刚架各杆建立坐标系，则各部分的内力分量分别为：

BC 段　$M(z)=-Fz$　　$(0\leqslant z\leqslant a)$

AB 段　$M(x)=-Fx$　　$(0\leqslant x\leqslant l)$

$T(x)=-Fa$　　$(0\leqslant x\leqslant l)$

由式（10-1-5）可得应变能

$$V_\varepsilon=\int_0^a \frac{M^2(z)}{2EI}\mathrm{d}z+\int_0^l\left[\frac{M^2(x)}{2EI}+\frac{T^2(x)}{2GI_p}\right]\mathrm{d}x$$

$$=\int_0^a \frac{(-Fz)^2}{2EI}\mathrm{d}z+\int_0^l\left[\frac{(-Fx)^2}{2EI}+\frac{(-Fa)^2}{2GI_p}\right]\mathrm{d}x$$

$$=\frac{F^2(a^3+l^3)}{6EI}+\frac{F^2a^2l}{2GI_p}$$

【例 10-1-2】 图 10-1-13（a）所示结构中，AB 和 BC 杆的横截面面积均为 A，弹性模量均为 E。两杆处于线弹性范围内。试用卡氏第一定理，求在力 F 作用下 B 点的水平位移 Δ_1 和铅垂位移 Δ_2。

【分析】 ① 卡式第一定理一般是在已知广义位移的情况下，通过应变能的导数求解广义力。不过本题要求的是位移（反问题），所以不能直接求出，但仍然可以通过定理找出力和位移的关系，从而反求出位移。

② 利用卡式第一定理，首先要把应变能表示为广义位移的函数，这是本题的关键和难点。读者先自己思考一下：能否利用两个位移分量表示出杆的变形量，从而表示出应变能？

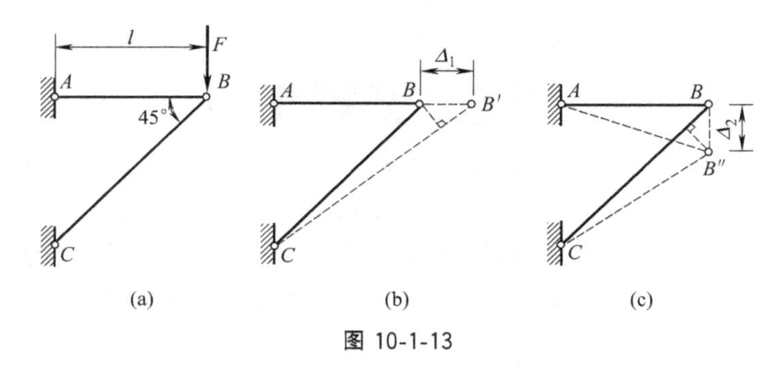

图 10-1-13

【解】 由于同时考虑两个位移分量来表示杆的位移比较困难，这里采用叠加法：即每次只考虑一个位移分量，求出相应的杆的变形量，然后再进行变形的叠加（变形为什么可以叠加？应变能能叠加吗？）

如图 10-1-3（b），假设 B 点只发生了水平位移 Δ_1，则由图中几何关系可得两杆的伸长量为

$$\Delta l_{AB1}=\Delta_1,\Delta l_{BC1}=\Delta_1\cos45°=\frac{\sqrt{2}}{2}\Delta_1$$

如图 10-1-3（c），假设 B 点只发生了铅垂位移 Δ_2，则由图中几何关系可得两杆的伸长量为

$$\Delta l_{AB2}=0,\Delta l_{BC2}=-\Delta_2\sin 45^\circ=-\frac{\sqrt{2}}{2}\Delta_2$$

则两杆的总伸长量分别为

$$\Delta l_{AB}=\Delta l_{AB1}+\Delta l_{AB2}=\Delta_1,\Delta l_{BC}=\Delta l_{BC1}+\Delta l_{BC2}=\frac{\sqrt{2}}{2}(\Delta_1-\Delta_2)$$

结构的应变能为

$$\begin{aligned}V_\varepsilon&=\frac{EA\Delta l_{AB}^2}{2l}+\frac{EA\Delta l_{BC}^2}{2\sqrt{2}l}=\frac{EA}{2l}\Delta_1^2+\frac{EA}{2\sqrt{2}l}\left[\frac{\sqrt{2}}{2}(\Delta_1-\Delta_2)\right]^2\\&=\frac{EA}{2l}\Delta_1^2+\frac{EA}{2\sqrt{2}l}\left(\frac{1}{2}\Delta_1^2-\Delta_1\Delta_2+\frac{1}{2}\Delta_2^2\right)\end{aligned}$$

由卡式第一定理得

$$\frac{\partial V_\varepsilon}{\partial\Delta_1}=\frac{EA}{2l}\left(\frac{4+\sqrt{2}}{2}\Delta_1-\frac{\sqrt{2}}{2}\Delta_2\right)=0$$

$$\frac{\partial V_\varepsilon}{\partial\Delta_2}=\frac{EA\sqrt{2}}{2l\ \ 2}(-\Delta_1+\Delta_2)=F$$

联立可解得

$$\Delta_1=\frac{Fl}{EA}(\rightarrow),\Delta_2=(1+2\sqrt{2})\frac{Fl}{EA}(\downarrow)$$

【例 10-1-3】 原为水平位置的杆系如图 10-1-14（a）所示，试导出载荷 F 和节点位移 Δ 之间的关系，并求杆系的应变能。设两杆的材料均为线弹性，弹性模量均为 E，横截面面积均为 A。

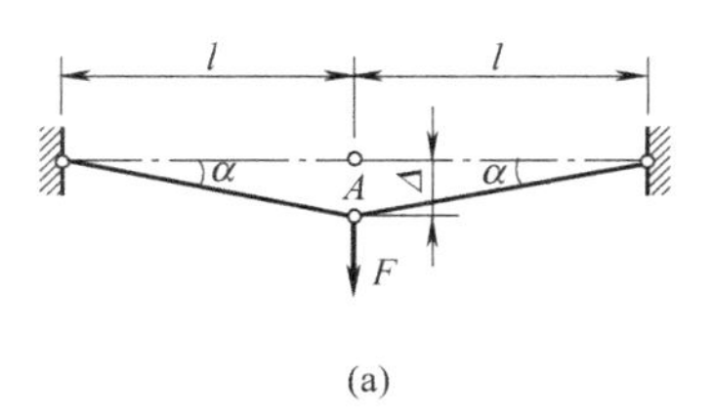

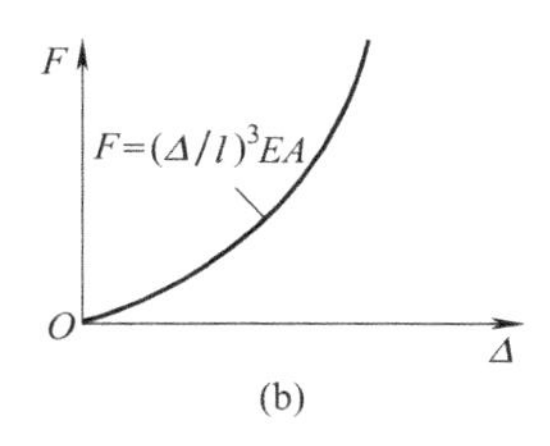

图 10-1-14

【分析】 在以往的例子当中，一般先求出杆的轴力，进而求出两杆的变形，由此确定节点 A 的位移。两杆的应变能也可以由轴力求出。所以题目的关键在于求出两根杆的轴力。在材料力学当中，一般按照原始尺寸原理来确定杆的受力，本题的特殊之处在于，如果按照原始尺寸，即在两杆水平时求轴力，是无法实现的。所以必须在变形后的平衡位置求解轴力，如图 10-1-14（a）所示。

【解】 设结构变形后，在图 10-1-14（a）所示位置平衡。易求出两杆轴力为

$$F_N=\frac{F}{2\sin\alpha}\approx\frac{F}{2(\Delta/l)}=\frac{Fl}{2\Delta}$$

相应的每根杆的伸长量为

$$\Delta l=\frac{F_N l}{EA}=\frac{Fl^2}{2EA\Delta} \tag{10-1-11}$$

由此得节点位移

$$\Delta=\sqrt{(l+\Delta l)^2-l^2}=\sqrt{[l^2+2l(\Delta l)+(\Delta l)^2]-l^2}=\sqrt{2l(\Delta l)+(\Delta l)^2}$$

考虑 Δl 为小量，则 $(\Delta l)^2$ 为高阶小量，可以略去，并将上面的式（10-1-11）代入得到

$$\Delta\approx\sqrt{2l(\Delta l)}=\sqrt{\frac{Fl^3}{EA\Delta}}$$

即
$$F=\left(\frac{\Delta}{l}\right)^3 EA$$

力和位移之间的关系如图 10-1-14（b）所示。可见，这是一种非线性关系。这种非线性显然不是由材料引起的（材料是线弹性的），而是由于考虑了变形导致平衡位置改变所引起的，所以称为**几何非线性问题。**相应地，考虑材料性质非线性的问题称为**物理非线性问题。**

根据图 10-1-14（b），可由积分计算外力所做的功，也就是杆系的应变能

$$V_\varepsilon=W=\int_0^\Delta F\,\mathrm{d}\Delta=\int_0^\Delta\left(\frac{\Delta}{l}\right)^3 EA\,\mathrm{d}\Delta=\frac{1}{4}\frac{\Delta^4}{l^3}EA=\frac{1}{4}F\Delta$$

小结

通过本节学习，应达到以下目标：

（1）掌握能量法的基本思想，即功能关系；

（2）能熟练进行简单组合变形杆件应变能的计算；

（3）掌握非线性弹性杆件外力功和应变能的计算；

（4）了解卡式第一定理的简单应用；

（5）了解几何非线性和物理非线性的概念。

习　题

10-1-1　试求图 10-1-15 各杆的应变能。各杆均由同一种材料制成，弹性模量为 E。

10-1-2　试求图 10-1-16 所示受扭圆轴内的应变能（设 $d_2=1.5d_1$，G 为常量且相同）。

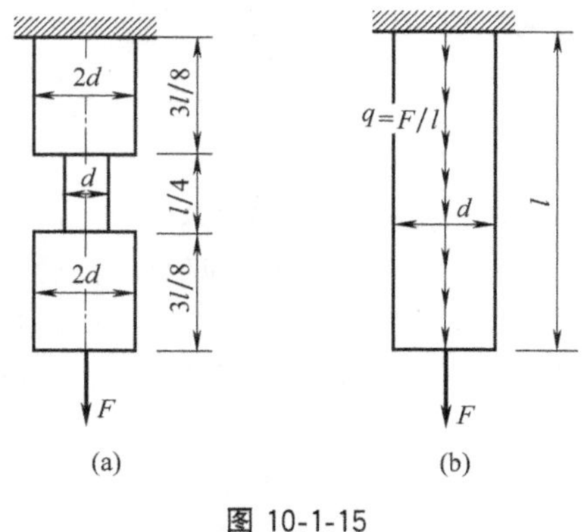

图 10-1-15

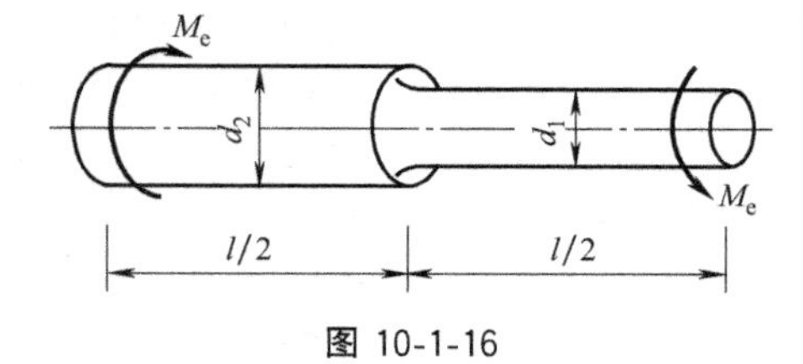

图 10-1-16

10-1-3　试计算图 10-1-17 所示梁或结构内的应变能。EI 为已知（略去剪切的影响，对于只受拉压杆件，考虑拉压时的应变能）。

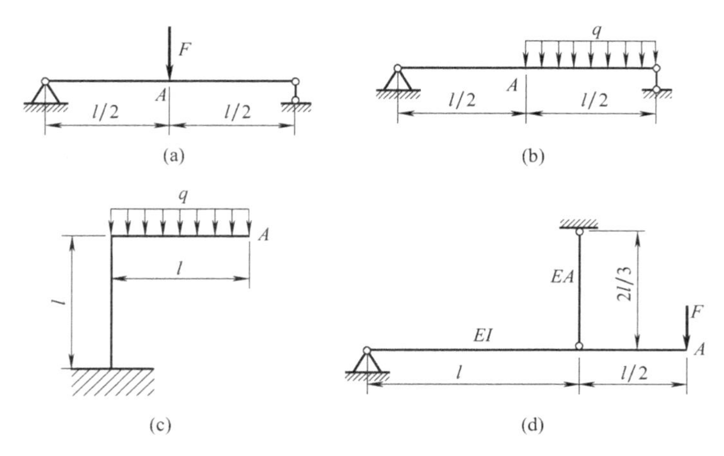

图 10-1-17

10-1-4　图 10-1-18 所示梁，抗弯刚度 EI 为常量。试直接用功能原理求 A 截面与所加载荷相应方向的位移。

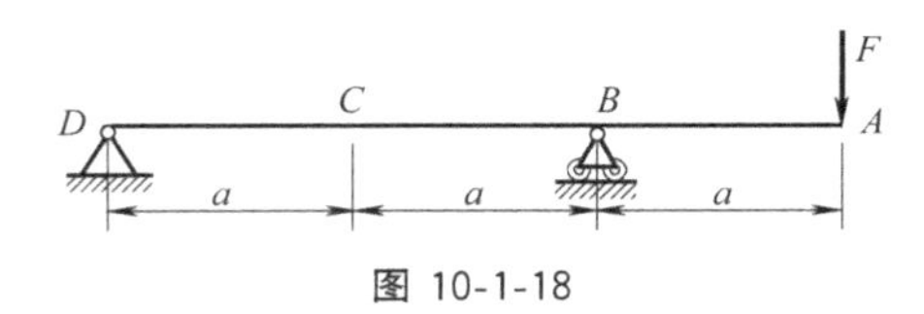

图 10-1-18

10.2　余能和卡式第二定理

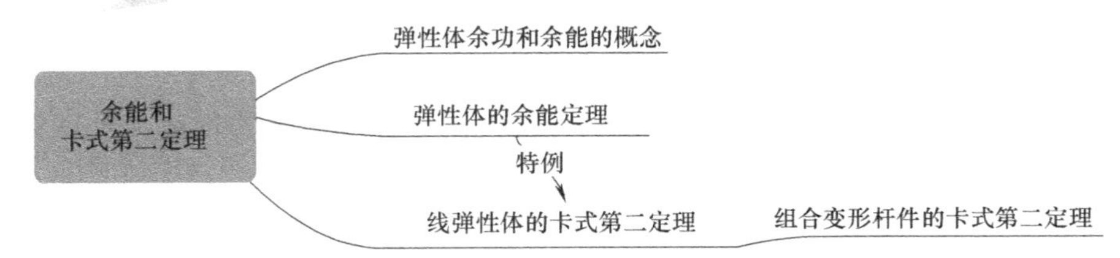

10.2.1　弹性体余功和余能的概念

(1) 问题的背景

在上一节中，对如图 10-2-1 (a) 所示的非线性弹性材料杆，参照图 10-2-1 (b) 的变形曲线，得到了总伸长量（广义位移）为 Δ_1 时外力（广义力）所做的功和杆件的应变能

$$W=V_{\varepsilon}=\int_0^{\Delta_1}F\mathrm{d}\Delta$$

而后通过对应变能求导得到了外力（广义力）

$$\frac{dV_{\varepsilon}}{d\Delta_1}=\frac{d}{d\Delta_1}\left(\int_0^{\Delta_1}F\,d\Delta\right)=F(\Delta_1)=F_1$$

★【问题】 参照上面的思路，能不能给出一种求变形（广义位移）的方法？

★【分析】 可能有读者会想到，上面利用广义力在广义位移上做的功（应变能）求导，得到了广义位移。那么是不是可以定义一种广义位移在广义力上做的“功”，这样求导不就可以得到广义位移了吗？确实，这种功在力学上是存在的，称为余功。

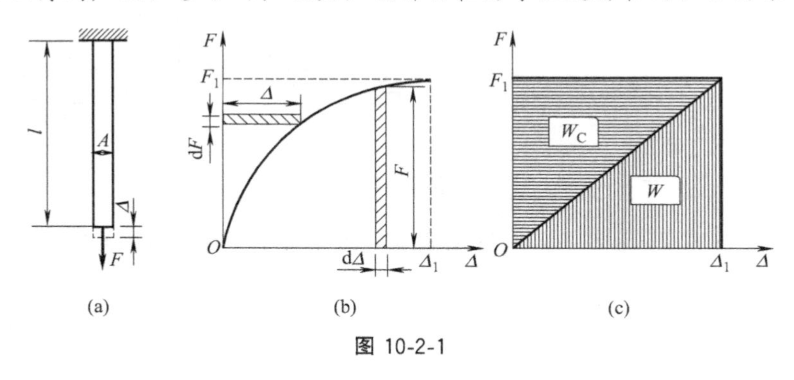

图 10-2-1

（2）余功和余能

参照图 10-2-1（b），定义**余功**（Complementary Work）为

$$W_C=\int_0^{F_1}\Delta\,dF \tag{10-2-1}$$

即假设广义力从零到任意最终值 F_1 时，广义位移所做的功。

同样我们也假设在广义位移做功过程中，在弹性体中储存了等量的能量，称为**余能**（Complementary Energy），即

$$V_C=W_C=\int_0^{F_1}\Delta\,dF \tag{10-2-2}$$

★【说明】 余功和余能只是具有功和能的量纲，却没有实际的物理意义，也就是实际并不存在这些功和能量。

★【重要性质】 如图 10-2-1（c）可以看出，**如果构件属于线弹性体，可以明显看出余功和外力功是相等的，相应的余能和应变能也是相等的。**

10.2.2 弹性体的余能定理

有了余功和余能的概念，我们参照图 10-1-10 来导出余能定理：图示系统的余能为可由加载过程中的余功求得

$$V_C=W_C=\sum_{i=1}^{n}\int_0^{F_i}\Delta_i\,dF_i=V_C(F_1,\cdots,F_i,\cdots,F_n)$$

余能对其中任意广义力求偏导

$$\frac{\partial V_C}{\partial F_i}=\frac{\partial}{\partial F_i}\left(\sum_{i=1}^{n}\int_0^{F_i}\Delta_i\,dF_i\right)=\frac{\partial}{\partial F_i}\left(\int_0^{F_i}\Delta_i\,dF_i\right)=\Delta_i$$

即
$$\Delta_i=\frac{\partial V_C}{\partial F_i}(i=1,2,\cdots,n) \tag{10-2-3}$$

上式称为**余能定理**，可以用来求解与某一广义力所对应的广义位移。

10.2.3 线弹性体的卡式第二定理

对于线弹性体，余能和应变能的值相等，因此余能定理可以改写为
$$\Delta_i=\frac{\partial V_\varepsilon}{\partial F_i}(i=1,2,\cdots,n) \tag{10-2-4}$$

上式称为**卡氏第二定理**，它是余能定理的特殊情况，**仅适用于线弹性体**。但由于在材料力学中主要研究线弹性杆件，所以它反而是能量法中应用最广泛的一个定理。

下面给出线弹性杆件在组合变形时，卡式第二定理的具体表达式。参照式（10-1-5），组合变形时的应变能表达式为（忽略剪力）
$$V_\varepsilon=\int_l \frac{F_N^2(x)}{2EA}\mathrm{d}x+\int_l \frac{T^2(x)}{2GI_p}\mathrm{d}x+\int_l \frac{M^2(x)}{2EI}\mathrm{d}x$$

代入卡式第二定理可得
$$\Delta_i=\frac{\partial}{\partial F_i}\left[\int_0^l \frac{M^2(x)}{2EI}\mathrm{d}x+\int_0^l \frac{T^2(x)}{2GI_p}\mathrm{d}x+\int_0^l \frac{F_N^2(x)}{2EA}\mathrm{d}x\right]$$

由于积分和求导可以交换顺序，上式可变为
$$\Delta_i=\int_0^l \frac{M(x)}{EI}\frac{\partial M(x)}{\partial F_i}\mathrm{d}x+\int_0^l \frac{T(x)}{GI_p}\frac{\partial T(x)}{\partial F_i}\mathrm{d}x+\int_0^l \frac{F_N(x)}{EA}\frac{\partial F_N(x)}{\partial F_i}\mathrm{d}x \tag{10-2-5}$$

式（10-2-5）是卡式第二定理求解杆件变形时的表达式，由于先将内力对广义力求导，往往会简化积分运算。

基础测试

10-2-1 （填空题）请选择下列定理或原理的适用范围：功能关系（外力做功等于应变能）（　　），卡式第一定理（　　），余能定理（　　），卡式第二定理（　　）。

A. 仅适用于线弹性材料；　　　　B. 可以适用于非线性弹性材料。

10-2-2 （填空题）对于线弹性体，其余能和应变能的大小（　　）。

例　题

【例 10-2-1】 悬臂梁 AB 作用载荷如图 10-2-2（a）所示。已知梁的抗弯刚度为 EI，试用卡氏第二定理求 A 截面的挠度和转角。

【分析】 ①本例求 A 截面的挠度思路比较明确，只要先求出杆的应变能，然后对和 A

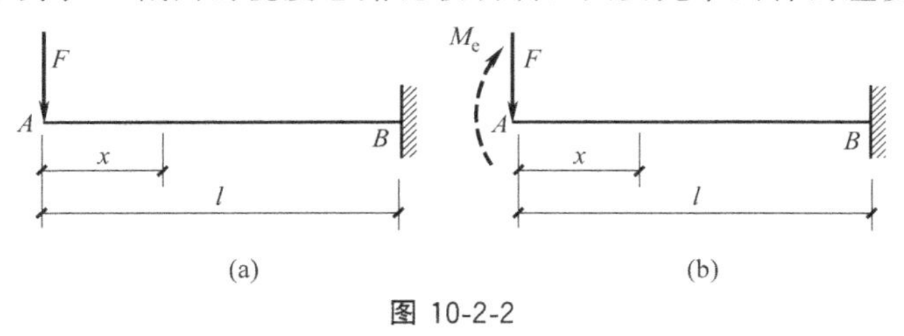

图 10-2-2

截面挠度相对应的广义力 F 求导即可；②求 A 截面转角，思路就不那么直接了，因为没有和它相对应的广义力，也就没有办法用卡式第二定理求解。这里给出一个解决方法，可以在 A 截面虚拟出一个弯曲力偶，它是和要求的转角相对应的广义力。当然这样求出的转角带有虚拟的弯曲力偶。然后怎么办？请读者先思考一下。

【解】 (1) 求 A 截面挠度 w_A

如图 10-2-2 (a) 建立 x 轴，则弯矩方程为

$$M(x)=-Fx$$

根据卡式第二定理

$$w_A=\frac{\partial V_\varepsilon}{\partial F}=\int_0^l \frac{M(x)}{EI}\frac{\partial M(x)}{\partial F}\mathrm{d}x=\int_0^L \frac{Fx^2}{EI}\mathrm{d}x=\frac{FL^3}{3EI}$$

★**【问题】** 读者是否还记得这里挠度取正值所表示的方向？

★**【解析】** 注意这里挠度的正负和第 6 章规定的正负是不同的：在卡式定理中（含第一和第二定理），求得正值代表广义力和广义位移方向是一致的。所以 w_A 方向向下。

(2) 求 A 截面转角 θ_A

为求出 θ_A，在 A 截面加虚拟的顺时针力偶 M_e，在利用卡式定理求出转角后，只要令 $M_e=0$，即可得到所求的结果。

如图 10-2-2 (b) 建立 x 轴，则弯矩方程为

$$M(x)=-Fx+M_e$$

根据卡式第二定理

$$\theta_A=\left[\int_0^l \frac{M(x)}{EI}\frac{\partial M(x)}{\partial M_e}\mathrm{d}x\right]_{M_e=0}=\frac{1}{EI}\int_0^l(-Fx+M_e)_{M_e=0}\mathrm{d}x=\int_0^l-\frac{Fx}{EI}\mathrm{d}x=-\frac{FL^2}{2EI}$$

★**【问题】** 上面这一步有两个问题请读者思考：①开始在积分号外面，后面又放在了里面，请问是为什么？②结果的负号表示截面转角的方向是顺时针还是逆时针？

★**【解析】** ①本来令 $M_e=0$ 应该放在最后，但求导得到的含 M_e 的项积分的时候不会消失，最终仍然会等于零，所以在积分之前就令 $M_e=0$ 不会影响结果。读者可以将此作为一个技巧记下来，方便以后的应用。②这里负号表示转角和所虚加的力偶方向相反，也就是转角沿逆时针转向。

【例 10-2-2】 图 10-2-3 (a) 所示梁的材料为线弹性体，弯曲刚度为 EI。试用卡氏第二定理求中间铰 B 两侧截面的相对转角 $\Delta\theta_B$（不计剪力对位移的影响）。

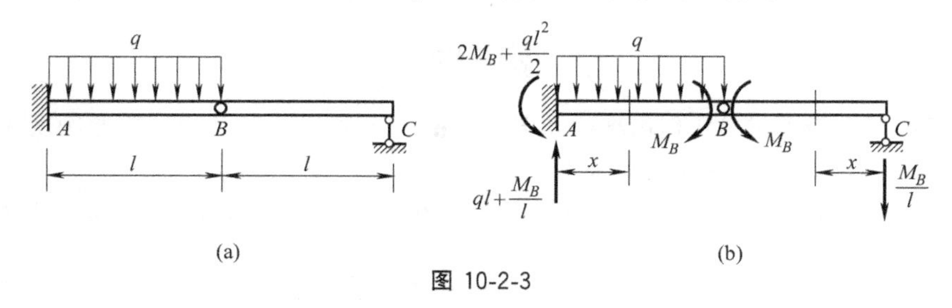

图 10-2-3

【分析】 读者先思考，和相对转角相对应的广义力是什么？注意和相对广义位移相对的广义力，是一组大小相等方向相反的广义力。因此，和 B 两侧截面的相对转角相对应的是加在 B 两侧截面的一对大小相等、转向相反的力偶（或简单描述为一对平衡力偶），如图 10-2-3 (b) 所示。

【解】 在 B 两侧截面加一对虚拟的平衡力偶 M_B，可求得支反力如图 10-2-3（b）所示。各段弯矩方程为：

AB 段：

$$M_1(x)=-\frac{q}{2}x^2+\left(ql+\frac{M_B}{l}\right)x-\left(2M_B+\frac{q}{2}l^2\right)=\left(\frac{x}{l}-2\right)M_B+qlx-\frac{1}{2}ql^2-\frac{1}{2}qx^2$$

导数为：$\dfrac{\partial M_1(x)}{\partial M_B}=\dfrac{x}{l}-2$

BC 段：$M_2(x)=-\dfrac{M_B}{l}x$

导数为：$\dfrac{\partial M_2(x)}{\partial M_B}=-\dfrac{x}{l}$

代入卡式定理的表达式，注意积分之前就可以令 $M_B=0$，可得

$$\theta_B=\int_0^l\left[\frac{M_1(x)}{EI}\frac{\partial M_1(x)}{\partial M_B}+\frac{M_2(x)}{EI}\frac{\partial M_2(x)}{\partial M_B}\right]_{M_B=0}\mathrm{d}x$$

$$=\frac{1}{EI}\int_0^l\left(qlx-\frac{1}{2}ql^2-\frac{1}{2}qx^2\right)\left(\frac{x}{l}-2\right)\mathrm{d}x=\frac{7ql^2}{24EI}$$

【问题】 这里的正值表示相对转向怎样？

【解析】 和前面一样，正值表示相对转角和虚拟的两个力偶转向相同，即：左侧截面相对于右侧截面是顺时针转动，而右侧截面相对于左侧截面是逆时针转动。

【例 10-2-3】 求图 10-2-4 所示边长为 a 的正三角形桁架在竖向力 P 作用下 A 点的竖向位移。设各杆的拉伸刚度 EA 为常量。

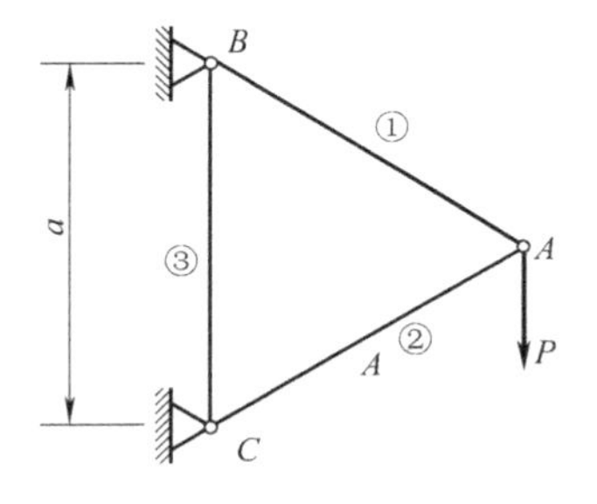

图 10-2-4

【分析】 对于桁架来讲，每根杆的内力都是常量，卡式第二定理公式

$$\Delta_i=\int_0^l\frac{F_N(x)}{EA}\frac{\partial F_N(x)}{\partial F_i}\mathrm{d}x$$

相应可以转化为

$$\Delta_P=\sum_{i=1}^n\frac{F_{Ni}l_i}{EA}\frac{\partial F_{Ni}}{\partial P}$$

【解】 利用上述桁架位移的计算公式，将每根杆的计算结果列于下表。

杆号	F_{Ni}	l_i	$\dfrac{\partial F_{Ni}}{\partial P_i}$	$F_{Ni}l_i\dfrac{\partial F_{Ni}}{\partial P_i}$
1	P	a	1	Pa
2	$-P$	a	-1	Pa
3	$P/2$	a	$1/2$	$Pa/4$
Σ				$9Pa/4$

由表可得 A 点竖向位移

$$\Delta_P=\sum_{i=1}^n\frac{F_{Ni}l_i}{EA}\frac{\partial F_{Ni}}{\partial P}=\frac{9Pa}{4EA}\text{（方向向下）}$$

【例 10-2-4】 如图 10-2-5（a）的刚架，各杆的弯曲刚度均为 EI，不计剪力和轴力对位移的影响。试用卡氏第二定理求 A 截面的铅垂位移 Δ_{Ay}。

【分析】 本题的特殊之处在于有两个同样的外力 F，我们只想求和作用于 A 点的外力

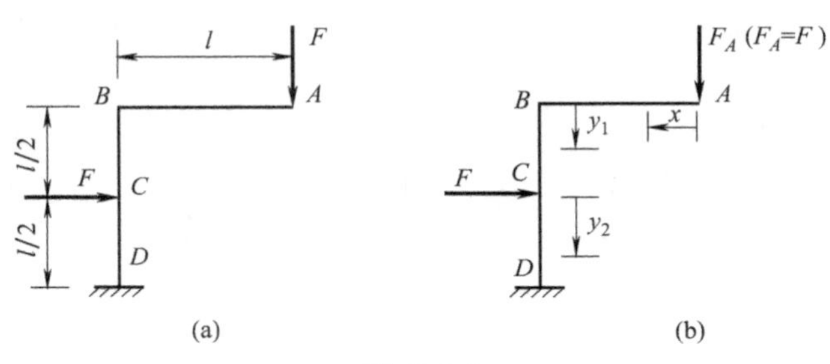

图 10-2-5

相对应的位移。这样如果用卡式第二定理直接求解，得到的不是我们想要的结果（可以证明，这样得到的是 A 截面的铅垂位移和 C 截面水平位移之和，读者不妨一试）。为此可以如图 10-2-5（b），先将 A 截面的作用力命名为 F_A。求出结果后，令 $F_A=F$ 即可。

【解】 如图 10-2-5（b），先将 A 截面的作用力命名为 F_A。则各段弯矩及其导数分别为：

AB 段：$M(x)=-F_Ax$，$\dfrac{\partial M(x)}{\partial F_A}=-x$

BC 段：$M(y_1)=-F_Al$，$\dfrac{\partial M(y_1)}{\partial F_A}=-l$

CD 段：$M(y_2)=-F_Al-Fy_2$，$\dfrac{\partial M(y_2)}{\partial F_A}=-l$

令其中的 $F_A=F$，由卡式第二定理得

$$\Delta_{Ay}=\frac{1}{EI}\left[\int_0^l Fx^2\,\mathrm{d}x+\int_0^{l/2}Fl^2\,\mathrm{d}y_1+\int_0^{l/2}(Fl^2+Fly_2)\,\mathrm{d}y_2\right]=\frac{35Fl^3}{24EI}\quad(\downarrow)$$

小结

通过本节学习，应达到以下目标：

（1）掌握卡氏第一定理、余能定理、卡氏第二定理的适用范围；

（2）掌握余功和余能的概念，了解余能定理的应用；

（3）掌握卡氏第二定理求解位移的方法。

习　题

10-2-1　试用卡氏第二定理求图 10-2-6 所示悬臂梁 A 截面的挠度及 B 截面的转角，已知 EI 为常数。

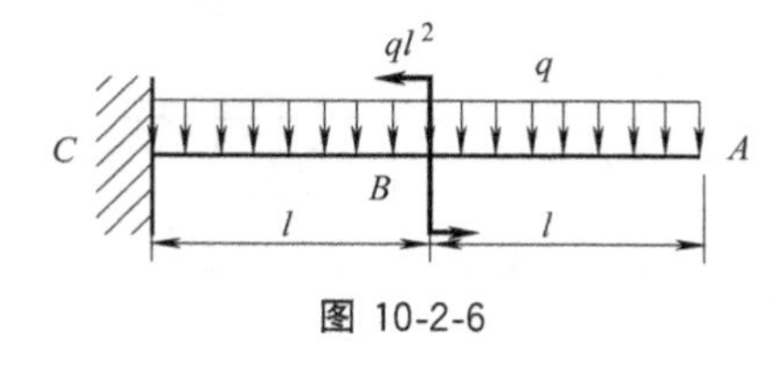

图 10-2-6

10-2-2　图 10-2-7 所示刚架，各段的抗弯刚度均为 EI，不计轴力和剪力的影响，用卡氏第二定理求截面 D 的水平位移和转角。

10-2-3　图 10-2-8 所示刚架，各段的抗弯刚度均为 EI，不计轴力和剪力的影响，用卡氏第二定理求截面 B 的转角。

10-2-4　如图 10-2-9 所示，桁架每根杆的横截面面积均为 A，其弹性模量均为 E，试用卡式第二定理求力 F 作用点 A 的水平位移。

10-2-5　图 10-2-10 所示刚架各部分的 EI 相等，试用卡式第二定理求在图示一对力 F 作用下，A、B 两截面之间的相对位移和相对转角。

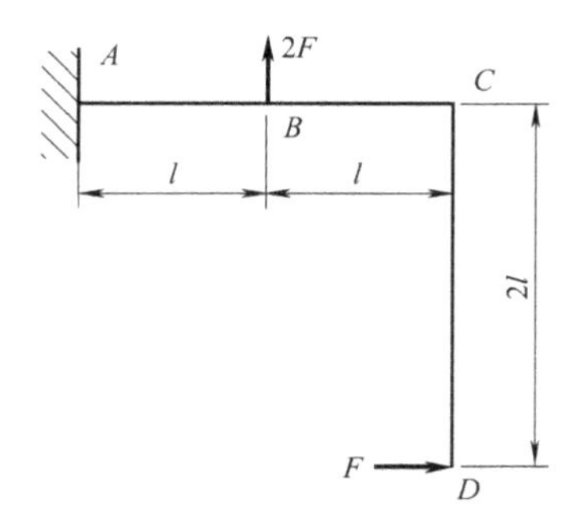

图 10-2-7

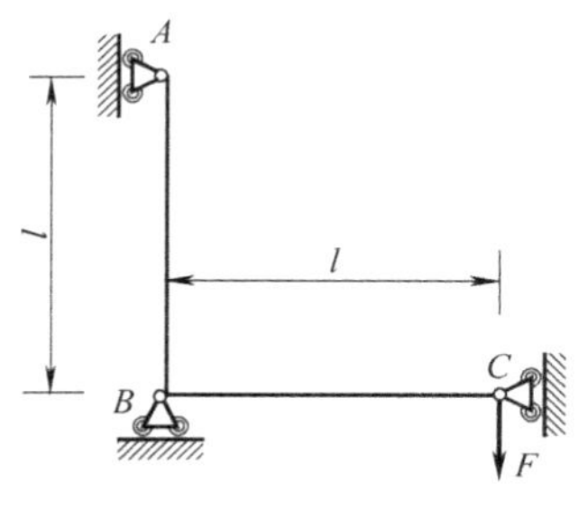

图 10-2-8

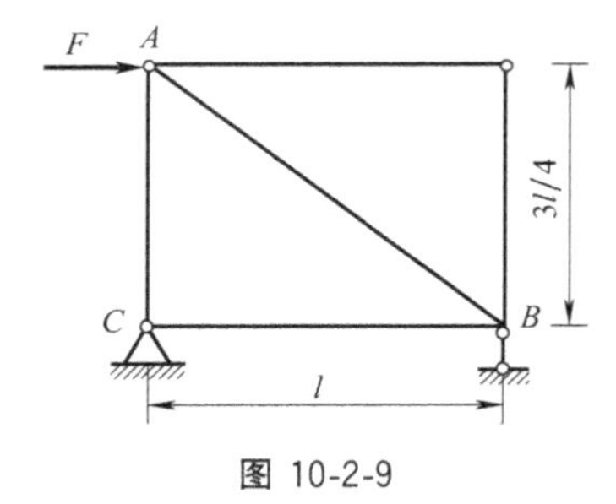

图 10-2-9

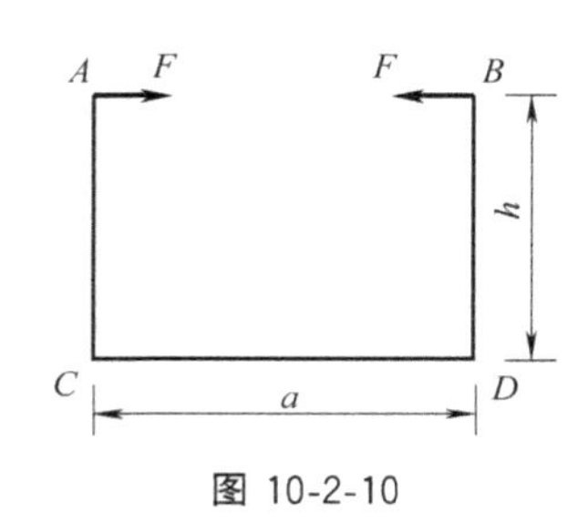

图 10-2-10

动载荷和交变应力

在前面的章节中，我们研究的都是**静载荷**问题，也就是载荷由零缓慢地增加到最终值并保持不变。此时构件处于静止或匀速直线运动状态。这一章，我们学习一些简单的**动载荷**问题。

所谓**动载荷**或称动荷载，是指载荷随时间急剧变化的情况，此时构件一般处于加速运动状态。具体来讲，本章研究以下三种动载荷：①构件的惯性载荷；②构件的冲击载荷；③构件的交变载荷。

11.1 构件的惯性载荷

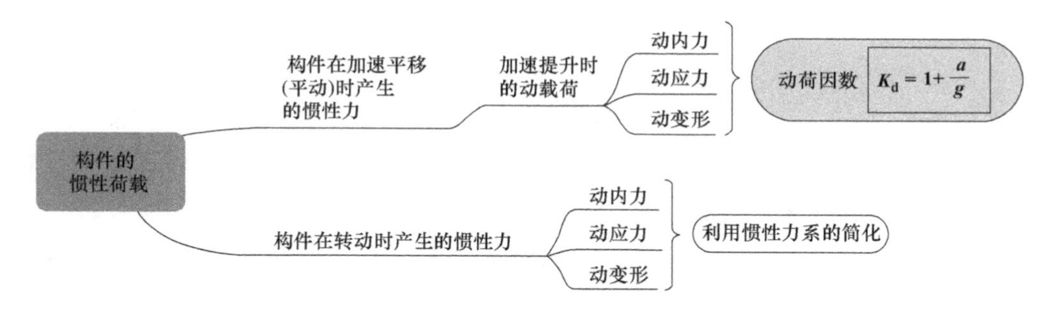

11.1.1 构件在加速平移时的动载荷

首先，我们来研究一下均质构件在加速平移时的动载荷。平移，或称平行移动，是构件运动的一种简单形式，其特点是加速运动时各点的加速度都是相同的。根据达朗贝尔原理（动静法），由于存在加速度，组成构件的各质点上都作用有**惯性力，其大小等于质量乘以加速度，方向与加速度方向相反**。这样，对于均质构件，各点产生的惯性力也是相同的，从而形成均布的惯性力系。本节将以上惯性力系也视为一种载荷，这种惯性载荷，由于和运动加速度有关，显然就是动载荷。

★【注意】 在有些工程问题中，习惯上将动载荷视为惯性载荷和静载荷之和，例如下面要讲到的加速提升问题。

在构件加速平移的问题当中，加速提升问题在工程中最为常见，下面举几个例子。

<<<< 例 题 >>>>

【例 11-1-1】 一钢索起吊重物 M［如图 11-1-1（a）］，以等加速度 a 提升。重物 M 的重量为 P，钢索的横截面面积为 A，不计钢索的重量。试求钢索横截面上的动应力 σ_d。

【分析】 重物加速提升，会产生惯性力，从而在钢索上产生动应力。可见本题关键是求出物体的惯性力。另外，由于重力也会在钢索上产生应力，计算动应力时习惯上同时考虑惯性力和重力。

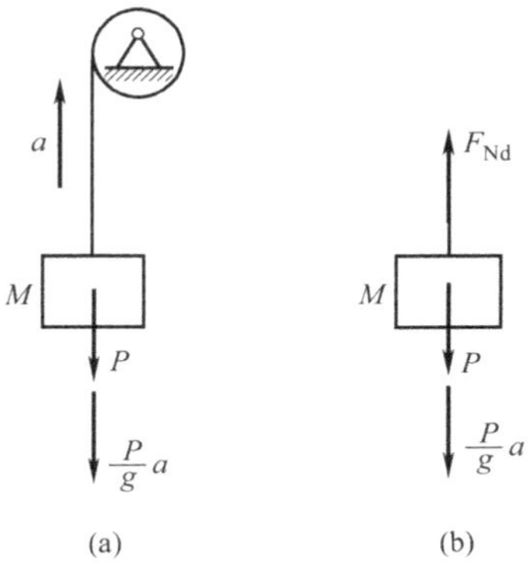

【解】 重物的受力如图 11-1-1（b），其中的 $\frac{P}{g}a$ 是惯性力，而 F_{Nd} 是考虑惯性力后绳的动拉力。需要说明的是，其中角标 d 是英文 dynamic 的简写，表示动力的意思，所以后面和动载荷相关的量，一般要加上这个角标。

图 11-1-1

根据达朗贝尔原理，加惯性力后力系平衡，可得

$$F_{Nd}=P+\frac{P}{g}a=P\left(1+\frac{a}{g}\right)$$

如果重物没有加速度，则为静力问题，轴力为

$$F_{Nst}=P$$

其中的角标 st 代表 static（静态）。

令
$$K_d=\frac{F_{Nd}}{F_{Nst}}=1+\frac{a}{g} \tag{11-1-1}$$

式中，K_d 称为加速提升问题的**动荷因数**（Factor of Dynamic Load），它可以用来表示动载荷的效应。注意后面的值 $\left(1+\frac{a}{g}\right)$ **适用于只考虑重力载荷的加速提升问题**。一般来说，不同类型的动力学问题，动荷因数的值是不同的。

则动轴力为

$$F_{Nd}=K_dP$$

钢索横截面上的动应力为

$$\sigma_d=\frac{F_{Nd}}{A}=K_d\frac{P}{A}$$

★【注意】 可见，动荷因数是一种放大因数，或者说将静载荷放大的倍数。因为线弹性小变形构件的约束力、内力、应力、变形、位移等都与载荷是线性关系，所以也可以用这些量**静载荷作用时的值乘以动荷因数来计算动载荷作用时的值。**

【例 11-1-2】 如图 11-1-2（a）所示，16 号工字钢梁，以等加速度 $a=10\text{m/s}^2$ 上升，吊索横截面面积 $A=108\text{mm}^2$，不计钢索质量。求：①吊索的动应力 σ_d；②梁的最大动应力 σ_{dmax}。

【分析】 本题的载荷只有重力，而且是匀加速提升问题，因此可以直接借用式（11-1-1）中的动荷因数。这样，我们只要求解在重力作用下的静力问题，然后乘以动荷因数即得想要的结果。

【解】 （1）求索的动应力 σ_d

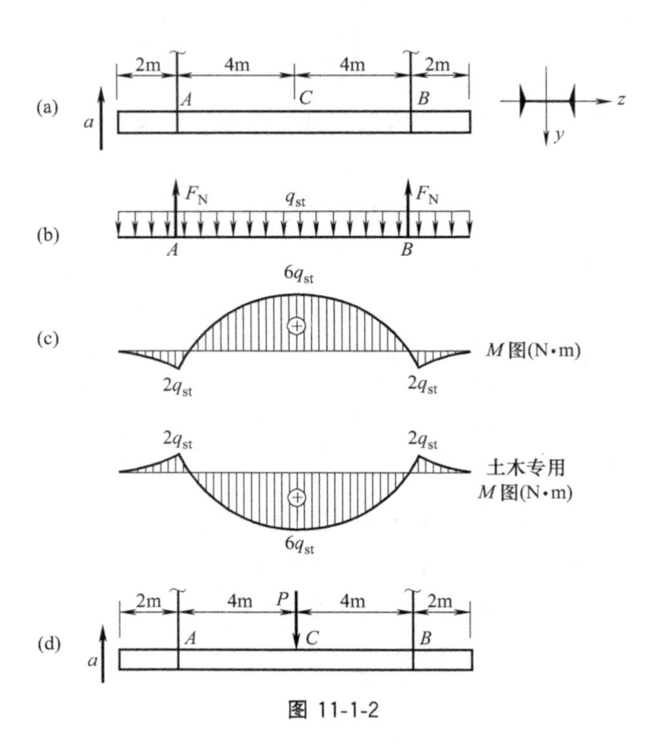

图 11-1-2

查表得 16 号工字钢单位长度的质量为 20.5kg，则单位长度重量为

$$q_{st}=20.5\times9.81=201.1\text{N/m}$$

则梁的受力模型可简化为图 11-1-2（b）的形式。

由此得吊索的静轴力为：$F_N=\frac{1}{2}q_{st}l=\frac{1}{2}\times201.1\times12=1206.6\text{N}$

吊索的静应力：$\sigma_{st}=\frac{F_N}{A}=\frac{1206.6}{108}=11.2\text{MPa}$

动荷因数为：$K_d=1+\frac{a}{g}=1+\frac{10}{9.81}=2.02$

吊索的动应力为：$\sigma_d=K_d\sigma_{st}=2.02\times11.2=22.6\text{MPa}$

（2）求梁的最大动应力 σ_{dmax}

由图 11-1-2（b）的静力模型可得图 11-1-2（c）的弯矩图，可见最大静弯矩为

$$M_{max}=6q_{st}=6\times201.1=1206.6\text{N}\cdot\text{m}$$

查表得 16 号工字钢的弯曲截面系数为 $W_z=21.2\times10^3\ \text{mm}^3$

梁的最大静应力为：$\sigma_{stmax}=\frac{M_{max}}{W_z}=\frac{1206.6\times10^3}{21.2\times10^3}=56.9\text{MPa}$

梁的最大动应力为：$\sigma_{dmax}=K_d\sigma_{stmax}=2.02\times56.9=114.9\text{MPa}$

★**【思考】** 如图 11-1-2（d）所示，如果在梁上作用一恒定的力 P，则加速提升时动荷因数是否仍可以用式（11-1-1）来计算？

★**【解析】** 例 11-1-1 给出的是只有重力载荷时加速提升问题的动荷因数，应用时一定要注意这个前提条件。对于图 11-1-2（d）中的情况，动荷因数不能用来对恒力进行放大。这样情况可以采用叠加法求解：由于 P 为恒力，可以作为静载问题求解，然后再叠加上提升问题的动力学解答即可。

11.1.2 构件在转动时产生的动载荷

构件转动时，各质点都有自己的加速度，所以也会产生惯性力，从而形成动载荷。在转动时，各点的加速度是不同的，因此惯性力系相对复杂，动荷因数法也无法使用。不过，对于转动惯性力系，有时可以采用力系简化的方法进行简化，以方便动载荷的求解。方法的理论基础可见理论力学相关部分。

【例 11-1-3】 如图 11-1-3（a），均质等截面杆 AB，横截面面积为 A，单位体积的质量为 ρ，弹性模量为 E。以等角速度 ω 绕 y 轴旋转。求 AB 杆的**最大动应力**及杆的**动伸长**（不计 AB 杆由自重产生的应力变形）。

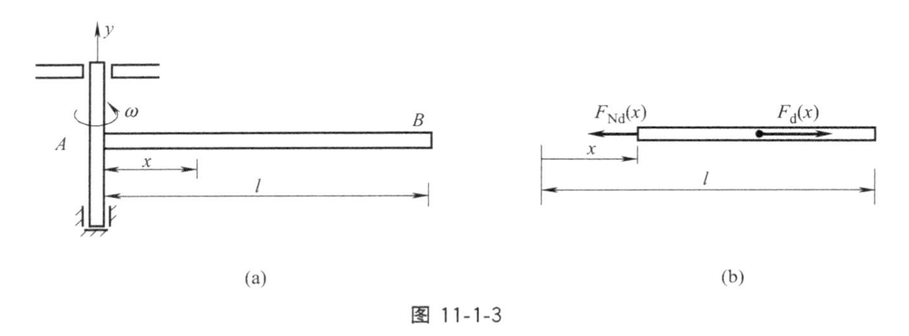

图 11-1-3

【分析】 本题不计重力的应力变形，所以动应力和动变形均由惯性力产生。AB 杆做匀速转动，所以不存在惯性力偶，惯性力等于质量乘以质心加速度，作用于质心上。据此我们来求解本题。

【解】（1）求杆的最大动应力

如图 11-1-3（b），任取 x 位置截取截离体，受力如图。其中 $F_d(x)$ 是截取部分惯性力的合力，大小为

$$F_d(x)=[\rho A(l-x)]\left[\omega^2\left(x+\frac{l-x}{2}\right)\right]=\frac{A\rho\omega^2}{2}(l^2-x^2)$$

相应的动轴力

$$F_{Nd}(x)=\frac{A\rho\omega^2}{2}(l^2-x^2)$$

显然最大动轴力为

$$F_{Ndmax}=\frac{A\rho\omega^2 l^2}{2}$$

相应的最大动应力为

$$\sigma_{dmax}=\frac{F_{Ndmax}}{A}=\frac{\rho\omega^2 l^2}{2}$$

（2）求杆的动伸长量（在惯性力作用下的伸长量）

由于动轴力为变量，需要用积分来计算伸长量

$$\Delta l_d=\int_0^l\frac{F_{Nd}(x)\,\mathrm{d}x}{EA}=\frac{A\rho\omega^2}{2EA}\int_0^l(l^2-x^2)\,\mathrm{d}x=\frac{\rho\omega^2 l^3}{3E}$$

★【问题】 一般材料力学当中的力系是不能随意简化的，否则可能导致错误的结果。那么本例中，求动轴力的时候，为什么采用了惯性力系的简化结果？

★【解析】 力系简化理论只能用于刚体，用于变形体则有可能导致错误的结果。但本例中，求解轴力是利用了力系的平衡方程，将截离体视为刚体也不会影响结果。不过，后面求杆的变形，则不能采用惯性力系的简化结果。

【例 11-1-4】 如图 11-1-4 所示，直径 $d=100\text{mm}$ 的圆轴，右端有重量 $P=0.6\text{kN}$，直径 $D=400\text{mm}$ 的飞轮，以均匀转速 $n=1000\text{r/min}$ 旋转［图 11-1-4（a）］。在轴的左端施加制动力偶 M_d［图 11-1-4（b）］，使其在 $t=0.01\text{s}$ 内停车。不计轴的质量。求轴内的最大切应力 τ_{dmax}。

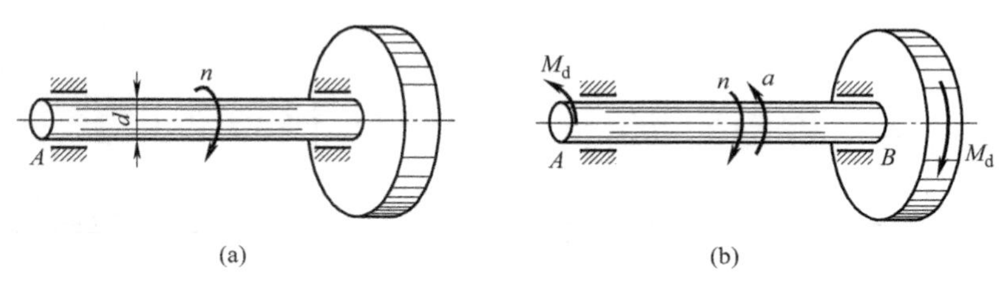

图 11-1-4

【分析】 飞轮在制动过程中，做减速转动，存在着惯性力系。惯性力系简化时，由于质心位于转轴上，没有加速度，不存在惯性力；但是由于有角加速度，所以存在惯性力偶，转向与角加速度的转向相反，如图 11-1-4（b）。

【解】 飞轮的角速度为

$$\omega=\frac{2\pi n}{60}=\frac{n\pi}{30}$$

在制动过程中，飞轮的角加速度为

$$\alpha=\frac{0-\omega}{t}=-\frac{n\pi}{30t}=-\frac{1000\pi}{30\times0.01}=-10472.0\text{rad/s}^2$$

负号表示方向与角速度或转速方向相反。

飞轮的转动惯量为

$$I_0=\frac{1}{2}\frac{P}{g}\left(\frac{D}{2}\right)^2=\frac{(0.6\times10^3\text{N})\times(0.4\text{m})^2}{8\times(9.81\text{m/s}^2)}=1.223\text{kg}\cdot\text{m}^2$$

相应惯性力偶为

$$M_d=-I_0\alpha=1.223\times10472.0\text{N}\cdot\text{m}=12807.3\ \text{N}\cdot\text{m}$$

转向与角加速度相反，与转速方向相同。这样惯性力偶和制动力偶平衡，使轴发生扭转变形，最大切应力为

$$\tau_{dmax}=\frac{M_d}{W_p}=\frac{12807.3\text{N}\cdot\text{m}}{\pi\times(0.1\text{m})^3/16}=65.2\times10^6\ \text{Pa}=65.2\text{MPa}$$

小结

通过本节学习，应达到以下目标：

（1）掌握动静法的思想及各种运动形式下对应的惯性力和惯性力偶；

（2）掌握动荷因数的概念及加速提升时的动荷因数的计算。

习　题

11-1-1　用钢索起吊重物 P，以等加速 a 上升，如图 11-1-5 所示，钢索的 E、A、l 均已知。试求钢索横截面上的动轴力、动应力、动变形（不计钢索的质量）。

11-1-2　用两根吊索将一根长度 $L=12\text{m}$ 的 14 号工字钢吊起，以等加速度 a 上升，如图 11-1-6 所示。已知吊索的横截面积 $A=72\text{mm}^2$，加速度 $a=10\text{m/s}^2$。若吊索自重不计，试求工字钢内的最大的动应力和吊索内的动应力。

11-1-3　如图 11-1-7 所示，在直径为 $d=100\text{mm}$ 的轴上装有转动惯量 $I=0.5\text{kN}\cdot\text{m}\cdot\text{s}^2$ 的飞轮，轴的转速为 $n=300\text{r/min}$。制动器开始作用后，在 $\Delta t=20\text{s}$ 转内将飞轮刹停。试求轴内最大切应力（设在制动器作用前，轴已与驱动装置脱开，且轴承内的摩擦力可以不计）。

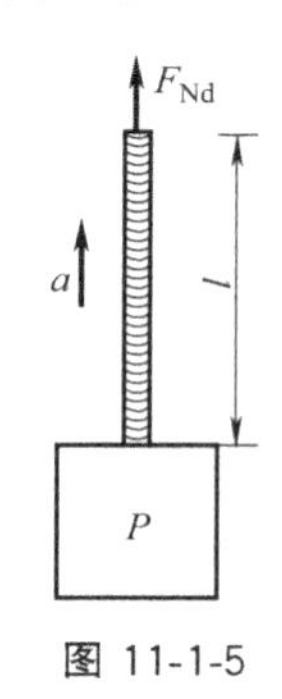

图 11-1-5

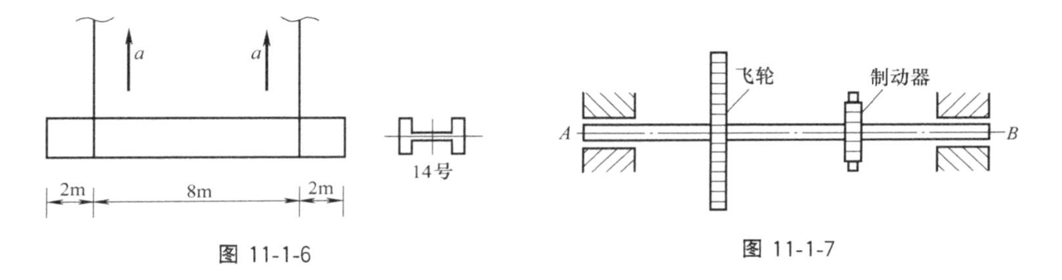

图 11-1-6　　图 11-1-7

11.2 构件的冲击载荷

本节导航

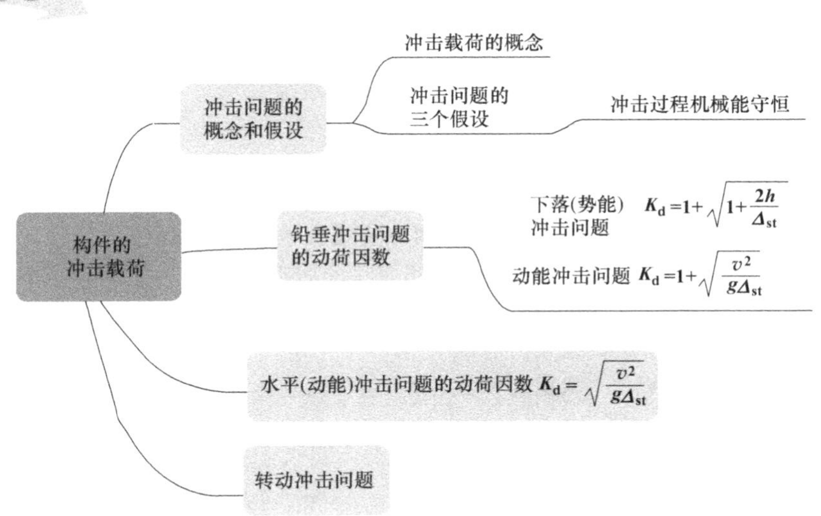

11.2.1 冲击问题的概念和假设

(1)冲击问题的相关概念

冲击载荷也是工程中经常遇到的一种动载荷。例如图 11-2-1 中打桩机，就是利用了桩锤的冲击载荷来实现打桩。可见，从本质上讲，冲击载荷也是一种惯性载荷。但由于冲击过程时间非常短，冲击物的加速度难以确定，所以一般无法用动静法来解决。因此，在工程中经常采用一种精度不高且偏于保守的方法来解决冲击问题，即能量方法。先借助一个例子看一下相关的概念。

如图 11-2-2 表示一个重物冲击弹性杆件的过程：图 11-2-2（a）表示重量为 P 的重物，从高度 h 处自由落下；图 11-2-2（b）表示当重物与弹性杆 AB 的 B 端接触的瞬间速度迅速减小，同时产生很大的加速度，对 AB 杆施加很大的惯性力，使 AB 杆受到冲击作用。这一过程中重物称为**冲击物**，弹性杆 AB 称为**被冲击物**，被冲击物达到**最大动变形** Δ_d 时的冲击力 F_d 称为**冲击载荷**（Impact Load）。

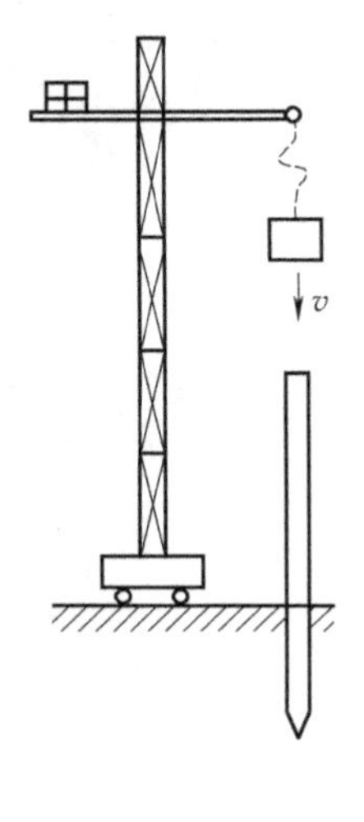

图 11-2-1

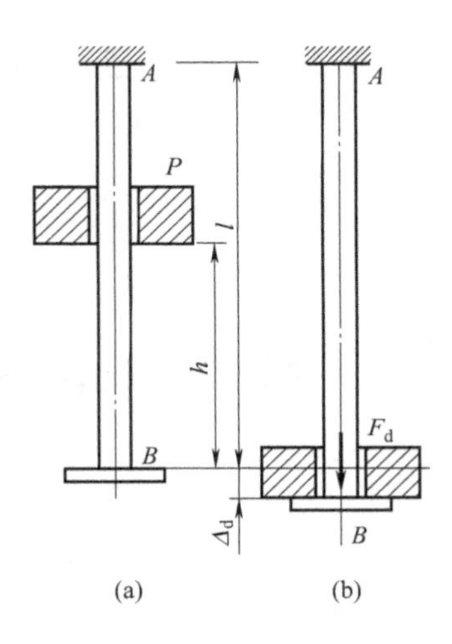

图 11-2-2

(2)冲击问题的基本假设

为了能够利用能量方法求解冲击问题，对冲击过程做出以下假设：

① 不计冲击物的变形，且冲击物和被冲击物接触后不回弹；

② 不计被冲击物的质量，被冲击物的变形在线弹性范围内；

③ 不计冲击过程中的能量损失。

根据以上假设，可以近似用**机械能守恒定律**（将杆的应变能视为弹性势能）计算冲击载荷。

★**【注意】** 实际冲击过程中，能量损失不可避免，所以以上方法计算出的冲击载荷和应力都偏大，即偏于安全。

11.2.2 典型冲击问题举例

(1) 竖直冲击问题

<<<< 例 题 >>>>

【例 11-2-1】 如图 11-2-2 (a)，重量为 P 的重物，从高度 h 处自由落下，与弹性杆 AB 的 B 端发生碰撞。设杆的拉伸刚度为 EA，求杆的最大动变形和最大动应力。

【分析】 参照图 11-2-2 (b) 明确整个能量的转换过程：重物从静止开始自由下落，与弹性杆碰撞后和杆端一起运动，直至达到杆的最大变形为止。这个过程中开始和结束重物都处于静止状态，没有动能，但重力势能下降；相应的杆达到最大变形时储存了应变能（弹性势能）。如果不计能量损失重物重力势能下降的值就等于杆的应变能。

【解】 在整个过程中，重物重力势能的减少为：$P(h+\Delta_d)$

AB 杆储存的应变能，由式 (10-1-8) 可得：$V_{\varepsilon d}=\frac{1}{2}\left(\frac{EA}{l}\right)\Delta_d^2$

由能量守恒得

$$P(h+\Delta_d)=\frac{1}{2}\left(\frac{EA}{l}\right)\Delta_d^2$$

即

$$\Delta_d^2-2\frac{Pl}{EA}\Delta_d-2\frac{Pl}{EA}h=0$$

令 $\Delta_{st}=\frac{Pl}{EA}$，为杆在重物重力作用下的静变形。则上式转化为

$$\Delta_d^2-2\Delta_{st}\Delta_d-2\Delta_{st}h=0$$

可解得（舍去负根）

$$\Delta_d=\Delta_{st}\left(1+\sqrt{1+\frac{2h}{\Delta_{st}}}\right)=K_d\Delta_{st}$$

其中

$$K_d=1+\sqrt{1+\frac{2h}{\Delta_{st}}} \tag{11-2-1}$$

是冲击物自由落体冲击时的**冲击动荷因数**。

由于最大动变形是静变形的 K_d 倍，而内力和变形成正比，所以可得最大动轴力为

$$F_{Nd}=K_dP$$

则最大动应力为

$$\sigma_d=\frac{F_{Nd}}{A}=K_d\frac{P}{A}=K_d\sigma_{st}$$

☆**【说明】** 凡是冲击物相对于被冲击物具有初始重力势能（也就是相对于被冲击物有一定高度），并作自由落体运动的冲击问题，均可用公式 (11-2-1) 进行计算。K_d 公式中，h 为自由落体的高度，Δ_{st} 为把冲击物作为静载荷置于被冲击物的冲击点处，被冲击物的冲击点沿冲击方向的静位移。

☆**【问题】** 在公式 (11-2-1) 中，令 $h=0$ 时，$K_d=2$，也就是直接将重物放在杆件 B 端，仍然会有冲击力。这点读者能理解吗？

★【解析】 直接将重物放在杆件 B 端，属于**突加载荷**的情况，仍然会产生冲击。读者可以想象一下，将一个重物挂在弹簧上马上松手，弹簧会发生较大变形。因此，我们在施加静载荷时，应该是从零开始缓慢增加直到最终值（准确说，就是在加载过程中，在载荷和弹簧逐渐增大的弹性恢复力始终平衡）。

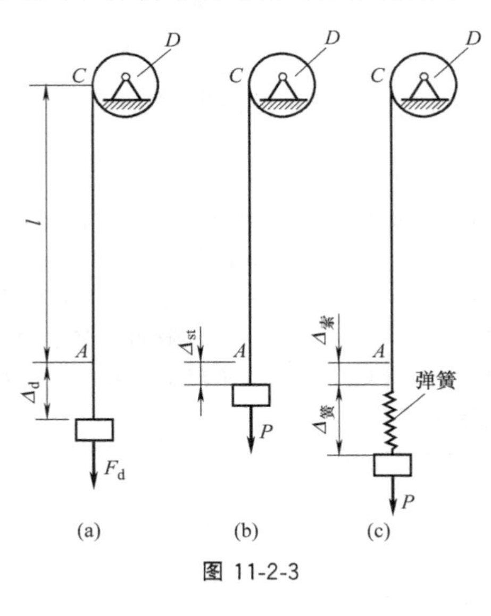

图 11-2-3

【例 11-2-2】 如图 11-2-3（a），钢吊索 AC 的 A 端悬挂一重量为 $P=20\text{kN}$ 的重物，并以等速 $v=1\text{m/s}$ 下降。当吊索长度 $l=20\text{m}$ 时，滑轮 D 被卡住。试求吊索受到的冲击载荷 F_d 及冲击应力 σ_d。吊索的横截面面积 $A=414\text{mm}^2$，材料的弹性模量 $E=170$ GPa，不计滑轮的重量。若在上述情况下，在吊索与重物之间安置一个刚度系数 $k=300\text{kN/m}$ 的弹簧［图 11-2-3（c）］，吊索受到的冲击载荷又为多少？

【分析】 能量转换过程：吊索被卡住后，重物继续运动，至索达到最大动变形停止，在此过程中重物的动能和势能转化为绳子的应变能。这里和自由落体冲击不同的是由重物的动能和势能一齐转化为应变能。而且还有一点需要注意的是，绳索在卡住之前，已经有了静变形，如图 11-2-3（b）。

【解】 在达到最大动变形之后，重物减少的动能为：$\dfrac{Pv^2}{2g}$

重物减少的势能为

$$P(\Delta_d-\Delta_{st})，其中\ \Delta_{st}=\frac{Pl}{EA}$$

吊索增加的应变能为

$$\frac{1}{2}\left(\frac{EA}{l}\right)\Delta_d^2-\frac{1}{2}\left(\frac{EA}{l}\right)\Delta_{st}^2$$

由能量守恒得

$$\frac{1}{2}\left(\frac{EA}{l}\right)\Delta_d^2-\frac{1}{2}\left(\frac{EA}{l}\right)\Delta_{st}^2=\frac{Pv^2}{2g}+P(\Delta_d-\Delta_{st})$$

可解得

$$\Delta_d=\Delta_{st}\left(1+\sqrt{\frac{v^2}{g\Delta_{st}}}\right)=K_d\Delta_{st}$$

其中

$$K_d=1+\sqrt{\frac{v^2}{g\Delta_{st}}} \tag{11-2-2}$$

是考虑冲击物重力和动能时的**冲击动荷因数**。

将 $\Delta_{st}=\dfrac{Pl}{EA}$ 代入式（11-2-2）得

$$K_d=1+v\sqrt{\frac{EA}{gPl}}=5.24$$

则最大冲击载荷

$$F_d=K_dP=5.24\times 20\text{kN}=104.8\text{kN}$$

则最大动应力为

$$\sigma_d=\frac{F_d}{A}=K_d\frac{P}{A}=K_d\sigma_{st}=253.1\text{MPa}$$

如果安装弹簧，则静变形变为

$$\Delta_{st}=\frac{Pl}{EA}+\frac{P}{k}=72.35\text{mm}$$

相应的动荷因数变为

$$K_d=1+\sqrt{\frac{v^2}{g\Delta_{st}}}=2.19$$

则冲击载荷变为

$$F_d=K_dP=2.19\times 20\text{kN}=43.8\text{kN}$$

可见，在吊索和重物之间设置弹簧，在吊索被卡住时，可以大大降低吊索所受的冲击载荷。

【例 11-2-3】 图 11-2-4 所示简支梁均由 20b 号工字钢制成。$E=210\times10^9$ Pa，$P=2$kN，$h=20$mm。图 11-2-4（b）中 B 支座弹簧的刚度系数 $k=300$kN/m。试分别求图 11-2-4（a）、（b）所示梁的最大正应力（不计梁和弹簧的自重）。

【分析】 本例显然属于自由落体冲击问题，注意使用式（11-2-1）中的动荷因数。

【解】（1）求图 11-2-4（a）梁的最大静应力

由附录型钢表查得 20b 号工字钢的 W_z 和 I_z 分别为：$W_z=250\times10^3\ \text{mm}^3$，$I_z=2500\times10^4\text{mm}^4$，梁的最大静应力为

$$\sigma_{st,max}=\frac{Pl/4}{W_z}=\frac{(2\times10^3\text{N})\times(3\text{m})}{4\times(2500\times10^{-8}\text{m}^4)}=6\ \text{MPa}$$

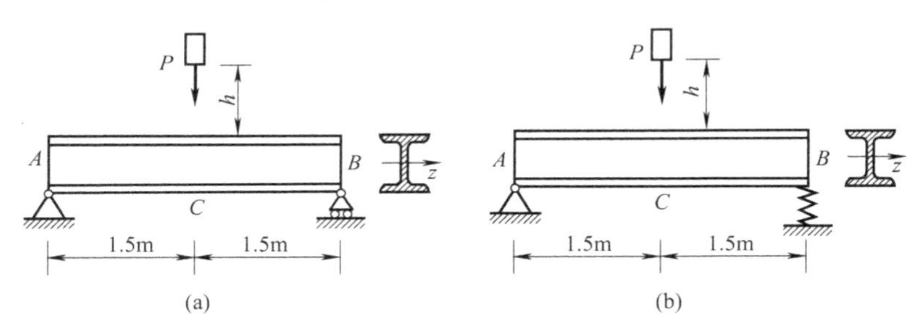

图 11-2-4

（2）求图 11-2-4（a）梁的最大动应力

C 截面的静位移查表 6-3-1 可得

$$\Delta_{st}=w_C=\frac{Pl^3}{48EI}=\frac{(2\times10^3\text{N})\times(3\text{m})^3}{48\times(210\times10^9\text{Pa})\times(2500\times10^{-8}\text{m}^4)}=0.2143\times10^{-3}\text{m}$$

动荷因数为

$$K_d=1+\sqrt{1+\frac{2h}{\Delta_{st}}}=14.7$$

梁的最大动应力为

$$\sigma_d=K_d\sigma_{st,max}=14.7\times6\text{MPa}=88.2\text{MPa}$$

（3）求图 11-2-4（b）梁的动荷因数

C 截面的静位移

$$\Delta_{st}=\frac{Pl^3}{48EI}+\frac{P/2}{2k}=0.2143\text{mm}+\frac{2\times10^3\text{N}}{4\times300\times10^3\text{N/m}}=1.8810\text{mm}$$

可得动荷因数

$$K_d=1+\sqrt{1+\frac{2\times20}{1.8810}}=5.7$$

(4) 求图 11-2-4 (b) 梁的最大动应力

$$\sigma_{d,max}=K_d\sigma_{st,max}=5.7\times6\text{MPa}=34.2\text{MPa}$$

可见，由于图 11-2-4 (b) 梁的 B 支座改用了弹簧，大大降低了梁的动应力。

(2) 水平冲击问题

<<<< 例 题 >>>>

【例 11-2-4】 如图 11-2-5 (a) 所示，重物 G 的重量为 P，以水平速度 v 冲击 AB 的 C 截面。设 AB 梁的弯曲刚度为 EI，弯曲截面系数为 W。试求梁的最大动应力 σ_{dmax}。

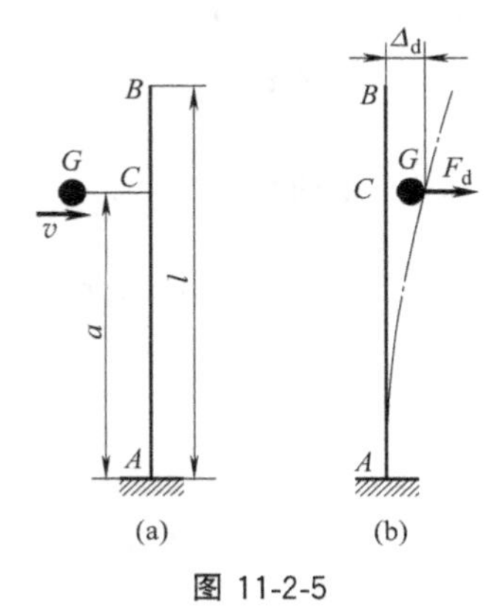

图 11-2-5

【分析】 从能量角度讲，仍然是重物的动能转化为梁的弹性应变能的过程。

【解】 重物的初始动能为：$\dfrac{1}{2}\dfrac{P}{g}v^2$

如图 11-2-5 (b)，当 C 截面达到最大动挠度 Δ_d 时，重物的动能为零。

梁的动应变能可由冲击载荷的功求得：$V_{\varepsilon d}=\dfrac{1}{2}F_d\Delta_d$

查表 6-3-1 可得 C 截面达到最大动挠度：$\Delta_d=w_{d,C}=\dfrac{F_da^3}{3EI}$

或改写为：$F_d=\dfrac{3EI}{a^3}\Delta_d$

代入应变能表达式：$V_{\varepsilon d}=\dfrac{1}{2}\left(\dfrac{3EI}{a^3}\right)\Delta_d^2$

由能量守恒：$\dfrac{Pv^2}{2g}=\dfrac{1}{2}\left(\dfrac{3EI}{a^3}\right)\Delta_d^2$

求得：$\Delta_d=\sqrt{\dfrac{Pa^3v^2}{3EIg}}=\Delta_{st}\sqrt{\dfrac{v^2}{g\Delta_{st}}}$

其中 $\Delta_{st}=\dfrac{Pa^3}{3EI}$，是静载荷 P 作用于 C 截面时的静挠度。

令
$$K_d=\sqrt{\frac{v^2}{g\Delta_{st}}}\tag{11-2-3}$$

式 (11-2-3) 是冲击物以一定动能水平冲击弹性杆件时的**冲击动荷因数**，和式 (11-2-2) 竖向冲击的动荷因数相比，少了常数项 1，读者能想到是由什么引起的吗？

可得
$$\Delta_d=K_d\Delta_{st}$$

杆的最大静弯曲应力为
$$\sigma_{st,max}=\frac{Pa}{W}$$

相应的最大动弯曲应力为
$$\sigma_{d,max}=K_d\sigma_{st,max}=K_d\frac{Pa}{W}$$

(3) 转动冲击问题

<<<< 例 题 >>>>

【例 11-2-5】 如图 11-2-6 (a)，轴的直径 $d=100\text{mm}$，长度 $l=2\text{m}$，切变模量 $G=80\times$

10^9 Pa，飞轮的重量 $P=0.6$kN，直径 $D=400$mm ，轴的转速 $n=1000$r/min。如图 11-2-6（b），当 AB 轴的 A 端被突然刹车卡紧时，求轴的 $\tau_{d,max}$（不计轴的质量）。

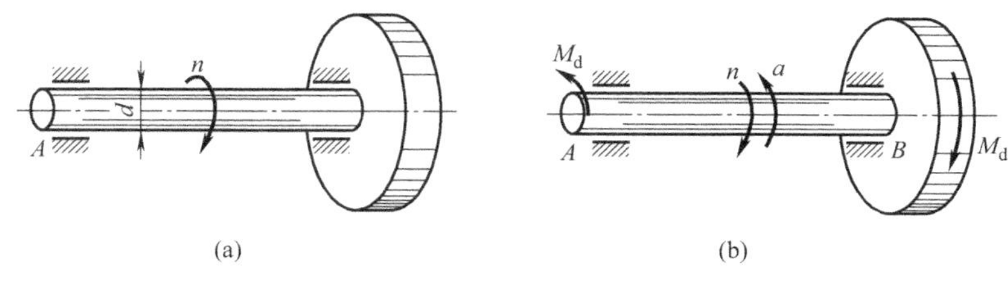

图 11-2-6

【分析】 本题和例 11-1-4 非常相似，但是本题由于是轴被卡住突然刹车，时间极短，无法计算加速度，属于冲击问题，仍然用能量法来求解。具体来讲，飞轮的动能在轴达到最大动扭转角时，全部转化为了轴的应变能。

【解】 如图 11-2-6（b），当轴达到最大扭转角，设飞轮上作用的动扭转力偶为 M_d，相应的扭矩为 T_d，根据能量守恒可得

$$\frac{1}{2}I_0\omega^2=\frac{T_d^2 l}{2GI_p}$$

可得动扭矩 $$T_d=\omega\sqrt{\frac{I_0GI_p}{l}}$$

所以轴内最大的动切应力为

$$\tau_{d,max}=\frac{T_d}{W_p}=\frac{\omega}{\pi d^3/16}\sqrt{\frac{I_0G\pi d^4/32}{l}}=\frac{\omega}{d}\sqrt{\frac{8I_0G}{\pi\cdot l}}$$

其中，轴的初始角速度

$$\omega=\frac{2\pi n}{60}=\frac{1000}{30}\pi=104.7\text{rad/s}$$

飞轮的转动惯量

$$I_0=\frac{1}{2}\frac{P}{g}\left(\frac{D}{2}\right)^2=\frac{(0.6\times10^3\text{N})\times(0.4\text{m})^2}{8\times(9.81\text{m/s}^2)}=1.223\text{kg}\cdot\text{m}^2$$

代入可求得

$$\tau_{d,max}=\frac{104.7}{100}\times\sqrt{\frac{8\times1.223\times10^3\times80\times10^3}{\pi\times2\times10^3}}=369.5\text{MPa}$$

上一节例 11-1-4 中，制动时最大动切应力为 $\tau_{d,max}=65.2$MPa。可见刹车时的最大动应力将增加很多，对于轴的强度非常不利，所以应尽量避免突然刹车。

小结

通过本节学习，应达到以下目标：

(1) 掌握冲击问题的一般假设和处理冲击问题的一般方法；

(2) 掌握自由落体冲击和水平冲击问题的求解方法，能求出对应的动荷因数；

(3) 了解转动冲击的求解方法。

习 题

11-2-1 重量为 $P=5$kN 的重物自高度 $h=10$mm 处无初速度自由下落，冲击到

20b 号工字钢梁上的 B 点处，如图 11-2-7 所示。已知钢的弹性模量 $E=210\text{GPa}$，试求梁内最大冲击正应力（不计梁的自重）。

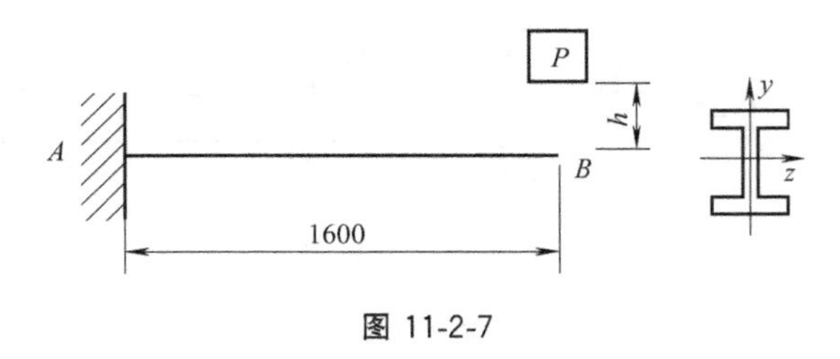

图 11-2-7

11-2-2　图 11-2-8 所示的两个长度均为 l，抗弯刚度均为 EI 的梁，支承条件不同。已知弹簧的刚度常数均为 k，一重量为 P 的物体 Q，自高度 h 无初速度自由下落冲击。试求两个梁的冲击应力，并且比较其结果。

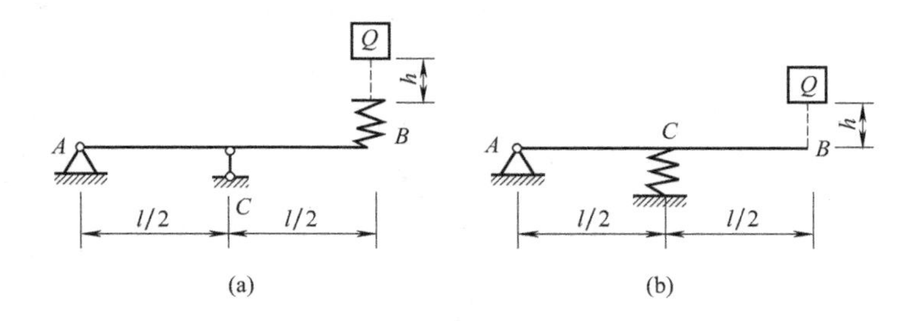

图 11-2-8

11-2-3　如图 11-2-9 所示，等截面刚架 ABC，各段抗弯刚度均为 EI。一重物 P 自高度 h 处自由下落，冲击刚架的 C 点。试求刚架的最大应力。

11-2-4　一重量为 P 的物体，以速度 v 水平冲击刚架的 C 点，如图 11-2-10 所示。已知刚架的各段均为圆杆，直径均为 d，材料弹性模量均为 E。试求刚架的最大冲击正应力。

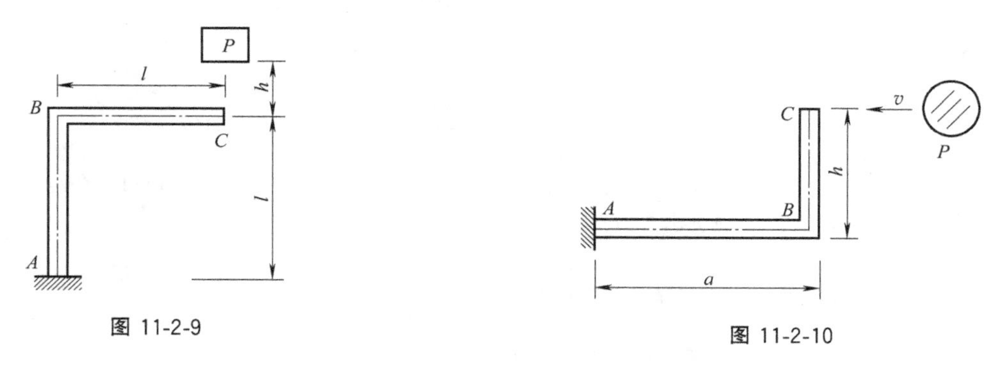

图 11-2-9　　　　图 11-2-10

11-2-5　已知杆 B 端与支座 C 间的间隙为 Δ，如图 11-2-11 所示，杆的抗弯刚度 EI 为常量。欲使杆 B 端刚好与支座 C 接触，问质量为 m 的物体应以多大的水平速度 v 冲击 AB 杆的 D 点？

11-2-6　图 11-2-12 所示 ABC 直角折杆位于水平面内，一重量为 P 的物体自高度 h 处自由落下冲击杆的 C 端。已知折杆的直径为 d，材料的拉压弹性模量与切变模量分别为 E、G。求杆的冲击动荷因数 K_{d}，并用第三强度理论求危险截面上危险点的相当应力。

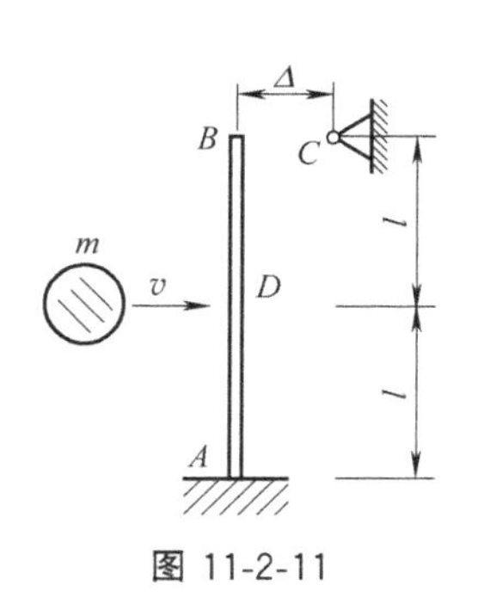

图 11-2-11

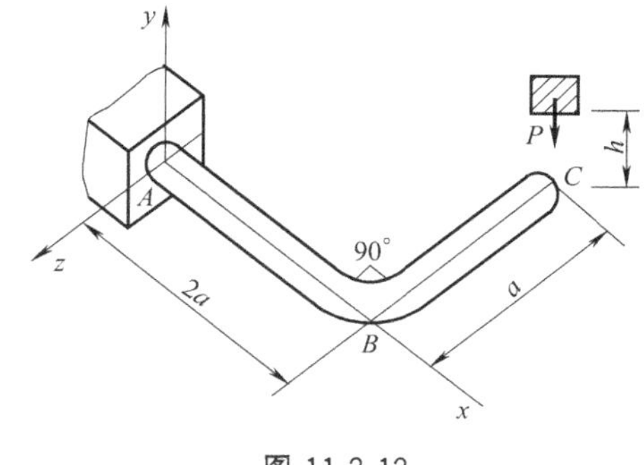

图 11-2-12

11.3 交变应力和疲劳破坏

本节导航

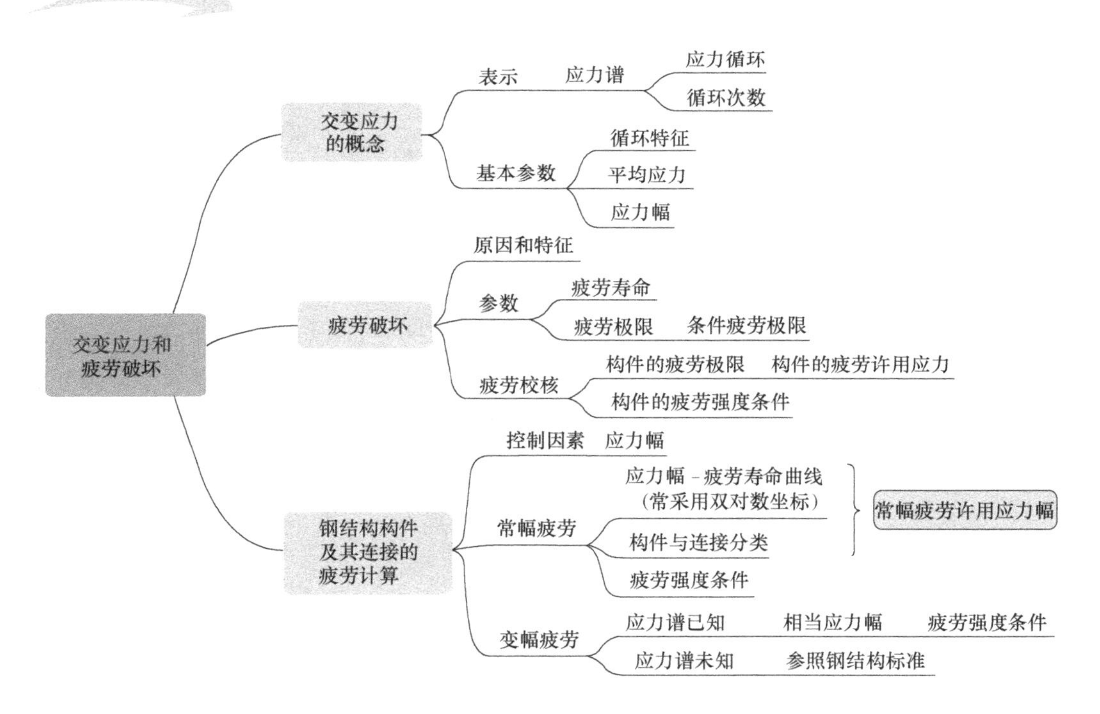

11.3.1 交变应力的概念

（1）交变应力

很多机器零件和建筑钢结构都是在大小方向不断随时间变化的交变荷载（Alternating

Load）下工作，疲劳破坏（Fatigue Failure）是这些构件主要的破坏形式。例如机械工程中的转轴有50%～90%都是疲劳破坏。其他如连杆，齿轮的轮齿，涡轮机的叶片，轧钢机的机架、曲轴、连接螺栓、弹簧压力容器等也容易发生疲劳破坏。在土木工程中，高层建筑常用的焊接钢结构，其破坏形式中也是疲劳破坏占绝大部分。另外，在航空、航天、原子能等部门中，抗疲劳设计也占有很重要的地位。

图 11-3-1

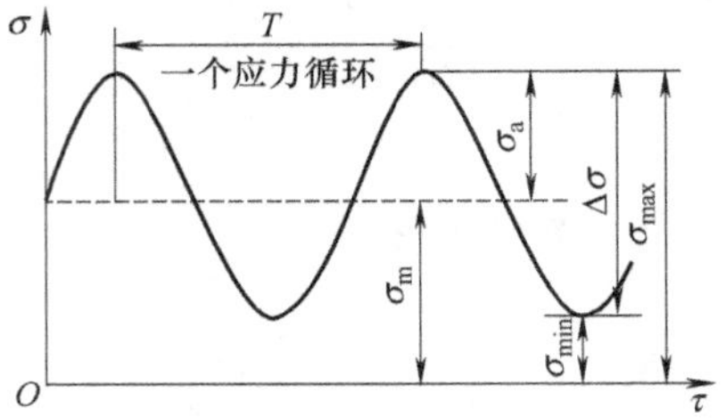

在疲劳破坏时，构件内部属于交变应力：**应力随时间周期性变化，这种应力称为交变应力**（Alternating Stress）。

为表示出应力的这种周期性变化，经常画出应力-时间的变化曲线，称为**应力谱**（Stress Spectrum），例如图 11-3-1 就是某点应力的应力谱。

在应力谱中，应力重复变化一次的过程，称为一个**应力循环**（Stress Cycle）。应力重复变化的次数，称为**应力循环次数**。

（2）交变应力的基本参量

交变应力的主要特征，一般通过以下三个参量来表示。

① **循环特征**：也称**应力比**，如图 11-3-1 所示，一个应力循环中最小应力与最大应力的比值，一般用 r 表示，即

$$r=\frac{\sigma_{min}}{\sigma_{max}} \tag{11-3-1}$$

按照习惯，$|r|\leqslant 1$，所以分母中的最大应力，应该用绝对值最大的应力。

② **平均应力**：最大应力与最小应力的均值，用 σ_m 表示，即

$$\sigma_m=\frac{\sigma_{max}+\sigma_{min}}{2} \tag{11-3-2}$$

③ **应力幅**：最大应力和最小应力之差，用 $\Delta\sigma$ 表示，即

$$\Delta\sigma=\sigma_{max}-\sigma_{min} \tag{11-3-3}$$

应力幅一般取正值，所以这里的最大应力应该用代数值最大的应力。也有工程部门将应力幅定义为

$$\sigma_a=\frac{\sigma_{max}-\sigma_{min}}{2}$$

可见二者关系是：$\Delta\sigma=2\sigma_a$。

（3）工程中常见的三种交变应力

① **对称循环**（交变应力）：循环特征 $r=\frac{\sigma_{min}}{\sigma_{max}}=-1$ 的交变应力，如图 11-3-2。

显然对于对称循环有

$$\sigma_m=0，\Delta\sigma=2\sigma_{max}$$

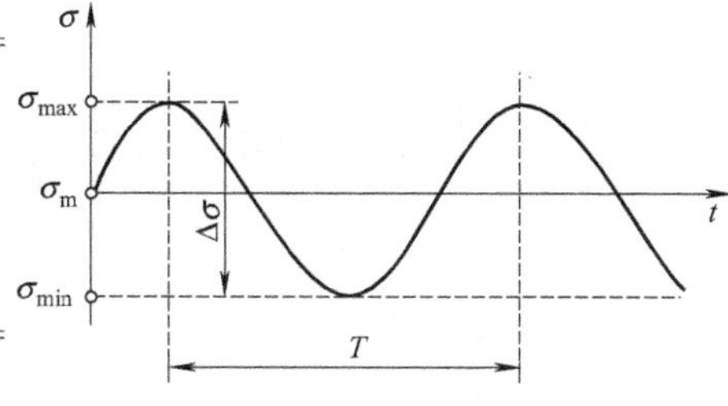

② **脉动循环**（交变应力）：循环特征 $r=\frac{\sigma_{min}}{\sigma_{max}}=0$ 的交变应力，如图 11-3-3。

图 11-3-2

显然对于脉动循环有

$$\sigma_{m}=\frac{\sigma_{max}}{2}, \quad \Delta\sigma=\sigma_{max}$$

③ **静循环**（交变应力）：循环特征 $r=\frac{\sigma_{min}}{\sigma_{max}}=1$ 的应力，如图 11-3-4，实际是一种恒定的静应力。显然对于静循环有

$$\sigma_{m}=\sigma_{max}=\sigma_{min}, \quad \Delta\sigma=0$$

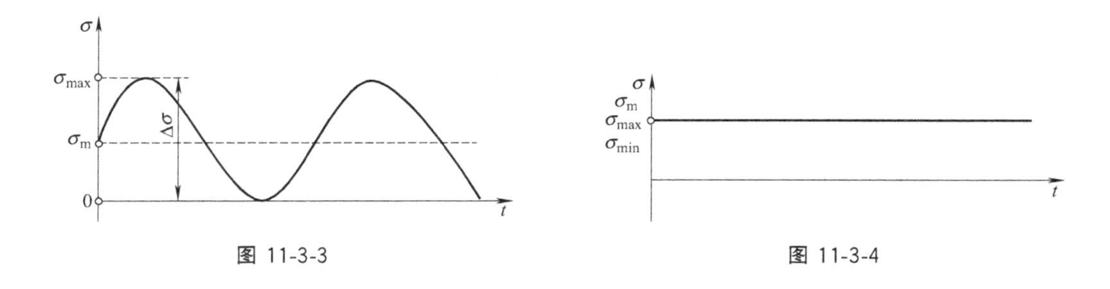

图 11-3-3　　　　图 11-3-4

11.3.2 疲劳破坏

（1）疲劳破坏的概念和原因

试验和工程实践都证明：**金属材料在交变应力作用下，往往在远低于其极限应力的情况下发生突然破坏（脆性断裂），称为金属材料的疲劳破坏。**疲劳这一称呼来自开始时对这种破坏形式的一种误解，认为是长期的交变应力导致了金属材料的材质变脆，类似于人“疲劳”了。但后来的试验证实，材料在疲劳破坏后，其力学性质并没有发生明显变化，不存在所谓的“疲劳”变脆。

近年来，经大量的试验及金相分析证明，在足够大的交变应力作用下，疲劳破坏大致过程如下：

① 金属中位置最不利或者较弱的晶体沿最大切应力作用面形成滑移带，并逐渐开裂形成微裂纹；或者在物件外形突变处（圆角、切口、沟槽等）、表面刻痕处、材料内部缺陷处等部位，因较大的应力集中而引起微观裂纹。

② 在交变应力作用下，微观裂纹集结、连通形成宏观裂纹，使物件截面削弱。当裂纹扩展达到某一临界尺寸时，会发生急速扩张，导致构件的突然断裂。

可见，**构件内部裂纹的形成、扩展和突然扩张是导致疲劳破坏的原因。**

（2）疲劳破坏的特点

疲劳破坏具有以下几个特点：

① 交变应力的最大值远小于材料的强度极限，甚至比屈服极限也小得多。

② 构件在交变应力作用下发生破坏，一方面需要交变应力大小达到一定的应力水平；另一方面需要经过一定数量的应力循环。

③ 构件在破坏前没有明显的塑性变形，所有的疲劳破坏均表现为脆性断裂，即使塑性很好的材料也是如此。

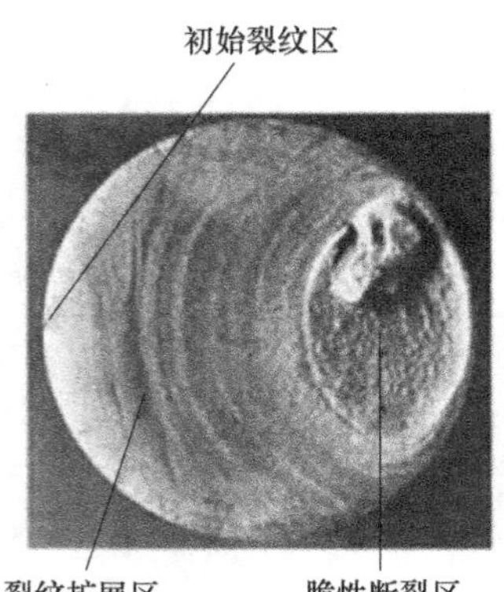

图 11-3-5

④ 同一疲劳破坏断口，一般都有明显的光滑区及粗糙区，如图 11-3-5 所示。其中的光滑区是裂纹产生和扩展区，而粗糙区是脆性断裂区。读者能思考一下原因吗？

★【思考】 请读者思考一下疲劳断面光滑区和粗糙区形成的原因？

★【解析】 光滑区是裂纹扩展的过程中，由于应力反复交变，裂纹时张时闭，闭合交替进行，类似研磨过程而形成。粗糙区是骤然脆性断裂而形成。

11.3.3 材料的疲劳强度

金属材料的疲劳强度，除了与材料本身有关之外，还与材料的变形形式、循环特征和应力循环次数有关，要通过疲劳试验来测定。具体的试验方法，请读者参阅相关的国标试验规范（例如材料在对称循环弯曲交变应力作用时的疲劳强度测试，可按照 GB/T 4337—2015《金属材料 疲劳试验 旋转弯曲方法》执行）。这里只介绍一下和疲劳强度相关的一些概念。

（1）材料的疲劳寿命

通过金属疲劳试验，可以得到在一定的循环特征和变形形式下，某种材料试件的最大应力和破坏前所经历的应力循环次数的关系。例如图 11-3-6 就是通过试验测定的，40Cr 钢试件在对称循环（$r=-1$）弯曲交变应力作用下，最大应力和破坏前循环次数的关系曲线（通过试验数据拟合）。

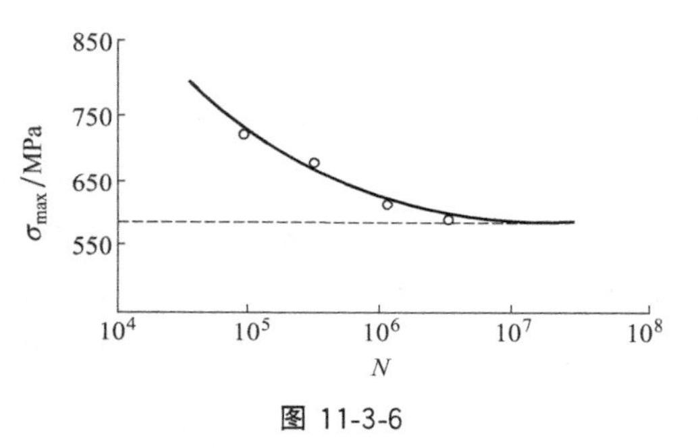

图 11-3-6

在疲劳试验中，将某种材料试件在破坏前所经历的交变应力的循环次数称为材料的**疲劳寿命**（Fatigue Life），一般用符号 N 来表示。

图 11-3-6 所示的曲线，就被称为**“应力-疲劳寿命曲线”**，或者简写为 S-N 曲线，其中的 S 代表应力（正应力或切应力）。

由 S-N 曲线可以明显看出，材料的疲劳寿命随最大应力的减小而逐渐增加。而且当最大应力减小到一定程度，曲线趋于水平，也就是疲劳寿命趋向于无限大。据此，我们下面引入疲劳极限的概念。

（2）材料的疲劳极限

当一定循环特征的交变应力最大值降低到某一值后，材料的疲劳寿命趋向于无限大，也就是可以经历无限次应力循环而不破坏，相应的最大应力值称为材料的**疲劳极限**，用符号 σ_r 表示，其中的 r 表示交变应力的循环特征。

实际上，疲劳极限还受到变形形式的影响，可以用括号加角标的形式表示出变形形式。例如，低碳钢在对称弯曲交变应力作用下的疲劳极限及相应的值写作：$(\sigma_{-1})_b=170\sim220\text{MPa}$，其中角标 b 表示弯曲。

（3）材料的条件疲劳极限

对于钢铁等黑色金属材料，S-N 曲线一般都有近似的水平段，也就是存在疲劳极限。但是对于铝合金等有色金属材料，S-N 曲线通常没有明显的水平部分，此时规定：**疲劳寿命为 $N_0=5\times10^6\sim1\times10^7$ 时的最大应力值为材料的条件疲劳极限**（Conditional Fatigue Limit），用符号 $\sigma_r^{N_0}$ 表示。

11.3.4 构件的疲劳强度校核

（1）构件的疲劳极限

材料的疲劳极限 σ_r 一般是在常温下用光滑小试样测定的，但光滑小试样的疲劳极限与同种材料构件的疲劳极限有很大差异，因为构件的疲劳极限还与状态和工作条件有关。构件状态包括构件的外形、尺寸、表面加工质量和表面强化处理等因素；工作条件包括载荷特性、介质和温度等因素。因此必须将光滑小试件的疲劳极限 σ_r 加以修正，获得构件的疲劳极限 $(\sigma_r)_{构件}$，才能用于构件的设计。下面介绍影响构件疲劳极限的几种主要因素。

① 构件尺寸的影响——**尺寸因数。**疲劳极限一般是用直径为 7～10mm 的小试样测定的。试验表明，随着试样横截面尺寸的增大，疲劳极限却相应降低，而且对于钢材，强度愈高，疲劳极限下降愈明显。因此，当构件尺寸大于标准试样尺寸时，必须考虑尺寸的影响。为此引入尺寸因数 ε_σ 进行修正，即将材料的疲劳极限乘以 ε_σ 得到修正的结果。

② 构件外形的影响——**有效应力集中因数。**在构件截面和尺寸突变处（如阶梯轴轴肩圆角、开孔、切槽等），局部应力远远大于理论应力值，这种现象称为应力集中。显然应力集中的存在不仅有利于形成初始的疲劳裂纹，而且有利于裂纹的扩展，从而降低疲劳强度。为此引入有效应力集中因数 K_σ 来修正材料的疲劳极限：材料的疲劳极限除以 K_σ 可得修正结果。

③ 表面加工质量的影响——**表面质量因数。**一般情况下，构件的最大应力发生于表层，疲劳裂纹也多于表层生成。表面加工的刀痕、擦伤会引起应力集中，降低疲劳极限。如构件淬火、渗碳、氮化等热处理或化学处理使表层强化；或者滚压、喷丸等机械处理，使表层形成预压应力，减弱引起裂纹的工作抗应力，这些明显提高构件的疲劳极限。所以表面加工质量对疲劳极限有明显影响。为此引入表面质量因数 β 来修正材料的疲劳极限：材料的疲劳极限乘以 β 可得修正结果。

综上所述，最终构件的疲劳极限为

$$(\sigma_r)_{构件}=\sigma_r\frac{\varepsilon_\sigma\beta}{K_\sigma} \tag{11-3-4}$$

其中：ε_σ、K_σ 和 β 的确定方法，可查阅相关的工程手册。

（2）构件的疲劳许用应力和疲劳强度条件

在确定了构件的疲劳极限后，引入**疲劳安全因数** n_f，则构件的许用应力为

$$[\sigma_r]_{构件}=\frac{(\sigma_r)_{构件}}{n_f} \tag{11-3-5}$$

如果构件工作时，交变应力的最大应力为 σ_{max}，则**疲劳强度条件**为

$$\sigma_{max} \leqslant [\sigma_r]_{构件} = \sigma_r \frac{\varepsilon_\sigma \beta}{n_f K_\sigma} \tag{11-3-6}$$

基础测试

11-3-1 （填空题）交变应力是指构件内部随时间周期变化的应力，其函数图像一般称为（　　），一个周期一般称为一个应力（　　），周期的个数称（　　）。

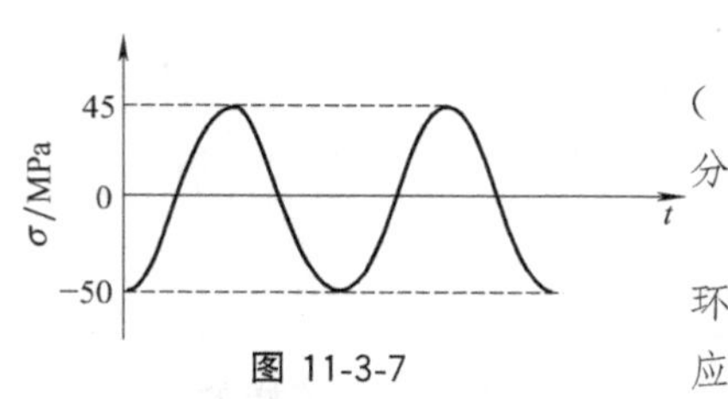

图 11-3-7

11-3-2 （填空题）交变应力的三个基本参量是（　　）、（　　）和（　　）。图 11-3-7 中三个参量值分别为（　　）。

11-3-3 （填空题）图 11-3-8（a）属于（　　）循环交变应力；图 11-3-8（b）属于（　　）循环交变应力。

11-3-4 （填空题）疲劳试验中，试件受交变应力作用发生疲劳破坏所经历的循环次数称为试件的（　　）。

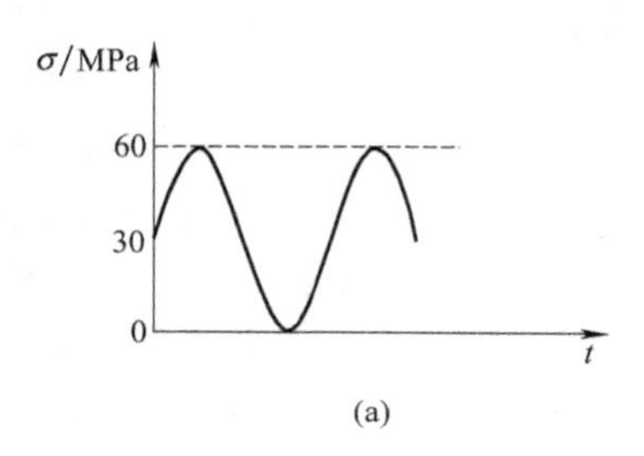

(a)

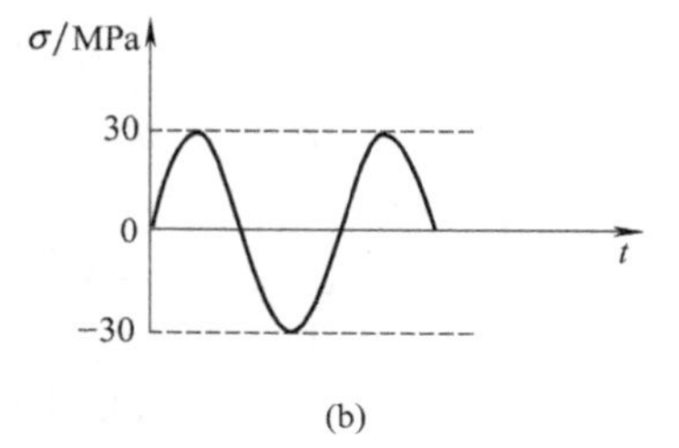

(b)

图 11-3-8

11-3-5 （单选题）构件在发生疲劳破坏之前，内部基本没有（　　）。

A. 应力；B. 裂纹；C. 应力集中；D. 塑性变形。

11-3-6 （判断题）材料的疲劳极限是指试件在经历无数次应力循环后而不破坏的最大应力的下限。（ ）

11-3-7 （单选题）构件的疲劳破坏是（　　）达到临界值的结果。

A. 裂纹扩展；B. 最大应力；C. 最大应变；D. 塑性变形。

11-3-8 （判断题）疲劳许用应力是用材料的疲劳极限除以疲劳安全因数得到的值。（　　）

例　题

【例 11-3-1】 发动机连杆工作时最大拉力 $P_{max}=58.3\text{kN}$，最小拉力 $P_{min}=55.8\text{kN}$，直径为 $d=11.5\text{mm}$，试求：应力幅 $\Delta\sigma$、平均应力 σ_m 和循环特征 r。

【解】 最大拉应力

$$\sigma_{max} = \frac{P_{max}}{A} = \frac{4\times 58300}{\pi \times 0.0115^2} = 561\text{MPa}$$

最小拉应力

$$\sigma_{\min}=\frac{P_{\min}}{A}=\frac{4\times55800}{\pi\times0.0115^{2}}=537\text{MPa}$$

循环特征

$$r=\frac{\sigma_{\min}}{\sigma_{\max}}=\frac{537}{561}=0.957$$

应力幅

$$\Delta\sigma=\sigma_{\max}-\sigma_{\min}=561-537=24\text{MPa}$$

平均应力

$$\sigma_{m}=\frac{\sigma_{\max}+\sigma_{\min}}{2}=\frac{561+537}{2}=549\text{MPa}$$

11.3.5 钢结构构件及其连接的疲劳计算

20 世纪 60 年代以来，钢结构的焊接工艺得到广泛应用。由于钢结构构件的焊缝附近存在残余应力，交变应力中的最大工作应力（名义应力）和残余应力叠加后，得到的实际应力往往达到材料的屈服极限 σ_s，所以按照交变应力中的最大工作应力建立疲劳强度条件是不切合实际的。试验结果表明，**焊接钢结构构件及其连接的疲劳寿命，是由应力幅控制的，与静力强度和最大应力关系不大。**除此之外，焊接工艺和连接部分的受力情况也对也对疲劳寿命有显著影响。

根据应力循环中应力幅的情况，可以将钢结构的疲劳分为两类：一类是应力幅在各应力循环中保持为常量，称为**常幅疲劳**［Fatigue with Constant Amplitude，图 11-3-9（a）］；另一类是应力幅随应力循环在发生变化的，称为**变幅疲劳**［Fatigue with Vary Amplitude，图 11-3-9（b）］。这里结合《钢结构设计标准》，简单介绍一下钢结构及连接发生常幅和变幅疲劳时，疲劳强度的校核方法。

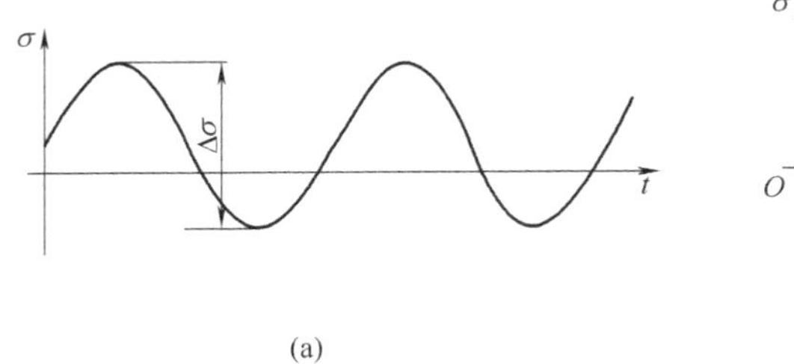

(a)

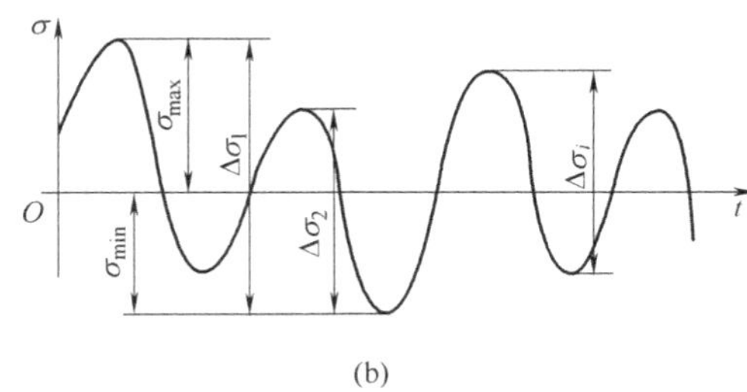

(b)

图 11-3-9

11.3.5.1 钢结构常幅疲劳的强度计算

（1）Δσ-N 曲线

类似于前面介绍的 S-N 曲线，也可以通过疲劳试验得到钢结构及连接的 $\Delta\sigma$-N 曲线。这里只介绍**在常温、无腐蚀环境下，循环次数** $N\leqslant5\times10^{6}$ **时**，钢结构正应力常幅疲劳的 $\Delta\sigma$-N 曲线。

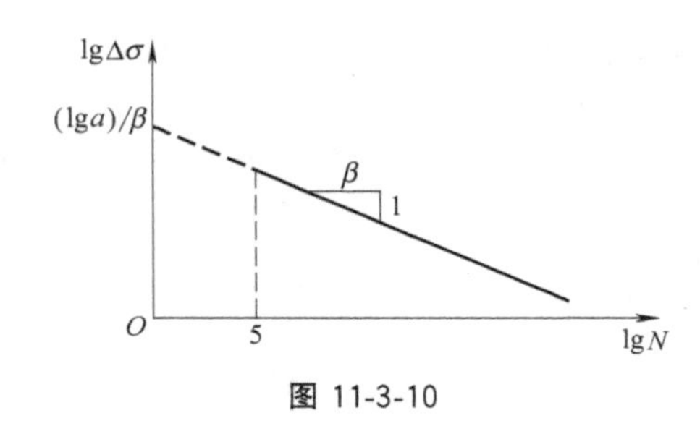

图 11-3-10

疲劳破坏试验表明：钢结构发生疲劳破坏时的应力幅 $\Delta\sigma$ 与循环次数 N（疲劳寿命）在双对数坐标中的关系是斜率为 $-1/\beta$，在 $\lg\Delta\sigma$ 轴上的截距为 $(\lg a)/\beta$ 的直线，如图 11-3-10 所示，图中的 a 和 β 是由试验确定的两个常数。

上述直线方程可写作

$$\lg\Delta\sigma=\frac{1}{\beta}\ (\lg a-\lg N)$$

或者
$$\Delta\sigma=\left(\frac{a}{N}\right)^{1/\beta}$$

上式为钢结构应力幅的极限值与疲劳寿命的关系。

(2) 许用应力幅

引入安全因数后，得到**许用应力幅**与疲劳寿命的关系（$N\leqslant5\times10^6$）

$$[\Delta\sigma]=\left(\frac{C}{N}\right)^{1/\beta} \tag{11-3-7}$$

式中，C、β 是与材料、构件和连接的种类及受力情况有关的系数。《钢结构设计标准》中，将正应力疲劳（切应力疲劳的情况这里略去）按照不同的受力情况将构件与连接分为 14 类。表 11-3-1 中给出了 Q235 钢 14 个类别的 C、β 值，表中的 Z 代表正应力幅类别。

表 11-3-1　正应力幅的疲劳计算系数值

构件与连接类别		Z1	Z2	Z3	Z4	Z5	Z6	Z7
构件与连接相关系数	C（$\times10^{12}$）	1920	861	3.91	2.81	2.00	1.46	1.02
	β	4	4	3	3	3	3	3
构件与连接类别		Z8	Z9	Z10	Z11	Z12	Z13	Z14
构件与连接相关系数	C（$\times10^{12}$）	0.72	0.50	0.35	0.25	0.18	0.13	0.09
	β	3	3	3	3	3	3	3

(3) 疲劳强度条件

根据《钢结构设计标准》，常幅疲劳的正应力强度条件为

$$\Delta\sigma\leqslant\gamma_t[\Delta\sigma] \tag{11-3-8}$$

式中，γ_t 为板厚或直径修正系数。对于一般钢结构连接，取 $\gamma_t=1$ 即可。对于横向角焊缝连接，当连接板厚度 t 超过 25mm 时，应按下式计算

$$\gamma_t=\left(\frac{25}{t}\right)^{0.25}$$

对于螺栓轴向受拉连接，当螺栓公称直径 d 大于 30mm 时，应按下式计算

$$\gamma_t=\left(\frac{30}{d}\right)^{0.25}$$

★**【注意】** ① 在《钢结构设计标准》的一般规定中，当应力变化的循环次数 $N\geqslant5\times10^4$ 时，应进行疲劳计算。

② 对于 $N \leqslant 5 \times 10^6$ 的正应力常幅疲劳问题，可以由式（11-3-7）来确定许用应力幅，对 $N > 5 \times 10^6$ 的情况和切应力的常幅疲劳问题，请参考《钢结构设计标准》，不要盲目套用。

③ 按照标准，工作构件危险点的应力幅，对于焊接部位取 $\Delta\sigma = \sigma_{max} - \sigma_{min}$，对于非焊接部位则取 $\Delta\sigma = \sigma_{max} - 0.7\sigma_{min}$。

11.3.5.2 钢结构变幅疲劳问题

变幅疲劳问题分为应力谱已知的变幅疲劳问题和应力谱未知的变幅疲劳问题。

（1）应力谱已知的变幅疲劳问题

对于应力谱已知的变幅疲劳问题，一般将其折算为等效的常幅疲劳问题，这需要用到疲劳问题的线性累计损伤律（或称 Miner 法则，请读者自行查阅相关资料），这里不再推导，只给出一个转换的例子：

如果要将一个应力谱幅已知的变幅疲劳，折算为疲劳寿命 $N = 2 \times 10^6$ 的常幅疲劳，则等效的应力幅为（以正应力疲劳为例）

$$\Delta\sigma_e = \left[\frac{\sum n_i (\Delta\sigma_i)^{\beta} + ([\Delta\sigma]_{5\times10^6})^{-2} \sum n_j (\Delta\sigma_j)^{\beta+2}}{2 \times 10^6}\right]^{1/\beta} \tag{11-3-9}$$

式中，$\Delta\sigma_e$ 为变幅疲劳折算成疲劳寿命为 $N = 2 \times 10^6$ 的常幅疲劳时的等效正应力幅；$\Delta\sigma_i$、n_i 为应力谱中循环次数 $N \leqslant 5 \times 10^6$ 范围内的正应力幅及其频次；$\Delta\sigma_j$ 和 n_j 为应力谱中循环次数 $5 \times 10^6 < N \leqslant 1 \times 10^8$ 范围内的正应力幅及其频次；$[\Delta\sigma]_{5\times10^6}$ 为连接在循环次数 $N = 5 \times 10^6$ 时的许用正应力值。

一旦确定了等效应力幅，则可以参照常幅疲劳强度条件（11-3-8）来校核疲劳强度。

（2）应力谱未知的变幅疲劳问题

对于应力谱未知的变幅疲劳问题，需要查阅《钢结构设计标准》中的相关规定。例如重级工作制吊车梁和重级、中级工作制吊车桁架的疲劳强度问题，可将应力幅乘以所谓的欠载效应的等效因数，转化成常幅疲劳强度问题来计算。具体规定这里不再赘述。

基础测试

11-3-1 （填空题）焊接钢结构构件由于存在残余应力，一般采用危险点循环应力的（　　）进行疲劳强度校核。

11-3-2 （填空题）钢结构的疲劳问题，根据应力幅在应力循环中的情况，可分为（　　）疲劳问题和（　　）疲劳问题。

<<<< 例　题 >>>>

【例 11-3-2】 如图 11-3-11，一焊接箱形钢梁，在跨中截面受到 $F_{min} = 10\text{kN}$ 和 $F_{max} = 100\text{kN}$ 的常幅交变荷载作用，跨中截面对其水平形心轴 z 的惯性矩 $I_z = 68.5 \times 10^{-6}\text{m}^4$。该梁由手工焊接而成，属 Z5 类构件（表 11-3-1），若欲使构件在服役期限内，能承受 2×10^6 次交变荷载作用，试校核其疲劳强度。

【解】 ① 计算跨中截面危险点（顶部或底部的点）的应力幅

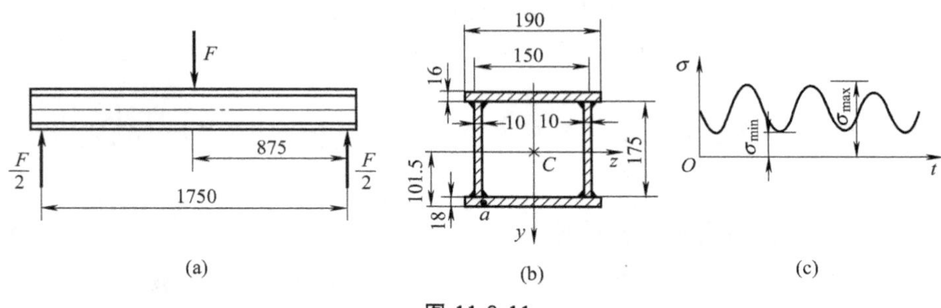

图 11-3-11

$$\sigma_{min}=\frac{(F_{min}l/4)\ y_a}{I_z}=6.48\text{MPa}$$

$$\sigma_{max}=\frac{(F_{max}l/4)\ y_a}{I_z}=64.83\text{MPa}$$

$$\Delta\sigma=\sigma_{max}-\sigma_{min}=64.83-6.48=58.35\text{MPa}$$

② 确定 $[\Delta\sigma]$。查表 11-3-1 得：$C=2.00\times10^{12}$，$\beta=3$，代入式（11-3-7）得

$$[\Delta\sigma]=\left(\frac{C}{N}\right)^{1/\beta}=\left(\frac{2.00\times10^{12}}{2\times10^{6}}\right)^{1/3}=100.0\text{MPa}$$

③ 疲劳强度校核。显然 $\gamma_t=1$，代入式（11-3-8）可得

$$\Delta\sigma=58.35\ \text{MPa}<\gamma_t[\Delta\sigma]=100.0\text{MPa}$$

满足疲劳强度要求。

小结

通过本节学习，应达到以下目标：

（1）掌握交变应力、应力谱、应力循环等概念；

（2）掌握交变应力的三个参数及据此进行的分类；

（3）掌握材料的 *S-N* 曲线、疲劳寿命、疲劳极限的概念；

（4）掌握材料和构件的疲劳极限的联系和区别，了解一般金属构件疲劳强度的校核方法；

（5）初步掌握钢结构常幅疲劳许用应力幅的确定方法，了解常幅疲劳和变幅疲劳强度的校核方法。

习 题

11-3-1 试求图 11-3-12 中交变应力的循环特征、应力幅和平均应力。

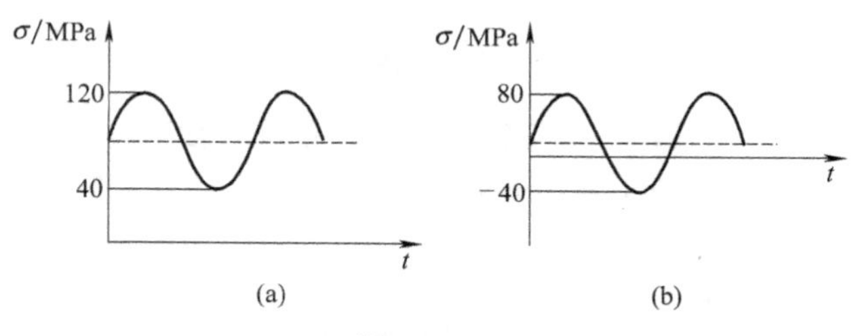

图 11-3-12

11-3-2　火车轮轴受力情况如图 11-3-13 所示。$a=500\text{mm}$，$l=1435\text{mm}$，轮轴中段直径 $d=150\text{mm}$。若 $F=50\text{kN}$，试求轮轴中段表面上任一点的最大应力、最小应力、循环特征。

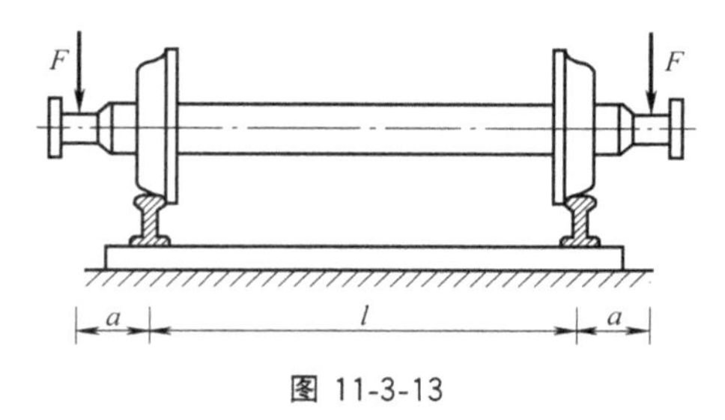

图 11-3-13

11-3-3　如图 11-3-14 所示，某装配车间的吊车梁由 22a 号工字钢制成，并在其中段焊上两块横截面积为 $120\text{mm}\times10\text{mm}$，长度为 2.5m 的加强钢板。吊车每次起吊 50kN 的重物，在略去吊车及钢梁的自重时，该吊车梁所承受的载荷可简化为 $F_{\min}=0$ 和 $F_{\max}=50\text{kN}$ 的常幅交变载荷，跨中截面对其水平形心轴 z 的惯性矩 $I_z=6574\times10^{-8}\text{m}^4$。焊接段采用手工焊接，属 Z3 类构件（表 11-3-1），欲使构件在服役期限内能承受 2×10^6 次交变荷载作用，试校核其疲劳强度。

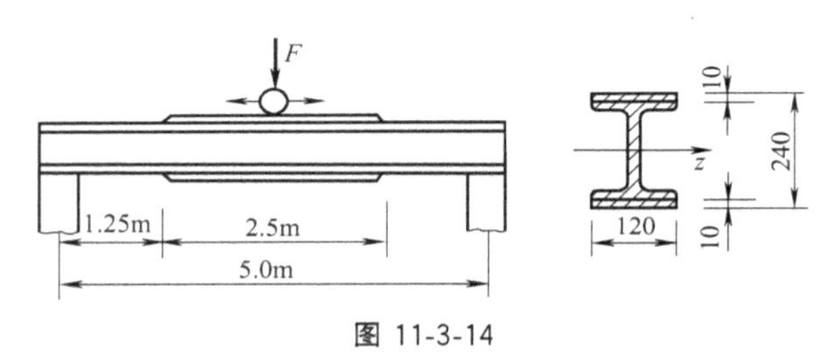

图 11-3-14

附录Ⅰ 截面的几何性质

本节导航

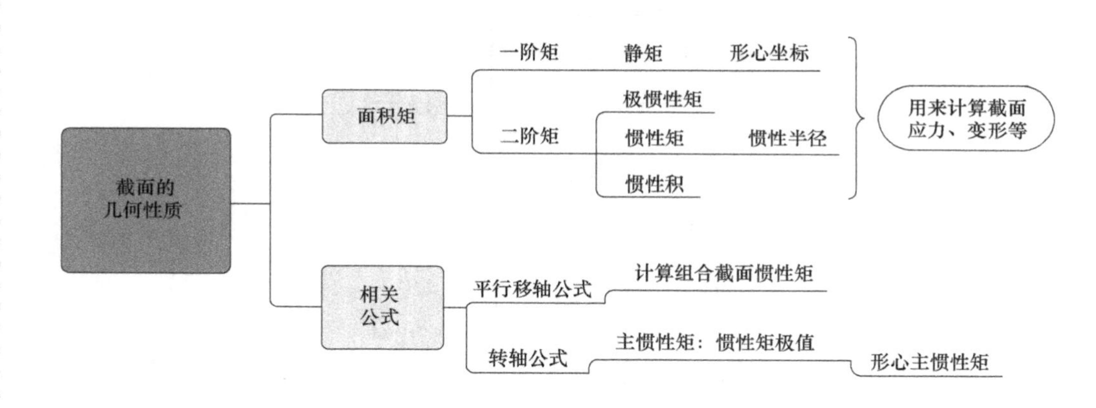

截面，实际上就是用假想平面切割构件所得到的平面图形。而截面的几何性质，就是和截面的几何形状相关的一些性质，例如在几何学上学过的面积、形心等。而这里，我们主要研究一些截面和强度、刚度等相关的几何性质。例如，我们曾经在4.3节中学过的极惯性矩，就属于这种情况。

Ⅰ.1 截面的面积矩

截面和强度、刚度相关的几何性质，主要是它的一些面积矩，准确说是它的面积一阶矩和二阶矩。

Ⅰ.1.1 静矩（面积一阶矩）

参照图Ⅰ-1，截面对 y、z 轴的**静矩**（Static Moment of on Area）定义为：

$$S_y=\int_A z\,\mathrm{d}A$$

$$S_z=\int_A y\,\mathrm{d}A \quad (Ⅰ\text{-}1)$$

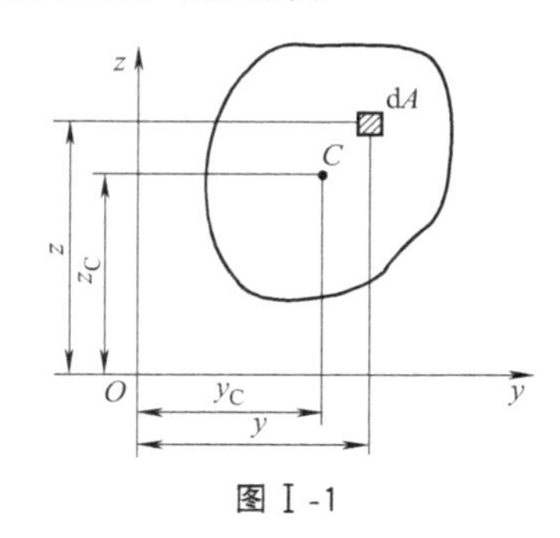

图Ⅰ-1

式中，A 是整个截面的面积。

由定义可知，静矩可正、可负，也可能等于零的代数量，其量纲是长度的三次方。

读者是否还记得平面图形的形心概念，下面我们一块回顾一下，因为静矩和形心的关系比较密切。如图Ⅰ-1，截面的形心为 C，则形心坐标为

$$y_C=\frac{\int_A ydA}{A}=\frac{S_z}{A}$$

$$z_C=\frac{\int_A zdA}{A}=\frac{S_y}{A} \quad (Ⅰ\text{-}2)$$

由此也得到静矩的另外一种计算方法

$$S_y=Az_C$$

$$S_z=Ay_C \quad (Ⅰ\text{-}3)$$

根据以上公式，可以得到静矩的以下性质：

① **若截面对某一轴的静矩等于零，则该轴必过形心；**

② **截面对过形心的轴**（简称**形心轴**）**的静矩等于零。**

☆**【拓展】** 由此可见静矩的几何意义：它反映了截面形心对坐标轴的“偏离程度”，即：截面静矩越大，其形心偏离坐标轴越远；反之，截面静矩越小，其形心离坐标轴越近。

Ⅰ.1.2 惯性矩（面积二阶矩）

前面4.3节中我们曾经学过截面的**极惯性矩**（Polar Moment of Inertia of an Area），参照图Ⅰ-2，将其定义为

$$I_p=\int_A \rho^2\,\mathrm{d}A \quad (Ⅰ\text{-}4)$$

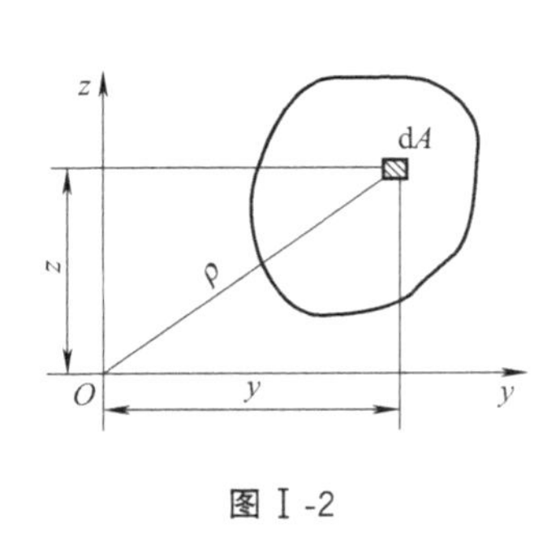

图Ⅰ-2

它是一种极坐标下的面积二阶矩。仿此，定义截面对两个直角坐标轴的二阶矩——**惯性矩**（Moment of Inertia of an Area）。

$$I_y=\int_A z^2\,\mathrm{d}A$$

$$I_z=\int_A y^2\,\mathrm{d}A \quad (Ⅰ\text{-}5)$$

I_y、I_z 分别称为对 y、z 轴的惯性矩。

由定义可知，(极) 惯性矩只能是正值，其量纲是长度的四次方。

由图Ⅰ-2可以得到极坐标和直角坐标的关系为

$$\rho^2 = z^2 + y^2$$

由此可得惯性矩和极惯性矩的关系

$$I_p = I_y + I_z \tag{Ⅰ-6}$$

★【拓展】 由惯性矩的定义可以得到其几何意义：(极) 惯性矩的大小反映了面积对坐标轴 (坐标原点) 的偏离程度；也就是说，(极) 惯性矩的值越大，面积偏离坐标轴 (坐标原点) 越远；反之，(极) 惯性矩的值越小，说明面积越分布在坐标轴 (坐标原点) 附近。

★【思考】 根据上面的几何性质，读者可以考虑一下，同样面积的圆和圆环，哪一个对圆心的极惯性矩更大?

在工程中，还常用到和惯性矩对应的一个量：**惯性半径**，其定义为

$$i_y = \sqrt{\frac{I_y}{A}}$$

$$i_z = \sqrt{\frac{I_z}{A}} \tag{Ⅰ-7}$$

惯性半径是长度的量纲，可以认为它比较直观地反映了面积对坐标轴偏离的程度，其值越大，面积偏离坐标轴越远。

Ⅰ.1.3 惯性积 (面积二阶矩或混合矩)

参照图Ⅰ-2，将截面的**惯性积**定义为

$$I_{yz} = \int_A yz\,\mathrm{d}A \tag{Ⅰ-8}$$

由定义可知，惯性积可以是正值、负值或零，其量纲是长度的四次方。

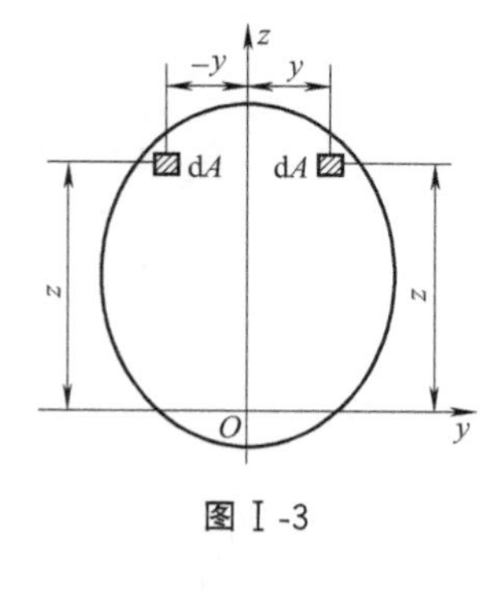

图Ⅰ-3

★【思考】 惯性积的几何意义怎样呢? 或者说，惯性积的大小和截面的几何形状有什么关系? 这是一个比较复杂的问题，并没有明确的答案。不过有一点是确定的，就是与惯性积的大小和截面关于坐标轴的对称性有关。这里请读者思考一个相对简单的问题：图Ⅰ-3中截面关于 z 轴对称，则截面对 yz 轴的惯性积大小是多少?

实际上，惯性积有下面的重要性质：**若 y，z 两坐标轴中有一个为截面的对称轴，则截面对 y，z 轴的惯性积一定等于零。**

关于这个性质的证明，请读者参照图Ⅰ-3自行解决，这里不再赘述。

Ⅰ.1.4　组合截面的面积矩计算

如图Ⅰ-4中（a）、（b）、（c）所示，由几种简单图形（矩形、圆形、三角形等）组成的截面，称为组合截面。

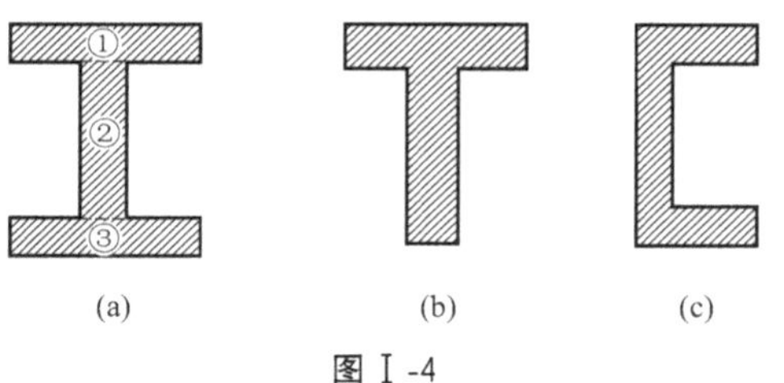

图Ⅰ-4

我们前面所学的几种面积矩有一个共同特点：都是用积分来定义的。而积分具有“可加性”，即：如果积分域由几部分组成的话，则在整个积分域上的积分等于在各个部分上的积分之和。由此得到组合截面面积矩的计算方法：

截面各组成部分对于某一轴的面积矩之代数和，等于该截面对于同一轴的面积矩。这种求面积矩的方法，称为**组合法**或**分割法**。

例如：图Ⅰ-4（a）中工字形截面对某一轴的静矩或惯性矩就等于三个矩形部分对同一轴的静矩或惯性矩之和。

☆**【注意】** 由式（Ⅰ-2）可知，形心坐标并非积分表达式，因此截面的形心坐标不能直接由各部分形心坐标相加得到。但是，由于

$$y_C=\frac{S_z}{A},\ z_C=\frac{S_y}{A}$$

而表达式中分子和分母分别是静矩和面积，都具有可加性，所以仍然可以分割成简单图形进行计算。

基础测试

Ⅰ-1　（判断题）平面图形对某一轴的静矩为零，则该轴必过图形的形心。（　　）

Ⅰ-2　（填空题）在 yOz 坐标系中，平面图形对 z 轴的静矩可以用面积乘以形心的（　　）坐标来计算。

Ⅰ-3　（填空题）组合图形对某一轴的静矩或惯性矩等于各部分对同一轴静矩或惯性矩的（　　）。

Ⅰ-4　（判断题）截面对任意轴的惯性矩必不为零。（　　）

Ⅰ-5　（填空题）截面对任意正交轴的惯性矩之和恒等于对坐标轴原点的（　　）惯性矩。

Ⅰ-6　（单选题）截面对于其对称轴的（　　）。

A. 静矩为零，惯性矩不为零；B. 静矩和惯性矩均为零；

C. 静矩不为零，惯性矩为零；D. 静矩和惯性矩均不为零。

Ⅰ-7　（单选题）截面两坐标轴有一个为对称轴，一般来讲对两轴（　　）。

A. 静矩都为零，惯性积不为零；B. 静矩和惯性积都不为零；

C. 静矩都不为零，惯性积为零；D. 静矩和惯性积不都为零。

<<<< 例　题 >>>>

【例Ⅰ-1】 求如图直角三角形对 y、z 轴的静矩及其形心坐标。

【分析】①本例求静矩最简单的方法是利用公式（Ⅰ-3），但是由于后面要求三角形的形心坐标，所以必须将其视为未知。这样求静矩时只能采用定义式（Ⅰ-1）。

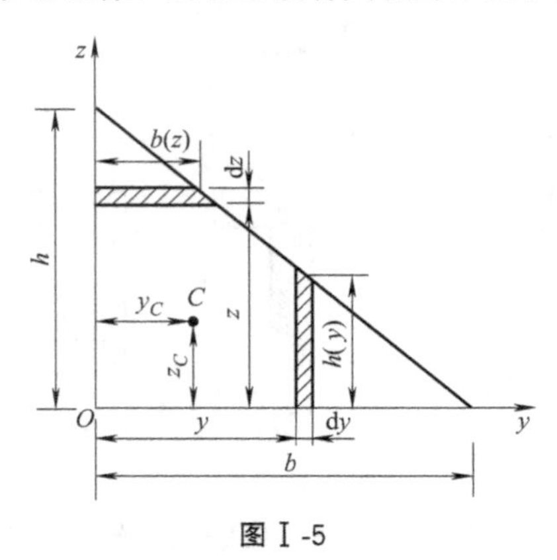

图Ⅰ-5

②在利用定义式积分时，注意以下技巧：例如求 $S_y=\int_A z\mathrm{d}A$ 时，如何选取积分变量就很重要。如果选取图Ⅰ-5中的水平小窄条作为微元面积 $\mathrm{d}A$，则积分变量就可以转化为 $\mathrm{d}z$，也就是只做一维积分就可以了，读者可以自己先尝试一下。

【解】如图Ⅰ-5，取三角形中任意 z 坐标处 $\mathrm{d}z$ 宽度的窄条作为微元面积，则其宽度为

$$b(z)=\frac{h-z}{h}b$$

微元面积为

$$\mathrm{d}A=b(z)\mathrm{d}z=\frac{h-z}{h}b\mathrm{d}z$$

则对 y 轴的静矩为

$$S_y=\int_A z\mathrm{d}A=\int_0^h z\frac{h-z}{h}b\mathrm{d}z=\frac{bh^2}{6}$$

同样的方法可求得

$$S_z=\frac{hb^2}{6}$$

则形心坐标为

$$y_C=\frac{S_z}{A}=\frac{hb^2}{6}\bigg/\left(\frac{bh}{2}\right)=\frac{b}{3}$$

$$z_C=\frac{S_y}{A}=\frac{bh^2}{6}\bigg/\left(\frac{bh}{2}\right)=\frac{h}{3}$$

【例Ⅰ-2】求图Ⅰ-6所示组合截面的形心位置（单位：mm）。

【分析】①截面存在对称轴（图中 z 轴），所以形心一定位于对称轴上；

②组合截面的形心坐标可以采用分割法（组合法）来求，读者不妨一试。

【解】如图Ⅰ-6，沿底边建立 y 轴，以对称轴建立 z 轴，则 $y_C=0$。

为求出形心的 z 坐标，将截面分为三个部分，图中分别以Ⅰ、Ⅱ、Ⅲ表示，则Ⅰ、Ⅱ部分的面积和形心坐标分别为

$$A_1=A_2=20\times150\text{mm}^2=3000\text{mm}^2，z_{C1}=z_{C2}=75\text{mm}$$

Ⅲ部分的面积和形心坐标分别为

$$A_3=20\times400\text{mm}^2=8000\text{mm}^2，z_{C3}=160\text{mm}$$

则截面形心 z 坐标为

$$z_C=\frac{S_y}{A}=\frac{\sum A_i z_{Ci}}{\sum A_i}=123.6\text{mm}$$

【例Ⅰ-3】 求图Ⅰ-7中矩形截面对过形心坐标轴（简称**形心轴**）的惯性矩。

【分析】 注意参照例Ⅰ-1，恰当地选择微元面积。

【解】 如图Ⅰ-7，选择水平小窄条作为微元面积 $\mathrm{d}A$，则

$$\mathrm{d}A=b\,\mathrm{d}z$$

$$I_y=\int_A z^2\,\mathrm{d}A=\int_{-\frac{h}{2}}^{\frac{h}{2}} z^2 b\,\mathrm{d}z=\frac{bh^3}{12}$$

同样的方法可求得：$I_z=\dfrac{hb^3}{12}$。

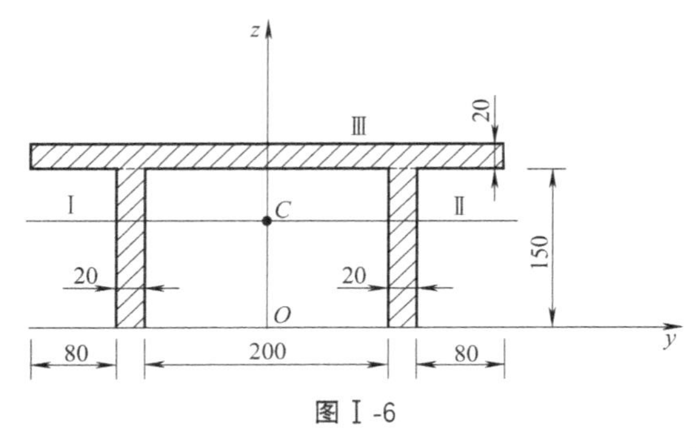

图Ⅰ-6

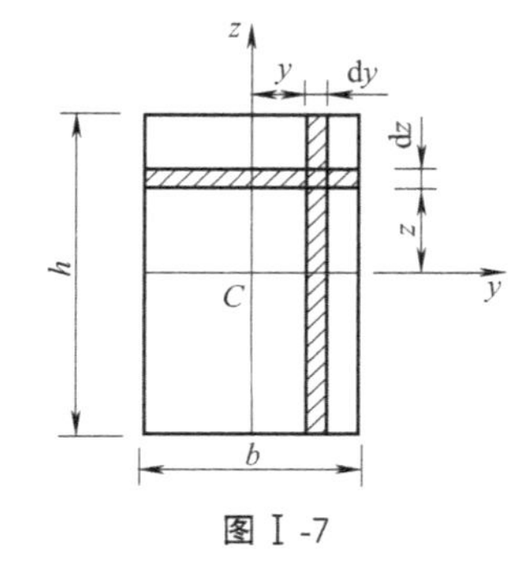

图Ⅰ-7

【例Ⅰ-4】 求图Ⅰ-8中圆形截面对形心轴的惯性矩。

【分析】 ①可以如图Ⅰ-8选取微元面积进行积分，请读者自行完成。

②在3.3节中已求得 $I_p=\dfrac{\pi d^4}{32}$，利用这一结果可以方便地求得对形心轴的惯性矩，请读者思考如何进行？

【解】 由圆的对称性可知 $I_y=I_z$，而 $I_p=I_y+I_z=\dfrac{\pi d^4}{32}$，可得

$$I_y=I_z=\frac{\pi d^4}{64}$$

【例Ⅰ-5】 试求图Ⅰ-9 (a) 所示工字形截面对 y 轴的惯性矩。

【分析】 可以采用另外一种"分割法"，如图Ⅰ-8 (b)，用两块小矩形（阴影部分）将工字形补为一个大矩形。求出大矩形的惯性矩后，再减去两块小矩形的惯性矩。

【解】 如图Ⅰ-9 (b)，工字形截面的惯性矩为

$$I_y=\frac{BH^3}{12}-2\times\frac{(B-d)/2\times h^3}{12}=\frac{BH^3-(B-d)h^3}{12}$$

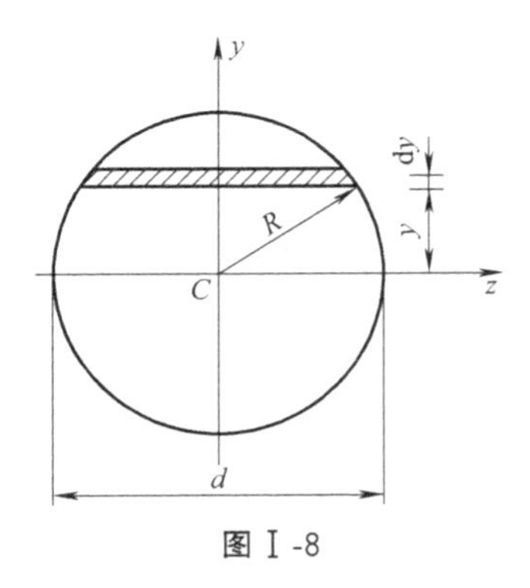

图Ⅰ-8

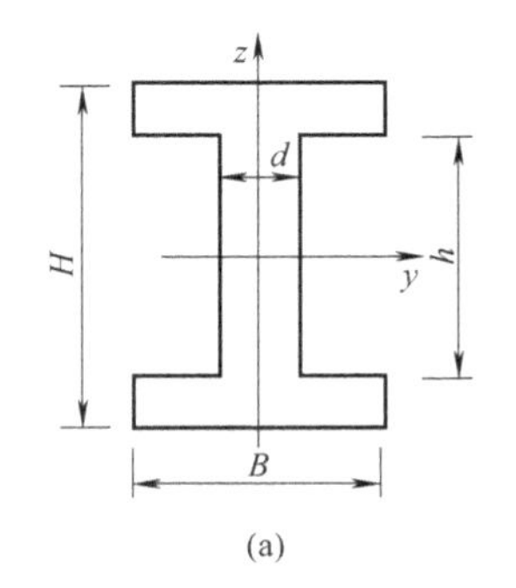

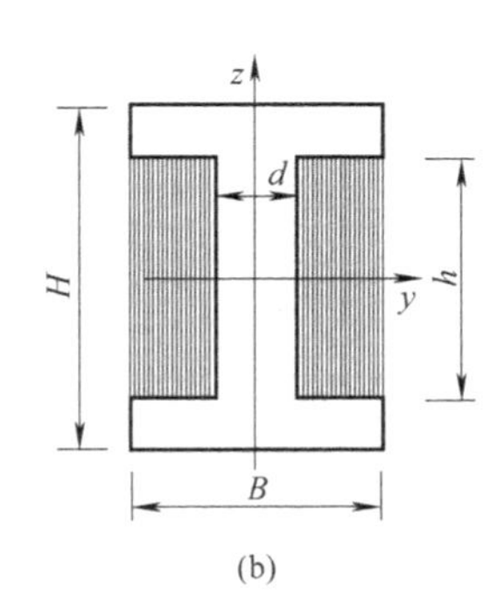

图Ⅰ-9

附录

Ⅰ.2 平行移轴公式和转轴公式

Ⅰ.2.1 平行移轴公式

前面讲到，组合截面求惯性矩的时候，可以分成几个简单的图形来求解。由于简单图形的惯性矩往往是已知的（例如矩形和圆形），这样只要将各部分的惯性矩相加即可。但是，这里有一个问题，简单图形一般只有对形心轴的惯性矩是已知的，如果要用到对其他轴的惯性矩怎么办呢？

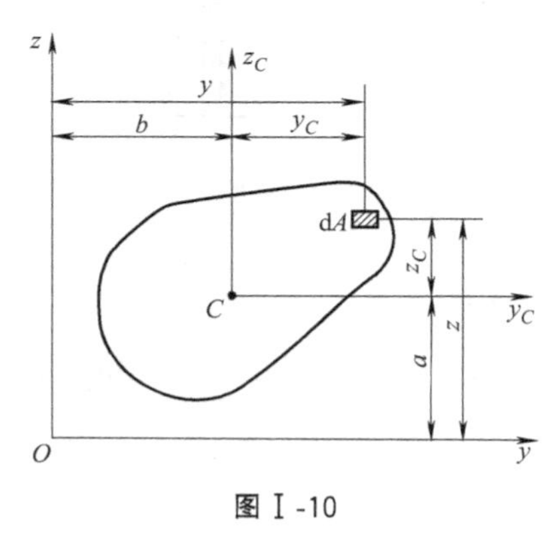

图Ⅰ-10

下面给出的平行移轴公式，就能解决这一问题：

如图Ⅰ-10，y_C 和 z_C 是过截面形心 C 的一组形心轴，而 y 轴和 z 轴则分别是与其平行的一组任意坐标轴。设形心 C 在 yOz 坐标系中的坐标为（b，a），截面面积为 A，则

$$\begin{aligned} I_y &= I_{y_C} + a^2 A \\ I_z &= I_{z_C} + b^2 A \\ I_{yz} &= I_{y_C z_C} + abA \end{aligned} \qquad (Ⅰ\text{-}9)$$

以上公式称为**平行移轴公式**（Paralled Axis Formula），它反映了截面对平行于形心轴的坐标轴的惯性矩与形心轴惯性矩之间的关系。

★**【分析】** 由惯性矩的定义

$$I_y = \int_A z^2 \mathrm{d}A\text{，}I_{yC} = \int_A z_C^2 \mathrm{d}A$$

显然找到了两组坐标 z 和 z_C 之间的关系，即可找到惯性矩之间的关系。读者可以先试一试。

★**【证明】** 由图Ⅰ-10 可知

$$z = z_C + a$$

则 $$I_y = \int_A z^2 \mathrm{d}A = \int_A (z_C + a)^2 \mathrm{d}A = \int_A z_C^2 \mathrm{d}A + 2a\int_A z_C \mathrm{d}A + a^2\int_A \mathrm{d}A$$

而 $$\int_A z_C^2 \mathrm{d}A = I_{y_C}\text{，}\int_A z_C \mathrm{d}A = S_{y_C} = 0\text{（形心轴静矩为零），}\int_A \mathrm{d}A = A$$

代入上式即得要证的结果。

其余两式证明方法类似，交给读者完成。

由平行移轴公式可以得到两个重要的推论：

推论 1：在所有平行的坐标轴中，截面对形心轴的惯性矩最小。

推论 2：如果截面对一组形心轴的惯性积为零，则对于任意与形心轴平行的一组坐标

轴，**惯性积等于截面形心坐标与面积的乘积。**

以上推论证明非常简单，请读者自行完成。

基础测试

Ⅰ-2-1 （判断题）在平面内所有平行的坐标轴中，截面对过形心坐标轴的惯性矩是最小的。（　　）

Ⅰ-2-2 （填空题）图Ⅰ-11中矩形尺寸如图所示，单位为mm，则矩形对 z 轴的惯性矩为（　　），对 y 轴的惯性矩为（　　），对 yz 轴的惯性积为（　　）。

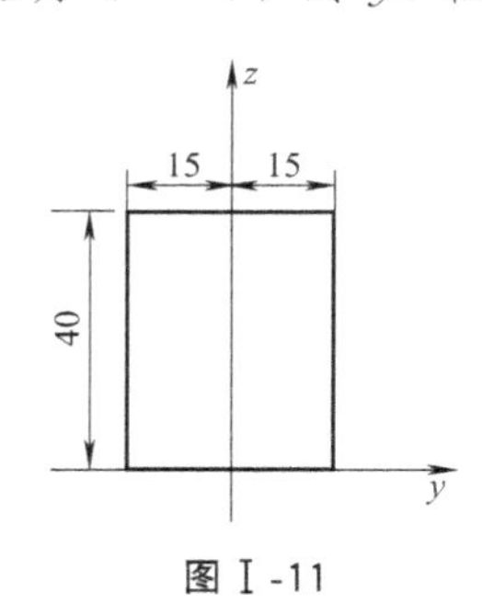

图Ⅰ-11

例　题

【例Ⅰ-6】 求图Ⅰ-12中倒T形截面对其形心轴 y_C 的惯性矩。

【分析】 显然截面可以分割为两个矩形。矩形对形心轴的惯性矩是已知的（参见例Ⅰ-3），这样利用平行移轴公式就可以求出对 y_C 轴的惯性矩。不过这里 y_C 轴的位置是待定的，所以还需要先求出截面的形心位置。

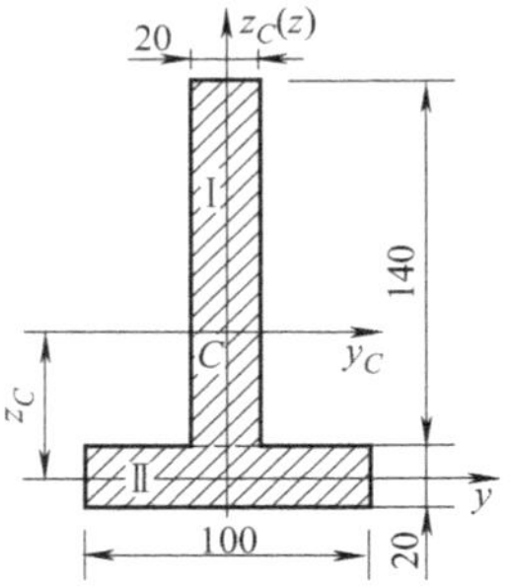

【解】 如图Ⅰ-12，将截面分为Ⅰ、Ⅱ两个矩形。取截面的对称轴为 z 轴（同时也是截面的形心轴 z_C 轴），取过Ⅱ矩形形心的水平轴作为 y 轴建立坐标系。则Ⅰ、Ⅱ部分的面积和形心坐标分别为

图Ⅰ-12

$$A_1=20\times140\text{mm}，z_{C1}=80\text{mm}；A_1=20\times100\text{mm}，z_{C2}=0$$

则
$$z_C=\frac{A_1z_{C1}+A_2z_{C2}}{A_1+A_2}=46.7\text{mm}$$

由此建立 y_C 轴，则根据平行移轴公式，两部分对 y_C 轴的惯性矩分别为

$$I_{y_C}^1=\frac{1}{12}\times20\times140^3+20\times140\times(80-46.7)^2\text{mm}^4$$

$$I_{y_C}^2=\frac{1}{12}\times100\times20^3+100\times20\times46.7^2\text{mm}^4$$

总惯性矩为：$I_{y_C}=I_{y_C}^1+I_{y_C}^2=1.212\times10^7\text{mm}^4$

【思考】 请读者思考，整个截面和两个部分对两个形心轴 y_C 和 z_C 的惯性积分别是多少？

【解析】 都是零，这点可以根据 z_C 是对称轴得到，你答对了吗？

Ⅰ.2.2 转轴公式

（1）公式的导出

平行移轴公式只是解决了平行轴惯性矩之间关系的问题，如果是非平行轴惯性矩之间的关系，则需要**转轴公式**（Rotation Axis Formula）来解决。而且，转轴公式还可以解决过一点所有轴的惯性矩的极值问题。

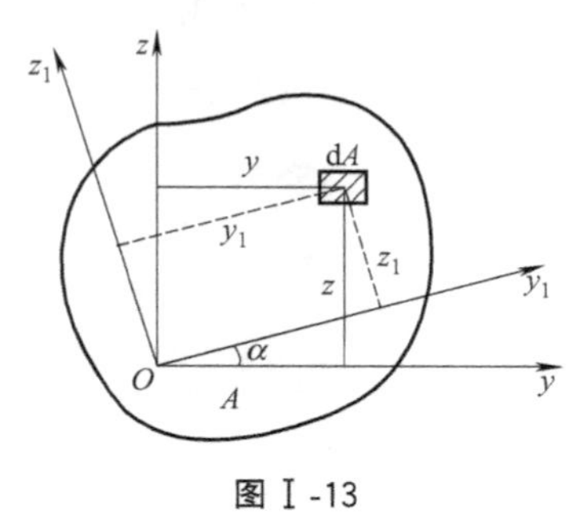

图Ⅰ-13

如图Ⅰ-13，yOz 为过截面上的任一点建立的坐标系，y_1Oz_1 为 yOz 转过 α 角后形成的新坐标系。其中的 α 角逆时针时取正，反之取负号。如果已知截面对坐标轴 y、z 轴的惯性矩和惯性积，求截面对 y_1、z_1 轴的惯性矩和惯性积。

问题的求解思路应该是比较明确的，只要找到两种坐标系之间的坐标变换式，就可以找出两种惯性矩和惯性积之间的关系。利用数学知识可得

$$\begin{cases} y_1 = y\cos\alpha + z\sin\alpha \\ z_1 = -y\sin\alpha + z\cos\alpha \end{cases}$$

$$\begin{aligned} I_{y_1} &= \int_A z_1^2 dA = \int_A (-y\sin\alpha + z\cos\alpha)^2 \mathrm{d}A \\ &= \cos^2\alpha \int_A z^2 \mathrm{d}A + \sin^2\alpha \int_A y^2 \mathrm{d}A - \sin 2\alpha \int_A yz \mathrm{d}A \\ &= I_y \cos^2\alpha + I_z \sin^2\alpha - I_{yz} \sin 2\alpha \end{aligned}$$

略加变换得

$$I_{y_1} = \frac{I_y + I_z}{2} + \frac{I_y - I_z}{2}\cos 2\alpha - I_{yz}\sin 2\alpha \tag{Ⅰ-10}$$

同样方法可以推得

$$I_{z_1} = \frac{I_y + I_z}{2} - \frac{I_y - I_z}{2}\cos 2\alpha + I_{yz}\sin 2\alpha \tag{Ⅰ-11}$$

$$I_{y_1z_1} = \frac{I_y - I_z}{2}\sin 2\alpha + I_{yz}\cos 2\alpha \tag{Ⅰ-12}$$

由公式（Ⅰ-10）和公式（Ⅰ-11）可以得到惯性矩的一个重要性质

$$I_{y_1} + I_{z_1} = I_y + I_z \tag{Ⅰ-13}$$

即：**截面对过一点的任意一组正交坐标轴的惯性矩之和为常量。**

（2）一点的惯性矩极值：主惯性矩

根据前面导出的转轴公式，可以求得过截面一点坐标轴中惯性矩取极值的轴：由于惯性矩是转角 α 的函数，则取得极值时应满足

$$\frac{\mathrm{d}I_{y_1}}{\mathrm{d}\alpha} = -(I_y - I_z)\sin 2\alpha - 2I_{yz}\cos 2\alpha = 0 \tag{Ⅰ-14}$$

可求得对应的角度 α_0 为

$$\tan 2\alpha_0=\frac{-2I_{yz}}{I_y-I_z} \tag{Ⅰ-15}$$

或者：$\alpha_0=\frac{k\pi}{2}+\frac{1}{2}\arctan\left(\frac{-2I_{yz}}{I_y-I_z}\right)$，$k=0$，$\pm1$，$\pm2$，…

实际应用时，只要取 $k=0$ 和 $k=1$ 两个值，得到一对正交坐标轴即可，因为其他值对应的坐标轴都是重复的。一般将这一对坐标轴记为 y_0 和 z_0，称为截面在一点处的**主惯性轴**(Principal Axes of Inertia of an Area)。相应地，它们对应的惯性矩就是截面对过一点轴的惯性矩的极值，记作 I_{y_0} 和 I_{z_0}，称为一点的**主惯性矩**（Principal Moment of Inertia of an Area）。

主惯性矩下列两个重要性质：

☆**【性质 1】** 两个主惯性矩分别是截面对过一点所有轴的惯性矩的极大值和极小值。

由式（Ⅰ-13）可以知道：$I_{y_0}+I_{z_0}=I_y+I_z=$常量。可见：两个极值应该分别是极大值和极小值。实际上，结合连续函数的性质，也可以说**两个主惯性矩是截面对过一点所有轴的惯性矩的最大值和最小值。**

☆**【性质 2】** 截面对两个主惯性轴的惯性积为零。

上面的式（Ⅰ-14）结合式（Ⅰ-12）可写作

$\frac{dI_{y_1}}{d\alpha}=-(I_y-I_z)\sin 2\alpha-2I_{yz}\cos 2\alpha=-I_{y_1z_1}=0$，即 $I_{y_1z_1}=0$

由此也可以得到主惯性矩的另一种定义方式：**如果截面对过一点的两个正交坐标轴的惯性积为零，则此两个轴称为此点的主惯性轴，相应的惯性矩称为主惯性矩。**

为求出主惯性矩的大小，可以将式（Ⅰ-16）求得的两个角度

$$\alpha_0=\frac{1}{2}\arctan\left(\frac{-2I_{yz}}{I_y-I_z}\right) \text{ 或 } \frac{\pi}{2}+\frac{1}{2}\arctan\left(\frac{-2I_{yz}}{I_y-I_z}\right)$$

代入式（Ⅰ-10）中，求得两个主惯性矩

$$\left.\begin{matrix}I_{max}\\I_{min}\end{matrix}\right\}=\frac{I_y+I_z}{2}\pm\frac{1}{2}\sqrt{(I_y-I_z)^2+4I_{yz}^2} \tag{Ⅰ-16}$$

☆**【注意】** 两个主惯性轴和角度的对应关系，一般可以用“临近原则”来判定，即：最大主惯性矩 I_{max} 对应的主惯性轴应该临近 y 轴和 z 轴中惯性矩较大的那一个（参见例Ⅰ-7）。

（3）形心主惯性矩

通过截面形心的主惯性轴，称为**形心主惯性轴**（Cenrtroidal Principal Axes of Inertia of an Area），相应的惯性矩称为**形心主惯性矩**（Centroidal Principal Moment of Inertia of an Area）。

我们知道，形心轴是所有平行轴中惯性矩最小的，而主惯性轴又是过一点坐标轴中惯性矩最大的和最小的。因此二者结合的形心主惯性轴及相应的形心主惯性矩，对于截面有很重要的意义。

基础测试

Ⅰ-2-3 （判断题）截面任意点的主惯性矩是截面对通过该点的所有轴的惯性矩中最大的和最小的。（　　）

Ⅰ-2-4 （判断题）截面的对称轴一定是截面的形心主惯性矩。（　　）

例　题

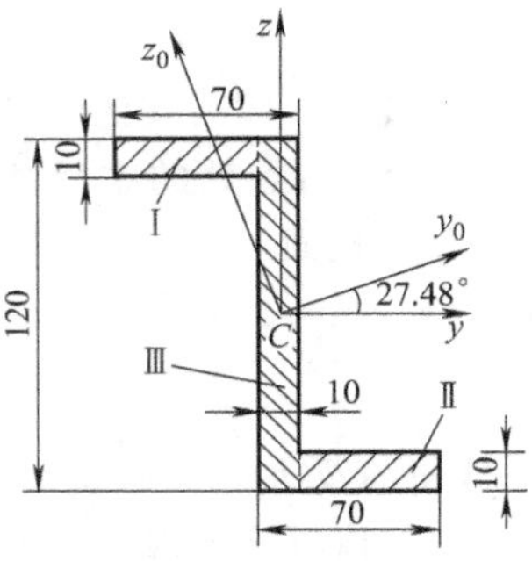

【例Ⅰ-7】 Z型钢的截面尺寸如图Ⅰ-14所示，反对称中心 C 为其形心。试求对其形心主惯轴的方位及相应的形心主惯性矩。

【分析】 根据公式（Ⅰ-14）和公式（Ⅰ-15）要求出形心主惯性矩，必须先求出一组过形心的正交坐标轴的惯性矩和惯性积。显然图中 y、z 轴的惯性矩和惯性积比较容易确定，因此可以先从这里开始。

【解】 如果建立形心轴，将截面分为三部分，利用平行移轴公式可得

图Ⅰ-14

$$I_y=\left(\frac{1}{12}\times60\times10^3+55^2\times60\times10\right)\times2+\frac{1}{12}\times10\times120^3\ \text{mm}^4=5.08\times10^6\,\text{mm}^4$$

$$I_z=\left(\frac{1}{12}\times60^3\times10+35^2\times60\times10\right)\times2+\frac{1}{12}\times10^3\times120\ \text{mm}^4=1.84\times10^6\,\text{mm}^4$$

$$I_{yz}=(-35)\times55\times60\times10+35\times(-55)\times60\times10\ \text{mm}^4=-2.31\times10^6\,\text{mm}^4$$

由此可求得

$$\tan2\alpha_0=\left(\frac{-2I_{yz}}{I_y-I_z}\right)=1.426，\text{即：}\alpha_0=27.48^\circ\text{或}117.48^\circ$$

由于 $I_y>I_z$，所以 $\alpha_0=27.48^\circ$ 对应的 $I_{y_0}=I_{\max}$，即

$$I_{y_0}=\frac{I_y+I_z}{2}+\frac{1}{2}\sqrt{(I_y-I_z)^2+4I_{yz}^2}=628\times10^4\,\text{mm}^4$$

$$I_{z_0}=\frac{I_y+I_z}{2}-\frac{1}{2}\sqrt{(I_y-I_z)^2+4I_{yz}^2}=64\times10^4\,\text{mm}^4$$

小结

通过本节学习，应达到以下目标：

（1）掌握截面（或平面图形）的常见几何性质的计算方法：形心坐标、静矩、惯性矩、极惯性矩、惯性积、惯性半径；

（2）掌握截面（或平面图形）惯性矩和惯性积的平行移轴公式、转轴公式及其应用。

习　题

Ⅰ-1 试求图Ⅰ-15中图形的形心坐标 y_C。

Ⅰ-2 如图Ⅰ-16所示，为使 y 轴成为图形的形心轴，则应在下面截去的小矩形的高度 a 为多少？

Ⅰ-3 求图Ⅰ-17中平面图形对 y、z 轴的惯性矩。

Ⅰ-4 求图Ⅰ-18中平面图形过 O 点的主惯性轴方位和主惯性矩的大小。

Ⅰ-5 求图Ⅰ-19平面图形形心主惯性轴的方位和形心主惯性矩的大小。

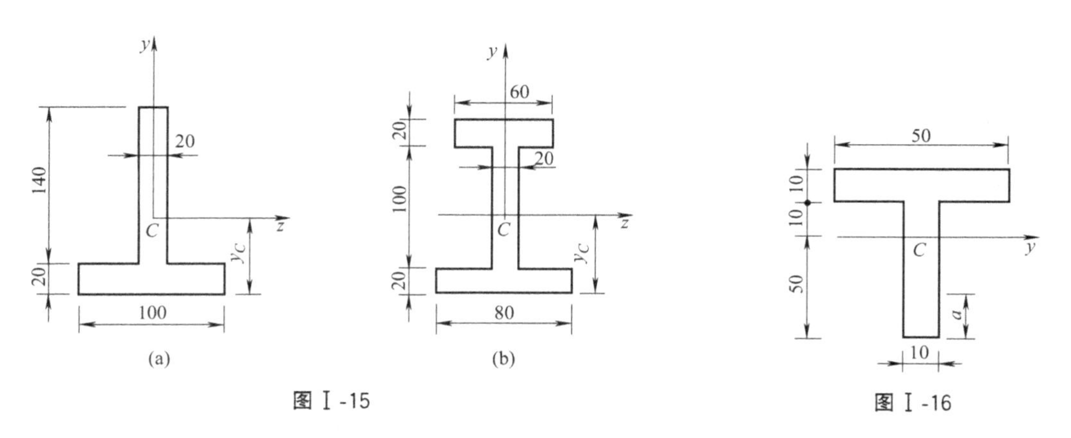

图Ⅰ-15

图Ⅰ-16

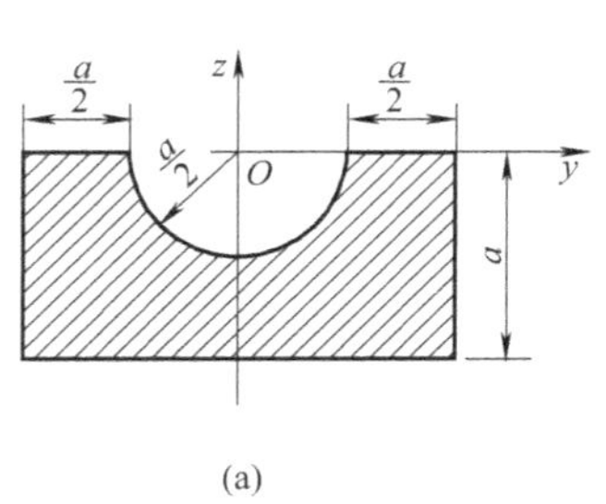

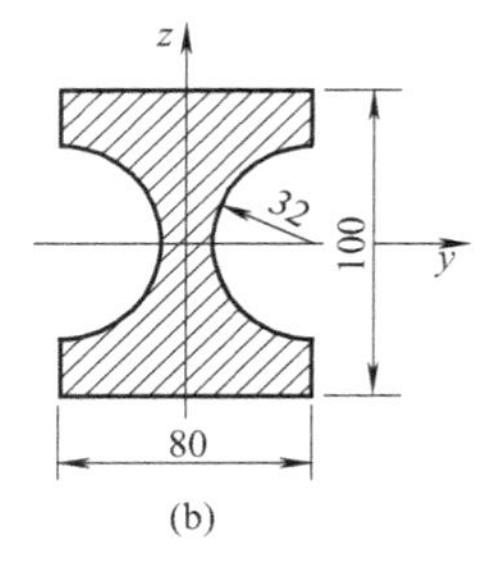

图Ⅰ-17

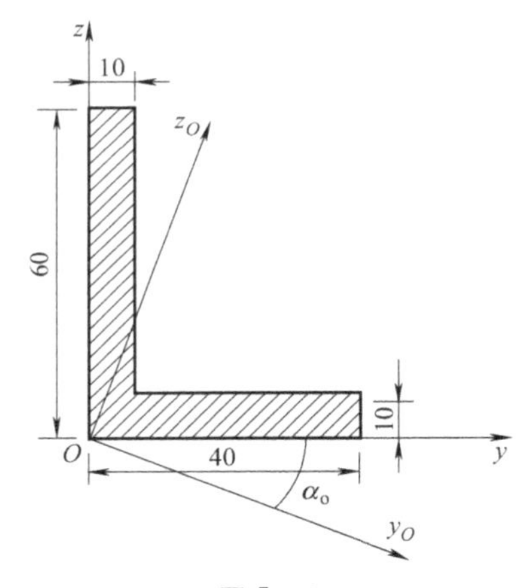

图Ⅰ-18

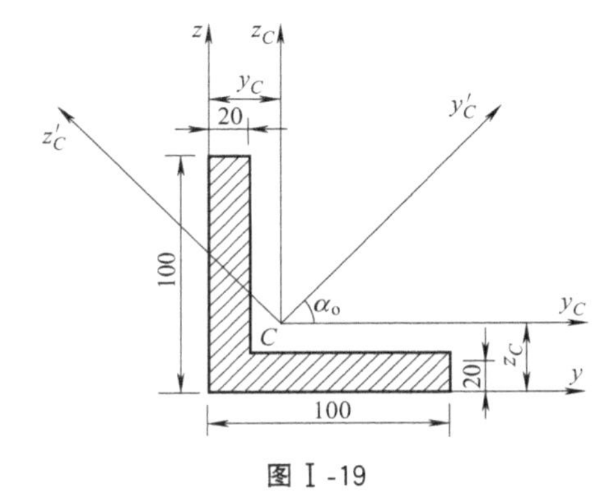

图Ⅰ-19

附录

附录Ⅱ 型钢表

Ⅱ.1 等边角钢截面尺寸、截面面积、理论重量及截面特性（GB/T 706—2016）

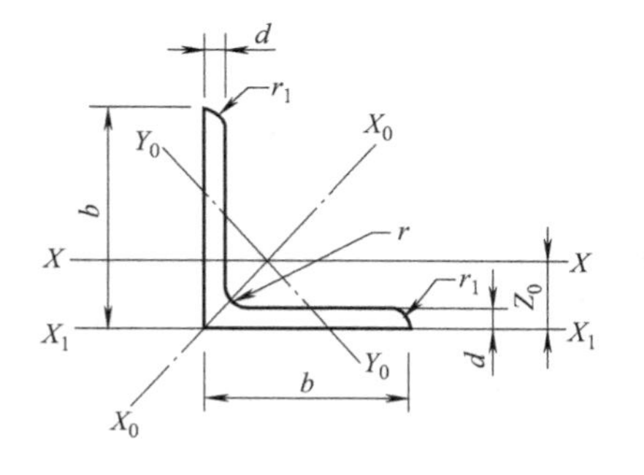

b——边宽度；
d——边厚度；
r——内圆弧半径；
r_1——边端圆弧半径；
Z_0——重心距离

等边角钢截面图

表Ⅱ.1 等边角钢截面尺寸、截面面积、理论重量及截面特性（GB/T 706—2016）

型号	截面尺寸/mm			截面面积/cm²	理论重量/(kg·m⁻¹)	外表面积/(m²·m⁻¹)	惯性矩/cm⁴				惯性半径/cm			截面模数/cm³			重心距离/cm
	b	d	r				I_x	I_{x1}	I_{x0}	I_{y0}	i_x	i_{x0}	i_{y0}	W_x	W_{x0}	W_{y0}	Z_0
2	20	3	3.5	1.132	0.889	0.078	0.40	0.81	0.63	0.17	0.59	0.75	0.39	0.29	0.45	0.20	0.60
		4		1.459	1.145	0.077	0.50	1.09	0.78	0.22	0.58	0.73	0.38	0.36	0.55	0.24	0.64
2.5	25	3		1.432	1.124	0.098	0.82	1.57	1.29	0.34	0.76	0.95	0.49	0.46	0.73	0.33	0.73
		4		1.859	1.459	0.097	1.03	2.11	1.62	0.43	0.74	0.93	0.48	0.59	0.92	0.40	0.76
3.0	30	3	4.5	1.749	1.373	0.117	1.46	2.71	2.31	0.61	0.91	1.15	0.59	0.68	1.09	0.51	0.85
		4		2.276	1.786	0.117	1.84	3.63	2.92	0.77	0.90	1.13	0.58	0.87	1.37	0.62	0.89
3.6	36	3		2.109	1.656	0.141	2.58	4.68	4.09	1.07	1.11	1.39	0.71	0.99	1.61	0.76	1.00
		4		2.756	2.163	0.141	3.29	6.25	5.22	1.37	1.09	1.38	0.70	1.28	2.05	0.93	1.04
		5		3.382	2.654	0.141	3.95	7.84	6.24	1.65	1.08	1.36	0.70	1.56	2.45	1.00	1.07
4	40	3	5	2.359	1.852	0.157	3.59	6.41	5.69	1.49	1.23	1.55	0.79	1.23	2.01	0.96	1.09
		4		3.086	2.422	0.157	4.60	8.56	7.29	1.91	1.22	1.54	0.79	1.60	2.58	1.19	1.13

续表

型号	截面尺寸/mm			截面面积/cm^2	理论重量/(kg·m^{-1})	外表面积/(m^2·m^{-1})	惯性矩/cm^4				惯性半径/cm			截面模数/cm^3			重心距离/cm
	b	d	r				I_x	I_{x1}	I_{x0}	I_{y0}	i_x	i_{x0}	i_{y0}	W_x	W_{x0}	W_{y0}	Z_0
4	40	5		3.791	2.976	0.156	5.53	10.74	8.76	2.30	1.21	1.52	0.78	1.96	3.10	1.39	1.17
4.5	45	3	5	2.659	2.088	0.177	5.17	9.12	8.20	2.14	1.40	1.76	0.89	1.58	2.58	1.24	1.22
		4		3.486	2.736	0.177	6.65	12.18	10.56	2.75	1.38	1.74	0.89	2.05	3.32	1.54	1.26
		5		4.292	3.369	0.176	8.04	15.2	12.74	3.33	1.37	1.72	0.88	2.51	4.00	1.81	1.30
		6		5.076	3.985	0.176	9.33	18.36	14.76	3.89	1.36	1.70	0.8	2.95	4.64	2.06	1.33
5	50	3	5.5	2.971	2.332	0.197	7.18	12.5	11.37	2.98	1.55	1.96	1.00	1.96	3.22	1.57	1.34
		4		3.897	3.059	0.197	9.26	16.69	14.70	3.82	1.54	1.94	0.99	2.56	4.16	1.96	1.38
		5		4.803	3.770	0.196	11.21	20.90	17.79	4.64	1.53	1.92	0.98	3.13	5.03	2.31	1.42
		6		5.688	4.465	0.196	13.05	25.14	20.68	5.42	1.52	1.91	0.98	3.68	5.85	2.63	1.46
5.6	56	3	6	3.343	2.624	0.221	10.19	17.56	16.14	4.24	1.75	2.20	1.13	2.48	4.08	2.02	1.48
		4		4.390	3.446	0.220	13.18	23.43	20.92	5.46	1.73	2.18	1.11	3.24	5.28	2.52	1.53
		5		5.415	4.251	0.220	16.02	29.33	25.42	6.61	1.72	2.17	1.10	3.97	6.42	2.98	1.57
		6		6.420	5.040	0.220	18.69	35.26	29.66	7.73	1.71	2.15	1.10	4.68	7.49	3.40	1.61
		7		7.404	5.812	0.219	21.23	41.23	33.63	8.82	1.69	2.13	1.09	5.36	8.49	3.80	1.64
		8		8.367	6.568	0.219	23.63	47.24	37.37	9.89	1.68	2.11	1.09	6.03	9.44	4.16	1.68
6	60	5	6.5	5.829	4.576	0.236	19.89	36.05	31.57	8.21	1.85	2.33	1.19	4.59	7.44	3.48	1.67
		6		6.914	5.427	0.235	23.25	43.33	36.89	9.60	1.83	2.31	1.18	5.41	8.70	3.98	1.70
		7		7.977	6.262	0.235	26.44	50.65	41.92	10.96	1.82	2.29	1.17	6.21	9.88	4.45	1.74
		8		9.020	7.081	0.235	29.47	58.02	46.66	12.28	1.81	2.27	1.17	6.98	11.00	4.88	1.78
6.3	63	4	7	4.978	3.907	0.248	19.03	33.35	30.17	7.89	1.96	2.46	1.26	4.13	6.78	3.29	1.70
		5		6.143	4.822	0.248	23.17	41.73	36.77	9.57	1.94	2.45	1.25	5.08	8.25	3.90	1.74
		6		7.288	5.721	0.247	27.12	50.14	43.03	11.20	1.93	2.43	1.24	6.00	9.66	4.46	1.78
		7		8.412	6.603	0.247	30.87	58.60	48.96	12.79	1.92	2.41	1.23	6.88	10.99	4.98	1.82
		8		9.515	7.469	0.247	34.46	67.11	54.56	14.33	1.90	2.40	1.23	7.75	12.25	5.47	1.85
		10		11.657	9.151	0.246	41.09	84.31	64.85	17.33	1.88	2.36	1.22	9.39	14.56	6.36	1.93
7	70	4	8	5.570	4.372	0.275	26.39	45.74	41.80	10.99	2.18	2.74	1.40	5.14	8.44	4.17	1.86
		5		6.875	5.397	0.275	32.21	57.21	51.08	13.31	2.16	2.73	1.39	6.32	10.32	4.95	1.91
		6		8.160	6.406	0.275	37.77	68.73	59.93	15.61	2.15	2.71	1.38	7.48	12.11	5.67	1.95
		7		9.424	7.398	0.275	43.09	80.29	68.35	17.82	2.14	2.69	1.38	8.59	13.81	6.34	1.99
		8		10.667	8.373	0.274	48.17	91.92	76.37	19.98	2.12	2.68	1.37	9.68	15.43	6.98	2.03
7.5	75	5	9	7.412	5.818	0.295	39.97	70.56	63.30	16.63	2.33	2.92	1.50	7.32	11.94	5.77	2.04
		6		8.797	6.905	0.294	46.95	84.55	74.38	19.51	2.31	2.90	1.49	8.64	14.02	6.67	2.07
		7		10.160	7.976	0.294	53.57	98.71	84.96	22.18	2.30	2.89	1.48	9.93	16.02	7.44	2.11
		8		11.503	9.030	0.294	59.96	112.97	95.07	24.86	2.28	2.88	1.47	11.20	17.93	8.19	2.15
		9		12.825	10.068	0.294	66.10	127.30	104.71	27.48	2.27	2.86	1.46	12.43	19.75	8.89	2.18
		10		14.126	11.089	0.293	71.98	141.71	113.92	30.05	2.26	2.84	1.46	13.64	21.48	9.56	2.22

续表

型号	截面尺寸/mm			截面面积/cm^2	理论重量/($kg \cdot m^{-1}$)	外表面积/($m^2 \cdot m^{-1}$)	惯性矩/cm^4				惯性半径/cm			截面模数/cm^3			重心距离/cm
	b	d	r				I_x	I_{x1}	I_{x0}	I_{y0}	i_x	i_{x0}	i_{y0}	W_x	W_{x0}	W_{y0}	Z_0
8	80	5	9	7.912	6.211	0.315	48.79	85.36	77.33	20.25	2.48	3.13	1.60	8.34	13.67	6.66	2.15
		6		9.397	7.376	0.314	57.35	102.50	90.98	23.72	2.47	3.11	1.59	9.87	16.08	7.65	2.19
		7		10.860	8.525	0.314	65.58	119.70	104.07	27.09	2.46	3.10	1.58	11.37	18.40	8.58	2.23
		8		12.303	9.658	0.314	73.49	136.97	116.60	30.39	2.44	3.08	1.57	12.83	20.61	9.46	2.27
		9		13.725	10.774	0.314	81.11	154.31	128.60	33.61	2.43	3.06	1.56	14.25	22.73	10.29	2.31
		10		15.126	11.874	0.313	88.43	171.74	140.09	36.77	2.42	3.04	1.56	15.64	24.76	11.08	2.35
9	90	6	10	10.637	8.350	0.354	82.77	145.87	131.26	34.28	2.79	3.51	1.80	12.61	20.63	9.95	2.44
		7		12.301	9.656	0.354	94.83	170.30	150.47	39.18	2.78	3.50	1.78	14.54	23.64	11.19	2.48
		8		13.944	10.946	0.353	106.47	194.80	168.97	43.97	2.76	3.48	1.78	16.42	26.55	12.35	2.52
		9		15.566	12.219	0.353	117.72	219.39	186.77	48.66	2.75	3.46	1.77	18.27	29.35	13.46	2.56
		10		17.167	13.476	0.353	128.58	244.07	203.90	53.26	2.74	3.45	1.76	20.07	32.04	14.52	2.59
		12		20.306	15.940	0.352	149.22	293.76	236.21	62.22	2.71	3.41	1.75	23.57	37.12	16.49	2.67
10	100	6	12	11.932	9.366	0.393	114.95	200.07	181.98	47.92	3.10	3.90	2.00	15.68	25.74	12.69	2.67
		7		13.796	10.830	0.393	131.86	233.54	208.97	54.74	3.09	3.89	1.99	18.10	29.55	14.26	2.71
		8		15.638	12.276	0.393	148.24	267.09	235.07	61.41	3.08	3.88	1.98	20.47	33.24	15.75	2.76
		9		17.462	13.708	0.392	164.12	300.73	260.30	67.95	3.07	3.86	1.97	22.79	36.81	17.18	2.80
		10		19.261	15.120	0.392	179.51	334.48	284.68	74.35	3.05	3.84	1.96	25.06	40.26	18.54	2.84
		12		22.800	17.898	0.391	208.90	402.34	330.95	86.84	3.03	3.81	1.95	29.48	46.80	21.08	2.91
		14		26.256	20.611	0.391	236.53	470.75	374.06	99.00	3.00	3.77	1.94	33.73	52.90	23.44	2.99
		16		29.627	23.257	0.390	262.53	539.80	414.16	110.89	2.98	3.74	1.94	37.82	58.57	25.63	3.06
11	110	7	12	15.196	11.928	0.433	177.16	310.64	280.94	73.38	3.41	4.30	2.20	22.05	36.12	17.51	2.96
		8		17.238	13.532	0.433	199.46	355.20	316.49	82.42	3.40	4.28	2.19	24.95	40.69	19.39	3.01
		10		21.261	16.690	0.432	242.19	444.65	384.39	99.98	3.38	4.25	2.17	30.60	49.42	22.91	3.09
		12		25.200	19.782	0.431	282.55	534.60	448.17	116.93	3.35	4.22	2.15	36.05	57.62	26.15	3.16
		14		29.056	22.809	0.431	320.71	625.16	508.01	133.40	3.32	4.18	2.14	41.31	65.31	29.14	3.24
12.5	125	8	14	19.750	15.504	0.492	297.03	501.01	470.89	123.16	3.88	4.88	2.50	32.52	53.28	25.86	3.37
		10		24.373	19.133	0.491	361.67	651.93	573.89	149.46	3.85	4.85	2.48	39.97	64.93	30.62	3.45
		12		28.912	22.696	0.491	423.16	783.42	671.44	174.88	3.83	4.82	2.46	41.17	75.96	35.03	3.53
		14		33.367	26.193	0.490	481.65	915.61	763.73	199.57	3.80	4.78	2.45	54.16	86.41	39.13	3.61
		16		37.739	29.625	0.489	537.31	1048.62	850.98	223.65	3.77	4.75	2.43	60.93	96.28	42.96	3.68
14	140	10		27.373	21.488	0.551	514.65	915.11	817.27	212.04	4.34	5.46	2.78	50.58	82.56	39.20	3.82
		12		32.512	25.522	0.551	603.68	1099.28	958.79	248.57	4.31	5.43	2.76	59.80	96.85	45.02	3.90
		14		37.567	29.490	0.550	688.81	1284.22	1093.56	284.06	4.28	5.40	2.75	68.75	110.47	50.45	3.98
		16		42.539	33.393	0.549	770.24	1470.07	1221.81	318.67	4.26	5.36	2.74	77.46	123.42	55.55	4.06
15	150	8		23.750	18.644	0.592	521.37	899.55	827.49	215.25	4.69	5.90	3.01	47.36	78.02	38.14	3.99

续表

型号	截面尺寸/mm			截面面积/cm^2	理论重量/(kg·m^{-1})	外表面积/(m^2·m^{-1})	惯性矩/cm^4				惯性半径/cm			截面模数/cm^3			重心距离/cm
	b	d	r				I_x	I_{x1}	I_{x0}	I_{y0}	i_x	i_{x0}	i_{y0}	W_x	W_{x0}	W_{y0}	Z_0
15	150	10	14	29.373	23.058	0.591	637.50	1125.09	1012.79	262.21	4.66	5.87	2.99	58.35	95.49	45.51	4.08
		12		34.912	27.406	0.591	748.85	1351.26	1189.97	307.73	4.63	5.84	2.97	69.04	112.19	52.38	4.15
		14		40.367	31.688	0.590	855.64	1578.25	1359.30	351.98	4.60	5.80	2.95	79.45	128.16	58.83	4.23
		15		43.063	33.804	0.590	907.39	1692.10	1441.09	373.69	4.59	5.78	2.95	84.56	135.87	61.90	4.27
		16		45.739	35.905	0.589	958.08	1806.21	1521.02	395.14	4.58	5.77	2.94	89.59	143.40	64.89	4.31
16	160	10	16	31.502	24.729	0.630	779.53	1365.33	1237.30	321.76	4.98	6.27	3.20	66.70	109.36	52.76	4.31
		12		37.441	29.391	0.630	916.58	1639.57	1455.68	377.49	4.95	6.24	3.18	78.98	128.67	60.74	4.39
		14		43.296	33.987	0.629	1048.36	1914.68	1665.02	431.70	4.92	6.20	3.16	90.95	147.17	68.24	4.47
		16		49.067	38.518	0.629	1175.08	2190.82	1865.57	484.59	4.89	6.17	3.14	102.63	164.89	75.31	4.55
18	180	12		42.241	33.159	0.710	1321.35	2332.80	2100.10	542.61	5.59	7.05	3.58	100.82	165.00	78.41	4.89
		14		48.896	38.388	0.709	1514.48	2723.48	2407.42	621.53	5.56	7.02	3.56	116.25	189.14	88.38	4.97
		16		55.467	43.542	0.709	1700.99	3115.29	2703.37	698.60	5.54	6.98	3.55	131.13	212.40	97.83	5.05
		18		61.955	48.634	0.708	1875.12	3502.43	2988.24	762.01	5.50	6.94	3.51	145.64	234.78	105.14	5.13
20	200	14	18	54.642	42.894	0.788	2103.55	3734.10	3343.26	863.83	6.20	7.82	3.98	144.70	236.40	111.82	5.46
		16		62.013	48.680	0.788	2366.15	4270.39	3760.89	971.41	6.18	7.79	3.96	163.65	265.93	123.96	5.54
		18		69.301	54.401	0.787	2620.64	4808.13	4164.54	1076.74	6.15	7.75	3.94	182.22	294.48	135.52	5.62
		20		76.505	60.056	0.787	2867.30	5347.51	4554.55	1180.04	6.12	7.72	3.93	200.42	322.06	146.55	5.69
		24		90.661	71.168	0.785	3338.25	6457.16	5294.97	1381.53	6.07	7.64	3.90	236.17	374.41	166.65	5.87
22	220	16	21	68.664	53.901	0.866	3187.36	5681.62	5063.73	1310.99	6.81	8.59	4.37	199.55	325.51	153.81	6.03
		18		76.752	60.250	0.866	3534.30	6395.93	5615.32	1453.27	6.79	8.55	4.35	222.37	360.97	168.29	6.11
		20		84.756	66.533	0.865	3871.49	7112.04	6150.08	1592.90	6.76	8.52	4.34	244.77	395.34	182.16	6.18
		22		92.676	72.751	0.865	4199.23	7830.19	6668.37	1730.10	6.73	8.48	4.32	266.78	428.66	195.45	6.26
		24		100.512	78.902	0.864	4517.83	8550.57	7170.55	1865.11	6.70	8.45	4.31	288.39	460.94	208.21	6.33
		26		108.264	84.987	0.864	4827.58	9273.39	7656.98	1998.17	6.68	8.41	4.30	309.62	492.21	220.49	6.41
25	250	18	24	87.842	68.956	0.985	5268.22	9379.11	8369.04	2167.41	7.74	9.76	4.97	290.12	473.42	224.03	6.84
		20		97.045	76.180	0.984	5779.34	10426.97	9181.94	2376.74	7.72	9.73	4.95	319.66	519.41	242.85	6.92
		24		115.201	90.433	0.983	6763.93	12529.74	10742.67	2785.19	7.66	9.66	4.92	377.34	607.70	278.38	7.07
		26		124.154	97.461	0.982	7238.08	13585.18	11491.32	2984.84	7.63	9.62	4.90	405.50	650.05	295.19	7.15
		28		133.022	104.422	0.982	7700.60	14643.62	12219.39	3181.81	7.61	9.58	4.89	433.22	691.23	311.42	7.22
		30		141.807	111.318	0.981	8151.80	15705.30	12927.26	3376.34	7.58	9.55	4.88	460.51	731.28	327.12	7.30
		32		150.508	118.149	0.981	8592.01	16770.41	13615.32	3568.71	7.56	9.51	4.87	487.39	770.20	342.33	7.37
		35		163.402	128.271	0.980	9232.44	18374.95	14611.16	3853.72	7.52	9.46	4.86	526.97	826.53	364.30	7.48

注：截面图中的 $r_1=1/3d$ 及表中 r 的数据用于孔型设计，不做交货条件。

Ⅱ.2 不等边角钢截面尺寸、截面面积、理论重量及截面特性(GB/T 706—2016)

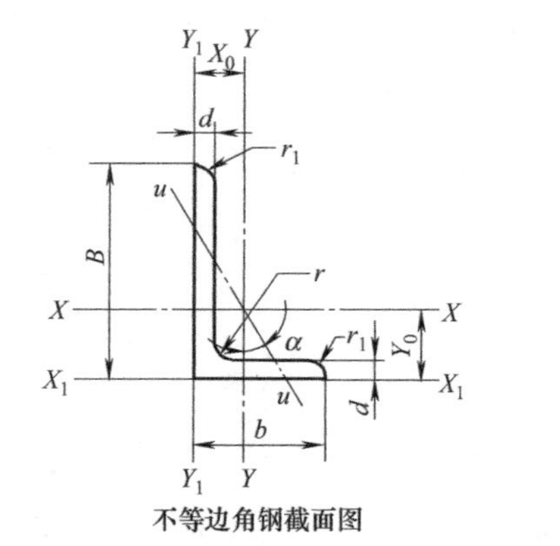

不等边角钢截面图

B——长边宽度;
b——短边宽度;
d——边厚度;
r——内圆弧半径;
r_1——边端圆弧半径;
X_0——重心距离;
Y_0——重心距离

表Ⅱ.2 不等边角钢截面尺寸、截面面积、理论重量及截面特性(GB/T 706—2016)

型号	截面尺寸/mm				截面面积/cm²	理论重量/(kg·m⁻¹)	外表面积/(m²·m⁻¹)	惯性矩/cm⁴					惯性半径/cm			截面模数/cm³			tanα	重心距离/cm	
	B	b	d	r				I_x	I_{x1}	I_y	I_{y1}	I_u	i_x	i_y	i_u	W_x	W_y	W_u		X_0	Y_0
2.5/1.6	25	16	3	3.5	1.162	0.912	0.080	0.70	1.56	0.22	0.43	0.14	0.78	0.44	0.34	0.43	0.19	0.16	0.392	0.42	0.86
			4		1.499	1.176	0.079	0.88	2.09	0.27	0.59	0.17	0.77	0.43	0.34	0.55	0.24	0.20	0.381	0.46	1.86
3.2/2	32	20	3		1.492	1.171	0.102	1.53	3.27	0.46	0.82	0.28	1.01	0.55	0.43	0.72	0.30	0.25	0.382	0.49	0.90
			4		1.939	1.522	0.101	1.93	4.37	0.57	1.12	0.35	1.00	0.54	0.42	0.93	0.39	0.32	0.374	0.53	1.08
4/2.5	40	25	3	4	1.890	1.484	0.127	3.08	5.39	0.93	1.59	0.56	1.28	0.70	0.54	1.15	0.49	0.40	0.385	0.59	1.12
			4		2.467	1.936	0.127	3.93	8.53	1.18	2.14	0.71	1.36	0.69	0.54	1.49	0.63	0.52	0.381	0.63	1.32

续表

型号	截面尺寸/mm				截面面积/cm^2	理论重量/($kg \cdot m^{-1}$)	外表面积/($m^2 \cdot m^{-1}$)	惯性矩/cm^4					惯性半径/cm			截面模数/cm^3			$\tan\alpha$	重心距离/cm	
	B	b	d	r				I_x	I_{x1}	I_y	I_{y1}	I_u	i_x	i_y	i_u	W_x	W_y	W_u		X_0	Y_0
4.5/2.8	45	28	3	5	2.149	1.687	0.143	445	9.10	1.34	2.23	0.80	1.44	0.79	0.61	1.47	0.62	0.51	0.383	0.64	1.37
			4		2.606	2.203	0.143	5.69	12.13	1.70	3.00	1.02	1.42	0.78	0.60	1.91	0.80	0.66	0.380	0.68	1.47
5/3.2	50	32	3	5.5	2.431	1.908	0.161	6.24	12.49	2.02	3.31	1.20	1.60	0.91	0.70	1.84	0.82	0.68	0.404	0.73	1.51
			4		3.177	2.494	0.160	8.02	16.65	2.58	4.45	1.53	1.59	0.90	0.69	2.39	1.06	0.87	0.402	0.77	1.60
5.6/3.6	56	35	3	6	2.743	2.153	0.181	8.88	17.54	2.92	4.70	1.73	1.80	1.03	0.79	2.32	1.05	0.87	0.408	0.80	1.65
			4		3.590	2.818	0.180	11.45	23.39	3.76	6.33	2.23	1.79	1.02	0.79	3.03	1.37	1.13	0.408	0.85	1.78
			5		4.415	3.466	0.180	13.86	29.25	4.49	7.94	2.67	1.77	1.01	0.78	3.71	1.65	1.36	0.404	0.88	1.82
6.3/4	63	40	4	7	4.058	3.185	0.202	16.49	33.50	5.23	8.63	3.12	2.02	1.14	0.88	3.87	1.70	1.40	0.398	0.92	1.87
			5		4.993	3.920	0.202	20.02	41.63	6.31	10.86	3.76	2.00	1.12	0.87	4.74	2.07	1.71	0.396	0.95	2.04
			6		5.908	4.638	0.201	23.36	49.98	7.29	13.12	4.34	1.96	1.11	0.86	5.59	2.43	1.99	0.393	0.99	2.08
			7		6.802	5.339	0.201	26.53	58.07	8.24	15.47	4.97	1.98	1.10	0.86	6.40	2.78	2.29	0.389	1.03	2.12
7/4.5	70	45	4	7.5	4.547	3.570	0.226	23.17	45.92	7.55	12.26	4.40	2.26	1.29	0.98	4.86	2.17	1.77	0.410	1.20	2.15
			5		5.609	4.403	0.225	27.95	57.10	9.13	15.39	5.40	2.23	1.28	0.98	5.92	2.65	2.19	0.407	1.06	2.24
			6		6.647	5.218	0.225	32.54	68.35	10.62	18.58	6.35	2.21	1.26	0.98	6.95	3.12	2.59	0.404	1.09	2.28
			7		7.657	6.011	0.225	37.22	79.99	12.01	21.84	7.16	2.20	1.25	0.97	8.03	3.57	2.94	0.402	1.13	2.32
7.5/5	75	50	5	8	6.125	4.808	0.245	34.86	70.00	12.61	21.04	7.41	2.39	1.44	1.10	6.83	3.30	2.74	0.435	1.17	2.36
			6		7.260	5.699	0.245	41.12	84.30	14.70	25.37	8.54	2.38	1.42	1.08	8.12	3.88	3.19	0.435	1.21	2.40
			8		9.467	7.431	0.244	52.39	112.50	18.53	34.23	10.87	2.35	1.40	1.07	10.52	4.99	4.10	0.429	1.29	2.44
			10		11.590	9.098	0.244	62.71	140.80	21.96	43.43	13.10	2.33	1.38	1.06	12.79	6.04	4.99	0.423	1.36	2.52
8/5	80	50	5		6.375	5.005	0.255	41.96	85.21	12.82	21.06	7.66	2.56	1.42	1.10	7.78	3.32	2.74	0.386	1.14	2.60
			6		7.560	5.935	0.255	49.49	102.53	14.95	25.41	8.85	2.56	1.41	1.08	0.25	3.91	3.20	0.387	1.18	2.65

续表

型号	截面尺寸/mm				截面面积/cm^2	理论重量/$(kg \cdot m^{-1})$	外表面积/$(m^2 \cdot m^{-1})$	惯性矩/cm^4					惯性半径/cm			截面模数/cm^3			tanα	重心距离/cm	
	B	b	d	r				I_x	I_{x1}	I_y	I_{y1}	I_u	i_x	i_y	i_u	W_x	W_y	W_u		X_0	Y_0
8/5	80	50	7	8	8.724	6.848	0.255	56.16	119.33	46.96	29.82	10.18	2.54	1.39	1.08	10.58	4.48	3.70	0.384	1.21	2.69
			8		9.867	7.745	0.254	62.83	136.41	18.85	34.32	11.38	2.52	1.38	1.07	11.92	5.03	4.16	0.381	1.25	2.73
9/5.6	90	56	5	9	7.212	5.661	0.287	60.45	121.52	18.32	29.53	10.98	2.90	1.59	1.23	9.92	4.21	3.49	0.385	1.25	2.91
			6		8.557	6.717	0.286	71.03	145.59	21.42	35.58	12.90	2.88	1.58	1.23	11.74	4.96	4.13	0.384	1.29	2.95
			7		9.880	7.756	0.285	81.01	169.60	24.36	41.71	14.67	2.86	1.57	1.22	13.49	5.70	4.72	0.382	1.33	3.00
			8		11.183	8.779	0.286	91.03	194.17	27.15	47.93	16.34	2.85	1.56	1.21	15.27	6.41	5.29	0.380	1.36	3.04
10/6.3	100	63	6	10	9.517	7.550	0.320	99.06	199.71	30.94	50.50	18.42	3.21	1.79	1.38	14.64	6.35	5.25	0.394	1.43	3.24
			7		11.111	8.722	0.320	113.45	233.00	35.26	59.14	21.00	3.20	1.78	1.38	16.88	7.29	6.02	0.394	1.47	3.28
			8		12.534	9.878	0.319	127.37	266.32	39.39	67.88	23.50	3.18	1.77	1.37	19.08	8.21	6.78	0.394	1.50	3.32
			10		15.467	12.142	0.319	153.81	333.06	47.12	85.73	28.33	3.15	1.74	1.35	23.32	9.98	8.24	0.387	1.58	3.40
10/8	100	80	6		10.637	8.350	0.354	107.04	199.83	61.24	102.68	31.65	3.17	2.40	1.72	15.19	10.16	8.37	0.627	1.97	2.95
			7		12.301	9.656	0.354	122.73	233.20	70.08	119.98	36.17	3.16	2.39	1.72	17.52	11.71	9.60	0.626	2.01	3.0
			8		13.944	10.946	0.353	137.92	266.61	78.58	137.37	40.58	3.14	2.37	1.71	19.81	13.21	10.80	0.625	2.05	3.04
			10		17.167	13.476	0.353	166.87	333.63	94.65	172.48	49.10	3.12	2.35	1.69	24.24	16.12	13.12	0.622	2.13	3.12
11/7	110	70	6		10.637	8.350	0.354	133.37	265.78	42.92	69.08	25.36	3.54	2.01	1.54	17.85	7.90	6.53	0.403	1.57	3.53
			7		12.301	9.656	0.354	153.00	310.07	49.01	80.82	28.95	3.53	2.00	1.63	20.60	9.09	7.50	0.402	1.61	3.57
			8		13.944	10.946	0.353	172.04	354.39	54.87	92.70	32.45	3.51	1.98	1.53	23.30	10.25	8.45	0.401	1.65	3.62
			10		17.167	13.476	0.353	208.39	443.13	65.88	116.83	39.20	3.48	1.96	1.54	28.54	12.48	10.29	0.397	1.72	3.70
12.5/8	125	80	7	11	14.096	11.066	0.403	227.98	454.99	74.42	120.32	43.81	4.02	2.30	1.76	26.86	12.01	9.92	0.408	1.80	4.01
			8		15.989	12.551	0.403	256.77	519.99	83.49	137.85	49.15	4.01	2.28	1.75	30.41	13.56	11.18	0.407	1.84	4.06
			10		19.712	15.474	0.402	312.04	650.09	100.67	173.40	59.45	3.98	2.26	1.74	37.33	16.56	13.64	0.404	1.92	4.14
			12		23.351	18.330	0.402	364.41	780.39	116.67	209.67	69.35	3.95	2.24	1.72	44.01	19.43	16.01	0.400	2.00	4.22

续表

型号	截面尺寸/mm				截面面积/cm^2	理论重量/($kg \cdot m^{-1}$)	外表面积/($m^2 \cdot m^{-1}$)	惯性矩/cm^4					惯性半径/cm			截面模数/cm^3			$\tan\alpha$	重心距离/cm	
	B	b	d	r				I_x	I_{x1}	I_y	I_{y1}	I_u	i_u	i_y	i_u	W_x	W_y	W_u		X_0	Y_0
14/9	140	90	8	12	18.038	14.160	0.453	365.64	730.53	120.69	195.79	70.83	4.50	2.59	1.98	38.48	17.34	14.31	0.411	2.04	4.50
			10		22.261	17.475	0.452	445.50	913.20	140.03	245.92	85.82	4.47	2.56	1.96	47.31	21.22	17.48	0.409	2.12	4.58
			12		26.400	20.724	0.451	521.59	1096.09	169.69	296.89	100.21	4.44	2.54	1.95	55.87	24.95	20.54	0.406	2.19	4.66
			14		30.456	23.908	0.451	594.10	1279.26	192.10	348.82	114.13	4.42	2.51	1.94	64.18	28.54	23.52	0.403	2.27	4.74
15/9	150	90	8		18.839	14.788	0.473	442.05	898.35	122.80	195.96	74.14	4.84	2.55	1.98	43.86	17.47	14.48	0.364	1.97	4.92
			10		23.261	18.260	0.472	539.24	1122.85	148.62	246.26	89.86	4.81	2.53	1.97	53.97	21.38	17.69	0.362	2.05	5.01
			12		27.600	21.666	0.471	632.08	1347.50	172.85	297.46	104.95	4.79	2.50	1.95	63.79	25.14	20.80	0.359	2.12	5.09
			14		31.856	25.007	0.471	720.77	1572.38	195.62	349.74	119.53	4.76	2.48	1.94	73.33	28.77	23.84	0.356	2.20	5.17
			15		33.952	26.652	0.471	763.62	1684.93	206.50	376.33	126.67	4.74	2.47	1.93	77.99	30.53	25.33	0.354	2.24	5.21
			16		36.027	28.281	0.470	805.51	1797.55	217.07	403.24	133.72	4.73	2.45	1.93	82.60	32.27	26.82	0.352	2.27	5.25
16/10	160	100	10	13	25.315	19.872	0.512	668.69	1362.89	205.08	336.59	121.74	5.14	2.85	2.19	62.13	25.56	21.92	0.390	2.28	5.24
			12		30.054	23.592	0.511	784.91	1635.56	239.06	405.94	142.33	5.11	2.82	2.17	73.49	31.28	25.79	0.388	2.36	5.32
			14		34.709	27.247	0.510	896.30	1908.50	271.20	476.42	162.23	5.08	2.80	2.16	84.56	35.83	29.56	0.385	0.43	5.40
			16		29.281	30.835	0.510	1003.04	2181.79	301.60	548.22	182.57	5.05	2.77	2.16	95.33	40.24	33.44	0.382	2.51	5.48
18/11	180	110	10	14	28.373	22.273	0.571	956.25	1940.40	278.11	447.22	166.50	5.80	3.13	2.42	78.96	32.49	26.88	0.376	2.44	5.89
			12		33.712	26.440	0.571	1124.72	2328.38	325.03	538.94	194.87	5.78	3.10	2.40	93.53	38.32	31.66	0.384	2.52	5.98
			14		38.967	30.589	0.570	1286.91	2716.60	369.55	631.95	222.30	5.75	3.08	2.39	107.76	43.97	36.32	0.372	2.59	6.06
			16		44.139	34.649	0.569	1443.06	3105.15	411.85	726.46	248.94	5.72	3.06	2.38	121.64	49.44	40.87	0.369	2.67	0.14
20/12.5	200	125	12		37.912	29.761	0.641	1570.90	3193.85	483.16	787.74	285.79	6.44	3.57	2.74	116.73	49.99	41.23	0.392	2.83	6.54
			14		43.867	34.436	0.640	1800.97	3726.17	550.83	922.47	326.58	6.41	3.54	2.73	134.65	57.44	47.34	0.390	2.91	6.62
			16		49.739	39.045	0.639	2023.35	4258.88	615.44	1058.86	366.21	6.38	3.52	2.71	152.18	64.89	53.32	0.388	2.99	6.70
			18		55.526	43.588	0.639	2238.30	4792.00	677.19	1197.13	404.83	6.35	3.49	2.70	169.33	71.74	59.18	0.385	3.06	6.78

注：截面图中 $r_1=1/3d$ 及表中 r 的数据用于孔型设计，不做交货条件。

Ⅱ.3 工字钢截面尺寸、截面面积、理论重量及截面特征（GB/T 706—2016）[1]

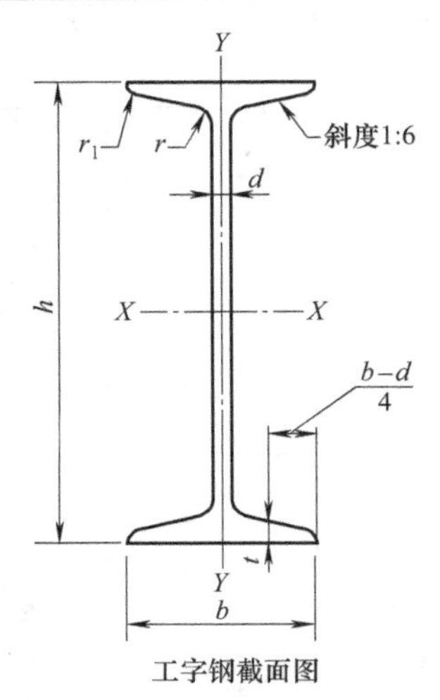

工字钢截面图

h——高度；
b——腿宽度；
d——腰厚度；
t——平均腿厚度；
r——内圆弧半径；
r_1——腿端圆弧半径

表Ⅱ.3 工字钢截面尺寸、截面面积、理论重量及截面特征（GB/T 706—2016）

型号	截面尺寸/mm						截面面积/cm²	理论重量/(kg·m⁻¹)	惯性矩/cm⁴		惯性半径/cm		截面模数/cm³	
	h	b	d	t	r	r_1			I_x	I_y	i_x	i_y	W_x	W_y
10	100	68	4.5	7.6	6.5	3.3	14.345	11.261	245	33.0	4.14	1.52	49.0	9.72
12	120	74	5.0	8.4	7.0	3.5	17.818	13.987	436	46.9	4.95	1.62	72.7	12.7
12.6	126	74	5.0	8.4	7.0	3.5	18.118	14.223	488	46.9	5.20	1.61	77.5	12.7
14	140	80	5.5	9.1	7.5	3.8	21.516	16.890	712	64.4	5.76	1.73	102	16.1
16	160	88	6.0	9.9	8.0	4.0	26.131	20.513	1130	93.1	6.58	1.89	141	21.2
18	180	94	6.5	10.7	8.5	4.3	30.756	24.143	1660	122	7.36	2.00	185	26.0
20a	200	100	7.0	11.4	9.0	4.5	35.578	27.929	2370	158	8.15	2.12	237	31.5
20b		102	9.0				39.578	31.069	2500	169	7.96	2.06	250	33.1
22a	220	110	7.5	12.3	9.5	4.8	42.128	33.070	3400	225	8.99	2.31	309	40.9
22b		112	9.5				46.528	36.524	3570	239	8.78	2.27	325	42.7
24a	240	116	8.0	13.0	10.0	5.0	47.741	37.477	4570	280	9.77	2.42	381	48.4
24b		118	10.0				52.541	41.245	4800	297	9.57	2.38	400	50.4
25a	250	116	8.0				48.541	38.105	5020	280	10.2	2.40	402	48.3
25b		118	10.0				53.541	42.030	5280	309	9.94	2.40	423	52.4
27a	270	122	8.5	13.7	10.5	5.3	54.554	42.825	6550	345	10.9	2.51	485	56.6
27b		124	10.5				59.954	47.064	6870	366	10.7	2.47	509	58.9
28a	280	122	8.5				55.404	43.492	7110	345	11.3	2.50	508	56.6
28b		124	10.5				61.004	47.888	7480	379	11.1	2.49	534	61.2

[1] 本书采用的工字钢表（GB/T 706—2016）中没有 I_x、S_x 项，可参阅老版工字钢表（如 GB 706—88）或将工字钢简化为三个矩形近似计算。

续表

型号	截面尺寸/mm						截面面积/cm^2	理论重量/($kg \cdot m^{-1}$)	惯性矩/cm^4		惯性半径/cm		截面模数/cm^3	
	h	b	d	t	r	r_1			I_x	I_y	i_x	i_y	W_x	W_y
30a	300	126	9.0	14.4	11.0	5.5	61.254	48.084	8950	400	12.1	2.55	597	63.5
30b		128	11.0				67.254	52.794	9400	422	11.8	2.50	627	65.9
30c		130	13.0				73.254	57.504	9850	445	11.6	2.46	657	68.5
32a	320	130	9.5	15.0	11.5	5.8	67.156	52.717	11100	460	12.8	2.62	692	70.8
32b		132	11.5				73.556	57.741	11600	502	12.6	2.61	726	76.0
32c		134	13.5				79.956	62.765	12200	544	12.3	2.61	760	81.2
36a	360	136	10.0	15.8	12.0	6.0	76.480	60.037	15800	552	14.4	2.69	875	81.2
36b		138	12.0				83.680	65.689	16500	582	14.1	2.64	919	84.3
36c		140	14.0				90.880	71.341	17300	612	13.8	2.60	962	87.4
40a	400	142	10.5	16.5	12.5	6.3	86.112	67.598	21700	660	15.9	2.77	1090	93.2
40b		144	12.5				94.112	73.878	22800	692	15.6	2.71	1140	96.2
40c		146	14.5				102.112	80.158	23900	727	15.2	2.65	1190	99.6
45a	450	150	11.5	18.0	13.5	6.8	102.446	80.420	32200	855	17.7	2.89	1430	114
45b		152	13.5				111.446	87.485	33800	894	17.4	2.84	1500	118
45c		154	15.5				120.446	94.550	35300	938	17.1	2.79	1570	122
50a	500	158	12.0	20.0	14.0	7.0	119.304	93.654	46500	1120	19.7	3.07	1860	142
50b		160	14.0				129.304	101.504	48600	1170	19.4	3.01	1940	146
50c		162	16.0				139.304	109.354	50600	1220	19.0	2.96	2080	151
55a	550	166	12.5	21.0	14.5	7.3	134.185	105.335	62900	1370	21.6	3.19	2290	164
55b		168	14.5				145.185	113.970	65600	1420	21.2	3.14	2390	170
55c		170	16.5				156.185	122.605	68400	1480	20.9	3.08	2490	175
56a	560	166	12.5				135.435	106.316	65600	1370	22.0	3.18	2340	165
56b		168	14.5				146.635	115.108	68500	1490	21.6	3.16	2450	174
56c		170	16.5				157.835	123.900	71400	1560	21.3	3.16	2550	183
63a	630	176	13.0	22.0	15.0	7.5	154.658	121.407	93900	1700	24.5	3.31	2980	193
63b		178	15.0				167.258	131.298	98100	1810	24.2	3.29	3160	204
63c		180	17.0				179.858	141.189	120000	1920	23.8	3.27	3300	214

注：表中 r、r_1 的数据用于孔型设计，不做交货条件。

Ⅱ.4 槽钢截面尺寸、截面面积、理论重量及截面特性（GB/T 706—2016）

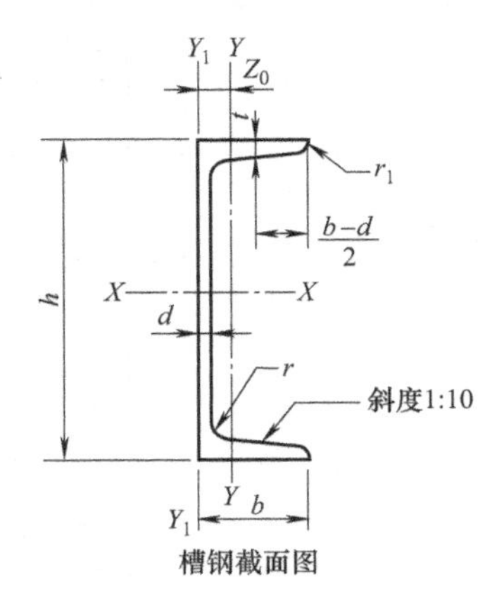

槽钢截面图

h——高度；
b——腿宽度；
d——腰厚度；
t——平均腿厚度；
r——内圆弧半径；
r_1——腿端圆弧半径；
Z_0——YY 轴与 Y_1Y_1 轴间距

表Ⅱ.4　槽钢截面尺寸、截面面积、理论重量及截面特性（GB/T 706—2016）

型号	截面尺寸/mm						截面面积/cm^2	理论重量/(kg·m^{-1})	惯性矩/cm^4			惯性半径/cm		截面模数/cm^3		重心距离/cm
	h	b	d	t	r	r_1			I_x	I_y	I_{y1}	i_x	i_y	W_x	W_y	Z_0
5	50	37	4.5	7.0	7.0	3.5	6.928	5.438	26.0	8.30	20.9	1.94	1.10	10.4	3.55	1.35
6.3	63	40	4.8	7.5	7.5	3.8	8.451	6.634	50.8	11.9	28.4	2.45	1.19	16.1	4.50	1.36
6.5	65	40	4.3	7.5	7.5	3.8	8.547	6.709	55.2	12.0	28.3	2.54	1.19	17.0	4.59	1.38
8	80	43	5.0	8.0	8.0	4.0	10.248	8.045	101	16.6	37.4	3.15	1.27	25.3	5.79	1.43
10	100	48	5.3	8.5	8.5	4.2	12.748	10.007	198	25.6	54.9	3.95	1.41	39.7	7.80	1.52
12	120	53	5.5	9.0	9.0	4.5	15.362	12.059	346	37.4	77.7	4.75	1.56	57.7	10.2	1.62
12.6	126	53	5.5	9.0	8.0	4.5	15.692	12.318	391	38.0	77.1	4.95	1.57	62.1	10.2	1.59
14a	140	58	6.0	9.5	9.5	4.8	18.516	14.535	564	53.2	107	5.52	1.70	80.5	13.0	1.71
14b		60	8.0				21.316	16.733	609	61.1	121	5.35	1.69	87.1	14.1	1.67
16a	160	63	6.5	10.0	10.0	5.0	21.962	17.24	866	73.3	144	6.28	1.83	108	16.3	1.80
16b		65	8.5				25.162	19.752	935	83.4	161	6.10	1.82	117	17.6	1.75
18a	180	68	7.0	10.5	10.5	5.2	25.699	20.174	1270	98.6	190	7.04	1.96	141	20.0	1.88
18b		70	9.0				29.299	23.000	1370	111	210	6.84	1.95	152	21.5	1.84
20a	200	73	7.0	11.0	11.0	5.5	28.837	22.637	1780	128	244	7.86	2.11	178	24.2	2.01
20b		75	9.0				32.837	25.777	1910	144	268	7.64	2.09	191	25.9	1.95
22a	220	77	7.0	11.5	11.5	5.8	31.846	24.999	2390	158	298	8.67	2.23	218	28.2	2.10
22b		79	9.0				36.246	28.453	2570	176	326	8.42	2.21	234	30.1	2.03
24a	240	78	7.0	12.0	12.0	6.0	34.217	26.860	3050	174	325	9.45	2.25	254	30.5	2.10
24b		80	9.0				39.017	30.628	3280	194	355	9.17	2.23	274	32.5	2.03
24c		82	11.0				43.817	34.396	3510	213	388	8.96	2.21	293	34.4	2.00

续表

型号	截面尺寸/mm						截面面积/cm²	理论重量/(kg·m⁻¹)	惯性矩/cm⁴			惯性半径/cm		截面模数/cm³		重心距离/cm
	h	b	d	t	r	r_1			I_x	I_y	I_{y1}	i_x	i_y	W_x	W_y	Z_0
25a		78	7.0				34.917	27.410	3370	176	322	9.82	2.24	270	30.6	2.07
25b	250	80	9.0	12.0	12.0	6.0	39.917	31.335	3530	196	353	9.41	2.22	282	32.7	1.98
25c		82	11.0				44.917	35.260	3690	218	384	9.07	2.21	295	35.9	1.92
27a		82	7.5				39.284	30.838	4360	216	393	10.5	2.34	323	35.5	2.13
27b	270	84	9.5				44.684	35.077	4690	239	428	10.3	2.31	347	37.7	2.06
27c		86	11.5	12.5	12.5	6.2	50.084	39.316	5020	261	467	10.1	2.28	372	39.8	2.03
28a		82	7.5				40.034	31.427	4760	218	388	10.9	2.33	340	35.7	2.10
28b	280	84	9.5				45.634	35.823	5130	242	428	10.6	2.30	366	37.9	2.02
28c		86	11.5				51.234	40.219	5500	268	463	10.4	2.29	393	40.3	1.95
30a		85	7.5				43.902	34.463	6050	260	467	11.7	2.43	403	41.1	2.17
30b	300	87	9.5	13.5	13.5	6.8	49.902	39.173	6500	289	515	11.4	2.41	433	44.0	2.13
30c		100	13.0				55.902	43.883	6950	316	560	11.2	2.38	463	46.4	2.09
32a		88	8.0				48.513	38.083	7600	305	552	12.5	2.50	475	46.5	2.24
32b	320	90	10.0	14.0	14.0	7.0	54.913	43.107	8140	336	593	12.2	2.47	509	49.2	2.16
32c		92	12.0				61.313	48.131	8690	374	643	11.9	2.47	543	52.6	2.09
36a		96	9.0				60.910	47.814	11900	455	818	14.0	2.73	660	63.5	2.44
36b	360	98	11.0	16.0	16.0	8.0	68.110	53.466	12700	497	880	13.6	2.70	703	66.9	2.37
36c		100	13.0				75.310	59.118	13400	536	948	13.4	2.67	746	70.0	2.34
40a		100	10.5				75.068	58.928	17600	592	1070	15.3	2.81	879	78.8	2.49
40b	400	102	12.5	18.0	18.0	9.0	83.068	65.208	18600	640	114	15.0	2.78	932	82.5	2.44
40c		104	14.5				91.068	71.488	19700	688	1220	14.7	2.75	986	86.2	2.42

注：表中 r、r_1 的数据用于孔型设计，不做交货条件。

参考文献

[1] 孙训方，方孝淑，关来泰．材料力学Ⅰ．6版．北京：高等教育出版社，2019.

[2] 孙训方，方孝淑，关来泰．材料力学Ⅱ．6版．北京：高等教育出版社，2019.

[3] 刘鸿文．材料力学Ⅰ．6版．北京：高等教育出版社，2017.

[4] 刘鸿文．材料力学Ⅱ．6版．北京：高等教育出版社，2017.

[5] 单辉祖，谢传锋．工程力学．北京：高等教育出版社，2004.

[6] 铁摩辛柯．材料力学．胡仁礼．北京：科学出版社，1978.

[7] 古滨．材料力学．2版．北京：北京理工大学出版社，2016.

[8] 张扬，赵亚哥白．材料力学．成都：电子科技大学出版社，2016.

[9] 黄超，余茜，肖明葵．材料力学．重庆：重庆大学出版社，2016.

[10] 古滨，田云德，沈火明．材料力学基本训练（A册）．2版．北京：北京理工大学出版社，2016.

[11] 古滨，田云德，沈火明．材料力学基本训练（B册）．2版．北京：北京理工大学出版社，2016.